"唯有知识·让我们免于平庸"

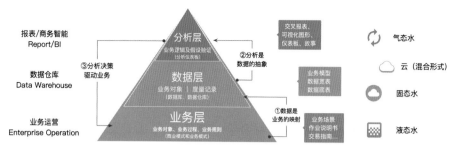

图2-1 "业务—数据—分析"体系及相互关系

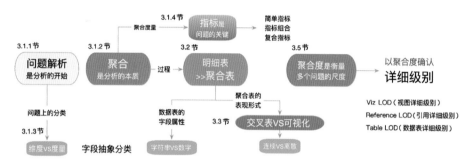

图3-1 以问题和聚合为中心的知识体系

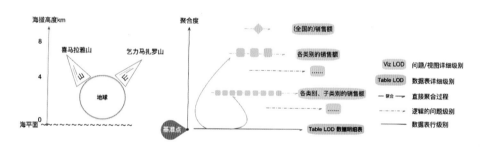

图3-24 以数据明细表为基准，设置衡量问题高低的尺度

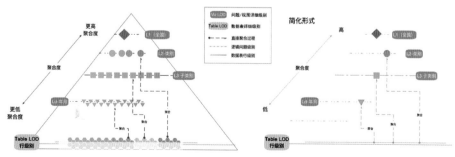

图3-26 使用聚合度表示多个问题之间的层次关系

图4-10 基于合并方法和合并位置的合并矩阵

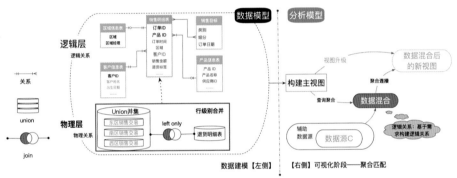

图4-38 包含并集、连接、关系与混合的示例图

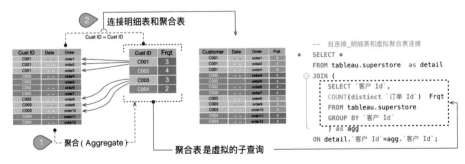

图4-28 "自连接"的本质是明细表和虚拟的聚合表的连接

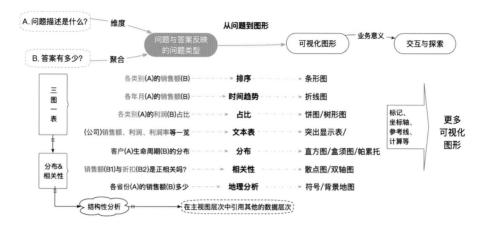

图5-6 从问题到图形：问题类型与对应的可视化主视图

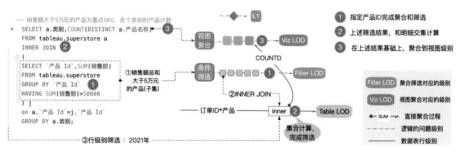

图6-19 SQL筛选过程与层次分析之间的关系

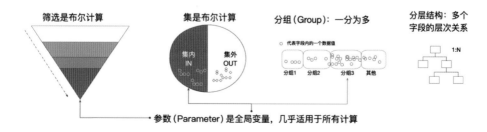

图6-73 多个筛选功能的图示介绍

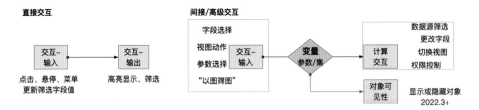

图7-30 交互的分类方式

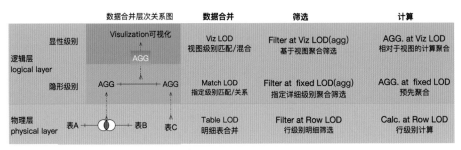

图2-15 理解3个关键主题的层次逻辑及其对应关系

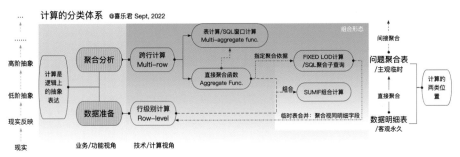

图8-1 计算的分类体系和计算逻辑

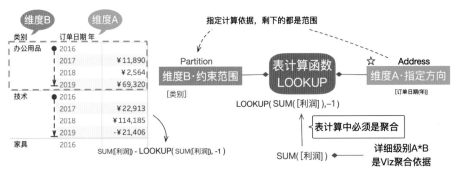

图9-27 表计算视图中维度的作用

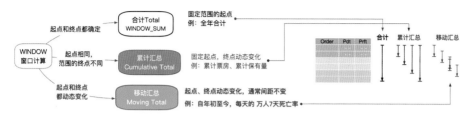

图9-44 窗口计算的3种特殊类型

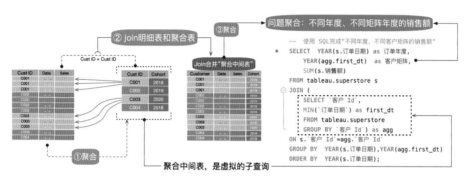

图10-6 在SQL中，理解多次聚合和数据合并的关系

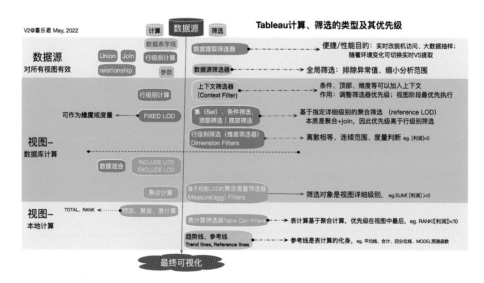

图10-26 Tableau中计算和筛选的优先级示意图

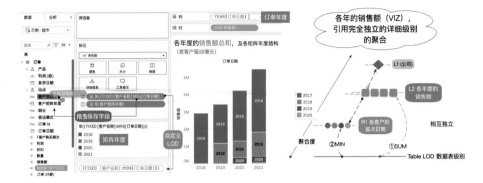

图10-16 使用多个详细级别阐述高级问题的构成关系

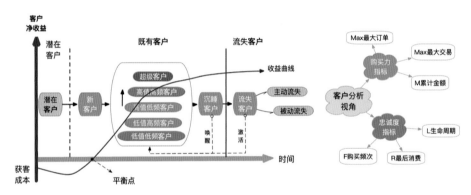

图10-33 单客户模型：随时间的客户阶段分析模型和分析指标

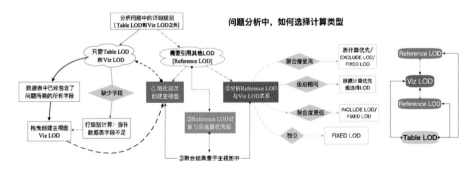

图10-67 以详细级别为中心，选择计算类型的思考方式

# 数据可视化分析 第2版

## 分析原理和Tableau、SQL实践

喜乐君◎著

电子工业出版社
Publishing House of Electronics Industry
北京·BEIJING

## 内 容 简 介

本书以敏捷分析工具 Tableau 为基础，部分章节辅以 SQL 讲解，系统介绍了数据可视化分析的体系和方法，内容涵盖问题分析方法、数据合并和建模、可视化图形的选择和构建、多种交互方式及其组合、仪表板设计与高级交互、基本计算和高级计算等。

本书以 Tableau Desktop 的应用为中心，借工具讲解原理，以原理深化工具应用，并由点及面地介绍了业务分析的思考和原理，特别是提出了实践性的"业务—数据—分析"层次框架，并以三类"详细级别"的概念贯通数据模型、高级筛选和高级计算三大主题。

本书重点介绍工具应用背后的思考方式和原理，帮助读者建立"详细级别"的思考框架，举一反三，从而实现多维、结构化分析。

**图书在版编目（CIP）数据**

数据可视化分析：分析原理和 Tableau、SQL 实践 / 喜乐君著. —2 版. —北京：电子工业出版社，2023.9
（业务数据分析系列）

ISBN 978-7-121-46172-9

Ⅰ．①数… Ⅱ．①喜… Ⅲ．①可视化软件 Ⅳ．①TP31

中国国家版本馆 CIP 数据核字（2023）第 157305 号

责任编辑：石　倩
印　　刷：天津千鹤文化传播有限公司
装　　订：天津千鹤文化传播有限公司
出版发行：电子工业出版社
　　　　　北京市海淀区万寿路 173 信箱　　邮编 100036
开　　本：787×980　　1/16　　印张：33.25　　字数：950.4 千字　　彩插：3
版　　次：2020 年 7 月第 1 版
　　　　　2023 年 9 月第 2 版
印　　次：2024 年 8 月第 3 次印刷
定　　价：189.00 元

凡所购买电子工业出版社图书有缺损问题，请向购买书店调换。若书店售缺，请与本社发行部联系，联系及邮购电话：（010）88254888，88258888。

质量投诉请发邮件至 zlts@phei.com.cn，盗版侵权举报请发邮件至 dbqq@phei.com.cn。

本书咨询联系方式：faq@phei.com.cn。

# 专家寄语

当前，数据分析早已不再是少数人的专属领域。随着各种可视化技术和工具的兴起，非技术用户也可以通过简单易用的方式进行数据探索和分析，以发现其中蕴含的商业价值。

很高兴看到本书的及时出版。它是喜乐君在广泛实践的基础上深度思考、总结和再实践而得来的知识结晶，深入浅出地剖析了商业智能和数据分析的方法论。在直面数字化转型机遇和挑战的当下，我们相信它定会促进可视分析的普及和数据思维的推广。

——浙江大学"求是"特聘教授　陈为

数字化转型带来的是海量的数据。如何面对、如何处理、如何通过数据驱动业务成功，就成为"后数字化转型时代"的一个话题。此时此刻，我们需要这样一个工具，既如"显微镜"一样让我们看清业务的微观过程，又如"望远镜"一样让我们探索抽象的业务世界。

——中国一汽体系数字化部总经理　门欣

越来越多的人意识到，数据是企业的关键资产；数据化经营，用数据驱动代替经验驱动，是企业竞争成败的关键。这几年来，我们在全公司推广数据化经营，通过数字化人才能力培养、数据管理和敏捷分析工具的建设，提升全员数据经营的能力和意识，实现多用户、多场景的规模化价值，助力公司降本增效。

特别感谢喜乐君老师对我们复合型数字化人才体系培训的大力支持。

——陆金所控股有限公司财务部总经理　杜建国

传统生产制造型企业一直面临着信息化、自动化、数字化、智能化的多重挑战与机遇，归根结底，是考验企业业务能否全面在线、部门横向协调是否贯通、数据能否赋能决策、流程可否持续优化。

借助于Tableau卓越的分析框架和敏捷能力，过去几年，哈克过滤科技实现了销售、生产数据的"上下贯通"，实现了考核指标自动跟踪；效率的大幅提升，坚定了公司业务与数据融合、数据与流程互补的信心。喜乐君的系列图书和课程，则为公司的数字化转型补上了"员工能力培养"和"前瞻性的市场预测"的关键一环。

——上海哈克过滤科技股份有限公司董事长　朱乃峰

数字时代要求人们掌握大数据工具；反过来，大数据工具要求使用人员具备数据素养。

从初识 Tableau 的惊艳，到以敏捷 BI 分析为导向推进数字化转型，海南航空同时经历着数字化转型的欣喜和阵痛，在取得开创性成果的同时，也发觉体系化的、本土化的方法论和工具体系才是关键。

不管是工具的使用技巧，还是人员数据素养的提升路径，喜乐君均提供了结构化、易理解、操作性极强的方法论，是助力个人、企业在数字时代获得成功的优秀解决方案。

——海南航空总裁助理　邱曾维

每一次捧起喜乐君的书，细细品味那优雅的文笔、深入浅出的表述，再结合业务的问题和痛点，以及娓娓道来背后的原理和脉络，总让我醍醐灌顶、豁然开朗，充斥着一种畅快淋漓的感觉。

作为高管和数字化转型的实践者，我和喜乐君都提倡建立"一种探究而不是鼓吹的文化"，这敦促每一个管理者要"越过肩膀看问题"，以一种正确的文化基调，向公司里那些聪明的分析师问同样聪明的问题——关于他们的模型和假设，而不是试图让分析结果取悦领导者。将想法与人区分开来，并坚持要有严格的证据来细分这些想法。这个数据驱动的过程，往往更能激励优秀员工去掌握和利用数据，迸发出巨大的力量，让员工从迷茫中脱颖而出。

不管你正身处数据分析领域，还是打算投身这一时代大潮，喜乐君的书都是值得反复阅读的。期待 Tableau 和本书能为你构建职业上强有力的竞争优势。

——上海凯教智科技有限公司创始合伙人　刘墨<br>（2021 年大中华区 Tableau Live 开场主题演讲嘉宾）

业务数字化发展必然导致传统审计向数字化转型，Tableau 强大的数据分析与仪表展示功能为数字化审计提供了专业支持，喜乐君在光伏领域的数字化审计建设过程中贡献了宝贵经验，在此深表谢意。

——天合光能审计监察部　李梅轩

面对常态的经济态势，大家对于未来的期待都越发理性，更多的人聚焦在如何"敏捷"地抓住不确定性中的确定性机会。而"现代化 BI"在某种程度上就是"敏捷分析"的代名词。从这点来说，喜乐君在敏捷分析方面的深度实战与方法论，正在迎来一个美丽的春天。

本书可以指导实际操作，但又远不止于此，通过一手有温度的案例，与作者全程陪伴的启发思考，本书系统性地回答了敏捷决策的 3 个核心问题：如何从业务出发？如何以问题为导向？如何用数据驱动决策闭环？这与我们所倡导的"让业务用起来"的数据理念不谋而合，也帮助我们丰富了很多认知，感谢喜乐君。诚意将本书介绍给热爱数据分析的朋友，以及所有追求敏捷进化的组织。

——观远软件创始人兼 CEO　苏春园

# | 第 2 版自序 |

感谢 Tableau 和读者的支持，是你们给了笔者继续前进的动力。

2020 年年初，我把多年学习 Tableau 的所思、所想毫无保留地写出来，配以精致的图片出版发行。《数据可视化分析：Tableau 原理与实践》一书收到了众多读者的一致好评，累计印刷 8 次，发行逾万册，多次入围"京东大数据推荐榜单"前三名。在读者群中，笔者认识了很多 Tableau 粉丝、企业用户及可视化爱好者。

过去两年多，Tableau 产品持续更新迭代，笔者也进一步补充了 SQL、数据库、数据仓库等基础知识，并对比学习了 Power BI、帆软、观远等国内外多家优秀 BI 产品的应用。"实践是最好的老师"，笔者在分析项目咨询、Tableau 企业培训、可视化开发项目的锻炼中，日渐意识到这本书中的诸多不足甚至错误，并放弃了小修小补的计划，重写此书作为近两年学习的总结。

于是，2022 年 4 月，笔者开始重写本书的内容，并重新绘制、调整了大部分插图。历经波折，多次延迟，本书终于与读者见面。

## 1. 第 2 版改进

- 增加对数字化转型的实践思考。
  结合笔者多年的切身项目实践，本书总结了数据的应用及其发展阶段，数字化转型的多种路径和循序渐进的组织方案（见第 1 章）。
- 业务分析方法和体系更加成熟。
  业务是分析的"土壤"。在项目咨询过程中，笔者提出了"业务—数据—分析"的框架体系，可以与企业业务流程相结合绘制数据地图（见第 2 章）。同时，围绕问题结构、聚合、聚合度和详细级别，构建了一个普适性的业务分析方法，适用于各种分析和 BI 工具，甚至可以作为衡量分析工具的一种尺度（见第 3 章）。
- 在数据合并、筛选、计算三大主题中，对比介绍了 Excel、Tableau 和 SQL 的应用场景。书中总结了"数据合并的分类矩阵""两类筛选位置""计算的分类"等实用方法，帮助没有相关技术背景的人更快实现超越，也有助于熟悉 SQL 的"技术派"更好地理解敏捷 BI 的精髓。高阶的 BI 工具绝非拖曳那般简单，在技术平民化的背后，是更巧妙的"业务灵魂"。
- 将"数据筛选和交互"独立为第 6 章内容，进一步强调筛选在业务分析中的重要性。筛选的类型多样、优先级复杂，应该尽可能避免滥用 SUM+IF 类型的条件聚合。将筛选视为分析的独立环节，是优化分析性能的关键方式。

- 强化"详细级别"的概念（替代之前的"层次"概念）。在数据表详细级别（Table LOD）、视图详细级别（Viz LOD）之外，使用"引用详细级别"（Reference LOD）代表视图之外预先指定的详细级别。笔者把数据关系、筛选和计算融为一体，这是本书最重要的知识资产，是超越 Tableau 理解不同工具背后的分析共性的关键。
- 调整了第 3 篇的知识框架。没有计算，就没有无尽的业务分析，这也是本书最重要的内容之一。
  - ➢ 第 8 章深入介绍了计算的两大分类：行级别计算完成数据准备、聚合计算完成业务分析。在介绍常见函数后，借助逻辑计算介绍了两类计算的区别和联系。
  - ➢ 第 9 章使用了新的框架介绍 Tableau 表计算和 SQL 窗口函数，表计算代表的"抽象的二次抽象"，是迈向高级分析的台阶。
  - ➢ 第 10 章则结合"SQL 聚合子查询"深入讲解 LOD 原理，结合购物篮分析、客户分析等经典案例，把高级分析中"预先聚合"的理念，推广到更普遍的业务分析中。
- 增加了"从数据管理到数据仓库"的内容（见第 11 章），相关内容是从可视化分析走向专业的数据建模、数据方法的关键。"视 Tableau Server 为 DW/BI 平台"，给了更多企业全新选择。
- 受限于篇幅，移除了之前 Prep Builder 数据处理、Tableau Server 相关的大部分内容。

## 2. 致谢

每次写作完成，笔者总是迫不及待地分享。本书付梓之前，笔者在上海组织了"喜乐君精品课"线下活动，详尽介绍了本书的核心内容。教学相长，在分享过程中笔者进一步发现了自身知识体系的盲点。感谢来自天合光能、汉德车桥、上海电气、海南航空、上汽集团、英飞凌等企业的热心读者。

感谢继续支持和信任笔者的企业客户，笔者希望能用专业和热爱回报大家。

感谢 Tableau，你给了笔者穿过迷雾的勇气，笔者也将无期限地支持你，对得起"Tableau 传道士"的称号，对得起 Tableau Visionary 的全球荣誉（连续 4 年）。

感谢父母，感谢家人，"大爱无言"，笔者当用余生以行动回报。

喜乐君

2023 年 1 月 20 日

# | 第 1 版自序 |

## 鸟会飞是因为有羽毛吗——Tableau 与笔者的分析之旅

笔者于 2017 年偶遇 Tableau，从昨日的爱好到今朝的工作，仿佛一瞬，又好似半生。如今，笔者完成了之前未曾想象的任务——把笔者的所思所想、所知所悟以出版的方式分享给更多人。

理想主义者总是习惯性地低估困难，写书这件事情尤其如此。累计 638 张精心制作的插图，有别于博客文章，力求建立新的体系框架，你我虽隔书相望，但希望每一位读者都能感受到笔者毫无保留的写作态度与努力。2021 年，有幸与 Tableau 艺术家 Wendy 一起入围 Tableau Zen Master 全球榜，这是读者和 Tableau 对笔者最好的认可。

与此同时，还是想谈一下笔者和 Tableau 的渊源，以此说明笔者如何以文科学历和业务背景从零开始成为今日的"Tableau 大使"，这条路每个人都可以走，只需要用心与努力即可抵达。

### 1. 笔者和 Tableau 的渊源

笔者在毕业后历经国企、创业、私企几番锻炼，于 2017 年回到婴贝儿担任总裁助理，忙里偷闲四处学习，并且获得了"买任何图书均可报销"的公司特权，受领导鼓励，也在公司义务培训 Excel、消费心理学等。考虑到公司低效的"PPT 数据传统"和自身专业数据分析知识的薄弱，因此私下搜集各种大数据分析工具，最后被 Tableau 的灵活、易用和美观所折服。之后陆陆续续为运营、采购、人力资源等板块做了一些并非成熟的分析。

笔者是典型的"写作型"，因此从学习第一周开始，就陆陆续续记笔记、写博客，纯粹为了帮助自己增强理解，不料几年下来，竟然积累了可观的笔墨。"所有的成功都是长期主义的胜利"。数据和数据分析恰好是一个不错的"风口"，于是误打误撞地进入了这个"陌生但新鲜的行业"。

《经济学人》杂志中曾写道："21 世纪最重要的资源是数据"，但是不经分析的数据没有价值，如同"不经反省的人生不值得过"（苏格拉底），而这正是转型期的企业遇到的成长烦恼。笔者决定和 Tableau 同行，将自己多年的工作经验与笔者对数据的理解融为一体，认真服务每一位客户，同时获得自我的提升。笔者选择了 Tableau，之后通过了 Tableau Desktop 和 Server QA 认证，并在参加 Tableau 峰会时认识了众多 Tableau 员工和爱好者，开始了开发客户、服务客户的美好旅程。

在服务客户的过程中，笔者不断积累自己的 Tableau 知识和业务理解，并持续更新博客以增强理解，并向更多客户传播 Tableau 文化。笔者从不拒绝客户的任何问题，把它视为最好的收集问题和不断学习的机会——没有什么是学习不能解决的问题，如果问题不能被解决，那就是学艺不精。追求超过预期的交付，不仅帮助笔者提高了客户的续费和增购的概率，而且不断积累了下一本书的素材。

### 2. 从所知到所悟

在学习过程中，笔者不断阅读各类数据分析书籍，并仔细翻阅官方近万页的文档和白皮书。可惜的是，笔者找到的国内外每一本 Tableau 主题图书，都只能满足笔者的初学需求，却不能满足向中高级进阶时的胃口，总觉得要义未精、框架欠明，如同武林秘籍缺少最后一章，即便各种招式纯熟，也难以在实战面前随心所欲。这种理解上的束缚，阻碍了为客户提供最高品质的培训和咨询。跟随山东大学王思悦老师学习，他教给笔者一种处事态度："和人交往改变自己，和物交道改变对方"，因此，笔者希望重新构建 Tableau 的知识体系，并希望帮助初学者和高级分析师更好地使用 Tableau 产品。

在克里斯坦森教授《你要如何衡量你的人生》一书的开篇，提出了一个让笔者终生难忘的问题："鸟会飞是因为有羽毛吗？"笔者曾经以为是，但正如克里斯坦森教授所言，人类上千年来一直尝试仿制轻盈的翅膀飞上天，最后，倒是成吨的钢铁飞机实现了。100 年前，人类在"流体力学"和"空气动力学"领域积累了足够的知识，才实现了飞翔的梦想，这就是原理的重要性。很多人觉得掌握原理是少数人的事情，殊不知，原理是具有实践性的，它赋予了我们"举一反三"的能力。

因此，笔者迫切地希望洞察 Tableau "拖曳"、可视化，特别是高级计算背后的原理，只有掌握了原理，笔者才能用最简单的语言，让所有客户以最少的时间和金钱成本换来最高效的培训和使用效果。而通往大彻大悟的道路只有一条，那就是持续的努力和深度的思考相融合的道路。

整个 2019 年，笔者一方面不断地向 Tableau 最难的高级计算和高级互动发起总攻，并持续修改博客文章作为通达明了的明证；另一方面每月组织 Tableau 公开课程，在分享过程中不断深化自我理解，并在为中原消费金融、以岭药业等客户提供培训的过程中不断总结本书的宏观框架。2019 年在国联水产进行的客户培训中，获得了本书第 5 章的关键灵感。2021 年，在长隆集团信息部门的内部交流中获得了"业务字段、分析字段"的关键灵感，并在平安普惠的项目中开始构思"业务数据分析地图"。

在这个过程中，笔者持续写作博客文章以作记录和思考，如今笔者的不少 Tableau 博客文章，特别是关于"LOD 详细级别表达式"原理和案例解读系列，几乎可以与官方的介绍文章并驾齐驱。2020 年年初，因疫情在家，得以从头重写每一个细节及其思路，并把基础计算和高级计算融为一体，形成了全新的讲解体系，从而保证初学者也可以快速掌握最高难度的知识环节。

最后，笔者找到了从 Excel 分析到 Tableau 数据分析的根本性差异，即层次（LOD 详细级别）。客观的数据表详细级别（Table LOD）描述数据结构和颗粒度，主观的视图详细级别（Viz LOD）描述业务问题及其相关性，并通过计算的多种分类把二者融为一体。全书都贯穿了"层次分析"的思路，并在高级计算部分得以升华——高级计算的实质就是多层次问题分析。因此，读者在本书中能看到很多全新的内容，特别是用层次（详细级别）理解大数据分析的核心特征、理解数据结构并识别行级别唯一性、理解 Tableau 的计算并引导如何选择等。

而精心绘制的插图，旨在用可视化的方式增强理解。通过二次处理，尽可能提高每一幅插图的知识密度。

### 3．大数据时代的趋势与业务驱动的数据分析

随着互联网经济的蓬勃发展，大数据时代已经成为不可回避的事实。在经济竞争面前，企业更应该追求精益分析驱动的精益成长，构建以分析为中心的敏捷平台变得不可或缺。

因此，敏捷 BI（商业智能）已经是大势所趋、不可抵挡。企业成长依赖于在竞争环境中不断做出最优的决策，而决策来自充分地建立假设并高效地验证，数据分析是连接数据资产与价值决策的纽带，而敏捷 BI 能提高数据的利用效率和企业的决策效率。"分析即选择，决策即择优"，数据分析可以直接创造企业价值，未来已来，所有的企业都将是数据驱动型的组织。

对于企业而言，Tableau 提供了敏捷的"数据仓库、商业智能一体化"整体方案。不管是中小企业还是大型企业，Tableau 都是极佳的企业级大数据可视化分析平台，它在面向业务方面的卓越表现，迄今难有同行产品可以比拟。

对于业务分析师而言，Tableau 入门容易、使用灵活，因此它几乎适用于企业中的每一位数据用户和业务决策者。同时，Tableau 博大精深、足够专业，在可视化样式、互动探索、高级计算等方面有无限空间值得探索，因此不断钻研的 Tableau 分析师可以为自己构建足够高的技术壁垒，从而捍卫自己的专业领地。这也是笔者的选择和道路，只要努力，人人皆可模仿，没有所谓的"学习力"，需要的只是用心和努力而已。

在这条充满光明的道路上，最大的障碍其实不是工具，而是人和文化。借助本书，衷心地希望更多的人能熟练使用 Tableau，并建立自己的职业壁垒，节省时间就是拯救个人生命，提高效率就是创造企业利润。

### 4．致谢

从博客文章到一本书，这是之前笔者还未曾预料的事情；因为疫情在家隔离，一个春天，不料梦想就变成了现实。

特别感谢唐小强先生、百威啤酒刘洋先生、红塔集团付聪先生、金发科技黄彬祥先生及其他众多读者为本书勘误做出的贡献。

特别感谢 Tableau 赋予的学习机会，让笔者认识了各行各业的企业客户、朋友和读者。

感谢家人，他们给了笔者生活的意义。

感谢时间，感谢充满坎坷与喜乐的人生。

喜乐君
2023 年 1 月 20 日修改

# 内容及说明

系，在包含多个筛选时，相同类型取交集、不同类型看优先级。集是高级的筛选工具，它的本质是分类判断。参数用于控制筛选、集的范围，是最常见的变量。

**第7章　仪表板设计、进阶与高级交互**

仪表板是最重要的表达方式，而交互是仪表板灵活性的展现，基本交互包括快速筛选、高亮、跳转等，高级交互则以参数、集（通常变量）为基础，多要结合计算方可完成。本章同时介绍了指标（Metric）、初始模板、性能优化等内容。

**第3篇　以有限字段做无尽分析：Tableau、SQL 函数与计算体系**

本篇的关键是计算，基于详细级别构建了由浅入深的层次体系，是读者理解 Tableau 和通用分析的关键。

**第8章　计算的底层框架：行级别计算与聚合计算**

行级别计算完成数据准备、聚合计算完成业务分析，二者构成了计算的基础。本章结合 Excel、SQL 和 Tableau 的讲解，并介绍了 Tableau 的对应函数。字符串函数、日期函数是行级别的，而算术计算、逻辑函数是通用的。

**第9章　高级分析函数：Tableau 表计算/SQL 窗口函数**

分析即抽象，抽象聚合，"聚合的二次聚合或行间计算"是高级抽象的典型，典型案例是合计百分比、同/环比差异。本章介绍排序、移动平均、窗口合计等典型计算场景和函数，并介绍了表计算嵌套应用，以及"合计利润率"、标杆分析、帕累托分析等案例。

**第10章　结构化问题分析：LOD 表达式与 SQL 聚合子查询**

LOD 表计算用于在视图中引用预先聚合值，这和 SQL 聚合子查询异曲同工。本章介绍了它的原理、类型与函数，并深入介绍了客户分析、购物篮分析等典型案例。

**第11章　从数据管理到数据仓库：敏捷分析的基石**

Tableau 不仅是可视化分析工具，更是企业级的大数据分析平台，本章介绍 Tableau Server 的数据管理相关功能，并介绍 ETL 流程。建议企业把 Tableau 视为 DW/BI 平台，构建敏捷的分析体系。

# 目　录

## 第 1 篇　奠基：数字化转型与业务分析原理

# 第2篇 数据准备、可视化、交互设计

## 第 3 篇　以有限字段做无尽分析：Tableau、SQL 函数和计算体系

# 奠基：数字化转型与业务分析原理

"Information is the oil of the 21st century, and analytics is the combustion engine."

（信息是 21 世纪的"石油"，而分析是 [输出价值的]"内燃机"。）

——Peter Sondergaard, Gartner Research

# | 第 1 章 |

# 数字化转型：21 世纪的机遇与挑战

关键词：数字化转型、商业数据分析、业务数据分析

数据的发展给商业的发展和创新带来源源不断的新机遇。从复式记账、计算器到数据库、大数据分析、机器学习，数据技术不断催生了新产品、新业务、新商业模式。

21 世纪，数据不仅成为每一家商业组织不可忽视的力量，甚至被视为新型的生产要素。纳入国家文件，与土地、劳动力、资本、技术等传统要素并列为生产要素之一（见本章参考资料[1]）。信息化为中华民族带来了千载难逢的历史机遇，也给很多人带来了全新的职业选择和创造性的工作机会。

本章将尽可能避免"技术"内容，关注商业、数据、信息，介绍数据的层次、数据应用的阶段和企业的"数字化转型"。

## 1.1　理解数据的层次及分析的价值

不同时代、不同场景，对数据的理解大不相同。在电子计算机发明之前，数据主要指以数字符号（Number）为主的定量记录，比如商铺的会计账本、政府的财政支出等，存储形式是纸质的。而在电子计算机发明并普及之后，**数据泛指一切可以电子化记录的信息（Information）**，如销售记录、会议纪要等结构化及非结构化数据。

**狭义的数据以数字为中心，广义的数据以电子化信息为中心。**

从分析的角度出发，还要理解数据的多种表现形式，可以以"价值密度"或"知识密度"来区分数据的抽象化层次。比如，上市公司的年度摘要和小学生手中的算术题目，它们之间的知识密度截然不同。知识密度更高的数据形式是从更多的低层次数据中抽象而来的。

基于这样的理解，可以把数据分为 4 个逻辑层次，构成"数据金字塔模型"，又被称为"DIKW 数据模型"，如图 1-1 所示。这里以"某汽车品牌的新能源汽车销售"为主题，呈现了不同层次的数据。

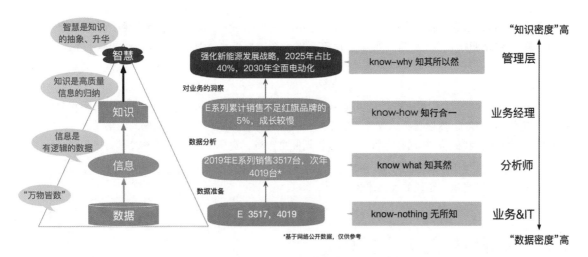

图 1-1　数据金字塔模型（数据来自公开网络）

- **数据（Data）：数据是理解事实的符号，比如文字、数字、单位，甚至形状、颜色等。**
  数据是构成数字世界的"细胞"，但在未被逻辑处理之前，数据难言应用价值，不经分析的数据如同不经反省的人生、未经开采的石油，存在却缺乏意义。从这个角度看，仅仅拥有了数据，看似拥有一切，可能所知甚少，此为 know-nothing（无所知）。

- **信息（Information）：信息是有逻辑的数据组合，如同语言是文字的艺术。**
  从数据到信息的数据准备过程，对应数据处理、数据合并等内容，是数据应用中特别耗费时间的基础性工作。世界存在于关系之中，信息反映了数据之间的逻辑关系，揭示了存在的真相，因此了解信息就是 know-what（知其然）。

- **知识（Knowledge）：知识是在数据、信息中增加了主观理解，并进一步升华的数据见解。**
  与信息不同，知识是可以直接指导业务决策和行动的，借助行动产生价值，故称为 know-how（知行合一）。知识是数据分析过程的关键输出，其中融入了大量的主观理解。

- **智慧（Wisdom）：智慧是在大数据分析和经验的基础上，对信息、知识的进一步萃取和抽象，是将数据转化为价值创造的指引，也是 AI（人工智能）努力但又难以超越的领域。**
  在分析实践中，与智慧对等的词汇有"洞见"或者"洞察"，代表透过表象看本质，这与英文 insight（洞见）两个词根的组合有异曲同工之妙（in-sight）。
  既然是透过表象看本质，到了这一层，就融合了决策者的深层理解和经验性的洞见，透析数据，不仅知其然，更知其所以然，此乃妙理，即 know-why（知其所以然）。每个公司都有少数管理者和业务领导可以通过关键的数据线索判断行业大势，见微知著，预判未来。所有的智慧和洞见背后，是更加抽象和前瞻性的数据逻辑和知识体系。

随着计算机算力的大幅提高、计算机编程的日益进化，AI 开始兴起，在一些特殊领域，计算机辅助决策正在向"计算机智能决策"迈进，比如自动驾驶汽车、电商智能推荐、机器人围棋等。商业智能与智慧的结合，催生了智能商业这一新兴业态，重塑了很多传统行业的生态系统。

理解了数据的层次，就可以理解数据分析的过程。从广义角度来看，**数据分析包括数据准备（从数据到信息）、数据归纳分析（从信息到知识）、在探索分析中增进业务理解（从知识到智慧）等多个环节**；从狭义角度来看，数据分析主要指以交叉表或可视化图形的方式直观、简洁地从信息中总结规律、指导行动的过程。

在企业的业务实践中，根据数据分析中的经验成分，笔者逐渐把企业数据分析应用分为**报表展现、业务分析（敏捷 BI）、商业分析（智能商业）**3 个典型阶段。报表展现强调数据的归纳总结，业务分析强调交互探索及其和业务决策的结合，商业分析则侧重市场、竞争格局、商业模式等战略要素分析。

本书的重点是使用 Tableau、SQL 等敏捷工具介绍大数据业务分析的方法论和实现方法，当然也兼容第一阶段，同时又是第三阶段的能力准备。

# 1.2 数据应用的 3 个阶段

在过去的半个多世纪，"信息技术"及其英文简称"IT"从专业名称逐步变成了通用词汇，融入生活的诸多细节。"信息技术"（Information Technology，IT）一词最早出现于 1958 年（见本章参考资料[2]），用来指围绕计算机的各种新技术，主要包含以下 3 个内容。

- 巨量信息的高速**处理**技术（Techniques for processing large amounts of information rapidly）。
- 统计和数理模型**辅助决策**（The use of statistical and mathematical models to decision-making problems）。
- 计算机"**深度学习**"（The simulation of higher-order thinking through computer programs）。

这些领域快速发展，催生了众多的 IT 细分行业，包括计算机芯片、存储、智能手机、高性能计算机、编程语言、软件设计、数据库等，深刻影响甚至改变了商业的运作方式，仅从会计的几百年发展史就可以一窥究竟。自从复式记账被商业广泛采用，记账的方式就经历了纸质记账、计算机记账软件（会计电算化）、分布式记账多个阶段，并衍生了管理会计、电子发票、流程自动化等众多应用。这也难怪很多人会有"会计人员会被计算机取代"的忧虑。

21 世纪，站在商业的角度，信息技术的发展重点发生了显著变化，从技术发展转向了信息的应用，这也是越来越多的企业在"CIO 首席信息官"之外增设"CDO 首席数据官"及精益分析部门的重要背景。正如"管理学之父"彼得·德鲁克在《21 世纪的管理挑战》（见本章参考资料[3]）一书中所言：

> 50 多年来，信息技术一直以数据为中心，包括数据的收集、存储、传输和显示。在"信息技术"中，重点始终是"技术"（Technology）。然而，新兴的信息革命的重点是"信息"。
>
> ——彼得·德鲁克，《21 世纪的管理挑战》

信息的应用，包括数据整理、数据治理、数据分析等众多领域。相关的技术和应用日渐整合，逐步发展了"商业数据分析"的新专业、新领域。

按照分析群体、呈现方式、数据标准化程序等的不同，笔者把广义的"商业数据分析"分为**报表展现、业务分析（敏捷 BI）和商业分析（智能商业）**多个阶段。

以某汽车集团为例，笔者以如下 3 类问题作为示例，向读者解释不同阶段的数据应用。

- 报表展现：制作生产和销售周报、月报（展现主要指标，并从多个维度展开）。
- 业务分析（敏捷 BI）：从客户交付情况，分析某系列车型销量多的原因，以及东北地区相对其他区域，在客户年龄、产品价格分布等方面的特殊性，并给出营销建议（结合业务需求的敏捷分析）。
- 商业分析（智能商业）：以 2030 年全面电动化为战略目标，分析公司电动化的机遇、挑战与可行性战略（商业分析侧重行业趋势、市场格局等战略要素的分析，包含更多抽象经验和前瞻判断）。

笔者简要对比这 3 个阶段的区别，如表 1-1 所示。

表 1-1　不同阶段的数据分析对比

| 分析阶段 | 分析的目标 | 分析的主体 | 呈现形式 |
| --- | --- | --- | --- |
| 报表展现（Business Information） | 重在数据整理与报表呈现，展示而非解释 | IT 分析师，或者外包供应商；强调信息的整理 | 以交叉表和简单图形为主，逻辑较简单；需求基本固定，以日报、周报、月报为主要形式 |
| 业务分析（敏捷 BI）（Business Intelligence） | 企业内部大数据的交互呈现，以及辅助决策的假设验证分析 | 业务分析师，或者数据咨询顾问；强调信息与经验、知识的结合 | 以丰富的可视化图表为主要形式，强调交互和假设验证；需求易变，方式敏捷；以交互仪表板为主要载体 |
| 商业分析（智能商业）（Intelligent Business） | 企业内外数据、经验、洞察的综合分析，包含更多主观的预测、规划和宏观行动建议 | 业务领导和管理层，或者专业咨询顾问；强调知识、方法论、洞察 | 重视逻辑分析，重视宏观思考，侧重高端决策建议，以专业咨询报告为载体 |

**业务分析的关键是敏捷性，分析应该与决策紧密结合，快速假设、快速验证。**

本书的重点是"敏捷业务分析的体系与方法"，相关内容向下兼容报表展现，向上为商业分析提供分析方法和理论支持。这里简要展开叙述。

## 1.2.1　初级·报表展现：信息的整理与固定展现

报表是数据分析的初级阶段，也是不可绕过、不可或缺的重要表达方式。只是很多企业的数据分析被报表展现所束缚，把它应用到了不恰当的业务场景，或者被它束缚忽视了更高的阶段。

报表展现以报表（Report）为展现形式，每个报表包含多个交叉表（Cross Table）及必要的解释说明，随着技术的进步也辅助以简单可视化图形或者交互功能。

报表展现的优点是信息密度高，能在有限的空间中展现尽可能丰富的数据。图 1-2 所示为麦吉尔（McGill）大学 2020 年的招生情况报表，该报表中包含了多个筛选器，同时展示了多个维度、多个年度的数据，用户可以通过筛选与之交互，甚至下载查询结果。

Enrolments Overview | International Enrolments by Co... | Enrolments by Department of ...

1. Select the ROW and COLUMN dimensions of choice:    Row: Faculty (of Enrolment)    Column: Full-time/Part-time Status

2. Select how you'd like to DISPLAY the data:
- Enrolment (n)
- Enrolment (Row %)
- Enrolment (Column %)

3. FILTER your data:

| Status (Domestic vs. Int'l) | Faculty (of Enrolment) | Full-time/Part-time Status |
|---|---|---|
| (全部) | (全部) | (全部) |

**Enrolments Overview**

Degree Type Grouping / Degree Type / Faculty by Term / Full-time/Part-time Status: Enrolment (n)

Faculty (of Enrolment): 全部 | Status (Domestic vs. Int'l): 全部 | FT/PT Status: 全部

下载 PDF    >> click for export instructions

*Tip: You can drill up/drill down by using the "+" or "−" sign that appears when hovering over a row or column header.

| Total | Degree Type Grouping | Degree Type | Row - Custom Dimension | Fall 2020 Full-time | Part-time | 合计 | Fall 2019 Full-time | Part-time | 合计 | Fall 2015 Full-time | Part-time | Unknown | 合计 |
|---|---|---|---|---|---|---|---|---|---|---|---|---|---|
| | | Certificates, Diplomas | Faculty of Agric Environ Sci | 4 | 3 | 7 | 3 | 2 | 5 | 11 | 7 | | 18 |
| | | | Faculty of Arts | 2 | 2 | 4 | 4 | 2 | 6 | 1 | 1 | | 1 |
| | | | School of Continuing Studies | 141 | 993 | 1,134 | 75 | 965 | 1,040 | 127 | 1,010 | | 1,137 |
| | | | Faculty of Education | 3 | 35 | 38 | 4 | 52 | 56 | 2 | 84 | | 86 |
| | | | Schulich School of Music | | | | | | | 23 | 3 | | 26 |
| | | | Faculty of Science | | 2 | 2 | 1 | 2 | 3 | 4 | 1 | | 5 |
| | | | 合计 | 150 | 1,035 | 1,185 | 87 | 1,023 | 1,110 | 167 | 1,106 | | 1,273 |
| | Special, Visiting, QIUT, Exchange | | Faculty of Agric Environ Sci | | 3 | 3 | 8 | 2 | 10 | 7 | 4 | | 11 |
| | | | Faculty of Arts | 3 | 33 | 36 | 191 | 43 | 234 | 135 | 54 | | 189 |
| | | | School of Continuing Studies | 69 | 453 | 522 | 158 | 728 | 886 | 171 | 1,206 | | 1,377 |
| | | | Faculty of Education | | 31 | 31 | 1 | 40 | 41 | 1 | 43 | | 44 |
| | | | Faculty of Engineering | | 51 | 51 | 31 | 31 | 62 | 53 | 41 | | 94 |

图 1-2　2020 年秋季，麦吉尔大学招生情况表[1]（不完整截图）

　　**报表展现强调单元格级别的精细化编辑**，因此 Excel 是最常见的设计工具。如今，Excel 依然是各级公司、各个业务部门中常见的数据处理、分析工具。很多现代化的报表工具，也多以 Excel 的单元格编辑为核心理念，通过各种扩展增强了数据连接功能、可视化功能、定制化模板等，提供了更好的分析体验。其典型代表是微软报表 SSRS、水晶报表（Crystal Reports）[2]，它们虽已几近"香消玉殒"，却是同行模仿的榜样，催生出不少优秀的报表工具厂家，在很多数据生产力低下的行业和公司，推动了数据应用的发展。

　　但是，在报表分析的过程中，要特别注意交叉表的应用范围和边界。如果把报表的展现形式、展现逻辑扩展到业务分析中，就会与敏捷的业务分析精神背道而驰。

　　**典型的歧路是过多地嵌套表头和增加复杂修饰**，如图 1-3 所示。这种定制的复杂结构，将报表的"数据密度"推向了全新的高度，却很难识别业务风险或市场机遇，也难以成为决策假设的依据。同时，它的维护性低，不具有通用性，极易降低分析效率。

| 区域 | 省/自治区 | 销售额总计 | 利润总计 | 办公用品（万元） 销售额 当年金额 | 同比增长 | 重点单品销售额 | 利润 当年金额 | 同比增长 | 家具（万元） 销售额 当年 | 同比增长 | 重点单品销售额 | 利润 当年 | 同比增长 |
|---|---|---|---|---|---|---|---|---|---|---|---|---|---|
| 总合计 | | 0.05 | 0.01 | 166.46 | 29.4% | 0.00 | 24.78 | 41.9% | 198.78 | 40.7% | 0.00 | 19.40 | 0.6% |
| 东北 | 小计 | 0.01 | 0.00 | 23.22 | -4.7% | 0.00 | 1.56 | -25.3% | 35.74 | 55.9% | 0.00 | 2.87 | -0.2% |
| | 黑龙江 | 0.00 | 0.00 | 9.08 | -14.8% | 5.43 | 2.06 | -7.4% | 18.14 | 71.2% | 0.00 | 3.83 | 56.6% |
| | 吉林 | 0.00 | 0.00 | 3.10 | -33.3% | 2.91 | 0.75 | -17.6% | 7.90 | 30.3% | 9.01 | 1.52 | -13.1% |
| | 辽宁 | 0.00 | (0.00) | 11.04 | 21.7% | 6.89 | (1.25) | 19.8% | 9.70 | 54.9% | 0.00 | (2.48) | 88.2% |
| 华北 | 小计 | 0.01 | 0.00 | 27.21 | 57.6% | 0.00 | 4.72 | 25.1% | 36.18 | 102.6% | 0.00 | 5.19 | 50.8% |
| | 北京 | 0.00 | 0.00 | 8.56 | 319.9% | 3.70 | 1.31 | 235.2% | 3.70 | -29.4% | 0.00 | 0.72 | -44.5% |
| | 河北 | 0.00 | 0.00 | 6.80 | 6.2% | 4.36 | 1.65 | -18.8% | 14.36 | 195.5% | 0.00 | 2.26 | 80.3% |
| | 内蒙古 | 0.00 | (0.00) | 3.34 | -2.6% | 2.25 | (0.39) | 379.7% | 2.25 | 66.7% | 0.00 | (0.90) | 349.5% |
| | 山西 | 0.00 | 0.00 | 5.11 | 262.3% | 2.49 | 1.31 | 343.2% | 8.49 | 180.6% | 0.00 | 2.30 | 326.3% |
| | 天津 | 0.00 | 0.00 | 3.39 | -14.7% | 2.40 | 0.84 | -26.2% | 7.40 | 118.2% | 0.00 | 0.81 | 48.8% |
| | 小计 | 0.02 | 0.00 | 45.84 | 11.8% | 0.00 | 6.19 | 36.9% | 59.65 | 22.2% | 0.00 | 5.45 | 2.6% |

图 1-3　典型的"复杂报表"结构一览

---

1　来自麦吉尔大学在 Tableau Public 中发布的公开内容，发布者为 Analysis、Planning 和 Budget。

2　由 Crystal Services 公司开发，主要用于设计及产生报表。经过多次并购，当前属于 SAP 公司。

在企业发展阶段参差不齐的中国，很多人甚至为其冠上了"中国式报表"这样怪异的称呼。笔者看来，这类复杂报表是落后数据观念的残余，是敏捷分析的敌人，是生产力和企业效率的黑洞。

为了在报表分析的基础上兼容业务分析，不少报表公司推陈出新，发布了"类 BI 产品"，试图在报表展现和敏捷处理之中寻求平衡。但是，以报表展现为基因的 BI 公司，产品功能还是侧重于信息的整理与呈现，这里的 BI 更多是 Business Information，而不是 Business Intelligence。

真正的 BI 工具是面向业务的，从业务问题出发，追求敏捷灵活、交互迭代，直接辅助业务决策，它们才是商业智能工具。

## 1.2.2　中级·业务分析：分析辅助决策，决策创造价值

敏捷业务分析的典型工具是各类敏捷 BI（Business Intelligence，商业智能）工具，本书中常以商业智能或者 BI 代指敏捷业务分析。

商业智能强调以业务为中心，业务分析面向决策，追求持续改进。BI 的关键是 Intelligence，即智力、智慧、智能，在敏捷业务分析中，**业务分析师的经验和业务知识是最重要的催化剂**，这是与报表展现的关键差别。报表展现以展现结果为目的，敏捷业务分析以探索问题、辅助决策为目的。

1989 年，Howard Dresner（后来成为 Garner 公司的分析师）明确提出了 BI 的概念，指"使用基于事实的支持系统支撑商业决策的概念与方法"（Concepts and methods to improve business decision making by using fact-based support systems）。从 20 世纪 90 年代开始，随着数据仓库技术（Data Warehouse）和联机分析处理（OLAP）的快速发展，BI 也随之从概念转向实际应用。其中，笔者看来，代表性的里程碑是"数据仓库之父"William H. (Bill) Inmon[1]基于业务出发构建的数据仓库与辅助决策分析的理论体系，以及"2019 年度图灵奖"获得者 Pat Hanrahan[2]打造的可视化分析工具 Tableau，如图 1-4 所示。

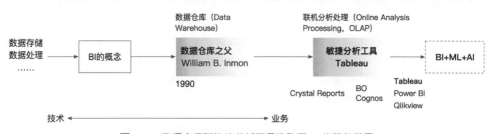

图 1-4　数据仓库与敏捷分析工具推动了 BI 的蓬勃发展

在上述发展过程中，信息技术越来越向数据的应用、辅助业务决策倾斜，商业智能关注的焦点不是"**如何获得、存储更多数据**"，而是"**大数据分析如何辅助决策**"。而影响"**数据辅助决策**"的主要矛盾是，"拥有数据的 IT 分析师不了解业务逻辑，与负责业务决策的业务经理难以精通数据分析方法"之间

---

1　William H. (Bill) Inmon，最早的数据仓库概念提出者，同时也是 Corporate Information Factory 的创始人。代表著作是《数据仓库》（*Building the Data Warehouse*）。

2　Pat Hanrahan 在 2003 年与学生创办 Tableau，2013 年 IPO（Initial Public Offerings，首次公开发行股票），2019 年被 Salesforce 公司收购。

的矛盾。这也是当下阻碍大部分公司发挥"数据资产"价值的关键要素。

随着科技的快速发展，特别是分析技术平民化，从新兴的互联网公司到传统的医药公司，越来越多的企业正在将数据分析工作从信息部门转向业务部门，甚至在业务部门中成立专门的数据分析团队。而敏捷的可视化数据分析，是业务分析的关键表达形式。

归根结底，商业智能（BI）是以业务用户为主体的，强调辅助决策的业务分析。

随着企业中各个业务板块的数字化程度日益提高，业务人员的敏捷分析能力日渐成熟，就会推动企业在更大范围进行数字化转型，甚至调整商业模式。事实上，十年前令我们惊讶的"行业跨界挑战"如今已经司空见惯，互联网企业无一例外地借助数字化赋能，重塑了一个又一个传统行业。这就是数字化的至高境界——"智能商业"。

## 1.2.3 终极·智能商业：大数据重塑商业模式

数据应用的终极场景，是以数字化方式打造或重塑全新的商业模式。

过去的十多年，全世界都已经感受到了数字化的巨大力量，滴滴靠数字平台的力量颠覆出租车和出行市场；电商、直播重塑了零售商业的格局，催生了亚马逊、阿里巴巴等世界级独角兽企业；微信、脸书（Facebook）成长为基础服务运营商，颠覆了传统电信服务运营商的经营模式。

从微观角度看，每个人每日的生活，也是数字化世界。早晨，智能闹钟提醒你起床，同步播报天气、出行提醒，导航地图智能规划出行路线，上班后自动刷新、推送的业务仪表板，随时随地进行在线会议、在线沟通等。每个人的生活、工作、娱乐、学习，无不依赖众多数字化的商业应用。企业在用数字化驱动业务成长的同时，也变成了数字化世界的一分子。

因此，我们总是会听到这样的口号："所有企业都应该用数字化重做一遍"。这里的"数字化"不同于之前的信息化，它是要重塑企业的商业模式。数字化转型的英文翻译是"Digital Transformation"或"Digital Business Transformation"，Gartner 公司给出的定义是"开发数字化技术和支持能力，以新建一个富有活力的数字化商业模式"（The process of exploiting digital technologies and supporting capabilities to create a robust new digital business model）。陈劲教授以记账为例，解释了数字化转换、数字化升级（信息化）、数字化转型的业务差异（见本章参考资料[4]）。

---

一个自行车制造企业引入财务电算化工具，将以前的手工记账变为电脑记账，就是实现了 Digitization（数字化转换）；若其进一步引入 ERP 系统，以财务运作为核心形成集预算决算、合规内控、财务报表、人员管理、成本分析等为一体的企业流程管理 IT 系统，则算是完成了 Digitalization（数字化升级）。然而，到目前为止，公司的主营业务和商业模式并没有出现根本性变化。不过，当公司意识到数字经济带来新的商机后，发展共享单车业务，依托数字化技术实现了从"卖单车"到"单车分时租赁"的商业模式转型，此时才算达到核心业务的 Digital transformation（数字化转型）。

——陈劲等，数字化转型中的生态协同创新战略，《清华管理评论》，2019 年 06 期

---

可见，数字化转型完全超越了"信息的数字化"或"工作流程的数字化"，着力于实现"业务的数字

化"，使公司在一个新型的数字化商业环境中发展出新的业务（商业模式）和新的核心竞争力。

在互联网时代，业务全面数字化带来了前所未有的掌控力，重要的不是产品本身，而在于与客户的
"永恒关联"——实时在线、终身服务。比如，蔚来汽车推出换电服务和汽车租赁服务，从汽车的提供商
变为服务的提供商；特斯拉"碳交易"利润超过了汽车业务利润；小米公司极致控制硬件的利润率，推
动公司从手机的销售商转变为内容服务和万物互联的服务平台。

在《智能商业》（见本章参考资料[5]）一书中，阿里巴巴参谋长曾鸣强调"智能商业是网络和数字
时代的必然选择"，并提供了企业数字化转型的可行性道路：在核心业务在线化、数据化的前提下，借助
网络协同和数据智能的双螺旋推动，打造智能商业系统。笔者将部分内容整理为如图 1-5 所示。

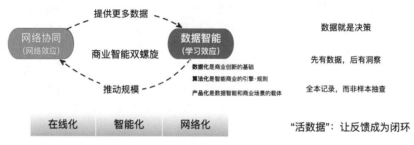

图 1-5　《智能商业》一书部分要点整理（部分）

基于此，也可以从两个角度理解智能商业。狭义的角度，智能商业是依赖大数据、智能算法等 AI
技术，超越人类经验和智力限制的技术模式，比如量化交易、大数据智能推荐等。广义的角度，智能商
业是以数据为重要生产力要素，重塑利益相关者交易安排的商业模式。不管从哪个角度看，从"报表展
现""商业智能"到"智能商业"，企业的知识密度、智力密度越来越高，对数据人员也提出了更高的要
求，如图 1-6 所示。

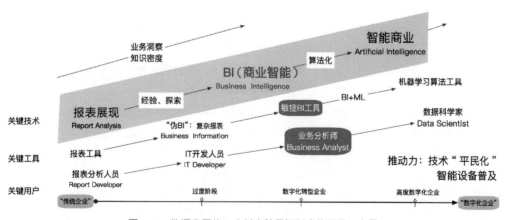

图 1-6　数据应用的 3 个基本阶段与对应的工具、人员

如今，绝大多数企业都正在从传统企业向数字化企业转型，只是所处的阶段各有差异，也有很多在
歧途上努力挣扎。比如，仅仅把敏捷分析工具作为传统开发工具的替代，或者希望通过 IT 部门驱动企业

数字化转型成功，或者希望完全以外包服务的方式实现业务的数字化。

企业要实现数字化转型，首先是利益相关者数据思维的转型，其次才是接纳新技术、新方法和新工具的转型。接下来，笔者结合经验，简要介绍数字化转型的要点。

# 1.3 数字化转型到底"转"什么

如今，各行各业都在推行数字化转型，转型主要是"转"什么？

从宏观角度看，数字化转型是企业管理、业务的数字化改进和创新，是从经验管理到数字化管理的转型，最终都是为了推动业务的持续增长，甚至商业模式的进化。从微观角度看，数字化转型是每个业务场景的业务信息化、数据标准化、决策智能化，包括业务全面在线、将数据视为资产、分析辅助决策等多个部分，企业数字化转型由每个业务场景的数字化构成，由企业的数据文化所驱动。

在这个过程中，企业数字化转型的主要挑战并非首先来自技术，而是来自管理、文化，以及方法论的缺失。实事求是的数据文化、业务主导数据分析、重视方法论的形成和优化，是企业数字化转型成败的重要因素，这是笔者多年数据项目经验的真切体会。

## 1.3.1 塑造实事求是的数据文化：一切用数据说话

数据是沟通的增强语言，数据让表达更加精准。早上，起床闹钟响起之后，床头的"AI 音箱"会同步提醒，比如，"今天温度为 19～24 度，比昨天低 5 度，天气有雨，出门记得带伞哦"这句话与"今天天气还不错"相比，其中包含了当下的准确数据、历史对比，还包含了合理化的行动建议。

在业务管理中，经验和智慧非常重要，同时又容易受到认知偏见、经验思考的束缚，就像每个人对于"天气不错"的理解各不相同。早在半个世纪前，戴明博士就说"除了上帝，所有人必须用数据说话"（ In God we trust. All others must bring data ）。数字化转型是数据驱动的持续优化、精益管理，从质量改进、生产优化，到绩效管理、客户服务，都应该以数字化工具和技术赋能业务决策。

因此，企业数字化转型成败的首要前提不是工具、技术路线和方法论，而是自上而下的数据认知。企业的持续进步和盈利，是企业整体认知能力、创造力的"认知变现"。

一切用数据说话，是需要长期培养才能形成的理性文化，是从经验判断到理性决策的一大步。在多年的实践和咨询经验中，笔者将其概括为如下几点，供读者参考。

- 从经验思维到数据思维——树立实事求是的数据文化。
  随着市场竞争越来越激烈，企业需要迎合客户的差异化需求，甚至主动开发潜在需要、创造未来才会出现的新需求，经验判断的试错成本越来越高。借助数据验证、假设验证、数字化模拟、问卷调查、A/B 测试等数字化手段，领导者可以提高决策的准确性和效率，从而直接影响企业的竞争力和盈利能力。
  随着大数据的快速发展，所有结构化、非结构化的数据都可以被记录、存储，业务在线化、管理数据化是前提，否则数字化转型、智能决策都是空谈，正如管理学大师彼得·德鲁克所言，"你无法管理难以衡量之事"（You can't manage what you can't measure）。

- **从报表文化到分析文化。**

  很多传统企业把"报表"视为分析，把月报、周报、日报的电子化视为数字化转型，其实这只是分析的初级形态，甚至只是分析的准备阶段。

  业务分析的基本对象是动态问题，而非确定性的数据集抽取。简单问题组成常见的分析仪表板，高级问题则要结合业务场景多次假设验证，强调动态的交互分析，甚至包含不同详细级别之间的关系。分析的抽象化程度，是能否深刻地反映业务问题，报表展现只是最简单的业务抽象。诸如客户价值分析、购买力分析、客户迁徙等高级业务问题，才是分析的关键领域。

- **从指标驱动到问题驱动。**

  报表分析的典型特征是跟踪少数几个关键指标，难以覆盖多变量之间的逻辑关系。沿着这样的方式，管理很容易变成唯指标驱动、层层加码的指标分解，最终"不识庐山真面目"。

  大部分的业务分析是由问题驱动的，敏捷分析强调"谁提问题谁找答案"。比如，利润为什么下降？新客户为什么减少？人员流失为什么显著增加？问题驱动的分析需要学会分解问题、构建数据来源、确认问题的类型与展现方式、在交互中发现线索并驱动新问题的产生。

笔者认为，从指标驱动的报表展现，向问题驱动的业务分析转变，是传统企业至关重要的"转折点"。这个过程既是企业数据文化的重要构成部分，也可以推动企业数据资产的梳理和分析方法论的普及，如图 1-7 所示。

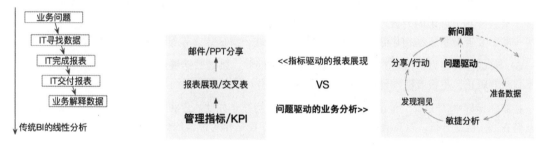

图 1-7　从指标驱动向问题驱动转变

在数字化转型的过程中，企业所有人员都会逐步意识到数据和数据文化的重要性，意识到"分析可以创造价值"。

> *数据思维，代表理性的精神和态度，是不断探索的理性精神。*

反过来看，很多传统企业的数字化转型之所以失败，首先是因为集体意识和数据认知不足。有句俗话说"老人去不了新地方"，不是因为"老人"不学习新知识，而是他们的潜意识驱动他们接受和过去知识系统相融洽的部分，过滤掉不融洽的部分——这是存在于每个人心中的"认知偏见"。其次是工具的限制。分析师所能达到的最高分析能力，通常就是所掌握工具的"天花板"。

**总而言之，数字化转型表面上是工具、技术路线的变化，背后的关键是思考方式的变化。**

### 1.3.2 数字化转型源自各个业务场景的数字化和持续进化

如果企业领导不能接受财务凭证中出现几元几角的资金差异，但是可以接受"差不多"的脏、乱、差的业务数据，就说明其没有真正"把数据视为资产"。企业管理层应该充分认识到"数据分析可以创造价值，是从数据资产到价值决策的纽带"，并以对待财务（金钱）的严谨态度对待数据的准确性、完备性、及时性。这是数据文化的重要组成，也是数字化转型的原动力。

"视数据为资产"的行动可以体现在数据收集、整理、应用等各个环节，特别是如下几个方面。

- **数据收集：业务全面在线化，数据准确、客观地反映业务过程。**

   分析的深度，受限于数据收集的全面程度。业务全面在线化、数据化，是敏捷分析，甚至决策智能化、算法化的前提基础。数据应该准确、客观地反映业务过程，在升级改造 ERP、部署 CRM 和 MES 等各种底层系统时，应该努力贯彻这个原则。

- **数据整理和准备：保持数据全周期的一致性，为数据分析的准确性奠定基础。**

   随着数据量的增加，数据来源逐步分散化，数据管理变成了承上启下的关键，并催生了一个全新领域——数据仓库（Data Warehouse）。数据仓库旨在为数据分析提供面向主题的、整合的、一致性的高质量数据源，追求业务的完整性和数据的一致性。本书第 11 章会结合数据管理做基本介绍。

- **辅助价值决策：分析以辅助决策为最高使命。**

   归根结底，有价值的不是数据，而是数据辅助决策的分析过程。报表展现、业务分析（敏捷 BI）、商业分析（智能商业）是数据辅助决策的 3 个阶段，其中，数据的价值随阶段而增加。

   专注于报表展现的分析，只是发挥了数据最基本的功能——抽象反映业务结果。只有借助敏捷分析、交互分析、结构化分析等进化形式，才能进一步总结业务规律、辅助决策改进。

在"将数据转化为价值"的过程中，既不能一蹴而就，跳过数据展现、数据整理而直达智能商业；又不能浅尝辄止，把报表视作分析、视信息为价值本身，执着于数据而忘了辅助决策。

在商业世界中，"进化"是最强大的动力，数据分析亦是如此。企业数字化转型建立在每个业务模块的业务在线、敏捷分析，以及精益决策的基础之上。即使是相对传统的企业，比如煤矿开采、畜牧养殖、农业耕种，都有无尽的数字化空间。

- 在华为的智慧煤矿方案中，"煤矿大脑"可替代人的枯燥重复工作。比如，通过计算机视觉技术，进行刮板输送机监测，在采煤机运行过程中识别架前有人作业、液压支架护帮板未护帮到位、采煤机喷雾不足等不安全行为，提前发现和消除隐患，为煤矿智能化提供支撑。

- "京东农牧"利用人工智能图像识别技术对猪进行面部识别和建立档案，实现养猪生产环节"无线、无监督、无干扰、无接触"的智能化管理模式，有效降低成本，提高生产效益。

- 2020 年国家科学技术进步奖二等奖——"基于北斗的农业机械自动导航作业关键技术及应用"项目，通过北斗高精度定位测姿、自动转向控制、自动导航和路径优化等关键技术创新，实现了耕、种、管、收等作业环节的农机自动导航，提高了农机作业质量和生产效率。

管理的本质是效率，而效率取决于决策的准确性和及时性。数据和数据分析并没有改变管理的本质，而是极大地提高了管理决策的效率。

## 1.3.3 业务和技术兼备的卓越中心和分析型人才

在每个业务场景中，数字化转型需要强大的驱动力量，企业需要大量业务素养和技术敏感"双优"的复合型人才——他们是企业中衔接业务与技术、数据与分析、分析与价值的关键"中继"。

不过，这类人才通常可遇而不可求，而且人才的价值只有依赖组织和团队才能最大化发挥。从组织的角度看，在企业中存在几种可行性方案，下面笔者依次介绍。

**- 1.0 在 IT 部门或财务中增加分析人员或强化分析部门。**

在 IT 部门中增加分析岗位、强化分析部门，是很多传统企业的优先选项，它建立在这样的假设基础上：数据和信息技术一样属于专业领域；按照技术领域分析应归属技术部门；技术部门内部更好地协调数据资源统一赋能业务。

这种方式短期来看阻力较小，长期来看制约性却最大——数据分析的难点在于业务逻辑和决策衔接，而 IT 部门对"业务逻辑"知之甚少。因此，IT 部门主导下的分析往往"降格以求"，敏捷分析变成了报表分析，数字化转型变成了信息化工程。

类似地，很多传统企业以财务部门为中心强化业务分析（通常因为财务部门领导更强势，或者企业习惯以财务核算数据为准），相比由 IT 部门主导，这种方式似乎更不可取。财务和业务分属于事后和事前思考，况且财务数据是增加了大量人为干预和规范约束的二次处理数据，其细粒度的业务运营过程距离太远，数据分析常常被束缚在"报表分析"阶段。同时，财务指标难以替代业务指标作为业务决策的直接依据——相比销售和利润的运营过程，财务更倾向于成本和费用的专题分析。

传统企业中由 IT 部门主导或者财务部门主导的数字化转型，具有先天劣势。传统企业应该向"数字原生"的互联网企业和某些"先知先觉"的先进企业学习，强化分析部门与业务部门的整合，同时做好 IT 部门的基础服务和信息支持工作。

**- 2.0 在业务部门中强化分析部门，并与 IT 部门紧密合作，甚至成立 COE（卓越中心）。**

商业的关键是决策，决策的要害是高效、准确，因此，业务分析的主体是面向一线的业务部门。业务分析要与决策行动紧密结合，快速响应市场变化，做出调整，创造价值。

对于天然高度依赖数据的互联网企业而言，产品运营、用户运营、风险管理等都和数据息息相关，甚至设有专门的"数据运营岗"。受此影响，越来越多的企业开始在业务部门中设立数据分析岗，或者招募具有数据分析背景的运营人员，他们的工作不是使用 Excel、PPT 完成日报、周报、月报（这些通常是运营助理的常规工作），而是针对领导提出的问题，使用数据工具快速确认、分析问题，并提出改进方案。

更有很多企业在业务侧成立独立部门，采用精益中心或卓越中心（Center of Excellence，COE）的模式，整合具有数据素养的业务用户、数据专家，与业务部门亲密合作，以解决某个复杂问题或者完成特定专题项目为目的，推进业务板块或业务主题的数字化。比如，推进财务部门的发票电子化和自动化、工厂生产质量的西格玛分析等。

相比 IT 部门中的分析岗位，业务团队中的分析团队更容易取得成功，因为他们更靠近业务需求、业务环境，能"以终为始"倒推数据需求，并借助 IT 的力量实现底层的优化调整。相比之下，来自 IT 部门的分析岗位（有时称为 IT BP）就难以融入业务部门——相比技术，业务逻辑更依赖于经验、智慧和创造性的随机应变。

在笔者看来，数字化转型成功的关键要素之一，就是业务部门能否主导并深度参与。

**3.0 在业务部门推行"业务—数据双岗混编"，进一步增强业务与技术的结合。**

在某些大型企业中，很多复杂的业务分析需要分析师同时做到熟悉业务逻辑、理解数据逻辑。此时，业务部门中的分析岗位难以独自驾驭，而与 IT 部门的频繁沟通、依赖外部维护数据又成为制约效率的要素。此时，推荐的方式是在关键业务岗位中推行"业务—数据双岗混编"的组织模式。

笔者服务的某家新能源上市公司，其业务审计部同时设立了业务审计岗和 IT 审计岗,两个人组成"小分队"。业务审计岗负责整理审计需求，分解审计问题，提供审计思路；而 IT 审计岗负责整理业务明细数据，改进数据质量，构建分析模型，完成可视化展现，并与业务审计岗位确认数据逻辑和业务洞察。前者侧重业务，后者侧重技术；前者聚焦问题，后者聚焦数据。这样的组织模式极大减少了业务部门与 IT 部门之间的"部门壁垒"，将部门级别的数据仓库（或者称为数据集市）下放到专业的业务团队中完成，此时 Tableau Server 承担了"数据集市"的功能。

从上述的 3 个方案中我们会发现，业务分析的宏观趋势是从 IT 主导向业务主导转变的。在这个过程中，快速发展的分析技术帮助越来越多的业务用户成为数据分析师，"平民数据科学家"（citizen data scientists）开始兴起，其成长速度要超过 IT 团队的分析岗位。如图 1-8 所示，随着技术的普及，企业中会出现越来越多的"复合型人才"，他们会成为数字化转型和数字化商业模式的中坚力量。

图 1-8　传统企业的数字化探索逐步发展到高级阶段

**4.0 强化企业方法论培训，培养复合型人才，并逐步成长为关键管理岗位。**

随着技术的快速发展、计算机算力的大幅提高、教育水平的持续改善，复合型人才会成为数据分析岗位的大趋势。既能理解业务逻辑，又能独立完成数据准备、数据分析的复合型人才，所能带来的业务价值绝非两个岗位的简单累加。昨日沉浸在 Excel 中的运营"表哥""表姐"，和未来熟练使用各类数据库、可视化分析的分析师，都是企业在不同时期所亟需的关键人才。

业务分析是典型的创造性工作，技术背后是经验、方法论、行业理解等多种知识的结合体。不同部门、不同岗位之间的沟通效率和"数据传输带宽"，要远远低于复合型人才内部的思考过程。"复合型人才"如同在 CPU 芯片中整合 GPU，甚至整合统一内存，从而实现计算性能颠覆性的革新。

当然，数字化转型企业所亟需的，不仅是能把数据转化为报表、分析和决策建议的复合型分析人才，更需要复合型的管理人才，他们可以站在"商业模式"的角度重新理解企业的数字化业务模式，并为企业规划数据化、信息化、数字化的行动。如《智能商业》一书之于阿里巴巴，《华为数据转型之道》一书之于华为，它们的背后是专家级的复合型智囊团。

## 1.3.4　统一并持续优化分析方法论，提高分析效率和准确性

数字化转型的最终目的是持续辅助决策，提高运营效率；借助于人、方法、工具实现业务价值。在数据文化的指引下，构建标准的分析方法论并因地、因时地持续优化，是企业数字化转型中至关重要的一部分。

总结多年来的实践经验，笔者强调如下几点。

### 1．建立规范、统一的数据框架和分析框架，提高数字化一致性

数据理解的基本框架可以分为 **Excel 范式**和**数据库范式**，前者追求自由、民主、灵活，后者追求集中、统一、规范；前者是个人的，后者是组织的；前者是面向单元格（Cell）的，后者是面向行/列（Row，Collum）的；前者是小数据的，后者是大数据的。

在传统企业转型的过程中，很多人被 Excel 范式所束缚，难以接受数据库范式伴随的约束，甚至把数据库范式的强制约束视为束缚，殊不知真正的自由必然建立在规则和纪律之上。数据库的规范，恰恰是大数据、多层次数据仓库、多层指标体系的基础。

以关系型数据库为代表的数据库约束，建立在严谨的数学理论基础之上，数据按二元关系方式存储、按业务主题分表存储、以表关联构建主题模型、多种完整性约束、数据表内禁止重复等，这些约束换取的是企业数据的高度一致性、存储的高性能和低冗余、规范化之上的高度自由查询等。在数字化转型的过程中，关于数据、数据库的标准知识，应该从 IT 部门扩展到所有业务部门。

类似地，分析框架也有**报表展现**（甚至"中国式报表"）、**大屏展现**（驾驶舱）、**分析仪表板**、**探索分析**等多种主题。其中，笔者以为，"中国式报表"是 Excel 范式在大数据时代的"思想残余"，强调数据的高密度展现而非分析价值；大屏展现是特定场景的报表可视化，强调关键数据的可视化展现和监控；分析仪表板和探索分析则是紧密结合业务的分析实践，是面向更加具体的业务主题、业务问题的。随着老一代管理者逐步退居二线，越来越多受到数据思维熏陶的年轻一代走向管理者角色，企业中的分析框架也就日渐从形式化的展现向主题分析、探索分析过渡，如图 1-9 所示。

图 1-9　数字化转型建立在数据规范和分析规范之上

具体到分析仪表板和探索分析，则又可以展开具体的方法论。比如问题分解、可视化选择、交互设计、多层次计算等，这些就是本书的重点，正如下面各章所述。

第 2 章 围绕企业"业务—数据—分析"的体系和企业数据地图，建立宏观理解。

第 3 章 围绕问题和聚合的普适性分析体系和分析框架，掌握方法论的核心原理。

第 4 章 围绕单表业务和多表逻辑，理解数据合并、主题模型构建的方法。

第 5 章 从规范数据表或数据模型开始，理解可视化的构建思路、问题类型、可视化增强分析方法。

第 6 章 掌握基本的交互设计功能，借助筛选、集、参数实现初、中级交互。

第 7 章 掌握仪表板和故事展现方式，并在其中增加高级交互设计。

第 8~10 章 介绍不同的计算类型，实现分析过程中数据的抽象化和概括分析。

本书以 SQL 和 Tableau 为媒介，背后的思考方式则适用于大部分分析工具。

### 2. 选择合适的工具，并与方法论结合转化为实践

好的分析框架是通用性的，适用于大多数工具，但是只有借助恰当的工具才能获得最佳的发挥，用报表工具做不出大数据敏捷业务分析。

企业领导的一个关键职责，就是为企业数字化转型选择最佳的工具组合，并将之与人才培养、文化塑造结合起来，最终依靠组织的合力实现管理和决策的跨越。技术的快速发展为分析师提供了越来越多的选择，比如 SQL、R、Python、Tableau、Power BI 等。近年来，一些国产工具也在快速成长，并在满足国内企业特色功能的基础上不断迭代，逐步开发面向业务用户的分析能力，如表 1-2 所示。

表 1-2　主流的数据分析和可视化工具一览

| 面　　向 | 工具名称 | 简要说明 | 优　　势 | 劣　　势 |
|---|---|---|---|---|
| IT 工具 | SQL | 直接操纵数据库的语言，特别是查询功能 | 简单、高效、通用性强 | 缺乏图形化 |
| | R/Python | 兼具数据处理、可视化展现，侧重于编程语言 | 定制化程度高 | 有一定的掌握门槛 |
| | Power BI | 微软的 BI 工具，具备数据处理、模型、展现的综合功能 | 功能非常强大，与微软产品兼容性优 | 高级功能需要掌握 DAX 等"类编程语言" |
| | Superset | 基于 Python 的开源可视化工具 | 免费、开源、轻量 | 需要 Python 基础，适合于固定需求 |
| 业务分析工具 | Tableau | 企业级的敏捷可视化分析平台，是本书主角 | 入门容易、功能强大、自助分析能力强、适合业务用户；社区资源丰富 | 商业软件费用较高，目前国内的技术支持较薄弱 |
| | 帆软 BI | "新一代自助大数据分析的 BI 软件" | 功能较为强大，易用性较好，服务和第三方资源较丰富 | 高级功能羸弱，对超大数据量的支持不足；官方帮助文档等内容混乱 |

续表

| 面　　向 | 工具名称 | 简要说明 | 优　　势 | 劣　　势 |
|---|---|---|---|---|
| | 观远 BI | "企业级 BI 数据分析平台" | 基于云服务，易用性好、业务友好，支持企业级大数据量自助分析，嵌入体验好 | 高级功能（关系模型、高级计算等）有待加强 |
| | Quick BI | "全场景数据消费式的 BI 平台" | 对阿里云、钉钉等云数据、移动端支持较好；唯一入选 Gartner 魔力象限的中国 BI 产品（Alibaba Cloud） | 技术实力偏弱，Excel 支持不好；高级功能不足，部分功能设计混乱 |

工具没有好坏之分，只是适用的场景有所不同。

其中，SQL 是整个数据世界的"守门员"，理解 SQL 的查询功能、数据合并、函数等有助于理解任何一个与数据相关的工具。因此本书在第 4 章、第 6 章、第 8～10 章等章节特别增加了 SQL 的对照逻辑，帮助读者更好地理解底层原理。

可视化分析工具是业务用户进入大数据世界的捷径，相比专业复杂的 IT 工具，可视化分析强调问题分析、可视化展现、交互设计。

### 3．关注人才培养、知识沉淀、技能分享

方法论的落地、工具的使用都要依赖于人的主观能动性。围绕"人"为中心，构建分析能力、沉淀企业级知识方法、强化内部分享与能力提升，是数字化转型的重要内容。《华为数字化转型之道》一书中如是写道（见本章参考资料[6]）：

> （数字化转型）变革最大的挑战其实来自人，关键是要改变人的观念、意识和行动。在华为，我们形象地称之为"转人磨芯"。"转人"指的是在知识技能上不断学习、充电，不断适应新形势、新岗位，转变能力和行动；"磨芯"指的是思想上的艰苦奋斗，坚持自我批评和自我修正，在思想、意识上进行转变，从而跟上不断发展的步伐。
>
> ——《华为数字化转型之道》

相比其他方面的转型，数字化转型融合业务与技术、经验与数据、内部与外部、工具与方法等多个方面的内容，高度依赖跨部门、跨业务的合作，依赖自上而下的规划。Tableau 为全球用户提供了标准化的"Tableau Blueprint"[1]，覆盖部署、教育、交流等多个方面的内容，同样适用于其他的敏捷分析工具，如图 1-10 所示。

---

1　可以访问 Tableau 官网，搜索"认识 Tableau Blueprint"观看视频。

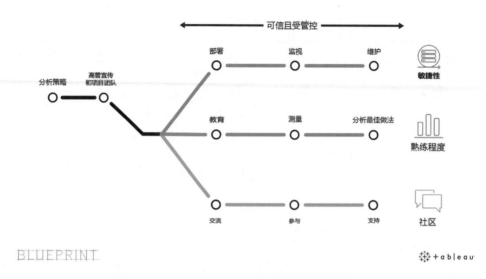

图 1-10 Tableau Blueprint：成为数据驱动型组织的方法

　　文化的传递是一个长期过程，参照先进企业的方法总结，每个企业都可以在较短时间内小有所成，经过积累实现从数据到业务的完整蜕变。

## 参考资料

[1] 中共中央 国务院关于构建更加完善的要素市场化配置体制机制的意见[J]. 中华人民共和国国务院公报，2020(11):5-8.

[2] Leavitt H J. Whisler TL. Management in the 1980s[J]. Harvard Business Review, 1958, 36:41-48.

[3] 彼得·德鲁克. 21 世纪的管理挑战[M]. 朱雁斌，译. 北京：机械工业出版社，2009.

[4] 陈劲，杨文池，于飞. 数字化转型中的生态协同创新战略——基于华为企业业务集团（EBG）中国区的战略研讨[J]. 清华管理评论，2019(06).

[5] 曾鸣. 智能商业[M]. 北京：中信出版社，2018.

[6] 华为企业架构与变革管理部. 华为数字化转型之道[M]. 北京：机械工业出版社，2022.

# 第 2 章

# "业务—数据—分析"体系与
# 企业数据地图

关键词：*业务—数据—分析，数据地图，可视化，前注意属性*

在企业中，数据分析的基础是业务运营，分析的基本单位是业务问题。因此，站在运营和问题角度重新理解数据，既是企业数字化转型的重要组成部分，也是后续问题分析、可视化分析、业务探索分析的"指南针"。

在多年工作和咨询的基础上，笔者总结了"业务—数据—分析"体系方法，用以理解数据的来龙去脉，并进一步衍生了企业"业务数据地图"。它们是笔者企业咨询和高级服务的两大基石。

## 2.1　"业务—数据—分析"体系：BDA 分析框架

第 1 章中图 1-1 是从数据的角度区分了 4 个层次，从数据（Data）到信息（Information），再到知识（Knowledge）和智慧（Wisdom），数据的抽象化水平越来越高，知识密度越来越高。从企业功利的角度看，数据本身没有价值，有价值的是分析过程中萃取的规律及其指导运营决策的过程，人是分析的主体，而价值只在行动之中。

站在业务的视角看数据的生成、记录和应用过程，企业的一切数据来自业务、一切数据服务分析决策，这就构成了"业务—数据—分析"体系（Business-Data-Analysis Model）。

在这个体系中，**业务是贯穿体系的核心**，甚至可以把数据、分析视为业务在不同阶段的存在形态，如同水有液态、固态和气态形式，如图 2-1 所示。简而言之，业务土壤生成数据，数据表是对业务过程的"固化"（业务事务一旦发生，对应的数据就恒久记录），而分析指标是对业务的"抽象"（业务中不存在，人为创造出来理解业务，如利润率）。

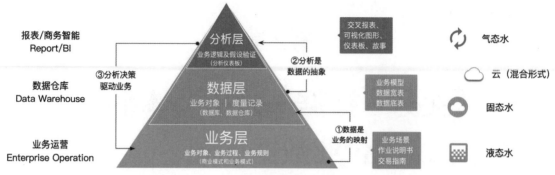

图 2-1　"业务–数据–分析"体系及相互关系

从某种意义上看，"业务"和"分析"是首尾关联甚至互为因果的。数据的收集、整合、分析过程，其实是业务的记录、重构、升华过程。**数据是业务的反映和记录，而分析是对业务、数据的抽象和升华。**

- **业务是数据产生的土壤。**

  在"业务层"，业务体现为具体、可见的业务行为。不管是线下零售交易，线上转账还是直播课堂，业务过程由业务对象构成，同时遵守特定的业务规则。此时的业务过程是鲜活的、多样的，如同液态的水灵动多变。

  从数据角度看，以 ERP、CRM、MES[1]等业务信息系统为载体，企业运营过程（Enterprise Operation）持续不断地产生大量数据。因此"运营型数据"（Operational Data）（见本章参考资料[1]）是企业数据的主体，"运营型数据库"（Operational Database）[2]是它们的中转站。

- **数据是对企业运营过程的反映、记录和整合。**

  在"数据层"，具体、动态的业务被转化为抽象、静态的计算机字符，历史交易都存储在计算机磁盘或类似媒介中，这个"固化"过程如同水转化为冰。此时，数据遵循的不是业务规则，而是数据规则，典型代表是数据库的范式要求、完整性约束。数据化、标准化过程为后续分析奠定基础，这是数据库的基础。

  从数据角度看，多个业务信息系统的数据需要被整合、处理、交换，最终汇总在数据库中，称为"数据仓库"（Data Warehouse）或者"分析型数据库"（Analytical Database）。其中有物理表、逻辑视图、数据模型等多种形式。复杂的数据处理催生了专门的 ETL 技术。

- **分析是对企业数据的抽象和升华。**

  在"分析层"，分析师从历史的数据中总结、归纳业务的规律性，比如，哪类客户成交率更高、什么产品最受欢迎。分析是对数据记录的组合、概括、抽象、升华，是质变过程，如同水化为"水气"。分析过程看似远离业务，却源自业务、归于业务。脱离业务的展现、不能辅助决策的分析，都是缺乏价值的。

  在展现形式上，常见的分析有报表（Report）、可视化图表（Chart）、交互式仪表板（Dashboard）、

---

1　ERP（生产管理系统）、CRM（客户管理系统）、MES（制造执行系统）是企业主要的信息化系统，这些系统采集的数据都会写入背后的"运营型数据库"，数据库是它们的重要组成部分。

2　本书第 11 章会进一步介绍"运营数据"和"分析数据"之间的区别。

数据故事（Story）等多种形式，它们帮助业务领导更好地了解业务过程，发现改进机会，做出行动决策。不同的分析形式，包含的经验成本和智慧成分也大不相同。

接下来，笔者自上而下、从抽象到具体，分别介绍。

## 2.1.1　分析层：指标体系建设和分析仪表板

分析包含分析的对象，即维度（Dimensions）和度量指标（Measures）两个部分，维度是指标的分组依据，前者通常是静态的，后者通常是动态的。因此，指标体系是分析层的关键。

在各行各业的业务管理实践中，普遍存在以少数"关键业务指标"描述和监控总体业务进展的情况。比如，以"销售额""订单数量"描述业务规模，用"订单单价""毛利率"描述盈利能力，用"客户长期价值"（LTV）和"平均获客成本"（CAC）衡量客户价值。某个关键指标的变化，会触发进一步的深入分析，最终转化为决策建议和行动方案，从而干预业务的前进方向。

企业的 KPI（Key Performance Indicator，关键绩效指标）可以按照公司级、部门级划分，可以按照业务主题划分，也可以按照绝对值指标、比率指标划分。不同行业的指标体系差异巨大。

在业务分析过程中，首要难点是理解各种指标的含义。为此，企业中会制定"指标字典"或者"分析说明书"，详细介绍各种业务术语、分析指标的逻辑和计算方法，保证企业中分析的一致性。以消费金融业务为例，公司级别的业务指标可以由如表 2-1 所示的 3 个类别、多个指标构成。

表 2-1　消费金融的常见分析指标（部分）

| 类别 | 指标名称 | 指标释义 | 计算逻辑 | 备　注 |
|---|---|---|---|---|
| 贷款转化分析 | 申请件数 | 客户在平台中发起一次借款申请 | [申请编号]不重计数 | 全流程转化有多个节点，这里只取关键的两个 |
| | 贷款件数 | 客户在平台中完成签约、获得贷款 | [贷款时间]不为空的[申请编号]不重计数 | |
| | 转化率 | 从申请到签约放款的比率 | 贷款件数/申请件数 | |
| 业绩分析 | 贷款金额 | 每笔贷款对应的贷款本金 | [贷款金额]求和 | |
| | 件均金额 | 账单的平均贷款金额，衡量员工业绩和贷款质量（大于 5 万元为大额） | [贷款金额]求和/贷款件数 | |
| | 件数产能 | 相对于当月期初人力，业务员人均放款件数，衡量员工业绩产能 | 贷款件数/期初人力数量（仅业务员，包括离职） | 仅销售岗位人员 |
| 贷款后期管理 | 在贷余额 | 所有账户未结清的剩余贷款本金 | [剩余还款本金]求和 | |
| | 首期逾期件数 | 第一个月还款日未还款的借据数，首期即逾期 | [还款期数]等于 1，超过应还日期的借据数 | 标记为欺诈贷款 |
| | C-M1% | 逾期不足 30 天（M1）的账户，与期初正常还款（C）件数的比率 | 当前时间点逾期状态为 M1 的账户数/期初状态为 C 的账户数 | 客户风控状态迁徙指标 |

上述的关键指标又可以延伸更多指标，公司级、部门级的层层指标最终构成企业的指标体系。每个指标的分类信息、指标释义、计算逻辑、更新方式、责任人、来源数据表等信息和维度字段说明等组

成"数据字典"，是企业"元数据"（Metadata）的重要内容。围绕分析指标构建的数据字典是企业重要的数据资产，有助于保持企业分析的一致性。

企业指标体系并非仅仅是技术工作，而是具有创造性的管理工作。"虚荣指标看上去很美，让你感觉良好，却不能为你的公司带来丝毫改变"（见本章参考资料[2]），在庞杂的指标中选择合适的指标并构建指标体系，需要深入的业务理解。

同时，要区分"分析指标"和"分析维度"，它们的组合是"分析问题"，不要把"黄金客户的留存率"视为指标，它是分析维度和度量指标的组合，不是指标的基本单位。

基于指标体系，不同的业务主题都可以构建自己的主题分析，以报表或仪表板展现，其中，后者是高效传递数据洞察的方式。借助 Tableau Server，企业可以分门别类地构建分析主题。如图 2-2 所示，展示了某机构在 Tableau Server 中的分析主题，每个主题中又包含主题数据源、分析仪表板、指标监控、APP 页面等内容。

图 2-2　以 Tableau Server 为载体的企业级数据平台

沿着分析指标的指引，每个主题都可以进一步构建自己的数据体系，以多种技术方式最终形成完整的数据层。

## 2.1.2　数据层：数据管理与数据仓库

在企业的数据分析体系中，数据是承上启下的关键，一方面存储、整理来自运营过程的数据，另一方面为分析提供数据模型、数据管理、数据服务。相比业务流程和分析体系，数据层也是最需要技术的部分，传统上一直属于 IT 人员的领地。随着敏捷分析技术、低代码技术等的发展，与分析紧密结合的部分工作也在向业务部门扩展。

就笔者目前的项目经验和认知，数据层中主要包括如下几个主题。

- 来自数据库或本地数据的数据底表（Base Table）。

- 通过数据合并技术构建的数据宽表（Wide Table）。
- 根据业务需要预先构建的数据模型（Data Model）。

在不同的工具中，数据表的形式有较大的差异，比如，SQL 中的表（Table）、视图（View）、物化视图（Materialized View）等概念，Tableau 中的单表连接（Connection）、多表连接（Join）、多表关系（Relationship）、多表临时混合（Blend）等，都需要熟练掌握工具及其对应的技术逻辑。

本书第 4 章会详细介绍相关内容。

**在企业数字化转型和可视化分析的过程中，数据层是普遍制约性要素**。究其原因，其一是负责数据的信息部门通常难以理解敏捷分析的业务逻辑，无法快速响应业务的灵活需求；其二是缺乏宏观的数据规划，导致数据的一致性、准确性、安全性和性能随着业务扩展快速下降，最终制约了业务分析。企业应在数据方面加强跨部门合作和沟通，稳定、强大的数据底座是大数据分析的坚定基石，脆弱的基础则可以轻易葬送敏捷分析的未来。

从广义的角度看，甚至可以把可视化展现视为数据层的一部分。可视化的背后是交叉表（Cross Table），它来自数据表的聚合和计算。鉴于可视化分析属于业务部门的职责，可以独立于数据仓库而存在，因此本书把 BI 和数据独立介绍，这不影响二者的整体性。

在 Kimball 的相关知识体系中，数据仓库是和 BI 是作为整体阐述的——书中简称为 DW/BI（见本章参考资料[3]）。在本书第 11 章简要介绍数据管理、数据仓库之后，笔者会旗帜鲜明地强调如下的建议：

*视 Tableau 为数据仓库/商业智能平台（DW/BI Platform）。*

## 2.1.3 业务层：业务流程与"业务在线化"

流程是企业商业模式最佳实践路径的固化，是"企业中一系列创造价值的活动的组合"（见本章参考资料[4]）。企业业务流程犹如人体的血液，企业的资金流、产品流和数据流都伴随着业务流程而流动。因此，业务流程不仅是理解数据前因后果的基础，也是企业资源优化、组织架构设置、系统开发等众多事务的依据。

图 2-3 展示了一家汽车制造和销售公司的关键业务流程（采购零件、生产制造、销售）。在传统的视角中，通过采购、生产和发货凭证，可以"看到"物的流转；财务按照会计准则将这个过程"高度抽象"标记为成本、费用、现金等科目，可以概括为"资金流"业务。数字化时代，每一个过程都可以被更加精细化地记录，数据流是对物流、资金流等的准确记录和抽象，构成了大数据分析、敏捷决策、智能制造的基础。

在某个时间段，公司业务流程相对固定，就可以勾勒出与业务流程对应的数据流，并进而搭建前后一贯的分析体系。基于这样的理解，就可以将"业务—数据—分析"体系进一步展开，构建公司级别和主题级别的企业"数据地图"（Data Map），用来指导分析实践。数据分析的关键价值就是找到影响企业流程中的制约性要素并加以改进。笔者的业务流程和绩效优化知识来自拉姆勒和布拉奇博士的《流程圣经》（见本章参考资料[5]）一书。

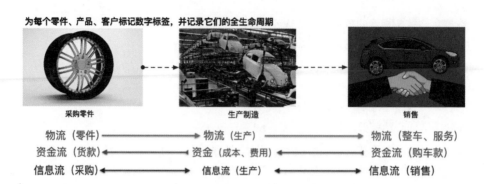

图 2-3　以汽车制造和销售公司为例的业务流程

## 2.2　建立全局视角：企业数据地图

"地图"一词最早指描述自然、区划等地理信息的符号图形，通常指纸质的，如今也可以是数字化的导航软件，甚至可以指认知中的逻辑关系图。比如，心理医生认为每个人有自己的"心智地图"（Mind Map）（见本章参考资料[6]），数据工程师则可以为企业构建完整的"数据地图"（Data Map）。

**抽象的"地图"代表关系，关系有两层含义：其一是"所言"与"所指"的映射（Mapping）；其二是地图中各个构成元素之间的关联（Relation）。**比如，"生产过程明细表"指向的是生产车间中不间断的生产过程（Mapping），同时它的前序是原材料消耗表，后序是包装和仓库登记表。

彼此上下之间有映射关系，左右之间是关联关系，基于这样的理解，可以建立不同业务模块之间、不同数据表之间，乃至不同指标之间的关系地图。在为某汽车集团准备专题分享时，笔者简要绘制了汽车制造销售公司的数据地图草图，公司级别的数据地图又可以按照部门或者业务主题拆分为更多的业务地图模块，如图 2-4 所示。

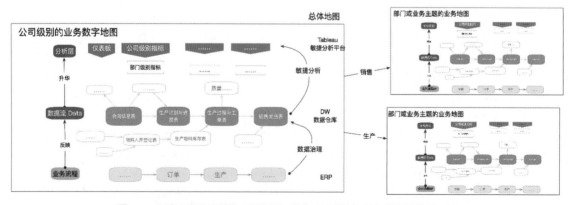

图 2-4　以汽车制造和销售公司为例，绘制公司级别及部门级别的数据地图

　　分析是以业务主题为模块展开的，分析师可以将公司数据地图中的每个部分展开，层层剖析，从而构建更加精细化的"业务—数据—分析"地图，直到形成一个业务完整、自成体系的主题单位。

　　以企业制造销售过程中的销售主题为例，它既是更大主题的"子集"，又是"五脏俱全"的整体。如图 2-5 所示是汽车销售业务的宏观概览，从业务层、数据层到分析层，抽象化水平越来越高，前后相互映射，左右彼此关联，共同构成了数据地图的体系。

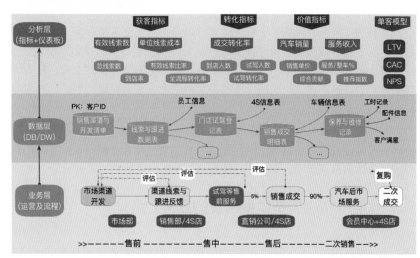

图 2-5　汽车公司总体地图中销售主题的细化

　　在笔者的咨询实践中，也会在图 2-5 所示的流程图中标记 Tableau Server 对应的数据表、数据表详细级别、数据更新频次和数据量等相关内容，更好地发挥地图的指引作用。

　　有了地图引导，业务、数据、分析的每个层次既可以作为完整的整体，又可以独立展开。

- 分析层，展开为业务指标体系，以及指标之间的关系，绘制"指标树"和彼此的关联关系。
- 数据层，可以使用 UML（统一建模语言）工具绘制数据表之间的逻辑关系（第 4 章就是这样的案例，如图 4-2 所示）。
- 业务层，使用流程图绘制业务之间的流程关系。

　　正如 Engles 所说，**真实世界、所知世界、符号世界是层层递进的，后者是前者的投影和抽象**（见本章参考资料[1]）[1]，每次抽象过程会损失很多细节、增加很多逻辑概念，逻辑的体系归纳了现实世界，并最终帮助我们更好地理解现实。那些能轻松驾驭逻辑、抽象概念，并能在数据地图中始终保持清醒的人，才能成为衔接业务世界与分析世界的高级业务分析师。

　　很多人之所以在数据分析的世界中迷路，一个重要原因是习惯性地跳过中间数据层。

---

1　Engles 把世界分为 3 个类型：真实世界、所知世界、符号世界，分别称为现实（Reality）、信息（Information）和数据（Data），并称后者是前者的投影和抽象（Representation）。

当然，数据地图还要掌握一些绘图工具的使用方法、业务流程概念、E-R 模型的知识等，这些内容超过了本书所能阐述的范围。初学者可以在阅读过程中配合 Process On 等轻量流程图工具学习。

## 2.3 两种企业级分析推进路径："自上而下"与"自下而上"

上述的"业务—数据—分析"体系，既可以自上而下地理解，也可以自下而上地理解。在企业的实践中，存在两种截然相反的分析推进方式：IT 部门主导的、从数据出发的推进方式；业务部门主导的、从问题出发的推进方式。两种推进方式并无直接的好坏、优劣之分，都有固有的优势和随之而来的局限性，因此也适合不同成长阶段、不同类型的企业。在实践过程中，一种主导方式又必然要兼容另一种方式，而非完全独断。

相对而言，自下而上的推进方式通常是由 IT 部门主导的，适合数字化转型基础薄弱的企业、国有企业和其他传统企业；而自上而下的推进方式通常是由业务部门（财务部门除外）主导的，适合数据基础较好、人才储备充足的企业，特别是自身带有数字基因的互联网企业、电商企业等。

### 2.3.1 自下而上：从数据出发的分析之路

处于信息化早期阶段的企业，分析通常是由 IT 部门主导的。IT 部门拥有对数据的天然管理权限，因此也会默认被视为数据的"所有者"，相比业务用户更能高效整合不同数据源的数据，并快速构建复杂的报表体系。在实践中，IT 部门主导的分析主要适用于如下的场景。

- 需求清晰、样式固定、指标简单，特别是以报表为主要展现方式的。
- 分析需要直接连接 ERP、MES 等应用系统，并将分析结果嵌入各种应用之中。
- 数据准备过程复杂，特别是不同数据源、多个数据表整合，属于数据仓库的专业领域。

在这些分析场景中，IT 部门主导的分析效率更高。与此同时，这种开发方式也面临固有的缺陷，具体如下。

- 仅适合指标逻辑清晰、相对简单的场景，比如销售额、人均销售等；如果指标逻辑复杂，比如消费金融中逾期账户迁徙分析、零售分析中多个条件之下的购物篮连带分析，就难以由 IT 部门独立完成，更适合业务部门主导参与。
- 不适合业务探索分析、敏捷分析，以及跨部门的专题分析，比如"销售额为什么同比大幅下降？""如何提高转化率？""生产质量指标大幅度波动的原因"。
- 面向业务决策，或者需要增加业务判断的可视化分析。比如，为 CEO 提供的产能分析仪表板、向职能部门提供的主题分析，这些分析中需要的业务经验超过了 IT 部门的所知范围。

正是因为这样的需求越来越多，业务分析的主力才逐渐从 IT 分析师向业务分析师转变，甚至出现了"平民数据科学家"一词用于指代业务部门中涌现的专业分析群体。

## 2.3.2 自上而下：从问题和指标出发的分析之路

敏捷分析之路，是以业务用户为主导，以问题和指标为起点，在不断的假设验证中构建起来的分析体系。敏捷分析需要融合技术和经验、方法论和工具，是典型的跨专业领域。

在笔者的项目经验和实践中，逐步总结了以问题为中心的敏捷分析方法，它们构成了本书的关键脉络。这里简要介绍，之后会分章节介绍对应的内容。

- **"业务—数据—分析"体系和企业数据地图。**
  这是笔者面向客户中的高级领导时必须介绍的关键内容之一，帮助业务人员从分析体系出发，自上而下理解分析的起点（数据）、分析的基础（业务）。
- **问题是分析的起点、聚合是分析的本质、指标是分析的关键。**
  问题的结构分析、分析的动态聚合过程，是所有分析背后的共同点，它们构成了整个分析方法论大厦的根基，可视化只是分析的一种展现形式（见 3.1～3.3 节）。
- **从问题到图形的可视化方法。**
  业务分析的起点是问题，问题类型决定了可视化图形，而非数据本身决定可视化图形，这是笔者倡导的业务可视化分析与传统的 IT 可视化展现的关键差异。以此为基础，笔者总结了业务可视化分析的"三步走"方法，是问题分析的通用框架（见 3.4～3.5 节，以及第 5 章）。
  强调"从问题到图形"，也正是本书姊妹篇《业务可视化分析：从问题到图形的 Tableau 方法》一书的重点。
- **筛选和交互，赋予仪表板生命力。**
  仪表板和传统报表的关键差异是丰富的交互能力，可以进行控件筛选、工作表之间关联筛选，可以把筛选范围保存为集合，甚至增加基于变量的交互动作。
  Tableau 还提供了多设备兼容、指标、导航、下载等更多的交互选项。这些通过点击、拖曳即可轻松使用的功能，让业务人员变成分析师成为可能（见第 6 章和第 7 章）。
- **多层次的结构化问题分析，是分析的高级形式。**
  笔者希望越来越多的分析师能走向"多维度、结构化分析"，从而完成客户价值分析、产品复购分析、标杆分析等更多较复杂的业务场景。这些典型的高级问题，无一例外地包含了多个问题的层次（详细级别）。本书第 9 章和第 10 章，结合高级计算，介绍了此类问题的思考方式和函数应用。
- **弘扬数据文化、培养业务分析师是数字化转型的重要力量。**
  业务分析极难依赖外部供应商实现，企业在内部持续不断地弘扬数据文化，培养业务分析师，是长期正确的道路，也是自上而下推动数据分析的力量来源。

笔者在为各行业中大型企业提供数据咨询和服务时发现，制约企业数字化转型的两大难点，分别是数据质量和分析方法论。解决这两个难点，需要企业长期不懈地弘扬数据文化、普及数据知识、传递分析方法、培养业务人才。在这条路上，借助可视化分析深入业务分析、借助 Tableau 普及分析知识，是适合所有企业的。

## 2.4 可视化是大数据分析的桥梁和媒介

可视化是记录信息、传递信息、抽象信息的重要方式。最基本的数据元素是文字和数字，它们构成语言，记录过去，汇总成为信息和知识。可视化既是化繁为简，更是洞见之门。

### 2.4.1 数字、文字的可视化及可视化要素

#### 1. 数字、文字的可视化

人类学家推测，早在远古时代，人类祖先就会用石子、动物骨骼或者手指来记录简单的数字，到了"新石器时代"[1]，人类开始"结绳记数"，甚至结绳记事。图 2-6 展示了古埃及壁画和印加的结绳记事（见本章参考资料[7]）。从文明的角度看，**人类已经尝试创造新的符号反映和表达已有事实**，这是一个全新时代的开始，只是还局限在线性的简单表达上，抽象化程度很低。

 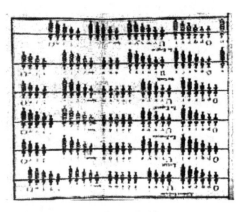

图 2-6　古埃及壁画（用打结的绳子丈量土地和估算收获）、印加的结绳记事

在人类逐步定居之后，农耕和商业的发展逐步催生了知识阶层，文字和语言的日渐成熟推动了知识积累，并在"轴心时代"（见本章参考资料[7]）达到了传统文明的顶峰[2]。

古希腊哲学家、数学家毕达哥拉斯提出"万物皆数"，"数是万物的本质"，并从 5 个手指中抽象出 5 个数字。后来罗马数字就用手指的数量代表最基本的数字，这和古巴比伦、中国甲骨文中的数字基本一致。汉字中如今还在普遍使用"一、二、三"及"十、廿、卅"等数字符号，都是"小数"符号的典型代表。

---

1　新石器时代从距今 10000 多年前开始，延续到距今 5000 多年左右，是以使用"磨制石器"为标志的人类物质文明发展阶段。之前是漫长的"旧石器时代"（打制石器），之后则是"铜器时代"和"铁器时代"。

2　德国思想家卡尔·雅斯贝斯（Karl Jaspers）在《历史的起源与目标》一书中，把公元前 800 年到公元前 200 年左右称为"轴心时代"（Axial Ages），古希腊、以色列、古印度、古中国都出现了高度的文明和代表人物。

文字的发展史也是如此。早期象形文字用简单的线条和图形反映现实，埃及的象形文字、苏美尔文、古印度文及中国的甲骨文都是典型代表。如今还在用的汉字"人""口""手"，也只是在甲骨文的基础上做了简要的调整，如图 2-7 所示。

早期罗马数字，用短竖线记录简单数字 1～4　　金文（钟鼎文）的数字，水平短横线代表简单数字 1～4　　　"人"字　"口"字　"手"字

图 2-7　数字和文字：早期的基本文字

可见，**数字和文字符号的原始起源是对现实的记录和反映。**

**2．可视化要素**

如今，可视化案例无处不在。比如，用"图形"来代表男/女洗手间、用红黄绿代表交通规则信号或者疫情等级标识、用图形作为企业标识（如华为公司的"花瓣"）等，如图 2-8 所示。

"绿码"人员　　　　"黄码"人员　　　　"红码"人员

图 2-8　身边常见的可视化图形

现代心理学把位置、颜色、形状等能快速引起心理反应的信号统称为"前意识属性"（Pre-attentive Attributes），它们在人类的潜意识中活动，在极短时间内就能被识别，因此是可视化分析的最佳向导。主要的"前意识属性"如图 2-9 所示。

位置　　　　长度　　　　颜色　　　　大小　　　　形状　　　　高度　　　　方向　　　　趋势

图 2-9　常见的"前意识属性"

在大数据时代，数据"噪音"越来越多，快速、有效地表达信息就成了数据分析的关键。位置、颜色、形状、大小、长度等可视化要素，被用作数据分类、归纳总结、识别异常等分析目的。以交叉表为例，交叉表数据密度高，但不易于表达观点，通过增加颜色高亮背景，或转化为趋势，有助于把数据和观点合二为一，帮助阅读者快速获得有效信息，如图 2-10 所示。

| 初始评级 | 放款日期(起息日) | | | 总和 |
|---|---|---|---|---|
| | 2020 | 2021 | 2022 | |
| A | 285 | 4,194 | 5,805 | 10,284 |
| B | 656 | 14,525 | 18,007 | 33,188 |
| C | 3,005 | 49,488 | 79,212 | 131,705 |
| D | 2,471 | 57,222 | 75,167 | 134,860 |
| E | 1,018 | 11,455 | 4,554 | 17,027 |
| F | 515 | 319 | 655 | 1,489 |
| 总和 | 7,950 | 137,203 | 183,400 | 328,553 |

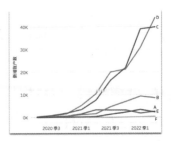

图2-10 从交叉表到可视化展现

可见，可视化分析是业务用户进入大数据分析的捷径，可视化展现与数据展现结合，就有了报表、可视化图形、可视化交互仪表板、数据故事等多种样式。同时，分析师要牢记，分析的目的是辅助业务，可视化只是媒介，背后的数据总结、抽象部分才是关键。

## 2.4.2 从可视化到抽象分析：走向仪表板和高级分析

可视化不是目的，决策才是。"可视化的终极目标是帮助人们洞悉蕴含在数据中的现象和规律，这包含多重含义：发现、决策、解释、分析、探索和学习"（见本章参考资料[8]）。简单可视化只能完成初级展现，难以实现高级抽象总结，于是就需要创造更多的可视化样式，借助变量、计算等方式增加交互动作或者多层次组合，这是可视化的高级阶段。

### 1. 文字和数字是早期的可视化

早期人类用简单的数字形状，配合简单象形文字记录简单事物，很快就会遇到瓶颈——仅有的几个数字和文字，无法满足日益增加的数据记录和传播的需求。比如，几百只羊群、神话、未来。这就需要创造更多的符号，并充分利用它们的组合。

**高度抽象的数字、文字形状及其组合，用来记录和反映稍微复杂的现实。**

这种表达方式在罗马文字和汉字词组上表现得淋漓尽致。在数字4之后，罗马人创造多个形状代表5、10、50、100，然后组合成为各种"大数"。中国汉字也充分使用了"组合"，偏旁和部首组合构成了更多的汉字，不同汉字组合成为词组，如图2-11所示。

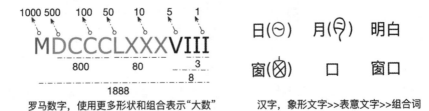

图2-11 小数字和简单文字的演绎发展

不过，相比罗马数字、天干地支的"形状"及其组合，印度数字的"形状+位置（进位）"在表达大数据时更有效率，所以由阿拉伯人迅速传遍了世界。

文字的发展与此类似。随着文明的发展、信息量越来越大，象形文字直观但内涵狭窄，逐渐被越来越多的"表意"文字所淹没，文字的抽象化水平越来越高，从而传递越来越复杂、抽象的信息。时至今日，简单的文字和词组会同时表达具体的、抽象的多种意义，比如"窗口"（Window）不仅指看得见的窗户，也可以指通往全世界的网络浏览器、计算机程序界面，甚至指计算的范围（SQL 窗口函数和 Tableau 表计算）。如今，世界上的主流语言，几乎都是表意文字。

中国的汉字看似复杂，却满足了日益复杂的需求，每个汉字都可以与时俱进地表达很多意思，同时又能借助组合创造新词汇。过去代表"光明"的"囧"，如今反而成了悲伤、无奈的代名词。还有各种旧词新用、重新组合，比如"内卷""躺平"，都赋予了汉字在互联网时代的无限生机。

笔者看来，可视化图形的魅力也是如此。简单的可视化图形通常表达精练的信息，借助可视化图形的叠加，仪表板的组合、重构，必要时创造新的可视化图形，就可能把单一的可视化图形抽象化到更高的水平，最终通往业务的理解、洞见和决策建议。

**2．敏捷分析可视化是数据可视化的高级形式**

常见的可视化图形对应常见的问题类型，主要有条形图、折线图、饼图、散点图、直方图、地图等。它们既可以在仪表板中相互组合，又可以在同一个空间中相互叠加，甚至可以是不同问题在单一图形上的叠加。业务用户常常称之为"多维分析"。

如图 2-12 所示，介绍了单维问题、多维问题的关系，以及不同的呈现形式。每个单一的问题都有最佳的可视化图形对应，多维问题则需要多个问题之间的组合，并选择恰当的方式展现背后的业务逻辑和故事。

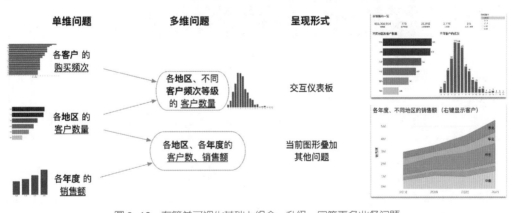

图 2-12　在简单可视化基础上组合、升级，回答更多业务问题

在业务分析中，"多维分析"的"维"代表分析角度，简单的多维分析是多个业务字段的组合（比如各地区、各产品、各年度的销售额）。高级的多维分析则是包含动态分析字段的组合（比如，按不同年度、不同客户数量的客户价值分类；基于聚合结果的二次分类，比如通过购买频次区分客户等级），后者需要通过交互式仪表板或者高级计算的方式回答。

可见，作为信息的媒介，可视化图形如同数字、文字，既是对客观现实的反映归纳，又是对世界的**抽象演绎**。数据时代，获取、整理数据，并以可视化方式总结、抽象，以促进信息传递和交流的技能，将成为每个人基本的"数据素养"（Data Literacy），如同读写一样重要。

## 2.5 Tableau：大数据敏捷业务分析的"代表作"

工具并无好坏之分，关键在于业务需求。对于大数据的可视化分析，既需要处理大数据，又要丰富的可视化表达，还要为业务用户提供探索分析的敏捷性。笔者在本书中以 Tableau 为主要工具进行介绍，并在数据合并、筛选、计算时增加 Tableau 与 Excel、SQL 的操作对比。

Tableau 不仅是可视化分析工具，也是包含敏捷数据准备（ETL）、数据管理、数据科学等功能的大数据可视化分析平台，笔者把它视为"DW/BI+AI 数据分析平台"，如图 2-13 所示。

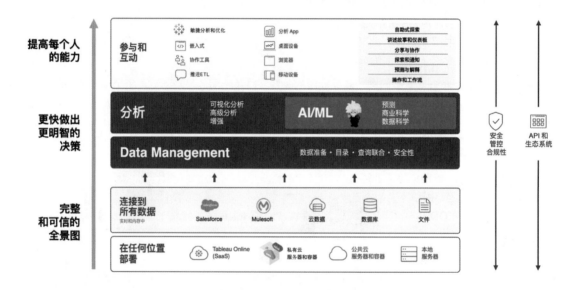

图 2-13 Tableau：大数据敏捷分析平台（在官方基础上略有调整）

本书第 3 章介绍适用于所有分析工具的敏捷分析方法和可视化基础，之后各章以 Tableau Desktop 为重点，介绍数据准备、可视化分析、筛选交互、计算等诸多内容，相关方法也适用于其他工具。

在 Tableau Desktop 中，只需要拖曳动作，就能生成可视化图形、增加分析深度、筛选数据样本、创建计算字段，甚至创建综合仪表板。图 2-14 所示为 Desktop 的主要界面功能。

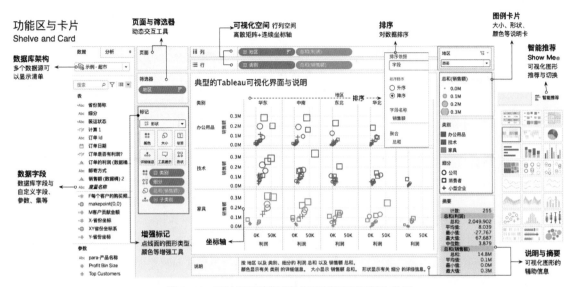

图 2-14 通过拖曳字段或者分析功能实现可视化分析

Tableau 入门容易，精深很难，难不在工具，而在于技术与业务理解的结合。初学者要特别注意把握书中的抽象概念，尽快构建体系思维，之后才能在应用过程中融会贯通。这里强调如下几点。

**（1）从 Excel 到 Tableau 最本质的思维跨越是层次思维。**

Excel 和 Tableau 是不同时代的产物。不要被 Excel 的习惯束缚了思考，也不要被 Tableau 中看似复杂的"概念"吓住。把握层次、掌握体系、循序渐进，每个人都可以快速走过笔者多年的路。

如图 2-15 所示，借助详细级别（LOD），读者可以理解数据准备、筛选和计算的类型，然后理解它们背后的对应关系。其中的关键是抽象而来的 3 个层次：数据表详细级别（Row LOD 或 Table LOD）、视图详细级别（Viz LOD）和指定的详细级别（Fixed LOD）。这是本书最重要的内容之一。

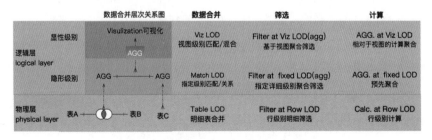

图 2-15 理解 3 个关键主题的层次逻辑

**（2）先理解原理，后掌握技能，再融会贯通。**

掌握一门技术之难，难在掌握体系和逻辑。以可视化为例，可视化图形众多、功能繁杂，如果能建立主视图、视图增强、可视化组合的多个环节，而后把每个环节层层展开，就可以搭建可视化主题的完整体系。图 2-16 所示为本书第 4 章内容可视化增强分析的基本路径。

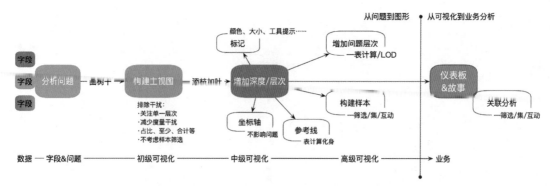

图 2-16　Tableau 从业务问题到深入可视化分析的框架

**（3）分析之难，在于理解业务。**

本章开篇介绍了"业务—数据—分析"的分析体系，其中，业务是贯穿前后的主线，数据和分析都是业务在不同阶段、不同形态的抽象化形式。可视化分析，特别是面向问题探索和商业模式优化的商业分析，难点都在于分析所依赖的业务知识、业务背景和业务方法，这也是资深数据分析师最宝贵的内容。

本书是笔者多年学习、企业培训、项目咨询的总结，读者可以在短时间内完整地学习和理解业务分析的多个方面，并在之后按需查询、快速进步。

推荐读者在阅读本书之后，选择自己擅长的行业领域，以所在企业为示例，构建企业数据地图、磨炼数据分析方法、搭建可视化分析体系，假以时日，当有大成。

## 参考资料

[1] Engles R W. A Tutorial on Data-Base Organization[J]. International Tracts in Computer Science and Technology and Their Application, 1974, 7.

[2] [加]克罗尔，尤科维奇. 精益数据分析 [M]. 韩知白，王鹤达 译. 北京：人民邮电出版社，2015.

[3] Ralph Kimball, Margy Ross. 数据仓库工具箱：维度建模权威指南[M]. 北京：清华大学出版社，2015.

[4] 哈默，钱皮. 企业再造：企业革命的宣言书 [M]. 上海：上海译文出版社，2007.

[5] [美]吉尔里 A. 拉姆勒（Geary A.Rummler），艾伦 P. 布拉奇（Alan P.Brache）. 流程圣经[M]. 王翔，杜颖 译. 北京：东方出版社，2014.

[6] 斯科特·派克. 少有人走的路[M]. 北京：北京联合出版公司，2020.

[7] 陈含章. 结绳记事的终结[J]. 河南图书馆学刊，2003(06):71-76.

[8] WARD M, GRINSTEIN G, KEIM D. Interactive Data Visulization: Foundation, Technique and Applications [M]. Natick Massachusetts:A K Peters Ltd, 2010.

| 第 3 章 |

# 业务可视化分析：关键概念与方法论

关键词：层次分析方法、问题解析、维度和度量、聚合、详细级别、聚合度

本章聚焦业务问题，介绍普适性的业务问题分析方法和体系。

业务分析是从抽象到具体、自上而下、如"抽丝剥茧"的过程，最重要的抽象方式是聚合。本章以**问题解析**为业务分析的起点，视**聚合**为分析的本质，视**指标（聚合度量的业务形态）**为问题的核心。以**"聚合度"**为尺度衡量多个问题的抽象化程度，结合"详细级别"通往多维度、结构化分析。

本章的核心要点及其逻辑关系如图 3-1 所示。

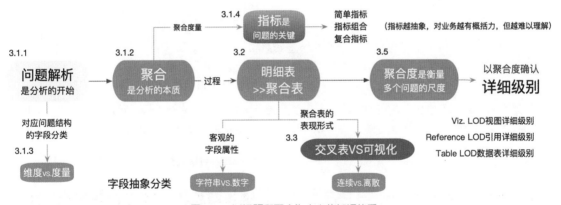

图 3-1　以问题和聚合为中心的知识体系

本章概括了笔者多年分析总结的方法论，为全书之经脉，大厦之根基。建议初读时先"不求甚解"，再反复精读，结合实践和 Tableau 应用多加理解，直至在业务分析中融会贯通。

## 3.1　解析问题结构、理解聚合过程和指标

业务分析通常从一个特定的业务场景或分析主题开始，它们还需要分解为一系列子问题，然后逐一假设、验证。为了寻找"公司本月利润率环比下降"的原因，分析师可以建立一系列问题：

- 过去一年，每个月份的毛利率、费用率、利润率趋势（确认利润率低的关联指标）。
- 本月，各个类别、子类别的销售额、利润率，及其环比差异（假设某些产品出现了异常）。
- 各个细分市场、各个年月的利润率变化（假设某个细分市场的利润率出现了大幅下滑）。
- 建立筛选条件，查看 TOP 100 大客户的销售额和利润率分布（假设某些大客户出现异常）。

可见，业务假设验证需要拆解为清晰的、最小单位的一系列问题。每个基本问题对应特定的可视化图形。它们之间的关系通过仪表板组合，最终帮助理解业务问题，从而辅助业务决策。

所有问题背后有很多共同特征，本节从显性的问题结构（见 3.1.1 节）、隐性的聚合过程（见 3.1.2 节）和抽象的"字段角色"分类（见 3.1.3 节）3 个方面展开。可以概括为如下几点。

- 业务问题都是由分析范围、分析对象和问题答案 3 个部分构成的。
- 分析即聚合，聚合即分析，分析是从数据明细表到问题（详细级别）的聚合过程。
- 分析对象对应维度，问题答案对应（聚合）度量，维度是聚合度量的分组依据。

## 3.1.1 问题的结构及其相互关系

在笔者的知识体系中，深刻地理解问题的结构，是通往"字段角色"分类、高级分析、筛选和交互等广阔业务分析世界的窗口。

### 1. 问题的结构解析

以如下的问题为例，用下画线、灰色背景、加粗文字来表示不同的构成。

- 2021 年，东北地区，各个类别、品牌的销售额总和、利润率。
- 销售额总和前 50 名的客户，（它们在）不同区域的销售额总和贡献。
- 保留包含桌子的订单（购物篮），各子类别的销售数量及连带销售比率。

以逗号和"的"为分界，任何问题都包含 3 个部分：分析范围、分析对象、问题答案。分析范围对应筛选技术，因此也称为"筛选范围"。它们之间的结构和相互关系如图 3-2 所示。

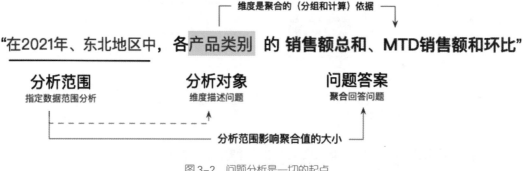

图 3-2 问题分析是一切的起点

分析是对业务和数据的抽象过程，最重要的抽象技术就是聚合，对应 SUM、AVG、COUNT 等多种聚合函数。因此，聚合是分析的本质。聚合对应问题答案，问题答案是问题中唯一必须明示的部分。

如果分析范围或分析对象对应数据表的全集，那么它们可以被省略。它们常常对应"总公司""全部""所有"这样的词语。同理，中文默认的聚合方式"总和"也常常被简化。比如，

- "公司总人数"——对应完整问题："保留全部数据，全公司的总人数"。
- "各地区的**销售额**"——对应完整问题："保留全部数据，各地区的销售额（总和）"。
- "昨日**销售额**"——对应完整问题："昨日，全公司的销售额（总和）"。

### 2．问题结构的相互关系

问题中的 3 个部分是紧密关联在一起的。

**其一，分析范围影响分析对象的分组数量，决定问题答案的聚合值大小。**

比如，"华东地区，各省份的销售额"和"东北地区，各省份的销售额"，虽然问题结构、分析对象、聚合答案相同，但由于区域不同，省份分组的数量和数据聚合值也就截然不同。

**其二，分析维度决定问题答案的数量，更深刻地说，"维度是聚合的分组与计算依据"。**

问题的关键是"问题是关于什么的"和"问题答案是多少"，分别对应分析对象和问题答案。在理论上，学者把它们概括为维度和度量。抽象聚合后的数据表有几行、聚合值有几个，是维度决定的；或者说，维度决定了问题的抽象化程度。比如，"全国的销售额"比"各省份的销售额"更加抽象，反之，后者更具体。

它们彼此的关系都将时刻贯穿在本书后续章节中，特别是"**维度是聚合的依据**"。

### 3．从问题结构到分析方法

问题结构中的各个部分对应不同的分析技术。其中，**分析范围对应筛选（Filter），分析对象对应详细级别（Level of Detail，LOD），问题答案对应聚合（Aggregation，AGG）**，每个部分都可以自成体系，相互组合成为复杂、高级的问题类型，如图 3-3 所示。

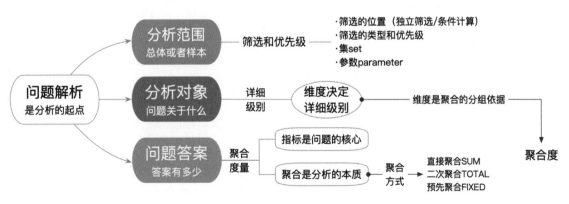

图 3-3　各个问题部分对应的分析技术

基于这样的理解，本书分章节介绍问题的主要技术。

以计算为例，如"东北地区，各省份的销售额总和"这种简单问题，每个部分都可以和数据表的已有字段直接对应。随着问题复杂性的提高，每个部分都需要借助计算完成，如表 3-1 所示。

表 3-1    不同难度问题的结构与计算（基于 Tableau 自带超市数据）

| | 问题类型（由易到难） | 分析范围（Filter） | 分析对象（LOD） | 问题答案（AGG） |
|---|---|---|---|---|
| 1 | 东北地区，各省份的销售额 | 【地区】字段 | 【省份】字段 | SUM([销售额]) |
| 2 | 2021 年，各品牌的利润率 | YEAR([订单日期]) 日期计算 | SPLIT([产品名称]," ",1)<br>字符串计算 | SUM([利润])/SUM([销售额])<br>聚合的计算 |
| 3 | 包含桌子的订单中，不同子类别的订单连带率 | { FIXED [订单] :MAX(<br>IIF([子类别]= "桌子",1,0) )} =1<br>包含聚合的条件筛选 | 【子类别】字段 | COUNTD([订单 ID])<br>/SUM({FIXED [子类别] :<br>COUNTD([订单 ID]) })<br>指定级别的聚合 |

可见，计算是从基本分析到复杂分析、高级分析的关键，计算构成了分析中的"血液"，也构成了本书第 3 篇的内容。

由于筛选主要影响数据值的大小，问题的结构主要由分析对象和问题答案决定。因此接下来将暂时搁置筛选（见第 6 章），集中介绍分析对象和问题答案。

## 3.1.2    聚合是问题分析的本质

问题分析的本质过程应该适用于 Excel、SQL 和 Tableau 等所有工具，这里先以熟悉的 Excel 为例介绍，帮助读者理解问题分析的本质关系。

### 1. 基于 Excel 透视表理解聚合

以 Excel 为例，在"示例—超市"明细数据中创建两个透视表，生成"各类别的数量总和""各细分的数量总和、利润总和"交叉表，数据如表 3-2 所示。

表 3-2    两个问题的交叉表

| 类别 | 求和项:数量 | 细分 | 求和项：数量 | 求和项：利润 |
|---|---|---|---|---|
| 办公用品 | 21401 | 公司 | 11581 | 681960 |
| 家具 | 8491 | 小型企业 | 6780 | 412485 |
| 技术 | 7642 | 消费者 | 19173 | 1053091 |
| 总计 | 37534 | 总计 | 37534 | 2147536 |

Excel 透视表（Pivot Table）实现了从成千上万的数据明细，到少量的交叉表的分组计算。还可以灵活调整交叉表的行列字段位置，比如"各细分、各订单年度的数量"，如表 3-3 所示。

表 3-3　问题对象分别在行和列的结果交叉表

| 求和项：数量 | 订单日期 | | | | |
| --- | --- | --- | --- | --- | --- |
| 细分 | 2018 年 | 2019 年 | 2020 年 | 2021 年 | 总计 |
| 公司 | 2134 | 2600 | 2881 | 3966 | 11581 |
| 小型企业 | 1245 | 1498 | 1840 | 2197 | 6780 |
| 消费者 | 3331 | 3914 | 5180 | 6748 | 19173 |
| 总计 | 6710 | 8012 | 9901 | 12911 | 37534 |

可见，Excel 透视表的"透视"（Pivot）包含了双重含义：从明细表到结果表由多变少的计算过程、变换行列字段位置的结构调整。其中，前者称为"聚合"（Aggregation），后者称为"转置"（Pivot）。

在透视过程中，聚合是绝对的、客观的、不可或缺的，转置是相对的、主观的、非必然的。因此，**分析的本质过程是聚合，聚合是分析中最基本的数据抽象方法。**

笔者推荐读者以"可视化"的方式理解聚合，如图 3-4 所示，本书约定使用带箭头的线条表示逻辑上的聚合过程，箭头不同的起点和终点代表不同的聚合方式。基于这样的可视化层次框架理解问题背后的聚合过程，是笔者跨工具学习高级聚合的法宝之一。

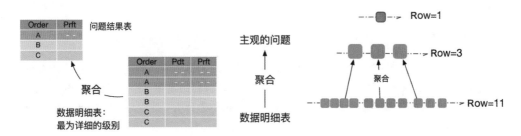

图 3-4　聚合是问题分析的本质

正因为"聚合是问题分析的本质"，所以分析结果对应的交叉表（Cross Table）又常被称为"聚合表"（Aggregate Table），与聚合表相对应的明细表（Detail Table）也被称为"底表"（Base Table）。企业分析过程中经常会出现成千上万的聚合表，它们催生和推动了数据仓库的发展；数据仓库不仅是数据明细的备份仓库，而且是各种聚合表、表关系等延伸内容的仓库。本书会在第 11 章结合 Data Management 简要介绍。

### 2．基于 SQL 理解聚合过程

"分析的本质是聚合"，这适用于所有分析工具，只是表达方式略有差异。

在 SQL 中，典型的聚合查询（Query）如下所示。

```
-- 2020 年，各客户 ID 的销售额总和，保留销售额总和大于 2 万元的客户
SELECT   `客户 Id`, SUM(销售额)
FROM tableau.superstore
```

```
WHERE    YEAR(订单日期)=2020
GROUP BY    `客户  Id`
HAVING    SUM(销售额) >20000;
```

从结构上看，WHERE 和 HAVING 语法实现筛选（其中 WHERE 在聚合之前，HAVING 在聚合之后），GROUP BY 语法限定聚合的分组依据（即分析对象），问题答案则必然对应聚合函数（比如 SUM、AVG、MIN 等）。可见，筛选、分组、聚合构成了 SQL 的基本结构。

从过程上看，SQL 查询也是从数据明细表（即 FROM 之后的部分）到问题交叉表（对应 SELECT 之后的部分）的聚合过程。

本书中，不包含聚合的问题不能称为分析，姑且称为"查找"（Find），比如"每个员工的身份证号"（身份证号是唯一属性，因此不存在聚合过程）。"查找"是基于明细、不加抽象过程的；"分析"是建立在聚合和抽象基础上的，在 SQL 中可以统称为"查询"（Query）。比如：

- 查找明细行（如 *SLECT * FROM TABLE*）
- 分组聚合查询（如 *SELECT [region], SUM([sale]) FROM table GROUP BY [region]*）

作为可视化分析的典型代表，Tableau Desktop 也有类似的问题结构和聚合过程。更重要的是，Tableau 把分析对象和问题答案归纳为更抽象的字段角色——维度和度量，相比 Excel 和 SQL，这在逻辑上迈出了一大步。

### 3.1.3 基于聚合的"字段角色"分类：维度描述问题，度量回答问题

字段构成问题结构，聚合是分析的本质。从聚合的角度看构成问题的字段，它们的作用有所不同：部分字段包含聚合[1]，比如销售额总和、最大订单日期——常被称为定量字段（Quantitative Field）或度量字段（Measure）；其他字段则是聚合的分组依据——常被称为分类、定性字段（Qualitative Field）或维度字段（Dimension）。

分析的本质是聚合，因此问题中的度量字段必然与聚合函数相伴而生，比如"利润总和""平均数量""最大金额""最小日期""员工计数"，本书常将其称为"聚合度量"或者写作"（聚合）度量"。由于度量必然包含聚合，因此"聚合度量"其实是重复定义，"聚合"前缀旨在强调"度量"的聚合属性。

多个聚合字段构成的"业务指标"也必然是度量，比如"利润总和/销售额总和""利润总和同比"。

同时，**聚合度量字段必然依赖维度字段**，维度是聚合的分组和计算依据。不管是 Excel 透视表，还是 SQL 聚合查询、Tableau 可视化、Python 分析，概莫能外。

聚合度量的分组依据，在 Excel 中对应透视表行列字段，在 SQL 中对应 GROUP BY 子句，在 Tableau 中是视图行列、标记（工具提示除外）中的维度字段。图 3-5 展示了不同工具的依赖关系，图中用线条表示了维度对聚合字段的约束作用。

---

1　特别注意，度量是"包含聚合的字段"，而非被聚合的字段。从明细表角度看，任何字段都可以被聚合；从问题角度看，只有包含聚合的字段才是度量。

图 3-5　维度是聚合的分组依据（不同工具的对比）

推荐读者使用维度、度量的字段角色作为问题字段的抽象分类。其中，**分析对象**对应维度字段，**问题答案**对应度量字段。用一句话概括，如下：

*维度描述问题（是什么），度量回答问题（有多少）；*

*维度是（聚合）度量的（分组和计算）依据。*

随着问题的结构日渐复杂，这句话也将日渐重要，特别是高级计算。

## 3.1.4　指标是聚合度量的业务形态

维度、度量、聚合、筛选，这些都是技术上的通用名词，随着技术普及，逐渐成为数据素养的常识。从业务角度来看，更常见的名词是视角、指标、过滤等。其中，指标是每个业务问题中必不可少的部分，指标对应度量，度量必然聚合，因此，指标是聚合度量的业务形态。

### 1．围绕指标的关键概念：聚合、度量、指标体系

在进一步展开指标分类之前，有必要说明业务计量（Measurement）、问题度量（Measure）、指标（Metrics）和关键绩效指标（KPI）之间的逻辑关系。

业务是数据的来源。当业务过程以数据方式被采集、保存到数据库中时，一部分字段用于描述业务过程，比如时间、地点、人员、产品等，另一部分字段用于量化业务过程，比如金额、数量、折扣，它们是业务过程的度量（Measurement）。包含度量值的数据表常常被称为"事实表"（Fact Table）。

分析是对业务和指标的抽象，最重要的抽象方式是聚合，聚合的结果称为度量（Measure），比如销售额总和、平均年龄、客户数、最高产量等。因此，聚合是问题的本质，而度量是问题的核心，它是问题中最不可或缺的部分。

理论上，任意字段都可以被聚合成为"度量"，但只有那些具有高度抽象水平、具有业务指导意义的度量才会被视为运营指标（Operational Metrics），这些关键指标相互补充，构成了企业的指标体系。其中最重要的指标被称为"关键绩效指标"（KPI，Key Performance Indicator）。从业务范围来看：

KPI 关键绩效指标 ＜ Metrics 指标 ＜ Measures 度量

可见，指标必然是聚合度量，反之则不然。比如客户的首次订单日期（MAX([订单日期])是聚合度量，但不会作为指标使用，基于它和最后订单日期计算而来的"客户生命周期"才是具有业务指导意义的指标。业务指标都是动态的，随着业务变化的。

**2．业务指标的常见分类**

基于上述理解，按照聚合计算的复杂程度，笔者把业务指标分为如下 3 类。

**（1）简单指标：直接聚合。**

以 SUM、AVG、COUNT 等聚合函数为基础，聚合度量就变成了最常见的指标，比如销售额、客户数量、产品数量、订单数量等。

建立在直接聚合上的业务指标，通常描述业绩规模，是领导最先关注的内容。

**（2）指标组合：聚合的计算。**

规模指标难以揭示业务背后的质量情况，此时可以用聚合的计算作为补充。比如，利润总和、利润率相结合，订单数量、订单件均相结合，投资金额、投资回报率相结合，等等。

最常见的指标组合是比值指标，比如：

- 利润率 = SUM([利润]) / SUM([销售额])
- 订单件均 = SUM([销售额]) / COUNTD([订单 ID])
- 毛利额总和 = SUM([销售额])–SUM([成本])

比值指标是最常见的度量，读者务必要理解它们和数据表中度量值（比如数量、金额）的根本差异。像利润率这样的比值指标完全不存在于业务过程中，因此也无法从业务数据表中直接采集而来，它们代表了业务用户对业务和数据的高度抽象，是相对问题而存在的。虽然，很多企业的数据仓库中间表会物理地存储利润率数据，但这样既无必要，又不可取，是最常见的"技术误用"。

**（3）复合指标：增加筛选范围及其计算。**

越抽象的指标越具有业务诠释功能和刻画能力，当上述指标无法完整地描述业务时，就需要创造更多抽象指标。复合指标的典型特征是聚合中包含了条件（Condition），计算条件可以称为聚合的背景、环境、上下文（Context），甚至叠加二次计算，典型的复合指标如下。

- （零售）销售额同比增长率：今年的**销售额总和**，相比去年同期的**销售额总和**的差异百分比。
- （医药）3 个月覆盖率：过去 3 个月活跃的门店数，占过去 12 个月活跃的门店总数的比例。
- （金融）C-M1%：当前账户逾期低于 30 天的账户数，与上月期末账户未逾期的账户数比值。

上述 3 个指标虽然都是比值，但是分子、分母中都包含了不同的数据范围，并且计算难度越来越高。在本书第 6 章，笔者会介绍筛选相关的内容，同一个问题中的多个指标，相同的范围可以添加独立的筛选器，不同的范围则需要与聚合结合方可完成。

"指标"是聚合度量的业务形态，只有在充分理解聚合函数、逻辑计算，以及聚合的数据表结构的基础上，才能游刃有余地完成。

## 3.2　明细表与聚合表：聚合的逻辑过程

既然分析的本质是聚合，那么聚合必然是由较多的明细表到较少的结果表的抽象、计算过程。因此，本节就从业务视角，介绍聚合的起点、终点数据表的差异。只有深刻理解聚合过程，才能理解更多的聚合分类，以及聚合度等更抽象的概念，这是通往高级问题、多维分析的必由之路。

比如，"各子类别的销售额总和"，最终可以表现为 3 行 2 列的交叉表，它是从"示例一超市"数据的"销售明细表"中聚合而来的。在分析实践中，聚合前的数据表是"明细表"，用于记录业务运营过程（operational recording-keeping），因此又可以称为**业务明细表**、**业务过程表**；而聚合后的数据表是自定义交叉表，用于回答问题、辅助管理决策（business decision-making）[1]，因此又可以称为**问题聚合表**、分析聚合表、聚合中间表、透视表等。聚合表与明细表相对而存。

理解"业务明细表"和"问题聚合表"的特征、规范，是理解问题分析过程、数据准备、数据合并乃至数据仓库技术的重要基础。

## 3.2.1　业务明细表和问题聚合表：聚合的起点和终点

业务明细表和问题聚合表对应不同的业务场景，这也决定了彼此的规范特征。

### 1. 业务明细表

记录业务的运营过程是业务明细表的主要功能之一，所以数据表明细才称为"记录"（Record）。业务明细表的每个字段对应一个业务对象；业务明细表的每一行记录，则对应业务中的一次交易或者事务（Transaction）。因此，业务明细表是业务过程的直接反映和记录。

比如，"销售明细表"描述的业务过程是"谁（Who）、在何时（When）、于何地（Where）、给谁（Whom）、以何种方式（How）、提供了什么（What）、交易的相关数值分别多少（How much）"，这里的 5W2H 就构成了数据表记录的业务字段（Field），其他的字段都大多是这些关键字段的属性或延伸[2]。

业务明细表的记录方式基本是关系型数据样式。业务明细表由字段、记录，以及行、列交叉组成。每个业务对象对应一个数据字段，每个数据字段的所有值对应数据明细表中的一列（Column），而业务明细表的每一行（Row）对应一次完整的业务过程，如表 3-4 所示。

表 3-4　业务明细表实例（"示例一超市"数据部分，有所调整）

| 订单 ID | 订单日期 | 产品 ID | 客户名称 | 产品单价 | 数量 |
|---|---|---|---|---|---|
| US-2018-2547654 | 2018/3/1 | 办公用-系固-10002024 | 丁君 | 80.472 | 2 |
| US-2018-2547654 | 2018/3/1 | 办公用-系固-10004946 | 丁君 | 121.968 | 3 |
| US-2020-3285234 | 2020/6/14 | 技术-复印-10004182 | 丁君 | 3339.168 | 4 |
| CN-2019-5106829 | 2019/3/14 | 技术-电话-10000199 | 丁婵 | 270.9 | 3 |

---

1　这里的英文名词，取自 Kimball 和 Ross 的经典之作"*The Data Warehouse Toolkit:The Definitive Guide to Dimensional Modeling, Third Edition*"，第 2 章已经多次引用。

2　在业务系统中，为了满足数据库的 ACID 原则，一个业务过程都会分拆到多个数据表中。"示例一超市"数据可以视为建立在数据整理或数据仓库的基础上。本书暂时不考虑数据库层面数据表拆分方面的影响。

为了更准确地理解业务明细表中对应的业务过程，IT 会设置主键（Primary Key，PK）字段标识明细行的唯一性，业务分析中推荐使用最少的维度字段组合，以此代表**数据表详细级别（Table LOD）**——即数据表最详细的记录所能达到的程度。比如，"销售明细表"中，可以用"订单 ID*产品 ID"的组合标记数据表行明细记录的唯一性，即**数据表详细级别**。

主键、数据表详细级别通常使用人为设计的逻辑字段来代表，订单 ID、产品 ID 等逻辑字段是对业务对象的初级抽象，而毛利额、折扣率则是业务过程的高级抽象，它们共同构成了数据分析的逻辑表，如图 3-6 所示。

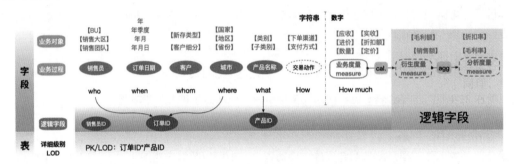

图 3-6    "示例—超市"数据分解表：理解数据中包含的独立层次结构

在业务分析中，**"数据表详细级别"**可以作为识别数据表的标签和索引。在企业的数据仓库中，特定详细级别的数据表通常是有限的，就像一个单位中名字之于每个人。分析中需要"订单 ID*产品 ID"级别的数据时，就会想到"销售明细表"；需要"发票 ID"级别的数据时，就可以去找"发票明细表"。

业务系统中的数据底表和数据仓库的数据整合表，都会遵循关系型数据的一些基本范式。

### 2．问题聚合表

和业务明细表不同，问题聚合表的形式更加多样，可以是关系型数据，也可以是交叉表样式，甚至可以转化为可视化图形、动画等高级形态。可视化图形可以视为问题聚合表的特殊表达形式。

如图 3-7 所示，问题的本质是聚合，同一个问题的聚合结果可以用多种交叉表、可视化图形，甚至可视化图形的组合表示。可见，问题聚合表并不追求关系数据规范，而以如何清晰地表达观点为首要目标。

图 3-7    可视化图形背后是聚合表，聚合表并不追求关系范式

相比业务明细表，问题聚合表是动态的、临时的，问题聚合表的详细级别，就是对应问题的详细级别，可以用问题中的维度字段来表示。问题的详细级别代表了问题聚合的抽象化程度。

比如，问题"各类别的销售额"对应的问题聚合表，其详细级别是"类别"；而问题"各订单年度、各获客年度的销售额"对应的问题聚合表，其详细级别是"订单年度*获客年度"。问题详细级别约束了聚合的过程，是聚合的分组和计算依据。

在复杂的业务分析过程中，一个问题分析可能依赖很多聚合中间表，聚合中间表又依赖多个业务明细表。为了提高分析的效率，避免频繁查询对业务系统稳定性的影响，数据仓库随之发展起来。各种聚合中间表是数据仓库的重要组成部分，它们在复杂的问题分析中充当了临时明细表的作用，是业务数据表和最终问题分析的桥梁。

为了更好地理解业务明细表和问题聚合表之间的关系，有必要进一步抽象它们的特征，并对数据表做进一步的分类。

## 3.2.2　物理表与逻辑表：数据表的抽象类型

"业务明细表"和"问题聚合表"的二分类，可以用物理（Physical）和逻辑（Logical）表示。

问题聚合表相对于问题而存在，问题是主观的、动态的，因此问题聚合表也是主观的、动态的、转瞬即逝的。特别是在服务器端，随着筛选条件的变化，聚合查询也会随着变化；随着用户的访问会话结束，可视化对应的聚合查询也会瞬间消失。这种依赖于主观问题而存在的存在，可以称为"逻辑上的存在"，对应的数据表称为"逻辑表"（Logical Table）。

相比之下，业务明细表依赖于企业业务流程，后者在相当长的时间内保持稳定，因此业务明细表是客观的、结构稳定的。同时，随着公司业务的持续开展，业务明细表会不断追加新记录，新记录一旦追加，通常会保持不变。以零售业务为例，收银员每完成一次订单交易，就意味着永久生成数行交易明细，此后不会发生改变；即便发生了退货，也是另一个业务流程的开始，会产生新的数据明细。这种一旦创建就静止不变、数据表结构相对稳定的存在，可以称为"物理上的存在"，对应的数据表称为"物理表"（Physical Table）。

逻辑表和物理表是相对存在的，逻辑表大多数是由物理表延伸而来的。在可视化分析中，可视化图形只是聚合表的外在展现形式，并没有改变聚合、聚合表的本质，因此可以视为特殊的"逻辑表"；而可视化图形所依赖的数据明细表，则是"物理表"。

可见，"物理表"和"逻辑表"都是对数据表类型的概括，从而更好地归纳它们彼此的特征。数据分析的过程，是从已有的数据表抽象概括、逻辑归纳的过程。在这个过程中，业务经验、行业知识、分析方法都是不可或缺的"催化剂"，可视化图形则是高效的表达方式。

如图 3-8 所示，站在业务角度理解分析的抽象过程，是高级业务分析师的必备功课。

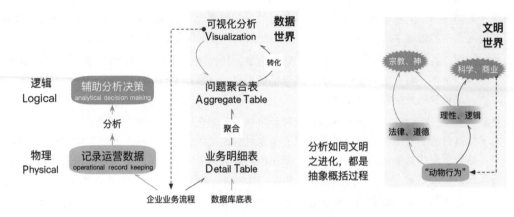

图 3-8　分析的过程是从业务中抽象、升华的过程

其实，抽象逻辑本不存在，如同动物世界本无法律和道德，亦无羞耻与信仰；人类文明的可贵就在于，随着理性和逻辑思考，虚构的东西逐渐成为共识，甚至信仰，成为生活和生命的一部分。

分析亦然，"逻辑表"因分析而"产生"，可视化图形则是逻辑表的另一面表达，分析和可视化帮助业务用户总结经营规律、发现客户特征，进一步指导业务决策，最终推动现实交易的前进。

物理与逻辑的构建，有助于更好地构建分析框架，走向数据建模、高级计算。本书会在第 4 章和第 11 章进一步展开。

### 3.2.3　数据类型与字段角色：数据表字段的抽象类型

不管是业务明细表还是问题聚合表，它们都会遵循一些特定的范式，从而保持数据的一致性。比如，数据表的逻辑结构、存储结构、优化存储的数据类型、主观的字段角色等。

从结构上看，数据表是由数据字段和数据记录构成的。其中，字段是问题分析和计算的基础，字段对应业务对象；而记录是数据聚合、数据准备的基础，记录对应业务过程。

#### 1. 数据表的构成要素

数据表的内容是由数字、文本、符号等多种数据组成的，统称为字符（Character），如"中""1""/"等。字符没有业务意义，因此不是分析的基本单位。具有业务意义的最小单位是"字符串"，顾名思义，它是多个字符的组合，比如，"中国""100""类别"。

在数据表中，相同**属性**的字符串存储在同一个列中构成字段，比如，"玉溪""昭通""大理""楚雄"构成一个字段【卷烟厂名称】，而 100、49、30 构成字段【数量】。最常见的字段是 Excel 或数据库的字段列。字段是问题分解的基本单位，也是计算的基本元素。

如图 3-9 所示，以"示例—超市"数据为例，目之所及都是字符，单元格中是字符串，相同属性的字符串构成字段列，不同属性的字符串构成记录行。行列交织，记录业务过程。

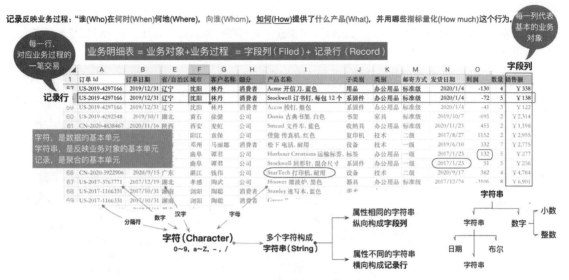

图 3-9 关系数据的基本样式和构成要素

为了更好地理解数据表的构成，表 3-5 列举了分析中的常见词汇。

表 3-5 分析中常见词汇的通俗释义

| 名称 | 英文名称 | 说　　明 | 备　　注 |
|---|---|---|---|
| 字符 | Character | 不可拆分的信息单元，比如，数字、标点、字母、汉字等。字符中没有业务属性，因此不是分析单位 | 字符的单位是字节（Byte） |
| 字符集 | Character Set | 多个字符的特定集合，常以"字符编码"的方式出现，即约定字符和计算机内部编码的"字典"，比如 ASCII 码 | 有国际编码，也有国家编码 |
| 字符串 | A string of characters | 多个字符的组合，比如 12、中国、Tableau 等。字符串是最重要的数据类型，还可以根据长度等分为更多类型 | 简称 String |
| 字段 | Field | 属性相同的一组字符串构成字段，在 Excel 或者关系数据库中通常对应一列（Column）。字段是问题分解的基本单位，多个字段的有序组合构成问题 | 承上启下的桥梁 |
| 记录 | Record | 数据表的每一行（Row）称为记录，由多个不同的字段组成。一个记录通常可以反映一次完整的业务交易。记录是聚合的基础 | 记录数表示数据行数 |

在本书第 4 章，将以记录为基础，系统讲解数据表的合并过程。

## 2．理解字段数据值的共同属性：数据类型

按照字段中存储数据的属性区分，字段的数据类型可以分为两大类。

- **字符串字段**：用文本、数字或符号等组合而成的文本型数据，通常用于标记业务对象，如时间、

地点、人物、方式等。

- **数字型字段**：以数字形式记录业务过程的属性，支持多种算术计算，比如利润、销售额、折扣、年龄等。

为了优化存储，提高数据的准确性，不同工具对字符串和数字做了进一步细分。其中，图 3-10 展示了 Excel、Tableau、MySQL 中的数据类型。工具支持的数据类型是工具抽象能力的缩影。

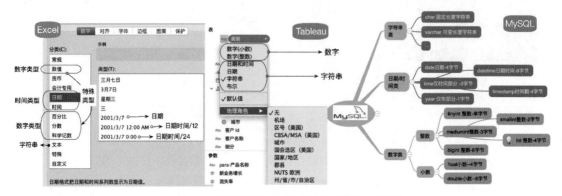

图 3-10　不同工具中，会对字段格式做进一步细分

这里以 Tableau 为例介绍。

**（1）"字符串"数据类型的进一步细分。**

其一是时间类型字符串。和"客户 ID"等字符串不同，时间类型字符串具有"连续性"特征，即无须借助任何排序字段就有逻辑上的先后关系。Tableau 分为"日期"和"日期时间"两个子类，比如"2020 年 8 月 8 日"与"2020-8-8 08:25:30"。

其二是布尔值，即有/无、是/否的判断，计算机用 1/0 记录。由于计算机最终都是 1/0 二进制计算，因此布尔计算性能最好，善用这个分类有助于提高分析的计算效率。[1]

除此之外的字符串统称为"字符串"，如公司名称、产品 ID 等。

**（2）"数字"数据类型的进一步细分。**

分为数字（整数）和数字（小数）[2]两类。前者如"190、8、35"，后者如"12.09、5.21、7.07"。

相比字符串，数字最重要的特征是支持加减乘除等算术计算，这是聚合的基础。同时，数字也像时间一样，自身具有先后顺序（连续性），这是坐标轴的基础。

3．数据类型与维度、度量字段角色的区别

理解了**字符串和数字**的差异，还要理解它与维度、度量分类方法之间的不同。

---

1　从 Tableau 2021.3 版本开始，具有多个值的字段不能更改为"布尔"字段，因此会比此前版本有略微变化。

2　在 Tableau 2020.2 之前版本中，"数字（小数）"被误译为"数字（十进制）"，这是对"decimal"的错误翻译。

字符串和数字是相对于每个字段中的数据值而言的，通常是在数据库设计阶段就必须事先确认的规范，先于数据查询和问题分析而客观存在。分析中虽然可以根据需要调整，但并没有改变其客观属性。

而**维度和度量**，是相对于问题和聚合表而言的，一个字段可能在问题 A 中作为维度，而在问题 B 中作为度量（准确地说，是字段的聚合作为度量）。因此，维度、度量的分类是主观的。

初学者可以体会如下问题中的数据类型与字段角色分类。

- 各个部门的平均年龄（【年龄】的数据类型是整数，这里“平均年龄”作为度量）。
- 不同年龄的员工数量（“年龄”作为维度，与它的整数数据类型无关）。
- 各个员工的缺勤天数（【员工姓名】的数据类型是字符串，该字段作为维度分类使用）。
- 每个日期、各部门的出勤人数（“【员工姓名】的计数”作为度量）。

可见，数据类型是客观的，是相对于数据表字段列的数据值而言的，而字段角色是主观的，是相对于构成问题的要素而言的，维度、度量的分类依据是字段是否被聚合。

理解了问题聚合表的来源，接下来，就可以从业务可视化的角度，把问题聚合表转化为可视化图形了。

## 3.3　可视化图形：聚合交叉表的“另一面”

在敏捷 BI 兴起之前，分析结果默认是以交叉表（Cross Table）的形式展现的。交叉表的典型样式是多行、多列，可能包含嵌套或者合计。图 3-11 展示了 Excel 的透视表样式——交叉表的行列可以是单一分组字段，也可以是多个分组字段；度量值（∑值）中可以是单一度量，也可以是多个度量。

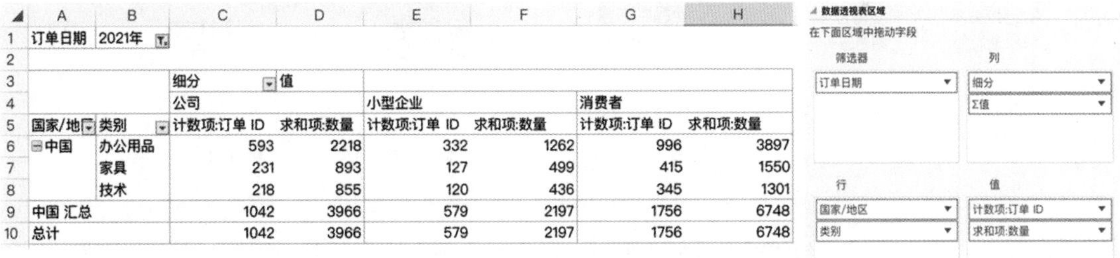

| | A | B | C | D | E | F | G | H |
|---|---|---|---|---|---|---|---|---|
| 1 | 订单日期 | 2021年 | | | | | | |
| 2 | | | | | | | | |
| 3 | | | 细分 | 值 | | | | |
| 4 | | | 公司 | | 小型企业 | | 消费者 | |
| 5 | 国家/地区 | 类别 | 计数项:订单 ID | 求和项:数量 | 计数项:订单 ID | 求和项:数量 | 计数项:订单 ID | 求和项:数量 |
| 6 | ⊟中国 | 办公用品 | 593 | 2218 | 332 | 1262 | 996 | 3897 |
| 7 | | 家具 | 231 | 893 | 127 | 499 | 415 | 1550 |
| 8 | | 技术 | 218 | 855 | 120 | 436 | 345 | 1301 |
| 9 | 中国 汇总 | | 1042 | 3966 | 579 | 2197 | 1756 | 6748 |
| 10 | 总计 | | 1042 | 3966 | 579 | 2197 | 1756 | 6748 |



图 3-11　多行多列交叉表示例

在大数据分析时代，数据大爆炸推动了更高效的可视化图形的快速发展，交叉表展现依然是“可视化”的重要组成部分。如图 3-12 所示，用数据交叉表和条形图展示“每个类别、子类别的利润总和、销售额总和”。二者既有很多共同特征，也有明显的差异。

从问题角度看，交叉表和可视化图形背后的问题结构、问题聚合、聚合过程完全相同。可视化展现方式并没有改变分析背后的本质。

二者的区别，只是外在展现形式的差异，传递信息的效率各有优劣。交叉表的数据密度更高，用户可以一目了然地获得每个单元格的精确值。可视化图形焦点更突出，借助长度和颜色等可视化要素，可快速定位利润严重亏损的子类别，驱动新的分析假设和分析过程。

本节介绍可视化分析背后的基本逻辑：如何确定可视化图形类型、可视化的基本扩展方式，以及可视化背后的字段特征。更多可视化图形见第 5 章。

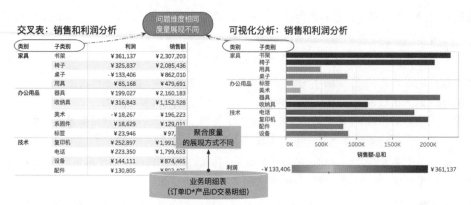

图 3–12　交叉表和可视化图形是问题聚合表的两种展现方式

## 3.3.1　问题类型与可视化增强分析

问题中的分析对象及问题答案的关系，基本决定了问题的类型和最佳可视化图形的选择。

如图 3-13 所示，结合案例介绍了 7 种主要的问题类型，每种类型对应几种最佳可视化类型，它们构成了可视化的主干。《业务可视化分析：从问题到图形的 Tableau 方法》一书的第 4 章中，对比介绍了多种问题分类的方法及其优劣（见本章参考资料[1]）。

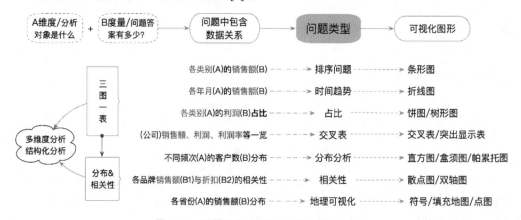

图 3–13　问题的类型决定了可视化图形的选择

相比数据交叉表，可视化图形具有弹性的表达空间。分析师的业务背景、工具选择、色彩喜好、表达媒介等，都会影响可视化的表达方式。如图 3-14 所示，在 Tableau 中，可以借助标记（颜色、大小、形状等）、坐标轴、参考线、趋势线等多种方式，从主视图中延伸更多的可视化图形。

初学者要深刻地理解分析的本质过程，在实践中走向最佳可视化实践。

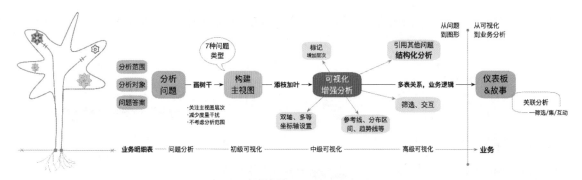

图 3-14　从基本图形到增强分析的多种路径

## 3.3.2　可视化背后的字段角色：连续和离散

字段是明细表和聚合表的基本组成部分，在 3.1 节和 3.3 节，本书分别从问题角度和明细表角度，阐述了字段的维度、度量分类，以及字符串、数字分类；前者是问题的视角，后者是数据库存储的视角。

在可视化环节，也有一个至关重要的字段角色，决定了可视化图形的底层逻辑，那就是字段的连续（Continuous）和离散（Discrete）特征。

简单地说，离散字段指字段中的数据值相互独立，业务中没有默认次序[1]，而连续字段指字段中的数据值有默认的次序，比如数字、日期。举例如下。

- 离散：地区字段中，华东、华北、东北等数据值相互独立，没有默认的先后次序。
- 连续日期：2022/3/13、2022/3/14、2022/3/15 等，日期有默认的远近次序。
- 连续数字：3、4、5 和 1.1、1.2、1.3 等，所有的数字有默认的大小次序。

### 1. 数据表和可视化中的连续和离散

连续和离散分类既可以是数据源层面的（静态），也可以是问题层面的（动态）。

数据库设计阶段，字段的数据类型一旦确定，对应的连续和离散就已经随之确定了。以 MySQL 为例，日期（Date）、日期时间（Datetime）、整数（Int）、小数（Float）等都是具有连续性的，会随着业务的持续发生不断产生新的数据值；而字符串类型的公司名称、客户名称、订单 ID 等虽然也会出现新的数据值，但是不同的数据值之间并无业务上的先后关系，因此可以视为离散。

在数据库中，还会出现"数字型字符串""字符串型日期"等特殊的类型，比如【性别】字段，用 1 代表"男"、0 代表"女"、2 代表"其他"，数字虽有连续，但代表的业务对象并无连续性。因此分析中，还是从业务的视角理解字段的特征。在可视化中，即便是连续性的日期字段，也可以根据需要转换为离散显示，可见，字段的默认属性和应用是可以独立的。

在可视化阶段，表达连续数据的最佳方法是坐标轴，坐标轴从原点向两侧无限延伸。如图 3-15 所示，

---

1　在分析中，离散字段数据值的默认排列次序，是在数据库存储位置的"数据源次序"，与业务意义无关，因此这里不作为有意义的默认次序。

最典型的坐标轴是以 0 为中心的数字坐标轴。日期坐标轴可以与数字相对应，在 Tableau 中，日期坐标轴的原点 1900 年 1 月 1 日对应数字 0，以此为中心向前/后延伸。

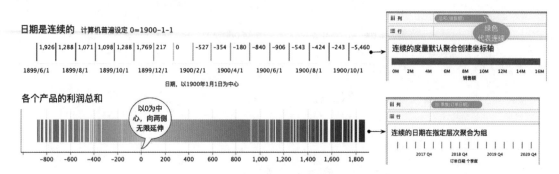

图 3-15　用坐标轴代表连续性　用标题代表离散

当前全世界普遍使用的"公元纪年"，以传说中耶稣基督的生年为公历元年（相当于西汉平帝元年）。只是耶稣的时代太过遥远，计算机世界的原点普遍采用更靠近现在的时间[1]。

在 Tableau 可视化应用的过程中，默认会根据字段的字符串和数字分类确定离散、连续特征，并以蓝色代表离散，绿色代表连续（想象一下红绿灯，绿色代表通行，通行即连续），如图 3-16 左侧所示。聚合生成可视化图形之后，则会根据聚合表中的字符串和数字确定离散、连续特征。比如，明细表离散的"订单 ID"字段聚合成为"订单数"，后者在视图中默认连续创建条形图。

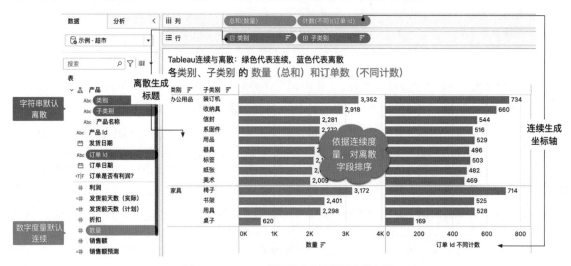

图 3-16　Tableau 可视化中的连续和离散字段

---

1　不同的工具对日期、数字的转换方法有所不同。Tableau 中 0 对应 1900 年 1 月 1 日，而在微软的 Excel 中 0 对应不存在的 1900 年 1 月 0 日（早年闰年 bug 的遗留），Unix 时间戳始于 1970 年 1 月 1 日（UTC/GMT 午夜）。

除了分类标题和坐标轴的差异，字段的连续、离散还可以控制颜色、大小等可视化视觉要素。特别是颜色，颜色是仅次于位置的可视化要素。

如图 3-17 所示，左侧以离散的【子分类】字段标记颜色，色相的巨大差异突出各个数据值的独立性，大量的颜色增加了视觉负担；右侧以连续的【总和（销售额）】字段标记颜色，连续生成坐标轴，默认以**渐变色**突出各个数据值的连续性，占比随着颜色饱和度逐步降低，一目了然地突出重点。

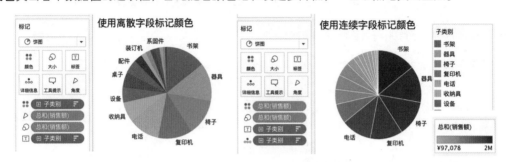

图 3-17　离散字段和连续字段的颜色表示

要成为中高级分析师，就要熟练掌握离散和连续字段的切换方法，找到最佳可视化图形。

## 2．视图中连续和离散字段的切换

字段的默认属性和显示属性是分开的。根据可视化展现需要，可以更改数据源字段的默认设置，也可以在视图中临时切换连续/离散显示。特别是日期，日期兼具连续和离散的双重特征。

如图 3-18 左侧所示，数据源中日期默认是离散的，双击加入视图后，生成不同年度的分类标题。如果在数据源字段上右击，在弹出的快捷菜单中选择"转换为连续"命令，此时字段从默认蓝色背景改为绿色，之后双击则会生成日期坐标轴。坐标轴中无法单独选择一年，只能全部选中，也无法排序。

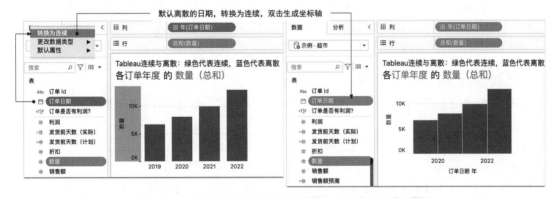

图 3-18　更改数据源字段的离散/连续属性，而后创建可视化图形

上述字段属性的调整，会影响之后每次拖曳的效果。更多情况下，作为可视化属性，字段的连续、离散属性在视图中需要结合具体场景调整。比如，为了将交叉表的准确性和可视化的视觉引导有机结合

在一起，可以在视图中将聚合度量自定义转换为"离散"。这种方法适用于聚合度量。

如图 3-19 所示，离散的类别和子类别字段后面，分别以"离散"方式显示了对应的订单数量。离散的聚合数据和连续的聚合条形图相互衬托，既能帮助用户获得准确值，又能借助度量排序聚焦关键类别。

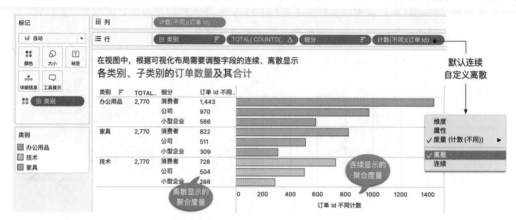

图 3-19　在视图中将离散的聚合值和连续的聚合值融为一体

可见，作为一种字段属性，字段的离散与连续属性可以根据问题和可视化展现的需要而灵活调整。相比之下，字符串、数字则是数据源阶段的客观特征。

在后续的分析中，还有很多实现离散、连续字段相互转换的方法，这里总结如下。

- 数据源：在字段上右击，在弹出的快捷菜单中选择"转换为离散/连续"命令，这种设置对之后所有的拖曳有效。
- 视图：在视图中右击，在弹出的快捷菜单中选择"离散/连续"命令，这种设置仅对当前工作表的当前字段有效。
- 数据桶（Bin）：将连续度量字段转换为离散区间字段，是直方图的基础（见第 5 章 5.2.3 节）
- 逻辑判断：使用 IF 逻辑函数，可以为连续字段自定义分组，比如，"如果利润大于 1000 元则为高利润，大于 0 为一般，否则为亏损"。这在高级分析中非常重要。

### 3. 字段的连续和离散属性对于可视化图形的影响

问题中字段的连续、离散属性，不仅影响可视化图形的样式，而且影响了问题类型。

以排序问题为例，某个字段值之所以可以被排序，对应的字段属性一定是离散的，以连续字段为依据完成排序。比如，"各客户的订单数量（不同计数）"，问题中的"客户"是离散的，而"订单数量"作为数字是连续的，连续的数字是离散客户的排序依据。

同样的道理，"各个年月的销售额趋势"之所以对应趋势问题、折线图，是因为日期默认具有连续性，因此没有排序的必要，用折线连接时间点，可视化要素"线"天然与连续性相对应。

因此，读者要在构建可视化图形的过程中，进一步体会连续、离散的字段特征，以及其对问题类型、可视化类型的潜在影响。

### 3.3.3　Tableau 中的字段属性及其作用

至此，本章介绍了多种字段的分类方式：字符串和数字、维度和度量、离散和连续。它们分别代表不同的观察角度，是对数据的高级抽象，简要概括如下。

字符串和数字是最常见的"数据类型"（Data Type）分类，它是从数据表角度，对构成某个字段的所有数据值属性的类型概括。数据类型通常是数据库设计阶段就设定好的，相对于分析而言是客观的。

数据类型的首要目的是优化存储（整数通常比字符串更节省存储空间），同时具有"数据有效性约束"的功能（比如无法在"整数"类型的字段中插入"喜乐君"的数据值）。

相比之下，维度/度量、连续/离散是相对于问题、可视化而言的，是随着需求灵活多变的"字段角色"（Filed Role），因此都是主观的——同一个字段可以在不同的问题中角色不同。

- 维度和度量：从问题视角出发的字段角色——维度代表分类，描述分析对象，度量回答问题，维度是度量的聚合依据。维度、度量是对构成问题的字段的分类。
- 离散和连续：从可视化角度的字段角色——离散字段生成标题，连续字段创建坐标轴，坐标轴是可视化空间的基础。一个字段甚至在一个可视化图表中可以同时出现连续、离散两种角色。

三种分类代表三种视角，虽然部分字段具有对应关系，但这并非是必然的。比如，"年龄"字段是在数据库中通常设定为数字，在问题中既可以作为维度，又可以作为度量；"订单日期"字段通常设定为字符串（日期属于特殊的字符串），在问题中既可以用作离散，又可以创建连续坐标轴。它们作为字段的抽象归纳，有助于帮助理解和分析可视化的底层逻辑，因此是本章极为重要的内容。

如图 3-20 所示，这里把上述三个字段分类整合在一起，表达它们之间的差异和相互关系。在本书体系中，维度和度量、连续和离散主要是从问题、图表的角度，要和数据表的"字段类型"相区分。

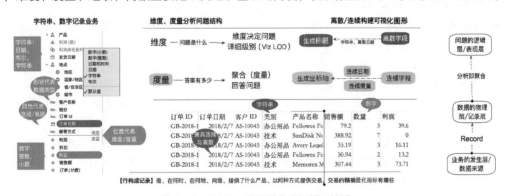

图 3-20　Tableau 的字段分类与相互关系

Tableau 的产品设计亦充分地体现了可视化图形的要素，从图 3-20 左侧可以看出：

- Tableau 用位置代表维度/度量分类[1]，上方是维度，下方是度量，只在问题中才有意义的聚合度量

---

1　在 Tableau 2020.2 版本之前，Desktop 有明确的"维度""度量"字样，之后版本中，通过中间分隔线区分；拖曳字段时线条上下会分别出现"维度"和"度量"二字。Tableau 2020.2 ~ Tableau 2020.4 版本略有不同。

（比如 SUM([利润])/SUM([销售额])）也会出现在度量区域。

- Tableau 用颜色代表离散/连续分类，蓝色代表离散，绿色代表连续。
- 用形状代表字段的数据类型、功能和属性（包括第 5 章会介绍的集、组、分层结构、数据桶等功能），其中日期、布尔、字符串统称为"字符串"，而整数、小数统称为"数字"。

当然，随着理解深入，本书第 8 章还将介绍一个非常重要的字段角色分类：业务字段和分析字段。

分析即抽象，工具的抽象能力也决定了工具所能达到的极限。同理，对这些抽象内容的理解决定了分析师所能达成的高度，这也是本书冒险诠释分析原理的目的所在。它们是工具之上的常识。

# 3.4 简单问题的"三步走"方法和 Tableau 示例

接下来，笔者简要介绍多年总结的"业务可视化分析"方法。

从问题的角度概括，所有的问题分析都分为三个步骤。

- **业务问题分解**：将问题分解为三个部分，确定问题的详细级别，它是聚合的依据。
- **构建可视化主视图**：确定问题类型和可视化样式，构建主视图。
- **以计算深化分析**：聚合函数是最常见的分析工具。同时，问题中缺少的字段也需要借助计算完成。

为了进一步说明上述过程，这里举例说明。问题示例如下：

**"华东地区、最近 6 个月以来，各类别、各品牌 的 利润总和、利润率"**

1. 业务问题分解：区分维度和度量

问题结构解析是分析的起点，以"逗号"和"的"区分分析范围、分析对象和问题答案，各部分的多个元素用顿号分开。示例问题的结构和对应字段说明如下。

- **分析范围**：由两个部分构成，"华东地区"对应【地区】字段的单值判断，而"最近 6 个月以来"对应【订单日期】字段的范围判断。前者是离散的，后者是连续的。
- **分析对象**：为类别、品牌两个维度字段。注意，"销售明细表"中只有【产品名称】字段，没有"品牌"，因此需要以计算或数据合并方式获得该字段。
- **问题答案**：为利润总和、利润率两个度量字段，其中"利润总和"可以通过数据表字段【利润】直接聚合而来，"利润率"则需要再引用"销售额总和"，并借助算术计算获得。两个度量字段都是连续的，所以可以生成坐标轴，并作为品牌的排序依据。

除了问题结构的分析，分析问题中字段的分类、属性，以及在数据表中的字段对应也非常重要，这是后续计算的基础。

2. 构建可视化主视图：连续和离散字段

和 Excel、SQL 不同，在 Tableau 中可以通过拖曳自动生成可视化图形，减少了从交叉表到可视化图形的转换过程。

问题中的字段属性及其相互关系决定问题类型，而问题类型决定可视化样式。在该案例中，离散的类别、品牌默认无序，借助利润总和、利润率可以完成排序，从而帮助领导聚焦高盈利的部分。因此，条形图是本案例的最佳可视化样式。

在 Tableau 中依次双击数据表的【利润】字段和【类别】字段，自动创建"柱状图"。数据表中没有品牌，后续需要从【产品名称】字段中拆分。这里先在视图中添加【产品名称】字段，并交换行和列字段，设置降序排列，从而生成"各类别、各产品的利润总和"条形图，如图 3-21 所示。

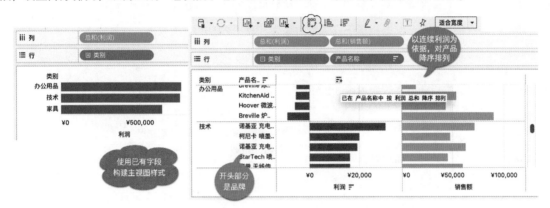

图 3-21　使用已有字段构建主视图样式

通常，计算的复杂性是由度量的复杂性引起的，在少数情形中，也存在维度需要自定义计算的情形。在构建主视图的过程中，先使用数据表中的已有字段构建主视图，之后可以借助计算弥补问题中字段的不足。所有的筛选都是计算，所有的指标都是聚合。这里还需要完成如下内容。

- 缺少分析范围：数据需要聚焦到华东地区、最近 6 个月以来的交易。
- 产品名称的分析视角过于"详细"：需要将问题的详细级别（聚合度）调整为品牌。
- 利润和销售额无法反映"边际贡献"，需要创建比值"利润率"作为品牌的分析指标。

接下来的每个环节，都将建立在计算基础上，部分简单计算则被简化为拖曳操作。

### 3. 以计算深化分析：完成数据准备、聚合抽象分析

作为概论，这里尽可能简化了操作步骤。跳出细节、看透本质，分析师要理解计算背后的功能。

在上述主视图的基础上，接下来需要通过拖曳或编辑字段完成最终的分析。

**首先，从"产品名称"中拆分"品牌"字段。**

在 Excel 中，可以借助 LEFT 和 FIND 函数组合完成，在 Tableau 中可以用鼠标右击字段，在弹出的快捷菜单中选择"变换→拆分"命令，或者直接使用拆分函数 SPLIT 完成。如下所示。

```
SPLIT([产品名称]," ",1)  -- 以空格（" "）为分隔符，取第一部分
```

**其次，计算"利润率"。**

借助 Tableau 快捷的即席计算，只需要双击列中的"（总和）销售额"胶囊，拖入左侧的"（总和）

利润"字段并进行计算，就可以轻松完成计算。计算如下所示。

```
SUM([利润]) /SUM([销售额])
```

利润率和品牌则可以根据需要拖曳到左侧保存为自定义计算字段。

**最后，拖曳字段到筛选器，增加筛选范围。**

"华东区域"对应的单值判断，只需要选择即可完成；而"最近6个月"是相对于"今天"的相对日期范围，把"订单日期"拖入筛选器后，选择"相对日期"并选择最近6个月的数据。

所有的筛选都是计算，筛选相当于只保留结果为"真（TRUE）"的数据，计算如下：

```
[区域] = "华东"
DATEDIFF("month",[订单日期], TODAY() )<6
```

添加筛选和计算后的最终效果如图3-22所示。

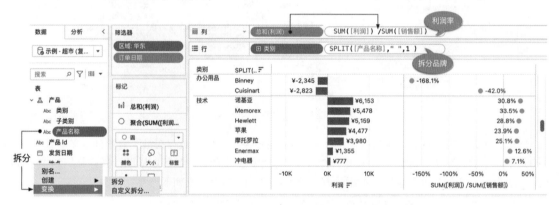

图3-22 在主视图基础上，通过拖曳或选择创建自定义计算

可见，计算是敏捷分析的关键，没有任何问题能脱离计算而存在。计算有两个基本的功能：数据准备（弥补数据表中字段不足，比如"品牌"）、业务分析（聚合数据及其计算，比如"利润率"）。

当然，在业务分析中，还有很多地方都可以进一步完善，比如，常用"点"代表利润率属性，用"条形"代表利润规模，甚至为它们增加参考线对比。这些都将会在后续各章深入介绍。

当然，这个问题极其简单，只有一个确定性的详细级别（类别*品牌）。复杂问题会包含更多的指标，而高级问题则会引用其他详细级别的聚合，这都让问题变得复杂。

从简单问题走向高级问题的关键，是理解多个问题之间的聚合关系，这就是"聚合度"。

## 3.5  聚合度和详细级别：构建复杂问题层次理论

当我们说高低贵贱、上下远近时，内心总有一个主观基准（Benchmark）。主观基准因人、因场景而异。分析亦然，多个问题之间的关系，背后反映的是不同抽象程度、聚合程度的数据关系。

一个业务分析主题通常由多个问题构成。基于同一个业务场景、同一个数据表，有必要为多个问题建立一个客观、绝对的基准，并以此建立"公共尺度"衡量问题的关系。

关键是，如何选择"基准点"和"衡量尺度"呢？

### 3.5.1　数据明细表和聚合度：多个问题的基准点和衡量尺度

问题是主观的、相对的，而衡量多个问题的基准应该是客观的、先于所有问题的。在较长时间周期中，企业的业务流程是客观、稳定的，而数据明细表是业务流程的客观反映和记录。相对稳定的业务流程及其数字化记录（各种业务数据表），是业务分析的大厦之基，也是问题比较的关键基准。

从动态过程看，分析是从数据明细表到问题的聚合过程。如图 3-23 所示，基于"示例—超市"数据的交易明细表，可以得到"全国的销售额""各类别的销售额""各区域的销售额"等各种数据，它们的结构相同、起点一致。因此**数据明细表适合作为多个问题的基准点，代表多个问题背后的相同的业务场景**。

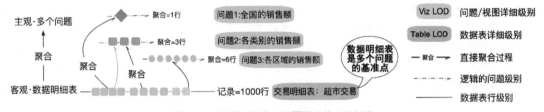

图 3-23　数据表是多个问题聚合的公共基准

多个问题的基准点已经确定，那么如何理解同一个数据表之上多个问题之间的差异和关系呢？此时，就需要在**数据明细表基准点之上，确定一个公共的衡量尺度**。

这里做个比照。

如图 3-24 左侧所示，为了比较同一个地球上不同山峰、峡谷的高低，地理学家选择了世界级公共基准：海平面。再从海平面出发，假想了一把虚拟的比例尺，从海平面垂直向上延伸，高耸入云。每座山峰在这个虚拟比例尺上对应的位置，就标记为山的海拔高度[1]，这样，**同一个地球**上的**不同山峰**就有了对比的可行性。

同理，基于**同一个数据表**的多个问题，以数据表为基准，想象一个"虚拟尺度"，就可以衡量多个问题的抽象程度了。如何为它赋予一个通俗易懂的名称呢？

再次回到问题分析的本质，"**分析即聚合，问题分析都是从数据表到问题的聚合过程**"。对于问题分析，起点是绝对的，聚合过程是绝对的，因此，可以用**"聚合度"（Level of Aggregation）**代表问题的抽象程度，衡量多个问题的抽象差异。如同"高度"衡量山之高低，"长度"衡量物之长短等。

---

1　海拔高度也被称为绝对高度，是某地相当于海平面的高度差。中国的海平面基准是在山东青岛验潮站观测数据基础上计算确定的。世界上的大多数国家都有自己测定的海平面基准，略有差异，它们是各国卫星导航系统的基准。这里假设全球的基准是基本一致的。

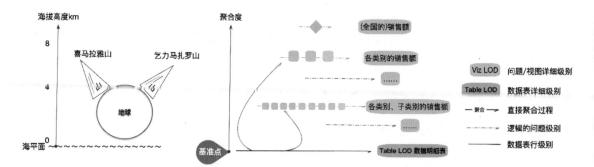

图 3-24 以数据明细表为基准，设置衡量问题高低的尺度

这个地球上，"海拔"是不存在的，是地理学家虚构出来的尺度，因此，才有了全世界山峰的高低差异，可见，虚构出来的"海拔"有助于理解现实问题，这就是抽象逻辑的魅力。

同理，以"示例—超市"数据的"销售明细表"来看，问题"（全国的）销售额总和"对应的数据结果只有 1 个值，而"各类别的销售额总和"对应 3 个聚合值，"各类别、子类别的销售额总和"对应 17个聚合值，前者比后面的结果更加聚合、更加抽象，后者比前者则更加明细、更加具体。基于此，"聚合度"就成了衡量不同问题之间抽象程度的尺度，如同"海拔高度"衡量山的高低。这样，就为同一数据源之上的多个问题建立了比较基准和基准尺度。

- （比较基准）数据明细表：每个问题聚合的起点，也是多个问题比较的基准点。
- （基准尺度）聚合度：从数据明细表到问题聚合的尺度，代表问题的抽象程度、详细程度。

聚合度衡量问题的聚合差异，代表了每个问题相距数据明细表的抽象程度。从聚合结果来看，"各类别的销售额总和"相比"各类别、各子类别的销售额总和"数据值更少，表达更抽象、更不具体，故说"聚合度更高"。

聚合度的概念是从简单问题走向高级问题的关键。只有像理解"高度"一样理解"聚合度"，才能在高级数据分析的世界游刃有余。海平面基准、海拔、聚合、聚合度在现实中并不存在，正是这些高度抽象的逻辑体系，更好地指导了我们的现实生活。在业务分析中，围绕聚合、聚合度构建起来的逻辑体系，是多维分析、层次分析（钻取分析）、结构化分析的关键门槛，也是理解本书第 3 篇内容的起点。

## 3.5.2 详细级别：不同"聚合度"问题对应的抽象依据

> "聚合度"是聚合的抽象尺度，
> "详细级别"是聚合的分组和计算依据。

### 1. 详细级别：问题聚合的依据

**维度是聚合的分组依据**，因此聚合度和维度息息相关。聚合度衡量问题的聚合程度、抽象程度，问题的聚合程度，即详细程度，恰恰是由维度决定的。因此，多个问题之间的关系，就是构成问题维度之间的关系。为了更好地理解，分析中把问题维度的组合抽象为"详细级别"（Level of Detail），它和"聚合度"（Aggregation）相对而生，构成了整个层次分析体系的基石。

**"聚合度"是聚合的抽象尺度，"详细级别"则是聚合的分组和计算依据。**

举例来说，"（全国的）销售额总和"的聚合度明显高于"各类别的销售额总和"，后者又高于"各类别、子类别的销售额总和"。一个问题对应的聚合结果越多，可以说结果越详细（Detail），反之则越抽象。

最高的聚合只对应一个数据值，以至于分析师已经无法再做任何处理，因此这个结果也最不详细。相反，如"各客户的销售额"就非常详细，它对应成千上万的数据值，如此详细的数据可以进一步抽象其他洞察，比如，客户的价值分布、大中小客户的结构占比，等等，甚至可以结合客户属性信息分析客户复购、客户迁徙等内容。

在专业的 IT 领域中，数据的详细程度也被称为"**颗粒度**"，颗粒度（Granularity）的英文是 Grain（颗粒）和 Clarity（清晰）的结合。读者可以把每个聚合值视为一个颗粒，颗粒的多少代表数据集反映现实的清晰程度。

**聚合度越高，结果越少，对应的详细程度和颗粒度就越低**；聚合度越低，对应的详细程度和颗粒度就越高——最详细的数据是记录业务过程的数据明细表，它们记录了所有业务真相。因此，敏捷分析倡导从尽可能详细的数据明细表中完成业务分析，而不是从聚合后的交叉表开始。

在业务分析中，笔者推荐业务用户把"详细级别"作为一个中性词汇来使用，用以代表问题在虚拟"聚合度"或"颗粒度"尺度上的位置；尽量不要使用聚合度和颗粒度这两个略微技术的词汇。原因有二：其一，在衡量多个问题的关系时，重要的不是度量字段，而是聚合度量所依赖的维度，问题的复杂性大多数是由维度的复杂性构成的，即业务分析中的"多维分析"；其二，聚合度和颗粒度都是衡量问题高低的"标尺"，它们本身都是客观的、中立的、不带有价值判断的。问题则是主观的、灵活的，问题在聚合度上的相对位置用"详细级别"表示。

**总而言之，在业务用户中普及维度、度量分类，并用"详细级别"描述问题分析对象（维度），用度量理解答案（聚合），有助于业务用户理解问题，并通往高级分析。**

2．两种最常见的详细级别

在数据分析的过程中，最常见的两类详细级别是"数据表详细级别"和"问题详细级别"，如图 3-25所示，描述了不同详细级别之间的层次关系。

图 3-25　理解聚合度、详细级别和聚合关系

- **数据表详细级别**：对应最详细的数据表明细，它是业务过程的客观记录和完整反映，决定了分析所能完成的可能性，所有问题由它而来。
- **问题详细级别**：对应问题在"聚合度"基准上的位置，是数据明细聚合的依据，是每个问题的差异化标签。

由于数据表是由明细行（Record）构成的，数据表的详细程度就是明细行的详细级别程度，因此"数据表详细级别"又可以称为"行级别"（Row Level of Detail），在本书中，简称为 Table LOD。IT 通常用"主键"（Primary Key，PK）表示数据行的唯一性，本书推荐使用业务字段及其组合来表示，有助于从业务角度理解数据表。比如，"销售明细表"的数据表详细级别是"订单 ID*产品 ID"。

在本书中，笔者统一用"类别""类别*细分"这样的组合代表问题的"详细级别"。举例如下。

- "（全国的）销售额总和"，对应的详细级别是"全国"，最高的聚合可以省略。
- "各类别的销售额、利润"，对应的详细级别是"类别"。
- "各子类别、各细分的订单数量"，对应的详细级别是"子类别*细分"。

问题分析必然是从数据表明细到指定问题的分组聚合过程，在可视化分析中，视图（Visualization，Viz）表示问题，因此聚合对应的"问题详细级别"也被称为"视图详细级别"（Viz Level of Detail，Viz LOD）。

"聚合度"和"详细级别"这两个逻辑概念，是从传统的透视报表通往高级多维度、结构化分析不可或缺的桥梁，是打开全新分析世界的"钥匙"。分析师既可以把不同聚合度的多个问题以交互方式整合在仪表板中，也可以在单一视图中突出它们的结构关系，这是结构化分析的两个基本方向。

### 3.5.3 结构化分析的两个应用方向

**1．层次关系模型：多个独立问题的"钻取分析"**

业务分析是多维度的分析，涉及多个问题详细级别之间的交互。

从聚合度的角度看，钻取分析是不同聚合度的问题之间的切换。如图 3-26 所示，笔者倾向于用 L1、L2、L3 等代表聚合度自上而下可以直接比较的多个问题，而用 Ld 代表不能直接比较的其他问题。三角形左右两边的问题不能直接比较。

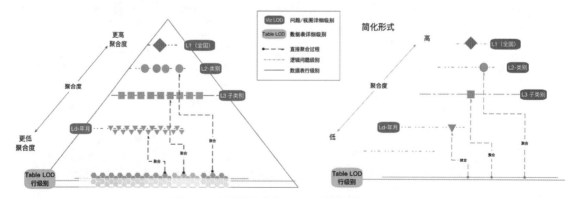

图 3-26 使用聚合度表示多个问题之间的层次关系

图 3-26 左侧用各种形状和 L$x$ 代表不同级别的问题，而用形状的数量多少表示聚合数据的详细程度。随着思考框架的成熟和完善，逐步可以用右侧的简化形式来理解，直至无须绘图，只需要在头脑中推演。这个方法论是本书重要的内容之一，第 3 篇都将建立在这个层次框架之上。

借助这个层次框架，读者也可以进一步理解，"钻取分析"的本质是不同聚合度问题之间的切换，而仪表板组合则强调多个问题之间的关联性分析。

如图 3-27 所示，这是为高级管理层提供的盈利性分析仪表板，仪表板中包含 4 个图形，分别为宏观指标，各类别、子类别的销售额与利润，细分市场每月销售额，产品散点图。

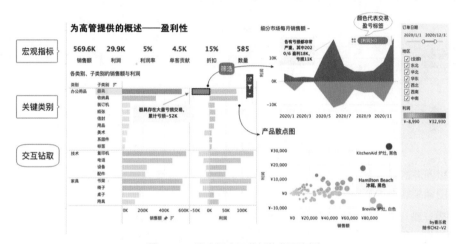

图 3-27　仪表板交互分析的典型案例

管理者可以快速看到最高聚合度的宏观指标，之后从多个维度展开关键业务指标。通过左下角的条形图，管理者可以快速识别利润严重亏损的美术、桌子子类别，同时，可以看到每个子类别的利润在交易层面的盈亏比例，可以推测器具存在严重的"以利润换市场"的情形。通过点击"器具"的亏损交易，可以发现这个现象并非处在单一时间段，而是一直以来都很严重。进一步推测，可以发现是整体的定价或者营销策略出现了问题。借助交互功能和产品散点图，管理者可以快速发现是哪些产品引发了这样的问题。

在这个思考过程中，分析的视角自高到低，结合筛选交互层层筛选，这是常见的仪表板组合样式。读者会在学习基本图形及筛选交互后，迈向仪表板组合和交互。

2．结构化分析：包含不同详细级别聚合的高级问题

钻取分析代表多个独立问题之间的交互和层次关系，特别适合初学者。还有一类高级的结构化分析方法，是在一个问题中引用其他问题的聚合特征。

以"不同订单年度、不同获客年度的销售额总和"为例，这个问题的分析对象是"订单年度*获客年度"，它们是"销售额总和"的聚合依据。问题的难点在于，维度"获客年度"在数据表的明细行中并不存在，而是来自另一个问题的聚合结果。

因此，问题中包含了两个独立的问题，它们的聚合度彼此独立。

- "不同订单年度的销售额总和"。
- "不同客户的首次订单日期"（首次订单日期对应的年度，即获客年度）。

笔者把此类引用多个详细级别的组合问题称为"结构化分析问题"。和"钻取分析"不同，结构化分析中一个问题的预先聚合结果会构成最终问题的一部分。

这种情形下，要区分主视图问题和引用问题，然后把二者有机地结合在一起。如图 3-28 所示为"不同订单年度、不同获客年度的销售额总和"中的层次关系。

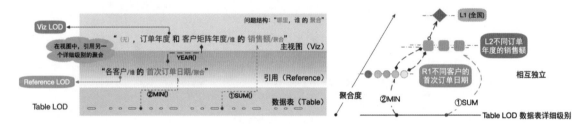

图 3-28　使用图示阐述问题中的多个详细级别及层次关系

处理高级问题的难点在于其中存在多个详细级别的聚合，并要理解每个聚合的起点和终点。笔者把独立于主视图详细级别的其他详细级别统称为引用详细级别（Reference LOD）。

- **数据表详细级别**，简称为数据表行级别，本书标记为 **Table LOD**。
- 问题详细级别，即视图详细级别，简称为问题级别、视图级别，本书标记为 **Viz LOD**。
- 引用详细级别，泛指视图详细级别之外聚合依赖的详细级别，本书标记为 **Reference LOD**。

这个过程如同为分析立法，为分析过程立准绳，乃分析之要害。以上 3 种详细级别的分析方法，不仅适用于高级计算，而且适用于数据关系模型和复杂筛选（如条件筛选器）。

## 3.5.4　关键概念汇总：聚合、聚合度、详细级别、颗粒度

鉴于本章内容过于抽象，这里总结至关重要的概念，分别如下。

- 聚合（Aggregation）：从数据明细表到问题的计算过程，分析的本质是聚合。
- 聚合度（Level of Aggregation 或 Aggregation）：衡量多个问题聚合高低的尺度。
- 详细级别（Level of Detail，LOD）：聚合的分组依据（维度组合）。
- 颗粒度（Granularity）：和聚合度相反的尺度，聚合度越高，颗粒度越低。

下面补充聚合和颗粒度的部分内容。

### 1．聚合及聚合函数

聚合是分析背后的本质过程，强调由多变少的计算过程，聚合通常与聚合方式、聚合函数结合出现。"总和"（SUM）作为默认的聚合方式可以被省略（中文环境）。为了帮助初学者理解问题中必然包含聚合，笔者也会用括号表示可以省略的默认聚合，比如"各类别的销售额（总和）"。

"解聚"与"聚合"相对而生。在钻取分析中，从高聚合度到低聚合度问题展开的过程，可以看作是解聚过程。只是，技术上不存在"解聚函数"，因为更高聚合度的聚合表中，无法直接分解为更低聚合度的聚合数据，因此更低聚合度问题需要从数据明细表中重新聚合。

在 Tableau 中，"解聚"代表"非聚合"。度量默认聚合回答问题，特殊情形下，"解聚度量"有助于查看明细数据的分布。如图 3-29 所示，在聚合状态下，"各类别的销售额总和"只有 3 个标记，3 行数据；而在取消勾选"聚合度量"命令后，视图中总计为 9959 个标记，3 行数据——以点的方式呈现了数据表中所有记录值。

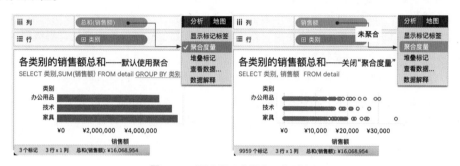

图 3-29　聚合和"非聚合"的对比

解聚主要在明细数据分布分析、地理分析之点图等多个场景中应用。

### 2. 颗粒度及其推荐应用

很多分析师，特别是 IT 人员偏向于用"颗粒度"或"粒度"（Granularity），以及"粒度高低"来比较多个数据表的详细级别差异，或者问题的聚合度差异，如图 3-30 所示。

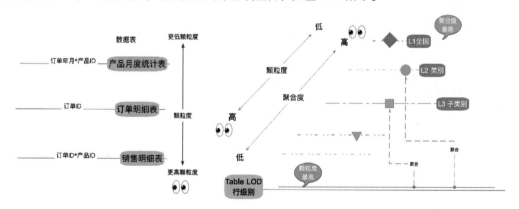

图 3-30　聚合度和颗粒度是两个相反的视角，推荐在比较数据表时使用

**颗粒度和聚合度是两个相反的视角，颗粒度越低，聚合度越高。**

聚合度和颗粒度背后，代表了 IT 分析师和业务分析师两种角色的立场和视角。

IT 分析师和传统的小数据分析师以 Excel 明细表或者数据库明细表为分析起点，数据整理和分析工作是从数据表明细自下而上通往分析过程的。数据表代表了颗粒度最高的详细级别，因此"颗粒度"更好地代表了自己的"主场视角"。

相反，业务分析是从业务主题和宏观问题出发的，不断分解问题，确定问题详细级别后，从数据表聚合度量回答问题。也就是说，业务分析更强调自上而下的探索分析，分析结果远离数据表明细，甚至仅仅使用数据表中的少数字段。因此，"聚合度"更好地体现了业务分析师的"主场视角"。

在大数据时代，业务分析正在从 IT 用户向业务用户转移，分析强调自上而下的探索。本书旨在为越来越多的业务分析师提供通用的分析框架和方法，因此，本书使用"聚合度"及"聚合度高低"作为业务分析师的标准语法，而把"详细级别"作为中性概念来引用。只有在涉及数据表明细角度，需要站在数据库工程师、数据准备等角度时，才使用"颗粒度"，**特别是比较不同数据表的详细级别**。

至此，本章详尽介绍了业务分析中所包含的主要内容，其中，3.1 节 ~ 3.4 节面向初中级分析师，是简单业务分析的基础；3.5 节则是通往高级分析的关键，也是理解第 3 篇内容的基础。

在实践过程中，业务分析还要和业务经验结合多加练习。读者要在反复实践的基础上，逐步熟悉每个环节，最后游刃有余，成为高级数据分析师，如图 3-31 所示。

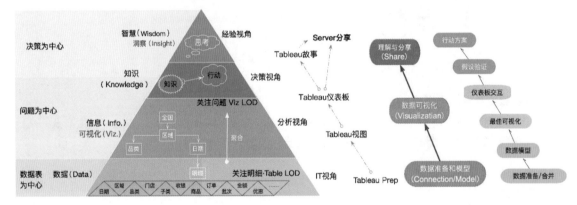

图 3-31　数据分析的金字塔模型

Tableau 的知识世界，旅途愉快。

## 参考资料

[1]　喜乐君. 业务可视化分析：从问题到图形的 Tableau 方法[M]，北京：电子工业出版社，2021.

## 练习题目

（1）举例说明问题的基本构成，并理解聚合如何成为分析的关键。

（2）解释聚合、聚合度、详细级别三者之间的关系。

（3）从聚合和详细级别的角度，解释一下"不同购买频次的客户数量"中包含的数据关系。

（4）问题聚合表和可视化图形之间的共同点和差异。

# 第 2 篇

# 数据准备、可视化、交互设计

"If you torture the data long enough, it will confess to anything"

（如果你"考问"数据到一定程度，它会坦白一切。）

——诺贝尔经济学奖获得者，Ronald Coase（罗纳德·科斯）

# 第 4 章

# 数据合并与关系模型
# （Tableau/SQL）

关键词：连接（Join）、并集（Union）、混合（Blend）、关系（Relationship）、分类矩阵；数据表详细级别（Table LOD）、数据匹配详细级别（Match LOD）、问题/视图详细级别（Viz LOD）

计算机世界的数据多半是以数据表为存储单位保存的，常见的有 Excel 的工作表、数据库的数据表。大部分业务分析建立在多个数据表的基础上，这就需要数据合并的技术和方法。**数据表之间的合并关系，本质上对应业务场景之间的匹配关系。**

考虑到海量数据对性能的影响，预先合并为"大宽表"并非唯一选择，也不是最佳选择。问题是动态的，数据表之间的动态匹配关系具有更好的查询性能，因此从行级别合并走向关系匹配，从关系匹配迈向数据模型，又是整个数据准备中至关重要的一环，是高级分析师的必备技能。

本章首先介绍数据合并和关系模型在业务分析中的重要作用，以及本章的关键用语（见 4.1 节）。之后从人人熟知的 Excel 出发，介绍数据合并的两种类型、两个位置，并总结数据合并的"分类矩阵"（见 4.2 节），帮助初学者快速建立宏观视野。数据连接（Join）的方法是本章的关键，详细介绍了连接条件和连接方式（见 4.3 节）。本章的难点是指定详细级别的匹配，并根据详细级别匹配的位置阶段分为数据混合和数据关系，逐步迈向关系模型（见 4.4 节）。理解一次性有效的混合匹配与反复可用的数据关系的差异是构建模型的关键（见 4.5 节）。

本章将使用"层次分析方法"，帮助用户理解各种数据合并方法的差异，有以下几个关键概念。

- 数据表详细级别（Table LOD）：数据表对应的业务逻辑，以及识别数据表行的唯一性。
- 数据匹配详细级别（Match LOD）：数据合并所依赖的详细级别。行级别合并与数据表详细级别一致，混合和关系则可以单独指定详细级别从而合并。
- 问题/视图详细级别（Viz LOD）：数据合并的目的是问题分析，理解问题聚合所在的详细级别与匹配详细级别的差异是关键（推荐借助 SQL 来辅助理解）。

笔者用"数据合并"代表最广义的统称，意指把来自不同数据源的数据结合在一起。数据关系模型是使用了多种数据合并方法的数据表关系结构，是面向主题的逻辑关系。

# 4.1　概论：数据合并与连接数据源

数据表是对外部世界事件过程的记录，数据表模型是对外部客观世界关系的简化。如同人体消化系统示意图是对人体消化功能的可视化和模型化，汽车仿真设计是对汽车生产工艺的模型化。主题模型有助于简化复杂业务过程。

本节介绍数据模型的价值，以及数据表关系模型的基础：详细级别。

## 4.1.1　理解数据合并、数据模型的重要性

如果要分析"最近一周，每个产品的销售额"，一个"销售明细表"就足够了。如果要分析"排除退货的交易，每个部门、各月的销售额及达成比率"，就要至少连接"销售明细表""退货明细表""业绩指标"多个数据表。仅仅连接还不够，还要考虑它们之间的数据关系，并合并在一起。

可见，数据合并和关系模型是业务数据和问题分析之间的关键桥梁。

在每个企业中，数据关系模型既是数据库工程师完成数据库设计的指南，也是业务分析师搭建分析体系完成指标分析的基础。数据库工程师与业务分析师立场不同，如图 4-1 所示，数据库工程师的目的是分解业务逻辑、优化数据库设计，而业务分析师的目的是整合业务逻辑、辅助业务分析。

图 4-1　数据关系模型是数据库和业务之间的纽带

业务分析师的出发点和目的是业务问题。分析问题确定需要哪些数据表，再基于数据库的数据表结构和业务逻辑构建面向主题的数据关系。在这个过程中，会涉及数据表的合并、连接，甚至聚合、转置等多种方法。

在企业分析项目中，复杂的业务场景包含了众多的数据合并和计算逻辑，直觉和凭空想象无法理解它们内部的复杂性，此时就必须在业务数据表与问题分析之间，以关系图的方式展现彼此的逻辑关系。比如，笔者在某个医药分析项目中，针对"医院的药品流向及达成分析"主题，设计了包含多个数据表的数据关系模型，如图 4-2 所示。作为一个完整的数据模型，它是企业整体数据模型的一个子集，同时又包含了当前主题分析所需的关联数据表。

在这里，笔者对真实的业务明细表做了一定程度的简化，保留了关键业务字段。其中，不同的线条表达了不同的合并方法及其业务过程，主要的方式如下。

- 连接（Join）：应用最普遍的数据合并方法，不同业务场景的数据表左右连接合并。
- 并集（Union）：对业务场景相同、数据结构相同的数据表上下追加合并。
- 关系（Relationship）：数据源阶段，预先指定数据表的匹配关系，从而在查询时临时合并。
- 混合（Blend）：在视图阶段，从辅助数据源中构建聚合数据表，并与主视图临时合并。

- 聚合（Aggregate）：调整数据表的详细级别（聚合度），发生在数据准备或业务分析中。

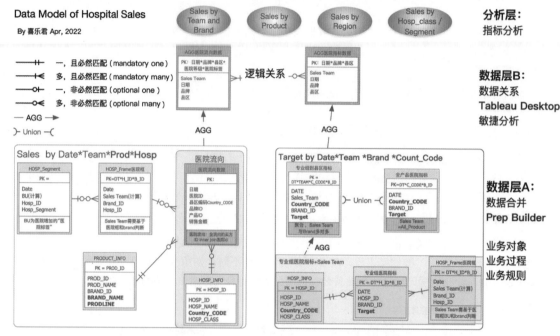

图 4-2　面向业务主题的数据关系模型是敏捷分析的基础（初学者可以忽略线条两端的标记，重点关注数据表关系）

从业务的角度看，数据合并伴随着很多问题：为什么要合并？合并前后对应的业务过程是什么？合并是否会导致业务逻辑改变？如何避免不必要的数据重复？用什么字段做连接条件？如何设置连接条件？如何选择连接方式？

这就需要理解被合并的数据表对应的**业务过程**，以及**数据表结构**对合并结果的影响。

参考 Tableau 知识库和其他相关的文献，这里主要有 4 个因素。

- 数据表详细级别（Table Level of Detail，Table LOD）：业务上，数据表详细级别反映最详细的业务过程；技术上，代表明细记录的唯一性。
- 关联字段（Shared Field）：识别数据表之间的共有字段，结合详细级别确认彼此关系。数据表之间通过共有字段建立联系。
- 基数（Cardinality）：数据表唯一明细行在另一个数据表中所能匹配的数量关系，可以是 1 对 1、1 对多、多对多，本书称为"匹配类型"。
- 引用完整性（Referential Integrity）：数据表的唯一明细行是否在另一个表中必然有对应，或者说"我中有你"是必然的，还是可选的。如果是必然的，就是"全部记录匹配"，否则就是"部分记录匹配"。

在数据合并过程中，前两个因素是必然因素，设置不当会导致错误的数据结果；后两个因素是可选因素、性能因素，有助于提高查询效率。

## 4.1.2　数据合并和数据模型的相关概念

随着分析的深入，数据分析师应该用专业术语理解数据合并的过程，在企业中逐渐形成术语和认知的一致性。这对于从 Excel 或者业务领域转行到分析领域的人来说，尤为重要。

数据准备相关的主要概念及其关系，如图 4-3 所示。

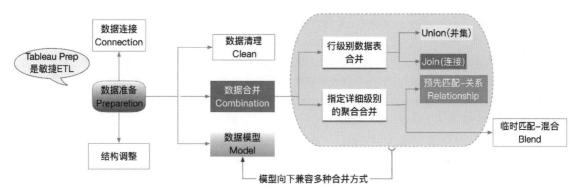

图 4-3　数据合并和数据模型相关的主要术语

这里先做总体介绍，后续章节结合案例依次展开。

### 1. 数据合并、数据模型与数据准备

数据合并（Data Combination）是多个数据表中的数据合并在一起的过程，它是广义上的概念，包含数据表并集、数据表连接，甚至数据混合等方法。

数据模型（Data Model）是持续可用、稳定、可以发布的多个数据表的逻辑匹配关系，最常见的是关系型模型（Relational Model），这是本章的重点。星型模型和层次模型等不在本书范围之内。

数据准备（Data Preparation）是最广义的概念，按照分析需求准备数据，既可以使用数据合并，又可以借助数据模型。数据准备与数据分析相对，把这个环节完全独立出来，就是各种 ETL 工具，比如，Tableau Prep Builder、Pentaho、Kettle，甚至 Python 等工具的专业范围。

### 2. 数据表并集、数据表连接

数据表并集（Union）和数据表连接（Join）是最重要的数据合并方法，分别适用于不同的业务场景、不同的数据表结构。

- 数据表并集，是**数据结构相同**的多个数据表上下追加的合并过程，生成一个全新的数据表；数据表并集既是数据表的并集，也是数据表中明细行（Row，Record）的并集，可以简称为"数据并集"。
- 数据表连接，是**数据结构不同**的多个数据表左右相连的合并过程，生成一个全新的数据表；数据表连接也是数据表中明细行的连接，犹如 Excel 中的 VLOOKUP 或 XLOOKUP 函数。

在 4.2 节，使用 Excel 介绍并集与连接的差异，虽然 Excel 中并没有使用 Union 和 Join 等专业词汇，

但存在完全相同的数据合并逻辑。在 SQL 中存在 Union 和 Join 的语法表示，而 Tableau 把它们图形化了。

### 3. "数据表连接"、"数据表联结"和"连接数据表"

在中文语境中，"连接"既可以作为动作使用，也可以作为名词使用，因此"连接数据表"和"数据表连接"当然是不同的。由于 Tableau 软件的翻译，笔者这里强调一下"连接"和"联结"的区别。

"数据表连接"（Table Join）是指多个数据表之间的连接合并，是基于某些共同的字段，把两个数据表连接（动词）在一起。

在很多工具和翻译中，Join 也译为"联结"，笔者看来不够精准。在中文中，"联"代表松散的组合，比如联合国、联邦、联合收割机；"连"代表紧密结合，甚至成为一个全新整体，比如"心连心""连绵不绝""连续剧"等。在 Tableau 数据源界面，Join 把多个表合并为一个全新的数据表，被合并的数据表失去了独立性，因此译为"连接"更加合适。

从这个意义上，Union 和 Join 具有相同的属性，紧密结合在一起，成为一个全新的数据表，因此被称为"物理合并"，其结果称为"物理表"。在本书中，笔者避免使用"联结"一词，Tableau 截图中的"联结"对应"连接"。

另外，"连接数据库/数据表"，对应的英文是 Connect Database/Table，注意此时的主体是"我们"或工具，和两个数据表连接对应不同的语境。

### 4. 数据关系、数据混合与数据模型

本章中的数据模型专指数据关系模型。**数据模型应有预先构建的、稳定的、可以重复使用的特征，** 而数据混合都不符合，会在 4.5 节进行介绍。

当然，数据关系匹配不一定是数据模型，数据模型还要考虑业务意义，4.4 节会介绍如何从数据关系走向数据模型。同时，数据关系模型兼容数据并集和数据连接功能。

## 4.2　数据合并的分类矩阵与数据模型案例

并集、连接等合并方法在 Excel 中就已经存在。笔者从 Excel 开始介绍，并从它的局限性转到 SQL 和 Tableau，最终介绍笔者总结的"数据合并分类矩阵"。

之后 4.3 节开始详细介绍并集和连接的 Tableau、SQL 实现方法。

### 4.2.1　"所见即所得"的行级别数据合并：Union 和 Join

Excel 基本工作区域是工作表（Sheet）。相比 SQL、Tableau 等大数据处理和分析工具，Excel 的好处是明细级别的"所见即所得"，每一步都可以获得即时反馈，数据合并也是如此。

### 1. 并集（Union）："Ctrl+C/V 大法"上下合并数据

在 Excel 中经常遇到这样的情形：从各单位收集了**多个数据表**，其中包含了下属各部门的数据明细，比如 A 部门、B 部门的考勤表等。为了完成出勤统计和分析，"分析师"要把所有的数据表**合并**在一起，再通过透视表或者其他方式汇总分析。

Excel 中解决此类问题的方法是反复使用 Ctrl+A（全选）、Ctrl+C（复制）和 Ctrl+V（粘贴）快捷键组合，从而把相同的数据反复粘贴到同一个工作表中，工具的发展正在简化此类简单的操作，比如，WPS Excel 就自带了"合并表格"的功能，如图 4-4 所示，工具的迭代让合并无比简单。

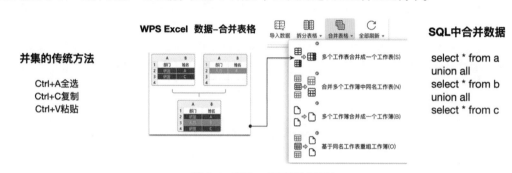

图 4-4　在 Excel 中的并集方法

多次复制、粘贴之后，合并后的数据明细越来越多，但是不会增加新的字段列，也就是数据表不会变得更宽。这种**数据结构完全相同的数据表上下追加合并，称为并集**。

并集是所有数据处理工具的标准功能，Excel 中的手动并集、SQL 中的 UNION 语法，Tableau 等敏捷 BI 工具的拖曳，只是实现方式不同，背后本质相同。

### 2. 连接（Join）：VLOOKUP 函数左右合并数据

Excel 中最重要的函数之一 **VLOOKUP** 函数，用于在当前工作表（或区域）中**按照行查找**，并返回其他工作表（或区域）中的对应数据[1]。

比如，在"示例—超市"数据的"销售明细表"中，每笔交易都对应一个销售区域，使用数据透视表可以完成"各区域的销售额"分析，却无法直接分析"各区域经理的销售额"。此时需要在数据明细中增加"区域经理"数据列。Excel 的标准方法是在当前工作表"订单"中使用 **VLOOKUP** 函数，以"区域"为匹配条件，查找引用"销售人员"区域中对应的值，如图 4-5 所示。

**VLOOKUP** 函数的关键是**匹配条件**，默认的查找值在查找区域的第一个列字段中寻找匹配（上面的 L2 数据值，在 A1:B7 单元格区域的第一列中查找匹配），然后返回指定列序号的对应值。**VLOOKUP** 函数默认仅返回一列，难以胜任多个条件匹配的复杂业务处理。因此，才有了 XLOOKUP 等高级函数，以及 Power Query 等单独的处理工具。

---

1　Excel 以单元格为编辑单元，一个工作表中可以有多个区域，不同区域可以相互合并和连接。这里默认每个数据表中都只有一个完整的数据区域。

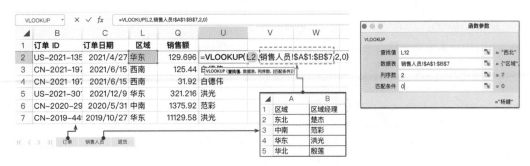

图 4-5    在 Excel 中使用 VLOOKUP 引用其他表的匹配值

相比"Ctrl+C/V"快捷键的上下追加，**VLOOKUP** 函数代表另一个重要的数据合并类型：基于匹配条件，在当前工作表中增加另一个工作表的匹配值，这种**数据结构不同的数据表、左右相连的数据合并方式称为连接。**

Excel 的两种数据合并方法，概括如下。

- 数据并集（**Ctrl+C/V**）：相同业务主题下，数据结构相同的多个数据表上下追加。
- 数据连接（**VLOOKUP**）：不同业务主题下，结构不同，有共同关联字段的多个数据表左右相连。

在数据库的世界中，它们依然是数据合并的基本场景。从合并的分类来看，甚至可以说，

> 只有两种合并方法：相同结构的数据上下追加——并集（Union）、不同结构的数据左右相连——连接（Join）。

不过，大数据时代，很多数据合并并非发生在明细级别，而是发生在虚拟的聚合过程之后。因此，在业务实践中还需要考虑数据合并的位置，甚至数据连接的方式等要素。

## 4.2.2    Excel 的局限：基于数据透视表的数据合并

Excel 有两个数据工作区：数据明细表（Detail Table）和数据透视表（Pivot Table），后者是前者聚合的结果。简单的业务分析中，并集和连接都是基于数据明细表的。而在较为复杂的业务分析中，分析师还会遇到一个非常重要的场景：把两个"数据透视表"合并在一起。

举个例子，假定有两个数据表：门店的"销售明细表"和"销售目标明细表"，前者记录每笔订单、每件产品的销售，后者是分解到类别、细分市场的每天目标值。领导希望分析"各细分、各类别、各年度的销售额（总和）、销售额目标（总和）及目标达成比例"。

在 Excel 中，可以尝试分解为 3 个步骤完成这个问题。

（1）两个明细表分别做数据透视（透视即聚合），生成两个透视表。其一是"各细分、各类别、各年度的销售额（求和项）"；其二是"各细分、各类别、各年度的销售目标（求和项）"。

（2）透视结果左右连接，获得"各细分、各类别、各年度的销售额、销售目标"中间表。

（3）在中间表中，通过销售额、销售目标计算生成"达成比例"字段。

这里看一下 Excel 所能达到的极限，能否在透视之后完成连接和计算。

### 1．Excel 的透视表

在 Excel 中，先用"销售明细表"做透视表，将行级别数据透视（聚合）到"细分、类别、年"的问题详细级别，获得销售额求和项。然后针对"销售目标明细表"做完全相同的操作，如图 4-6 所示。

图 4-6　使用 Excel 数据透视表理解数据混合的逻辑

问题分析需要的数据合并，是在两个透视表"细分、类别、订单日期"分别相等的匹配条件基础上，把"销售额求和项"和"销售目标求和项"左右连接起来。最终形成如表 4-1 所示的虚拟中间表。

表 4-1　两个透视表左右连接后的虚拟中间表（省略）

| 细　　分 | 类　　别 | 订单日期 | 求和项：销售额 | 求和项：销售目标 |
|---|---|---|---|---|
| 公司 | 办公用品 | 2016 年 | 314236 | 306055 |
| 公司 | 办公用品 | 2017 年 | 534623 | 351877 |
| … | … | … | … | … |
| 公司 | 技术 | 2017 年 | 794773 | 404567 |
| 公司 | 技术 | 2018 年 | 65480 | 587264 |
| … | … | … | … | … |

这里需要左右连接合并，但是，由于透视表是建立在"销售目标明细表"基础上的，它本身就是脆弱的、易变的、虚拟的，而且这里需要 3 个匹配条件，在 Excel 中无法通过传统的 VLOOKUP 函数完成。

这就是 Excel 自身的局限性，在小数据时代，它优秀到几十年不倒，至今仍广泛被世人使用；在大数据面前，它开始显示了老态龙钟的脆弱模样。因此，Power Query、Power Pivot 等工具快速成长起来，并最终成为 Power BI 的一部分。而本书的主角 Tableau 则是完全顺应大数据而生的，面向字段列分析，针对数据行聚合，而非以单元格为操作单位。

Excel 透视表的本质是"聚合表"。**基于聚合表的合并，以及建立在合并之后的敏捷业务分析，是大数据分析工具的基本功能。**而后面这些 Excel 无法完成，SQL 则需要嵌套查询和合并语法，Tableau 把这种复杂关系图形化、交互化了。在使用 Tableau 进行分析时，稳定的关系使用关系模型，临时性的聚合匹配使用数据混合，既简单好用，又兼顾性能优势。

接下来，笔者先用 Tableau 数据混合（Blend）方法来完成这个问题，4.4 节再介绍数据关系（Relationship）的方法。

## 4.2.3　Tableau 数据混合初探，在聚合后完成连接

数据混合的本质是两个聚合表左右相连，合并为新的数据表的过程。

Tableau Desktop 工作表如同 Excel 的数据透视表区域，都是基于指定字段的数据聚合。本节先概要介绍"先聚合后连接"的基本方法，后续 4.5 节会进一步介绍数据混合。

如图 4-7 所示，依次双击维度字段【细分】【类别】【订单日期】和度量【销售额】，或者把各字段拖曳到视图中对应位置，可以获得"各细分、各类别、各年度（订单日期）的销售额总和"。同理，单独使用"销售目标明细表"，也可以完成"各细分、各类别、各年度（订单日期）的销售目标总和"。

图 4-7　使用 Tableau Desktop 在指定层次计算销售额聚合

此处数据合并的目的，就是依据维度字段做关联匹配，把销售额目标数值放在实际销售额后面，从而计算达成占比，结果和 4.2.1 节中的表 4-1 完全一致。

用一句话来完整地描述这个结果：从"示例—超市"数据中计算各细分、各类别、各年度的销售额总和**聚合**，再从"销售目标"计算相同详细级别的销售目标总和**聚合值**，而后在相同的详细级别，把后者聚合值连接到前者聚合值之后，从而合并为"各细分、各类别、各年度的销售额和销售目标"的聚合中间表。

如图 4-8 所示，这里分别创建了两个相互独立的数据源，对应不同的业务明细。①在"示例—超市"数据创建的聚合基础上；②在左上角"数据源"位置点击第二个数据源"销售目标"；③此时发现它的维度字段右侧增加了类似于锁链的图标，名称相同的字段默认匹配了；④只需要双击"销售目标"数据源中的字段【销售目标】，视图中每一行的销售额聚合之后，就增加了相同详细级别的销售目标聚合。

在 Tableau 中，在当前聚合交叉表的基础上，引用另一个聚合交叉表的度量并左右连接合并在一起，从而构建最终主视图的过程，被称为"数据混合"。

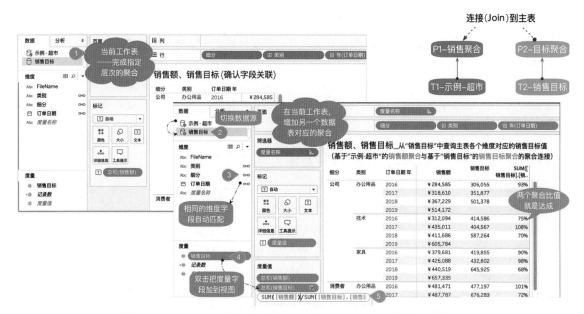

图 4-8　使用 Tableau Desktop 将两个聚合表依据相同维度层次做连接（Join）

在这个数据合并的过程中，谁是匹配条件？销售额和销售目标从何而来？笔者把 "示例—超市" 数据的聚合结果称为 A，而把 "销售目标" 的聚合结果称为 B。上述过程可以表示为：

- 谁和谁合并？两个 "聚合表" 左右合并，如同 Excel 中的两个透视表。
- 匹配条件？A.类别 = B.类别，A.细分 = B.细分，A.订单日期（年）= B.订单日期（年）。
- 查找返回的值：聚合的销售目标，即 SUM([B.销售目标])。

可以把这个过程形象地表示为如图 4-9 左侧所示的过程，熟悉 SQL 的读者还可以使用如图 4-9 右侧所示的方式理解。

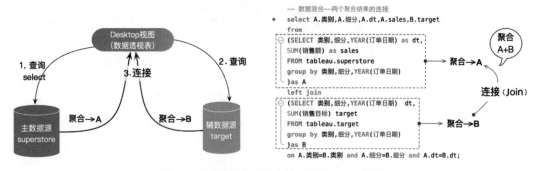

图 4-9　两个聚合结果的合并：图示和 SQL 说明

不同的工具，"先聚合再连接"的实现方式会有所不同，SQL 使用聚合查询（SubQuery）和 JOIN 完成，Tableau 相当于把这个过程可视化了，匹配字段自动建立，需要合并的聚合字段双击添加。形式背后的本质相同：**建立在聚合基础上的连接**——简称为"先聚合再连接"。

特别注意，**聚合不能脱离问题的详细级别而存在，维度是聚合的依据**，所以"聚合的连接"是"指定详细级别的聚合连接"的简称。

和 **VLOOKUP** 函数基于明细行的连接不同，这里的连接是建立在两个聚合表基础上的，如同两个数据透视表的连接合并。两种数据合并方法（Union/Join）、两个数据合并位置（明细表/聚合表），就可以组合为 4 种场景，笔者将其称为"数据合并分类矩阵"。

## 4.2.4  数据合并分类矩阵：两种合并方法、两个合并位置

在 Excel 明细表中，可以实现数据的并集、连接合并，但是难以合并两个透视表（聚合表）；而以 SQL 和 Tableau 为代表的 BI 工具，不仅可以直接合并明细表，还可以基于聚合完成合并。

笔者看来，数据合并的关键内容，可以概括为以下几句话。

- 只有两种合并方法：相同的数据结构上下追加——**并集（Union）**，不同的数据结构左右相连——**连接（Join）**。
- 只有两个合并位置：基于数据表明细行的数据合并，基于指定详细级别聚合的数据合并。
- 只有两个合并阶段：在数据源阶段的预先合并，在分析视图中临时合并（暂不展开）。

其中，两种合并方法、两个合并位置，就构成了**数据合并的分类矩阵**，如图 4-10 所示。

笔者把基于聚合的合并称为"逻辑上的匹配和合并"，基于逻辑上的匹配，多种合并方法可以集成到一个数据模型中。这个合并和模型的思考框架，是笔者多年实践和思考的结果，适用于各种工具和应用场景。

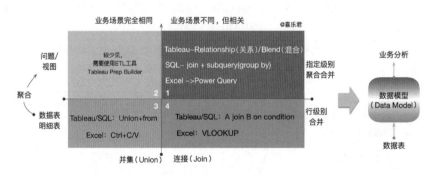

图 4-10  基于合并方法和合并位置的分类矩阵

简单业务分析中，第 4 象限的"行级别连接"最常见，通常称为"物理合并"；但在高级业务分析中，第 1 象限"逻辑上的连接合并"才是关键。它们进一步就可以构成数据模型，详见 4.4 节。

接下来，本节将做简要介绍，之后结合案例和场景分主题深入展开。

### 1. 行级别数据合并（第 3 象限和第 4 象限）

像 Excel 一样，在数据表明细行中的数据合并是最简单、最常见的场景，简称为"行级别合并"（Data

Combination at Row Level），包括数据并集和数据连接两种方式。在不同工具中，略有差异。

如表 4-2 展示了 Excel、SQL 和 Tableau 中行级别并集、连接的方法对比。

表 4-2　不同工具中数据明细的合并差异

| 类　　别 | Excel 方法 | SQL 方法 | Tableau |
|---|---|---|---|
| 行级别并集<br>（Union at Row Level） | 相同数据复制、粘贴 | select * from A union<br>select * from B | 拖曳并集（手工或者通配符），<br>Desktop 或者 Prep Builder |
| 行级别连接<br>（Join at Row Level） | VLOOKUP/XLOOKUP<br>等函数 | select * from A join B<br>on A.field = B.field | 拖曳连接，设置连接条件、合并<br>范围 |

以连接为例，介绍一下不同工具之间的差异和进步。

- Excel 中的 VLOOKUP 函数用于连接其他区域的指定字段列，如果需要多个条件，或者返回不连续的区域，它的弱点就展现无遗。此时还需要 XLOOKUP、HLOOKUP 等更多函数。
- 数据库工程师可以借助 SQL 语言实现更复杂的数据连接和计算，但对于业务部门的分析师而言又略显晦涩，并非 Excel 般"所见即所得"，也非 Tableau 一样图形化。
- 技术的进步让业务用户看到了曙光，Tableau 借助拖曳和图形，无须学习专业的 SQL 语言，即可实现大数据的匹配验证。4.3 节会进一步对比介绍。

虽然数据合并包括并集和连接，不过，在数据库日渐成为主导力量的大数据时代，并集的必要性正在降低，连接的重要性日渐增加。因此本书后续介绍**数据合并，默认指连接**，只是合并的位置不同，因此结果和方法也就不同。

**2. 指定详细级别聚合的数据合并（第 1 象限和第 2 象限）**

由于维度是聚合的依据，聚合不能脱离维度而存在，因此"包含聚合"的数据合并本质是**指定详细级别的聚合的合并**（Join on fixed level of detail），理解聚合对应的详细级别是关键。

虽然 Excel 数据透视表可以完成指定层次的聚合，但难以完成两个"聚合后的连接"，即使在 Power Query、SQL 或者 Tableau 中，都不像明细中的合并易于理解——逻辑的合并是完全的"抽象之地"。

在 Tableau Desktop 中，可以使用数据混合（见 4.2.3 节）将两个聚合后的数据表连接在一起，并以可视化方式展现。笔者把这个过程的逻辑关系绘制为如图 4-11 左侧所示，展示了"各细分、各类别、各年度的销售达成"所需要的数据匹配关系。与行级别的数据合并不同，数据混合的合并发生在指定详细级别的聚合之后，即基于问题而合并。如果问题发生了改变，则会默认对应不同的连接字段，不同问题对应不同的聚合匹配关系。可见数据混合是临时的、动态的、灵活的。

为了解决数据混合带来的不稳定性，Tableau 的产品经理设计了全新的数据模型：数据关系。如图 4-11 右侧所示，它在数据源的阶段预先建立数据表之间的逻辑匹配关系，从而支持更多的问题分析。4.5 节将详细介绍它的使用方法。Tableau 数据关系与数据混合都是指定详细级别聚合后的合并，只是合并的阶段不同——在数据源阶段建立匹配的关系是稳定的模型，在视图阶段建立匹配的混合是临时的合并。本章将在 4.4.3 节，从详细级别的角度深入介绍。

聚合后的并集应用场景较少，且通常需要专业的 ETL 工具才能完成，不在本章讨论。

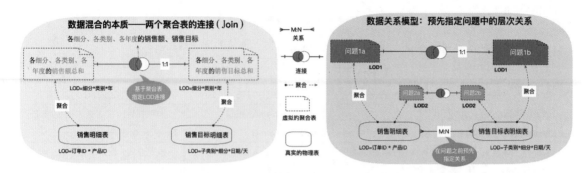

图 4-11　Tableau 中指定详细级别聚合的数据合并：数据混合

### 3. 数据模型：将行级别合并与指定层次的聚合合并融为一体

在数据分析的分类矩阵中，行级别合并的优势在于稳定，聚合后的合并则可以结合问题动态调整合并的详细级别，因此优势在于灵活。复杂的业务场景需要兼具它们的优势，既包括了行级别的合并（并集或者连接），同时又支持聚合后的连接，这就需要构建数据关系模型。

在 Tableau 中，通过"数据关系"（Relationship）功能把明细行的合并和聚合的匹配整合在一起，构建了面向主题的、可重复使用的、性能优异的数据模型，如图 4-12 所示。为了兼顾行级别的合并和聚合的合并，需要从物理层、逻辑层的双层视角理解数据关系，这将是本章的重点。

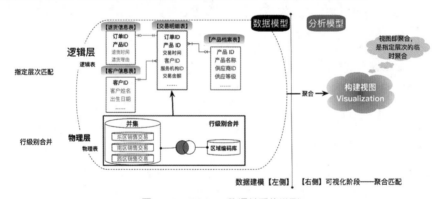

图 4-12　Tableau 数据关系的模型

在本书中，数据关系只是在数据源阶段构建数据匹配的方法，而数据关系模型则是包括行级别合并、计算、数据关系等多个方法的可支持不同问题分析、不用分析师分析的模型框架。详见 4.4 节。

## 4.3　行级别并集、连接与 Tableau/SQL 方法

行级别并集是发生在"数据表明细行"上的合并。其中，并集可以理解为多个表的每一行依次复制到当前表的后面，而连接可以理解为在另一个数据表中寻找当前数据表每一行的匹配值并返回。

## 4.3.1　数据并集

在所有的数据合并方法中，"数据并集"最容易理解，它用于**数据结构完全一致**的多组数据上下**追加**合并。形式上，结构完全相同指**字段标题名称**及其**数据类型**一致。本质上，结构完全相同指数据表背后的**业务场景相同**，比如"1 月销售明细表""2 月销售明细表"……都对应相同的业务场景。

并集多用于本地文件的处理，极少用于数据库数据。比如，多个 Excel 工作簿，同一个 Excel 工作簿下的多个工作表（Sheet），或者多个 CSV、TXT 文件的合并等。本地数据受限于工具和电脑性能，大数据通常分表展现，在分析前就有了合并的需求，如图 4-13 左侧所示。相比之下，这种合并最简单，因此也最容易标准化，在 WPS Excel 中，就内置了多种"合并表格"的快捷方法，如图 4-13 右侧所示。

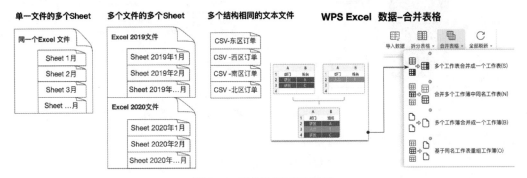

图 4-13　数据并集与数据连接

由于数据库的性能远高于本地工具，数据表基本没有拆分必要，因此数据库中的数据表很少在明细上直接创建并集。

这里以本地数据为例，介绍在 Tableau Desktop 中创建并集的详细方法。

#### 1. 连接数据源

分析始于连接数据。如图 4-14 所示，打开 Tableau Desktop，从左侧的数据连接面板连接本地文件，双击或者拖曳"订单 APAC.csv"数据表到右侧空白区域。此时，就建立了最简单的数据连接。

#### 2. 把单一数据表转换为并集——手动或者通配符

在"订单 APAC.csv"之外，还有 EMEA、LATAM 等其他区域的销售明细，通过并集**追加**到第一个数据表连接中。

Tableau Desktop 支持多种方式创建并集，可以通过拖曳追加或转换为并集后手动或者通配符追加。

**（1）手动追加并集数据。**

如图 4-14 所示，①首先连接本地数据源，这里选择一个 CSV 文件后自动创建数据连接"订单APAC.csv"；②在连接处点击右侧小三角图形，在弹出的快捷菜单中选择"转换为并集"命令；③之后从左侧拖入其他需要合并的数据表追加合并。

在熟悉 Tableau 的操作之后，可以尝试更多方法进一步简化并集操作。比如，直接把第二个并集数据表拖曳到第一个数据连接下方，此时会有"**将表拖至并集**"的提醒，或者尝试"新建并集"的选项，相当于将前述步骤②和步骤③一次性完成。

上述的手动追加并集方法适用于少量的数据合并，如果有 12 个月的数据表，甚至更多，就要考虑通配符自动并集的方法。

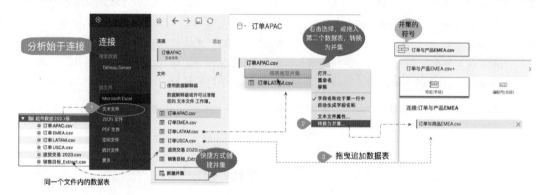

图 4-14　在 Desktop 中创建并集的多个方法

**（2）使用"通配符"自动合并多个文件。**

"通配符"适合于名称有规则的多个数据表——使用通配符符号"*"代表任意一个或者多个字符，比如，"订单*"代表"订单"开头的所有数据表。

如图 4-15 所示，转换为并集后，点击"通配符（自动）"，设置"文件"对应的"通配符模式"为"订单*"，Tableau Desktop 会自动查找当前文件夹所有以"订单"开头的文本数据表，并建立并集。

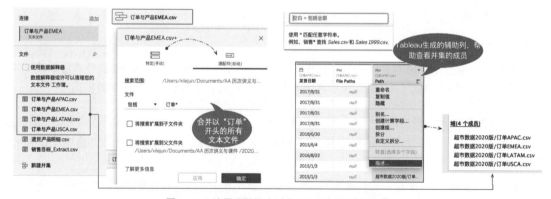

图 4-15　使用通配符合并多个文件并查看合并项

如果存在嵌套文件夹，则可以选择"将搜索扩展到子文件夹"等方式扩大并集的搜索范围。此用法适用于把不同年度的数据表分文件夹存放的情形。

并集建立之后，如何查看系统合并了哪些工作表呢？如图 4-15 所示，系统自动生成两个辅助字段，"File Paths"（文件路径）和"Path"（数据表路径），用来记录合并的文件来源及名称，右击"Path"字段，在弹出的快捷菜单中选择"描述"命令，可以查看并集包含的数据表，从而确认并集的准确性。在本案例中，"订单*"通配符自动合并了 4 个文件。

在某些情况下，可以使用 Tableau 自动生成的辅助字段，比如，很多客户的月份日期记录在 Excel 的工作表名称中，因此需要从辅助字段中提取月份加入主数据。

**3. 异常处理（可选）**

并集用于数据结构完全相同的数据合并。如果多个数据表中的并集字段名称或者数据类型不一致，就需要发现后再处理。

比如，一个数据表的字段【国家】与其他 4 个文件的字段【国家/地区】对应，通配符并集无法合并。如图 4-16 所示，按住 Ctrl 键（mac OS 系统为 Command 键）的同时选择字段，鼠标右击，在弹出的快捷菜单中选择"合并不匹配的字段"命令，即可将两者合并。必要时还可双击新字段进行重命名。

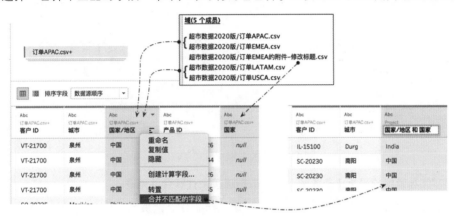

图 4-16　手动合并并集中的不匹配字段

不过，手动匹配的使用场景有限，只能处理名称不一致等简单问题。如果存在以下情形，Tableau Desktop 就无能为力了，需要在合并之前预先对数据表做调整。

- 多个数据表的某个匹配字段数据类型不一致，比如，销售额数字"10.34"和文本"￥45"。
- 一个数据表的字段需要拆分后才能和其他数据表字段匹配，比如，数据表 A 中的完整日期"2022-4-1"，对应另一个数据表中的 3 个字段"年""月""日"。
- 结构不一致，或者数据表的行级别不同，需要预先做结构性的处理。

Tableau Desktop 无法针对每个数据表做预先复杂处理，以及具有明显先后关系的数据处理，需要使用单独的 ETL 工具完成，比如 Tableau Prep Builder。

综上所述，**并集的前提是相同的业务场景、相同的字段结构（名称和数据类型）**。

另外，从笔者的经验来看，还需要注意以下几点。

- 数据并集主要用于 Excel 等本地数据环境中，极少用于数据库环境。
- Tableau 并集会自动生成辅助字段，标记并集的数据表来源，在复杂情形下可以拆分使用。

- 如果数据表数据结构不同，则需要预先处理，此时就要在合并之前增加数据处理环节，可以使用敏捷 ETL 工具，比如 Tableau Prep Builder，更直观、更简单。

## 4.3.2 数据连接：连接条件与连接方式

在实际的分析场景中，更多的是两类不同数据的合并，比如，销售订单与商品详情、销售订单与退货订单等，它们分别对应不同的业务场景，因此对应不同的字段结构。**将多个不同的数据表，以某个或多个字段为关联依据，把它们左右追加在一起的过程，称为"连接"。**

初学者要先理解并集和连接的差异。如图 4-17 所示，并集是结构相同的数据合并，因此只需要确认字段及其类型相同即可，不匹配的字段列可以保留，或者删除。连接就要复杂得多，一方面要确认数据表连接的条件（最简单的是两侧字段值相等）；另一方面要连接合并的范围，默认保留满足连接条件的匹配数据（即内连接），还可以自定义为其他范围（比如，保留左侧不匹配数据，即左连接，如图 4-17 右侧所示）。

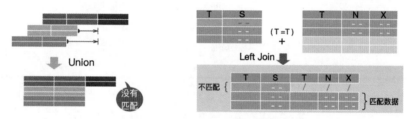

图 4-17　数据并集和数据连接的图示

这里以零售场景中的退货业务为例，介绍数据**连接条件**和**合并范围**。

如表 4-3 所示，"退货产品明细表"包含订单 ID、产品 ID、退货原因及退货注释[1]，想深入分析退货产品所属的分类、区域，就需要合并"退货产品明细表"和"销售明细表"。

表 4-3　退货产品明细表（相同颜色归属于同一个订单）

| 订单 ID | 产品 ID | 退货原因 | 退货注释 |
|---|---|---|---|
| ZH-2015-19330 | TEC-MA-10002468 | 订购了错误的产品 | 客户原本想放在收藏中 |
| GB-2015-5287434 | OFF-AR-10003651 | 订购了错误的产品 | |
| GB-2015-5287434 | FUR-BO-10004129 | 缺陷 | |
| GB-2015-5287434 | OFF-ST-10001758 | 缺陷 | 已发送更换产品 |
| KR-2015-50802 | OFF-EN-10000539 | 订购了错误的产品 | 客户在订购前曾试图移除商品 |
| KR-2015-50802 | OFF-EN-10001162 | 缺陷 | 商品到货即损 |
| …… | …… | …… | …… |

---

1　通常的退货业务是以交易为单位的，而非以订单为单位，因此本书使用了 Tableau Desktop 2020 版本中附带的"退货产品明细表"，而非使用 Tableau Desktop 2021 版本之后的附带数据（退货数据中仅有"订单 ID"和"退货状态"字段）。

在 4.3.1 节并集数据源的基础上，在 Tableau Desktop 中导入"退货产品明细表"数据，并将其与"销售明细表"合并，步骤如下。

### 1．从数据关系（Relationship）转换为数据连接（Join）

从 Tableau Desktop 2020.2 版本开始，多个数据表的关系默认是以关系模型的方式构建的，双击或者拖曳"退货产品明细.csv"，Desktop 自动建立两个数据表的关系匹配，如图 4-18 左侧所示。

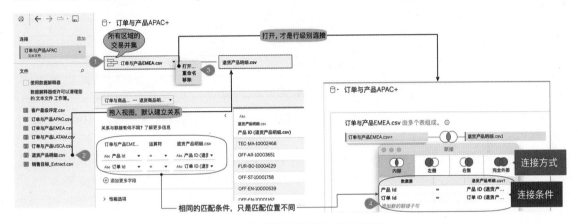

图 4-18　双击退货产品名称自动建立连接

在第一个数据连接上右击，在弹出的快捷菜单中选择"打开"命令，而后才能创建数据连接。

默认的"线"是关系匹配，它和连接（软件中翻译为"联结"）属于完全不同的数据合并方法。简单地说，关系是逻辑上的匹配而不事先合并，连接是事先合并为一个"大宽表"，因此连接更易于初学者理解。本书将在 4.5 节之后详细对比它们的差异和选择方法。这里先介绍如何创建行级别的连接。

### 2．连接的设置（上）：根据业务和分析需要确认连接条件

正如本节开篇所说，连接的设置有两个方面：**确认连接条件、选择连接方式**。前者以字段匹配确认数据表关系，后者处理不匹配的数据明细，二者共同决定了数据连接的结果。

默认情况下，Tableau Desktop 自动为连接查找一个连接字段，但几乎总是需要重新审视。数据分析师要根据真实的业务逻辑，以及分析的需求来确定如何设置连接条件。

数据背后的业务匹配逻辑是设置的依据，这是设置连接的关键。

以这里的退货业务而言，既然业务交易中的销售交易是以订单和产品组合为单位销售的，退货也是以交易为单位处理的，那么就可以理解为"销售明细表"中的"订单 ID*产品 ID"与"退货产品明细表"的"订单 ID*产品 ID"是对应的。数据关系的背后是业务关系，如果初学者对此有疑虑，建议想象一个最小的业务场景验证退货的数据逻辑。

举一个简单的例子，爸爸下班回家后，在楼下超市购买了酒精和烧水壶，妈妈回家也在同一家超市购买了烧水壶和食盐。回家后发现购买重复了，因此妈妈回超市把"她买的烧水壶"退货。如表 4-4 所

示，假设办理退货的是一台机器人，需要给它一个退货凭证，如果只提供订单 ID（D2），根据 D2 去"销售明细表"中查找匹配数据退货，那么系统会匹配妈妈购买的烧水壶和食盐全部退掉；而如果只提供商品 ID（P2），那么系统会把爸爸、妈妈，甚至其他人买的 P2 烧水壶全部退掉。

表 4-4 退货产品明细表

| 流 水 号 | 下单时间 | 订单 ID | 产品 ID | 交易金额 | 备 注 |
|---|---|---|---|---|---|
| 001 | 2022-3-1 15:30 | D1 爸爸的订单 | P1 酒精 | 10 | |
| 002 | 2022-3-1 15:30 | D1 爸爸的订单 | P2 烧水壶 | 500 | |
| 003 | 2022-3-1 16:00 | D2 妈妈的订单 | P2 烧水壶 | 500 | 待退货交易 |
| 004 | 2022-3-1 16:00 | D2 妈妈的订单 | P3 食盐 | 8 | |
| 005 | 2022-3-1 10:00 | D0XXX 客户的订单 | P2 烧水壶 | 600 | |

因此，问题的关键是，如何让收银系统正确找到对应的**唯一交易行**，也就是只有妈妈的订单 D2 中对应的 P2 产品退货？

正确的做法是同时匹配订单和商品字段，字段【订单 ID】【产品 ID】结合，才能唯一地识别销售交易、退货交易的唯一行。由于"订单 ID*产品 ID"的组合是两个数据表的详细级别，这种匹配称为"1：1 匹配"。如果只使用字段【订单 ID】建立连接条件，那么就会是"N：N"匹配，此时的合并结果就会出现错误。

基于这样的思考，想把两个数据表左右追加合并在一起，返回"所有退货交易的对应类别、子类别、区域等"，需要同时匹配【产品 ID】和【订单 ID】字段。如图 4-19 左侧所示，①点击两个数据表中间的连接符号；②"添加新的联接（连接）子句"，创建两个连接条件，默认"相等"匹配。

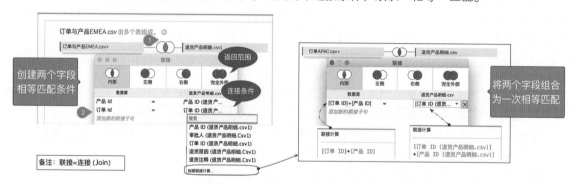

图 4-19 在数据连接中选择匹配字段

字段[订单 ID]和[产品 ID]分别连接，表示二者同时满足（AND）；相当于两侧各创建合并字段（【订单 ID】＋【产品 ID】）使其相等。在复杂问题中，经常需要先对字段做自定义计算，再创建连接条件，因此"创建连接计算"功能非常重要，如图 4-19 右侧所示。

这就是数据表详细级别在数据合并中的应用。每个表都有能标识明细行唯一性的字段，IT 称之为"主键"。在本书中，为了和后续问题详细级别、数据匹配详细级别等前后一致，数据表唯一性的字段又可以称为"数据表详细级别"（Table LOD）。

不过，二者也有一定的差异，数据库主键通常不使用业务字段，从而避免业务更新对数据表的影响，而本书中的详细级别，则可以使用业务字段，方便理解聚合的起点和数据表的合并关系，比如"类别*细分*订单日期"是"销售目标表"中的数据表详细级别。

**3. 连接的设置（下）：根据业务和分析需要选择连接方式**

在确认连接的条件之后，还需要根据业务和分析需求，选择合适的连接方式，从而获得最佳的数据合并范围。Tableau Desktop 默认保留两个数据表中匹配的明细行，即"内连接"（Inner Join），也可以根据需要改为保留左侧，甚至保留全部不匹配值，如图 4-20 所示。注意，如果没有匹配的数据，那么不管是左侧还是右侧，都会用空值（NULL）来代替（图中用/表示）。千万不要以为真填充了一个值，"空值"的意思就是空，只是用符号 NULL 作为占位符。

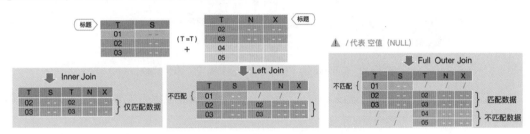

图 4-20 不同的连接方式，返回不同的数据

**在业务分析过程中，业务逻辑和分析需求决定了技术路线。**

比如，仅对过去多年的退货交易做分析，那么默认的"内连接"方式就是恰当的。但是，如果要分析退货交易在总体销售中的占比，内连接的数据结果就缺乏了"全部交易"的明细，此时应该以"销售明细表"为左侧选择"左连接"，从而保留全部的销售交易，并为退货的交易标记退货标识。不仅要针对正常交易的交易分析客户贡献，又要排除退货的交易。

在业务分析中，两个具有重合部分的数据表，按照阴影的重合度计算，最多有 7 种不同的组合方式（$A_3^1 + A_3^2 + A_3^3$），它们的关系可以视为两个不同数据集合之间的关系，普遍使用文恩图（Venn Diagram）来表示，如图 4-21 所示。在 6.3 节，这个逻辑则用来表达字段集（Set）的合并集计算。

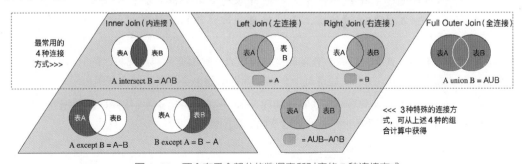

图 4-21 两个有重合部分的数据表所对应的 7 种连接方式

在这 7 种连接方式中，上面的 4 种是基本形式，它们之间的组合计算可以获得下面的 3 种延伸方式。因此，不管是 SQL 中的 JOIN 语法，还是 Tableau 中的设置面板，默认都是 4 种可选项。如图 4-22 所示，Tableau 的 4 种连接方式都可以对应一种 SQL 的语法[1]。

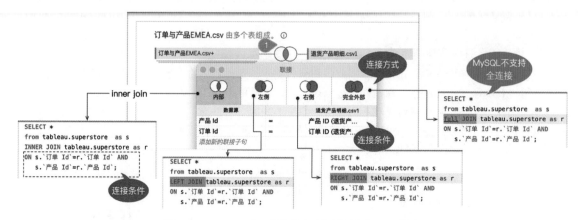

图 4-22　Tableau 中 4 种连接方式及其对应的 SQL 语法

初学者必须掌握这 4 种基本的连接方式，之后借助筛选器、辅助数据表等完成其他连接方式，接下来面向高级用户介绍几个重要内容。

### 4.3.3　高级连接的形式：仅左侧连接、交叉连接与"自连接"

在完全理解连接之后，分析师还可以借助连接与筛选、计算，甚至"自连接"等功能组合，获得更多的自定义数据合并结果。本节选择典型场景介绍如下。

**1. 使用常见连接方式和筛选组合其他连接方式**

4 种基本连接方式大约可以满足 70%以上的连接需求，少数高级业务场景则要使用它们的计算组合，从而获得更准确的分析样本。比如：

> 从销售明细表中排除退货产品明细表对应的明细数据，保留正常交易以供分析：未退货交易的产品销售情况。

此时，4 种基本连接方式中，只有左连接和全连接包含最终需要的明细部分，同时也包含不需要的重合部分。此时，需要在连接（Join）的基础上，借助**筛选**来缩小合并后的数据范围。

如图 4-23 所示，字段 T 代表交易明细的唯一编码，从左连接合并结果中，**排除匹配数据**即可获得"仅左侧"（Left Only）数据，即在销售明细中排除退货明细后的数据。

---

1　不同的数据库软件对语法的支持有一定差异，比如 MySQL 不支持 Full Join（全连接），有的工具写作 Full Outer Join。

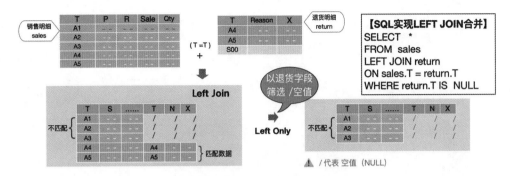

图 4-23　使用连接和筛选，延伸更多的连接方式

可以把筛选过程和此前的连接合并过程分开来看。熟悉 SQL 的读者可以在 SQL 的 JOIN 语句后增加 WHERE 语句实现筛选，借助 LEFT JOIN 和 WHERE 组合实现 LEFT ONLY 的合并值。

在 Tableau Desktop 中，筛选的方式多种多样，而且分为数据源阶段、可视化查询阶段、可视化之后等不同位置。顾名思义，"数据源筛选器"就是在数据源阶段的筛选，因此它会对之后创建的所有视图产生全局影响，这样就可以保证所有的分析都建立在"排除退货之后的正常交易"基础上。

如图 4-24 所示，在 Tableau Desktop 数据源连接的界面右上角，点击"筛选器"旁边的"编辑"命令，在弹出的窗口中点击"添加"按钮，选择"退货产品明细.csv1"用作连接条件的字段，保留空值后保存。

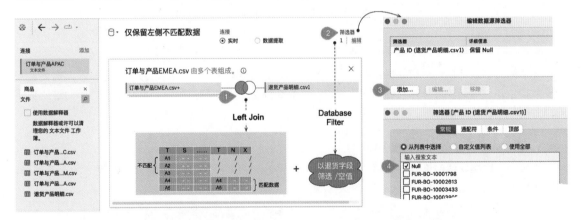

图 4-24　使用连接和数据源筛选器完成"仅左侧不匹配数据"筛选

特别注意，虽然"退货产品明细表"中还有审批人、退货原因等其他字段，但考虑到它们可能是空值，用来筛选很容易保留"退货但是退货原因为空的数据"，因此务必**使用作为连接条件的字段**（比如"退货产品明细表"中的【订单 ID】或【产品 ID】）。

其他的延伸连接方式同理，借助"连接和筛选结合"都可以获得。如图 4-25 所示，分析师可以借助文恩图和 SQL 逻辑理解所有的数据连接方式。

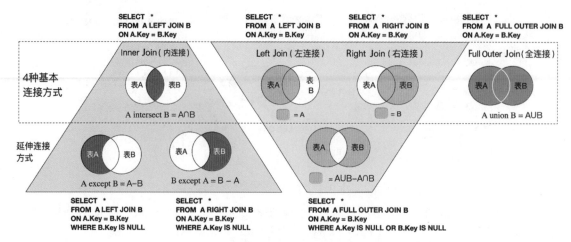

图 4-25　基本连接方式和延伸连接方式的图示及 SQL 逻辑

这里使用的"数据源筛选器"，意味着在数据源阶段就把所有退货明细数据排除了。如果想要计算"**退货金额在总体销售金额中的占比**"，就不能使用"数据源筛选器"排除，而要在视图中结合计算，让计算的分子保留筛选，分母不保留筛选，这是"筛选和计算的功能结合"，读者需要在理解第 6 章简单筛选内容后，再结合 8.7.3 节"条件聚合"，从而完全理解。这里先将计算逻辑说明如下：

$$退货金额比率\%[1] = \frac{SUM(IIF(\,ISNULL(B.[Order\ ID])\,,\,null\,,\,A.[sales]))}{SUM(A.[sales])}$$

这里，分子实现了"排除退货的销售额"总和，分母依然是全部销售额。

一切筛选都是计算，一切数据合并亦是计算，只是背后逻辑不同。要想成为高级分析师，需要逐步掌握数据合并、筛选、计算等关键内容的原理，而后在业务实践中触类旁通、举一反三，借助这些功能的组合不断寻找相对最优解。

#### 1．大于、不等于等高级连接条件

连接包括连接条件和连接方式两个部分。其中，连接条件以字段的匹配关系确认数据表的业务逻辑，最常见的是字段的相等匹配（Equal），对应"等于"（＝）的计算符。

一些复杂业务还需要使用"不等于"等高级连接条件。在商品零售业务、航空订单等业务中，数据只会记录到访消费的客户交易，而不会记录未到访客户的情况，因此就难以直接分析"所有老客户，上个月没有消费，本月消费的迁徙比例"。此时，需要从数据表明细行角度补充数据。此类问题可以"不等于"连接，之后通过去重来实现。

考虑到此类问题的难度已经超出了本书的范围，因此这里不再展开。Tableau Prep Builder 2021.3 版本推出的"新行"功能，进一步简化了这个逻辑，有兴趣的读者可以搜索笔者博客参考相关内容[2]。

---

1　A.[sales] 代表"销售明细表"中的【销售额】字段；B.[Order ID] 代表"退货产品明细表"中的【订单 ID】字段。

2　可以参考博客文章："（深度 Tableau）Prep Builder 2021.3 '新行'与客户迁徙数据准备案例"。

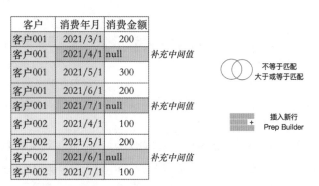

| 客户 | 消费年月 | 消费金额 | |
|---|---|---|---|
| 客户001 | 2021/3/1 | 200 | |
| 客户001 | 2021/5/1 | 300 | |
| 客户001 | 2021/6/1 | 200 | 6月保持 7月流失 |
| 客户002 | 2021/4/1 | 100 | |
| 客户002 | 2021/5/1 | 200 | |
| 客户002 | 2021/7/1 | 100 | 6月流失 7月回流 |
| 客户003 | 2021/7/1 | 50 | 新客户 |

注：假定当前月份为 2021/7

| 客户 | 消费年月 | 消费金额 | |
|---|---|---|---|
| 客户001 | 2021/3/1 | 200 | |
| 客户001 | 2021/4/1 | null | 补充中间值 |
| 客户001 | 2021/5/1 | 300 | |
| 客户001 | 2021/6/1 | 200 | |
| 客户001 | 2021/7/1 | null | 补充中间值 |
| 客户002 | 2021/4/1 | 100 | |
| 客户002 | 2021/5/1 | 200 | |
| 客户002 | 2021/6/1 | null | 补充中间值 |
| 客户002 | 2021/7/1 | 100 | |

图 4-26　使用高级匹配完成复杂的分析

### 2. "交叉连接"（Cross Join）与"自连接"（Self-Join）

连接中还有一种特殊形式，左右数据表两两交叉生成"笛卡儿乘积"[1]的过程，可以通俗地理解为交叉匹配所有可能。两个 100 行的数据表进行交叉连接，结果就是 10000 行的数据表。

图 4-27 展示了两个小数据表的交叉连接过程，在 SQL 中，交叉连接无须指定条件。Tableau 虽然没有交叉连接的语法，但是可以借助内连接间接完成。默认使用内连接（Inner Join），在数据表两侧使用"连接计算"新增虚拟字段"1"作为连接条件，结果等同于 SQL 的交叉连接。

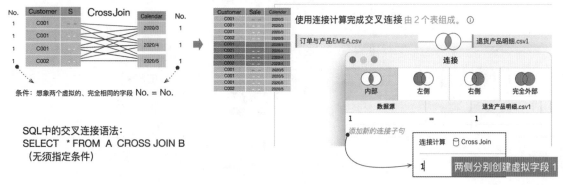

图 4-27　使用交叉连接生成两个数据表的笛卡儿乘积

特别注意，交叉连接消耗巨大的算力，因此分析中要避免此类连接出现。笔者客户曾经错误触发此类连接，导致出现了整个服务器磁盘耗尽现象的安全事故。

另一个重要的连接方式是**"自连接"（Self-Join）**。顾名思义，就是数据表和自己相连接。初学者可能会想，连接的目的是从不同的数据表中追加当前数据表中没有的字段，那又能从自身追加什么有意义的字段呢？

---

1　笛卡儿乘积指两个集合 $X$ 和 $Y$ 的笛卡儿积（Cartesian product），又被称为直积，表示为 $X \times Y$，第一个对象是 $X$ 的成员，而第二个对象是 $Y$ 的所有可能有序对的其中一个成员。

准确地说，"自连接"不是连接了"自己"，而是连接了"自己的聚合表"。聚合表是对明细表的抽象，可以视为全新的中间表，读者要清晰地区分明细表和聚合表的差异，否则在高级数据准备和业务分析面前容易迷路。

SQL借助JOIN和子查询完成"自连接"，对于业务分析师而言，这意味着技术难度陡然提升。而在Tableau中，无须在数据源阶段创建连接过程，创新性的LOD函数让一切变得简单，相关内容将在第10章详尽介绍。

这里使用一个简单的案例一窥LOD的魅力：**不同购买频次的客户数量**。

在"销售明细表"中，字段【客户ID】可以聚合为"客户数量"，字段【订单ID】可以聚合为"购买频次"，但是问题维度的"购买频次"是分类维度，聚合不能直接作为维度使用。为了让"购买频次"作为维度，需要**预先**在"销售明细表"中，为每个客户补充"购买频次"的字段，从而使其成为数据明细的一部分。

逻辑过程如图4-28所示，"自连接"的本质是明细和基于明细的聚合表的连接。图4-28右侧所示对应SQL逻辑，有助于理解Tableau LOD"自连接"的连接逻辑。

不管是图4-27所示的"交叉连接"，还是图4-28所示的"自连接"，都使用了自定义字段作为匹配字段，差异在于，"自连接"的匹配字段建立在聚合计算基础上。这里都使用了默认的内连接（Inner Join），选择其他3种连接方式不会对视图产生影响，因为两侧的数据范围完全相同。

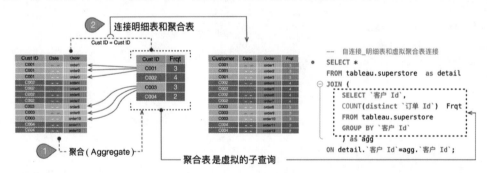

图4-28 "自连接"的本质是明细表和虚拟聚合表的连接

"自连接"可以视为基本连接的延伸形式。在业务分析过程中，这种数据合并普遍存在于客户分析、产品分析等众多业务场景中，Tableau甚至为此专门推出了优化的算法——LOD表达式。它让每个表连接自己的聚合表变得无比简单，只需要在视图中通过语法即可完成。

图4-28所示的合并过程可以简化为如下表达式：

$$\{ \text{FIXED [Cust ID] : COUNTD([Order ID])} \}$$

本书第10章以"不同购买频次的客户数量"开始，使用Excel、SQL和Tableau多种工具对比介绍LOD表达式——Tableau中堪称"王者神器"的业务分析工具。笔者在任何时刻都毫不吝啬对它的赞誉。

### 4.3.4　明细表并集与连接的异同点与局限性

不管业务用户使用何种工具，数据合并都是通往深入数据分析的关键门槛。理解数据合并既需要深刻理解数据表背后的业务场景、业务问题，又需要掌握合并技术的连接逻辑、设置方式。为进一步理解数据合并，同时为理解后续的"数据混合""数据关系"奠定基础，这里先总结一下明细表的合并。

#### 1．明细表并集和连接的共同点

* 二者都是**行级别的合并**，并集是把多个文件的所有行上下追加，连接是在明细表中查找匹配值左右相连，并集和连接都对明细行依次处理。
* 并集和连接的结果都是**产生新的数据源**，而被合并的数据表失去了独立性。
* 既然是行级别合并，并且产生了新的数据源，因此一旦从数据源阶段转到工作表开始可视化分析，数据源就保持不变，并且可以反复使用。

因此，并集和连接是最常用的合并方法，特别是针对数据明细表的直接并集和连接，是企业环境中大量"宽表"的来源。

#### 2．明细表并集和连接的差异

理解并集（Union）和连接（Join）的不同应用场景及其关联性。

**（1）并集和连接的应用场景不同**

并集和连接适用于不同的业务场景、不同的数据结构，并集是结构相同数据的上下追加，连接是结构不同数据的左右相连；如果对应到业务场景中，并集对应完全相同的业务场景，连接对应不同的业务场景。

如图 4-29 所示，相对于合并前的数据表明细，并集一定会增加行数，但不会增加新字段列，行数的极限是所有数据表的算术之和。连接必然增加字段列，极限是两个表的所有字段之和，行数取决于连接方式。

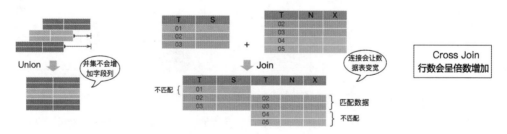

图 4-29　并集一定会增加行，而连接一定会增加列

考虑到交叉连接（Cross Join）的应用范围极小，所以在业务分析中，只要连接结果的总行数超过了任意一个表的行数，则通常意味着连接设置异常。

**（2）优先级：并集优先于连接**

在 4.3.2 节创建连接时，直接使用了 4.3.1 节创建的并集与"退货产品明细.csv1"连接。二者同在 Tableau

Desktop 中的同一个连接数据源之下时，并集优先于连接，一定先完成并集，再用并集结果去连接合并，如图 4-30 所示。

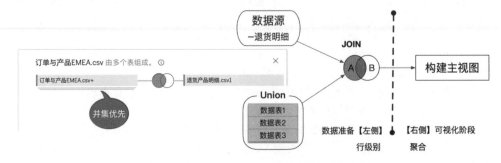

图 4-30 在 Tableau Desktop 中，并集优先于连接

**（3）跨数据源合并：连接可以跨数据源合并，并集不可以**

4.3.2 节介绍的数据连接可以视为同一个数据源内的连接（对应同一个 Excel 或者同一个 MySQL 数据库）。业务分析中经常需要跨文件或跨数据库合并，连接可以添加第二个数据源完成，Tableau Desktop 暂不支持并集。

如图 4-31 所示，点击"连接"右侧的"添加"命令，增加新的数据连接，Tableau 使用不同颜色代表不同的数据源，相对原有数据源（称为主数据源），后来的数据源称为"辅助数据源"，默认用橙色代表。跨数据源的数据表既可以做多表连接，也可以进行关系匹配。

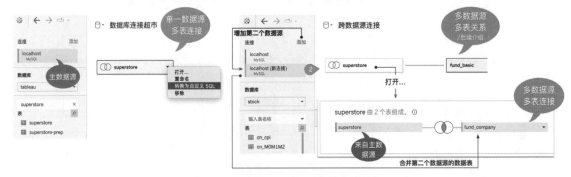

图 4-31 添加辅助数据源，并建立跨数据源关系和连接

从 SQL 角度可以理解它们背后的差异和共同点，单一数据源的多表连接和跨数据源的多表连接本质上都是一次 SQL 查询。如图 4-32 所示，在拖曳创建的"superstore"数据连接上右击，在弹出的快捷菜单中选择"转换为自定义 SQL"命令，这将生成一段 SQL 代码从单一或者多个数据源查询数据。

建议初学者双击数据表创建连接，熟悉之后，使用自定义 SQL 语句进一步调整。

当然，在理解并集和连接时，还要谨记，"只有两种数据合并方式：相同数据上下追加，不同数据左右相连"。本节介绍了它们最常见的应用场景：在数据明细表上的合并。接下来，还可以在指定详细级别的聚合上合并。

图 4-32　数据连接是一次性的 SQL 查询，但可以跨数据库连接

## 4.4　从数据关系匹配到关系模型

Tableau 2020.2 版本推出的"数据关系"（Relationship）是 2020 年最重要的功能，它在数据准备阶段增加了灵活、高效的数据模型设计，解决了行级别连接性能差、数据混合不稳定的问题，并兼具了连接的稳定性和数据混合的高性能。

从"所见即所得"的明细级别数据合并迈向抽象、逻辑上的数据模型，是成为高级业务分析师至关重要的一环。本章也将介绍数据关系、数据混合与行级别数据合并（Union 和 Join）的区别和联系。

### 4.4.1　"临时"数据关系：基于问题层次创建数据关系匹配

复杂业务需求是更高级数据合并方式的背景。假设一个问题：基于"销售明细表"、"退货明细表"和"销售目标表"，分析各**年度**、各**类别**的**销售额总和**、**销售目标总和**（排除退货交易，确保仅对正常的交易做分析）。

这个问题包含了 3 个业务场景，需要合并多个数据表。在构建关系模型之前，分析师要构思业务关系，并尝试以图示的方式展示出来，如图 4-33 所示。数据表的关系，反映的是业务场景之间的关联关系。

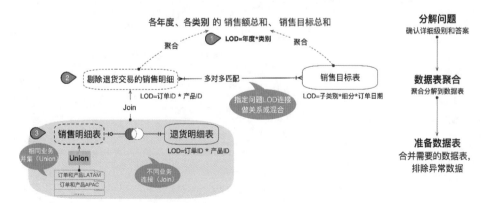

图 4-33　从问题和业务出发，思考数据表的相互关系

**首先，确定问题详细级别（年度\*类别），问题详细级别是聚合的分组依据。**

问题详细级别是由维度构成的，笔者习惯记为"Viz LOD=年度\*类别"。接下来，它不仅是聚合的依据，更是数据合并的依据。

**其次，分解问题，考虑数据合并的方式。**

问题答案是"销售额达成率"，它是由两个问题聚合结果"各**年度**、各**类别**的销售额总和"和"各年度、类别的**销售目标**总和"计算而来的。区别于行级别的合并，这里的关键是指定详细级别的两个聚合（"销售额总和"和"销售目标总和"）的合并。因此不能直接使用之前的方法实现，而要引入指定详细级别聚合的新方法——数据混合或者数据关系。

在 4.2.3 节，已经介绍了数据混合的方法——**在视图阶段将辅助数据源的聚合值与视图详细级别的聚合临时合并在一起**。本章则要介绍**在数据源阶段的预先匹配**。

**再次，根据问题需要，使用数据合并完成筛选。**

销售目标的达成分析，需要排除退货的交易。从销售交易**明细**中排除退货交易**明细**，是**行级别明细的合并匹配**，因此可以直接使用连接合并并配合筛选器完成（见 4.3.3 节——使用 Left Join 和数据源筛选器完成 Left Only 的合并）。

问题先于工具，思路先于技术。

接下来，基于 4.3.3 节的合并结果"交易 Union+排除退货"，使用全新的数据关系（Relationship）方式完成数据合并。

如图 4-34 所示，拖曳左侧的"销售目标"数据表到数据连接界面，此时默认出现一根线代表两个数据表逻辑上的关系；点击数据表之间橙色的关系线，可以在下方增加关系字段。由于问题详细级别是"年度\*类别"，则意味着两侧数据表都要分别聚合到"年度\*类别"的详细级别，这里的关系字段可以设置"类别=类别""年（订单日期）=年（订单日期）"。

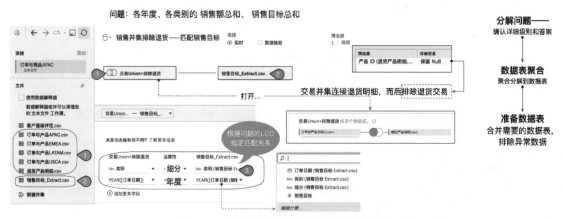

图 4-34　从问题出发，设置数据表的匹配关系

注意，由于问题是"各年度、各类别的销售额总和"与"各年度、各类别的销售目标总和"的合并，

匹配字段要通过 YEAR 函数完成两侧的"年度"字段，而非"订单日期"之间的匹配。二者的差异和对分析的影响，会在后续介绍。

数据模型一旦建立，就可以完成可视化过程了。如图 4-35 所示，左侧两个数据表默认相互独立，从"交易 Union+排除退货"数据表下双击或者拖入字段【订单日期】和【类别】，其中，日期会自动分组到"年"，它们构成了问题详细级别（Viz LOD=年度*细分）。之后分别双击【销售额】与【销售目标】字段，二者先分别完成聚合查询，再将关系所设置的级别合并在一起，就是视图中的聚合表结果。

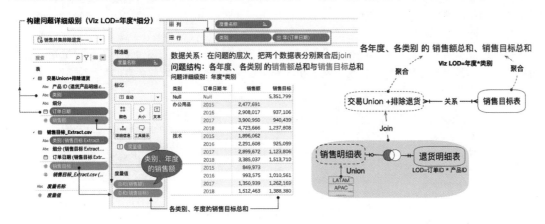

图 4-35　基于数据关系的可视化

从原理上看，这个过程是如图 4-33 所示逻辑模型的具体用例（Instance），它和 4.2.3 节的"数据混合"在逻辑上是一致的：都是两个聚合表的合并。区别在于匹配位置不同，这也决定了二者的差异：视图阶段临时匹配的混合更加灵活，数据源阶段预先匹配的关系更加稳定，本章 4.5 节会进一步阐述混合的应用。

### 4.4.2　数据模型：在最详细且有业务意义的详细级别预先构建数据关系

虽然 Tableau 数据关系常被称为"数据模型"，但其实二者又有较大的差异。

在数据关系中，关系的**匹配级别**对问题分析有决定性影响。聚合度太高的匹配，就会限制问题分析的范围。比如，基于"类别*年度"级别的数据表匹配（类别=类别，订单年=订单年），就无法完成"各年度、各类别、各细分的销售达成分析"，也无法完成"各年月、各类别的销售达成分析"，因为"数据匹配详细级别"（类别*年），无法支持更低聚合度详细级别的问题聚合。这样，**关系就像数据混合只对特定问题有意义，失去了模型的价值**。因此，关系成为模型，还要做进一步调整。

在笔者看来，只有（1）**最详细且有业务意义的详细级别匹配**，并且（2）**在数据源阶段预先构建详细级别匹配**，这样的数据关系才能称为数据关系模型。因为只有这样，数据关系才是稳定的、持续可用的、支持广泛业务分析的数据集。

上述的两个条件缺一不可。

**（1）最详细且有业务意义的详细级别匹配。**

以"销售明细表"和"销售目标表"为例，"销售目标表"的详细级别是"类别、细分、订单日期（天）"，它的一个目标值对应"销售明细表"的很多行，因此，二者所能匹配的最详细级别就是销售目标的级别（类别*细分*订单日期）。这是技术上能达到的匹配极限。

但是，这个详细级别的匹配有业务意义吗？

零售业务中的目标管理虽然按照天分配，但每天的目标样本太小，而且容易受异常运营事件的影响，从而使分析缺乏代表性。比如，公司为下周设置了销售目标，但是因为突发原因歇业3天，目标不会作废，只需要调整后续日期目标（销售目标中有不匹配值，如图4-36所示）；或者周末销售目标统一归入周五，只为工作日设置目标，此时周末销售就没有目标匹配（销售交易中有不匹配值）。这些情况下，按照天的级别匹配销售和目标，就会出现部分日期的目标金额和部分日期的销售没有匹配被排除，从而导致分析错误。通常以月度为单位的销售目标分析才有意义，这就限定了数据关系匹配的级别。

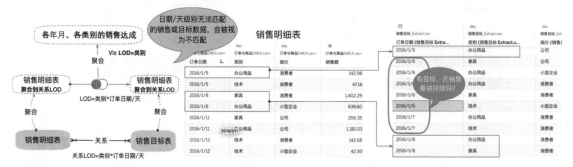

图4-36　数据关系匹配应该考虑业务场景，确认详细级别的有效性

因此，数据关系匹配既要考虑数据表的详细级别，又要考虑业务场景和业务意义，从而决定最详细且有业务意义的数据关系匹配级别。

以"销售明细表"和"销售目标表"的业务场景为例，应该在"类别*细分*年月"级别匹配，如图4-37所示，从而完成各个级别的销售达成分析。

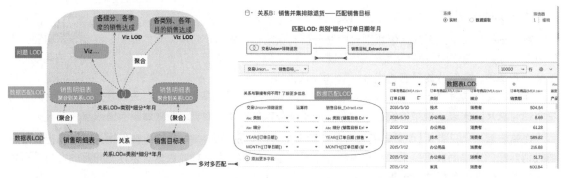

图4-37　按照类别、细分和年月匹配销售和目标

**（2）在数据源阶段预先构建详细级别匹配。**

　　数据关系模型之所以被称为"模型"（Model），关键在于**预先构建，**从而支持不同分析师完成差异化问题分析。从问题的角度来看，数据关系模型是先于任何问题分析阶段事先构建好的，故称为"预先构建"，在 Tableau 中，就需要在数据源阶段，而非可视化阶段完成匹配。

　　这也是"数据关系"与"数据混合"的关键差异：数据混合是基于主数据源的当前视图，临时引入辅助数据源相同问题详细级别聚合的过程。它并非在数据源阶段预先构建，因此既无法发布数据源，也无法同时满足多个问题分析的需求。

　　为了更清晰地表达多种数据合并方法的关系和不同，笔者用可视化的方式绘制了包含行级别连接、并集、数据关系和混合的逻辑关系图，如图 4-38 所示。数据混合是在可视化阶段的临时匹配，而数据关系则是在数据源阶段的稳定匹配。

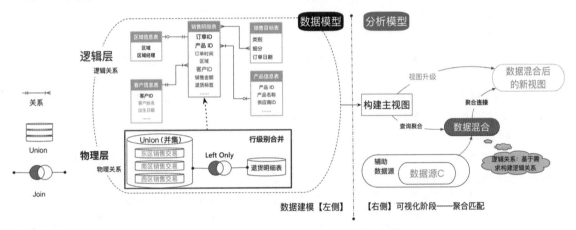

图 4-38　包含并集、连接、关系与混合的示例图

　　在笔者的知识体系中，虽然数据关系模型会兼容各种行级别合并，但是笔者通常不把单独的"行级别连接"明细合并视为数据模型。虽然它们都是在数据源阶段完成匹配，但是缺乏关系模型所具有的灵活性和弹性，或者说，它走向了预先合并的另一个"极端"，后续会展开介绍。

　　综上所述，**数据关系模型，就是预先在"特定详细级别"匹配数据表关系，而后支持不同问题的聚合查询、合并数据，并将数据转换为可视化图形的过程。**这样，数据关系就从临时性的跨数据源分析方案，升级成为支持不同问题分析的数据模型，而且可以发布到 Tableau Server 服务器，支持其他分析师连接使用。这也是它相比数据混合的优势。

　　数据关系匹配旨在如实反映业务关系，在进一步介绍数据关系的设置之前，这里先进一步深化理解数据关系中包含的"详细级别"，即层次，从而理解数据关系是如何以一种全新的框架解决连接和混合的不足，同时又集成了二者的优点，与并集、连接融为一体。

## 4.4.3　【关键】层次分析方法：从数据合并到数据关系模型

　　至此，本章已经简要讲解了数据合并的所有方法——并集（Union）、连接（Join）、混合（Blend）、关系（Relationship），在进一步介绍数据关系的优化方法之前，这里有必要从详细级别的角度理解它们的差异，从而进一步理解"数据合并的分类矩阵"。由于并集使用较少，而且应用场景与其他方法截然不同，接下来暂且忽略。

详细级别（Level Of Detail）简称 LOD，本书也简称为"层次"，**基于数据表详细级别、问题详细级别、数据匹配详细级别构建的层次分析方法，是系统、深入理解数据关系模型、高级条件筛选、高级计算的关键。**

同时，本节的总结建立在如下关键知识点之上。

- 分析是从数据表明细到问题的聚合过程。
- 维度构成问题详细级别，维度是聚合的分组依据。
- 所有的计算，包括数据表之间的合并，必然对应特定的详细级别。

### 1. 数据合并的 3 个场景：多表连接、问题混合和数据模型

这里先对比一下行级别连接、问题混合和数据模型匹配的差异，关键是理解详细级别在其中的位置和作用。

数据合并属于广义的数据准备，通过合并数据表为当前数据表补充缺失字段，既可以在数据表详细级别完成（比如匹配退货交易，见 4.3 节），也可以在问题详细级别完成（比如增加对应的销售目标**总和**，见 4.2.2 节和 4.4.节）。

理解数据关系的难点在于，它既不同于行级别，也不同于问题级别，而是**在数据源阶段**，在**指定详细级别下预先构建详细级别匹配**，并在问题分析时完成相应合并。也就是说，数据关系具备行级别合并预先匹配的稳定性，又具备数据混合随问题而按需合并聚合的灵活性（见 4.4.2 节）。

基于多年的实践总结，笔者将不同数据合并类型涉及的 3 种详细级别关系绘制为如图 4-39 所示，从而进一步展开接下来的分析。从这里开始，本书将在数据表详细级别（Table LOD）和问题/视图详细级别（Viz LOD）之外，正式引入指定数据匹配详细级别，简称为匹配详细级别（Match LOD）。

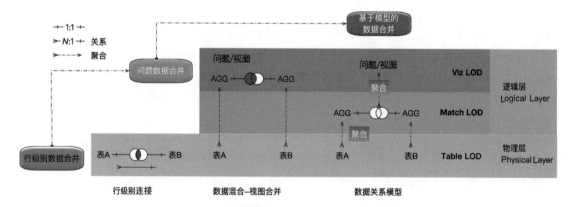

图 4-39　不同详细级别的数据合并及其层次对比

不同的详细级别辅助不同的理解，简要说明如下。

- **数据表详细级别**：数据表明细唯一性的字段标签，类似于 IT 的主键；数据表详细级别是所有聚合背后最终的起点，多次聚合也绕不开数据表明细。
- **问题/视图详细级别**：问题中聚合对应的维度组合，它是视图中所有聚合的分组依据。
- **数据匹配详细级别**：介于上述两者之间，在数据关系中，它是技术上最详细且有业务意义的字段组合，比如销售明细和目标对应的"年月"匹配，而非明细的"年月日时"匹配。

其中，数据表详细级别是客观的，问题/视图详细级别是主观的，而数据匹配详细级别则介于二者之间——可以在数据关系模型中相对固定，也可以在数据混合中相对灵活。数据匹配详细级别决定了问题分析的边界，也决定了数据分析的准确性。下面以"销售明细表"和"销售目标表"二者的数据关系模型为例进行介绍。

- **数据表详细级别**：两个数据表的详细级别是不同的，对应不同的业务场景。
  - ➤ "销售明细表"代表销售过程，Table LOD＝"订单 ID＊产品 ID"。
  - ➤ "销售目标表"代表管理目标明细，Table LOD＝"类别＊细分＊订单日期（年月日）"
- **问题/视图详细级别**：每个问题对应不同的详细级别，可以对应单个或多个数据表。
  - ➤ "各类别＊年"的销售额和订单数（Viz LOD＝"各类别＊年"，仅需一个数据表）。
  - ➤ "各类别＊细分＊年"的销售目标达成（Viz LOD＝"各类别＊细分＊年"，多个数据表合并）。
  - ➤ 2022 年，"各类别＊各月"的销售目标达成（Viz LOD＝"各类别＊各月"）。
  - ➤ 2022 年，"各类别＊细分＊各月"的销售目标达成（Viz LOD＝"各类别＊细分＊各月"）。
- **数据匹配详细级别**：多个数据表之间合并的条件字段，可以是行级别的合并，也可以是聚合。
  - ➤ 从"销售明细表"中排除"退货明细表"的交易，匹配级别＝"订单 ID＊产品 ID"。
  - ➤ 基于"销售明细表"和"销售目标表"计算达成率，数据混合自动在主视图详细级别匹配，数据关系则预先在最详细且有业务意义的级别匹配，比如"类别＊细分＊年月"。

数据匹配详细级别决定了问题分析的边界，也决定了数据分析的准确性。

如果按照"类别＊年度"匹配，那么目标达成分析只能完成"类别达成""年度达成""类别、年度达成"等有限问题分析，还会合并不匹配的"细分"字段导致错误。

如果按照"类别＊细分＊年月"级别匹配，则可以完成更多的问题分析，同时，在"类别、年度达成"问题分析中，不匹配的细分会被排除，从而确保业务的准确性。

如果按照"类别＊细分＊年月日"级别匹配，看似可以完成更广泛的问题分析，但可能会导致分析错误——没有目标的日期销售会从数据模型中被排除，这在零售分析中尤为明显。

基于这样的层次框架，结合 4.2.4 节的数据合并"分类矩阵"及之后连接、混合、关系的讲解，分析师能逐步从简单数据合并迈向高级的数据模型。

为了更好地理解数据合并和数据模型，有必要引入一些逻辑上的概念。Tableau 数据关系对应地定义了双层框架——物理层（Physical Layer）和逻辑层（Logical Layer）。而要理解这个框架，读者需要循序渐进地理解物理和逻辑、物理表和逻辑表、物理关系和逻辑关系，最终理解物理层和逻辑层的层次价值。这一部分可以视为高级合并、筛选和计算的背后原理部分，是通往高级分析大厦的关键道路。

### 2. 从物理表、逻辑表到物理、逻辑

在 Tableau 创建数据关系时，线条代表**逻辑上的匹配关系**，如图 4-40 左侧所示。"打开"一侧的数据表，将其转换为"并集"或"连接"其他数据源，此时，逻辑关系就建立在行级别数据表合并的基础上，如图 4-40 右侧所示。

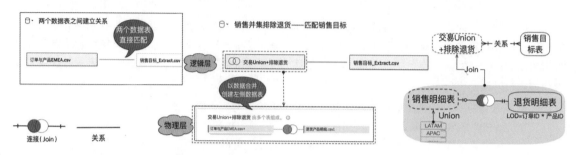

图 4-40　从两个表的关系转换为双层结构的关系

在这个转换过程中，初学者可以先直观地把默认的界面理解为逻辑层，而把"打开"之后的位置理解为物理层。逻辑层对应数据关系或数据混合，物理层对应行级别合并。

如何深刻地理解物理与逻辑？可以从熟悉的"人"与"公司"说起。

我们每一位自然人都是真实存在的、具有自由意志的生物，社会学中称为"自然人"，此为"物理"，即"固定的、不变的"；而自然人所开设的公司只是法律意义上的实体，法律中称为"法人"——法律意义上的拟人化，"法人"没有独立意志，要依赖于董事长、总经理等岗位来确保运转，甚至需要一个人来代表它，即"法定代表人"，这种存在依赖于法律、章程等人为的环境，此为"逻辑"，即本身不存在但人类赋予它逻辑上的存在意义。如今，无人不身处多个法人单位中，比如大学、政党、企业、合作社等。

对数据分析而言，亦是如此。如果以计算机的真实存储、可见性、稳定性为基本依据，Excel 工作表、文本文件、数据库中的数据表都是真实存在的，占据一定的存储空间，这种存在是物理的，其结果称为"物理表"（Physical Table）。相比之下，Excel 的透视表、Tableau 的可视化视图、SQL 的查询视图（View），它们本来不存在，只是在分析时临时聚合而来，而且可以随时随着问题变化而即时变化，这种依赖于主观问题的过程就是逻辑的，结果表称为"逻辑表"（Logical Table）。即便分析师把可视化图形发布到服务器，把常用的 SQL 数据库存储为"存储过程"（Stored Procedure），在无人访问时也并不会产生数据表存储，可以认为只有"影子"并无实体存在，因此本质上依然是逻辑表。

在这个过程中，逻辑表作为更高级别的存在，升华了物理表的存在价值，如同分析让数据变得更有意义；逻辑表可以建立在多个物理表的基础上，当然也可以是逻辑表的二次逻辑抽象，这种不断的升华和抽象，正是业务分析的魅力之所在。

初学者可以用"自然人—法人"的关系比照理解数据表的层次关系，如图 4-41 所示。在社会机构中，自然人和法人的关系层层嵌套，与物理表、逻辑表多有类似。

"逻辑"的存在既然是人为的，因此就是灵活的、多变的、不稳定的。每天，很多"法人"单位按照法律设立，或者注销、破产。同样，每天很多逻辑表都从各种已有的数据表中聚合而来，或者调整更改。

因此，逻辑表的灵活多变与物理表的稳定不变形成了鲜明对比。

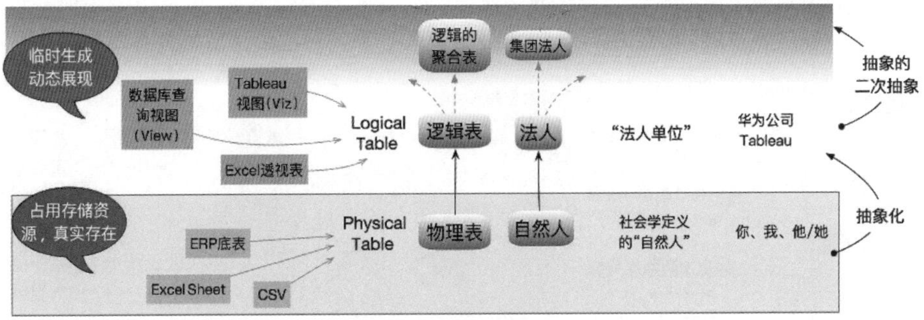

图 4-41　物理与逻辑之示例

### 3．从物理表、逻辑表到物理关系、逻辑关系

理解了何为物理、逻辑，何为物理表、逻辑表，接下来就可以进一步理解它们之间的关系了——这里的"关系"是广义的关系，不特指 Tableau 的数据关系功能。

简单地说，构建物理表的关系是物理关系，是稳定的、长期不变的、行级别的关系；而构建逻辑表的关系是逻辑关系，是灵活的、动态的、包含聚合的关系。为了更好地理解，这里还是以自然人之间的关系做比拟。

从人类的生殖繁衍角度看，只有一种关系可以说是确定的，就是和生命紧密相关的血缘关系，这种关系是不以人的意志为转移的，是预先的、稳定的、不可改变的。基于血缘关系，家庭中的父子、母女、兄弟姐妹等关系是"物理关系"（Physical Relationship）。虽然法律上可以公证"断绝父子关系"，但是血缘关系依然不可改变。可见，真正的物理关系是不以人的意志为转移的。

> 从本质上讲，人是一种社会性动物；
> 那些生来离群索居的个体，要么不值得我们关注，要么不是人类。
> ——亚里士多德 《政治学》

同时，"人是社会性动物"，无人不在关系之中，家庭关系、朋友关系、同事关系多重交织。以情侣关系和夫妻关系为例，情侣关系是灵活的、不稳定的关系。喜结连理，成为夫妻，就变成了相对稳定的关系。这种关系通过法律予以认可，变得相对稳定，但依然是逻辑意义上的关系；柴米油盐、日久生怨，谁都不知道能否白头偕老、彼此终老。

因此，基于法律上的公证，养父母与养子/女关系、夫妻关系，既可以基于法律建立，也可以基于法律原则而撤销，这样的关系是形式上的、基于外部认可的关系，此为逻辑关系（Logical Relationship）——世人遵守法律，实质上是认可法律背后的逻辑推理，这种推理是双向的，有成立的条件，就有对应的解除条件。

图 4-42 展示了恋爱男女和家庭的自然人关系图。其中，恋爱关系是动态的、灵活的，可能随着年龄、

阅历而变化；夫妻关系是基于法律认可的、长期稳定的，以夫妻关系为中心构建了家庭的关系网络，其中包含基于血缘的关系，也可以兼容"养父母—养子/女"这样的逻辑关系。可见，家庭关系就是包含物理关系、逻辑关系的内外多层的稳定结构，这曾经是中国千年以来社会稳定的关键基石。

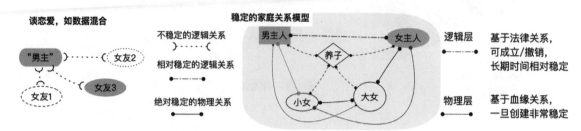

图 4-42　包含逻辑关系和物理关系的家庭关系模型

如果把夫妻关系继续向外延展，构建一个包含堂兄弟、婆媳、翁婿、妯娌、连襟[1]等更远的逻辑关系，就是更加复杂的宗亲结构，甚至出现多个逻辑关系的关系层次。Tableau 2024.2 版本新推出的"多事实关系模型"，可以理解为"男主人家庭关系和女主人家庭关系"的进一步关系，为这个视角的延伸。

数据表之间的关系和复杂数据模型的关系，可以以此比拟理解。

数据混合就如同情侣，动态、灵活，随着问题需要随时建立；数据关系就如同夫妻，稳定、持久，并能兼容行级别的物理关系、多表的逻辑关系——其中逻辑关系是必备的，是数据关系的基石。

以零售超市主题为例，图 4-43 展示了多个数据表构成的零售数据模型。其中包含了如下的数据表关系。

- 物理层：多个表的行级别合并。
  - ➢ 不同区域的销售交易明细并集（Union）：上下追加，结构完全相同（见 4.3.1 节）
  - ➢ 销售交易与退货明细的连接（Join）：左右相连，结构不同，通过"订单 ID*产品 ID"相连，从而在"销售明细表"中排除退货交易（见 4.3.3 节）
- 逻辑层：数据表或行级别合并数据表之间，指定层次的预先匹配。
  - ➢ "销售明细表"与"销售目标表"的关系，以"类别*细分*订单日期"建立匹配，它们是多对多匹配关系（见 4.4.2 节）
  - ➢ "销售明细表"与"区域信息表"、"产品信息表"、"客户信息表"等建立关联，它们都是多对一的关系，分别与区域、产品 ID、客户 ID 建立关系。
  - ➢ 如果使用数据混合完成达成分析，此时的逻辑关系就是在可视化阶段，匹配合并与数据关系并无二致。

基于这样的讲解，想必大部分用户都可以逐步从过去简单的物理关系，走向复杂的逻辑关系，并在实践中将数据合并模型与分析模型融为一体。数据合并是分析的前提，二者合理的分工能提高数据分析的效率，并让整个体系更易于理解。

---

1　婆媳、妯娌、连襟都是基于夫妻关系的更远的逻辑关系，妯娌是兄弟的妻子，连襟是姐妹的丈夫。

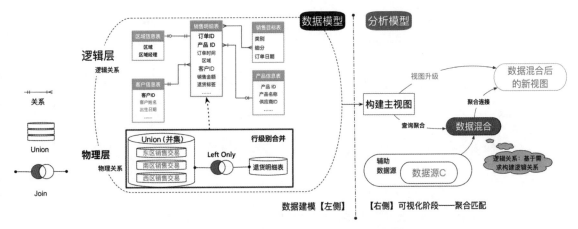

图 4-43　包含并集、连接、关系与混合的示例图

　　总结而言，**数据模型**，就是基于数据分析的需求而建立的面向主题的、各种物理表之间的预先匹配关系，它以逻辑的关系展现，同时兼容行级别的物理合并。

## 4.4.4　【难点】关系模型优化（上）：匹配类型（基数）

　　为了提高数据模型的性能，使其更加准确地反映业务逻辑，还可以设置关系的类型——基数（Cardinality）和指定两侧数据匹配的范围——引用完整性（Referential Integrity），它们是高级数据合并的必备要素，在不同的工具中以不同方式体现。

　　相比之下，关系模型优化需要更加深刻地了解数据表的底层逻辑和一些数据原理，初学者可以跳过4.4.4 节~4.4.6 节，在深入理解数据关系后再来阅读。

　　**1. 关系匹配条件构成要素：匹配字段、匹配方式**

　　数据关系是对业务过程的反映，借助详细级别和匹配字段，分析师可以把不同业务场景的数据构建为一个宏大的业务主题。为了更准确地反映业务关系，还可以指定字段匹配的类型和匹配的范围，这也有助于优化数据查询，节省算力、提升性能。

　　举个简单的例子，"销售明细表"和"退货明细表"都是"订单 ID*产品 ID"详细级别（行级别），既可以在行级别连接，也可以使用关系建立模型。数据关系默认为多对多的两侧匹配，分析时两个表会分别聚合到"订单 ID*产品 ID"，而后在问题详细级别连接合并，如图 4-44 左侧所示。

　　但是，不同于销售目标分析，两个数据表的行级别与关系的匹配级别完全相同（"订单 ID*产品 ID"），因此从行级别到关系条件的聚合过程是可以省略的，此时就可以预设两个数据表的匹配关系是"1 对 1"，问题分析时，明细直接连接合并，如图 4-44 右侧所示。

　　在上述案例中，指定一对一匹配的数据关系，在最终的合并方式上和行级别的合并基本一致，相当于数据关系向下兼容了一对一的行级别合并方式。

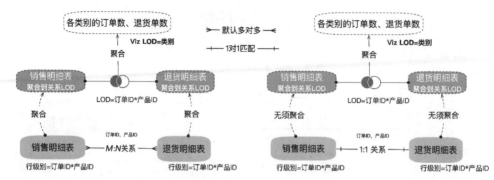

图 4-44　通过预设设置关系匹配方式，可以简化查询逻辑

基于这样的逻辑，在构建数据模型时，可以对比数据表的行级别和关系匹配的详细级别，预先设置匹配方式，从而提高查询效率。同理，还可以设置数据表的范围，比如业务中，没有一笔交易是可以不经过销售而退货的，也就是退货明细的数据**必然属于销售明细的子集**（退货明细集 $A \subset$ 销售明细集 $B$），此时就可以**预先指定这种范围上的包含关系**，从而无须查询退货明细中的不匹配项目。因此，指定关系匹配方式和匹配范围，就成为"性能优化"选项。

在本书中，"匹配"（Match）指两个数据表之间用哪个或哪些字段关联，以及以何种匹配方式构建计算。作为一个中性词，它既可以指行级别连接的物理关系合并，也可以指混合的临时关联关系，又可以指关系模型（Relationship Model）中的预先关系设定。

**匹配条件（Condition） = 匹配字段（关联字段） + 逻辑判断方式**

默认的匹配方式，也是最常见的判断方式，即"相等"，除非特别说明，本书默认都指相等判断。比如以"产品 ID"匹配，就是指"产品 ID=产品 ID"。

多个字段匹配指多个条件**必须同时满足**，比如"订单 ID*产品 ID"匹配，通常表示如下的关系。

[销售明细表].订单 ID = [退货明细表].订单 ID　　AND
[销售明细表].产品 ID = [退货明细表].产品 ID

在 SQL 主导的数据库体系中，两个数据表通常会分别赋予一个别名，合并的中间表也会赋予一个别名，这样有助于明确嵌套关系。比如，"2022 年，各类别的销售额、退货金额"，其对应的一种数据查询方式如下所示。

```
SLELET j.类别, SUM(j.销售额),SUM(j.退货金额)
FROM   (
SELECT a.订单 ID, a.产品 ID, a.销售日期, a.类别,
a.金额,
b.退货金额, b.退货原因
FROM tableau.superstore AS a
JOIN   tableau.return     AS b
ON    a.订单 ID=b.订单 ID   AND a.产品 ID=b.产品 ID
) j
```

```
WHERE        YEAR(j.销售日期) = 2022
GROUP BY     j.类别
```

很多 BI 分析工具，比如 Power BI，都充分借鉴了 SQL 的这种明示方法，因此需要在计算中明示字段对应的数据表。Tableau 则简化了过程——特别是在混合中，只有辅助数据源的字段才需要明示来源。

随着学习的深入，高级用户可以把多个字段合并为一个逻辑字段简化匹配关系，尤其匹配条件是不同详细级别的日期字段时。比如，4.3.2 节销售目标达成分析中的"年月匹配"，常见的有如下 3 种方式。

- YEAR([订单日期]) = YEAR(退货.[订单日期])
- MONTH([订单日期]) = MONTH(退货.[订单日期])
- DATETRUNC([订单日期]) = DATETRUNC(退货.[订单日期])

2．3 种关系匹配类型：一对一、一对多、多对多

具有关联性的两个表，其匹配关系有多种可能性：一对一、一对多、多对一、多对多，简称为 $1:1$、$1:N$、$N:1$、$M:N$。一对多和多对一可以视为一类，只是视角不同。匹配类型像一夫一妻制又生育多孩家庭中的夫妻关系（$1:1$）、父子关系（$1:N$）和兄弟关系（$N:N$），只是这里的匹配关系分散到了不同数据表。注意，匹配关系看上去是字段之间的关系，其实是字段中每一行数据值所对应的数据行（Record）的对应关系。

在专业的数据库领域，这种匹配关系被称为"基数"（Cardinality），非 IT 用户可以暂且以"匹配类型"理解，并重点关注不同类型对应的业务案例。表 4-5 介绍了 4 种基数类型。

表 4-5　4 种基数类型

| 类　型 | 基数说明 | 举　例 | 图　示 |
|---|---|---|---|
| 一对一<br>（$1:1$） | 基于匹配条件，当前数据表的每个唯一行，对应另一个数据表中的唯一行 | "销售明细表"与"退货明细表"以"订单 ID*产品 ID"关联 | |
| 一对多<br>（$1:M$） | 基于匹配条件，当前数据表的唯一行，对应另一个数据表的多行[1] | "销售订单表"与"发票信息表"以"订单 ID"关联[2] | |
| 多对一<br>（$M:1$） | 基于匹配条件，当前数据表的多行，对应另一个数据表的唯一行 | "销售明细表"与"区域经理表"以"区域"关联 | |

---

1　多行包含多行、一行，甚至空匹配。

2　在制造、大宗批发等行业，一个大额订单可以拆分多个发票；同时假设没有多个订单合并开票。"订单明细表"以订单 ID 为唯一字段，"发票明细表"以"发票号"为唯一字段。

续表

| 类 型 | 基数说明 | 举 例 | 图 示 |
|---|---|---|---|
| 多对多<br>（$M:N$） | 基于匹配条件，当前数据表的多个明细行，对应另一个数据表的多个行，反之亦然 | "销售明细表"与"销售目标表"以"类别*细分*年月"关联 | 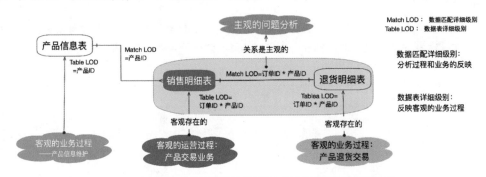 |

理解基数的关键是理解**数据表详细级别**（行级别）和**多数据表匹配的详细级别**的差异及关系。

**首先，"数据表详细级别"和"数据匹配详细级别"代表业务和分析两个视角。**

数据表详细级别是数据表的客观属性，早在数据表创建之初就已经确定了，它是数据表的强制性约束条件，也是业务场景的客观反映，如同身份证号码是公民的唯一属性；而数据匹配详细级别则是主观的，随着问题而不同，随着主题模型而不同。

比如，在销售主题模型中，"销售明细表"的数据表详细级别永远都是"订单 ID*产品 ID"，但是却以不同的匹配字段与多个数据表关联，如图 4-45 所示——以"订单 ID*产品 ID"与"退货明细表"关联，同时以"产品 ID"为匹配条件与"产品信息表"关联。

图 4-45  理解数据表详细级别和数据匹配详细级别的差异与位置

**其次，客观的数据表详细级别和主观的数据匹配详细级别的一致性关系，决定了匹配类型。**

简单地说，凡是二者一致则对应"一"；凡是不一致则对应"多"。

还是以图 4-45 为例，"销售明细表"和"退货明细表"的数据表详细级别都是"订单 ID*产品 ID"，它们都与数据匹配详细级别（订单 ID*产品 ID）完全相同，因此两个表的匹配类型是一对一（1:1）匹配。

"销售明细表"与"产品信息表"的数据匹配详细级别是"产品 ID"，其中，"产品信息表"的数据表详细级别是"产品 ID"，它和数据匹配详细级别一致，这一侧对应"一"；而"销售明细表"的数据表详细级别是"订单 ID*产品 ID"，它和数据匹配详细级别不一样，这一侧对应"多"。因此"产品信息表"和"销售明细表"的关联关系就是"一对多"（1:$N$）匹配。

相比之下，"多对多"匹配关系不容易理解，通常要综合考虑数据表的详细级别及业务意义，不同的数据表匹配字段，就意味着不同的匹配类型。

以"销售明细表"和"销售目标表"为例，如果以"类别*细分*订单日期/年月日"为匹配条件，由于匹配级别正是"销售目标表"的数据表详细级别，那么匹配类型是 $N:1$，即"销售明细表"的多行对应销售目标的一行。但是，正如 4.4.2 节所讲，在零售业务分析中，这个级别的匹配在技术上可行，在业务上却缺乏意义，**最详细且有业务意义的匹配级别**是"类别*细分*订单年月"，这个数据匹配详细级别既不同于"销售明细表"（订单 ID*产品 ID），也不同于"销售目标表"（"类别*细分*订单日期/年月日"），因此匹配类型就是 $M:N$——意味着，一个类别，一个细分，在指定年月，在"销售明细"表中对应很多行，在"销售目标表"中也对应很多行。在可视化分析过程中，两侧会分别聚合而后合并，然后根据可视化需要聚合获得对应的数据值。

### 3. 在 Tableau Desktop 中调整匹配类型并理解其背后逻辑

理解了数据表之间的匹配关系和匹配类型（基数），就可以在 Tableau 关系模型中进行有针对性的优化了。

图 4-46 所示为正常交易中，销售明细数据匹配销售目标数据的关系模型，点击逻辑层（即默认的匹配界面）的关系线，在匹配条件下方有一个"性能选项"，包含基数和引用完整性两个选项。默认的基数是"多个"对应"多个"，对"销售明细表"与"销售目标表"而言，这也是准确的匹配方式。如果在模型中加入"产品信息表"，则可以把基数改为"多个"对应"一个"，从而更加准确地反映业务逻辑，提高查询和分析的性能。

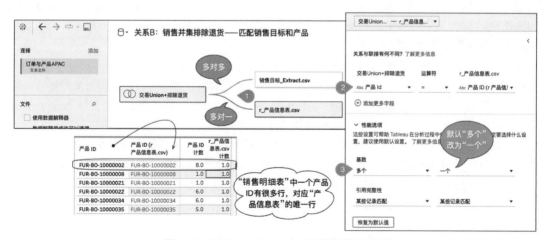

图 4-46　在 Tableau Desktop 中更改基数的类型

基数（匹配类型）从默认的"多对多"改为"多对一"是如何优化查询性能的呢？这就涉及数据合并、数据准备与视图聚合查询的组合方式了。

多对多的匹配，在构建视图前，需要先把两侧数据明细从"数据表详细级别"聚合到"数据匹配详细级别"，而后连接，再次聚合生成视图；改为多对一的匹配后，"一"意味着指定"数据表详细级别"和"数据匹配详细级别"完全一致，就可以省略一次聚合。笔者用 Tableau Prep Builder 描述二者的逻辑过程，如图 4-47 所示。

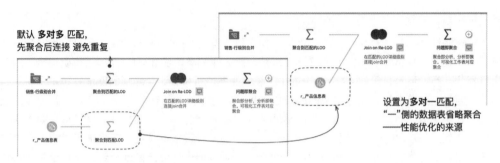

图 4-47　使用 Tableau Prep Builder 理解"多对多"和"多对一"的数据查询逻辑

当然，高级用户可以借助"性能记录器"或者其他方式查看到 Tableau 工作表背后的 SQL 查询逻辑[1]；对于不同的问题，Tableau 自动生成的 SQL 查询略有不同，特别是数据合并的范围。

## 4.4.5　【难点】关系模型优化（下）：匹配范围（引用完整性）

通俗地说，"引用完整性"（Referential Integrity）表达两个数据表"我中有你、你中有我"的范围匹配关系，本书中通俗称为"匹配范围"。

基于多表关系，虽然分析工具可以筛选任意部分（相当于左连接、右连接、内连接及其所有组合形式），但是，倘若可以事先预设两个数据表的范围关系，从而避免数据库在并不存在的范围（比如仅在"退货明细表"中存在，而在"销售明细表"中并无对应的明细），或者虽然存在但并无分析意义的地方耗费算力，就显著改善了合并的性能。

当然，在专业的数据库工程领域，引用完整性属于数据库设计领域"完整性约束"的重要命题之一。完整性约束主要有实体完整性（Entity Integrity）和引用完整性两种。前者是数据表自身的完整性，指数据表的记录行必须唯一，也就是要有明确的数据表详细级别（行级别），IT 中称为"主键"（Primary Key），常见的主键有 GUID[2]字段和"流水号"编码；后者是数据表关系的完整性，IT 通常称为"外键"（Foreign Key），比如，订单 ID、产品 ID 等字段，用于约束数据表之间的关系。而在本书倡导的业务分析中，推荐使用订单 ID、产品 ID 等能直接映射业务的字段，有助于分析师理解数据模型与业务的关系。

这里先介绍理解"引用完整性"的背景信息，而后介绍完全匹配、部分匹配两种类型，最后介绍在 Tableau Desktop 设置数据关系的方法。

### 1. 数据库设计和关系模型中的"引用完整性"

举个例子，"菩提超市"刚刚开张，总共上新 5 种产品，首日成交 4 笔，手工记账如表 4-6 所示。

---

1　可以参考 Tableau 官方知识库文章，搜索"查看基础 SQL 查询 Tableau 知识库"可得。

2　全局唯一标识符（GUID，Globally Unique Identifier）是由系统自动生成的特定长度字符串，标记数据行唯一性，常见于专业数据库；流水号常见于简单场景，如餐厅取餐号、小票号，据此可估计竞争门店业绩水平。

表 4-6　简化的超市数据表（金额单位：元）

| 菩提超市销售手工台账 | | | | | 菩提超市产品信息表 | | | |
|---|---|---|---|---|---|---|---|---|
| 流水号 | 顾客 | 产品 ID | 数量 | 销售额 | 产品 ID | 产品名 | 规格 | 供应商 |
| 001 | 悟空 | 1 | 1 | 100 | 1 | 猕猴桃 | 上品 | 蟠桃园一条街 |
| 002 | 八戒 | 2 | 5 | 10 | 2 | 开心果 | 上品 | 花果山合作社 |
| 003 | 沙僧 | 3 | 1 | 20 | 3 | 雨伞 | 钛合金 | 杭州天堂企业 |
| 004 | 唐僧 | 4 | 1 | 6000 | 4 | Tableau | 纯手工 | 曾经西雅图 |
| | | | | | 5 | 线香 | 上品 | 聊城海会寺 |

为了自动记录超市的销售数据，工程师为它设计了一个小型交易数据库，其中设置了两个数据表，并指定"只能销售产品信息表中存在的产品"规则。这里用 SQL 创建数据表如下，注意其中的约束性条件。

```
CREATE TABLE product (
产品 ID       integer(3)   primary key   AUTO_INCREMENT, --约束为主键，代表数据表详细级别
产品名        varchar(10) ,
规格          varchar(10) ,
供应商        varchar(10) ,
);

CREATE TABLE sales (
流水号        varchar(5) primary key,  --约束为主键，代表数据表详细级别
顾客          varchar(10) ,
产品 ID       integer(3),              --对应产品信息表的主键，只能销售表中存在的产品
数量          float(10) ,
销售额        float(10) ,
foreign key(产品 ID) references product(产品 ID)   -- 约束数据表的"产品 ID"必须引用产品信息表对应字段
)
```

通过约束性条件，工程师建立了"只能销售产品信息表中存在的产品"规则。假设收银员要在老式收银机中输入一个尚未建档的产品 ID，那么系统就会提示失败。

这就是**数据库设计中的"引用完整性"**，旨在让系统更贴近业务规范。

**分析中关系模型的"引用完整性"**与这里有所不同，作为完全逻辑的事后设计，既可以从真实业务规范的角度加强分析模型的规范性，也可以根据分析需要优化数据查询，排除对分析无效的数据范围。

引用完整性都是建立在关联字段基础上的，是对数据表关系的规范。以上述"菩提超市"数据为例，可以把两个数据表的关联字段"产品 ID"对应的数据值记作两个数据集 $A$ 和 $B$，然后考虑它们的引用关系。如下所示。

- 数据集 $A$ = {001,002,003,004}　　　　= {猕猴桃, 开心果, 雨伞, Tableau}
- 数据集 $B$ = {001,002,003,004,005}　　= {猕猴桃, 开心果, 雨伞, Tableau, 线香}

由于数据集 $A$ 的每个产品都属于数据集 $B$，反之则不然，所以 $A$ 包含于 $B$（$A \subset B$），即 $A$ 是 $B$ 的子集。

从数据库设计的角度看，数据集 $A$ 完整引用了数据集 $B$，这在设计之初就已经确认，因此是先验的，是早于业务实践而确立的。

从数据分析的角度看，则要考虑数据合并的结果集和两个数据表关联字段数据集的关系。如果仅针对在售产品开展分析，那么**数据合并后的产品 ID** 的数据集（记作数据集 $C$），就只和数据集 $A$ 完全匹配，而和数据集 $B$ 部分匹配；如果要分析"所有建档产品中，在售产品的比例及动销趋势"，则要保留那些还没有销售记录的产品，此时数据合并后的产品 ID 的数据集（记作数据集 $D$），就和数据集 $A$ 部分匹配，而和数据集 $B$ 完全匹配。如图 4-48 所示。

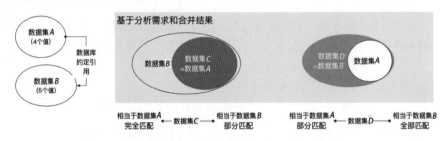

图 4-48　数据库设计和分析合并中的"引用完整性"

可见，关系模型中的引用完整性是分析所期望的合并结果，相当于构成合并的数据表。相对于数据库设计中的"引用完整性"约束，它是主观的规则。

当然，大家也可以用这个方式理解行级别连接的完整性约束，它通过选择匹配范围在数据库层面建立合并规则，和这里关系的逻辑规则有所差异。

2．案例：不同范围匹配类型及案例

理解了原理后，结合案例，描述不同业务场景下数据表的关联关系。

**案例 1："销售明细表"和"退货明细表"——部分匹配 VS 全部匹配**

在销售业务中，只有录入系统的销售方可办理退货流程，二者有业务上的关联性，又能以"订单 ID* 产品 ID"字段匹配。因此，"退货明细表"中的每一组"订单 ID* 产品 ID"，必然在"销售明细表"中有对应。反之，大部分的销售交易都不会退货。如图 4-49 所示。

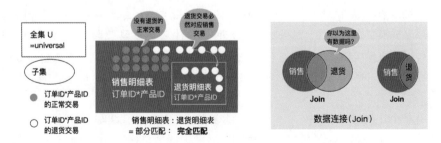

图 4-49　销售与退货交易的匹配范围，并重新审视连接

上述是业务规则中的完整性约束，应该在数据库设计阶段就加以约束。在分析过程中，分析模型不仅考虑业务规则，更要考虑分析需求。曾经有读者提出如下问题。

**问**：计算退货订单占全部订单的比例，为什么使用左连接而不是外连接？

**答**：没有一笔交易绕过销售而退货，退货明细表中的不匹配数据是空的，因此左连接就是全部（这个是由业务规则的必然性决定的）。

**再问**：那万一"销售明细表"中是两年的数据，"退货明细表"中是 3 年的数据呢？

**再答**：此时虽然"退货明细表"一侧包含了"销售明细表"中的不匹配数据，但筛选范围不同会导致分析缺乏业务意义，因此依然要选择"左连接"，从而排除由于筛选范围不同导致的不匹配数据，确保分析结果有意义（这个是由分析需求决定的）。

可见，对数据表的关系理解，要同时考虑**技术上的可行性**和**业务上的有意义**两个要素。再结合匹配方式（基数）选择合适的数据合并方式，由于"销售明细表"和"退货明细表"都是在行级别上的 1∶1 匹配，因此既可以在关系上指定，也可以在物理层上合并。关系上指定引用完整性，行级别连接（Join）指定连接方式。

### 案例 2："销售明细表"和"产品信息表"——部分匹配和全部匹配

以医药行业为例，"销售明细表"记录基本单位（SKU）的销售情况，而不会记录每种药品的适应症、规格、用法用量、生产厂家、OTC 分类等详尽信息。如果要分析"不同生产厂家药品的销售数量"，就需要基于字段【产品 ID】创建"销售明细表"和"产品信息表"的关联。

对于初学者而言，推荐从实际业务角度出发，直接思考数据表之间的关系，此时可以问：

- "销售明细表"中，每个产品 ID 数据值，在"产品信息表"中，都有对应吗？　是/否
- "产品信息表"中，每个产品 ID 数据值，在"销售明细表"中，都有对应吗？　是/否

答案"是"代表包含关系，即全部匹配；"否"代表部分包含，即部分匹配。

默认以公司的全部销售、全部产品来看，所有的销售业务都应该先建档案，再销售，因此销售数据中的每个产品 ID 在"产品信息表"中都有对应，即"包含关系"；反之，"产品信息表"中会有很多建档但并未采购、销售的产品，因此是"部分包含"。最终，基于【产品 ID】关联，"销售明细表"和"产品信息表"的匹配范围是"全部匹配 VS 部分匹配"，如图 4-50 左侧所示。

上述思考是基于业务过程，或者说是从数据库设计角度的完整性思考。如果能进一步增加分析方面的需求，则可以进一步优化模型性能。

比如，引用数据表时，两侧都增加了筛选条件（比如在 SQL 中增加 WHERE 条件）变成了"过去两年的销售明细表"和"在售产品信息表"，如果"在售产品信息表"中的每个产品都有成交记录，即都对应"销售明细表"的产品 ID，那么两个数据表的匹配就是两侧均为"全部匹配"。如图 4-50 右侧所示。

或者，虽然"在售产品信息表"中存在已经建档但是没有成交的新品，或已经下单的滞销产品，但分析只选择实际在售的产品作为分析对象——明知"在售产品信息表"中存在，但无须引用，此时就是分析层面的需求。

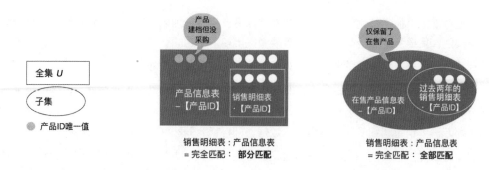

图 4-50　"销售明细表"和"产品信息表"，基于【产品 ID】的范围匹配关系

如图 4-51 所示，在 Tableau 中点击关系连接，在弹出的窗口中选择"性能选项"，并在引用完整性下都选择"所有记录匹配"（All records match），问题分析对应的数据查询就会忽略两侧的不匹配数据，从而优化数据查询性能。

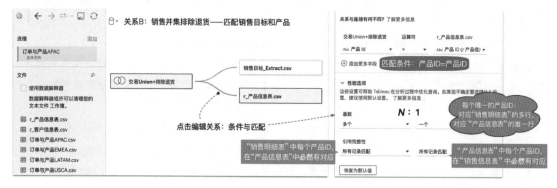

图 4-51　根据数据表关系和分析需求，设置匹配关系

可见，关系的性能选项，既要理解业务上数据表的客观关系，必要时也要考虑分析的主观需要。二者结合，就能优化模型的性能。

**案例 3："销售明细表"和"销售目标表"：从部分匹配到全部匹配**

在设置"基数"时，多对多的情形是最不容易理解的方式，"引用完整性"也是如此，特别是当数据匹配详细级别（类别*细分*年月）和两个数据表详细级别都不同时。

参考案例 2 的解释方式，这里也通过两个步骤来确认。

**首先，数据匹配详细级别的唯一组合，是数据表的匹配关系。**

在当前数据表中，对于每个"类别*细分*年月"的唯一组合，在关联的数据表中是否必然有对应？"是"代表完全匹配，"否"代表部分匹配。这个答案反映的是数据表的客观范围匹配。

**其次，范围匹配还要考虑业务的意义。**

假定"销售明细表"的范围是 2015—2019 年，而"销售目标表"的范围是 2018—2020 年，无法对应的范围虽然客观存在，但缺乏业务意义——分析缺少最基本的比较基准。因此，从客观的范围匹配到主观的范围匹配，是业务分析师需要因地制宜考虑的问题。如图 4-52 所示，左侧是客观的范围匹配，右侧是分析中有意义的部分。

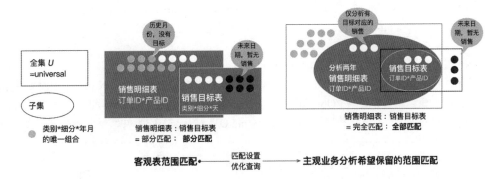

图 4-52　"销售明细表"和"销售目标表"的匹配方式：客观业务与主观分析

在 Tableau Desktop 中设置二者的范围匹配关系，以优化查询的名义间接筛选仅匹配的数据。这样历史中没有销售的数据，和未来没有销售的数据，都将在查询阶段自动筛选掉，如图 4-53 所示。

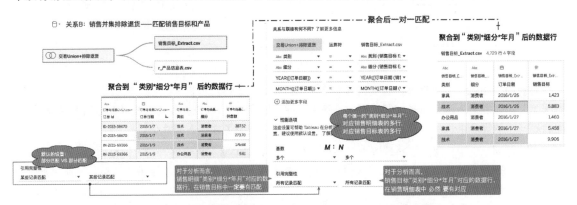

图 4-53　"销售明细表"和"销售目标表"的匹配方式和设置

很多人可能对基数和引用完整性有一种面对专业技术领域的本能"敌意"或者"抗拒感"，相比可视化，这一部分确实过于"技术"。不过，业务用户对此无须过多担心，一方面，性能选项并非必选项，如果不知道如何下手，就使用 Tableau 的默认配置；另一方面，随着技术的发展，这一部分的设置在数据库环境下也会趋向于自动化。

## 4.4.6　共享维度和"多事实关系数据模型"（Tableau 2024.2+版本适用）

Tableau 2024.2 版本推出了研发多年的"Shared Dimensions"功能，可以构建强大的、支持多事实分析的关系模型。这种强大模型被称为"多事实关系数据模型"（Multi-fact Relationship Data Model）

在 IT 的知识体系中，事实表和维度表是数据仓库和数据建模中的关键概念。

事实表（Fact Table）（见本章参考资料[1]）是对运营过程的度量记录（这里是 measurement，而非 measures），比如销售额、数量等，主要记录 How Much 的部分；维度表（Dimension Table）则提供运营过程相关的时间、地点、人、物、方式等综合背景信息（Dimensions provide the 'who, what, where, why, and how' context surrounding a business process event），维度表也被称为数据仓库的"灵魂"。

**1. "多事实关系数据模型"的配置与注意事项**

以生产制造的场景为例，生产工单（Manufacturing Order）对应工单结构（Node）（一对多关系，且工单必然匹配）；工单结构既是工序（Operation）的依据，也是生产投料（Material）和生产报告（Reporting）的依据。如图 4-54 所示，"工单结构表"（Manufacturing Order Node）作为共享维度表关联了上下主题。

图 4-54 使用"共享维度"功能将多个事实主题放在一个数据源中

之前的 Tableau 关系模型，也支持有限度、场景相近的多事实分析，比如"销售明细与销售目标主题模型"可以理解为两个场景、一类事实。基于"共享维度表"，关系模型可以把关系较远的两类事实，整合在一个数据源中，从而提高了数据模型的抽象程度、减少了数据表碎片化。

在上面的示例中，生产投料是以生产物料的物料清单（BOM）为依据，一次性投料到生产结构的，因此上方的数据主题是"生产结构"（Node）；而工单工序、工单报告，则都是基于工单结构所生产物料的工艺结构的（比如过滤器先折纸、后注胶），因此下方的数据主题是"生产工序"（Operation）。"生产结构"和"生产工序"具有层次关系，并构成更大的生产主题，所以可以作为一个数据模型。

当然，生产流程很长的制造业务中（比如飞机），生产投料是严格按照工艺路线对应到生产工序的，这种情况下，投料、工序、报告彼此对应，关系模型也和此处明显不同。

在 Tableau Desktop 中，两个业务事实用两个"基表"来表示，因此构建"多事实关系数据模型"的关键是如何加入第二个"基表"。如图 5-55 所示，新模式下，从数据库中拖入数据表会有两个选项：和已有数据表构建关系、独立于已有数据表或关系"新建基表"。

需要注意的是，"多事实关系数据模型"可以视为比"单事实关系数据模型"更加抽象，但依然要遵守关系模型的规范：在最详细且有业务意义的级别构建多表关系。关系模型必须作为一个逻辑实体（Logical Entity）出现，如果上下两个基表（包含它们的关系表）相互之间没有关联（官方使用了 relatedness，而非 relationship 关系），那么数据源是不完整的，不能保存和发布，如图 4-56 所示。

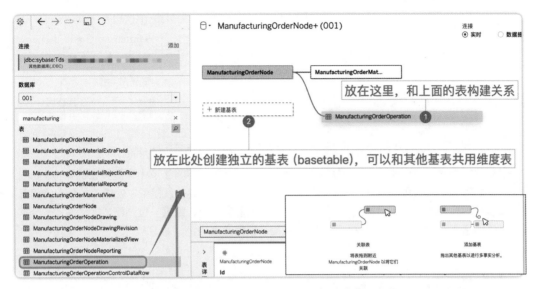

图 4-55 在 Tableau Desktop 中拖入新表有两个选项

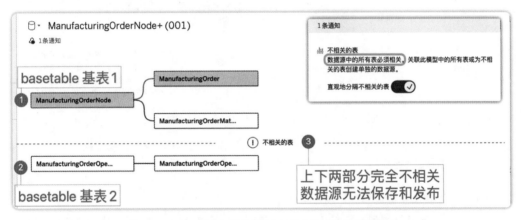

图 4-56 多个基表之间不相关，不能作为完整的关系模型

以基表为基准，多事实关系数据模型可以区分为多个相互独立又彼此关联的部分，每个部分犹如一棵"树"，通过"基表"彼此关联（这里官方使用了 related 一词）。多事实关系数据模型可以"多棵树"并存，因此出现了"不关联"和"共享关联"的新类型。

如图 5-57 所示，一个完整的多事实关系数据模型中，两个表可以是关联的（直接或者通过中间表），或者是不关联的（典型如两个基表之间）。同时，"共享维度表"是同时关联多个表的"共享表"。

- Related Table（彼此关联的表）
- Unrelated Table（必须不关联的表）
- Shared Table（共享表，同时与多个关联）

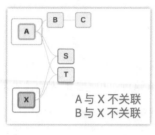 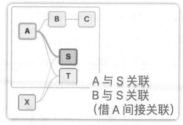 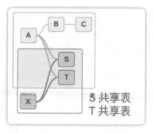

图 4-57　多事实关系数据模型中，表之间的关联和特征

为了更清晰地理解"多事实关系数据模型"，读者可以回顾一下 4.4.2 节中家庭关系的比拟。如图 4-58 所示。混合如同"灵活的恋爱"，关系如同"稳定的婚姻"，"多事实关系模型"就像"多个家庭相互关联构成的家族关联"，其中每个人都可能在多个家庭中承担多个角色，如每一位"母亲"都是另一个家庭的"女儿"，她们是多个家庭的"纽带"，如同多事实关系数据模型中的"共享表"。

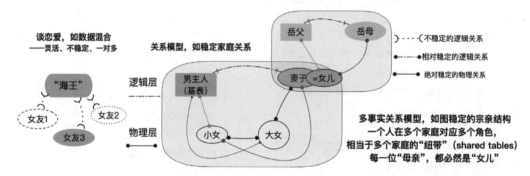

图 4-58　包含逻辑关系和物理关系的家庭关系模型

从这个角度，读者可以进一步理解，"多事实关系数据模型"就是传统关系模型在范围上的延伸，甚至可以理解为"物理层—逻辑层"双层结构到"物理层—低阶逻辑层—高阶逻辑层"三层结构。

### 2．基于"多事实关系数据模型"创建可视化

在使用多事实关系数据模型分析问题时，要谨慎同时使用多个基表的度量，如果不能深刻了解背后的逻辑，那么可能会出现难以解释的数据结果。这一点，和数据混合的灵活性多有相似。

如图 4-59 所示，当以第一个基表的字段构建视图时，和它"不关联"的数据表会默认显示为灰色。如果要加入"不关联"数据表的度量值，默认相当于最高聚合度的指标。

虽然"多事实关系数据模型"是 Tableau 关系模型的进一步升级，在多事实分析、共享维度方面有实质进步。但是，笔者依然推荐优先使用简化的关系模型，或者使用数据混合完成跨主题分析。相比"多事实关系数据模型"的抽象性，之前的关系模型和混合更容易理解。

当前中国的 BI 市场，普遍严重依赖预聚合的"宽表"或者"数据仓库视图"，目前还没有任何一家国产 BI 产品支持完整的关系模型和混合模型，用户实际应用场景的差距就更大。相比"多事实关系数据模型"，企业用户、个人用户都值得在关系模型、混合方面增加投入。

图 4-59　可视化分析过中，数据模型与字段使用方面的限制

## 4.4.7　通往最佳实践：业务关系模型的可视化表达

数据表是业务的反映，数据表的关系是业务关系的反映。准确设置数据关系及其匹配规则，既有助于理解业务逻辑、理解数据表关系，又有助于优化计算性能，因此在数据库工程设计、业务需求整理、业务分析中都非常重要。软件开发领域专门开发了建模的语言——"统一建模语言"（Unified Modeling Language，UML），它与形状、线条、图示等结合，以可视化的方式简约、清晰地展现业务模型和数据模型。如今已经被国际标准化组织 ISO 纳入为国际标准。

在数据准备阶段，业务关系体现为数据表的关系，体现为数据表之间的匹配字段和匹配方式。对于较熟悉的业务过程，分析师可以直接使用长方形表示，再用线条表示它们的逻辑关系；对于不熟悉的业务过程，则可以将数据表名和关键字段结合起来。这样就将构成了简单数据关系模型，如图 4-60 所示。

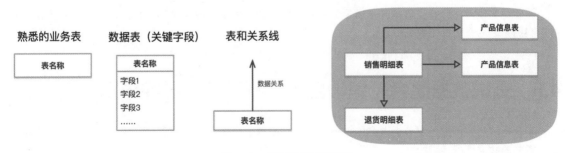

图 4-60　简单数据关系模型

随着业务逐渐复杂，就需要在简单关系数据模型中增加更多细节，比如，表达并集和连接的优先性、数据表详细级别、数据关系的基数和引用完整性等内容。更复杂的数据关系模型还需要增加多次聚合、逻辑层，甚至计算字段等。本章仅介绍如何在数据关系模型中表达数据关系的"基数"和"引用完整性"。

基数包括一对一、一对多、多对多 3 种类型，任意一侧对应一或者多两种情形，引用完整性则分为"全部匹配"和"部分匹配"两种情形。*Database Systems* 一书把基数、引用完整性的组成分为如下 4 类（见本章参考资料[2]）。

- 基数为一，且完全匹配，即每个匹配字段有唯一行，且在对面必然有对应。
- 基数为多，且完全匹配，即每个匹配字段有多行，且在对面必然有对应。
- 基数为一，且部分匹配，即每个匹配字段有唯一行，且在对面不一定有对应。
- 基数为多，且部分匹配，即每个匹配字段有多行，且在对面不一定有对应。

这里笔者推荐使用可视化线条表达上述 4 种匹配关系。如图 4-61 所示，靠近数据表的内侧，短线和分叉线代表基数类型；远离数据表的外侧，1 和 0 代表表示引用完整性，二者组合就是 4 种匹配关系。

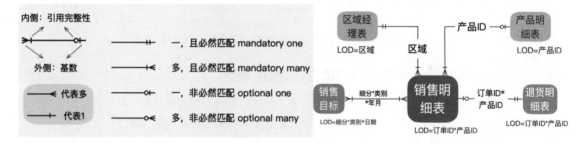

图 4-61　数据匹配关系

这种图示的方法有助于节省空间，从而标记其他更重要的信息，比如笔者倾向于在线条上标记关系的数据匹配详细级别，并在数据表下方标记数据表详细级别。

随着业务模型的进一步复杂化，数据处理过程就超过了 Tableau Desktop 的能力范围，而要借助 Tableau Prep Builder 等敏捷 ETL 工具来完成，从而完成本章开篇图 4.2 所示的复杂业务逻辑。

至此，本章详尽介绍了数据关系模型的双层逻辑框架，以及匹配设置的逻辑。接下来，介绍官方的书店案例，之后重新介绍数据混合。

## 4.5　重说数据混合：编辑匹配关系和匹配详细级别

本章将结合案例进一步分析混合的设置，特别是编辑混合关系、编辑混合字段，以及如何结合业务选择正确的数据匹配详细级别。

## 4.5.1　数据混合设置：自定义混合条件和自定义匹配字段

在 4.2.3 节中，笔者借助 Excel 的数据透视表介绍了"数据混合"的应用场景——两个聚合数据表的左右连接匹配，并在 Tableau Desktop 视图中以几步快速实现。数据混合灵活、简单，是业务分析师从行级别数据合并走向关系模型匹配的桥梁。

数据混合的关键是详细级别的匹配，默认会按照主视图的问题/视图详细级别字段匹配，自动匹配需要建立在几个前提之上。

- 辅助数据源中，包含和主数据源对应的字段。
- 辅助数据源的字段名称、字段数据类型需要和主数据源一致。
- 匹配字段中包含相同的数据值（字段内的元素相同）。

如果不能满足上述条件，就要通过自定义匹配字段、字段编辑、计算等方式，修订数据表的差异，辅助实现数据混合。本节展开相关内容。

### 1．编辑混合关系：自定义匹配字段关系

如果因字段名称不同而导致无法自动建立匹配关系，则可以编辑混合关系。

如图 4-62 所示，笔者把"销售目标"数据源的字段【细分】重命名为【细分/重命名】，在视图中，二者右侧的锁链标记就会消失。此时，可以选择菜单栏中的"数据→编辑混合关系"命令，在弹出的窗口中，选择"主数据源"和"辅助数据源"命令，而后自定义编辑、指定混合关系字段，手动指定"示例—超市"的【细分】字段与"销售目标"的【细分/重命名】字段建立匹配，对应的字段右侧会有锁链的标记。

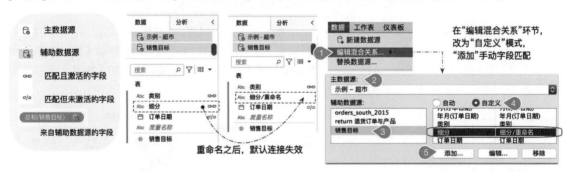

图 4-62　手动建立字段的匹配关系

这里有以下几个关键词。

- 主数据源：指当前工作表依赖的数据源，数据源左侧会有蓝色图标。
- 辅助数据源：指当前工作表要引用的另一个数据源中的聚合，数据源左侧会有橙色图标。

当前数据源可以同时引用多个辅助数据源的聚合结果，主数据源不能切换。

- 激活：字段名称相同会自动作为匹配字段，主视图维度对应的辅助数据源维度会自动激活，其他字段即便匹配也不会自动激活，可以通过"锁链"标记识别。

### 2．自定义计算：修正字段中不匹配的数据值

数据合并的本质是字段中数据值对应行的合并，相比字段名称不一致，匹配字段中的数据值不匹配更容易被忽略。

如图 4-63 所示，使用"示例—超市"数据创建的主视图"各类别、各细分的销售额总和"，而后从辅助数据源"销售目标"中获得相同详细级别的销售目标聚合值。不过，由于使用了不同的口径，主视图中细分字段值{公司,家庭办公室,消费者}无法与销售目标中的{公司,小型企业,消费者}建立一对一关系，导致"家庭办公室"没有对应的销售目标。

图 4-63　匹配字段下数据值不同导致的无法匹配

字段不匹配，可以通过重命名或者自定义字段创建匹配关系，同理，数据值匹配可以借助 IF- THEN- ELSE- END 逻辑判断，重新建立匹配关系。如图 4-64 所示，先用 IF 计算将辅助数据源【细分】字段的"小型企业"映射修正为"家庭办公室"，而后编辑混合关系，建立"销售明细表"的【细分】与"销售目标表"的【细分—修正】字段的匹配关系，这样主视图就重新建立了对应。

图 4-64　修改不匹配字段之后建立数据表字段的关联

字段重命名、类型修改、数据值处理等，都是数据分析过程中经常遇到的，数据处理的过程本质都

是计算。敏捷工具的好处之一，是实现了各个功能的模块化，并能在分析过程中随时验证、敏捷调整，从而降低分析的复杂性。当然，敏捷 BI 的背后依然是数据查询、数据匹配和聚合分析过程，上述的逻辑过程大致对照如下的 SQL 查询结构[1]：

```
select   a.[类别], a.[细分], a.[销售额], b.[销售目标]
from   (
        select   [类别], [细分], sum([销售额])
from   销售明细表
group by  [类别], [细分])  as a
left join  (
select   [类别], [细分], sum([销售目标])
from   销售目标表
group by  [类别], [细分] ) as b
on a. [类别] = b. [类别] and a.[细分]=b.[细分]
```

不过，在具体的达成分析中，仅仅构建类别和细分的匹配还是不够的。如果缺乏日期的参与，主数据源和辅助数据源在同一个详细级别的聚合，极有可能引用了不同的时间范围，比如，4 年的销售总和对应 2 年甚至未来几个月的目标。

因此，数据混合涉及日期，需要考虑技术匹配之外的业务意义，确保可行且有意义。

## 4.5.2　高级数据混合：数据匹配详细级别不同于主视图

数据合并的目的是生成视图的聚合。数据混合默认的数据**匹配详细级别和主视图**保持一致，是最简单的场景，并且可以随着主视图的变化自动变化，因此数据混合既保持数据源独立，又很好地平衡效率和性能。但是，要注意二者不一致的情形，这是很多错误的源头——特别是存在日期字段时。

### 1．数据混合的灵活性：匹配级别随着主视图自动变化

主视图在"主数据源"的基础上创建，之后从"辅助数据源"引用相同详细级别的聚合度量，再匹配详细级别完成合并。数据混合中的两个数据源是完全独立的，匹配详细级别又可以手动控制，因此，使用数据混合可以灵活完成很多复杂业务场景。

如图 4-65 所示，Tableau Desktop 自带的超市数据包含"性能"（Performance，应译为"达成"）工作表，条形图代表销售额，参考线和分布区间描述销售目标，颜色反映二者的关系。该案例中，视图/问题详细级别和数据匹配详细级别都是"年度*类别*细分"，在此基础上灵活调整。

假设领导希望调整视图/问题详细级别，比如"查看各类别、各年的销售额及其达成"，此时需要从图 4-65 中移除【细分】字段。主视图中既然没有了这个字段，也就无须从辅助数据源中查询，因此连接标识就会自动取消，如图 4-66 所示。

---

1　本代码仅用于理解这里混合的查询逻辑——两个聚合的合并，可执行的语法需要调整部分语法规则。

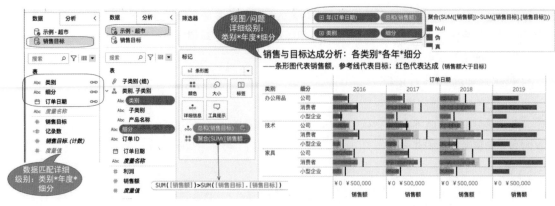

图 4-65　基于销售额和销售目标的标靶图

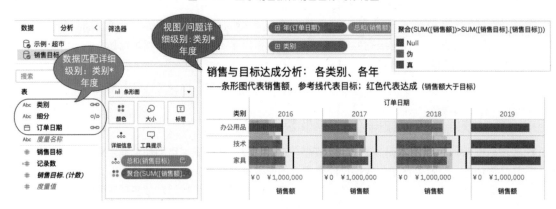

图 4-66　细分字段移除之后，数据混合自动调整混合的连接字段

这种随时调整连接字段的灵活性，就是数据混合相对于行级别数据合并、数据关系及其模型最重要的价值。灵活的背后是 SQL 的自动调整，高级分析还要清晰查询、合并逻辑是如何变化的，从而避免逻辑上的"失控"。

相比默认的数据混合，调整后的数据混合逻辑可以简单表示如下。

```
select   a.[类别], a.year([订单日期]), a.[销售额], b.[销售目标]
from  (
      select  [类别], year([订单日期]), sum([销售额])
        from  销售明细表
        group by  [类别],year([订单日期])  as a
left join  (
      select  [类别], year([订单日期]), sum([销售目标])
      from  销售目标表
      group by  [类别],year([订单日期])] ) as b
on a. [类别] = b. [类别]   and   a.year([订单日期])=b.year([订单日期])
```

**2．手动指定详细级别对应的数据查询逻辑**

日期是自带层次的字段，不同数据表的两个日期可以在年、年月、年月日、月等任意详细级别匹配，因此在数据混合中，日期字段的匹配容易引发误解。下面结合案例说明。

比如，分析"2018 年，各类别的销售额及达成"，可以在图 4-66 的基础上，把视图中【年（订单日期）】字段拖入筛选器并选择 2018，默认如图 4-67 左侧所示，发现结果和上面完全不同，二者的差异完全超过了合理范围。问题不在于视图上，而在于混合仅仅匹配了视图维度"类别"，筛选器没有影响到辅助数据源的数据聚合。因此导致了"2018 年，各类别的销售额总和"与"所有年度，各类别的销售目标总和"之间建立了匹配。

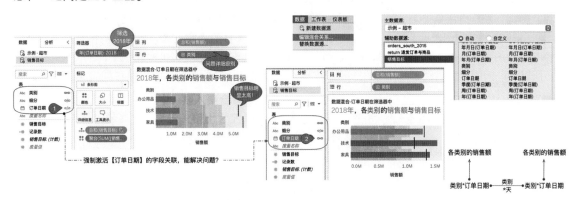

图 4-67　调整视图的详细级别会引起混合匹配字段的变化

解决方案有两个，手动强制确认匹配级别（慎用），或改变视图详细级别。

**第一个方案。**

手动强制激活辅助数据源的【订单日期】字段，强制指定在"类别*订单日期"详细级别建立匹配关系，结果如图 4-65 右侧所示。

这样的匹配是极其冒险的，至少在"示例—超市"案例中，结果是错误的。问题出在哪里呢？

**这是数据混合过于灵活的代价，分析师要理解数据混合中设计的数据表详细级别、视图/问题详细级别和数据匹配详细级别的关系，以及其对最终数据查询、合并的影响。**

这里详细解释一下，虽然手动激活了【订单日期】的匹配，但是主视图行列标记中却没有这个字段（筛选器只影响查询范围，不构成视图详细级别），因此订单日期的匹配是以预先混合匹配中最详细的级别为基准的。

通过"编辑混合关系"，会发现 Tableau 默认建立了【订单日期】字段在所有级别的自动匹配，包括年、年月、季度、周，甚至最详细的精确日期【订单日期】=【订单日期】，如图 4-65 右上角所示。当强制激活视图详细级别中并不存在的"订单日期"时，就会在最详细的级别构建匹配。三类详细级别如下。

- 数据表详细级别
  - ➢ 销售明细表：订单 ID*产品 ID

➢ 销售目标表：类别*细分*订单日期（精确日期）
- 视图/问题详细级别：类别
- 数据匹配详细级别：类别*订单日期（精确日期）

因此，此时视图中获得结果如下。

2018 年，各类别的销售额，即符合【类别】=【类别】、精确日期【订单日期】=【订单日期】的销售目标。

**第二个方案。**

为了进一步理解在"类别*订单日期"级别匹配对视图数据结果的影响，可以把视图/问题详细级别调整到数据匹配详细级别一窥究竟。如图 4-68 所示，视图/问题详细级别是"类别*订单日期/日"。注意，"销售明细表"中有 2018 年 1 月 1 日的销售记录，没有 1 月 2 日的销售记录，但在"销售目标表"中，却有这两天的销售目标，在"订单日期=订单日期"的强制匹配下，由于 2018 年 1 月 1 日不满足匹配条件，所以这一天的目标值就会被排除——不管视图是聚合到订单日期/天，还是订单日期/年度。这就是销售目标数据值减少的原因。

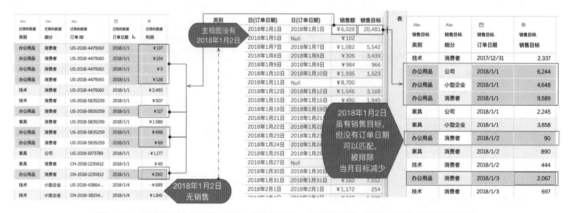

图 4-68　强制指定"类别=类别，订单日期 = 订单日期"匹配，对数据合并的影响

深刻地理解数据匹配详细级别的设定对视图/问题详细级别对应聚合的影响，是高级分析师的重要标志，是建立多层逻辑框架的重要实践。

手动激活建立数据匹配详细级别的关键，是确认数据匹配详细级别是否既在技术上可行，又符合业务逻辑，这一点和数据关系模型的要求完全一致。根据 4.4 节的介绍，如果"示例—超市"数据中部分日期（年月日）缺失目标，或者有目标的日期（天）缺少对应的销售，那么在日期（年月日）级别匹配而来的销售目标就会存在数据缺少的情况，从而失去业务分析的意义。

对于超市的销售和目标分析而言，技术上最详细且有业务意义的订单日期详细级别，应该是从"年月"开始的。从这个角度看，"编辑混合关系"中指定的详细级别，会对视图产生重要的影响。

这里，从"编辑混合关系"中删除年月日、日、周级别的匹配，特别是【订单日期】=【订单日期】的精确日期匹配，然后去看视图的样式。大家会惊讶地发现，不管是否手动激活【订单日期】的混合符号，视图都没有如期的变化[1]。

特别注意，在视图/问题详细级别不包含任何【订单日期】字段时激活日期字段的匹配关系，是极容易引发错误引用的。正确的方法是，务必在视图中包含对应的日期字段，不管是年、月分别呈现，还是年月、年季度这样的连续日期。

当然，在这个过程中，读者也可以领会数据混合和数据关系的关联性。

- 数据混合和数据关系在本质上是一样的，都需要指定数据匹配详细级别，合并聚合为视图。
- 数据混合相当于默认主数据源部分匹配，而辅助数据源完全匹配——排除辅助数据源的不匹配值，也可以说，数据混合相当于"左连接"。

初学者在使用数据混合时，先掌握数据匹配详细级别和视图/问题详细级别一致的简单场景。随着对数据匹配的理解，而后尝试二者不同时的高级业务场景。

## 4.6　不同数据合并类型的相互影响

在分析实践中，分析师还会叠加不同数据合并的类型，这会受到数据源类型及工具的影响。

本章前面的介绍，都以"示例—超市"数据为例，在真实的企业环境中，还会遇到数据库数据、Tableau Server 已发布的数据源等更多类型。在 Tableau Desktop 中，数据合并类型与数据源类型的对应关系如表 4-7 所示，其中√代表支持此功能，×代表不支持。

表 4-7　数据合并类型与数据源类型

| 数据合并类型 | 本地数据<br>（Excel、CSV 等） | 数据库数据<br>（需要数据库访问权限） | Tableau Server 数据源<br>（实时或提取） | Tabueau Server 虚拟连接<br>（无须数据库访问权限） |
|---|---|---|---|---|
| 行级别并集 | √ | √ | × | √ |
| 行级别连接 | √ | √ | × | √ |
| 数据关系 | √ | √ | × | √ |
| 数据混合 | √ | √ | √ | √ |

在这里，以 Tableau Server 数据源的限制最多，它是具有数据管理权限的分析师在 Tableau Desktop 中新建并发布的，访问者只有连接、查看权限，无法二次创建并集、连接或关系，仅有数据混合可用。因此，在数据权限管控严格的大公司，熟练掌握数据混合是至关重要的 Tableau 技能。

为了降低数据源对数据合并的限制，Tableau 2021.4 版本发布了"虚拟连接"（Virtual Connection）功能，它一方面保持了数据库管理员对数据的管理权限，另一方面又提供给其他分析师自由合并数据库多个表的自由，因此是数据合并中的关键功能。

---

1　在这里的复杂环境下（多个日期级别匹配，视图中没有日期字段，混合关系不针对精确日期建立匹配，但又手工激活日期），笔者暂时只能把这个过程视为一个黑箱，留待以后通过查看 SQL 过程逐步清晰。

另一个跳过上述限制性的方法是使用 Tableau Prep 软件，以 ETL 的方式二次加工数据，而后发布自定义数据源。这对分析师提出了更高要求，而且容易割裂数据准备和业务分析，所以这里也并不推荐。

# 4.7 Tableau 与 SQL/Python 的结合

迄今为止，最常见的数据准备工具依然是 Excel 和 SQL，前者是普遍适用所有人的，后者主要是面向 IT 用户的。以 Tableau 为代表的敏捷 BI 融合了各家之所长，特别适合用于与问题结合的可视化交互设计和验证。与此同时，也有越来越多的高级分析师开始学习 Python，用以弥补 BI 工具的某些不足，比如，更简洁的数据查询、更强大的机器学习算法等。

## 4.7.1 Tableau 和 SQL 的结合

Tableau 专利技术 VizQL 是把用户的拖曳动作转换为 SQL 查询，用 SQL 比照 Tableau 有助于更深刻地理解其背后的技术原理。而在数据连接阶段，Tableau 也可以使用"自定义 SQL"完成查询。

### 1. 使用"自定义 SQL"优化数据表连接

本章前述内容都是基于本地的数据讲解的。企业实践中大部分数据来自数据库，经常要完成多个表的合并才能开始分析。Tableau 的"自定义 SQL"大幅度地简化了这个过程。

这里以 MySQL 为例，如图 4-69 所示，点击左侧的 MySQL 并输入地址、数据库、账号信息等内容，就会创建"数据库连接"（数据库也可以在创建连接后选择）。之后从左侧搜索某个表，拖曳到右侧即可创建"数据表连接"——这是最推荐的方式，简单、便捷。

图 4-69 借助"自定义 SQL"创建 Tableau 数据表连接

对于高级用户而言，"自定义 SQL"则是更好的选择。分析师可以把之前反复使用的 SQL 查询直接移植到 Tableau 中——对于 BI 迁移而言，这降低了难度。

在使用"自定义 SQL"的过程中，大家要注意以下几个细节。

- "连接数据库"和"连接数据表"是具有先后关系的，如果自定义 SQL 中同时引用了多个数据库中的不同数据表，就需要同时创建两个数据库连接。
- "自定义 SQL"可能会降低性能，因为它让 Tableau 在转化为 SQL 语句时无法优化查询，所以简单的数据表连接、合并，尽可能使用 Tableau 拖曳，再通过设置来完成。
- "自定义 SQL"中不需要最终的分号，推荐点击"预览结果"按钮确认语法是否正确。
- "自定义 SQL"支持插入参数，推荐结合实时查询来使用。

### 2. 使用 SQL 查询创建日历表

很多从 Power BI 转移到 Tableau 的用户都想尝试创建"日历表"，可以借助"自定义 SQL"结合 union 和 join 来完成。在 *Learning SQL* 一书中，作者介绍了使用 union 和 cross join 构建一个 1～399 的数字序列，而后借助日期函数生成了全年日历表的方法（见本章参考资料[3]）。

这里参考制作了 2023 年日历表的生成方法，如下所示：

```
select "2023-01-01",
one.num+two.num+three.num as total,
date_add( '2022-01-01', interval
one.num+two.num+three.num day) dt
from (
(select 0 num union all
select 1 num union all
select 2 num union all
select 3 num union all
select 4 num union all
select 5 num union all
select 6 num union all
select 7 num union all
select 8 num union all
select 9 num)   one
cross join
(select 0 num union all
select 10 num union all
```

```
select 20 num union all
select 30 num union all
select 40 num union all
select 50 num union all
select 60 num union all
select 70 num union all
select 80 num union all
select 90)   two
cross join
(select 0 num union all
select 100 num union all
select 200 num union all
select 300)   three)
where date_add( '2023-01-01', interval
one.num+two.num+three.num day) <='2023-12-31' -- filter
to year 2022
   order by total;
```

当然，在 Tableau 中单独创建日历表的必要性不大，推荐优先使用日期函数等完成需求。

## 4.7.2 SQL 中的连接

SQL 的合并语法非常简洁，这里笔者极力推荐几个关键场景，用于对照理解 Tableau。

### 1. SQL 明细查询与聚合分析

注意区分明细查询（Detail Query）和聚合分析（Aggregate Analysis）的区别，分析一定是"包含聚合的查询"。

通俗地说，"你叫什么名字"是查询（明细查询），"你去过多少地方"是分析（聚合分析）。

两个极简示例的 SQL 语句如下，示例 1 是明细查询，示例 2 是聚合查询。

```
【示例 1】
select category, order_id,
quantity, sales
from tableau.superstore_en

【示例 2】
select `客户 id`,
    count(distinct `订单 id`) frqt
    from tableau.superstore
    group by `客户 id`
```

2. 用 SQL 的视图理解逻辑表

在本书第 3 章，笔者把业务明细表和分析聚合表分别称为物理表（Physical Table）和逻辑表（Logical Table）。逻辑表是临时的、主观的、稍纵即逝的。在 SQL 中，也存在类似这样的设计，IT 分析师可以使用 create view 把 SQL 语句的片段保存成为一个临时的、虚拟的数据表。

在没有 LOD 表达式等高级功能之前，业务分析师会要求技术人员在明细表中增加"客户购买频次"等字段，然后保存为动态 view（视图）。view 就相当于"自定义 SQL"赋予了名字，方便后期查询。

```
-- 创建一个 view
create view cus_rfm as (
select  *
from tableau.superstore   as detail
join (
select `客户 id`,
    count(distinct `订单 id`) frqt
    from tableau.superstore
    group by `客户 id`
    ) as agg
on detail.`客户 id`=agg.`客户 id`
)
```

虽然 view 结果并未存储，但是连接它的业务分析师已经很难觉察它和物理表的差异。

SQL 中的 view 通常翻译为"视图"，不过它其实完全没有"图"的含义，只是一个临时存在的查询，只有名称能证明它的"存在"。Tableau 中的"视图"则是 Visualization（可视化）的简称。

在复杂的业务中，view 对应的数据会非常大，每次查询都要运行并返回完整的数据资料，因此数据量大时性能就会明显下降。Oracle 等数据库就推出"物化视图"，它会把原本临时的 view 结果真实地存储在磁盘中，相当于以预先数据读取换取查询的速度。这也是 Tableau Server 中数据提取的基本逻辑。

2. SQL 中明细表连接和聚合表连接的不同

SQL 中数据合并的复杂性通常是由子查询（SubQuery）引起的，即在一个查询中嵌套了另一个查询，特别是子查询包含聚合、合并等多种结构调整时。

比如，在行级别连接中提及的"自连接"（Self-join）——数据表和自身的聚合表合并，示例如下。

```
--  自连接_明细表和虚拟聚合表连接
select *
from tableau.superstore   as detail
join (
 select `客户 id`,
     count(distinct `订单 id`)   frqt
     from tableau.superstore
     group by `客户 id`
     ) as agg
on detail.`客户 id`=agg.`客户 id`;
```

使用数据关系和数据混合的可视化，结果依然是数据合并。更准确地说，是建立在聚合表基础上的合并，相当于 SQL 嵌套聚合查询和连接结合，示例如下。

```
--  基于数据混合生成的自定义 SQL 查询——两个聚合结果的连接
select a.类别,a.细分,a.dt,a.sales,b.target
from
(select 类别,细分,year(订单日期) as dt,
sum(销售额) as sales
from tableau.superstore
group by 类别,细分,year(订单日期)
)as a
left join
(select 类别,细分,year(订单日期)   dt,
sum(销售目标) target
from tableau.target
group by 类别,细分,year(订单日期)
)as b
on a.类别=b.类别  and a.细分=b.细分  and a.dt=b.dt;
```

从这个循序渐进的过程中，读者会发现，业务分析的关键是理解抽象的详细级别，而抽象的详细级别其实是相对抽象的"聚合表"而存在的。分析的关键是聚合，聚合表、详细级别、复杂数据合并，都围绕聚合而展开。

当然，敏捷 BI 旨在让业务用户把数据准备和业务分析结合在一起，并能随着筛选的变化调整聚合的指标，减少中间环节，提高分析效率。

### 4.7.3 Tableau Table Extension：给数据源插上"算法之翼"（Tableau 2022.3+ 版本）

在 Tableau Desktop 2022.3 版本，Tableau 新推出了"表扩展"（Table Extension）功能，借此，高级数据分析师可以在数据源阶段，将 Python/R 等第三方分析工具返回的数据加入数据模型中，极大地提高了数据底层建模的灵活性。

如图 4-70 所示，在数据连接界面，从左侧拖曳"新表扩展程序"到右侧空白区域，可以弹出一个脚本配置界面。配置成功后，第三方工具返回的数据就会加入模型中——如同一个单独的数据源。

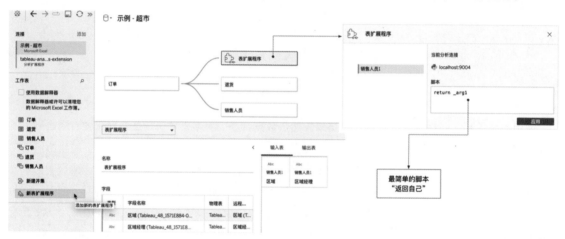

图 4-70　Tableau Table Extension：在数据源阶段增加数据表扩展

一些高级业务用户，比如金融行业的风控团队，把 Tableau 作为建模、分析工具，该扩展进一步提高了 Tableau 和第三方工具的配合程度。有兴趣的读者可以通过 Tableau 帮助文档配置扩展程序，而后使用该功能。

至此，本章已经完整介绍了数据合并、数据匹配及数据模型的内容。从合并的类型、合并的位置、指定匹配的阶段等多个角度，可以清晰地区分不同的合并方法，并逐步融会贯通。最终总结如下。

- 从合并的类型角度，只有两种合并方法：相同的数据上下相续并集（Union）和不同数据左右相连的连接（Join）。
- 从合并的位置角度，主要有两个合并位置：数据表明细级别的数据合并和指定详细级别聚合后的数据合并。
- 合并的两种类型、两个位置构成了"**数据合并分类矩阵**"，这是理解本章的关键。
- 从合并的阶段角度，数据关系是在数据源阶段的预先、稳定的匹配，数据混合是视图阶段的临时、灵活的匹配。
- **数据混合**胜在灵活，**数据关系**则胜在稳定、可持续使用，在最详细且有意义的详细级别预先匹配，数据关系就升级为数据关系模型。

## 参考资料

[1]　Ralph Kimball, Margy Ross. The Data Warehouse Toolkit: The Definitive Guide to Dimensional Modeling [M]. 3rd ed. New York: John Wiley & Sons, Inc., 2013.

[2]　Nenad Jukic, Susan Vrbsky, Svetlozar Nestorov. Database systems: Introduction to database and data warehouses [M], New York: Pearson Educaton, Inc., 2014.

[3]　Alan Beaulieu. Learning SQL: Master SQL Fundamentals [M]. 2nd ed. New York: O'Reilly Media, 2009.

## 练习题目

（1）从数据合并的类型、位置两个角度，用 Excel 的方式理解"数据合并分类矩阵"的内容。

（2）从合并的应用场景、数据合并的不同、业务差异等角度，简要解释并集和连接的相同点和不同点。

（3）以"销售明细表"和"退货明细表"为例，简要介绍数据连接的主要步骤。

（4）用 Excel 透视表和 SQL 理解"自连接"的高级数据合并方式。

（5）以"销售明细表"和"销售目标表"为例，以"各类别、各年的销售目标达成"为问题，解释数据混合和数据关系两种数据合并方式的差异。

（6）思考题：基于"销售明细表"和"销售目标表"，如何完成各类别、各年的销售目标达成。假设最后一年的销售只到当年的 6 月份，而销售目标已经分配到全年各月。

（提示：如果只按照年的级别匹配，则会出现半年销售对应全年目标的情况，而非同期比较。）

# 第 5 章

# 可视化分析与探索

关键词：业务理解、从问题到图形、增强分析、筛选

数据可视化分析，旨在以可视化图形表达数据观点，分析业务价值。在阐述问题分析方法（见第 3 章）和数据准备（见第 4 章）之后，本章重点介绍可视化图形的构建、修饰和基本设置。

数据分析始于业务理解，起于数据聚合。理解业务过程对应的数据表结构，并对业务对象做必要的调整准备（见 5.1 节）是分析的前提，之后通过构建主视图（见 5.2 节）、增强可视化分析（见 5.3 节）、构建快速筛选（见 5.4 节）、增加分析模型（可选，见 5.5 节）、格式调整（见 5.6 节）等步骤完成可视化分析。

另外，数据可视化是宏大的主题，本章重点介绍基本的图形样式及其扩展方法，更多可视化的分类内容，可以参考《业务可视化分析：从问题到图形的 Tableau 方法》（2021 年 8 月，电子工业出版社）一书。

## 5.1 数据准备：理解业务过程与整理数据字段

数据是对业务的反映和抽象，因此分析与业务理解息息相关。从数据准备到可视化分析，再到仪表板与交互，每个环节都需要站在业务的角度理解数据。本章先从业务角度理解数据表对应的业务过程，做必要的字段分组、分类，同时理解数据表明细的唯一性，这是后续聚合的起点。

### 5.1.1 数据表：理解业务过程及数据表详细级别

#### 1. 理解数据表对应的业务过程

任何一个数据表，都是对某一个业务过程的描述和反映，而业务过程是由众多相关联的业务对象（主体、时间、地点、客体、方式、原因等）组合而成的，可以使用 "5W2H" 理解业务对象。

比如，超市数据记录 "客户在门店的消费行为"，可以用一句话来描述这个业务过程：谁（Who）、在何时（When）、于何地（Where）、给谁（Whom）、以何种方式（How）、提供了什么（What），它们都对应某个业务对象，另外还有大量的数字型字段，用于精确量化交易过程（How much）。

当看到一个数据表时，业务分析师就要：（1）建立从数据表到业务过程的映射关系；（2）按照业务

对象分类数据表字段，如图 5-1 所示。**数据表是分析聚合的起点，而字段是构成问题的基本单位。**

图 5-1　理解数据表中的字段主题与业务过程：超市数据的字段层次示意图

笔者的项目实践也都是按照上述方式来完成数据准备的。进一步概括要点如下。

- 在实际业务中，数据字段通常会更多，但依然不会脱离上述的字段分类结构，可以把相同主题的字段称为一个业务主题，比如"客户主题""位置主题"等，在 Tableau Desktop 中可以增加对应的**文件夹分类显示**。
- 部分字段之间具有层次关系，比如【类别】、【子类别】、【产品名称】，多个字段一对多的层次关系是钻取分析的基础，在 Tableau Desktop 中可以**创建"分层结构"**（Hierarchy）。
- 为了简化业务过程，数据工程师会创造一些**逻辑字段**，它们不像【产品】、【客户】字段有明确的业务对象所指，而是对多个业务对象的组合和抽象，比如【订单 ID】、【库存 ID】，这类字段在识别数据表的唯一性方面通常非常重要，可以单独呈现。
- 分析是对业务的抽象，聚合是抽象的关键方式。在已有字段的基础上，分析师可以预先创建包含聚合的逻辑字段，比如【利润率】、【销售额 TOP10 的客户 ID】等，简化后续分析过程。

理解业务过程的关键是描述性的分类字段，不管是具体的【客户名称】还是逻辑化的【客户 ID】，都对应具体的业务对象，IT 领域称为"实体"（Entity）；数字型字段用于记录业务表现，比如每笔交易的【金额】、【数量】等，IT 领域称为"属性"（Attribute）。

属性依赖于实体而有意义，理解数据表的关键是表中的分类字段。

### 2. 理解数据表中数据行明细的唯一性

明细表对应的数据表详细级别是聚合的起点，分析师还要确认数据表明细行的唯一性，称为"数据表详细级别"。IT 人员常设置专门的"主键"（Primary Key）字段标记数据表的唯一性，在业务分析中，笔者推荐用有业务意义的字段来理解，从业务角度出发有助于理解后期分析。

当然，虽然"订单日期*客户*城市*商品名称*订单"也能确定数据行的唯一性，但这并非是最优组合。在图 5-1 的基础上，分析师可以在头脑中对字段做进一步归纳概括，使用最少的字段组合表示数据表详细级别。

如图 5-2 所示，Tableau 自带的"示例—超市"数据表，可以用字段【订单 ID】和【产品 ID】的组合描述每一行的唯一性。也就是说，它们的每个组合对明细而言都是唯一的。

熟能生巧、巧能生智。熟练的业务分析师需要快速、准确地识别每个数据表的唯一字段。

数据表详细级别（Table LOD）既是数据表明细行的唯一标志，是直接聚合的起点，也是数据表的标志，是数据合并的匹配依据，因此是理解后续聚合计算和数据合并的关键基础。

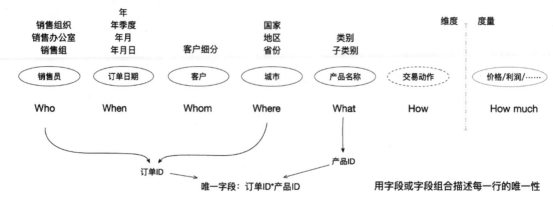

图 5-2 超市数据分解表：理解数据中包含的独立层次结构

## 5.1.2 字段：理解业务过程的对象并做分组分类

回到本书使用的 BI 工具 Tableau。在连接数据源之后，还有字段分组、字段关系整理、创建常见逻辑字段等多个工作需要完成，也可以在分析过程中随时创建，我们这里作为单独内容一并讲解。

### 1. 按照业务逻辑对字段分组

在 Tableau Desktop 中创建一个数据源连接（不管是 Excel 表还是数据库表）并创建工作表，类似于 Excel 的"透视表"分析。Tableau Desktop 默认提供了两种字段显示选项：按数据源表分组（默认）、按文件夹分组。当有多个数据源构成数据关系时，"按数据源表分组"更加易于分辨；而对于单表，或者业务场景相对简单的多表连接，建议改为"按文件夹分组"并对字段做分类处理。

以"示例-超市"数据为例，其中包含了 **15 个维度字段和 5 个度量字段**（不含自动生成的"度量名称""度量值"和"记录数"），度量字段不仅包含默认字段，还可以创建聚合计算。维度字段按照业务过程（5W2H）分为几类：有关客户的、有关商品的、有关日期的、有关地点的，以及其他。

特别说明，数据类型和维度、度量并非是完全对应的关系，Tableau 中用位置代表维度、度量区域，度量区域的利润不是每一行的"利润"值，而是"利润总和"，每个数字都默认了聚合方式。

使用 Tableau 的文件夹功能，把同一分类的字段放在一起。如图 5-3 所示：①点击维度右侧的三角形图标，在下拉菜单中选择"按文件夹分组"命令。之后可以按住 Ctrl 键选择多个字段，用鼠标右击；② 在弹出的下拉菜单中选择"文件夹→创建文件夹"命令，就可以实现文件夹分组。

比如，"国家/地区""区域""省/自治区""城市"是对交易地点的分类描述，也可以单独分为一类。"装运模式"和"发货日期"可以视为是对订单交易方式的描述，只是不像其他字段具有明显的主题归属，可以不做分组。

字段整理虽然并非必需，但是却非常必要，有助于理解数据表的业务过程，并进行敏捷分析。

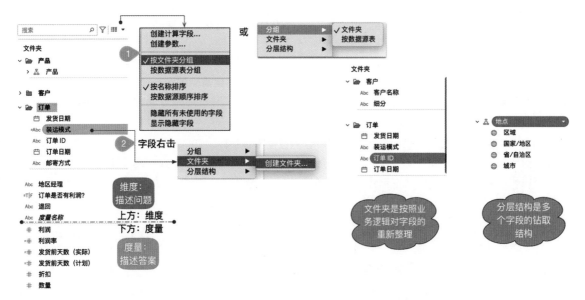

图 5-3　"示例—超市"数据：按照业务逻辑对字段重新整理

## 2. 特殊的字段关系：分层结构

有一种特殊的分层结构，它是钻取分析的关键，因此有必要提前设置。

比如"国家—省份—城市"，一个国家包含多个省份，且每个省份只能属于一个国家，省份和城市也同理，具备这种"一对多"的多个字段可以构建分层结构；类似的还有"类别—子类别—产品名称"。

在 Tableau Desktop 中，通过简单拖曳就可以创建分层结构。如图 5-4 所示：①将字段【类别】拖曳到字段【子类别】之上，弹出"创建分层结构"窗口；②确认后，会生成层次结构架构；③之后可以把【产品名称】字段拖入其中并调整次序。④分层结构的多个字段应是自上而下的"一对多"关系。

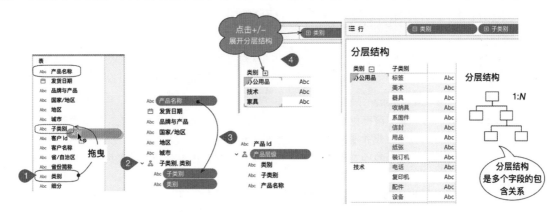

图 5-4　拖曳创建分层结构，支持后续钻取分析

在视图中，可以点击+/–符号展开、折叠具有层次结构的字段，视图维度的变化会引起详细级别和聚

合的变化，这就是"上钻"（Drill Up）和"下钻"（Drill Down）分析，统称"钻取分析"。

### 3. 理解字段之间的逻辑关系

在实际的分析实践中，除了字段的分组分类，还可以预先创建常用的逻辑计算，特别是利润率、周转率等包含聚合的分析字段，甚至一些高级的计算字段，比如，"客户频次""客户最后购买日期"，或者用于筛选的"当前月份"等通用字段。

如图 5-5 所示，逻辑字段既可以是不包含聚合的数据准备字段，如"年""年月"（可以从"年月日"中计算而来）、"应收"（可以在行级别计算单价×数量），也可以是包含聚合的分析字段，如"毛利率"。理解字段和计算之间的关系，是本书第 3 篇的关键。

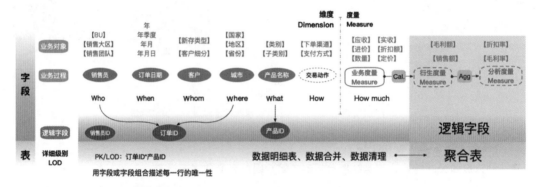

图 5-5　"示例—超市"数据分解表：理解数据表及字段分组分类

为企业分析师提供通用数据源的数据管理员，可以把包含逻辑字段的数据源发布到 Tableau Server，极大地减少分析师的重复劳动，并且保持逻辑一致性。

## 5.2　从问题到可视化图形：如何确定主视图框架

在数据可视化分析的过程中，有两个基本的方向：从数据到图形、从问题到图形。前者的典型代表是"Excel 明细数据—透视图—图形"的过程，后者的典型代表是 Tableau 敏捷 BI 倡导的从字段出发、随问题拖曳字段、自动构建图形的过程。笔者推荐业务用户使用"从问题到图形"逻辑。

按照笔者的经验，构建单一可视化图形的过程，又可以分为构建主视图（见 5.2 节）、增强可视化分析（见 5.3 节）、调整分析范围、增加参考线等二次抽象（见 5.4 节）、格式调整（见 5.5 节）等多个典型步骤。其中，调整分析范围包含多种方法，会在第 6 章展开。本节主要介绍问题类型与主视图构建。

### 5.2.1　从问题类型到主要的可视化图形

从数据问题到可视化图形，中间其实有一座桥——"数据问题中关键字段的相互关系"。**问题中包含的字段属性及其关系，最终决定了问题的类型，以及问题对应的最佳可视化图形类型。**

在总结前人经验的基础上，笔者把问题分为六大类型：排序、时间趋势、占比、分布、相关性、地理分析。有时候也会把交叉表单独列为一类，从而构成七大类型，如图 5-6 所示。

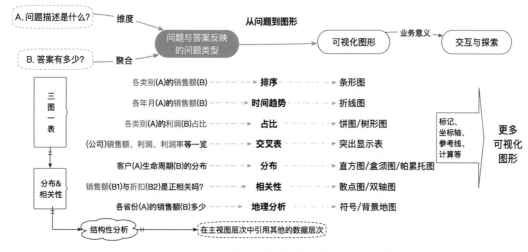

图 5-6　从问题到图形：问题类型与对应的可视化主视图

以"各子类别的销售额（总和）"为例，销售额总和是度量，度量默认连续；子类别构成问题维度，它是离散的——连续的度量可以是离散分类字段的排序依据。因此，这个问题不仅仅是呈现每个子类别的销售额，隐含的关键是多个子类别之间的次序，只有同时表达这两个要素的才是好图形。由于人的视觉对长度的敏感性要远高于颜色、折线等，所以条形图是此类问题的最佳图形。

在业务分析中，常见的问题类型是有限的，图 5-6 所示的类型几乎涵盖 85%以上的业务问题。在笔者的知识体系中，又按照问题难易程度和学习阶段分为 3 个环节："三图一表"（初级可视化），分布分析、相关性分析（中级可视化），结构性分析（高级可视化），如图 5-7 所示。

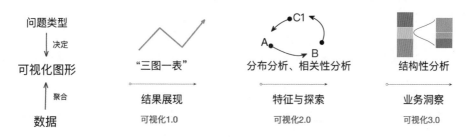

图 5-7　可视化分析的 3 个环节：按照问题的深度分类

接下来，本章先介绍前面两个环节，结构性分析将在第 3 篇结合高级计算和案例介绍。

## 5.2.2　初级可视化："三图一表"

在 Excel 中，高频使用的图形是柱状图、折线图和饼图，以及透视表默认的"交叉表"。BI 工具提高了可视化分析的效率，并未改变问题的本质。Tableau 让这一切更美、更快、更高效。

1. 排序问题类型与默认条形图

最常见的问题类型是"排序"，比如"不同地区的销售额（总和）""各类别、子类别的利润总和"等。这类问题的典型特征是由离散的维度字段和连续的聚合度量构成的。

维度是聚合的分组和计算依据（分析本质），
聚合度量则是离散维度的排序依据（可视化）。

排序问题的首选图形是条形图。如图 5-8 所示，对于相同问题，左侧条形图是 Tableau 的推荐样式，右侧的柱状图则是 Excel 的默认样式，综合易用性和可读性，左侧更加直观。

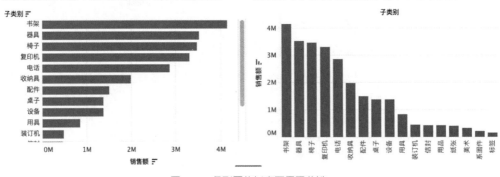

图 5-8　条形图的长度更易于分辨

条形图和柱状图的共同点是都用"面积"代表规模。这里的面积是从度量坐标轴零点开始的。考虑到人的视觉对长度的敏感性远远高于高度，同时水平的文字比垂直的文字更易读，对于排序而言，条形图几乎总是最佳选择。

相比之下，只有维度是自带次序的分类字段（如等级、年龄段、月份）时，才推荐使用柱状图。

2. 时间趋势问题与折线图

仅次于"排序问题"的是时间趋势问题，或者称为时序问题。时间趋势问题通常由具有连续性的日期维度和连续的聚合度量字段构成，比如，"各年月的销售额（总和）趋势""各月的客户数"。

折线图是多个数据点的连线。为什么能相互连成线？维度、度量字段都具有连续性，因此不同的聚合值数据点才可以放在相同的坐标轴中。线条是体现连续性的首选。

如图 5-9 左侧所示，把【销售额】和【订单日期】字段依次拖入视图或者行列位置，Tableau Desktop 默认生成折线图。如果把"标记"样式改为"柱状图"，虽然行列字段完全相同，但是视图失去了连续性，原来的折线表达趋势，此时的面积突出规模——哪些年月的销售更多一些。

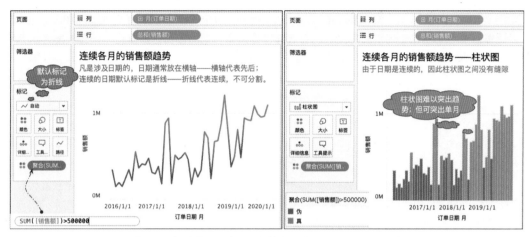

图 5-9 折线图用折线和坐标轴体现时间序列分析的连续性

图 5-9 所示的两个图表中，拖入聚合销售额并双击改为判断（SUM([销售额])>500000），可以把销售额高于 50 万元的年月突出显示。相比之下，折线图突出趋势波动，柱状图易于突出单个日期。

3. 占比分析与饼图、树形图

相比排序和时间趋势，占比问题相对较少一些，又因为图形较少而常被忽略。

"占比"即部分与总体的占比，也称为"部分与总体"问题。占比问题的字段构成和排序并无二致，是由离散维度和连续度量构成的，其独特之处在于，占比问题中包含的"占比"等关键词，指向了一个隐含的、更高聚合度的问题，从而构成占比计算的分母部分。

比如，"各类别的销售额占比"包含了显性的"各类别的销售额"和隐性的"（全部类别的）销售额"两个问题，而它们的计算构成占比。占比的典型图形是饼图（Pie Chart）。饼图用角度代表部分，而圆代表总体，如图 5-10 左侧所示。通常，饼图适合少于 8 个元素的情形。

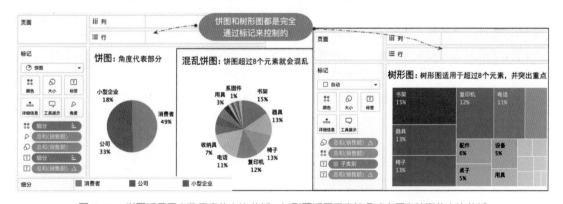

图 5-10 饼图适用于少数元素的占比分析，树形图适用元素较多或有层次结构的占比分析

如果构成问题的部分很多，饼图就会容易引起混乱，此时推荐使用树形图（Tree Map）。树形图更适

用于多个元素，特别是包含层次结构的情形。如图 5-10 右侧所示，颜色代表类别，进一步拆分为子类别，既可以计算每个子类别在全部中的占比，也可以计算在所属类别的占比——此时，问题中隐含了两个不同聚合度的分母计算。

占比分析本质上是不同详细级别问题的聚合计算。以"各类别的销售额占比"为例，它是各类别的销售额总和与全公司（即所有类别）的销售额总和之间的比值。

为了生成饼图，可以先双击问题中的维度和度量将它们加入视图，然后点击"智能推荐"自动生成饼图。随着应用娴熟，分析师可以借助"标记"为饼图添加样式、大小、颜色、标签，完成手动创建。

饼图中需要计算占比，对于初学者，推荐使用"快速表计算"中的"合计百分比"命令快速完成。如图 5-11 所示：①按 Ctrl 键拖曳【总和(销售额)】胶囊到"标记"的"标签"中，饼图周围就会显示绝对值标签；②选择标签位置的【总和(销售额)】胶囊，鼠标右击，在弹出的快捷菜单中选择"快速表计算→合计百分比"命令，饼图中的绝对值就会转换为百分比显示。

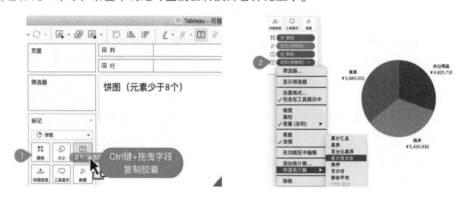

图 5-11　借助快速表计算增加饼图的占比

#### 4. 展现多度量值的交叉表

笔者把"交叉表"列入基本图形之一，与条形图、折线图、饼图并列构成"三图一表"，它们是最主要的可视化样式，不管是在 Excel 中，还是在 Tableau 中。

交叉表的优势是数据密度更高，在有限的空间中可以展现更多内容，缺点则是容易失去焦点。因此，在业务实践中，通常借助颜色突出度量列的极值，特别是同环比。

常见的交叉表按照度量值的数量，可以分为单一度量值交叉表和多度量值交叉表，后者较难。

单一度量值交叉表的典型代表是"日历表"（Calendar Chart），增加颜色后又称为"突出显示表"。

如图 5-12[1]所示，先在行、列中增加离散的工作日和周（拖入【订单日期】后用鼠标右击选择即可），然后把销售额加入标签和颜色，再把"标记"中的图形类型改为"方形"，颜色就会填充至每个交叉表单元格。连续的度量值生成连续的图例，从而突出两侧极值。

---

1　图 5-11 和图 5-12 来自《业务可视化分析：从问题到图形的 Tableau 方法》一书第 9 章相关内容。

图 5-12　单一度量值的交叉表，并增加颜色背景

在多度量值交叉表中，分类维度和多个度量构成的度量列分别在行、列之中，其难点在于颜色。如图 5-13 所示，这里的难点是为每个度量值设置单独的图例，从而单独控制。

图 5-13　使用 Tableau 创建多度量值交叉表并标记颜色

在 Tableau 中，可以先双击日期、地区维度字段，然后依次双击度量字段，就可以生成"多度量值交叉表"。把自动生成的"度量值"字段拖曳到"标记"的"颜色"位置，Tableau 会为度量值创建公共的颜色坐标轴。在颜色字段上右击，在弹出的快捷菜单中选择"使用单独的图例"命令，就可以为每个聚合度量生成单独的颜色图例。在右侧编辑图例颜色，还可以修改部分字段的颜色，进一步突出关键度量字段。

这个过程步骤比较烦琐，建议初学者在熟悉后续"度量值"功能后，参考图 5-13 进行练习。

## 5.2.3　中级可视化：分布分析、相关性分析

大数据的关键特征是关注样本或总体特征，这里的特征可以是员工的性别（男/女）、教育程度（高中/本科/研究生）等静态属性，也可以是客户的购买频次（订单不同计数）、累计销售额（销售额求和）

等动态属性。传统分析的重点是前者，大数据分析的重点是后者。

分布分析和相关性分析是对大数据量数据点的高度抽象和概括，包括泊松分布（笔者常称其为区间分布）、波动分布、相关性分析等多个类型，分别对应几个关键可视化图形样式——直方图、箱线图、散点图，在客户分析、价格带分析等场景应用广泛。

### 1. 泊松分布和直方图

泊松分布（Poisson's Distribution）描述独立随机事件的概率分布，以法国数学家西莫恩·德尼·泊松（Simeon-Denis Poisson，1781—1840）的名字命名，广泛应用于质量分析、客户分析等很多业务场景。

泊松分布的典型可视化形式是直方图，比如，客户的购买频次分布、客户年龄段分布等。直方图的横轴可以是非连续显示的年龄（15/16/17⋯），也可以是逻辑判断组成的"年龄段"（(15-20]，(20-25]等），由于横轴都应该是等距的区间段，因此笔者也常将其称为"区间分布"。

和排序条形图、时间趋势折线图等不同的是，直方图分布包含了两个**度量字段**，其中，横轴度量是"离散状态的等距区间"，相当于度量作为分类（典型如年龄段），纵轴度量是聚合构成问题答案。

按照直方图中横轴"等距区间"的生成难度，分为简单直方图、进阶直方图和高阶直方图。

- 简单直方图：不同年龄的员工数量（维度字段在数据表中存在，可以直接取用）。
- 进阶直方图：每个利润区间段的交易数量（维度字段是行级别的计算，相当于循环判断）。
- 高阶直方图：不同购买频次的客户数量（维度字段是在指定详细级别的聚合计算）（见第 10 章）。

**（1）简单直方图。**

如图 5-14 所示，数据表中的【age】字段默认是整数数字，以 1 年为步长，而"员工数量"来自【员工 ID】字段的聚合。在数据源或者可视化图形中，把年龄改为维度和离散显示。

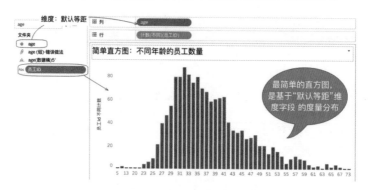

图 5-14　最简单的直方图：不同年龄的员工数量

初学者可以进一步理解数据表中的维度、度量（数字）和问题中维度、度量（聚合）的差异。数据表中的维度、度量反映客观的数据类型，视图中的维度、度量是主观的问题构成。

**（2）进阶直方图。**

进阶直方图又被称为"数据桶直方图"，建立在简单的行级别计算基础上。比如，"不同发货间隔的订单数量""不同销售额区间的交易笔数"等，横轴的区间在数据表中没有，需要根据问题需求计算而来。"发货间隔"来自字段【发货日期】与【订单日期】的差异，而"销售额区间"则来自连续利润的"数据桶"——对应 Tableau Desktop 中"数据桶"（Bin）功能，它可以快速实现区间段计算，相当于 IF 循环计算的自动形式。

- 发货间隔区间 << 发货间隔天数 << 发货日期、订单日期的间隔计算。
- 利润区间 << 利润字段的循环判断（比如以 500 元为区间）。

本节重点介绍"数据桶"（Bin）功能，案例如下。

"对交易利润按照 500 元划分区间段，查看每个利润区间段的交易数量。"

如图 5-15 所示，假设每个圆点代表一笔交易（对应数据表的明细行【订单 ID】*【产品 ID】），根据交易金额落到对应的坐标轴区间中。直方图相当于为指定区间的数据点做计数聚合。

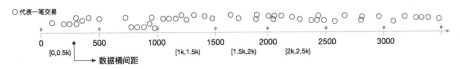

图 5-15　直方图的前提是连续度量的分段

把连续的"利润"转换为"等距区间"是关键，在 Tableau Desktop 中可使用"数据桶"（Bin）功能快速完成。如图 5-16 所示，在【利润】字段上右击，在弹出的快捷菜单中选择"创建→数据桶"命令，在弹出的窗口中输入区间间距并点击"确定"按钮，Tableau Desktop 会生成一个【利润（数据桶）】字段出现在维度区域，并默认为离散度量。

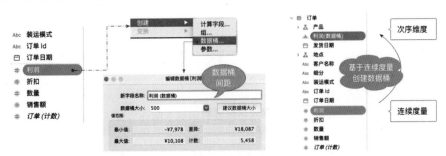

图 5-16　在度量上创建数据桶：连续度量转换为次序维度

如图 5-17 所示，双击新增的【利润（数据桶）】字段，视图中会出现各个利润区间段的分段，再把【（订单）计数】[1]字段加入视图，调整行列位置，就生成了利润区间的直方图。"（订单）计数"相当于数据表明细行的数量，也可以选择任意维度字段借助"计数"聚合完成。

---

1　在 Tableau Desktop 2020.2 之前的版本中，这个字段被称为"记录数"；之后的版本由于数据模型的存在，每个数据表分别的记录数字段以"表名（计数）"显示。

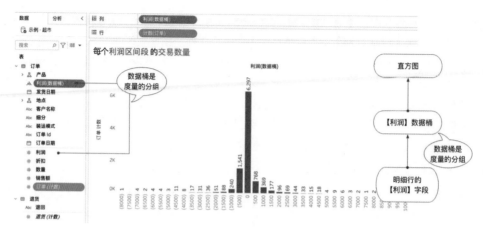

图 5-17　在数据桶字段上添加维度计数生成直方图

　　如果把问题中的"交易数量"改为"订单数量"，就演变成了高级直方图。这里的"高级"不是图形的复杂，而是层次逻辑和计算上的复杂。"每个（订单）利润区间的订单数量"需要预先完成"各个订单ID 的利润总和"，然后将其结果通过数据桶功能转换为利润区间构成直方图。简要步骤如下。

　　（a）预先聚合：{ FIXED [订单 ID] : SUM([利润]) }。

　　（b）上述预先聚合通过"数据桶"分组。

　　（c）上述结果作为横轴，构建直方图。

　　本书第 10 章会介绍这个问题的分析方法，类似的问题还有"不同购买频次的客户数量"等。

**2．波动分布与箱线图**

箱线图也被称为盒须图（Box and Whisker Chart），用于分析数据点的离散分布状况。

典型的箱线图样式如图 5-18 所示，每个点代表一个客户 ID，展现了地域之间的客户贡献差异。

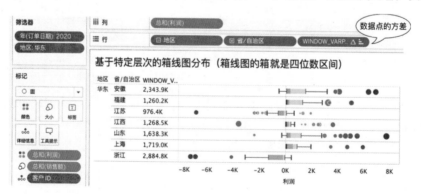

图 5-18　华东各地域客户利润贡献的箱线图分布

箱线图和直方图虽然都代表分布，但目的和制作方式截然不同。箱线图在点图的基础上，借助参考线及其组合完成了聚合数据点的二次抽象概括，其本质是表计算（WINDOW 计算）。

后续 5.4.3 节会结合参考线介绍实现方法，并在 9.7 节进一步介绍背后的计算逻辑。

**3. 相关性分析和散点图、"波士顿矩阵"**

相关性分析主要描述两个度量的关系，比如"商品的单价与商品销售量成正比吗？""随着时间增长，销售额和利润率是否同步变化？"它们分别代表两类可视化类型：散点图和双轴图。

这里主要介绍散点图，以及其与参考线组合而来的"波士顿矩阵"。

如图 5-19 所示，在 Tableau Desktop 中，分别拖曳或者双击【利润】和【销售额】字段到行、列中，再把维度字段【子类别】拖入"标记"的"详细信息"中，默认就会创建散点图。问题的详细级别是"子类别"，散点图展示了每个子类别的销售额与利润的关系——并非卖得越多，赚得越多，比如桌子子类别。

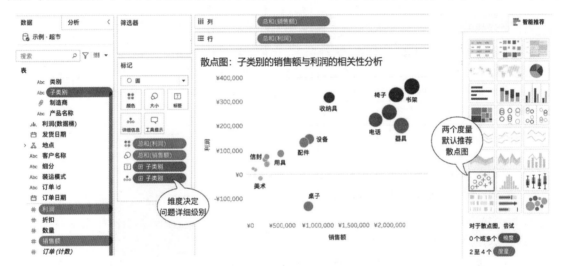

图 5-19　某个详细级别的相关性分析

默认的散点图看上去就是普通的点图，为了突出不同位置的数据点特征，推荐合理使用数据点的颜色、大小等可视化视觉要素。比如，把代表规模贡献的销售额添加到"标记"的"大小"中，而把利润添加到"颜色"中，这样就容易分辨第一象限中的"销售额、利润双高"数据点，以及利润严重亏损的数据点。

典型的散点图还需要计算视图中聚合数据点的二次聚合作为参考线——相当于进一步抽象数据点的数据特征。借助参考线，散点图就可以升级为"波士顿矩阵"[1]了，如图 5-20 所示。

添加参考线只需要从左侧"分析"窗格拖动"含四分位点的中值"到视图，放在"表"对应的位置，参考线可以根据需要改为平均值聚合。两条参考线划分 4 个象限，就是"波士顿矩阵"。

---

1　波士顿咨询公司发明了著名的"波士顿矩阵"，借助"增长率"与"市场占有率"两个关键度量指标，把商品、客户或者其他分析对象划分为 4 个象限，从而帮助业务决策者定位其特征。

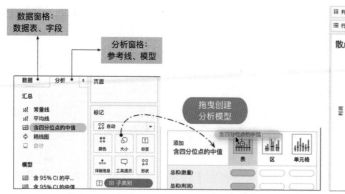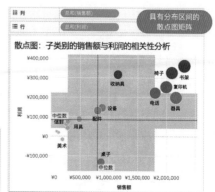

图 5-20　散点图和分布区间构建分析矩阵

在中位数之外，"含四分位点的中值"还包含了两个坐标轴的 P25 和 P75 百分位值，还能查看哪些数据点在中间的 50%区间范围之外，兼具了箱线图和散点图的优势。

这样，就能清晰地看到书架、椅子、收纳具是公司的利润主力，复印机、电话和器具的销售额规模、数量都非常相近，也是支撑公司利润的主力产品。相反，桌子不仅销售萎缩而且吞噬利润，应该重点分析以避免进一步损失。如果散点图的数据很多，还可以充分使用"颜色"标记划分分类，或者为形状增加"描边"，进一步增强可视化图形的层次性。

关于双轴图的介绍详见 5.3.2 节。

## 5.2.4　地理位置可视化

地理位置可视化用于处理与地理角色有关的分析，比如分省市销售、门店销售半径等。

从字段来看，地图是以经纬度值为行列字段的、经过特殊球面处理的矩阵，因此可以视为特殊的"分布"形式，只是分布以地球空间为背景。

从构成上看，地图又类似于双轴图的双层重叠——底层地图层控制背景，上层数据层展现数据。地理位置分析通常包含两个步骤：创建地图并设置地图层、选择地图样式并增加数据层。在 Tableau 2020.4 版本推出"地图标记层"（Map Marks Layer）和 "图层控制"（Layer Control）功能之后，地图中的数据层可以是更多层的重叠，极大地增强了地理空间分析的功能。

Tableau 地理位置分析操作简单、功能强大，支持广泛的地理空间文件和地图数据库。由于出版方面的限制，本书无法直接展示地图的背景和细节，借助经纬度坐标和手工 X/Y 坐标加以说明。

1．创建地图层：地理角色和地图样式

其中，创建地图层有两种方式：借助指定**地理角色**的字段、借助数据点的**经纬度坐标**。

Tableau 支持多种地理角色，常用的有国家、省/市/自治区、城市、机场等，地理角色的共同特征是在全世界对应唯一编码，比如"北京""香港"。如图 5-21 所示，在数据连接阶段或者可视化阶段，点击字段类别赋予对应的地理角色，这样 Tableau 就能把它的数据值放在全球地图中呈现。

图 5-21　点击字段，为字段赋予地理角色

在设置地理角色时有一种"间接引用"的特殊形式，比如，东北地区包含黑龙江、吉林、辽宁三省，但是数据值"东北"和字段【地区】并无直接的地理角色可供选择。此时可以引用【省份】的地理角色，间接生成【地区】的地理角色，如图 5-21 右侧所示。

除了内置的地理角色，其他如港口、地铁站、景点、仓库位置等地理位置都可以借助经纬度坐标。经纬度字段的数据类型必须是小数。之后双击经度和纬度字段到视图中，Tableau Desktop 就会自动加载默认地图层。

Tableau 默认创建"浅色"的地图样式，还可以根据需要选择其他样式，商业分析中常用"浅色"和"街道"，大屏展示时常用"深色"。同时还可以借助"地图选项"设置地图中的工具，比如，通过勾选"显示视图工具栏"复选框隐藏地图工具，锁定地图范围，如图 5-22 所示。

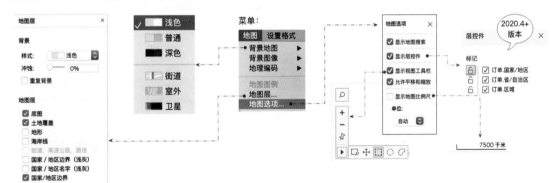

图 5-22　地图层与地图选项控制（Tableau 2020.4+版本）

2．多个数据层："地图标记层"及其控制

地图可以视为是地图层（Map）和数据层（Data）的双轴重合，数据层又可以是国家、省份、城市等多层的重叠，这就是"地图标记层"，它把地理空间分析往前推进了一大步。

首先双击地理角色字段，如【省/自治区】就可以创建地图，然后拖曳其他地理角色字段比如【城市】到视图中，从而添加更多数据层。每个数据层在标记中都对应独立的选项卡，它们有默认的优先级次序，还支持独立编辑。

在图 5-23 所示的示例中，底层的"国家/地区"是填充颜色的背景地图，这样没有销售记录的省份也会被填充颜色，同时被锁定避免被选中；图中左侧显示了"省/自治区"对应的数据层，而右侧显示了"城市"对应的数据层。

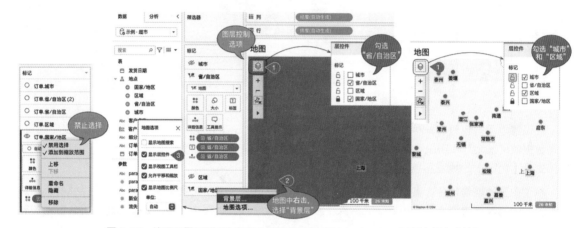

图 5-23　使用地图标记层实现多个地图的重叠（Tableau 2020.4 及以上版本支持）

在展示过程中，多个图层还可以通过"图层控制"功能控制，控制是否在地图中显示数据层，这是交互设计中的重要组成部分，给予分析师和访问者更多自助选择。

在介绍了地图的创建方法、地图标记层的使用方法后，接下来介绍最常见的地图样式：符号地图、填充地图、路径地图。地图有关的函数参见第 8 章。

### 3. 基本的地图样式：符号地图、填充地图

符号地图是地图的默认样式。双击带有"地理角色"的字段生成地图后再双击销售额，Tableau 自动以不同大小的圆圈表示；此时若再双击第二个度量，如利润，则会自动添加到"标记"的"颜色"中，由于度量是连续的，因此颜色默认为渐变色，并出现颜色图例，如图 5-24 所示。

填充地图用背景颜色展示度量，比如，每个省的背景颜色的深浅用来展示销售额的多少，因此也被称为"背景地图"。符号地图和填充地图作为最重要的两种地图样式，在实际应用中该如何做出最佳选择呢？

- 符号地图用大小和颜色代表两个独立指标，适合同时展示多个指标的场景。其中，大小展示绝对值（比如销售额），颜色描述需要突出极值的数据（比如"利润"）。
- 填充地图以颜色填充为基础，只有颜色的深浅可用，适合展示单一比值，比如利润率。另外，颜色可以使用"对比色"有效地突出负值，而且能借助颜色的分段突出数据的层次。但要注意，像北京、上海等小区域备份会因为区域面积较小而容易被忽视。
- 符号地图的符号默认为圆圈，可以设置为形状或者饼图，比如分析每个省份不同细分的占比。

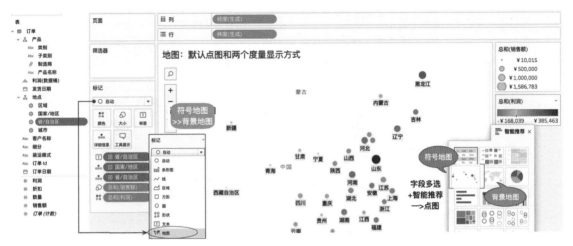

图 5-24　创建符号地图和填充地图的方法

在表达数据层次时，合理地选择颜色非常重要，几乎决定了可视化的成败。最佳实践建议如下。

**其一，单色表达规模，双色或多色突出两侧极值。**

如果要突出度量的两极（较大数据和较小数据），则建议使用两个色系的对比色（比如温度发散采用红色—蓝色发散），如果只想突出一侧，则使用同一色系的渐变色（比如红色—金色），具体可以点击"颜色"后进行编辑，选择 Tableau 默认的色系，如图 5-24 所示。

图 5-25　两种色板的适用场合

**其二，大量数据点重叠时调整颜色效果，比如不透明度、边界和光环等。**

以图 5-26 所示的"各城市的销售额和利润"为例，如果只想突出最大值，则左侧的默认图例就是恰当的；如果想突出所有城市的分布，则可以为"标记"增加"边界"（即"描边"）以突出每个的位置。描边的颜色建议选择图形颜色的对比色。

符号地图和填充地图是最常用的两种地图样式，也是其他地图样式的基础。

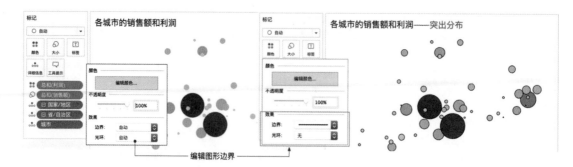

图 5-26 为符号地图增加边界（描边）以增加层次感

### 4．点图和热力图

点图（Dot Map）可以视为符号地图（Symbol Map）的简化——只有一个维度字段，只突出分布，不强调大小。当大量的点密集在一起时，希望按照密度划分层次，就可以选用热力图（Density Map），从而更好地查看宏观分布的层次。点图、热力图集中体现了地图的分布特征。

由于度量默认会聚合，所以在视图中加入经纬度后默认会聚合为一个点——所有经纬度的平均值。制作点图的方式有两种：把代表数据表明细级别的字段加入"标记"的"详细信息"中，或者通过菜单"分析→聚合度量"命令取消默认聚合。相比之下，后一种方法更便捷，如图 5-27 所示。

图 5-27 两种地图分布表示法：点图和热力图的切换

热力图的关键是选择合适的颜色色系，通常使用"温度发散"形象地表示热点区域。

### 5．数据点和线的组合形式：路径地图

地理位置分析还可以展现数据点的动态过程，比如，城市地铁路线图、地铁乘客的上下车流向动态图、飞机的行程图等。

**（1）飓风流向地图——以时间构建路径次序。**

如图 5-28 所示，数据表明细行代表每个飓风在不同时间点的位置和气象特征。路径地图的关键是，如何按照业务逻辑结合数据表结构，把多个数据点前后串联起来。

业务场景：在各个区域/Basin、每个飓风/Storm、不同时间/Date 的 位置及气压、风力

| Abc | Abc | 📅 | ⊕ | ⊕ | # | # |
|---|---|---|---|---|---|---|
| 迁移的数据 | 迁移的数据 | 迁移的数据 | 迁移的数据 | 迁移的数据 | 迁移的数据 | 迁移的数据 |
| **Basin** | **Storm Name** | **Date** | **Latitude** | **Longitude** | **Pressure (mb)** | **Wind speed (kt)** |
| West Pacific | PAKHAR 维度 | 2012/3/28 18: 次序 | 9.4000 | 112.5000 | 1,00 度量 | 0 |
| West Pacific | PAKHAR | 2012/3/29 00:00:00 | 9.6000 | 112.3000 | 1,008 | 0 |
| West Pacific | PAKHAR | 2012/3/29 06:00:00 | 9.7000 | 112.0000 | 1,006 | 0 |
| West Pacific | PAKHAR | 2012/3/29 12:00:0 飓风的 | 9.7000 | 111.8000 | 1,004 | 35 |
| West Pacific | PAKHAR | 2012/3/29 18:00:0 移动 | 9.7000 | 111.6000 | 1,002 | 35 |
| West Pacific | PAKHAR | 2012/3/30 00:00:00 | 9.7000 | 111.3000 | 1,000 | 40 |
| West Pacific | PAKHAR | 2012/3/30 06:00:00 | 9.7000 | 111.0000 | 998 | 40 |

图 5-28　飓风路径数据表明细

如图 5-29 所示，在工作表中：①双击经纬度字段【Longitude】和【Latitude】创建地图，默认地图中只有一个点；②把字段【Storm Name】（飓风名称）拖入 "标记" 的 "详细信息" 中，此时视图详细级别就是飓风，因此每个飓风一个数据点——代表飓风所有数据点经纬度均值。

要把点图转化为路径地图：③应该把可视化样式改为 "线"；④关键是将日期字段【Date】拖入 "标记" 的 "路径" 位置中，此时视图的详细级别就是 "Storm*Date"，数据点根据时间先后连成线。

最后将【Wind speed】（风力）字段加入 "标记" 的 "大小" 中，线条就有了粗细，即图 5-29 右侧所示的样式。

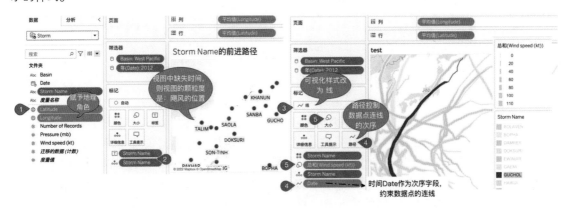

图 5-29　飓风路径地图：从起源到消失

路径地图的关键是如何控制数据点连接的次序，而时间是最好的选择。如果用数字作为次序，就要注意控制路径的字段应该是维度（次序），而非作为度量聚合。结合下面案例理解。

**（2）地铁线路图——以数字属性为路径次序。**

这里以 "北京地铁线路" 为例。如图 5-30 所示，数据表有 4 个关键字段：线路、站点名称、站点顺序和进站人数，站点顺序是对每条线路中站点名称的次序描述。

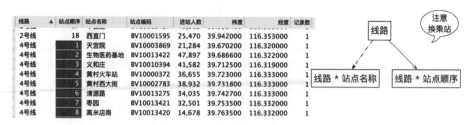

图 5-30　理解地铁数据表的字段关系

不管是通过"线路*站点名称"还是"线路*站点顺序"组合，都能唯一地确定一个站台，因此无须【站点名称】字段，只要利用【站点顺序】字段就可以把数据点连接起来。

这里以北京地铁 4 号线为例。如图 5-31 左侧所示，筛选 4 号线的所有数据，"标记"样式选择"线"，把字段【站点顺序】拖入"路径"，即可创建 4 号线的连线。常见的错误是把字段【站点名称】加入视图，原来的线反而成了点，如图 5-30 中间所示。理解二者的差别，关键在于理解问题详细级别对视图的影响。

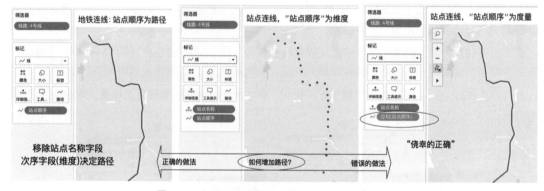

图 5-31　以坐标点为基础生成路径地图的正确方法

由于维度字段决定问题详细级别，故维度是聚合的依据。将字段【站点名称】加入视图后，视图详细级别是"站点名称*站点顺序"，对应的连接就变成了"每个站点名称下，多个'站点顺序'的连线"，而多个站点名称则无法连线。因为"站点顺序"作为站点的描述，和"站点名称"是相同层次的，"站点名称"限制了"站点顺序"的路径。如果一个站点名称对应 A、B、C、D 四个站点顺序，则数据就会不同。

此时，如果把"站点顺序"作为度量加入，虽然看似可行，却只是侥幸的正确。当一个站点在数据源中有多行数据时，"总和（站点顺序）"的聚合结果无法作为站点次序。原来的排序 1 可能成了 10（若数据源有 10 行），原来的排序 2 可能成了 40（若数据源有 20 行），而作为维度的次序字段，和同为维度的站点名称，始终是一对一的关系，这才是正确的方式。

借助一条地铁线确认逻辑，之后就可以把筛选字段加入视图颜色中了。通过双轴图或者标记层的方式，还可以把地铁路径图和站点流量重叠在一起，视图效果如图 5-32 所示。

上述的路径方法，适用于多行数据表的次序连接。如果在每一行中既有起点位置，又有终点位置，比如航空公司固定航线的起点和终点坐标，此时就需要全新的方法：路径函数 MAKELINE（见第 8 章）。

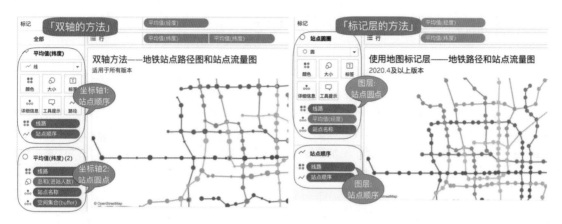

图 5-32　两种方法完成北京地铁线路及流量图：站点路径与站点流量

## 5.2.5　"图像角色"可视化（Tableau 2022.4+版本）

Tableau 2022.4 版本发布了图像角色（Image Role）功能，可把图片 URL 地址解析为图像显示。图像角色在浏览器中以 HTML5<canvas>元素形式渲染，需要 IE 9.0+版本或 Chrome、Firefox 等浏览器。由于大量图片会降低性能，Tableau 默认限制显示数量（桌面端不超过 100 张、移动端不超过 60 张）。超过约定数量建议增加筛选器，高级用户可以使用 tsm configuration 配置更改（可能引起的性能问题）。

从功能上看，图像角色和地理角色（Geographical Role）属于一个类型，都是赋予指定字段以特殊的角色，从而转化为特定的可视化样式展现。Tableau Desktop 把它们并列显示，如图 5-33 所示。

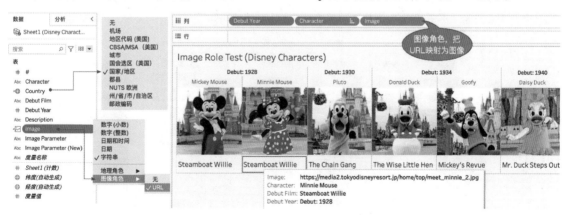

图 5-33　使用图像角色把 URL 地址映射为图像显示

目前，使用图像角色功能需要满足几个条件，随着版本升级可能会有变化：

- 必须是 HTTP 或者 HTTPS 开头的 URL 地址，且不能包含<、>、&、\、^、' 等字符。
- 目前图像格式支持 JPG、JPEG、PNG，且文件小于 200KB；自 Tableau 2023.2 版本开始支持 gif 动图（仅在 Tableau Server 和 Online 中动画显示，本地渲染为静态图片）。

## 5.3　可视化绘制方法与可视化增强

以"三图一表"为基础，结合参考线、标记样式可以延伸出很多高阶可视化图形，比如甘特图、标靶图，实用性足以和"大数据三大图表"（直方图、箱线图、散点图）相媲美。

可视化的过程犹如树木之扎根、生长、枝繁叶茂的过程。问题解析和问题类型的选择如同根茎，而主视图的构建如同枝干。从基本图形或者主视图出发，有多种增强可视化展示方法的路径，主要有增加行列字段、坐标轴特殊处理、使用标记增加图层（Layer）、增加分析型参考线等，以及借助计算实现多维度结构化组合分析，如图 5-34 所示。

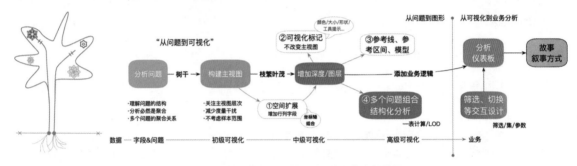

图 5-34　从问题分析到图形增强分析的完整路径

复杂问题也是从基本问题构建而来的，使用上述增强分析过程，基本图形可以延伸或组合为无数的图形，这也是 Tableau 基于字段的可视化分析方法。业务分析应该关注业务问题，淡化图形样式。如图 5-35 所示，展示了基本问题和图形之后更多的可视化图形样式。

| 交叉表 | 占比 | 排序 | 时间序列 | 分布 | "相关性" | |
|---|---|---|---|---|---|---|
| 交叉表 | 饼图 | 条形图 | 折线图 | 直方图 | 散点图 | 符号地图 |
| 突出显示表 | 树形图 | 矩阵条形图 | 柱状图 | 箱线图 | 嵌套条形图 | 热力图 |
| | 环形图 | 堆叠条形图 | 面积图 | 帕累托图 | 双折线图 | 填充地图 |
| | 旭日图 | 比例条形图 | 双轴组合图 | | 瀑布图 | 路径地图 |
| | | 并排条形图 | 排序图 | | 雷达图 | Buffer地图 |
| | | 重叠条形图 | 地平线图 | 气泡图 | 漏斗图 | 组合地图 |
| | | 标靶图 | 坡面图 | "词云" | | 地图函数 |
| | | 进度条 | 阶梯图 | | | |
| | | 项目甘特图 | 日期甘特图 | | | |
| | | 跨度图 | 蜡烛图 | | | |

单一数据关系与基本图形
双重数据关系与增强分析
多重可视化组合

* 广义的"相关性"包含了层次、流向等多字段关系

图 5-35　从基本图形类型扩展而来的更多图形

### 5.3.1　像油画一样做可视化：可视化三步骤和标记的使用

以"不同细分市场，各年度的销售额趋势"为例，问题包含了"细分""年（订单日期）"两个维度

和"销售额"度量。很明显，随时间的趋势变化是问题的关键，因此对应的主视图应该是折线图。不同细分之间的差异是第二视觉需求，增加颜色来代表"细分"，如图 5-36 所示。

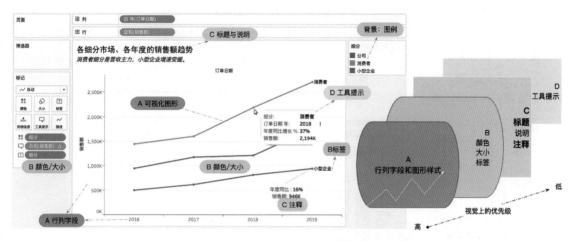

图 5-36　一个典型的多层次视图及视觉的优先级

一般而言，行列字段及其图形样式构成整个视图的"主视图焦点"。次优先的数据焦点可以借助颜色、大小、标签等其他视觉要素来实现。除此之外的要素，可以借助注释，甚至工具提示来展现，它们和可视化标题、说明构成了可视化图形的背景信息。因此，笔者把可视化图形绘制过程分为 3 个步骤。

（1）制作主视图焦点——A. 行列字段和图形样式。

（2）增加辅助视觉要素——B. 颜色、大小、标签。

（3）增加数据背景要素——C. 注释、标题、说明；D. 工具提示。

同样的字段组合，使用不同的可视化图形往往会引起不同的视觉反应，有时候表达了另外的含义，有时候引起视觉混乱。以上面的这个问题为例，图 5-37 展示了多种字段组合方式，读者可以感受一下不同的"主视图焦点"及可视化图形带来的差异。

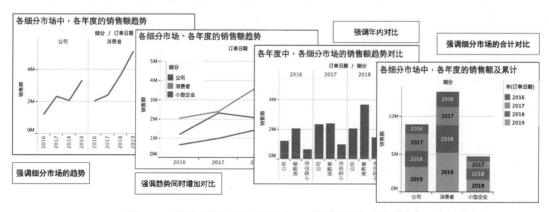

图 5-37　相同字段的多种表达形式——分别对应不同的问题焦点

通常，每一个问题都有一类最佳的可视化图形。同理，每一个可视化图形也对应一个最关键的可视化需求。对于业务分析师而言，要坚持"从问题到图形"的思路，优先确定问题类型，而后使用颜色、大小、形状等可视化要素突出关键点，切不可为了炫酷的效果而选择图形。

在多种可视化视觉要素中，颜色永远是第一选择，这体现在了标记的使用上。

在各种可视化图形中，颜色都可以在原可视化样式不变的基础上，增加问题分析的层次。如图 5-38 所示，不管是柱状图，还是折线图，增加颜色分类字段，主视图虽然未变，但问题详细级别就会发生变化，分析就更加具体，体现为视图中数据标记的数量更多。

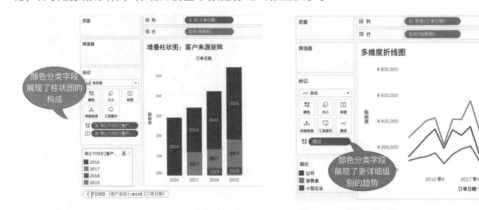

图 5-38　使用颜色更改其他类型的可视化图形

在这里，堆叠柱状图强调构成，而堆叠折线图强调趋势，二者的结合就是面积图（Area Chart）。所有可视化图形都是空间矩阵与视觉要素的组合，可视化图形脱离了问题没有存在意义，只有炫酷的形式，这也是笔者反复强调"从问题到图形"的可视化思路的重要原因。

## 5.3.2　度量双轴及其综合处理

在可视化图形的绘制过程中，标记和坐标轴的使用非常关键。坐标轴可以实现双轴对称，也可以做多轴合并。双轴和多轴分别对应不同的应用场景（注意，这里的坐标轴都是度量坐标轴，而非日期坐标轴）。

最典型的双轴图是"两个连续度量随连续日期的相关性"，比如销售额和利润的趋势。

如图 5-38 所示，在 Tableau Desktop 中分别将字段【订单日期】、【销售额】和【利润】加入视图，并将【订单日期】字段改为连续的"（年）季度"，此时图中共有 3 个坐标轴：一个连续日期、两个连续度量。

拖曳第二个度量坐标轴到第一个坐标轴对面，或者在第二个度量坐标轴上右击，在弹出的快捷菜单中选择"双轴"命令，就会创建双轴图，如图 5-39 右侧所示。

两条近乎重合的折线，代表随着日期的变化，销售额和利润的增长近乎一致，利润率的变化可以印证它们的相关性。注意，两侧轴刻度截然不同，这也是折线几乎重合的原因之一。

在一些场合中，需要使用"同步轴"命令从而让两个坐标轴刻度保持对齐，避免数据的误导。

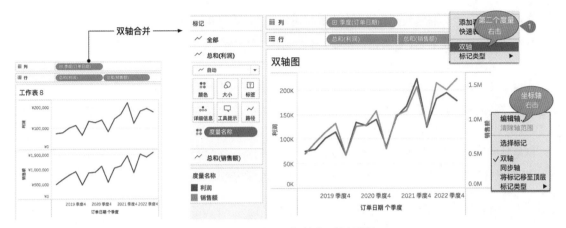

图 5-39　具有共同时间轴的双轴折线图

比如，使用双轴图展示"各类别、子类别的销售额、利润和利润率"。

由于"类别、子类别"都是离散的，因此使用条形图来表达这个问题。默认生成 3 个坐标轴太占视觉空间，而交叉表又难以突出极值，此时就可以使用双轴"重叠"其中的两个坐标轴。由于利润是销售额中的一部分，两个具有包含关系的度量可以通过双轴、同步轴的方式展现。

如图 5-40 所示，字段【类别】和【子类别】在"行"，度量在"列"位置。坐标轴需要设置为双轴中同步轴，还需要根据问题需要调整条形图的宽度甚至字段的位置。关键的步骤说明如下（见图 5-39 和图 5-40）。

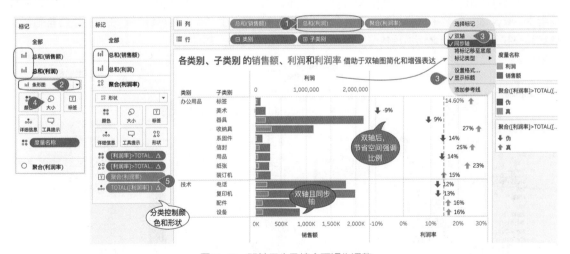

图 5-40　双轴同步及综合可视化调整

① 在第二个度量上右击，在弹出的快捷菜单中选择"双轴"命令，合并前两个坐标轴，默认双轴都会转换为"点"，同时 Tableau 会自动生成"度量名称"代表双轴的颜色，必要时可以点击"标记"中的"颜色"进行编辑。

②在"标记"处，将销售额和利润对应的可视化样式改为"条形图"。

③在利润坐标轴上右击，在弹出的快捷菜单中选择"同步轴"命令，必要时还可以勾选"显示标题"，隐藏其中一个坐标轴。

④默认两个条形图宽度相同，调整两个条形的先后关系，并调整利润的"大小"避免重合。

⑤对"利润率"可以做必要的修饰，比如增加参考线（全公司平均）颜色，这个内容涉及自定义计算 TOTAL（第 9 章）。

坐标轴的调整通常伴随颜色、大小、次序等的综合调整，初学者需要在这个过程中进一步充分理解 Tableau 的可视化逻辑，并随着参考线、计算的内容逐步优化图形。

### 5.3.3　多个坐标轴的"公共基准"：度量值

顾名思义，"双轴图"只能是每两个坐标轴的合并。如果要对比多个坐标轴的包含关系或者连续趋势，比如，"（新型冠状病毒感染）不同国家的确诊、治愈与死亡人数""各个类别的销售额、毛利额、利润额"，就需要为多个度量创建公共基准。这就是 Tableau 自动生成的"度量值"的应用场景。

"度量名称"和"度量值"是 Tableau 为每一个数据源自动创建的辅助字段，二者分别显示在维度和度量的最后。"度量名称"是包含了所有度量的虚拟维度，用于显示度量名称标题，通常常用来控制不同度量的颜色、大小、标签显示等。"度量值"则是所有度量的公共尺度，用于生成公共坐标轴。

#### 1. 使用"度量名称"和"度量值"快速创建最高聚合图形

如图 5-41 所示，双击"度量名称"或者"度量值"，都可以把所有度量值快速添加到视图中，只是前者生成交叉表，后者生成柱状图。原因在于，"度量值"可以生成公共坐标轴——任何一个度量轴都可以在其中找到位置，随之而出现的是"度量值功能区"。

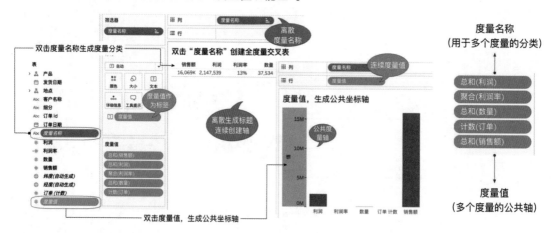

图 5-41　双击"度量名称"或者"度量值"可以快速生成的图形

当然，默认度量值都是独立的，通过调整视图中字段【度量名称】的位置，可以实现坐标轴的堆叠或者重合，从而体现多个度量字段的包含关系。

比如，"各个类别的销售额、毛利额、利润额" 3 个字段具有明显的包含关系，"度量名称" 置于 "标记" 的 "颜色" 中，有助于区分不同字段，而要准确地表达包含关系，默认的堆叠显然不行，如图 5-42 左侧所示。通过菜单①"分析→堆叠标记→关"命令，可以将默认的堆叠改为重叠显示；②将 "度量名称" 放在 "标记" 的 "大小" 中，可以控制每个度量名称的宽度；③还可以拖曳调整次序并控制大小。

图 5-42　将默认的堆叠关系改为重叠关系

通常，**堆叠体现对比关系**，它们的合计有意义；**重叠体现包含关系**，它们不能合计。

至此，本书介绍了坐标轴的双轴、同步轴、多度量轴及其处理等常见内容。

对于中高级用户而言，还有相对坐标轴、绝对坐标轴等专业内容，在第 3 篇中介绍。

# 5.4　高级分析入门：参考线与参考区间

数据可视化分析旨在解读数据背后的逻辑，在创建可视化图形之后，经常需要进一步概括、归纳，从而突出分析重点，典型方法有参考线（Reference Line）、趋势线（Trend Line）、预测线（Forecast Line）、集群（Cluster）等。其中参考线是最常见、最简单的形式，还可以构成参考区间、分布区间等。

本节借助参考线及其延伸形式，介绍主视图样式与分析要素的结合。

## 5.4.1　参考线的创建及其组合

参考线可以实现对视图聚合值的二次聚合，因此是通往高级分析的关键桥梁。在理解参考线的类型、组合及背后计算的基础上，初学者可以逐步深入表计算、模型分析等高级内容。因此，本节的内容是理解第 9 章表计算，以及 SQL 窗口函数的必要准备。

如图 5-43 所示，Tableau Desktop 可视化界面左侧的 "分析" 窗格预置了多种参考线样式和模型。简单地理解，在多条辅助线之间填充阴影构成区间（Band），线和区间构成分布模型（Distribution）。

在使用参考线的过程中，有几个要点至关重要，初学者需要反复留心，在实践中深入理解。

**首先，只有在连续性的坐标轴上才能添加参考线。**

离散的分类字段如同 Excel 的行，相互之间可以假想有缝隙，因此没有参考线的容身之地。Tableau 中连续的字段是日期和度量，连续的字段生成坐标轴，参考线相对于坐标轴而存在。

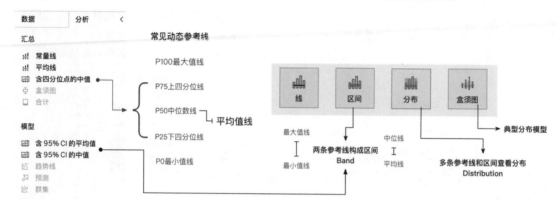

图 5-43　Tableau 预设分析模型与常见的参考线样式

同理，也只有连续的字段才能被引用为参考线值，离散的日期无法被引用。

**其次，拖曳辅助线时，需要明确视图中的位置及其差异。**

维度划分区域，Tableau 默认提供了 3 个位置：表（Table）、区（Pane）和单元格（Cell）。

单元格构成区，区构成表。表、区和单元格的划分是由视图中的维度字段决定的。"表"代表最大的范围，包含可视化视图中所有数据点；相反，"单元格"代表最小的范围，是最详细级别对应的数据点；"区"介于二者之间，Tableau 一般是指比单元格高一级的范围。

如图 5-44 所示，从"分析"窗格拖曳"平均线"到多个维度的条形图中，分别放在表、区、单元格中，可以添加 3 个结果截然不同的平均线，它们都是视图中【总和（销售额）】字段的平均值，只是不同的范围决定了被平均的数据值不同，因此结果不同。这也是参考线和表计算的魅力所在。

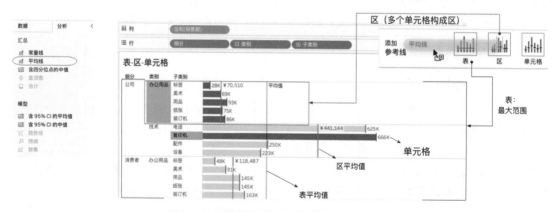

图 5-44　Tableau 中表、区和单元格的对应关系

**再者，参考线有多种添加方式，要在应用中逐步理解它们与计算的关系。**

参考线有常量线和动态辅助线两种，前者如"100%达成"辅助线，后者如"全国的合计利润率"。通常前者是不需要聚合的，后者是需要聚合的。不同的可视化图形要选择合理的参考来源。

参考线既可以引用视图行列之外的字段，也可以是对视图已有聚合字段的二次聚合。

如图 5-45 所示，左侧"各个订单的订单日期和发货日期"中，订单日期构建视图横轴，在单元格级别，选择"发货日期"的最小值标记为参考线，它与订单日期的距离即"发货间隔"，这是"甘特进度条形图"的基础。由于每个订单只有一个发货日期，这里聚合方式不会影响参考线。

而右侧"各个订单的销售额总和"，坐标轴是销售额聚合，红色参考线则是每个订单"总和（销售额）"聚合字段的二次聚合（平均值），其本质是第 9 章要讲解的表计算函数 WINDOW_AVG。

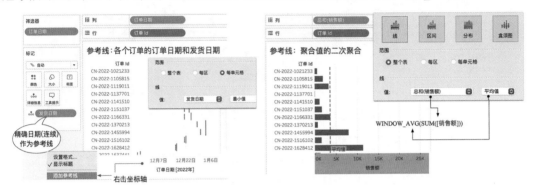

图 5-45　两种参考线样式：直接引用字段值和使用聚合的二次聚合值

从 Tableau 的语法角度看，右侧的参考线是 WINDOW_AVG(SUM([销售额]))函数，计算范围是整个表；对应 SQL 中的窗口函数，规定计算范围：

```
avg(sum([销售额])) over ( )   -- 后面省略了 partition by 部分，对应"表"的范围
```

在第 9 章的表计算部分，笔者还会重新介绍 Tableau 中的表、区和单元格的区别。初学者可以通过拖曳创建基于聚合的参考线，这是表计算的简化形式。

## 5.4.2　标准甘特图和标靶图：条形图与参考线的两种结合方式

以条形图为基础，既然参考线只能创建在连续的坐标轴上，而坐标轴又分日期坐标轴和度量坐标轴两种，因此就有两种典型的参考线样式：标准甘特图和标靶图。

### 1. 标准甘特图（Gantt Chart）

标准甘特图由**连续日期**和**离散字段**构建行列空间，数字控制条形的长度（大小）。

事实上，在视图中添加一个连续日期和维度字段时，Tableau 会自动将其转化为甘特图样式，如图 5-46 左侧所示，此时每个数据点都是一个短竖线起点。图 5-46 中位置①必须是连续日期，位置②自动匹配。

甘特图的关键是以"标记"中的"大小"控制长度。这里使用日期函数 DATEDIFF 创建字段【发货间隔】，如图 5-46 右侧所示，将创建好的计算字段拖曳到"标记"的"大小"位置，度量默认求和，这

里聚合方式改为"平均值"。为什么默认求和不对？因为每个订单会有多个产品，因此对应多个明细行，日期函数是在每一行上计算的，默认求和相当于订单中每笔交易的发货间隔的求和，发货间隔就倍增了。进一步了解计算的原理，需要结合第 8 章内容。

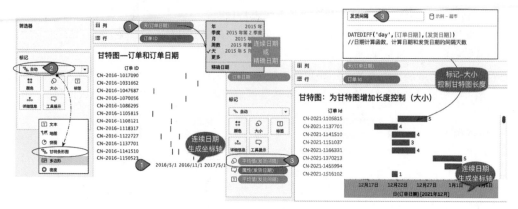

图 5-46　甘特图：基于连续日期坐标轴的标准甘特图

使用标准甘特图的关键提示：控制大小的数字单位，务必和坐标轴单位保持一致，比如都是天。很多复杂图形都有甘特图的影子，比如股票蜡烛图（Candlestick Chart）、瀑布图、跨度图（Span Chart）等。这些需要熟练使用计算和绘图，可以参考《业务可视化分析：从问题列图形的 Tableau 方法》一书的相关章节。

2. 标靶图（Bullet Graph）

在可视化图表中，标靶图结合了条形图的直观和参考线的简洁，通常用于分析销售额及其达成度，还可以借助分布区间进一步增强层次性。

在"示例—超市"数据的默认工作簿"性能"[1]中，标靶图和"数据混合"在一个示例中。使用数据混合可以把各个细分、各个类别的销售额与销售目标混合在一个主视图中，如图 5-47 所示。

图 5-47　使用数据混合为标靶图准备数据

---

1　工作簿名称"性能"明显翻译不佳，Performance 在此处应该翻译为"达成"或者"绩效"。

这样的数据交叉表显然不便于对比，即使计算二者的占比也并不直观。标靶图用条形图代表销售额，每个单元格对应一条参考线代表销售目标，用二者的关系描述达成度。创建标靶图最快的方法是借助"智能推荐"，如图 5-48 所示。高级用户可以在坐标轴上右击，在弹出的快捷菜单中选择"添加参考线"命令。有时条形图和参考线对应的字段会颠倒，只需要在坐标轴上右击，在弹出的快捷菜单中选择"交换参考线字段"命令。

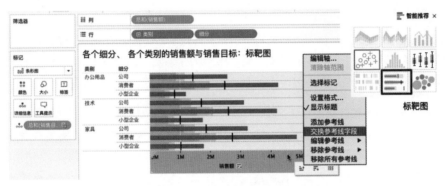

图 5-48  通过智能推荐创建标靶图

如果要手动创建，则分为 3 个步骤：创建销售额的条形图、创建销售额目标参考线、创建销售目标 60% 与 80% 分布区间（稍后讲解）。

按照最佳可视化直观、突出的要求，可以通过颜色突出达成与否，比如，突出达成率低于 170%[1] 的分类。在"标记"下方空白处双击，拖曳字段创建如下计算，并拖曳到"标记"的"颜色"中：

$$SUM([销售额])/SUM([销售目标].[销售目标])<1.7$$

如果需要分年查看，还可以增加"订单日期"到视图中。如图 5-49 所示，拖动"订单日期"到列，日期自动以"年"为分组，就是"各个类别、各个细分，在每年的销售额和销售目标"。

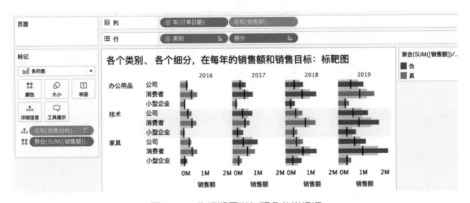

图 5-49  为标靶图增加颜色分类标识

---

1  由于视图中模拟数据的达成率都很高，因此选择了 170% 来体现差异；业务中通常选择低于 1，或者低于 75%。

数据混合和标靶图是制作达成类分析的首选，非常容易被初学者忽视。标靶图有助于把销售额作为视图的焦点（条形图），而参考线作为背景信息，数据混合则轻松把数据合并为一体。

按照笔者经验，标准甘特图和标靶图是初学者迈向中高级数据分析的标志图形。它们需要充分利用主视图样式、计算和参考线，甚至第4章的数据混合和第9章的表计算。

### 5.4.3 参考区间

在理解了单条参考线之后，就可以往前再迈一步，理解多条线构成的区间，以及分析模型了。最简单的参考区间是最大值、最小值构成的极值区间，或者开始日期、结束日期构成的日期区间。分布的典型是箱线图和标准差分布，它们都要借助聚合的二次聚合，本书在9.7节介绍。

#### 1. 基于最大值、最小值度量的极值区间

最简单的分布区间：最大值和最小值构成的区间（Scope）。在质量领域中，常用平均值、最大值和最小值3条参考线及其阴影来反映质量的分布情况，称为"均值极差图"。

如图5-50所示，首先创建"不同日期的质量残次比率分布"折线图。而后在度量坐标轴上右击，在弹出的快捷菜单中选择"添加参考线"命令，在弹出的配置窗口中选择"区间"或者从左侧"分析"窗格拖曳"参考区间"；在弹出的右侧窗口中设置"区间开始"和"区间结束"参考线，就可以构成分布区间。"平均线"可单独创建。

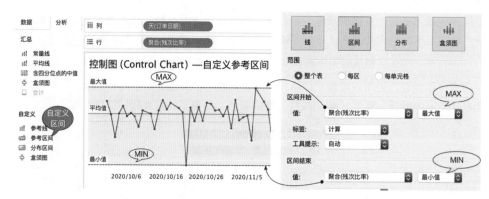

图5-50　均值极差图

除了平均值、最大值、最小值等构成的区间，还有建立在其他函数基础上的更多区间方法，比如四分位、标准差分布等，它们都是表计算函数的"化身"。为了方便初学者使用，分析窗格中将常用的分布区间预设为基本模型，提供了"所见即所得"的敏捷拖曳方法，这里简要介绍添加方法。

#### 2. 基于计算的分布区间模型

在一些场景中，分析者还需要更复杂的分布特征，Tableau提供了多种常见的**分布区间模型**。如图5-51所示，常见的有60%~80%平均值分布区间、95%百分位分布区间、四分位分布区间和标准差分布区间。拖动"分析"窗格的"参考区间"到视图就能创建。还可以为区间添加填充颜色增强分布区间

的直观性。

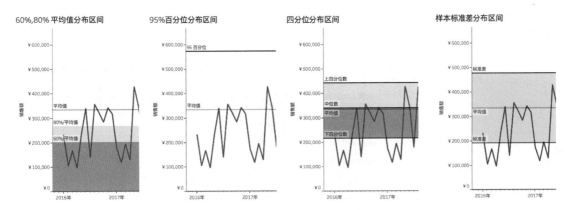

图 5-51　Tableau 常见的分布区间

在工业质量领域，1 个标准差区间的质量分布被称为"质量控制图"（Control Chart），常用于描述质量的波动情况——更严格的质量范围可能是 3 个标准差。而 6 个标准差被公认为非常严苛领域（比如航天、飞机）的质量标准，代表百万分之三点四的概率。

如图 5-52 所示，在标准的折线图基础上：①拖曳"分布区间"；②并在弹出的窗口中选择"分布"，在范围中选择"整个表"单选项；③并选择"标准差"单选项，默认（-1,1）生成 1 个标准差分布区间。

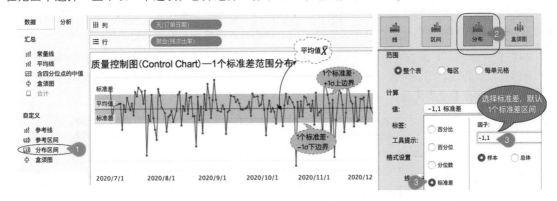

图 5-52　质量控制图：一个标准差区间

特别注意，**所有包含聚合的参考线都是表计算的简化形式**，初学者可以直接使用，但要在高级分析中游刃有余，则需要进一步了解表计算的原理，以及其对应的参考线样式，详见第 9 章。

## 5.4.4　置信区间模型

Tableau 为专业用户提供了一些模型化分析，比如置信区间、趋势线、预测线等。

置信区间（Confidence Interval，CI）是确认数据可靠的概率。1+1=2 的可信概率是 100%，股市跌破

2500 点的可信概率就非常低（比如 20%）。统计学中常用 CI 95%作为可信度的参考标准。

Tableau 的"分析"窗格提供了"含 95%CI 的平均值"和"含 95%CI 的中值"两种预设好的模型，分别在添加平均线参考线和中位数参考线的同时绘制 95%置信区间，并以阴影填充，如图 5-53 所示。

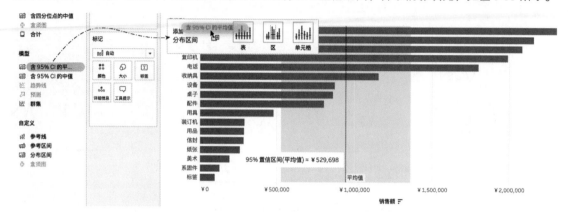

图 5-53　为分析添加置信区间

需要了解更多关于置信区间的专业知识，请查看相关的统计学书籍。

## 5.4.5　趋势线与预测线

趋势线用来反映两个动态数据的趋势变化，比如，随着日期的销售变化、价格上涨时销售数量会下降等，因此可视化横轴和纵轴都必须是连续性字段（日期或者度量）才能使用趋势线。

如图 5-54 所示，日期折线图和散点图都可以添加"趋势线"，还可以设置颜色以区分显示。将鼠标光标悬停在趋势线上，可以查看对应的模型算法。还可以通过鼠标右击，在弹出的快捷菜单中选择"描述趋势线"命令查看更多内容。

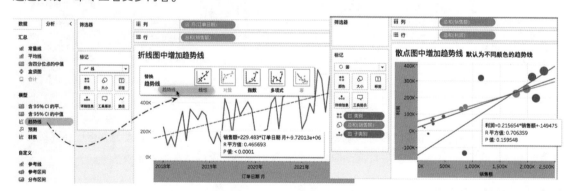

图 5-54　趋势线和回归方程

Tableau 提供了多种趋势线模型，包括线性、对数、指数、多项式和幂。那么应该选择怎样的分析模型呢？统计学中，借助两个指标来判断有效性，$P$ 值代表显著性（即是否具有统计意义，取 Probability

的首字母），R 平方值代表相关性（取 Relation 的首字母）。一般而言，P 值小于 0.05（即低于 5% 的小概率被证伪）时说明模型具备统计意义；而 R 平方值越接近 1，说明二者越具有相关性，R 平方值低于 0.5 时，通常说明不适用于回归分析。

趋势线是历史数据的规律模拟，而预测线则是未来数据的逻辑计算。Tableau 可以为连续日期添加自动预测，预测区域的阴影是自动添加的"95% 预测区间"，如图 5-55 所示。

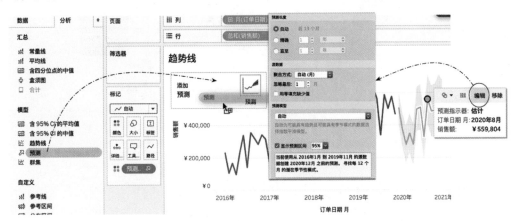

图 5-55 预测线：在日期折线图中，拖曳"预测"添加预测线

Tableau 允许专业用户编辑模型，在预测区间中用鼠标右击，在弹出的快捷菜单中选择"描述预测"命令可以查看详细的预测模型计算。模型默认忽略最后一个单位日期的数据（因为最后一个单位的数据通常是不全的）。

预测和趋势都是建立在复杂的计算模型基础上的，Tableau 2020.3 之后版本还为高级用户提供了自定义计算的方法，从而更好地控制预测变量。相关内容参考第 9 章。Tableau 也支持使用 Python 等第三方软件的模型分析。

## 5.4.6 群集

Tableau 的分析模型还有一个"群集"功能，常见于高级业务分析。群集使用 K 均值算法，按照指定变量，将散点图中的数据分为多个分类。

如图 5-56 所示，在散点图中：①拖曳"群集"创建，自动以颜色分类，并弹出编辑窗口；②根据需要可以拖曳更多变量，并设置群集数量；③将视图中的群集拖到左侧字段中，可以创建群集字段【客户名称（群集）】，新字段如同分组字段，可以完成条形图、折线图等进一步分析。

在笔者的项目过程中，很少用到这个功能。一是很难给业务方介绍背后的逻辑（理解成本较高）；二是建立在自动算法上的进一步分析比较难以通往决策。因此，建议初学者先了解，如有需要，建议阅读 Tableau 官方说明[1]或者统计学专业知识。

---

1 在 Tableau 官网中搜索"Tableau 在数据中查找群集"可以查看说明。

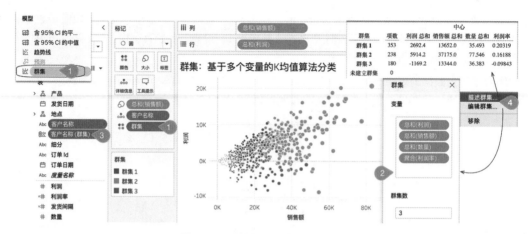

图 5-56　基于多个变量创建自动群集

# 5.5　格式设置：必要调整，但不要过度

格式设置是 Tableau Desktop 特别庞大的体系，也是最常用的功能，从字体、字号、颜色、对齐、数字精度到工作表阴影、单元格边框，无一例外都需要格式来控制。

## 5.5.1　常见的设置格式工具栏

几乎在任何希望修改格式的位置，都可通过鼠标右击，在弹出的快捷菜单中选择"设置格式"命令，或者在弹窗中设置格式来完成。常见的有工作表"标题""标记"中的"标签"和软件界面左侧专门的格式设置区域，如图 5-57 所示。

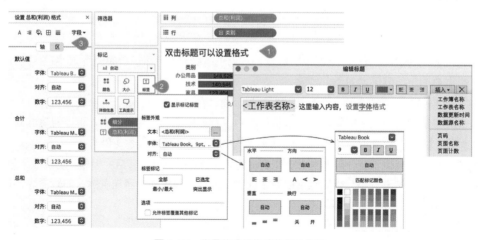

图 5-57　常见的设置格式的多个位置

在软件界面左侧的格式设置区域，主要有字体、对齐、阴影、边界、线 5 种类型，每一种类型都包含了非常多的设置，如图 5-58 右侧所示。根据字段的连续/离散特征，这里的字体设置又可以呈现为"标题/区"或者"轴/区"，如图 5-58 左侧所示。

图 5-58　各个类别的设置内容（字体、对齐、阴影、边界、线）

初学者无须一次掌握所有功能，可以在后期的练习中逐步体会每个设置对视图的影响。下面介绍笔者在实践中使用最频繁的几个功能。

## 5.5.2　设置"标签"格式，自定义交叉表

"标记"中的"标签"是使用最频繁的功能之一，在交叉表、饼图、双轴图、散点图中都应用广泛。

如图 5-59 位置①所示，点击"标记"中的"标签"，可以勾选"显示标记标签"复选框，该功能等价于在工具中增加符号[T]（"快速显示/隐藏"）。此时只能修改字体、对齐，不能设置文本。只有拖曳字段到"标签"中，如图 5-59 位置②所示，点击"文本"才能编辑，如图 5-59 位置③所示。

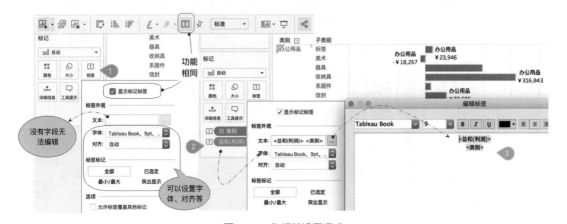

图 5-59　为标签设置格式

结合本功能，这里介绍一个在商业仪表板中广泛使用的场景：将度量名称置于度量值下方。

**第一步，拖动度量名称显示为可视化标签，并隐藏标题。**

标记文本的前提是有多个字段对应到标签位置，如图 5-60 位置①所示，按住 Ctrl 键拖动"度量名称"到"标记"的"文本"[1]中。确保文本中有两个字段，此时在视图中数值下面就有了度量名称；如图 5-60 位置②所示，点击列中的"度量名称"，取消勾选"显示标题"复选框，从而隐藏标题。

**第二步，按照需求设置格式。**

标记中提供了广泛的设置，还可以编辑文本的格式和对齐方式，甚至在弹出的交叉表中更改位置、颜色，或插入分隔符。在图 5-60 中，将"度量值"设置为红色，并将"度量值"放在"度量名称"上方。

这种通过文本编辑显示的方式，在数据分析中很常见。

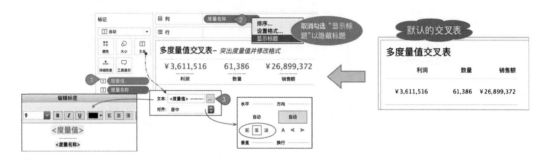

图 5-60　在交叉表基础上修改样式从而突出数据

## 5.5.3　工具提示的格式设置、交互和"画中画"

在 5.3 节中，工具提示被用来展示数据背景，通常借助鼠标光标悬停，显示分析中可能用到的更多数据。在标记中，点击"工具提示"（见图 5-61 位置①）即可弹出"编辑工具提示"窗口，如图 5-61 位置②所示。之后可以根据需要编辑格式，选择交互方式——默认是"响应式-即时显示工具提示"（见图 5-61 位置③），即点击数据可以弹出工具提示，还可以改为"悬停时-悬停时显示工具提示"。

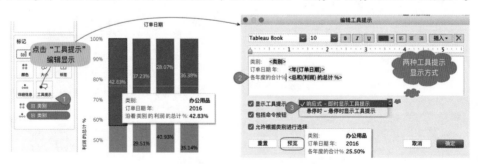

图 5-61　设置工具提示，编辑提示的标签

---

1　如果可视化图形的样式为"文本"，则这里显示文本，否则显示"标签"。

在业务分析中，分析师可以为其他浏览者关闭工具提示（特别是在移动端访问时，工具提示有碍于数据展现），或者取消勾选"包括命令按钮"复选框，这样访问者就没有权限使用"只保留"或者"排除"数据，如图 5-62 左侧所示。还有一个非常棒的功能，默认勾选"允许根据类别进行选择"复选框，可以实现"按图索骥"。如图 5-62 右侧所示，点击任意一个数据，工具提示中会显示它所属的类别，点击类别名称（如"消费者"），即可快速显示该类别的所有数据。

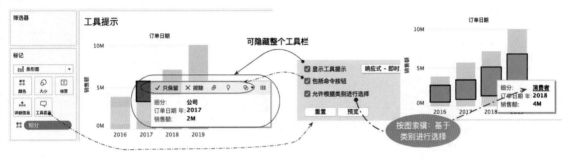

图 5-62　关闭工具提示，或者关闭命令

工具提示中还可以通过"插入工作表"实现"画中画"功能，它的本质是数据表的关联筛选，相关内容参见第 7 章。

## 5.5.4　其他常用小技巧

### 1. 效率必备：复制、粘贴

企业用户经常为了保持多个工作表的格式一致而耗费心力，复制和粘贴格式有助于缓解这个问题。如图 5-63 左侧所示，如果在工作表 A 中设置了字体、边线、边框等不依赖于特定字段的格式，则可以在工作表标题上右击，在弹出的快捷菜单中选择"复制格式"命令，而后在工作表 B 标题右击，在弹出的快捷菜单中选择"粘贴格式"命令保持一致性。

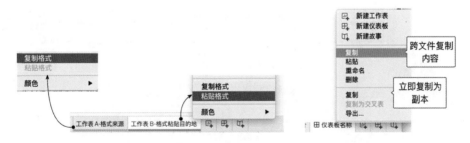

图 5-63　复制和粘贴格式

注意，复制和粘贴格式，仅限于设置背景、字体、边框等不依赖特定字段的工作表的格式，而不能是单一字段的百分比位数等差异格式。统一修改字段格式，推荐在字段上用鼠标右击，在弹出的快捷菜单中选择"属性→默认格式"命令。

另外，工作表、仪表板、故事，甚至逻辑字段都可以复制、粘贴。如图 5-63 右侧所示，要注意区分两个"复制"的功能差异，上面是复制到另一个文件，下面是立刻复制副本。

**2．标题中插入参数或者筛选器**

每一个仪表板都对应一个标题，双击"标题"可编辑标题的字体、大小等，还能插入各种参数，甚至视图中使用的字段，如图 5-64 所示，可以把动态的参数插入标题，这样就能自动变化。

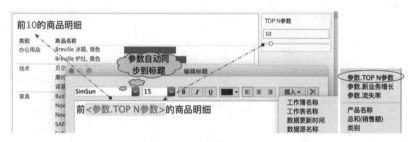

图 5-64　设置标题的格式

在商业仪表板中，建议保持简洁，仅增加关键说明和提示；非关键内容置于图形底部"说明"。

**3．为仪表板或者工作表设置样式**

在使用仪表板的过程中，有时希望同步设置所有标题的大小或者字体。此时可以使用菜单栏中"设置格式"中的对应项目，减少挨个设置的麻烦。先按下 Esc 键，确保没有选中任何数据，之后点击菜单栏中"设置格式"命令，就可以为仪表板或者工作表（此处官方翻译为"工作簿"）设置全局的格式——比如所有的标题字体和字号，如图 5-65 所示。

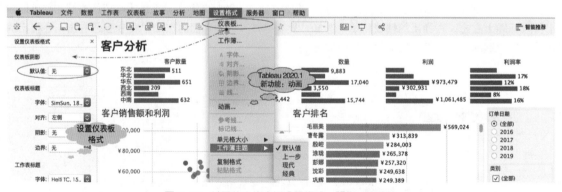

图 5-65　基于整个仪表板设置格式：阴影、字体等

不少企业倾向于为仪表板设置黑色背景或者以企业主题色为背景，可以通过这里的"仪表板阴影"设置，不过更改背景意味着要调整几乎所有的样式，除了大屏展示，其他情况不建议使用。

设置格式内容庞杂，很难用最短的篇幅面面俱到，只能提及要点，在使用中进一步探索。

关于设置，如果只提供一条建议，那就是"内容大于形式，不要为了格式枉费青春"。

# 5.6　向高级自定义扩展：Viz Extensions（Tableau 2024.2+版本）

在 Tableau 2024.2 版本中，推出了在笔者看来过去十年最重要的可视化功能更新：Viz Extension，一举解决了桑基图、雷达图等复杂图表难以绘制、难以复制的问题。如图 5-66 所示。展示了 Tableau 迄今最重要的 3 个可视化功能：

- VizQL：将拖曳转换为数据查询和可视化渲染，是 Tableau 最核心的专利和产品根基。
- Show Me（智能显示）：根据所选字段的角色特征（维度/度量，连续/离散）和数量，自动推荐可用的可视化图表，其中红色边框的为最优推荐。
- Viz Extensions（可视化扩展）：将桑基图、雷达图等高级图表配置打包，实现拖曳创建。

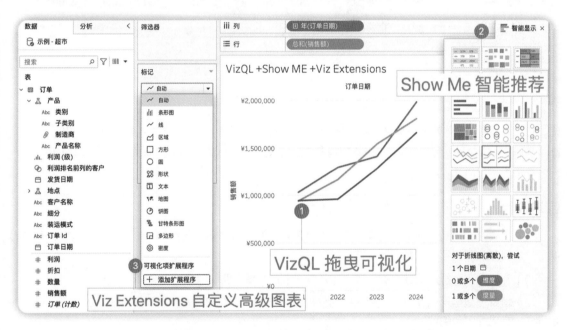

图 5-66　Tableau 最核心的 3 个可视化功能

以官方生成的"桑基图"（Sankey Chart）为例，只需要点击"添加扩展程序"，打开官方发布的"桑基图"扩展，而后依次双击类别、细分（至少需要两个维度字段，代表桑基图流向的起点和终点），再双击销售额（默认聚合代表流向的规模），即可生成一个如图 5-67 所示的桑基图！非常方便，远超想象。

Tableau Desktop 支持从官方的 Exchange 下载第三方发布的扩展，也支持本地加载。随着越来越多的用户加入开发队伍，Tableau 的高级图表的绘制也越来越容易，弥补了复杂图表先天不足的缺陷。

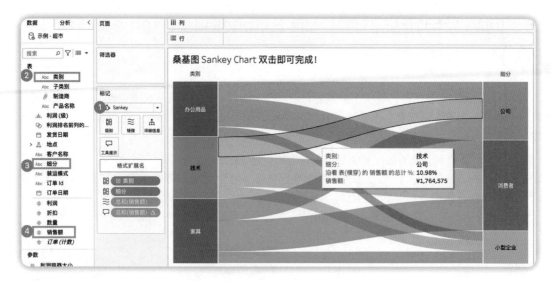

图 5-67　Tableau 使用扩展创建桑基图（Tableau 2024.2+版本）

## 参考资料

[1]　喜乐君. 业务可视化分析：从问题到图形的 Tableau 方法[M]. 北京：电子工业出版社，2021.

[2]　基恩·泽拉兹尼. 用图表说话：麦肯锡商务沟通完全工具箱[M]. 马晓路，马洪德，译. 珍藏版. 北京：清华大学出版社，2013.

## 练习题目

（1）简要介绍问题的基本分类及对应的常见图形，并以条形图、折线图为例，思考字段属性如何影响了"从问题类型到可视化类型"的选择过程。

（2）介绍分布分析的三种主要场景，以及其对应的关键图形。

（3）理解度量坐标轴在可视化视图中的作用和组合形式，介绍双轴图和"度量值"公共坐标轴的创建方法。完成如下示例。

　　（a）各类别的销售额、利润和利润率（销售额和利润双轴合并显示）。

　　（b）用度量名称和度量值创建包含 4 个度量的交叉表。

（4）参考线是对分析的高级抽象，结合"各类别、子类别的销售额"，创建表、区和单元格的平均值参考线，理解参考线的计算过程和差异。

（5）理解标准甘特图和标靶图的相同点和不同点，从而理解参考线如何影响可视化分析和辅助判断。

　　（a）不同订单的订单日期和发货日期标准甘特图。

　　（b）不同类别的销售额及销售目标。

# | 第 6 章 |

# Tableau/SQL 筛选与集操作

关键词：筛选、筛选位置、优先级、上下文（Context）筛选器、集（Set）、参数（Parameter）

分析是快速验证假设、辅助高效决策的过程。能够随机切换数据范围是分析的关键，也是敏捷分析区别于静态"PPT 数据文化"，甚至"Excel 简易报告"的关键。

筛选是最常见的数据增强分析技术，意如其名，"基于筛选条件缩小数据样本"，见于从数据连接、数据整理、数据可视化、数据交互展示的每个环节。在不同的环节，Tableau 的筛选器功能和用法略有差别。多个关键功能，比如集、参数等都建立在此基础上。

本章主要介绍筛选及其相关的内容，主要包括以下几种。

- 筛选（Filter）：筛选的类型、优先级和交互。
- 集（Set）：可以把筛选结果保存下来的"神奇容器"。
- 参数（Parameter）：自定义输入从而与视图交互的入口——常用于控制分析样本。
- 分组（Group）：将某个字段内的数据重新合并、分组，其本质是数据准备。

## 6.1 理解不同工具背后的筛选方法与共同点

大道至简，工具相通于原理。这里先介绍筛选的两个位置，然后重点介绍"独立筛选"。

### 6.1.1 筛选的两类位置：独立筛选和"条件计算"

在过去多年的学习和实践中，笔者筛选体系上的混乱，首先是由筛选的两类位置引起的。

先比较如下两个问题的异同（假设当前日期是 2022 年 9 月 10 日）。

问题 A：2022 年，当前月份，各个区域的（MTD）销售额、利润。

问题 B：2022 年，各个区域的（YTD 累计）销售额总和、（MTD）当月销售额及环比。

从结构上看，以"逗号"和"的"为分隔，问题都分为分析范围、分析对象和问题答案 3 个部分。其中，问题的"视图详细级别"相同（都是区域），答案中关键度量也相同（销售额总和）。

区别在于，问题 A 中的两个筛选范围是完全独立的，对维度分组和聚合度量都产生影响，而问题 B 中，"2022 年"的筛选器是独立的，同时存在和聚合计算结合的计算条件（当月和上月），它们让不同范围的指标存在于同一个问题之中。

本书中，把前者称为"独立筛选"，这是本书讲解的通用样式，从而有助于理解筛选的分类、功能、组合和控制方法；把后者称为"**条件计算的筛选**"，它的典型代表是 SUM+IF 组合计算[1]，本书会在第 8 章结合计算加以介绍。

以计算"本年度的销售额总和"为例，Excel、SQL 和 Tableau 都使用了类似的方法。

- Excel——SUM+IF: = SUM(IF YEAR(T2:T100)=2022,S2:S100)，其中 T 列是订单日期，S 列是销售额
- SQL——SUM+IF: SUM( IF (YEAR([订单日期])=2022, [销售额], null )
- Tableau——SUM+IF:   SUM( IIF (YEAR([订单日期])=2022, [销售额], null )

随着范围的复杂，逻辑也会随之复杂，比如，相当于参数日的 YTD 销售额，或者 MTD 销售额等，这些都需要综合理解筛选和计算方能游刃有余。

## 6.1.2  使用不同工具完成"独立筛选"

不管使用什么工具，建议先用标准的"三段式结构"来表述问题，有助于理解和分类。

如图 6-1 所示，所有问题都是由分析范围、问题描述和问题答案 3 个部分构成的。其中，分析范围是对数据的筛选，对应的主要功能有筛选、集、交互和计算，以及控制筛选范围的参数。

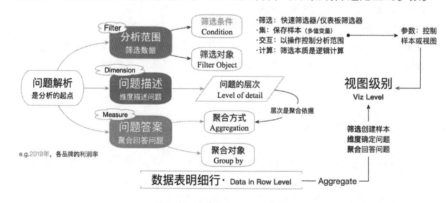

图 6–1  问题的结构分析及其关系

筛选是看似简单却异常复杂的体系。它的功能独立，是计算的化身。因为分类众多、次序敏感，所以若使用不当则特别容易导致性能问题，甚至分析结果错误。

筛选是根据判断条件，从所有数据值中保留符合条件的数据（同时意味着过滤掉不符合条件的数据）。因此，筛选本质上是一个真/伪（True/False）的布尔判断。

---

1  特别注意，SUM+IF 和 SUMIF 是两种不同的条件计算逻辑，前者的条件独立于聚合，后者则合为一体。SUMIF 的典型代表是 SQL 中的 WHERE 聚合子查询，以及 Power BI 中的 CALCULATE 表达式，本书不再专门介绍。

同时，筛选可以包含多个判断条件，对应不同类型，比如，如下几个问题。

- 问题 1：2021 年（订单日期）、东北地区，不同类别的销售额。
- 问题 2：2021 年，销售额（总和）大于 2 万元且利润（总和）大于 2000 元的客户，以及各客户的销售额。
- 问题 3：2021 年，销售额（总和）大于 5 万元的产品为重点 SKU，各个类别的（重点 SKU）产品数。
- 问题 4：2021 年，销售额（总和）排名前 10 的产品，各个类别的销售额、利润（10 是动态参数）。
- 问题 5：在包含标签的订单中，各个子类别的订单数量。
- 问题 6：首次订单日期在 2021 年的新客户，分析他们在各个子类别的利润总和。

为了帮助读者理解筛选的逻辑，本书先从 Excel 的筛选开始，理解它的局限性，再对比 SQL，最后理解 Tableau。高级工具除了效率更高，通常还能完成更复杂的筛选形式。

### 1. 在 Excel 中完成筛选的"习惯"与改进

这里以问题 1 为例：2021 年（订单日期）、东北地区，不同类别的销售额。

在 Excel 中，默认展示**数据表明细行**，习惯这种展示方式的分析师通常会先在明细中完成筛选，而后聚合，步骤如下。

- 在数据表明细行中，使用"自动筛选"功能，分别对字段【订单日期】和【地区】执行筛选。
- 将筛选结果复制到新的 Sheet 中，即保留筛选的数据表明细行。
- 基于筛选结果，插入"数据透视表"，汇总完成"不同类别的销售额"。

这种方式的好处是把数据源阶段的筛选与后续的分析完全分开，有助于理解筛选的过程。缺点也很明显：一是步骤割裂容易出错，二是如果分析范围发生变化，则前后难以同步。因此，更好的方式是，将筛选和分析在一个阶段完成，如"数据透视表"中的筛选。

如图 6-2 所示，在 Excel 的数据表明细中插入"数据透视表"或者"数据透视图"，就相当于发起了一次聚合查询。在右侧的设置区域，将订单日期、区域拖入筛选器（选择筛选范围），将类别拖入行（问题描述），将销售额拖入值（度量默认求和），就会生成指定范围的聚合。

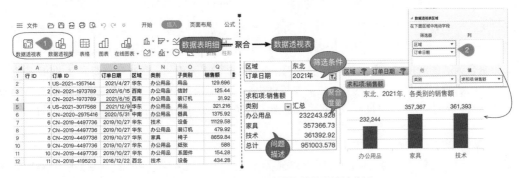

图 6-2　在 Excel 中完成问题的筛选和简单分析

在 Excel 中，订单日期不会自动分组为"年度"，所以还需要增加一个"分组"的步骤。

至此，使用 Excel 解决了问题 1，不过对于问题 2 和问题 3，Excel 相对而言就显得有些力不从心了。究其原因，是筛选条件之中增加了"聚合"（销售额总和、利润总和）。建立在聚合上的筛选，只能在"数据透视表"阶段完成，这就增加了题目的复杂性。这一类问题用 SQL 可以轻松解决，SQL 更好地整合了查询、聚合，以及嵌套查询。

### 2. 在 SQL 中优雅地完成复杂筛选

SQL 结构化查询语言是数据时代与数据库交互的基本工具，包含了丰富的筛选功能。

问题 1 最简单，可以使用如下 SQL 语句完成查询。

```
SELECT   类别, SUM(销售额)
FROM   superstore
WHERE   区域 = "东北"   AND   YEAR(订单日期)=2021
GROUP BY 类别
```

其中，WHERE 子句限定分析范围，GROUP BY 子句指定聚合依据。

问题 2 的难度提升了一个台阶——筛选范围中包含聚合，注意筛选的对象（客户）和问题的维度完全相同。在 SQL 中，可以通过在 GROUP BY 之后增加 HAVING 子句直接完成。WHERE 和 HAVING 代表不同的筛选位置。如图 6-3 所示。

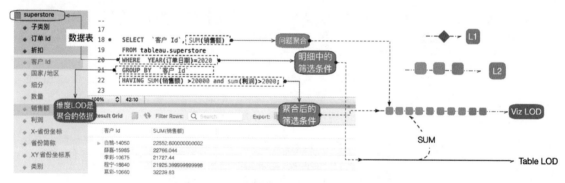

图 6-3  使用 SQL 完成聚合查询，并做条件筛选

在这里，"2021 年"是针对字段【订单日期】的判断，而"销售额（总和）大于 2 万元且利润（总和）大于 2000 元的客户"是以"客户"为筛选对象的条件判断，又与问题中的维度完全一致。

如果聚合筛选的对象与问题的维度完全不同，比如问题 3～问题 6，此时就需要嵌套 SQL 子查询。不过，即便是学习 SQL 较长时间的人，也需要特别小心，才能确保语法正确，不是初学者和业务用户所能轻易掌握的。幸好，还有 Tableau——它相当于把这些复杂的功能封装为模块，拖曳即用，可视化展现。

### 3. 借助 Tableau 将筛选、交互和可视化完美结合

筛选的关键是理解筛选的条件，同时区分筛选条件所依赖的对象字段和判断条件。SQL 难以实现敏

捷的动态筛选，无法创建最终用户可以直接操控的参数。比如，问题 4 的简化形式如下。

销售额（总和）前 10 的产品，各个类别的销售额（总和）、利润（总和）（10 是动态参数）。这个问题中，问题维度（问题详细级别）和聚合答案非常清晰，关键在筛选。筛选对象（产品）和问题详细级别（类别）截然不同，分别对应聚合。问题中包含的详细级别列举如下。

- 数据表详细级别（Table LOD）：销售明细表，对应"订单 ID*产品"的交易。
- 视图详细级别（Viz LOD）：主视图的维度组合（类别），同时也是视图聚合的依据。
- 筛选所在详细级别（Filter LOD）：独立于问题详细级别，是聚合筛选的条件（产品）。

如图 6-4 所示，展示了 Tableau Desktop 拖曳后的效果，右侧展示了详细级别的关系。

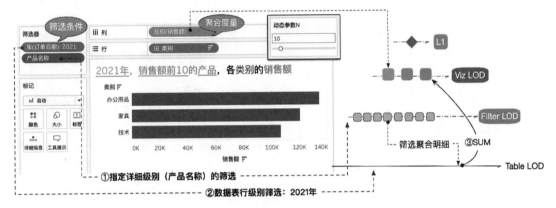

图 6-4  包含多个详细级别的问题（详细步骤见图 6-5）

问题 4 完整的筛选过程如图 6-5 所示。

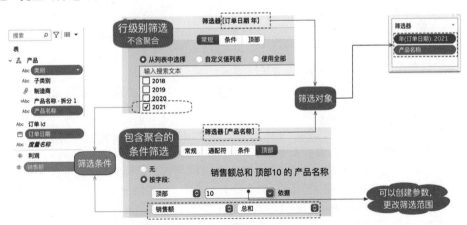

图 6-5  使用 Tableau 拖曳添加筛选对象，增加筛选条件

（1）包含聚合的条件筛选：销售额（总和）排名前 10 的产品。

筛选对象是字段【产品名称】，而筛选条件包含"销售额（总和）"，同时增加了顶部判断"前 10"。

筛选条件包含聚合，对应详细级别既不同于"数据表详细级别"，也不同于"问题详细级别"，此时要把筛选对象字段【产品名称】拖入筛选器，在弹出的窗口中选择"顶部"，然后设置聚合方式和筛选条件。这是问题 4 最关键的环节。

（2）行级别筛选：2021 年。

订单日期的筛选对应数据表明细，只需要将字段拖入筛选器，选择"年"和对应数据值即可。

问题 4 所代表的范例（筛选对象与问题维度的分离）在 Excel 中几乎是难以企及的任务。在 SQL 中，也需要使用嵌套才能完成，非业务用户所能轻易驾驭，但在 Tableau 中可以通过拖曳完成。借助 Tableau 自动生成的 SQL 语句，读者可以了解其背后的筛选逻辑，如图 6-6 所示[1]。

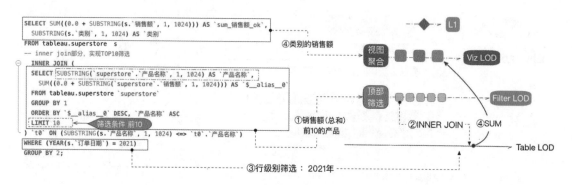

图 6-6　Tableau 中自动生成的 SQL，格式略有调整

在这里，筛选是通过数据查询的方式完成的，通过在 FROM 子句中包含 INNER JOIN，实现了可视化聚合之前的数据筛选。

可见，无论使用哪种工具，其背后的逻辑和方法是相通的，只是高级的工具抽象程度更高，也更方便。筛选的本质是计算，只有理解筛选的分类、计算，才能触类旁通理解其他工具。

### 4. 原理：理解筛选背后的原理与工具的差异

总结一下所有工具（Excel、SQL、Tableau，甚至 Python）中筛选的共性，要点如下。

- 一个**问题**可以包含多个筛选。
- 每个**筛选**必然包含两个部分：筛选对象（Filter Object）、筛选条件（Condition）。
- 筛选必然对应详细级别：筛选的本质是计算，计算必然是某个详细级别的计算。
  - ➤ 首先，最简单的筛选是数据表行级别（Table LOD）筛选，简称"行级别筛选"。
  - ➤ 其次是问题详细级别（Viz LOD）的聚合筛选，简称"度量筛选"。
  - ➤ 最后是指定其他详细级别（Filter LOD）的聚合筛选，简称"条件筛选"。
- 筛选条件的背后是**逻辑判断**，对应 IF-THEN-ELSE-END 的计算过程，最终保留符合（True）条件的部分，同时排除不符合（False）条件的部分。

---

1　Tableau 提供了多个方法查询视图背后的 SQL 逻辑，可搜索关键词"Tableau 查询基础 SQL"获得。

不同工具之间，筛选的本质不变，变化的是方法和工具应对复杂问题的灵活程度，如图 6-7 所示。本章后续将以 Tableau 和 SQL 为对象，依次介绍筛选的分类、组合和特殊形式。

图 6-7　不同时代的生产力工具

Excel 是如今人人熟知的工具，它的优势是**面向单元格操作**，给予用户近乎无限的编辑权力，区分数据明细行的透视聚合，有助于用户理解数据和分析两个环节。不过，随着数据量增加、问题更加复杂（如在聚合之后增加筛选判断），Excel 显得越来越无能为力，这也是近十年各种 BI 工具快速发展的前提，典型的如本书主角 Tableau，以及 Power BI 等产品。

SQL 是标准的数据库查询和操作语言，几乎是进入大数据的门票。40 多年的演化，借助内置函数、嵌套、存储过程等强大功能，SQL 几乎能完成所有数据库查询、分析工作。简单的筛选可以使用 WHERE 和 HAVING 子句完成，复杂的筛选则要使用子查询（SUBQUERY）和连接（JOIN）等方法间接实现，只是它缺乏可视化界面，需要极好的逻辑能力和抽象思考能力，即便是 IT 分析师也需要专业训练才能胜任。这无疑是横亘在业务用户和大数据分析之间的障碍。

而以 Tableau 为代表的敏捷 BI 工具，相当于把 SQL 的强大功能模块化、可视化，在程序语言和业务用户之间，搭起了一座人人可走、风景优美的桥梁。不过，**工具只是简化的操作，而不能取代思考**。简单的筛选可以通过拖曳完成，高级的筛选则要充分理解筛选背后的计算逻辑，才能游刃有余。

## 6.2　筛选的分类方法：基于详细级别的视角

在问题的三大构成中，筛选最多样，多个筛选还会涉及优先次序。所以，选择一个合适的角度理解筛选的分类至关重要。本书最重要的关键词是"层次"，或者"详细级别"，这里也将从层次角度对筛选做区分，有助于后期理解筛选与计算的对应关系。

在可视化分析的过程中，最重要的两个详细级别是数据表详细级别（Table LOD）和视图详细级别（Viz LOD）。筛选即计算，任何筛选都是相对于特定详细级别而言的，因此筛选可以先分为基本的两个类别：聚合筛选、行级别筛选，**二者的差异在于是否包含聚合**。如图 6-8 所示。

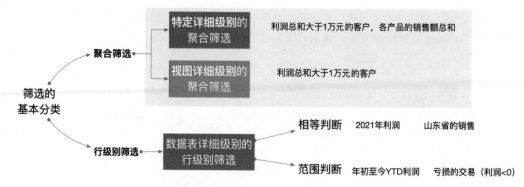

图 6-8　筛选的基本分类思维导图

包含聚合的筛选还有一个高级形式，它相对于（不同于视图详细级别的）指定详细级别聚合并筛选，从计算角度看，它融合了行级别计算和聚合计算的共同点，是一种高级的组合形式。

接下来主要使用 Tableau 完成分析，并辅以 SQL 逻辑。

## 6.2.1　【入门】数据表行级别的筛选：维度筛选器

基于数据表行级别的筛选器，类似于 Excel 明细筛选器，或者 SQL 中 WHERE 子句的筛选器。

在分析过程中，大部分的筛选都是行级别的筛选，比如，2022 年、上个月、东北地区、30 岁以下员工、利润亏损交易等。由于数据表的行级别是客观的、不变的，行级别筛选的筛选对象默认可以省略，"筛选条件"和"筛选对象"的界限也常常交织在一起。这些筛选的完整表述如下。

- 2022 年：【订单日期】的年度部分等于 2022（相等判断）。
- 上个月：【订单日期】与今天的年月距离 1 个月（计算和相等判断）。
- 东北地区：【区域】等于"东北"（相等判断）。
- 30 岁以下员工：【年龄】小于 30（范围判断）。
- 利润亏损交易：【利润】小于 0 的交易明细（范围判断）。

可见，行级别的筛选器既可以是字符串类型，也可以是数字类型字段的判断。维度、度量、连续、离散都是主观的，可以随着问题的需求而随时转化，筛选和它们的关系也受此影响。

这里介绍几种最常见的"行级别筛选器"的场景。

### 1. 行级别的维度筛选

离散的维度最简单，它只能选择相等或不相等。

如图 6-9 所示案例，把筛选对象字段【类别】拖曳到"筛选器"中，在默认常规选项卡中勾选"技术"复选框（字段对应的值），确认即可创建。

图 6-9  通过拖曳添加快速筛选器

选择一个特定值，就是一次"相等判断"，对应右侧 SQL 中的 WHERE 子句计算（比如 WHERE region = 'east' ）。

维度筛选的难点是日期筛选，它既有年月日层级，又兼具离散/连续特征，因此表现形式多样。这里先以较为简单的"订单日期为 2021 年"为例说明相等判断，而后介绍范围判断。

"订单日期为 2021 年"的筛选对象是字段【订单日期】，筛选条件是"2021 年"（即年=2021）。如图 6-10 所示，将字段【订单日期】拖入筛选器窗格（见图 6-10 位置①），选择分类方式"年"（见图 6-10 位置②），再勾选"2021"复选框（见图 6-10 位置③）。为什么比图 6-9 中的操作多了一步？因为日期是具有年月日层次关系的，所以要从完整的日期中选择筛选所需的日期部分。这也是 SQL 中常写的 YEAR(订单日期)=2021 的来源。

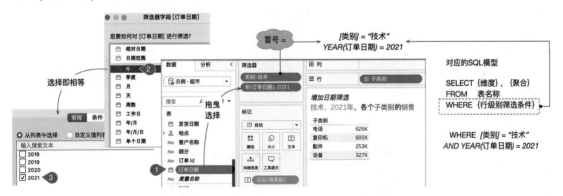

图 6-10  增加日期筛选，并选择日期筛选对应的层次

与此相类似，可以完成"每年 12 月""2021 年 12 月"等筛选。日期筛选要多注意筛选范围的准确性，"每年 12 月"不需要筛选年，只需筛选月，而"2021 年 12 月"则是对"年月"的筛选。如图 6-11 所示，熟练掌握日期筛选的关键，在于理解**筛选条件包含的日期是如何构成的**。

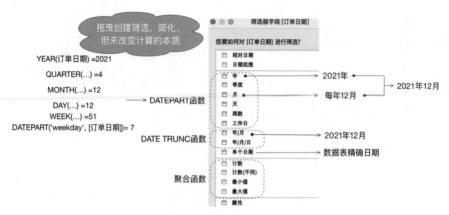

图 6-11　准确理解日期筛选的构成部分和对应关系

### 2．连续日期的范围条件

从日期中选择一部分时，它类似于离散的维度，常用选择来构建单值或者多值筛选；而当作为连续字段出现时，则使用大于、小于构建范围筛选。比如，"2021 年之前""2021 年 3 月 1 日到 2021 年 10 月 7 日""2021 年 3 月至今""前三个月"等。

范围由起点和终点计算而来，而确定起点、终点又有两个视角：绝对视角和相对视角——绝对视角通常参考国际公认的公元纪年法；相对视角因人而异，通常以今天、当下为锚点。因此日期范围具有"绝对日期范围"和"相对日期范围"。

这就是拖曳日期字段到筛选器中，默认看到的"（绝对）日期范围"和"相对日期"的含义。

如图 6-12 所示：①拖曳字段【订单日期】到筛选器中；②选择日期范围的设置方法；③如果选择"相对日期"，则默认以"今天"为锚点选择日期范围；④如果选择"日期范围"，则以数据表的公元纪年日期确定范围。不同的方法，在视图中对应不同的筛选器和切换方法。

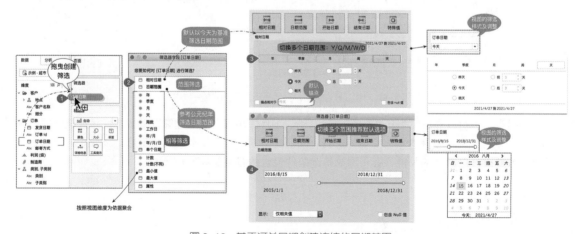

图 6-12　基于订单日期创建连续的日期范围

　　如果领导经常要以当前为终点追溯不同时间范围查看视图，笔者推荐"相对日期"范围控制方法，它切换日期颗粒度（年/季/月）非常方便，使用简单。

　　如果需要追溯历史指定范围，特别是自定义范围的数据，比如，去年春节期间的销售，则"日期范围"更合适，它可以更好地切换起点和终点，但不便于切换数据颗粒度。

　　日期筛选弹窗中也有"计数、计数（不同）、最小值、最大值"聚合筛选选项，但是使用场景较少，而且它们属于"包含聚合的筛选"，和这里的行级别日期筛选并非同类，这些将在 6.2.2 节介绍。

### 3．基于整数或小数数据类型字段的筛选

　　由于数字类型的字段默认出现在"度量"位置中，因此很容易误以为"利润 < 0"的筛选是度量筛选器。筛选的类型，是以 TRUE/FALSE 布尔判断所依赖的详细级别判断的，而非所引用的字段之数据类型。特别是，不存在"行级别的度量筛选"这样的类型（笔者在之前犯了类似的逻辑错误）。

　　比如，分析"利润亏损的交易，在各个地区的总利润亏损"，这里的交易对应"示例—超市"数据中"订单 ID*产品 ID"的明细，"利润亏损的交易"，对应"[利润]<0"的行级别筛选。

　　如图 6-13 所示，拖曳字段【利润】到筛选器中，选择"所有值"，即在数据表明细行的所有值中筛选，在弹出的窗口中选择"至多"，设置最大为 0，这样就创建了"[利润]<0"的行级别筛选（熟悉这个逻辑的用户，可以创建自定义计算字段，以"[利润]<0"为计算判断，并拖入筛选窗格中选择"真"）。视图中"每个地区的利润总和"是数据明细符合"[利润]<0"判断的所有利润值的聚合。

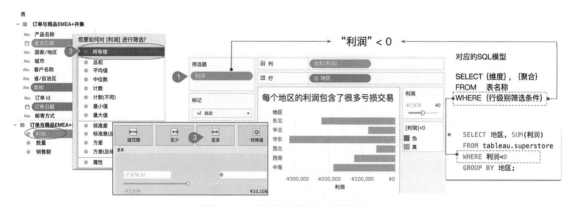

图 6-13　对数据表明细的行级别筛选

　　上述方法是对明细行中"所有值"的筛选，对应 SQL 中的 WHERE 子句，筛选之后才完成视图的聚合。行级别筛选器都是优先于聚合的，如同数据准备是分析的前提。

　　特别说明，务必要区分"明细中数字类型字段的分类筛选"（如"[利润]<0"）和"（聚合）度量筛选"（如"SUM([利润])<0"）。由于度量必然是聚合的，聚合必然依赖于某个详细级别，"度量筛选器"（Measure Filter）是是"相对于视图详细级别聚合基础上的筛选"的简称，也是接下来的重要内容。

## 6.2.2 【进阶】指定详细级别的聚合筛选：简单条件和顶部筛选

在数据表行级别的筛选，是筛选中最基本、最常见的形式，它们不包含聚合，但直接影响视图的分组和聚合结果。与之相对的筛选类型是包含聚合的筛选，比如，销售额总和大于 1 万元的产品，销售额总和排名前 10 的客户等。

维度是聚合的分组依据，因此包含聚合的筛选也必然相对某个详细级别而存在。根据筛选所对应的详细级别，与视图详细级别的关系也可以分为两类：

- **相对于视图详细级别（Viz LOD）的聚合筛选**，比如"销售额总和大于 1 万元的客户"（筛选与视图的详细级别相同，均为客户）
- **指定详细级别（Fixed LOD）的聚合筛选**，比如"销售额排名前 10 客户的产品销量"（筛选对象是客户，而问题聚合的分组依据是产品）

理解包含聚合的筛选，关键在于理解聚合的依据与视图详细级别的关系。

接下来，笔者结合如下的案例介绍。

- 问题 3：2021 年，销售额（总和）大于 5 万元的产品为重点 SKU，各个类别的（重点 SKU）产品数。
- 问题 4：2021 年，销售额（总和）排名前 10 的产品，各个地区的销售额、利润（10 是动态参数）。
- 问题 5：在包含标签的订单中，各个子类别的订单数量。
- 问题 6：首次订单日期在 2021 年的新客户，分析他们在各个子类别的利润总和。

为了简化分析，本节案例仅包含一个类型的筛选。

1. "度量筛选"：相对于视图详细级别的聚合筛选

基于视图的聚合筛选，对应 Excel 中数据透视表的求和项筛选和 SQL 中的 HAVING 子句语法。

简单的例子如"利润大于 1.5 万元的客户"。初学者可能无所适从，笔者建议把问题转化为如下的标准结构，特别是在企业需求整理过程中，有助于保持认知的一致性。

标准问题结构：筛选利润总和大于 1.5 万元的客户，各个客户的利润总和。

问题的维度是客户，答案是利润聚合；筛选的对象是客户，筛选条件是利润聚合大于 1.5 万元。由于筛选对象、筛选条件和问题中的维度、聚合都是一致的，所以才被简化为"利润大于 1.5 万元的客户"，甚至默认聚合方式（总和）都省略了。**理解问题背后的构成和关系是正确筛选的前提。**

如图 6-14 右侧所示，先创建条形图"各个客户的利润总和"，默认展示所有客户。由于筛选对象和视图维度完全相同，把"利润"字段拖曳到筛选器面板（见图 6-14 位置①），选择"总和"聚合（见图 6-14 位置②）并设置筛选条件"至少 15000"（见图 6-14 位置③），视图中就仅显示了"利润总和大于 1.5 万元的客户"。

聚合来自度量字段，也可以来自维度字段，比如，最小日期、订单数量。

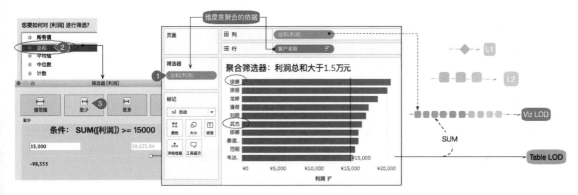

图 6-14　创建基于视图维度的聚合筛选器

在图 6-14 的基础上，仅保留获客年度在 2018 年的客户[1]，获客年度对应"每个客户的最小订单日期"，"最小 MIN"是对维度日期的聚合。如图 6-15 所示，把"订单日期"拖曳到筛选器面板，选择"最小值"聚合并设置日期范围筛选条件，视图就仅显示了"最小订单日期（即获客日期）为 2018 年，同时利润总和大于 1.5 万元的客户名称"。注意，这里的利润总和，是多年贡献的 1.5 万元，而非仅仅在 2018 年，两个聚合筛选条件是独立的，分别对"客户名称"执行筛选，只保留范围内客户。

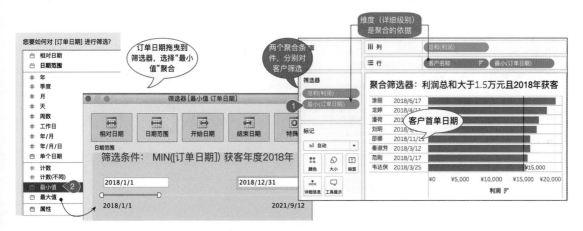

图 6-15　创建基于视图维度的维度聚合筛选器，并与度量聚合计算交集

"维度是聚合的依据"，这几乎是分析的黄金规则，筛选器中的筛选条件是聚合的判断，那么它也要符合该规范——只是本题以视图维度为依据，无须额外指定。

上述过程在 SQL 中只需一个优雅的 HAVING 语法就可以完成。如图 6-16 所示，GROUP BY 之后的维度，不仅是 SELECT 后聚合的依据，也是 HAVING 后聚合判断的依据。

---

1　在客户 RFM 分析中，客户获客年度（Cohort year）有时也被称为"矩阵年度"或者"阵列年度"。

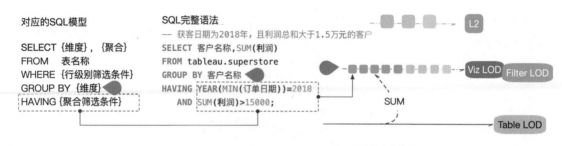

图 6-16　基于视图维度的聚合筛选对应的 SQL 逻辑

一旦明白了这个过程，就能理解：为什么视图维度发生变化，聚合筛选也发生了变化。比如，仅仅把视图中的字段【客户名称】更换为字段【产品名称】，筛选的意义也截然不同。

如图 6-17 所示，将行中的【客户名称】替换为【产品名称】，视图的业务意义就截然不同了：产品的"最小订单日期"代表它首次上架销售的时间，而"总和利润"代表产品开售以来的多年利润总和，视图描述了"在 2018 年首次上架销售，多年累计利润大于 1.5 万元的产品"。

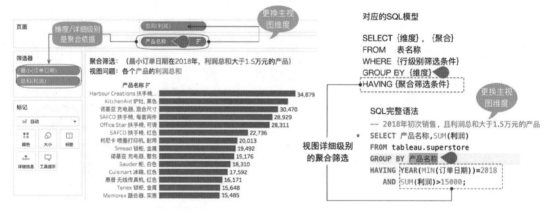

图 6-17　基于视图维度的聚合筛选对应的 SQL 逻辑

既然"筛选器"中的聚合筛选条件受视图维度的影响，如何绝对指定聚合条件依赖的字段，免于详细级别变化的影响呢？比如，要针对"销售额大于 10 万元、利润总和大于 1.5 万元的产品"，从年度、类别、细分等多个角度展开分析客户特征。

筛选的对象和问题的层次截然不同，这是"基于指定详细级别的聚合筛选"（Conditional Filters on Fixed Level of Detail），是问题 4 ~ 问题 6 所对应的筛选类型。从这个起点出发，进一步进行探索性分析。

2．"条件筛选器"：指定详细级别的聚合条件筛选

问题 3：2021 年，销售额（总和）大于 5 万元的产品为重点 SKU，各个类别的（重点 SKU）产品数。

这里用颜色、底纹对问题的结构做了进一步区分：橙色部分代表筛选范围，其中，产品是筛选对象，波浪线代表筛选条件（这里包含聚合）；蓝色维度描述问题，绿色聚合度量回答问题。特别注意这里有两个"的"，在范围筛选子句和问题描述子句中，维度和聚合分别位于"的"两侧。

此类问题的关键要点是，聚合筛选条件所依赖的筛选对象（产品），和视图聚合所依赖的维度对象（类别）是完全不同的。因此既不能用行级别筛选完成，也不能直接拖入度量构建筛选。

- 筛选对象：产品
- 筛选条件：销售额（总和）大于 5 万元

此类问题的基本法则是：指定筛选对象设置筛选，为它设置聚合条件。

如图 6-18 所示，先创建条形图完成主视图，"各类别的产品计数"。之后把筛选对象"产品名称"拖曳到"筛选器"之中，在弹出的窗口设置"（筛选）条件"——销售额总和大于 50000 元。

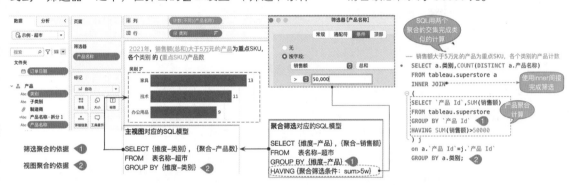

图 6-18　创建条件筛选器：独立于视图指定单独层次的聚合条件和筛选

特别注意，聚合筛选条件（SUM([销售额])>=50000）的依据是"产品名称"，而视图中产品聚合（不重复计数）的依据是"类别"，二者对应不同的详细级别，因此是两个完全独立，又有先后次序的计算。（1）针对【产品名称】完成聚合判断，筛选出符合条件的产品的全部明细；（2）执行第二次聚合，计算产品的数量。

因此，**聚合条件筛选器的本质是在视图详细级别之外的详细级别完成预先聚合和判断。**

为了更好地理解问题中的详细级别，以及其对视图聚合的影响，这里在"数据表详细级别"和"视图详细级别"之外引用了一个虚拟的详细级别——"筛选详细级别"（Filter LOD），从而更清晰地描述问题中的层次关系。上述问题的层次关系如图 6-19 所示。

再次强调，在上述过程中，存在 3 个明显不同的详细级别，它们分别如下。

- 数据表详细级别（Table LOD）：销售明细表，"订单 ID*产品"交易，所有聚合的来源。
- 视图详细级别（Viz LOD）：主视图的维度组合（类别），它是视图聚合的依据。
- 筛选所在详细级别（Filter LOD）：筛选计算所对应的详细级别，这里是产品名称。

这种层次分析方法将贯穿全书内容，有助于读者在复杂的筛选面前保持逻辑清晰。

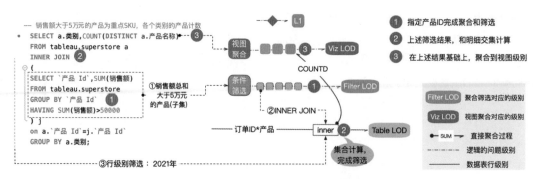

图 6–19　SQL 筛选过程与层次分析之间的关系

很明显，SQL 的逻辑有助于理解，语法优雅，却不便于业务使用，而且无法直接生成图形。Tableau 帮助业务用户专注于问题，同时自动转化为同一技术语言实现数据库查询、聚合功能，不过也要理解背后的原理，方能举一反三、游刃有余。

**3．"顶部筛选器"：指定详细级别聚合筛选的特殊形式**

问题 4：2021 年，销售额（总和）排名前 10 的产品，各个地区的销售额、利润（10 是动态参数）。

在指定详细级别聚合之后，筛选既可以是直接的条件范围（比如大于 1.5 万元），也可以是二次聚合基础上的条件范围，典型的如"聚合的前/后 10"。在 Tableau Desktop 中有如下的名称简化。

- 条件筛选："指定详细级别聚合，聚合的范围筛选"，即聚合 + 逻辑判断。
- 顶部筛选："指定详细级别聚合后再排序，排序的范围筛选"，即聚合+排序计算+逻辑判断。

以问题 4 为例，橙色部分代表筛选范围，其中，产品代表筛选对象，波浪线代表筛选条件；筛选对象和蓝色维度（问题层次）不同，筛选条件的聚合，又和视图聚合度量不同。这里的"前 10"，还需要先对每个聚合结果做排序计算，而后做范围筛选。

如图 6-20 所示，在条形图（各个地区的销售额）基础上，将筛选对象字段（产品名称）拖入筛选器，选择"顶部"（见图 6-20 位置①）；在弹出的窗口中，设置聚合条件，和"条件筛选"相比，这里多了"顶部/顶部"的选择（见图 6-20 位置②）。确认之后，视图就是"销售额总和排名前 10 的产品"范围了。

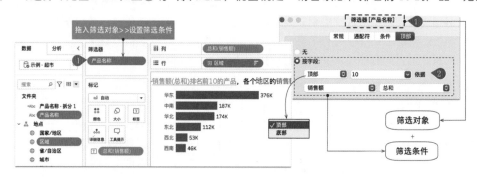

图 6-20　顶部/底部筛选器：独立于视图指定详细级别的聚合条件筛选

简化为操作之后，步骤简单，而背后的逻辑就不那么明显了。在本书第 9 章，将进一步介绍 "排序" 对应的函数计算，而在第 10 章，则会介绍 "指定详细级别完成聚合" 对应的 FIXED LOD，二者结合，就能理解顶部筛选背后的计算逻辑：

$$RANK( AVG(\{ FIXED [产品名称]:SUM([销售额])\})) <= 10$$

这个过程在 Excel 中似乎较难实现，在 SQL 中对应两次 GROUP BY，并用 LIMIT 限定了 "前 10" 的数据子集。在 Tableau 性能记录器的逻辑基础上，笔者简化规范，并以图 6-21 所示描述计算的过程。

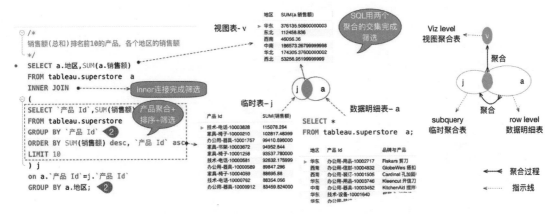

图 6-21　顶部/底部筛选器：独立于视图指定详细级别的聚合条件筛选

指定详细级别的聚合，背后的逻辑都是类似的。由于指定详细级别与视图详细级别不同，因此，本质上其是两个聚合的数据集计算得出的最终筛选结果。随着对计算逻辑的理解日渐深入，就可能完成更进一步的筛选场景，比如：

- 将筛选的条件建立在自定义计算，而非已有字段基础上——见 6.2.3 节。
- 增加其他的筛选，并理解多个筛选之间的运行先后关系——见 6.3 节。

## 6.2.3　【难点】指定详细级别聚合的筛选：建立在自定义计算之上

本案例综合了逻辑判断和自定义条件筛选，初学者可略读，在学习 10.7.3 节后重读。

筛选的本质是计算，简单的筛选可以拖曳到筛选器并配置完成，复杂的筛选则可以通过自定义计算完成。简单和复杂并无明显的边界，它们的背后都可以转化为计算。比如：

- 2020 年——最简单的自定义计算 YEAR 函数:YEAR([订单日期])。
- 上个月的销售额——相对日期范围，可以视为是 DATEDIFF 和 TODAY 的函数组合，计算：DATEDIFF('month' , [订单日期] , TODAY()) = 1。
- 包含标签的订单—— "包含桌子" 是一个判断标签，使用 IF- ELSE- END 创建。

可以说，业务分析的组合是几乎无限的，它们都要建立在函数和计算的基础上。本书第 2 篇会详细介绍函数和计算，这里以简化版本的 "购物篮分析" 为例，使用众所周知的 IF 函数计算创建自定义筛选。本书 10.7.3 节将继续完成该案例的后续部分——**购物篮连带率**。

- 问题 5：在包含标签的订单中，各个子类别的订单数量。

与之前问题类似，橙色部分代表筛选范围，其中，订单代表筛选对象，波浪线代表筛选条件；筛选对象和蓝色维度（问题层次）不同。与之前问题不同的是，这里的筛选条件逻辑模糊，远非"销售额大于 1.5 万元"或者"销售额排名前 10"明确。因此，**如何量化筛选条件是关键**。

Excel 默认的数据明细有助于理解这个过程。如图 6-22 所示，这里有 5 个订单，对应 10 笔交易，每笔交易的产品都有一个"子类别"属性。在分析范围"包含标签的订单"中，筛选对象是字段【订单 ID】，筛选条件"包含标签"则没有字段直接对应。

从计算的角度看，所有的筛选条件都是结果为 TRUE/FALSE（是/否）的布尔判断，而所有判断都可以转化为 IF-ELSE-END 逻辑语法；"包含标签"就需要一个这样的转化过程。使用最简单的逻辑判断（[子类别]="标签"）可以在明细中增加一个辅助字段，如图 6-22 中【TF 标签】所示。

| | 订单 ID | 产品 ID | 子类别 | 销售额 | 数量 | 利润 | TF标签 | 订单是否包含标签 |
|---|---|---|---|---|---|---|---|---|
| 订单1 | CN-2018-1017090 | 办公用-标签-10000834 | 标签 | 117.88 | 2 | 55.16 | T | T |
| | CN-2018-1017090 | 办公用-系固-10002914 | 系固件 | 154.98 | 3 | 57.12 | F | T |
| 订单2 | CN-2018-1031662 | 办公用-标签-10004932 | 标签 | 151.2 | 3 | 63.42 | T | T |
| | CN-2018-1031662 | 办公用-美术-10001683 | 美术 | 1251.6 | 5 | 162.4 | F | T |
| | CN-2018-1031662 | 家具-用具-10000513 | 用具 | 829.92 | 8 | 173.6 | F | T |
| 订单3 | CN-2018-1047687 | 办公用-装订-10004336 | 装订机 | 124.32 | 2 | 23.52 | F | F |
| 订单4 | CN-2018-2187292 | 办公用-标签-10003944 | 标签 | 63 | 2 | 6.72 | T | T |
| | CN-2018-2187292 | 办公用-标签-10004623 | 标签 | 104.44 | 2 | 11.48 | T | T |
| 订单5 | CN-2018-1105815 | 办公用-收纳-10002430 | 收纳具 | 3965.64 | 6 | 1585.92 | F | F |
| | CN-2018-1105815 | 家具-用具-10001977 | 用具 | 1608.18 | 3 | 739.62 | F | F |

[子类别]="标签"

最简单的逻辑判断

图 6-22 在数据表明细中增加逻辑判断

不过，筛选对象是订单 ID，而非明细，所以问题的关键是，如何把【TF 标签】的判断，转化为【订单是否包含标签】的判断——只要订单中至少一个产品对应"标签"，整个订单就都打上相同的标记。

这就是"指定详细级别聚合"所要完成的任务。TF 适合判断，不适合计算，推荐把 TRUE 转化为 1，FALSE 转化为 0，而后通过指定字段【订单 ID】对辅助字段做聚合，实现从明细的 TF 判断到指定详细级别的 TF 判断。对应的逻辑过程如图 6-23 所示。

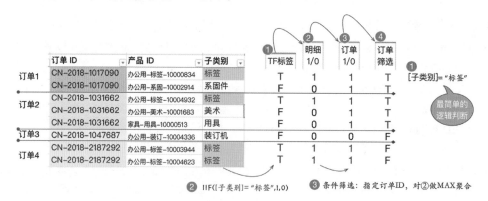

② IIF([子类别]="标签",1,0)  ③ 条件筛选：指定订单ID，对②做MAX聚合

图 6-23 从明细的判断，到指定详细级别判断的转化过程

明白了这样的过程，就可以在 Tableau 或者 SQL 中通过拖曳和自定义计算，实现条件筛选了。

如图 6-24 所示，先创建辅助字段【②辅助字段】，而后把字段【订单 Id】拖入筛选器，在弹出的窗口中设置筛选条件——辅助字段的最大值等于 1，代表指定的订单 Id 中至少包含 1 个"标签"。

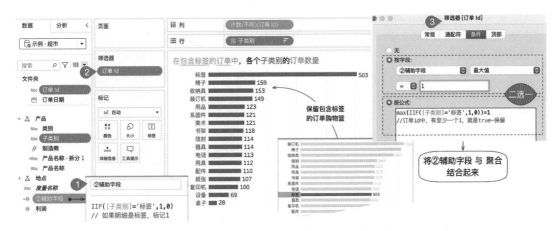

图 6-24　在 Tableau 中，指定详细级别，完成行级别辅助字段的聚合判断

随着对计算的理解越来越深刻，中高级用户可以跳过辅助字段环节，直接在筛选中完成行级别的辅助计算和聚合之后的判断，如下所示（边框区域就是辅助字段的逻辑）：

$$MAX\Big(\boxed{IIF([子类别]='标签',1,0)}\Big) = 1$$

也可以在 SQL 中实现类似逻辑，在筛选对应的聚合中包含上述逻辑判断即可，如图 6-25 所示。

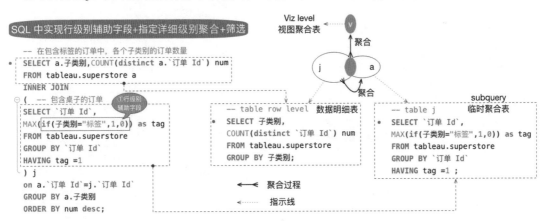

图 6-25　在 SQL 中，指定详细级别，完成行级别辅助字段的聚合判断

一旦理解了这个过程，业务分析师可以完成更多的敏捷探索，比如问题 6。

- 问题 6：首次订单日期在 2021 年的新客户，分析他们在各个子类别的利润总和。

借助 Tableau Desktop 敏捷的分析能力、拖曳的快捷方法，以及强大的计算功能，只需要将【客户 ID】字段拖入筛选器，选择"条件"，并设置如下的公式即可完成：

$$MIN(YEAR([订单日期])) = 2021$$

这就是"指定详细级别，完成行级别辅助字段的聚合判断"的典型案例。在第 10 章 10.7.3 节，笔者将把这里的"条件筛选"完全转化为 FIXED LOD 计算，并在当前的视图中增加"每个子类别的订单数量"，从而完成"连带购买比率"等不同范围的比值，将业务分析带到更高的境界。

当然，虽然 SQL 能完成类似的过程，却有无法绕过的弊端，业务用户难以动态调整"标签"。而在 Tableau 或类似的 BI 工具中，可以使用参数、筛选、集等多种功能，实现视图的交互筛选。

## 6.3 筛选范围的交互方法：快速筛选和参数控制

业务分析的基本要求是快速切换分析范围，最重要的交互是筛选控件交互和参数。

### 6.3.1 快速筛选器及其基本配置

Tableau Desktop 中很多地方都可以为指定字段显示筛选器控件。

如图 6-26 中标记为①的位置，不管是左侧的数据窗格、筛选器位置，还是行列/标记位置，几乎任意位置都可以用鼠标右击，在弹出的下拉菜单中选择"显示筛选器"命令（见图 6-26 位置②），在右侧就会显示快速筛选器控件（见图 6-26 位置③）。

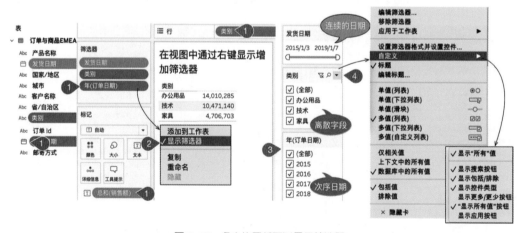

图 6-26　多个位置都可以显示筛选器

默认样式取决于字段的类型和用户设置，比如，连续的日期默认显示为滑动条，离散的字段和次序日期显示为多选值。每个筛选器控件都可以配置显示方式、数据值范围等。点击图 6-26 位置④的黑色小三角，可以切换其他的显示样式或筛选方式。常见的配置方法如下。

- 先考虑单值/多值两种方式。
- 再考虑列表或者下拉列表，如果数据值特别重要、数量少于 5 个，则推荐使用"列表"。
- 数据值数量很多时，推荐使用"下拉列表"显示。

"仅相关值/上下文中的所有值/数据库中的所有值"控制筛选器中的数据值可选项，从性能出发，默认显示"数据库中的所有值"，其他选项会减少可选值，但会增加性能压力，所以数据量大时慎用。

默认的筛选样式是"包含值"，即保留勾选的值，还可以使用"排除值"。

在"自定义"中，还有很多配置选项。笔者经常把"多值（下拉列表）"与"显示应用按钮"结合使用，有助于优化筛选的体验。

## 6.3.2　特殊的日期筛选器：默认筛选到最新日期

在业务分析中，有一个常见的筛选需求：日期默认显示到最后日期。在实时连接数据库的情形下，可视化报表发布到 Tableau Server 平台，可以自动筛选日期到数据库最新日期。

如图 6-27 所示，拖曳日期字段（数据类型必须是日期，或日期时间）到筛选器，选择中间的日期部分（离散），在弹出的筛选器配置窗口中，勾选底部的"**打开工作簿时筛选到最新日期值**"复选框。特别值得关注的是，只有选择的日期部分是离散的（准确说是次序），才能勾选该选项。

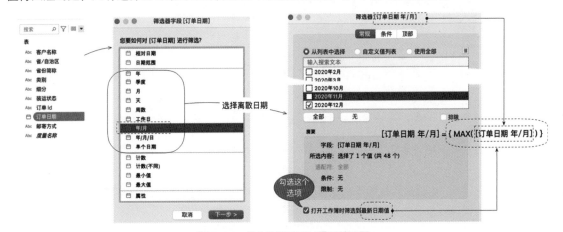

图 6-27　多个位置都可以显示筛选器

在 Tableau Desktop 增加这个小功能之前，分析师需要借助表计算或 FIXED LOD 表达式完成"最新日期"筛选[1]。"最新日期"的"最新"意味着 MAX 聚合；"仅保留最新日期值"就意味着这样的筛选逻辑：日期值=日期序列中的最大日期值，它的背后是第 10 章的 FIXED LOD 计算。

$$[订单日期] \ = \ \{ MAX([订单日期]) \}$$

软件工程师是伟大的信使，他们把关键业务需求优化为软件产品中的最佳实践，此为明证。

---

1　搜索"Tableau 筛选到单一最近日期"（Filtering to the Single Most Recent Date），可查看 Tableau 知识库。

### 6.3.3 参数控制：完全独立和依赖引用

在一些特殊情况下，快速筛选不能解决交互的问题，此时需要一个参数传递。

参数都是完全独立于数据源的，不过在设置时，可以引用某个字段的数据值或数据范围，因此也可以基于字段创建参数。这里分为两个场景介绍。

#### 1. 完全独立的参数

在 6.2.2 节 "顶部筛选器" 的案例中，默认的 "前 10" 不一定满足业务的需求，不同的人有差异化的需求，分析师可以为仪表板开一个 "交互窗口"，让用户自助控制。

如图 6-28 所示，在 "顶部筛选" 中，点击数字右侧的下拉菜单（见图 6-28 位置②），选择 "创建新参数" 命令（见图 6-28 位置③），在弹出的窗口中配置，即可创建参数。笔者这里命名为 "TOP N"，并设置范围为 3 ~ 15，点击 "确定" 按钮，顶部筛选器就变成了 TOP N 筛选。

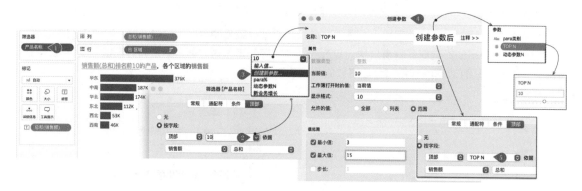

图 6-28 在仪表板顶部筛选中增加参数，随时调整筛选的样本

创建参数后，左下角 "参数" 区域右击，在弹出的快捷菜单中选择 "显示参数" 命令，借助控件随时调整。

初学者务必注意：**参数是不依赖于数据源、不依赖于字段的全局变量**。即便基于某个字段创建参数，也只是引用它的值作为自己的可选项，必要时可以撤销或更改这种依赖。

#### 2. 参数 "依赖于" 字段值及动态参数

创建参数的简单方式是基于字段创建，这样参数就引用了字段中的数据值。

以 6.2.3 节中的 "简化版购物篮分析" 为例，业务用户希望随时从 "桌子" 切换到任意子类别，从而帮助业务用户查看：各个子类别，有多少笔订单是和指定子类别一起连带销售的。

如图 6-29 所示，在字段【子类别】上右击，在弹出的快捷菜单中选择 "创建→参数" 命令（见图 6-29 位置①），可以打开 "创建参数" 的配置窗口；基于离散字段创建的参数，默认作为列表显示，并一次性引用字段中的所有值（见图 6-29 位置②）。点击 "确定" 按钮就会在图 6-29 位置③的参数窗格增加对应参数。默认引用是 "一次性引用"，即数据源变化不会更新参数的可选值。

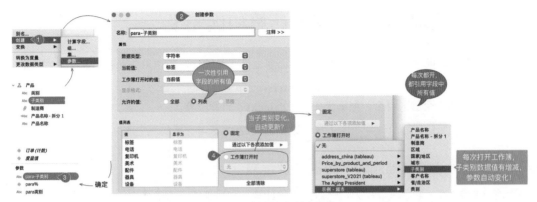

图 6-29　基于字段创建参数

业务中的实时数据库随时更新，如果增加了新的子类别，或者子类别修改名称，如何自动更新参数呢？这就需要让**参数"动态引用"**字段中的值。在图 6-29 位置④，可以将默认的"固定"切换为"工作簿打开时"，并为之设置动态引用的字段。

**动态参数实现了参数在文件打开时自动引用字段值，是交互的重要功能。**

有了子类别参数，就可以在条件筛选中将之前的"标签"替换为参数。如图 6-30 所示，视图的筛选中引用了参数，图 6-30 右侧位置①切换任意子类别，可以引起位置②中筛选和视图的动态变化。

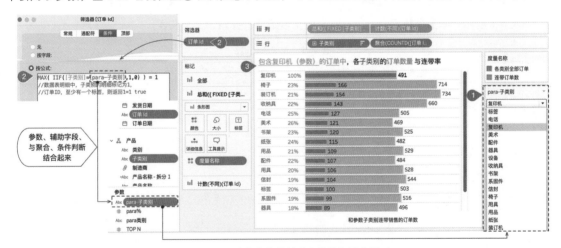

图 6-30　建立在参数基础上的购物篮分析

随着业务分析的深入，各位读者将遇到越来越多类似的案例，它们需要综合使用参数、辅助字段，甚至与聚合、条件判断相结合，完成平时大家难以回答的问题。这就要求分析师熟练掌握筛选、筛选与计算的对应关系、筛选与计算的嵌套组合、筛选与计算的优先级等相关知识，最终融会贯通。

此类案例，也是区别初级分析师和高级分析师的标志，是优雅的工具和深刻的业务结合下的工艺品，是赋能业务用户最终要达成的境界——消弭工具与思考之间的隔阂，时刻关注业务逻辑。

## 6.4　多个筛选的处理：交集计算和优先级

在实际业务中，问题普遍包含多个筛选。简而言之，多个筛选器的作用关系遵照两个基本法则。

- 相同类型的多个筛选组合，计算交集（Intersection）。
- 不同类型的多个筛选组合，根据优先级（Priority）计算交集。

本节介绍多个筛选背后的计算本质（集合计算），以及筛选与计算的优先次序。

### 6.4.1　多个筛选的基础知识：数据集及运算

多个筛选组合在一起，可以视为两个数据组的计算，背后是集合的运算。

高中代数课程有基本"集合论"知识，集合（Set）是一组对象的组合，比如，多个水果名称构成集合，1、3、5、7 也构成集合。集合用大括号表示，大括号代表包含多个值，如下所示。

$A = \{$苹果，梨，葡萄$\}$ 　　　　　$B = \{1, 3, 5, 7\}$ 　　　　　$C = \{3, 5, 7, 8\}$

数据表的总体称为"全集"（Universal，$U$）；每一次样本筛选，相当于从全集中获得一个"子集"（Subset），甚至可以在"子集"基础上做二次筛选，构建更小的"子集"。

集合的运算随处可见，比如有哪些动物既是哺乳动物，又是水生动物？销售业绩排名前 5 和后 5 的业务员都是谁？从销售订单中剔除退货订单，还剩多少订单？这些都是典型的集合运算。

如表 6-1 所示，从多个角度介绍了最常见的集合运算：并集、交集和差。

表 6-1　集合的运算

| | 图形表示 | 符号表示 | 意　义 | 示　例 |
|---|---|---|---|---|
| 集合的并集（Union） | | $A \cup B$ | $\{x \mid x \in A,\, or\ x \in B\}$ | $A = \{1, 3, 5\}$，$B = \{3, 5, 7, 8\}$<br>$A \cup B = \{1, 3, 5, 7, 8\}$ |
| 集合的交集（Intersection） | | $A \cap B$ | $\{x \mid x \in A,\, and\ x \in B\}$ | $A = \{1, 3, 5\}$，$B = \{3, 5, 7, 8\}$<br>$A \cap B = \{3, 5\}$ |
| 集合的差（Difference） | | $A - B$ | $\{x \mid x \in A,\, and\ x \notin B\}$ | $A = \{1, 3, 5\}$，$B = \{3, 5, 7, 8\}$<br>$A - B = \{1\}$ |

常见的集合以整数为基本元素，比如$\{1, 3, 5\}$，而分析中的集合元素可以是数据表的一行，虽然元素更加复杂，但是计算逻辑相同。本节重点介绍多个筛选的交集计算（即重合部分）——事实上，快速筛选也只能完成交集；而并集和差需要借助于 6.5 节的"集"（Set）功能才能完成。

## 6.4.2 多个筛选的计算原则（上）：相同类型取交集

在 6.2 节中，笔者将筛选器分为两大类别：行级别筛选和指定详细级别的聚合筛选器，后者又分为"基于视图的聚合筛选"与"指定其他层次的聚合筛选"两大类。如果一个问题中包含多个相同类型的筛选器，它们会自动计算交集（$A \cap B$）。以如下两个问题为例。

- 问题 1：2021 年（订单日期），东北地区，不同类别的销售额。
- 问题 2：2021 年，销售额（总和）大于 1 万元，且利润（总和）大于 1000 元的客户，各客户的销售额。

问题 1 中两个筛选都是行级别筛选，只是筛选对象有所差异；问题 2 中两个筛选都是"基于视图详细级别（客户）的聚合筛选"，只是筛选条件略有差异。二者筛选如图 6-31 所示。

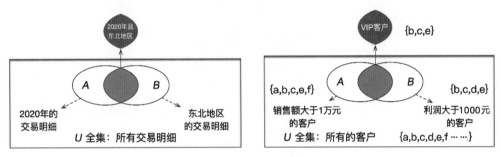

图 6-31 相同层次的多个筛选器建立交集

简单的问题筛选多由相同类型的筛选构建。复杂的问题会同时包含多个不同类型的筛选器，此时，就需要下一条重要法则：**不同类型的筛选器按照优先级依次计算。**

## 6.4.3 多个筛选的计算原则（下）：不同类型按优先级计算交集

筛选是计算的特殊性，筛选的"优先级"就是多个筛选器的计算次序。

举例来说，先筛选"山东"，还是先筛选"销售额排名前 10 的客户"，会产生截然不同的分析结果。

6.2 节介绍了行级别筛选、基于视图详细级别的聚合筛选和"指定详细级别的聚合筛选" 3 种类型。在 Tableau 的预先设置中，指定详细级别的聚合筛选优先级最高，其次是行级别筛选，最后才是基于视图详细级别的聚合筛选。如图 6-32 所示，同时对比了 Tableau 与 SQL 中的常见筛选的优先级次序。

图 6-32 多个筛选器类型的优先级

如果问题中同时包含多种类型，那么就会按照上述的优先级次序一次运行，最后计算交集。

### 1. 行级别筛选和条件筛选组合

问题 2：2021 年，销售额（总和）大于 1 万元，且利润（总和）大于 1000 元的客户，各客户的销售额。

以问题 2 为例，行级别筛选（"2021 年"）首先减少了数据明细数量，数据明细聚合到客户级别，而后在主视图"客户的销售额"聚合基础上，再做聚合筛选，进一步减少了主视图中的交叉表行数和数据值大小，如图 6-33 所示。

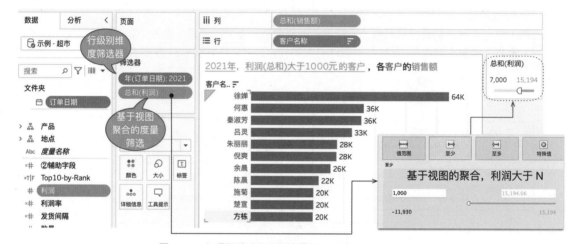

图 6-33　行级别筛选和基于视图的聚合筛选，默认优先级

行级别筛选器对应行级别计算（YEAR([订单日期]=2021），优先于"基于视图的聚合筛选"，因此视图最终获得的结果就是"2021 年有交易，且当年利润总和大于 1000 的客户集"。

有时候，业务分析需求与这里的默认次序正好相反。比如，希望先筛选所有年度利润大于 1000 元的大客户，而后查看他们在 2021 年的复购情况——是否有少数大客户在当年的贡献很低，找到他们，然后提供定制化的营销活动。这就需要指定详细级别的聚合筛选，它的优先级高于行级别筛选。

因此，务必要记住：指定详细级别的聚合筛选，优先于行级别筛选、优先于视图的聚合筛选。

### 2. 行级别筛选和顶部筛选器组合

举例分析"西北区域，销售额排名前 10 的客户"，先解析一下问题结构。

- 分析筛选：西北区域、销售额总和排名前 10 的客户。
- 问题描述：客户。
- 答案聚合：销售额总和。

筛选的对象和聚合条件，与问题的维度层次和聚合答案，字段是完全相同的，这也是问题被简化的原因。问题对应的主视图是条形图"客户的销售额（总和）"，筛选条件是"西北"地区和客户筛选"前 10 名"。拖入【客户名称】和【地区】字段并设置筛选，结果如图 6-34 所示。

　　注意，顶部/底部的筛选，这里是将筛选对象【客户名称】拖入筛选，并为之设置聚合条件，对应 6.2.2 节中 "指定详细级别的聚合筛选"。

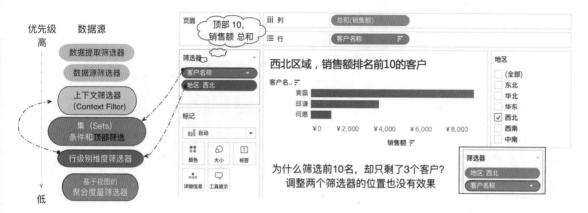

图 6-34　同时存在顶部筛选和维度筛选两种类型

　　完成以上操作后，视图只展示了 3 个客户数据，这显然不符合问题需求。在描述问题时，我们内心有一个潜在的筛选逻辑预设，即希望 "**先**做西北地区筛选，**再**（在西北地区中）筛选销售额排名前 10 的客户"，然而 Tableau 默认的逻辑正好相反，"指定详细级别的聚合筛选"（全国销售额排名前 10 的客户）优先级高于 "行级别的维度筛选"（西北地区的客户），所以默认的结果是 "全国销售额排名前 10 的客户，有哪几个在西北区域有过购买记录"。

　　初学者习惯更改两个筛选条件在筛选器中的上下位置来尝试改变筛选顺序，但并不起作用。因为筛选器的逻辑顺序是程序设定的，与拖放次序、位置无关。那应该怎么办呢？逻辑上有两种方法：

　　（1）指定【客户名称】的聚合筛选不动，把【地区】的维度筛选器优先级提高到优先执行。

　　（2）保持【地区】的维度筛选器不动，将 "前 10" 的顶部筛选改到视图聚合后执行。

　　接下来，分别使用这两种方法调整筛选的优先级次序。

## 6.4.4　调整筛选器优先级（上）：上下文筛选器和表计算筛选器

1. 方法一，使用 "上下文筛选器" 调整已有优先级，是处理优先级问题最常见的方法。

　　如图 6-35 所示，在筛选器中点击行级别的维度筛选器【地区：西北】，选择 "添加到上下文" 命令，筛选器背景改为灰色，并置于筛选器中最高的位置。此时视图中就从 3 个客户，变成了 10 个客户。

　　"上下文筛选" 的英文是 Context Filter，笔者更倾向于译为 "背景筛选"。越靠近数据源的优先级越高，通过把筛选器调整为 "背景筛选器" 使其优先执行，可见上下文必须借助设置才能添加。

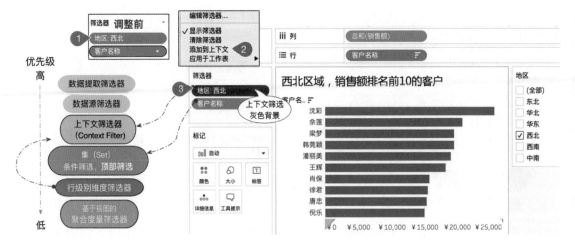

图 6-35　上下文筛选器：调整筛选器的优先级

**2. 方法二，借助表计算和表计算筛选器实现排序。**

"地区：西北"对应的筛选器是行级别的维度筛选器，它的优先级高于主视图的聚合。为了在西北地区进一步筛选"销售额总和排名前 10 的客户"，可以想方设法在聚合之后筛选。由于筛选对象和视图维度相同（客户），可以用表计算/SQL 窗口计算完成——它们优先级低于最低视图聚合。

如图 6-36 所示，筛选器中只保留"地区：西北"的行级别维度筛选器，视图中做降序排列。可以在左侧字段区域创建自定义计算，或者在视图行中双击输入"RANK(SUM([销售额]))<=10"（见图 6-36 位置①），之后把胶囊拖入左侧字段区域，从而创建字段【Top10-by-Rank(sum)】（见图 6-36 位置②）；再把它拖入筛选器中，选择"真"（见图 6-36 位置③）。此时"前 10 筛选"建立在主视图聚合之后。

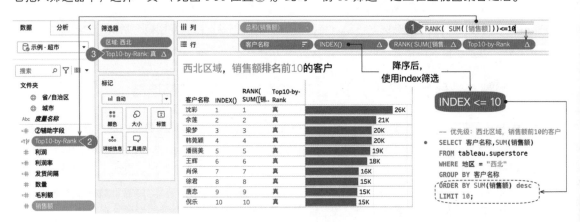

图 6-36　使用表计算完成排序

在 SQL 中，这个过程更加简单，可以结合 ORDER BY 降序、LIMIT 完成聚合排名后的筛选。关于表计算的排序筛选，9.4 节会进行介绍。

### 3. 两种方法的说明

两种方法都实现了最终的需求，既有相同之处，又有性能上的差异。

首先，多个筛选器的优先级只是更改了计算的次序，结果依然是多个条件计算并集。

如图 6-37 所示，默认优先级次序下，"销售额总和排名前 10" 和 "西北区域" 两个数据集计算交集，取重合部分（Intersection）。通过上下文或者表计算调整了 "销售额总和排名前 10" 的前置范围后，它变成了西北区域内的子集，相当于还是计算交集。

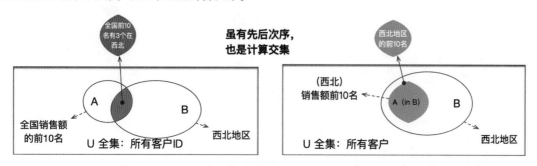

图 6-37　不同优先级的多个筛选器依然是计算并集

其次，表计算方法和此前 "顶部筛选" 的思路不同，它建立在视图聚合的基础上，因此只有在顶部筛选的筛选对象和视图的筛选对象（这里是客户）一致时才有效。

再者，表计算是在视图聚合之后在本地完成的，因此和 "添加到上下文" 方法相比，它意味着要从数据库检索更多的数据（比如默认的 779 个客户要全部聚合查询）。因此表计算方式仅用于帮助大家理解筛选的优先级顺序，笔者推荐大家使用 "上下文" 方式简单、高效地解决类似问题。

至此，如图 6-38 所示，筛选器的优先级可以进一步补充。

图 6-38　进一步增补后的筛选器优先级

## 6.4.5　调整筛选器优先级（下）：数据源筛选器和数据提取筛选器

大数据业务分析中，还会遇到很多有关性能的问题，都需要筛选器来解决，比如：

- 希望排除大量 "异常数据" 或者不在分析范围的巨量历史数据，提高查询性能。
- 数据库数据太大，希望把一部分数据保存下来，快速完成视图，而后切换到完整数据。

此时，需要在数据源连接（data connection）的阶段引入其他的筛选器类型，它们完全独立于可视化分析过程，这就是数据源筛选器和数据提取筛选器。如图 6-39 所示。

图 6-39　数据提取与数据源筛选器

左侧的"实时/数据提取"对应数据连接方式，右侧的"筛选器"对应全局筛选。虽然位置前后相依，目的却截然不同。

数据提取与"实时连接"相对应，将数据库数据提取到本地，从而减轻分析过程的数据库压力，同时具备随时随地使用的便携性能——目的是方便。选择"数据提取"默认会为所有数据创建本地缓存，默认"完全提取"。以下情形，也可以使用数据提取而不必设置提取筛选器。

- 虽然连接本地 Excel 或 CSV 数据表，但数据量较大，数据提取（默认全部）有助于提高性能，这里无须设置提取筛选器。
- 连接在线数据库数据表，希望获得脱机分析能力（比如断网分析），数据提取可以实现需求；数据量较少时无须设置数据提取筛选，数据量较大时可以创建提取筛选。

如果面对海量数据，比如，企业的 SAP HANA 大型数据库，"数据提取筛选器"是必要的。如图 6-40 所示，点击数据提取右侧的"编辑"按钮弹出配置窗口。这里既可以使用字段设置筛选条件，也可以按照行数提取分析样本。如果之前已经增加过数据源筛选器，那么所有条件自动带入"数据提取筛选器"——全局筛选器之外的数据，提取是没有意义的。

高级用户设置增量刷新，通常需要在 IT 辅助下使用。"前 1000 行"和"样本 1000 行"是不同的抽样方式，前者从数据表提取最前面的部分（很可能获得的是单一月份的数据）；后者从整个数据库随机抽取 1000 行，样本更有代表性，但提取也更慢。初学者可以暂时忽略这些选项。

一般而言，"数据提取筛选"要么在后期撤销，改为实时连接；要么发布到 Tableau Server 设置定时刷新，所以本地的数据提取往往具有临时性。

而数据源筛选器的功能截然不同，它是用来"排除异常值及无效分析数据"的。

因此，它的筛选结果对此后的所有工作表、仪表板都有效，后期也不会轻易撤销；它可以是对"实时"数据源的筛选，也可以是对"数据提取"结果的筛选。

创建"数据源筛选器"的方式如图 6-40 右侧所示，点击右上角筛选器下面的"编辑"命令，会弹出"编辑数据源筛选器"窗口，添加方式和数据提取的条件筛选一样。

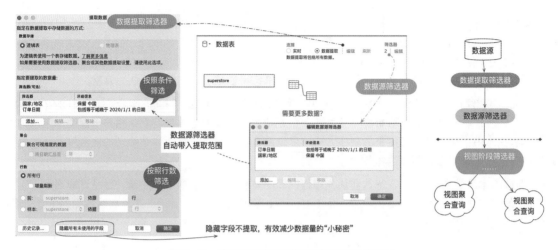

图 6-40　数据提取筛选器的设置与数据源筛选器

　　总而言之，数据提取筛选器是为了创建分析使用的更小数据样本，目的在于性能或移动办公；而数据源筛选器是为了排除异常值和无效分析数据，一经设置往往常年不变。数据源筛选器对实时数据源、数据提取后的本地数据源都有效果，所以二者有一定的前后关系，但并不明显。

## 6.4.6　筛选与计算的优先级

　　至此，本书已经介绍了几乎所有筛选器类型，以及它们之间的功能差异、优先级次序和组合。这里的重点是优先级，如图 6-41 所示。

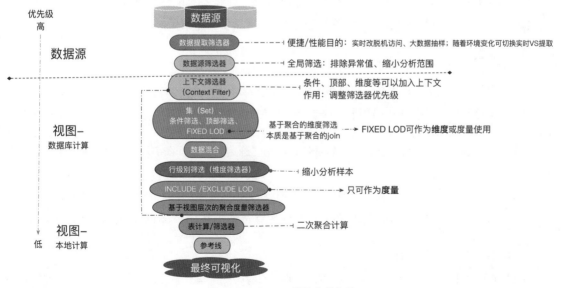

图 6-41　Tableau 筛选的优先级

需要特别强调的是，在官方的操作顺序（Operation Orders）讲解中，使用了维度筛选器（Dimension Filter）和度量筛选器（Measure Filter），这里的"度量"是"聚合度量"的简称。很多人误认为是"拖曳维度区域的字段到筛选器创建'维度筛选器'、拖曳度量区域的字段到筛选器创建'度量筛选器'"。这是筛选领域中最普遍的错误，背后是对数据类型、字段角色（如维度、度量）的认知偏差。

比如，"[利润]<0"筛选和"SUM([利润])<0"筛选，利润不是度量，利润的聚合（比如 SUM([利润])）才是度量，因此前者属于行级别筛选（不含聚合），后者属于度量筛选（聚合默认相对于视图详细级别）。因此笔者在本书中使用了更加完整的表述方式，"度量筛选器"即"基于视图详细级别的聚合度量筛选器"，而维度筛选器则是"行级别筛选器"。

"筛选的本质是逻辑计算"，筛选器优先级是计算优先级的影子。本书第 8 章，会从计算角度进一步分析[利润]<0 与 SUM([利润])<0 的差异。而在 10.4 节，笔者将把计算、筛选，甚至数据合并的主要功能，整合在一个统一的体系中。

# 6.5  集（Set）：把筛选保留下来的"神奇容器"

6.4 节中，笔者使用"集合"概念介绍了多个筛选的计算过程。实际上，每个筛选结果都相当于数据表全集的子集。如果能把筛选保存为"集合"，就可以完成更复杂的交互，比如：

- 快速筛选只是保留了 TRUE 的部分，无法快速对比 TRUE 和 FASLE 两个部分。
- 经常要做完全相同的筛选，每次都要重复创建筛选器，降低了工作效率。
- 多个相同类型筛选器默认取交集（Intersection），不能计算并集（Union）或者差（Difference）。
- 同一个筛选样本，在不同的工作簿完成不同的功能（筛选/标记颜色/计算等）。

Tableau 中，集合简称"集"（Set），是把**给定逻辑条件的筛选结果**保存下来的容器。

## 6.5.1  创建自定义集及集的本质

集必须基于字段创建。最简单的集是指定**字段**中部分元素的组合，比如{标签,电话,复印机}。

如图 6-42 所示，在字段【子类别】上右击，在弹出的快捷菜单中选择"创建→集"命令（见图 6-42 位置①），在弹出的窗口中有"常规、条件、顶部"3 种设置集成员的方法（见图 6-42 位置②）。这里在默认的"常规"选项卡中，任意选择 3 个数据值，点击"确定"按钮，在字段列表中，会增加一个集字段。

如果把所有的子类别视为全集 U，那么【子类别 集】可以视为 U 的子集 S1，如下所示。

- U = {子类别,标签,电话,复印机,美术,配件,器具,设备,收纳具,书架,系固件,信封,椅子,用具,用品,纸张,装订机,桌子}
- S1 ={标签,电话,复印机}

在 S1 子集之外，一定还有一个与之相对的子集，二者构成全集。集合论中称为"补集"。如图 6-43 所示，双击集字段【子类别 集】，视图中出现了"内/外"；把子类别放在"标记"的"标签"中，"集内"

和"集外"分别对应 S1 和 S1 的补集。

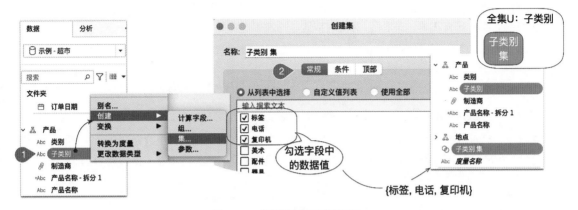

图 6-42　创建静态集的通用方法

图 6-43　集不是筛选，而是分类

可见，**集字段本质上是布尔判断，是对离散字段的分类。**

因此，集既可以作为筛选器使用（只保留集内或者集外的部分），又可以对比集内、集外，作为分类字段使用。大部分筛选器能完成的工作，用集都可以更好地完成。从某种意义上看，筛选可以视为是只保留"集内"的特殊形式。二者及分组的关系如图 6-44 所示。

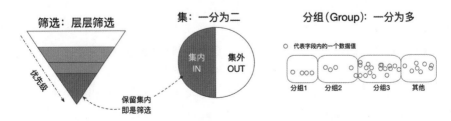

图 6-44　筛选是集的特殊形式

如果把"筛选"比作是层层剥洋葱、层层减少数据的操作，"集"就是把洋葱一切两半，而另一个功能"分组"（Group）则是对数据元素重新归类。三者功能虽有相通之处，但目的不同。

看上去，集（Set）不如筛选类型多样，又不及分组灵活（可以分很多部分），这也是集长期以来被广为忽视的重要原因之一。其实，筛选只是集的功能之一（保留集内），"分组"难以实现聚合分组、动态条件分组，集才是真正的"王者"。甚至可以说，所有筛选都是在集合论的理论之下的。

随着 Tableau 推出"集控制"（Tableau 2020.2 版本），越来越多的用户开始感受到了它的实用、强大。

## 6.5.2　自定义集内成员："集控制"（Tableau 2020.2+版本）

"集控制"（Set Control）是以直接交互的方式，快速更新自定义集成员的快捷方法。

如图 6-45 所示，在集字段【子类别 集】上右击，在弹出的快捷菜单中选择"显示集"（见图 6-45 位置①），当前工作表右侧会出现集的自定义控制器，如同多值列表的筛选器（见图 6-45 位置②）。这里将 3 个集成员勾选为 5 个集成员。

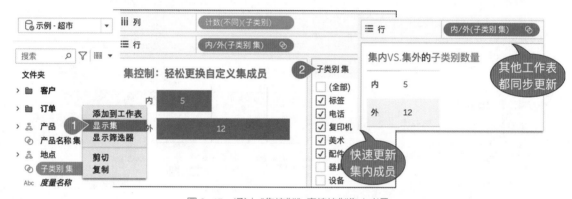

图 6-45　通过"集控制"直接控制集内成员

和筛选不同，集控制默认对所有使用相同集的工作表起作用，而相同字段的筛选器，在不同工作表中默认是相互独立的。这里的集，相当于一个"变量"字段，这使它更加稳定，具有通用性。

可见，"集控制"让集不再是创建之后难以更新的"静态集"，而是随时可编辑的"自定义集"。

## 6.5.3　创建动态条件集

集有两种基本的类型：自定义集和条件集。

**自定义集**通过列举方式创建集，集成员选定后稳定不变。**条件集**基于聚合条件创建，可以随着数据变化、条件计算自动更新成员，比如，销售额排名前 10 的客户集、利润大于 5000 元的产品集等。

如图 6-46 所示，在字段【产品名称】上右击（见图 6-46 位置①），在弹出的快捷菜单中选择"创建→集"命令，在弹出的窗口中选择"条件"，设置条件为：利润总和大于 5000 元（见图 6-46 位置②）。这样创建了一个动态的集【产品名称 集】。双击集字段加入视图，默认看到的是"内、外"的数据分类（见图 6-46 位置③），把集字段再拖入筛选器，只保留"内"的子集（见图 6-46 位置④）。同时，在视图中将字段【产品名称】拖至集字段之后，就可以获得"集内成员清单"。

图 6-46　创建条件集并完成筛选

这个过程与 6.2.2 节中"指定详细级别聚合的筛选"有类似之处。虽然集可以完成筛选,不过仅仅如此就大材小用了。通过简单的转化,集还可以完成绝佳的内外对比分析。

比如,把"利润总和大于 15000 元的产品"界定为高盈利产品,那么高盈利产品在公司利润总和中占比多少? 此时没有筛选,只有对比,集是分类维度,它可以把全部利润总和分为内、外两部分,再辅助标签和"合计百分比"计算,就能完成简单而不失深刻的占比图,如图 6-47 所示。

图 6-47　使用条件集完成集内、集外的对比分析

从图 6-47 中可以一目了然地发现,高盈利产品虽然只有 17 个 SKU 单品(不足 1%),但是利润贡献超过 17%,这是很高的集中度。虽然帕累托图才是典型的"头部集中"分布图,但它过于复杂,初学者推荐使用条件集和占比组合,在较高详细级别完成洞察,必要时再从抽象到具体展开。

在创建条件集的过程中,要特别注意"利润总和大于 15000 元的产品"背后的逻辑意义,集是分类,间接完成筛选的功能。参考筛选的结构分析方法,这里也可以对"集"做如下分解。

- 集依赖的对象：产品名称。
- 从全集中区分集内的条件：利润总和大于 15000 元。

因此，也可以把"集"视为**指定详细级别上的聚合判断**，这样它就和 6.2.2 节讲解的"指定详细级别聚合的筛选"具有了共同的性质。也正因为它们二者具有完全相同的结构，所以具有相同的优先级；集的优先级内容在 6.6.2 节结合案例详细介绍。

## 6.5.4 集动作：以视图交互方式更新集成员

除了集控制，另一种更新集成员的方法是"集动作"（Set Action）。不同于"集操作"以外部控件更新集成员，集动作在视图中以鼠标光标悬停、点击、右击方式更新集成员，属于高级交互内容。

如图 6-48 所示，创建了"各子类别的利润"条形图，为了突出强调而非筛选，这里把【子类别 集】拖入"标记"的"颜色"中，子类别被分成两部分。在菜单中选择"工作表→操作"（见图 6-48 位置①），在弹出的操作窗口中选择"添加动作→更改集值"命令（见图 6-48 位置②和位置③）。

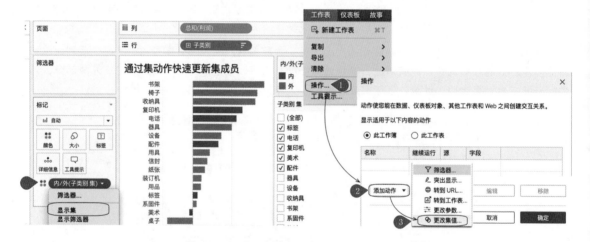

图 6-48 添加"集动作"控制集内成员（上）

关键的设置在于如何设置集动作——以交互动作的方式更新集内成员（集值）。

如图 6-49 所示，在"集动作"配置窗口中，默认在当前工作表中（见图 6-49 位置①），当鼠标"选择"（即点击或多选）时（见图 6-49 位置②），点击的值会更新到【子类别 集】之中（见图 6-49 位置③）。"清除选定内容将会"可以设置取消选择后的动作，默认为"将所有值添加到集"，这里改为"保留集值"（见图 6-49 位置④）。点击两次"确定"按钮返回视图，鼠标选中利润最高的子类别，此时的集就变成了"利润排名前 6 的子类别"。

集动作设置看似步骤复杂，但可以提升视图中交互的便捷性。数据分析过程应该尽可能减少数据用户访问的复杂性，把逻辑提前在数据表阶段完善，集是实现高级交互的关键功能。

7.5 节将结合仪表板设计，进一步介绍"集动作"的强大功能。

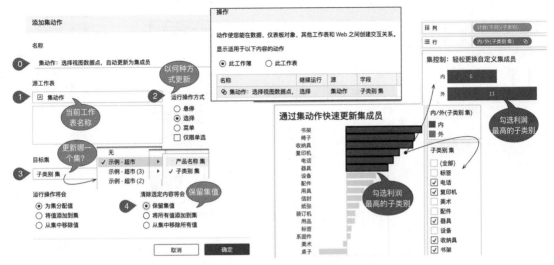

图 6-49　添加"集动作"控制集内成员（下）

# 6.6　集的运算、优先级和应用

在 6.4 节中，笔者将多个筛选器的规则总结为两句话：**相同类型的多个筛选取交集**（Intersection）、**不同类型的筛选器看优先级**（Priority）。这个规则也适合于多个集，以及包含集的场景。这里，先介绍集的合并，而后介绍集在"计算与筛选优先级"中的总体位置。

## 6.6.1　多个集的合并与"合并集"运算

作为分类的集，以"保存为样本字段"的方式完成筛选任务，不仅可以保存自定义内容（比如公司今年主推的"十大重点 SKU 单品"，而且可以保存条件（比如利润排名前 10 的产品）。根据分析需要，还可以计算多个集的重叠部分。这里以顶部和底部筛选为例进行介绍。

1．两个集同时加入筛选器，保留交集（Intersection）

比如，领导想要获得"哪些是高销售额且高利润的产品"，包含两个不同的聚合筛选条件（筛选对象相同，聚合条件不同）。这就涉及多个筛选的组合，集也是同理，可以分别创建两个集："销售额（总和）排名前 15 的产品集"，"利润（总和）排名前 15 的产品集"，而后同时加入筛选器中。

如图 6-50 所示，在字段【产品名称】上新建两个集，分别使用 "销售额总和"和"利润总和"作为筛选条件，创建两个集【set-前 15 产品-by 销售】（见图 6-50 位置①）和【set-前 15 产品-by 利润】（见图 6-50 位置②）。而后创建主视图 "各个产品的销售额"，增加第一个集作为筛选条件（见图 6-50 位置③），这里利润作为颜色辅助。而后第二个集字段加入筛选，此时视图中保留了 5 个产品（见图 6-50 位置④）。

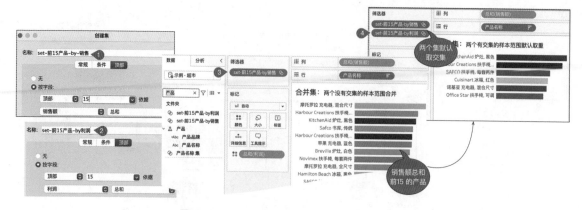

图 6-50　使用条件集完成集内、集外的对比分析

由于两个集属于完全相同的筛选类型，相同类型的筛选取交集，因此，视图结果是"销售额排名前15，且利润排名前 15 的产品"，最终结果有 5 个产品。

沿着类似的逻辑，分析中可以完成不同集的组合筛选，比如"销售额大于 10 万元，且利润大于 1 万元的客户""销售数量排名前 20，且利润大于 1 万元的产品"等。不过，即便创建了两个集，同时拖曳组合也是一件烦心事，能否像"集"一样，把多个筛选条件的集组合为一个新集呢？

这就是"合并集"。

**"合并集"相当于把多个集的组合关系以"容器"的方式保存下来，从而提高分析效率。**

如图 6-51 所示，借助 Ctrl 键同时选择要合并的集（见图 6-51 位置①），或者仅仅在其中一个上面右击，在弹出的快捷菜单中选择"创建合并集"命令，在弹出的窗口中，确保两端是自己需要的集字段，默认保留"所有成员"合并方式，这里改为"两个集中的共享成员"，这里把合并的结果称为"set-高盈利产品"，保存为一个集字段（见图 6-51 位置②）。在一个新视图中，只需要双击或拖曳这个合并集字段，就可以获得"销售额排名前 15 且利润排名前 15"的产品了。

这里把构成合并集的集称为"子集"，如果在视图中分别把两个子集加入行/列，就能看到二者重合和不同的部分，如图 6-51 位置③所示。

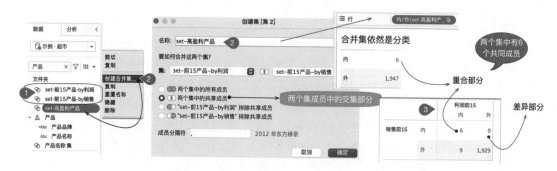

图 6-51　使用条件集完成集内、集外的对比分析

　　既然合并集如此好用，那么能否实现 $A$、$B$、$C$ 多集合并呢？合并集功能一次只能合并两个集，不过可以多次合并：先两两合并，而后再与第三个集合并，比如上面的"销售额排名前 15 且利润排名前 15 产品"的集，可以和"销售额大于 15000 元的产品"合并。

$$(A \cap B) \cap C = A \cap (B \cap C)$$

　　当然，一旦理解了"**所有筛选皆是逻辑计算**"，而"集是一分为二的逻辑判断"，就可以通过自定义计算完成合并集，不管是两个集合并，还是更多集合并，如图 6-52 所示。

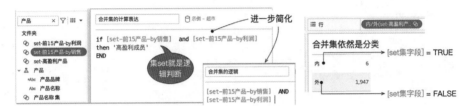

图 6-52　合并集是逻辑计算的化身

　　理解了这个过程，既有助于理解集的本质，也有助于理解"多个集默认计算交集"的逻辑，并且可以进一步理解合并集的其他组合方式和应用。

### 2. 合并集：多个合并规则

　　在合并集的过程中，默认选项是保留重合部分（Intersection），这与 6.4 节中多个筛选器的规则完全相同——即便考虑到不同的优先级也是如此。筛选无法完成多个样本的并集（Union），难以完成它们的不匹配差异项（Difference），而这是集运算擅长的任务。

　　比如，在公司的月报中，领导要求突出销售额总和排名"前 5"和"后 5"的省份，或者销售量最高和最低的业务员。两个互斥的顶部/底部条件，显然无法拖曳筛选器或集所能完成，结果的本质是两个不同的筛选样本的并集（Union）部分。可以借助"合并集"或者自定义计算完成。

　　如图 6-53 所示，首先分别创建销售额总和排名前 5 和后 5 两个集（见图 6-53 位置①），而后在合并集中，选择"两个集中的所有成员"（All members in both sets），就创建了包含两个集所有成员的合并集了（见图 6-53 位置②）。

图 6-53　使用合并集完成两个无交集部分的样本合并

在视图中，借助合并集筛选，就可以把两个集的成员轻松展现在一起了。再借助集标记颜色，还可以进一步区分视图中的数据元素。

同理，也可以使用自定义计算逻辑完成合并集，不管是交集、并集，还是差异，都可以用逻辑计算来对应。如图 6-54 所示，这在复杂的问题分析中尤为重要，读者会在第 7 章领会它的价值。

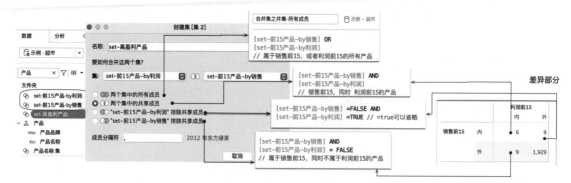

图 6-54　合并集中不同选择对应的计算逻辑

理解了集、合并集的逻辑，接下来将是特别重要的部分，理解集在整个筛选和计算中的位置。

## 6.6.2　集和筛选的关系及优先级

在创建"条件集"时，大家会发现集相当于指定字段，并为之设置了聚合的条件，这和 6.2.3 节"指定详细级别的筛选（条件筛选）"完全相同。

因此，"利润（总和）大于 5000 元的产品"有两种筛选方式：（1）将筛选对象字段【产品名称】拖入筛选器，然后设置聚合条件；（2）在【产品字段】上右击，在弹出的快捷菜单中选择"新建→集"命令，设置聚合条件，而后把集字段拖入筛选器。二者逻辑完全相同，后者只是相当于把范围保存了下来。可见，集和"条件筛选"可以视为类型相同的筛选。

因此，在同时包含筛选和集的问题中，集的优先级与"指定详细级别聚合的筛选"（通常被称为条件筛选、顶部筛选）一致。相关的内容可以从图 6-41 中简化如下，如图 6-55 所示。

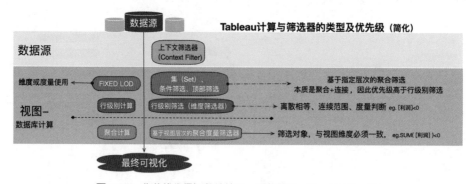

图 6-55　集的优先级与条件筛选、顶部筛选、Fixed LOD 一致

在学习本书第 3 篇时，大家会进一步发现，条件集和"条件筛选器""顶部筛选器"背后就是 FIXED LOD——指定详细级别的聚合及其筛选，因此它们具有相同的优先级。

举例而言，"2021 年、西北地区，利润总和排名前 15 的产品，各个客户的销售额和利润"。

这个问题包含了 3 个筛选，"2021 年"和"西北地区"是行级别筛选器，产品和视图详细级别（Viz LOD，客户）不同，因此产品筛选是"指定详细级别的聚合判断"（Filter on Fixed LOD），需要用"条件筛选"或者"集"完成。

如图 6-56 所示，在筛选器中增加区域筛选和集筛选，视图中显示集内成员（即产品），此时只有两个产品。由于集的优先级优先于行级别的维度筛选器（[区域]= '西北'），因此默认的视图是"全国利润总和排名前 15 的产品中，有几个产品在西北地区有过销售记录？"

图 6-56　集的优先级与条件筛选、顶部筛选、Fixed LOD 一致

此时，又到了"上下文筛选器"发挥作用的时刻。

通过把"区域"行级别筛选器添加到上下文，可以将它的优先级调整到"集"之前执行。

如图 6-57 所示，在蓝色的行级别维度筛选上右击（见图 6-57 位置①），在弹出的快捷菜单中选择"添加到上下文"命令（见图 6-57 位置②），上下文筛选器都是灰色背景，优先执行（见图 6-57 位置③）。此时视图中看到的才是正确的结果。视图中只有 14 个客户名称，也就是说 2021 年西北地区最高利润贡献的产品，是由这 14 位客户贡献的。

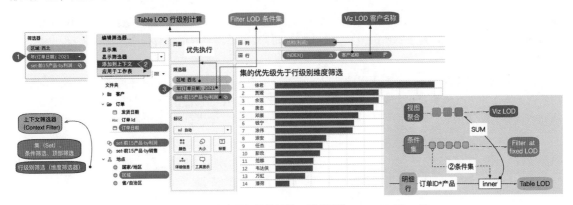

图 6-57　集的优先级与条件筛选、顶部筛选、Fixed LOD 一致

筛选中包含指定详细级别的聚合，关键是理解多个详细级别的关系，这是通用性的方法。

### 6.6.3 集的高级应用：控制用户权限的"用户筛选器"

除了保存筛选范围，集还有很多高级应用，比如传递用户权限、传递交互动作等。

比如，超市销售数据对应多个区域——华东、华北、西北等。分析师希望在仪表板中增加权限控制，当西北地区的销售经理打开仪表板时，自动且只能查看西北区域的数据，而管理员则可以看到全部区域的数据。基于集功能的"用户筛选器"是适合初学者的不二选择。

如图 6-58 所示，在"服务器"菜单下，在登录的情况下，选择"创建用户筛选器"下分配权限的字段（见图 6-58 位置①），Tableau 会打开一个配置界面，左侧是服务器中所有可用用户，右侧是字段中可以匹配的值（见图 6-58 位置②）。点击用户"sally"，并在右侧勾选对应的"西北"复选框，这样就为该用户创建了分类集；可以为每个用户勾选对应的字段值。点击"确定"按钮，就会创建一个用户筛选器，加入视图即可完成筛选（见图 6-58 位置③）。

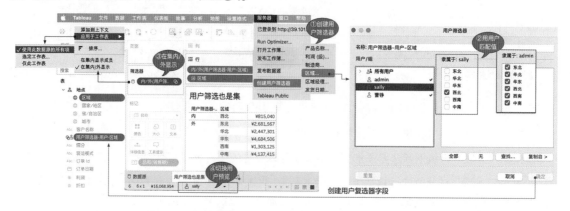

图 6-58 使用用户筛选器，将工作表的显示与用户权限结合

为了帮助读者理解"用户筛选器"是集，这里在筛选器中右击，在弹出的快捷菜单中选择相应命令设置集字段，从默认的"在集内显示成员"改为"在集内/外显示"，并将用户筛选器添加到视图中，就会显示内/外的选项。分析师可以在视图底部点击切换用户，预览用户筛选器对视图产生的影响（见图 6-58 位置④）。

用户筛选器的本质是集，不同于以往，它是和每个用户匹配的多个集，而不是单一的集字段。通常，用户筛选器应用到全部数据源，只需要在筛选器中右击，在弹出的快捷菜单中选择"应用于工作表→使用此数据源的所有项目"命令即可。这种应用到多表的筛选器，本书列入"中级交互"功能予以介绍。

当然，这里的用户筛选器只能对访问用户有效，分析师默认可以查看所有数据，这就带来了一定的数据管控方法。如果要为分析师增加权限，需要数据库层面的调整，或者使用"虚拟连接"功能，详见 11.1 节（Tableau 2021.4+版本可用，且需要单独的 DM 许可证支持）。

## 6.7　中级交互：仪表板中的快速筛选、集交互

在业务分析中，复杂的业务场景需要多个可视化工作表，此时，还需要考虑它们之间的交互关系。接下来，本章简要介绍基于筛选的初级交互，高级交互将在第 7 章单独介绍。

不同于 SQL 中的"增删改查"，商业可视化分析强调可视化的交互，在交互中发现线索、探索未知、建立和验证决策假设。因此，交互是技术和业务紧密结合的中间地带，分析师一方面要理解不同用户的交互需求，另一方面要在交互易用性和分析复杂度之间建立好平衡。

### 6.7.1　交互设计的基本分类

在可视化分析的过程中，交互设计可以有多种样式，根据是否需要中间变量，可以分如下两项。

- 快速筛选：在单一工作表或者包含多表的仪表板中，通过筛选器或者点击数据，实现单个或者多个工作表数据的筛选。很多工具中也称为"联动"，只是它缺少"筛选"的含义。
- 中间变量筛选：建立在参数或者集的基础上，工作表 A 用于更新中间变量，通过参数或者集的传递引起其他工作表的关联变化。

在笔者的学习过程中，这样的理解方式帮助自己理解了交互的精髓。这里笔者还是使用一个可视化来理解这个分类过程，如图 6-59 所示。快速筛选不依赖于中间变量，简单、易用，而高级的交互建立在中间变量的基础上，在 Tableau 中，单值用参数，多值用集合，结合计算实现高级分析。

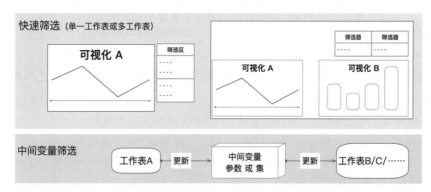

图 6-59　快速筛选不依赖于中间变量

在本章的介绍中，大多数筛选器都是快速筛选器，通过切换字段值引起视图的直接变化。本章中，基于参数和集的筛选虽然简单，却是通往第 8 章高级交互的桥梁。

### 6.7.2　"以图筛图"：仪表板中的多表快速关联筛选

除了快速筛选器和集筛选，另一个应用最普遍的筛选方式是"以图筛图"的仪表板交互。它既具有快速筛选器的一般特征，又可以借助设置实现更复杂的筛选逻辑，而且设置方便，即学即用。

比如，"2021 年，各个子类别的销售额"，可以把年度从快速筛选器转化为一个工作表，而后把二者

结合在一个仪表板中实现交互设计。这就需要先构建两个基本图形"工作表 A：各年度的销售额""工作表 B：各子类别的销售额"。

如图 6-60 所示，先新建仪表板（见图 6-60 位置①），而后将两个工作表拖入右侧区域左右排列（见图 6-60 位置②），点击工作表 A，显示右上角工作菜单，激活漏斗形状的筛选器（见图 6-60 位置③）。此时再点击工作表 A 中的某个年度，右侧图形会显示相应的筛选变化。这就是最简单的"以图筛图"，也可以称为仪表板中的"快速筛选器"。

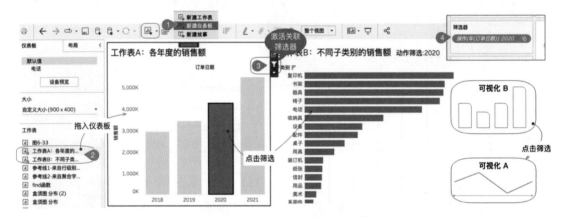

图 6-60  快速筛选不依赖于中间变量

"以图筛图"更改了筛选器的来源，但没有改变筛选的本质。如果跳转到"工作表 B"，会发现在筛选器区域增加了一个字段，如图 6-60 位置④所示。和之前的快速筛选器相比，前面增加了"操作"两个字。操作（Action）即动作、交互动作之意。

**最常见的交互动作是在工作表 A 中进行鼠标悬停、选择或菜单命令，引起其他工作表的关联变化。**

在工作表 A 中有多个维度字段，那么快速筛选器会默认筛选所有维度字段。如果希望进一步了解自动生成的"关联筛选"背后的奥秘，可以查看每个动作的过程并进一步设置。

如图 6-61 所示，在激活工作表的"筛选器"之后，选择菜单"仪表板→操作"命令，在弹出的窗口中包含了当前工作簿和工作表的所有"操作"清单。在工作表 B 中，会显示"操作（细分，年（订单日期））：消费者，2020"的关联筛选。

高级用户也可以设置筛选的字段。比如，工作表 A 中包含了（年）订单日期和细分两个维度，希望点击时仅筛选"（年）订单日期"字段，此时就要编辑"操作"窗口中的交互清单。

如图 6-62 所示，可在此前"操作"清单的基础上，首先显示"此工作表"的交互命令，而后双击可以编辑动作（见图 6-62 位置①）；在弹出的"编辑筛选器动作"中，可以看到通过关联筛选的完整逻辑（见图 6-62 位置②）。简而言之，**即在哪里（源工作表）、如何触发交互（悬停、选择、菜单）、触发哪些工作表（目标）的交互变化，并设置取消交互后数据筛选如何变化（默认显示所有值，即清除筛选）**。高级用户可以根据需要编辑底部的"筛选器字段"，将默认的"所有字段"修改为"选定的字段"，比如，这里仅设置"年（订单日期）"作为筛选条件，忽略工作表 A 中的细分字段。

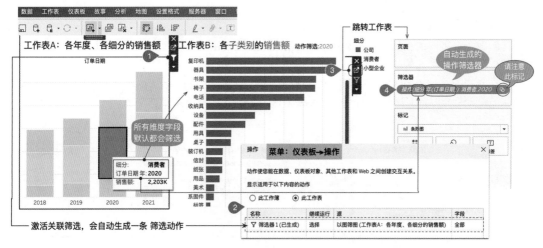

图 6-61　关联筛选器的背后是自动生成的交互动作（操作）

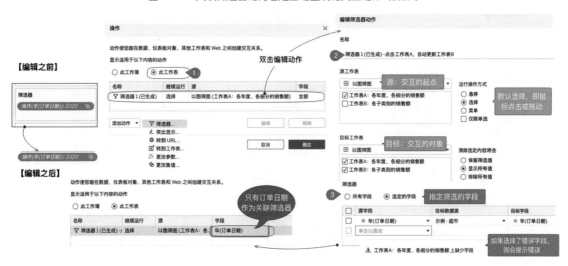

图 6-62　编辑关联筛选的交互过程与筛选字段

当然，对于初学者而言，通常只需要修改"源工作表"和"目标工作表"就好。在充分理解了筛选的过程后，可以针对复杂问题做定制化调整。更多高级交互内容详见第 7 章。

### 6.7.3　共用筛选器、集和参数：典型的仪表板交互

在仪表板设计的过程中，难免会有适用于多个表的公共筛选器，每个工作表的筛选器需要整合在一起，实现"共用筛选，统一交互"。共用筛选器常与"关联筛选器"同时出现。

比如，分析师要为各区域经理提供客户主题仪表板，包含多年销售趋势、客户排名和客户散点图。每位区域经理都可以筛选自己所在区域，结合关联筛选查看各年的客户分析及大客户 TOP 榜单。

### 1. 创建综合仪表板

首先创建 3 个不同的图形，分别用**柱状图**、**条形图**、**散点图**代表年度的销售额**变化**、客户的销售额**排序**、客户销售额与利润的**相关分布**，并在任意其中一个工作表中添加"区域"筛选。之后在仪表板中拖曳即可构成如图 6-63 所示的基本样式。之后按照 6.7.2 所讲"以图筛图"激活工作表 V1 中的订单日期筛选，从而自动生成从 V1 到其他工作表的关联筛选。关键是如何设置筛选交互。

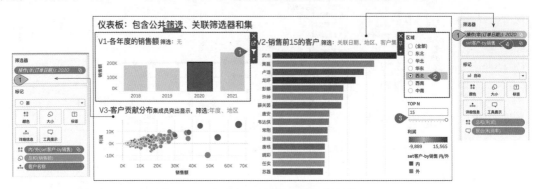

图 6-63　在仪表板中共用筛选器，关联筛选器

由于每位区域经理只需要查看对应区域，可以通过"单值列表"集中控制视图中的所有工作表。年度既是视图的一部分，又是筛选条件。基于筛选条件，聚焦区域的大客户（这里筛选销售额总和排名前 15 的客户，通过参数可以更改数字），并随着筛选自动变化。

在这个仪表板中，共存在如下的交互关系。

- 关联筛选：左上角工作表 V1 中，【订单日期】字段应该**筛选到其他工作表**，借助点击激活（见图 6-63 位置①）。
- 共用筛选：右上角【区域】字段的筛选需要**应用到所有工作表**，借助勾选激活（见图 6-63 位置②）。
- 参数控制：V2 工作表中，借助参数控制顶部集的范围（见 6.2.2 节）（见图 6-63 位置③）。
- 集筛选：右侧 V2 工作表，使用集字段【set 客户-by 销售】筛选，仅仅保留顶部客户（见图 6-63 位置④）。

理论上，每个筛选器的应用范围广阔，不管是在工作表中，还是在仪表板中，只是筛选、集和参数的应用范围默认不同——在介绍它们的创建方式时，它们的这些属性就已经确定了。为了深刻地理解仪表板中这些功能的影响范围和更改方式，笔者先总结要点如下：

- 每个筛选默认仅仅应用到当前使用的工作表，即使两个工作表使用了同一个字段筛选，默认也是独立的，互不影响。
- 集和参数是可以存储样本的"容器"或者"变量"，一个工作表中的变化，会应用到使用该集、参数的所有工作表中。
- 集依赖创建集的字段，因此依赖当前数据源，两个不同数据库即便存在相同的集，也互不影响。
- 参数不依赖任何字段，也不依赖数据源，因此不同数据库的工作表可以使用同一个参数，并保持同步，这一点又和集正好相反。

**2. 仪表板中的关联筛选**

订单日期的"关联筛选"，只需要点击工作表 V1 右侧的漏斗即可，参考 6.7.2 节。

下面介绍设置区域字段的"共用筛选器"。如图 6-64 所示，点击右上角的"区域"筛选器，一侧会显示一个微缩的工具栏，点击下拉小三角展开更多功能，选择"应用于工作表→选定工作表"命令，在弹出的窗口中勾选"选择仪表板上的所有内容"复选框。这样原本只依赖单一工作表的"区域筛选器"就成为整个仪表板的共用筛选器。

相比之下，参数只需要"显示"出来，不需要做范围上的更改。这里的顶部集引用了参数"TOP N"，如图 6-64 所示，在任意工作表上，通过一侧的工具栏选择"参数- TOP N"即可。

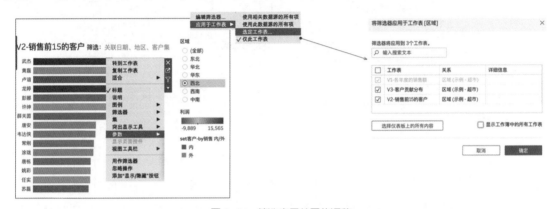

图 6-64　筛选应用范围的调整

由于集和参数本身就是应用到所有使用它们的工作表，无须设置应用范围，只需要调用显示，并在需要它们的位置使用就好。比如，仪表板中的 V2 工作表，集作为筛选，而在 V3 工作表中，集只是作为颜色字段和分类使用。当更新"TOP N"参数时，它们的筛选范围和分类自动变化。

最后，务必要注意筛选器的优先级。在工作表 V2 中，默认的区域筛选、订单日期筛选优先级都晚于集字段，需要把它们都添加到上下文，结果才是正确的。最终结果如图 6-65 所示。

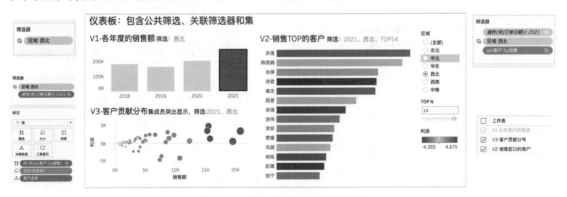

图 6-65　包含多个筛选功能的仪表板

只有当理解了筛选、集、参数的功能，以及不同类别的优先级后，初学者才算真正驾驭了筛选功能。

## 6.7.4　工具提示"画中画"：最简单的多表关联

在较为复杂的仪表板中，还有一种"画中画"的关联筛选方式，它把仪表板中的关联过程在"工具提示"中实现。需要注意的是，它依然要遵循筛选的优先级约束。

如图 6-66 所示，两个工作表分别是"子类别的销售额与利润"和"销售额排名前 10 的产品"，可以把后者加入前者的工具提示中，每当点击任意子类别时，都可以查看该子类别的商品。

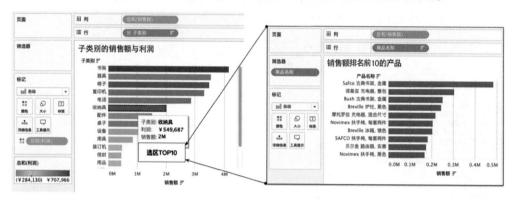

图 6-66　使用工具提示实现画中画关联

"画中画"在主视图的工具提示中设置。如图 6-67 所示，在"子类别的销售额与利润"工作表中，点击"工具提示"（见图 6-67 位置①），在弹出的窗口中选择"插入→工作表"命令，选择"销售额 TOP10 产品"（见图 6-67 位置②）。特别注意的是，工具提示筛选依然要遵循优先级约束，这里的"产品名称"筛选是指定详细级别的聚合筛选，优先级默认高于工具提示而来的"子类别"，只有把"子类别"添加到上下文，工具提示的结果才是"每个子类别中，销售额排名前 10 的产品"（见图 6-67 位置③）。

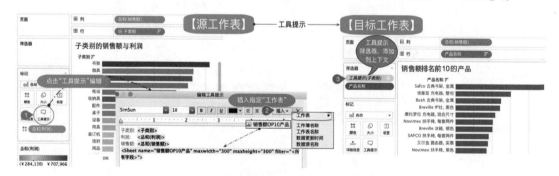

图 6-67　使用工具提示插入工作表并设置优先级

仔细观察图 6-67 位置③"工具提示（子类别）"会发现，右侧的标记就是"集"。可见，这里实际上是使用了集传递视图选择。关于集动作的更多应用，详见本书第 7 章。

## 6.8　更多实用工具：分组、数据桶、分层结构、排序

至此，与筛选相关的内容终于讲解完毕。还有几个实用功能，虽然不属于筛选功能范围，不过由于具有一定的关联性，本章一并介绍。主要有分组（Group）、分层结构（Hierarchy）、排序（Sort）。

分组属于数据整理，分层结构和集属于数据分析；筛选和排序则兼具二者特征。

### 6.8.1　作为数据准备的"组"

简而言之，组是对指定字段中数据值的再分类，比如，数据库中缺失字段【子类别】的上级分类，通过数据表关联又略显麻烦，此时不妨直接在【子类别】字段上做个分组。

如图 6-68 所示，初学者可以在字段上右击，在弹出的快捷菜单中选择"创建→组"命令（见图 6-68 位置①），在弹出的窗口中选择多个值再点击"分组"按钮即可（见图 6-68 位置②）；也可以在视图中选择多个字段值，用鼠标右击，在弹出的快捷菜单中选择"组"命令创建（见图 6-68 位置③）。

在视图标题位置创建组，组字段【子类别（组）】会自动替换原来的【子类别】字段——Tableau 认为这是在整理错误数据。在左侧字段中会新增字段【子类别（组）】，可以用鼠标右击，在弹出的快捷菜单中选择"编辑组"命令，为各组重命名（见图 6-68 位置④）。

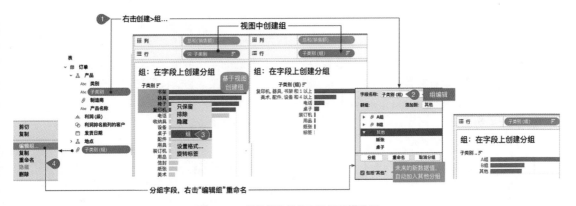

图 6-68　创建组的常见方法与编辑设置

如果随着业务的发展，字段可能增加更多的数据值，分组还要为未来可能的新数据值预留空间，因此推荐使用"编辑组"中的"其他"，这样未来有新增加的数据值，就会被自动合并到"其他"分组，避免视图出错。

不管是 Excel，还是 SQL，都普遍存在类似的重新整理、分组字段值的需求，上述的过程本质上是一个逻辑计算。大部分情况下，是由 IT 人员或者数据库管理人员通过 SQL 在数据仓库层面完成的。上述的分组和分析过程，在 Tableau 中是类似如下结构的查询[1]。

---

1　通过 Tableau Desktop 的"性能记录器"可查看图形背后的 SQL 查询，为方便理解，这里略有调整。

```
SELECT SUM `销售额`  AS `sum_销售额_ok`,
    (CASE WHEN `子类别` IN ('复印机', '标签', '电话', '美术', '配件')  THEN 'A 组'
        WHEN `子类别` IN ('书架', '信封', '器具', '收纳具', '系固件')  THEN 'B 组'
    ELSE '其他' END)  AS `子类别 (组)`
FROM `superstore_V2021`
GROUP BY  2
```

分组过程没有聚合，因此笔者常把分组称为数据准备功能，用来弥补数据表中的字段不足。

集和组都是对指定字段中数据值的再分类，都建立在逻辑计算的基础上。其中，集的本质是唯一性布尔判断，只能一分为二（集内/集外）；组是可以反复嵌套的自定义 IF-ELSE-THEN，可以对数据做任意分类。因此，二者的应用场景截然不同。集大多是动态的（条件集），组通常是静态的；集是增强分析工具，分组是数据整理工具。

相对高级而动态的集、传递变量的参数，不少人觉得"组"是一个很弱的功能。不过笔者在业务实践中发现，"自定义分组"至关重要。几乎每家公司的组织架构、产品组合、小组成员都会不断变化，相关的逻辑如果必须依赖 IT 才能完成，分析过程就会低效、不稳定。分组相当于在分析的过程中，业务分析人员就可以把本属于 IT 的简单整理工作，与分析融为一体，快速高效。

## 6.8.2　分层结构钻取分析与仅显示相关值

在 5.1 节，笔者简要介绍了钻取分析与多个字段之间的分层结构。比如"国家—省份—城市"，一个国家包含多个省份，且每个省份只能属于一个国家，此为"一对多"。典型的还是公司的科层制部门设置。

在数据连接和准备阶段，预先为字段设置分层结构（Hierarchy），视图中，具有层次结构的字段可以通过点击+/-符号展开或者折叠，从而实现问题维度的变化，维度变化引起问题层次的变化，这就是"上钻""下钻"分析，统称钻取分析。如果分层结构的字段作为筛选器，此时筛选器的可选项也会自动显示"分层结构中的所有值"，这样有助于优化筛选体验，如图 6-69 所示。

图 6-69　拖曳创建分层结构

和"分层结构中的所有值"一起的选项是"仅相关值"，通常它用于分层结构之外的字段。比如，"华北"地区中筛选"客户名称","仅相关值"功能就会排除未曾在华北地区消费过的客户。看似很好，却是以降低查询性能为代价的，因此在数据量大时要谨慎使用。

## 6.8.3 排序：对离散字段的数据值排序

在可视化分析时，排序通常是优化最终展现的必不可少的一步，特别是与条形图结合。

如图 6-70 所示，常见的"排序"命令有两个：其一是快速工具栏（见图 6-70 位置①）；其二是坐标轴标题旁边及其对面位置（鼠标光标靠近可见）（见图 6-70 位置②）。在只有一个聚合字段时，第一种方法最简单；当视图中包含了多个聚合字段时，推荐使用第二种方法，鼠标点击"排序"按钮会在"降序—升序—清除排序"3 种情形间切换。

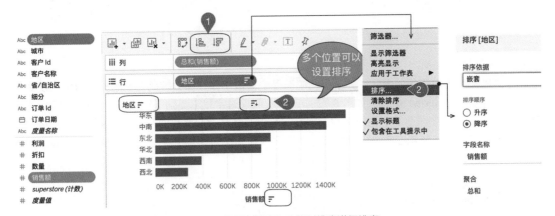

图 6-70  使用"排序"功能对维度进行排序

初学者掌握这两种排序方法，就能满足大多数场景。随着分析的深入，就会面临更多的排序需求：为字段设置默认排序依据，同时对多个字段排序（嵌套排序），引用视图中不存在的字段排序（隐形排序），建立在排序基础上的筛选，等等。

在学习更多排序功能之前，这里要先阐述关于排序的基本要点。

- 排序只能对离散字段排序，比如，省份、产品，连续、次序字段自有先后，无须排序。
- 排序由**排序对象**、**排序依据**两个部分构成，犹如本章介绍的筛选对象和筛选条件。
- 常见的排序依据有"数据源顺序""字母""手动"和按照"字段"排序多个方法。
- 排序依据可以是完全独立于所有视图的（默认排序），也可以是依赖于当前视图聚合值的。

理解了这些要点，这里介绍笔者在学习和实践中常用的几个关键场景。

### 1. 为字段设置"默认排序"

默认排序适用于使用该字段的所有工作表，比如，笔者在医药客户分析中就遇到，客户希望所有的医药品牌按照多年的习惯排序，而非按照业绩贡献。此时，特别适合使用"默认排序"在全局建立排序次序。如图 6-71 所示，在离散的字段上右击，在弹出的快捷菜单中选择"默认属性→排序"命令，可以弹出排序设置。所有的离散字段默认都是"数据源顺序"，分析师可以根据需要手动调整，字母常用于英文环境。

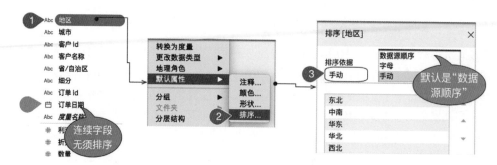

图6-71　使用字段的"默认排序"功能

### 2. 嵌套排序

由于排序是对离散字段的排序，如果视图中有多个离散字段，那么彼此之间的排序可能会受影响。此时需要嵌套排序（Nested Sort）。如图6-72所示，左侧仅对字段【类别】按照字段"总和（利润）"做降序排序，注意图6-72位置①，由于"办公用品"的利润最高，因此即便在贡献不及"技术"的"小型企业"细分市场，它依然排在前面。这样照顾了大局，但对区域内部有失公允。借助嵌套计算，以字段【细分】的值划分区域，每个区都实现了单独的降序。

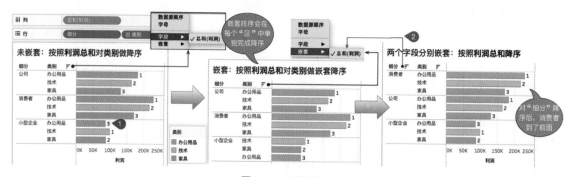

图6-72　嵌套排序

注意，默认只是对字段【类别】的降序排序，【细分】仅仅起到了分区的作用，也可以对【细分】执行相同的降序排序（选择"字段"或"嵌套"都可以），那么利润最高的"消费者"就会排到前面了，如图6-72右侧所示。

### 3. 隐性排序

在一些复杂的问题中，排序字段不会出现在视图中（就像数据源顺序在视图中也不可见），此时借助在视图中字段上选择"排序"命令，可以通过"字段"指定排序依据。典型代表是帕累托分析图，将在本书第9章介绍。

#### 4．建立在排序基础上的筛选

在 6.4.4 节中，结合问题"西北区域，销售额排名前 10 的客户"，介绍了如何使用表计算在排序之后完成筛选，对应"RANK( SUM([销售额]))<=10"计算。基于字段的排序，都是 RANK 函数的简化。读者可以重温 6.4.4 节中的案例，从而理解视图中排序的本质——基于聚合的表计算。

至此，本章已经完整地介绍了筛选、集、参数、交互、分组、分层结构和排序等广泛功能，它们构成了最重要的可视化分析工具。这里按照图 6-73 所示介绍它们之间的关键差异。

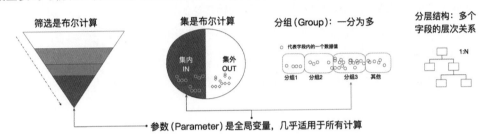

图 6-73　多个功能的图示介绍

与此同时，本章的关键可以总结为如下几句话。

- "筛选即计算"，所有的筛选都是逻辑计算，只保留结果为"真"的部分。
- 根据是否包含聚合，筛选可以分为行级别计算筛选和聚合筛选，后者又可以分为相对视图详细级别的聚合筛选、指定详细级别的聚合筛选两大类，构成最常见的 3 种类型。
- 集是把指定范围的数据值保存下来的"容器"，是多值的变量；集依赖于离散字段。
- 参数是单值变量，参数不依赖于任何字段，可以跨数据源使用。
- 常见的交互有快速筛选器、集控制和参数控制，筛选器可以在单一工作表或仪表板使用。
- 分组是对字段中数据值的逻辑分组，具有数据准备的性质；相比之下，集属于分析。
- 分层结构描述多个字段之间的层级关系，是钻取分析的基础。

在本章交互设计的基础上，分析师可以完成常见的仪表板分析过程。不过，复杂的仪表板设计还需要考虑布局、讲述方式、交互等多重要素，这将是第 7 章的内容。

## 参考资料

[1]　Alan Beaulieu, Learning SQL: Master SQL Fundamentals. 2nd edition. O'Reilly Media, 2009.

[2]　[日] MICK. SQL 基础教程（第 2 版）. 孙淼，罗勇 译. 北京：人民邮电出版社，2017.

## 练习题目

（1）基于问题的标准结构，从筛选的过程、计算、作用等多个角度，分析不同工具（Excel、SQL、Tableau 等）背后筛选的相同点。

（2）从计算是否聚合、计算依赖的详细级别两个角度，理解筛选的分类方法，总结最重要的 3 类筛选类型。

（3）维度和度量是对视图中字段的分类，从这个角度看，"利润<0"的筛选是维度筛选还是度量筛选？以此理解，为什么本书中不建议使用"维度筛选器"这样的分类方法。

（4）举例说明（相对于视图详细级别的）聚合筛选和（指定详细级别的）聚合条件筛选之间的不同，特别是二者在详细级别方面的差异。

（5）多个筛选器的计算原则可以归纳为怎样的两句话？举例说明。

（6）集合和筛选有什么区别？有几种方式可以更新集合的范围。

（7）行级别筛选、基于视图详细级别的聚合筛选、顶部筛选、条件集的优先级次序。

（8）介绍集合和参数的共同点和差异性，从而在可视化分析中做出合理的选择。

## | 第 7 章 |

# 仪表板设计、进阶与高级交互

关键词：仪表板、故事、数据指南、高级交互、集动作、集控制、参数动作

数据可视化是一门科学，也是一门艺术。从数据整理、数据可视化到数据展示和互动，数据可视化中艺术的部分在日渐增加，因此同一份数据，对于不同人、不同场景就会有截然不同的展示。设计如同生活——"从完全相同的经验中，几乎不会有两个人得到完全相同的心得。

本章将介绍如何把多种可视化工作簿组合、升级为数据洞察，从而实现从数据到信息和知识的跨越。本章包含两个部分：Tableau 仪表板和故事、交互类型与高级动作。

## 7.1 仪表板：最重要的主题展现形式

在业务分析的过程中，领导的需求通常是由多个问题组成的分析主题。每个问题都对应特定的问题类型、最佳图形样式，它们的组合就是广为人知的仪表板（Dashboard）。

**问题是业务数据分析的基本单位，而仪表板则是业务分析展现的基本单位。**

问题分析强调问题构成解析、问题类型、图形类型、聚合、筛选；而仪表板设计强调布局、对象、交互设计、设备适配等。前者是后者的组成部分，仪表板中增加了更多的主观见解。

Tableau 提供了两种面向业务的可视化场景：仪表板（Dashboard）和故事（Story）。有人用一句话精炼地概括了二者的差异："**仪表板告诉大家发生了什么，而故事告诉大家为什么。**"

换句话说，仪表板借助整合多个工作表及其他多种数据对象，展示数据之间的相互关系，从而在数据之上洞察业务；而故事用叙事的方式，从前及后、由浅入深，让数据陈述有了深度、层次和时间性，更好地说明数据的前因后果，甚至理解数据中包含的未来趋势。

仪表板可以是故事的一部分，构成"故事点"。图 7-1 展示了两个典型商务风格的仪表板和故事。左侧是 Tableau 自带的"示例—超市"文件的"客户主题仪表板"，右侧是"世界指标"中的故事。

下面分别介绍两种数据展示方式的制作方法和实践经验。

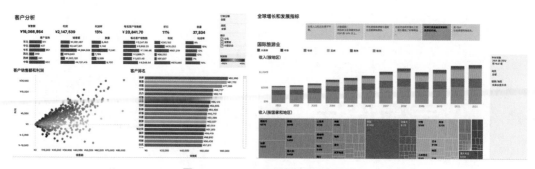

图 7-1　Tableau 自带的仪表板和故事

## 7.1.1　仪表板设计的基本过程和常见功能

简单地说，**仪表板是工作表及其他数据元素（如文字、图片等）的组合**。这里引用 Tableau 官网中《仪表板设计原则》的要点[1]，说明构建最佳可视化（信息直观丰富、可以指导行动）的要点。

- 务必开展实验、反复迭代，最重要的是，获得用户的反馈；仪表板设计是敏捷开发过程。
- 切勿过度设计，商业仪表板追求高效、简洁，谨记"内容大于形式"。
- 务必考虑受众，充分考虑他们的需求，进行个性化设计。
- 建议从不同行业的仪表板中汲取灵感，最佳的可视化实践总是相通的。
- 切勿尝试一次性回答所有问题，过多信息往往适得其反，仪表板应该聚焦关键问题。
- 充分考虑不同设备终端的访问需求，特别是越来越普遍的移动端需求。

可见，仪表板设计是技术和艺术、理性与直觉的结合。对于初学者而言，仪表板设计首先是一门技术，日积月累，然后才是一门艺术。感觉应该建立在持续、反复地练习和实践的基础上。

### 1. 创建仪表板

在 Tableau Desktop 中创建仪表板有两种常见方式——从顶部工具栏创建和从底部工具栏创建，如图 7-2 所示。

新建仪表板后，右侧默认的空白区域就是仪表板的画布；左侧的工作表、对象是构建仪表板的"素材"；另外还有多种布局的工具（比如大小、边界、背景等）。直接把左侧列表中的多个工作表、对象拖曳到右侧区域，按照阴影指示的位置布局，就可以快速创建仪表板。常见的排序有"田"字形（4 个工作表），也有倒"品"字形（3 个工作表）。

图 7-2　创建仪表板的两个入口

---

1　可以在 Tableau 官网搜索"仪表板设计原则"下载 PDF 文档，这里引用时做了必要的修改。

如图 7-3 所示，假如要做"各省市营收分析及多年的趋势变化"，可以考虑用地图展示省市分布，用条形图展示各类别的营收，用折线图代表趋势变化，三者合一构成整个主题。

预先创建 3 个工作表（符号地图、条线图、折线图），然后在仪表板中从左侧拖入右侧。

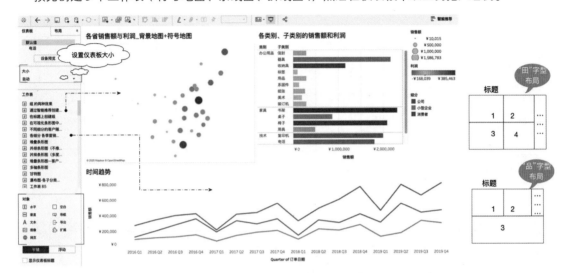

图 7-3　拖曳即可快速完成仪表板布局

在拖曳工作表到仪表板画布的过程中，有几个通用的规则需要注意。

- 首行要有明确的仪表板标题，用于添加必要的辅助说明（比如引导语、必要的分析结论等）。并不是每个人都能顺利地找到数据探索的方向，必要的引导语会帮助数据访问者领会数据重点。
- 最重要的内容放在最关键的位置，最上方和左上角是整个视图最关键的位置。
- 交互使用的筛选、参数、集和通用图例等内容，根据重要程度可以放在两侧。偶尔才会使用的筛选器和图例，可以使用"显示/隐藏"按钮将其隐藏（见 7.1.3 节）
- 筛选、下载、导航等交互内容最后设计。仪表板交互不同于工作表交互，推荐使用跨工作表筛选和交互，这样可以提高交互效率，参考 6.7 节的交互设计内容。

初学者在制作仪表板时，按照上述的规则可以构建简单的仪表板和初级交互。

### 2. 替换、隐藏工作表

在设计仪表板的过程中，经常会遇到替换工作表的情形。Tableau 仪表板中支持"一键替换工作表"功能。如图 7-4 所示，只需先点击要被替换的工作表，然后在左侧新工作表上点击"交换工作表"。这个功能极大地提高了设计仪表板的效率，保持了仪表板的稳定性。

同时，工作表一旦被加入仪表板，就可以将其隐藏，从而保持仪表板的简洁。

如图 7-5 所示，在每个仪表板上单击鼠标右键，在弹出的快捷菜单中选择"隐藏所有工作表"命令，从而只保留仪表板和未被引用的工作表。如需编辑，则可以从仪表板中跳转到工作表。还可以通过鼠标右击，选择相应命令为关键内容设置颜色。

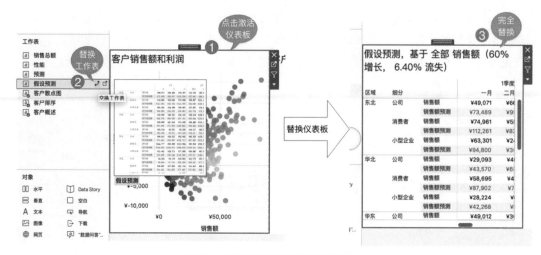

图 7-4　拖曳即可快速完成仪表板布局

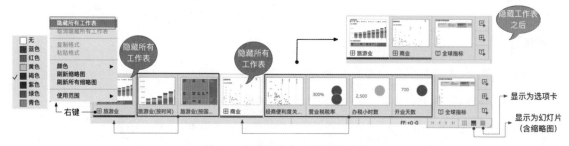

图 7-5　隐藏工作表，从而简化文件

在窗口右下角可以切换 3 种显示方式：网格显示、幻灯片显示和选项卡显示。这如同 PPT 或 Keynote 中不同的预览模式。默认是"选项卡显示"模式。

## 7.1.2　仪表板大小、布局和对象

进阶的仪表板设计需要预设仪表板尺寸、精确控制布局、选择合适对象和交互。

### 1. 仪表板大小

Tableau 默认为仪表板设置了固定大小，还有"范围"和"自动"可供选择，如图 7-6 所示。

不同的大小布局适用于不同的场景，主要的考虑要素如下。

- 如果仪表板中有很多浮动对象，或者希望严格控制布局的相对位置，则建议使用固定大小。
- 为了增强不同分辨率浏览器的适配性，可以选择范围，设置最大宽高和最小宽高，这样既能避免仪表板布局被完全打乱，又能兼容更多的分辨率范围。不过，如果浏览窗口小于设定的宽高，则依然会出现滚动条，反之则会出现空白。

● "自动"的适配范围更大，从浏览器、平板电脑到手机，不过也容易引起布局混乱，应谨慎使用。面向不同设备的适配过程参考 7.1.4 节。

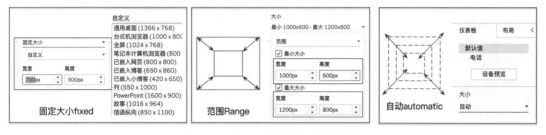

图 7-6　Tableau 的多种大小设置方法

## 2. 仪表板对象

仪表板对象可以分为布局对象、功能对象、交互对象这 3 类。其中，**布局对象**作为其他可视化内容和对象的容器。布局对象的构成及与可视化内容的关系如图 7-7 所示。

● 水平、垂直对象：提供布局容器，使用最广泛，可以将工作表或者图片、文本等对象放在容器中，并借助"均匀分布"实现精细化布局。
● 文本对象：提供标题、解释和其他信息。
● 图像对象：添加 Logo、标记图等，可以为图片增加跳转 URL。
● 网页对象：在仪表板的上下文中显示目标页面。
● 空白对象：在布局中增加留白，从而调整多个仪表板项目的间距。
● 导航对象：从一个仪表板导航到另一个仪表板，或者导航到其他工作表或故事。导航可以是文本导航，也可以是图片导航，还可以进一步自定义。
● 下载对象：点击可以创建并下载 PDF 、PowerPoint 幻灯片或 PNG 图像。

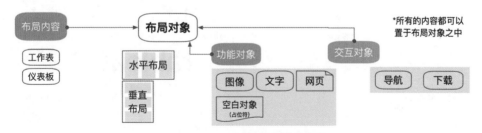

图 7-7　Tableau 仪表板对象及其分类

不同对象对应不同的配置选项。以添加图片对象为例，如图 7-8 所示，拖曳"图像"对象到右侧画布区域，之后可以在弹窗或者高级配置中进行设置。其他对象设置过程基本类似。

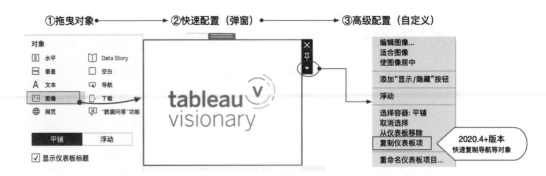

图 7-8　拖曳添加对象并配置过程（Tableau 2022.3 及之前版本）

3. 仪表板布局

Tableau 支持两种布局方式：平铺（Tiled）和浮动（Floating），其中平铺为默认方式。

在默认平铺布局下，拖曳工作表或对象到画布中，会有阴影提示布局的相对位置。这种方式通用性好，适用于不同设备之间的自动布局，推荐初学者使用。

浮动布局则提供了更高的自由度，可以任意摆放甚至重叠工作表和对象，适合媒体、艺术风格的仪表板设计。在浮动布局下，可以显示网格（仪表板—显示网格），或者精确控制浮动对象的坐标位置。

按住 Shift 键拖曳对象，可以快速实现平铺和浮动两种布局的切换。

如图 7-9 所示，左侧为 4 个文本和图像构成的平铺布局，右侧作为浮动布局。在浮动布局中，背景图片默认平铺作为背景，文本浮动其上，可以借助网格线和左上角点坐标（x,y）辅助布局。

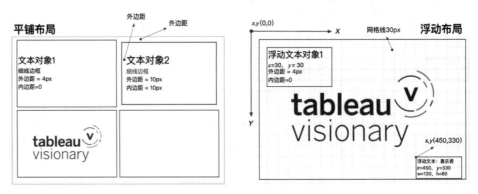

图 7-9　平铺布局与浮动布局的差异

笔者建议初学者进行商业仪表板设计时尽可能使用平铺布局，仅在必要时增加浮动布局。比如：

- 设置图片背景，将其他对象置于背景之上。
- 颜色、大小等图例直接悬浮在关联的工作表之上。
- 添加"显示/隐藏"按钮，在平铺仪表板中增加浮动工具提示。

- 设计仪表板草稿，而不追求布局的精确性。

#### 4．商业仪表板的推荐布局风格

在所有对象中，使用最广泛的是"水平"和"垂直"布局对象，它们不仅是工作表的容器，也是其他对象的容器，构成了仪表板的"骨架"。

图 7-10 展示了笔者推荐的商业仪表板布局风格。

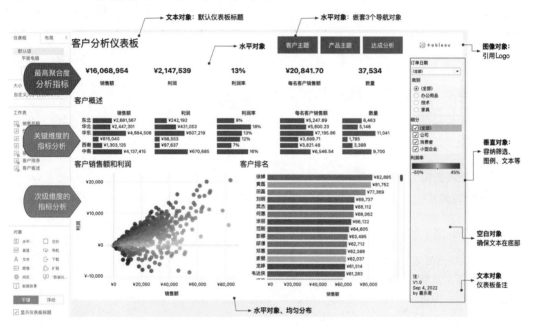

图 7-10　商业仪表板的推荐布局方式

先借助水平、垂直、空白布局框架；然后填充工作表、筛选器、图片、导航等内容，按照自上而下的结构层层展开；最后辅助仪表板交互增强分析。

**自上而下、层层展开的布局**，代表了分析自抽象到具体、分析视角自高到低的过程。

仪表板布局中常用的功能如图 7-11 所示。在使用对象时，有几个提高效率的技巧。

- **关注阴影和边框提示**：在拖曳仪表板和对象时，根据阴影和边框确认放置的位置。当图像、文本、导航等放到水平与垂直中时，布局容器出现深蓝色的边框和阴影提示。
- **均匀分布内容（Distribute Evenly）**：当水平和垂直对象中包含多个工作表或其他对象（特别是多个筛选器、多个导航等内容）时，配置"均匀分布内容"可以增强可视化效果。
- **添加"显示/隐藏"按钮**：为辅助信息添加"隐藏"按钮，有助于保持仪表板简洁（Tableau 2019.2+版本），7.1.3 节会介绍。
- **复制仪表板项**：可以跨工作表复制和粘贴仪表板项（Tableau 2021.4+版本）。

掌握了上述方法，初学者就可以完成入门的商业仪表板了。

**仪表板的精髓是交互**，接下来，重点介绍交互对象的使用。

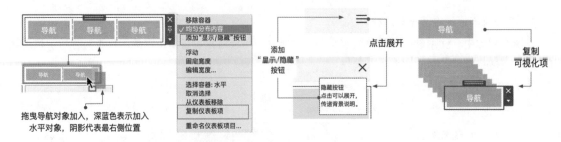

图 7-11　仪表板布局中常用的功能

## 7.1.3　常用的交互对象：隐藏按钮、导航按钮

交互是仪表板设计的关键，合理的交互设置既能简化内容，又能辅助探索，增强关联性。有多个对象的功能与此有关，这里重点介绍显示/隐藏按钮、导航对象和图像 URL 导航。

### 1. 显示/隐藏按钮

使用显示/隐藏按钮，设计者可以折叠非关键筛选器、增加交互式文字说明，甚至用于切换工作表显示。

以 Tableau 自带的超市仪表板为例，如图 7-12 左侧所示，默认在垂直对象中容纳了多个筛选器和图例，占据了大约 1/5 左右的宽度。用鼠标右击该对象，在弹出的快捷菜单中选择"添加'显示/隐藏'按钮"命令，垂直对象就变成了一个浮动按钮，这里把它转移到仪表板右上角。点击时，原来的筛选器会自动展开，当然，也可以将展开的垂直对象改为浮动，避免对仪表板布局的影响。

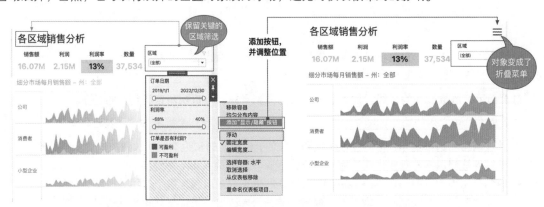

图 7-12　使用动作实现折叠工具栏

在这里，由于仪表板主题是"各区域销售分析"，所以"区域"筛选器保留在视图中，以提高交互效率；其他筛选器和图例则隐藏起来。

　　虽然很多 Tableau 高级用户使用这个功能实现了更加复杂的逻辑，但对于点击切换工作表等功能，建议在商务仪表板中谨慎使用。官方还在持续改进这个功能，在不久的将来，用户可以使用参数或者视图交互控制另一个工作表的显示与隐藏。

　　推荐初学者仅将显示/隐藏按钮用于控制筛选器和图例等非关键部分。

### 2．导航对象和带有 URL 的图像对象

　　较大的业务分析主题通常由多个子主题完成，比如，财务分析可以分为总体指标、损益分析、成本分析、费用分析等多个模块。借助导航对象，可以实现同一个文件中页面的快速跳转。

　　如图 7-13 所示，在仪表板的水平对象中插入 3 个导航对象。每个导航对象都可以单独设置，可选文本按钮、图形按钮样式，并对字体、背景、边框等做进一步调整。特别重要的是，对于一个仪表板中的导航栏，可以使用"复制仪表板项"命令将其粘贴到其他仪表板中，这极大地提高了工作效率。

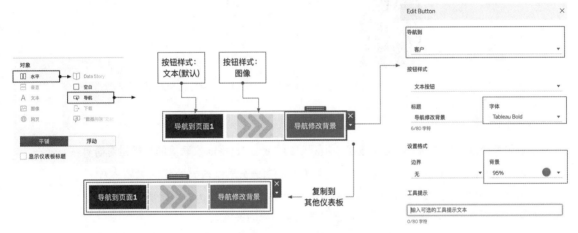

图 7-13　在仪表板中创建多个导航栏并设置样式

　　在仪表板优化的过程中，导航对象等功能可以显著提高仪表板的跨页面交互能力。

　　和导航对象相比，图像对象也能实现一部分交互功能，不过二者有明显的差异：导航对象只能实现当前文件中的页面跳转；图像对象则可以增加 URL 链接，跳转到互联网的指定页面。因此，**导航是"内部导航"，图像是"外部导航"**。

　　如图 7-14 所示，左侧展示了 Tableau Accelerator 中自带的一个仪表板，借助仪表板标签切换内容。分析师 Pradeep Kumar G（Data Visualization Lead | India）为它做了必要的调整优化，借助导航对象和显示/隐藏按钮，将关键导航和筛选器放在仪表板左侧折叠起来。

　　可见，仅仅借助导航和显示/隐藏交互，整个仪表板的交互就上了一个台阶，用户可以更好地切换主题，并保持整体的简洁。

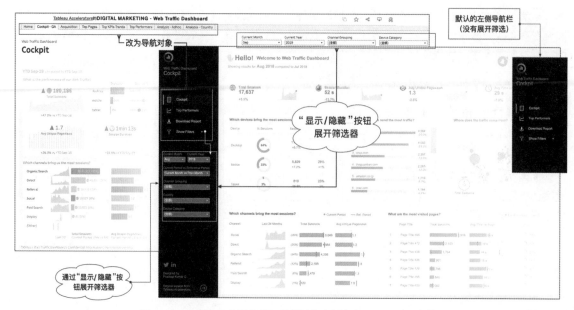

图 7-14　使用动作实现折叠工具栏（仪表板来自 Tableau Public）

## 7.1.4　仪表板布局中的分层结构

随着仪表板越来越复杂，布局就成了一项艰难的任务。Tableau 仪表板的布局相对简单。

这里以 7.7 节即将介绍的仪表板为例，介绍布局和对象分层结构的关系。

如图 7-15 所示，仪表板由 3 个区域组成。为了布局方便，所有内容（包括文本、参数、工作表）都置于水平或者垂直之中，然后用水平、垂直布局构成精确的关系。

点击每个对象或工作表，都会在上方显示一个控制区域；双击则可以选择上一级的容器。借助左侧的"项分层结构"区域，可以更方便地选择和查看层级关系。

在复杂的仪表板布局中，推荐将关键仪表板项目"重命名"，从而更快地追踪和调整。

在设计过程中，笔者通常采用如下的规范。

- **减少嵌套**：在添加对象和拖曳组合的过程中，Tableau 经常会出现多层嵌套情况，比如"垂直—垂直—垂直"，此时建议选择没有意义的层次，点击右侧小三角，在下拉菜单中选择"移除容器"命令。
- **保持对称**：商业仪表板布局大多是"品"字形或者"田"字形，内容布局相对一致，在对象嵌套的过程中，保持对称有助于提高边框、边距、背景等其他设置的一致性。
- **以水平、垂直为布局单位**：不管是参数、筛选器、导航等功能对象，还是工作表、图像、标题文本等内容对象，所有内容都置于水平或者垂直对象中。仪表板布局应该针对布局对象（水平、垂直、空白）设置，有助于后期内容的扩展和持续优化。

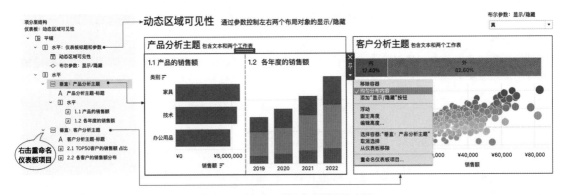

图 7-15 仪表板项目分层结构与布局

## 7.1.5 跨设备类型的仪表板适配

如今，企业用户越来越多地使用平板电脑和移动终端等多种设备访问可视化内容，默认的尺寸和布局很难完全兼容不同场景，因此需要针对设备类型创建差异化布局。

创建移动设备布局可以分为"兼容布局"和"定制布局"两种方式。前者适用于较为简单的场景，后者适用于较为复杂的场景——相当于单独设计一套仪表板文件。

Tableau Desktop 默认会向仪表板增加手机布局，同时支持根据具体的尺寸定制设计。如图 7-16 所示，借助"设备预览"功能，可以额外增加"平板电脑""桌面"等布局。

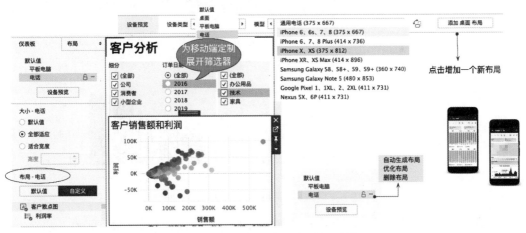

图 7-16 为仪表板增加设备预览和布局

针对"电话"布局，Tableau 还提供了"自动生成布局"和"优化布局"选项，前者用于自动创建并锁定到 Tableau 推荐的布局，后者用于自定义后的优化调整。一旦选择了"优化布局"，则其内容就不会随默认内容自动调整，需要手动更改。

每个仪表板可以设定多个设备类型（比如电话布局、平板电脑布局等），每一种布局都支持独立调整，在某个布局中删除部分元素，不会影响其他布局的显示。不过，这种自动生成的兼容布局适用于简单、标准的仪表板。

如果仪表板非常复杂，或者追求设备适配的准确性，比如 CEO 办公室的电视，即最佳的策略是复制已有的仪表板单独编辑，将新的仪表板视为独立文件，定向设置尺寸和布局。

# 7.2　故事：以数据故事叙事、探索

仪表板侧重于多个问题之间的关联、钻取和交互。相比之下，故事是阐述者的叙事方式，帮助数据陈述者更好地揭示数据逻辑。

## 7.2.1　故事及其基本设置

故事中最重要的是"故事点"。推荐的用法是在故事点"说明框"中标记启发性问题或者数据结论，从而帮助叙事者陈述，引导访问者理解。当然，也可以改为数字、点或者箭头的方式。

如图 7-17 所示，使用多个故事点构成了"全球增长和发展指标"主题，不同国家直接进行对比。

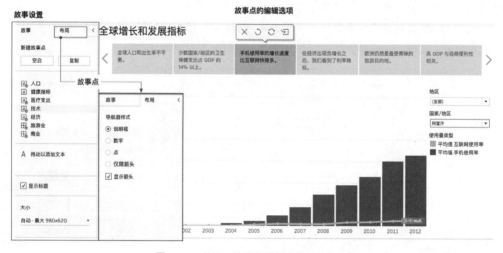

图 7-17　故事：使用数据叙事的"故事"

在故事的阐述和交互过程中，还可以根据需要随时进行编辑，这里有 4 个功能可选。

- 移除故事点（×）：删除当前的故事点。
- 恢复更改（↺）：撤销当前故事点的筛选，恢复默认设置。
- 将更新应用于故事点：将当前的交互选项更新为默认设置。
- 基于故事点"快照"另存为新故事点（↪）：将当前的交互选项保存到新故事点，当前的故事点恢复为默认设置。

笔者最常用的方法是"另存为新故事点",从而保留数据讲述的前后过程。

比如,在全年的客户分析中筛选 2019 年数据,然后将其保存为新节点继续展示,甚至使用标签增加说明;而后又筛选某个子细分市场,再次保存为新节点。相比仪表板交互,故事点可以为每个关键节点保存"历史快照",相当于保留了叙事者的叙事过程,适合逐步深入地讲述话题,如图 7-18 所示。

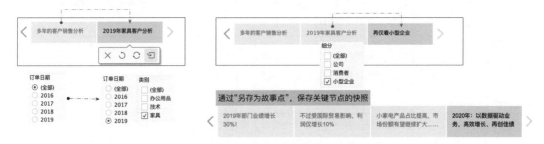

图 7-18　基于筛选和另存为,创建故事节点

如果是部门的负责人,则可以用"故事"代替 PowerPoint(幻灯片)展示数据业绩,使用多个故事点串联讲述汇报内容。因此笔者常把"故事"称为 DataPoint(数据幻灯片),与使用图片和文字叙事的 PowerPoint(文字幻灯片)相对应。

工作表是从数据到信息的"初级整理",仪表板是构建知识的"二次抽象",而故事则是叙事者的"讲述地图"。讲述者可以使用多种故事阐述方式,把数据背后的业务意义和洞察娓娓道来。

## 7.2.2　故事的阐述方式

问题的类型是有限的,而问题组合和反映的业务主题则是无限的。在阐述数据故事时,阐述者要重点关注"数据听众"的需求和特征,选择合适的表达方式。

Tableau 为大家推荐了 7 种阐述故事的方法[1],如表 7-1 所示。

表 7-1　阐述故事的 7 种方式

| 数据故事类型 | 描　　　述 |
|---|---|
| 时间趋势分析 | 作用:使用时间趋势分析阐述历史变化<br>开头讨论:为什么会发生这种情况,为什么会一直发生?过去发生了什么?我们当下应该做什么<br>示例:武器库的伤害危机 |
| 钻取探索分析(Drill Down) | 作用:从较大的背景出发,以便受众更好地了解特定环境中发生的事件<br>开头讨论:为什么这个人、地点或事件与众不同?让我们从更大的背景开始谈<br>示例:告诉我您的意愿,辛普森维基百科 |

---

1　打开 Tableau 官方网站,搜索"Tableau 讲述精彩故事的最佳实践"可以查看官方原文。

续表

| 数据故事类型 | 描　述 |
|---|---|
| 聚焦（Zoom Out） | 作用：描述关注的部分内容与大局的关系<br>开头讨论：从总体角度，如何看到当前的数据（比如从全球角度看非洲的发展）<br>示例：温哥华骑自行车者 |
| 对比分析（Contrast） | 作用：表明两个或多个主题的差异<br>开头讨论：这些项为什么会不同？我们如何能使 A 表现得像 B<br>示例：埃及的金字塔 |
| "十字路口"（Intersections） | 作用：当一方突然超越另一方时，阐述这个"关键时刻"<br>开头讨论：是什么原因导致这些转变？这些转变是好还是坏？这些转变如何影响计划的其他方面<br>示例：我们与他们 |
| 因素分析（Different Factors） | 作用：将主题分成多个要素来解释主题<br>开头讨论：是否存在我们应该更多关注的一个特定类别？这些项对我们关注的指标有多大的影响<br>示例：行星地球 |
| 异常分析（Outliers） | 作用：显示异常<br>开头讨论：为什么此项不同？围绕异常点这个展开说明<br>示例：SOS 儿童村 |

相比仪表板，数据故事的阐述方式更考验对业务的理解和讲述者的表达逻辑，因此是完全因人而异的。高级业务分析师应该在实践中反复训练，最终技术和业务合二为一。

在开始介绍交互内容之前，这里有必要单独介绍仪表板的两个发展方向。

## 7.3　仪表板进阶：指标、初始模板、性能优化与"数据指南"

在业务分析的过程中，"仪表板"（Dashboard）有承上启下的作用：既是工作表和可视化容器，也是探索数据价值、指导业务行动的起点。为了进一步发挥仪表板的作用，Tableau 持续推出了多个功能，比如指标（Metrics）用于聚焦仪表板关键内容、"初始模板"（Accelerator）用于提高开发效率，"性能优化"用于优化仪表板提高性能，"数据指南"（Data Guide）帮助用户建立洞察和假设等。

## 7.3.1　指标：聚焦仪表板关键度量

#### 1. 指标及其设置

早在 Tableau 2020.2 版本中，Tableau Server 就推出了"指标服务"。分析师可以在已有仪表板中，选择关键度量字段创建"指标"，这相当于创建了一个迷你仪表板。在发现某个指标异常时，可以点击进入该仪表板。

图 7-19 展示了不同类型的指标，众多的指标可以组成单独的项目以供追踪。

图 7-19　Tableau 中简单选择即可生成多种类型"指标"

**分析的本质是对业务的抽象，分析抽象即"聚合"，聚合度量的组合就是业务中千变万化的指标。** 如今，业务分析的一个关键矛盾是，业务领导有限的注意力和纷繁复杂的指标之间的矛盾。借助"指标"功能，业务领导可以从众多的仪表板中解脱出来，以有限的注意力关注重点指标。

特别说明，指标（Metrics）是基于已有仪表板的增强服务，需要在 Tableau Server 或者 Tableau Cloud（即 Tableau Online）中创建、编辑和修改。如图 7-20 所示，在 Tableau Server 中打开一个仪表板，点击一个**带有连续日期轴的聚合度量**，在工具栏中选择"指标"，此时右侧会弹出指标的配置窗口。默认展现的是所选聚合度量和日期环比，可以根据需要选择比较类型（历史或者常量），并设置指标状态。在每个仪表板中可以创建多个指标。

借助 Tableau Server 2021.3 版本的新功能"集合"（Collections），分析师可以更好地组织内容，比如创建一个包含各个指标的集合，分享给相关用户。此时的指标，就是监控仪表板的窗口。

笔者认为，指标功能从发布至今，其依然是被广大企业用户忽视或低估的功能之一。这里将指标发布以来的关键内容整理如表 7-2 所示，希望有更多人能感受到指标的魅力。

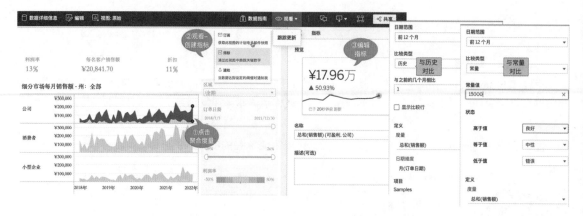

图 7-20　在 Tableau 服务器上创建和编辑指标

表 7-2　指标的功能更新（时间由近及远）

| 版本 | 2022.2 版本 | 2021.4 版本 | 2021.2 版本 | 2021.1 版本 | 2020.2 版本 |
|---|---|---|---|---|---|
| 功能 | 配置指标，设置多个日期范围 | 将指标嵌入网页；配置比较基准 | 指定一个目标值与指标进行比较 | 在视图上打开指标窗格时，显示与视图关联的指标 | 从 Tableau Server 上的视图中创建指标，监视关键度量 |
| 图示 | | | | | |

在 Tableau 2022.4 版本中，为服务器的每个仪表板都添加了"使用情况"（Usage）迷你图，可以直观查看每个仪表板被用户收藏的数量和视图的累计历史变化。

### 2. 可视化"大屏"对比仪表板"小屏"：从展现到洞察

以业务仪表板为中心，目前分化出来两种延伸的形式，其一是上面介绍的指标（迷你仪表板），其二是这里要重点强调的"大屏"（放大版仪表板）。"大屏"胜在效果，通常不是为了辅助决策而创造的。相比之下，指标代表业务的未来。

"大屏"是很有本土特色的应用，在英文中，甚至找不到对应的词汇甚至恰当的翻译。在百度中搜索"大屏"的图片，可以看到如图 7-21 所示的结果——几乎都是深色、炫酷、宽幅的仪表板展现。

图 7-21　百度搜索下的"可视化大屏"

为什么大屏普遍都是深色背景？这是对拼接 LCD 和室外高光环境的妥协。深黑色或者棕色可以和 LCD 的拼接边框融为一体。同时，大面积深色更容易和周围环境融为一体。如今，"大屏"普遍存在于各地政务大厅或者企业走廊，特别是一些政府、国企单位。

同时，也不应该夸大"大屏"，它仅适合炫酷展示，而难以赋予更多的意义。"中国特色的大屏"和本书中推广的"商业仪表板"属于不同的场景。

业务分析的唯一目的是把数据资产转化为价值决策，这就需要业务理解、合理的可视化展现、丰富的交互的支持。而在数据量越来越多、仪表板浩如烟海的企业环境中，将每个仪表板中的关键指标提取出来，相当于为仪表板增加索引、创建监控的"窗口"，这是一件有价值的事情。

虽然 Tableau 支持定制"大屏可视化"，但这不是它的强项。相比之下，**Tableau 更侧重于业务需求，问题是分析的基本单位、聚合度量是分析的核心。**

同时，随着移动互联网的快速发展，仪表板的移动端需求日渐旺盛；指标功能更好地使用了"小屏化"的访问需求。长远来看，指标所代表的业务方向才是企业分析的方向。在 Tableau 发布指标功能两年后（2022 年），Power BI 也推出了指标（Metrics）功能，进一步强化了这个方向的未来前景。

## 7.3.2　初始模板：专家分析模板加速分析

对于敏捷分析而言，内容甚至比工具更加重要。随着 Tableau 平台日渐成熟，以及越来越多的企业数据转向云服务，Tableau 先推出了基于 Google Ads、Salesforce Cloud 等云端数据的初始模板（Tableau 2021.1 版本），而后逐步开发了销售、项目管理、财务管理等分主题的初始模板。这就是 Tableau Accelerators（本书称为初始模板，官方直译为"加速器"），旨在加速业务用户的分析。

在 Tableau 2022.2 版本中，初始模板被直接内置到 Tableau Desktop 的默认界面中了——每次打开 Tableau Desktop，在数据连接界面下方有一个"Accelerator"区域。点击"更多"可以打开初始模板列表，可按照"连接类型"和"语言"选择。图 7-22 展示了上述过程。

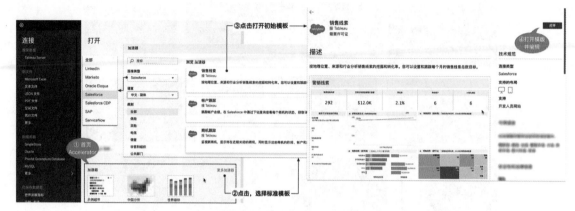

图 7-22 Tableau Accelerators 仪表板初始模板

图 7-23 展示了 Salesforce 和 SAP 数据的初始模板案例，其中包含底层的数据合并模型和可视化系列仪表板。用户只需要编辑数据源切换数据源连接，即可享受到专业级别的内容服务（部分模型的数据源是生成的 Hyper 文件，无法直接替换）。

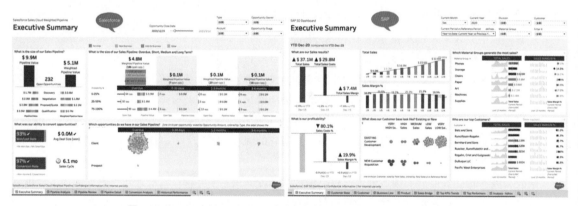

图 7-23 Tableau Accelerators 仪表板初始模板（来自 Tableau 官网）

对于初学者而言，Tableau 提供的专家级别的初始模板，也是学习的不二之选。

## 7.3.3 发布工作簿和"工作簿优化器"

在企业环境中，优秀的数据分析师也可以发布包含数据关系模型、逻辑字段的初始模板，提供给其他分析师学习。这里介绍发布工作簿的及性能优化的方法。

### 1. 发布工作簿及其设置选项

在 Tableau Desktop 中完成可视化分析后，可以将其发布到服务器提供给更多人访问。

如图 7-24 所示，首次使用时先选择菜单栏中的"服务器→登录"命令，登录到本地或者云端的 Tableau Server[1]，之后就可以"发布工作簿"或者"发布数据源"了。

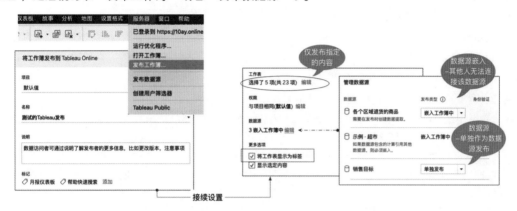

图 7-24　发布工作簿并设置发布

在"发布工作簿"时，需要设置一些关键发布选项，包括工作簿名称与位置、发布哪些工作表和仪表板、发布之后的权限控制、数据源安全设置等。通常，权限控制保持默认值，由管理员在服务器端协助确定。在"管理数据源"中，数据源有**"嵌入工作簿中""单独发布"**两个选项。被嵌入的数据源只能被当前工作表使用，而单独发布的数据源，可以被其他分析师连接。推荐将部门的数据源单独发布，从而减少大家频繁创建数据源的难度，并提高数据准确性。

在"更多选项"中，推荐勾选"将工作表显示为标签"复选框，可以使同时发布的多个工作表和仪表板以类似浏览器选项卡的方式显示，作为导航快速切换。点击"确定"按钮发布之后，浏览器会默认打开发布的仪表板。图 7-25 所示为 Tableau Server 的发布效果。

图 7-25　发布后的 Tableau 文件，以及设置自定义快照

---

1　Tableau Server 截图来自 Tableau Cloud 2022.3 版本，与其他平台或版本可能略有差异。

在 Tableau Server 中浏览页面时，不同用户可以为同一个仪表板自定义"默认视图"，比如，东北区域经理默认筛选"东北"，华东区域经理默认筛选"华东"。如图 7-25 中间所示，在筛选为自定义视图之后，可以点击"视图：原始"将当前快照保存为"默认值"，甚至共享给其他人。

从 Tableau 2022.1 版本开始，Tableau Server 启用了全新风格的工具栏，整体更加简洁。将订阅、指标、通知这 3 个功能整合在"观看"中，并增加了"视图加速"和"数据指南"等功能。充分利用预设的各种功能，可以最大化数据分析的价值。常见的功能如下。

- "视图加速"（新增）：借助对计算预先加载，提高视图访问的速度。
- "数据指南"（新增）：展现与仪表板或所选数据相关的信息，特别是异常数据，并提供可能的解释（仅限 Tableau 2022.3 及更高版本）。
- 订阅：在服务器配置了 SMTP 服务器且打开了站点"订阅"功能之后，上方会出现"订阅"按钮；数据的所有者可以为其他人设置订阅计划——比如每周一早上 8 点，借助订阅把当前的视图推送到部门负责人的邮箱。
- 指标：选择某个度量，创建指标（Metric）的"迷你仪表板"，作为独立的监控页面使用。
- 通知：基于条件而非按时间推送的订阅。选择一个连续的度量字段并点击"通知"，设置通知的临界值——比如当达成率低于 80% 时，给自己和相关用户推送提醒。
- 注释（Remarks）：数据分析的持续改进，依赖组织内部的沟通。借助注释功能，任何一个有权访问的浏览者都可以针对视图提供见解，还可以使用@标记提醒他人查看。
- 下载：Tableau 支持图片、PPT、PDF 等多种格式，还可以下载数据明细和源文件。每个人的下载范围取决于权限的设置。
- 分享：点击会生成当前工作簿的链接，以及嵌入式开发时使用的 JS 脚本。

借助上述的多种交互功能，分析师可以快速响应访问者的需求，把面向结果的数据分析转变为共同参与的数据沟通。有在线编辑权限的用户，还可以"编辑"修改视图。

### 2. Optimizer 工作簿优化器

从 Tableau 2021.4 版本开始，Tableau Desktop 新增了"工作簿优化器"（Optimizer）。分析师在发布仪表板时，Tableau 会协助检查并提供优化建议。这个功能可以有效引导分析师优化仪表板。

如图 7-26 所示，在发布工作簿之前，点击"运行优化程序"（Optimizer），Tableau Desktop 会自动检查数据源、字段、计算、仪表板布局等项目，帮助用户改善仪表板的访问性能。初学者可以借助右侧提示，了解"可视化最佳实践"的对应内容。

在使用该功能的过程中，分析师可以逐渐养成良好的开发习惯。比如，在"采取行动"中最高频出现的两个建议是：（隐藏）不使用字段、（移除）未使用的数据源。据此引导，分析师可以立刻做出改变。如图 7-27 所示，回到工作表界面，在数据源右侧的下拉三角中勾选"隐藏所有未使用的字段"，数据源中没有使用的字段就立即隐藏；如果勾选了"显示隐藏字段"，则隐藏字段会以灰色方式呈现，用鼠标右击，在弹出的快捷菜单中选择"取消隐藏"命令则随时将其显示。类似的道理，未使用的数据源也可以用鼠标右击，在弹出的快捷菜单中选择"关闭"命令，此时正在使用的数据源会有警告，再次确认后方可将其关闭。

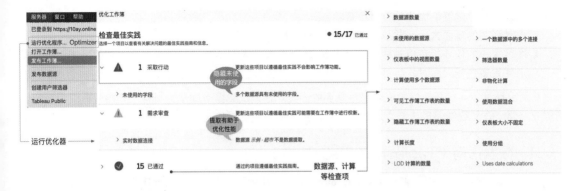

图 7-26　使用 Tableau 工作簿优化器，引导改善仪表板设计

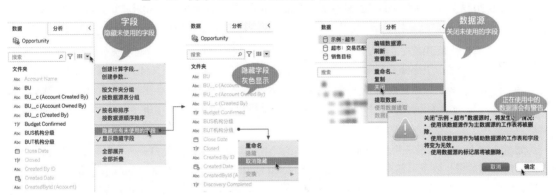

图 7-27　最常见的优化方式：隐藏未使用字段、移除未使用的数据源

在"需要审查"中出现的优化选项大多与计算相关，不合理地使用计算是最主要的性能障碍。结合笔者的项目经验，这里强调如下几点。

- 尽可能使用程序中的内置函数（**build-in function**），减少不必要的嵌套组合，控制计算长度。

以常见的日期函数为例，能用 DATEPARSE 函数直接解析字符串日期的，就不要用 MAKEDATE、LEFT、RIGHT 和 INT 等多个函数的组合。

举例，如下两种计算目的相同，但性能可谓"天上地下"：

```
(字符串"2022-10-31"转化为标准的日期格式)
DATEPARSE( "yyyy-mm-DD", "2022-10-31")
MAKEDATE( INT( LEFT( "2022-10-31",4)), INT( MID( "2022-10-31",6,2)), INT( RIGHT( "2022-10-31",2)) )
```

在本书第 8 章，笔者详细介绍了 Tableau 中的内置函数，熟练使用 DIV、FLOOR、DATEDIFF 函数（特别是计算 MTD、YTD 等范围），能极大地优化开发过程，降低性能问题。

- 表计算、聚合计算优先于行级别计算，行级别计算优先于 **LOD** 表达式。

本书第 3 篇会详尽介绍所有的计算类型，这些介绍将适用于 Tableau 等多种 BI 分析工具。从性能的角度看，表计算（聚合的二次聚合或计算）性能最好，而行级别计算和 LOD 表达式性能较差，因此后者也是性能优化的重点检查项目。

- **控制视图的幅面大小，并尽可能使用固定尺寸。**
  固定大小的仪表板可以被缓存（视图加速），而自动大小（特别是结合浮动对象的视图）则需要消耗更多性能。同时，尽量避免一个工作表中包含太多的内容，通常控制在滚动两屏之内。

在商业环境中，仪表板性能优化是极重要的内容。性能优化器有助于分析师一开始就养成良好的性能优化习惯。在系统学习第 3 篇之后，读者可以更好地理解这里的建议。

## 7.3.4 数据指南（Tableau 2022.3+版本）

为了降低数据探索、发现的难度，Tableau 也在用机器学习、模型算法的方式帮助用户，陆续推出了数据解释、爱因斯坦（Einstein Discovery）、数据指南（Data Guide）等功能。

Tableau 2022.3 版本新推出的"数据指南"（Data Guide）功能帮助读者更加轻松地查找与所选可视化、仪表板、标记相关的数据，以及重要的信息（例如数据中的异常值和趋势）。

"数据指南"功能还引入了两款新工具来帮助用户决定应该关注仪表板的哪些部分，以便更快地获得见解："解释可视化"（Explain the Viz）和"数据更改雷达"（Data Change Radar）。"解释可视化"（适用于 Desktop 和 Server）可以找出度量中的异常值，以及这些异常值背后的潜在关键驱动因素。"数据更改雷达"（仅限 Tableau Cloud）随时间跟踪仪表板中的度量值，并在数据刷新时自动标识不符合正常业务模式的意外值。

如图 7-28 所示，打开一个仪表板，点击上侧的"数据指南"则右侧会打开一个新窗口，默认显示仪表板中包含的数据，以及可能存在的异常值（Detected Outliners），如图 7-28 左侧所示。而当点击视图中的单个值时，"数据指南"会随之变化。这里单击客户"卢谙"，右侧出现了该数据点对应的数据、关联筛选器、数据摘要和解释。点击底部的"卢谙有什么独特之处"，就是进一步"解释可视化"，会展现异常的可能来源。

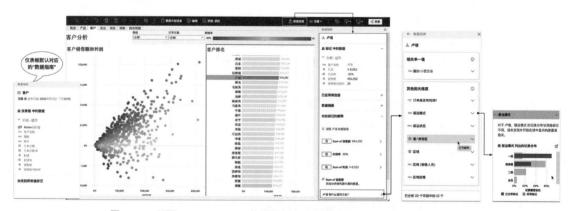

图 7-28 基于 Tableau Server 的数据指南（截图基于 Server Cloud 2022.3.0）

这里可以将"解释可视化"视为"数据解释"功能的升级版，它基于机器学习中广泛使用的贝叶斯算法，给出了很多相关性的数据线索，有助于业务用户进一步建立假设、验证假设。

如果仪表板链接了实时数据源，则"数据指南"还会记录异常数据的变化。如图 7-29 所示，在官方提供的示例中点击"显著数据变化"（Notable Data Changes）区域的值，则可以看到过去的数据变化。这个功能为用户提供了更多的仪表板背景信息。

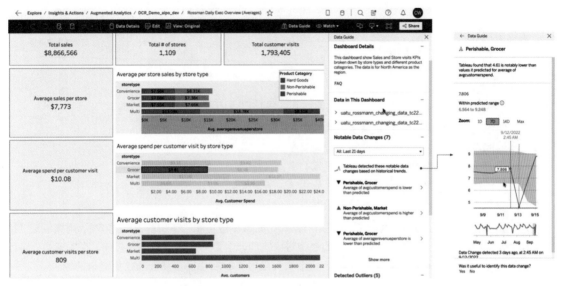

图 7-29　"数据更改雷达"功能（截图基于 Server Cloud 2022.3.0 版本）

可见，Tableau 数据指南在试图借助 AI 的力量，为用户提供更多的数据线索，帮助用户更快地建立假设、形成见解。从 Tableau Server 2022.4 版本开始，浏览器的"数据指南"变成了默认开启，帮助用户更好地理解视图的背景信息。

# 7.4　三种基本交互类型：筛选、高亮和页面

交互是探索分析的重要组成部分。交互可以分为两种类型：基本交互和高级交互，如图 7-30 所示。

- **基本交互**：在工作表中，以高亮显示、快速筛选为代表，以鼠标点击或勾选筛选值为输入，以数据范围的变化和视图更新为输出（见 6.1 ~ 6.4 节）。在仪表板中，以关联筛选、共用筛选、"画中画"为代表，从单一工作表走向多表交互（见 6.7 节）。
- **高级交互**：在交互过程中引用了传递变量的参数或集，结合自定义计算可以实现更复杂的交互。其中的典型代表是参数动作和集动作。Tableau 2022.3 版本中新增加的"动态对象可见性"（Dynamic Zone Visibility）为参数使用开拓了全新的领域（见 7.7 节）。

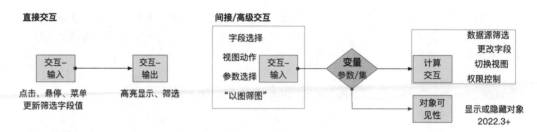

图 7-30　交互的分类方式

在第 6 章中重点介绍了基本交互及其延伸形式，包括以下内容。

- 从字段特征与问题详细级别角度，介绍常见的筛选类型（见 6.1 ~ 6.2 节）。
- 筛选的基本交互方式——快速筛选、简单参数（见 6.3 节）。
- 多个筛选器的计算原则和优先级（见 6.4 节）。
- 以集的方式实现筛选、集的运算和优先级（见 6.5 节）。
- 仪表板中的多表关联筛选、共用筛选器等。

虽然第 6 章中穿插了参数和集的基本使用方法，比如用参数控制"销售前 N 的客户"，用集完成"销售前 10 且利润前 10 的产品名称"，不过它们是相对固定的，主要借助手动或控件控制。在本章中，可以进一步把参数、集视为灵活变化的"变量"，借助交互随时更改和切换，从而通往更复杂的场景。

**在交互过程中出现"变量"（随用户交互而变化的中间值）是交互功能质的飞跃。**

本节首先补充基本交互的几种特殊形式（高亮显示、页面轮播），而后重点介绍基于参数和集的高级使用形式。

## 7.4.1　突出显示：以聚焦实现间接筛选

突出显示又被称为高亮显示，指在不改变视图数据的前提下强调部分数据。

根据高亮的来源，突出显示可以分为"颜色图例"和"视图交互"两种方式。

### 1. 突出显示与颜色图例结合

在包含颜色图形的可视化视图中，默认开启了高亮显示功能。如图 7-31 所示，点击视图右侧的颜色图，视图中就会高亮显示该维度字段对应的内容。

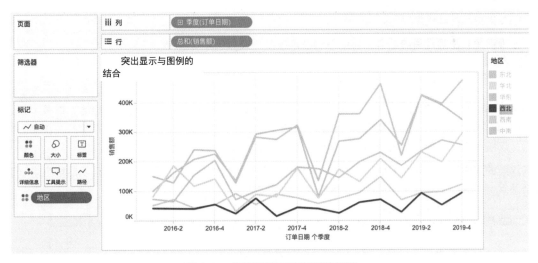

图 7-31　借助图例突出显示所选类别

**2．在视图中，点击或选择，高亮显示对应的数据值**

视图中的点击动作默认只能高亮显示特定的数据点。指定高亮显示字段，可以"按图索骥"相同字段值的所有数据点。

图 7-32 展示了多年的客户销售额分布。在顶部工具栏中，点击高亮显示，选择"客户名称"字段就打开了视图中的"高亮显示"动作。而后在视图中勾选 2017 年的头部客户群，此时就高亮显示相同"客户名称"的所有数据点。从图 7-32 中可见，前期大客户复购情况并不理想。

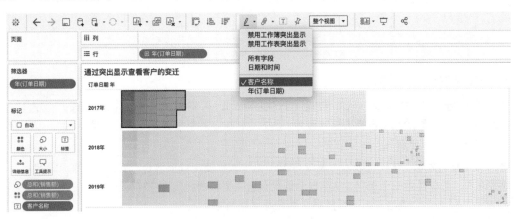

图 7-32　突出显示查看客户的变迁

当然，千万不要用这样的图表给领导说"前期大客户的复购情况很不理想"，高亮显示是从个体角度看的，虽然清晰却不精确。想要精确分析客户的忠诚度和活跃度，应该关注宏观特征，而非个体差异。比如，使用客户的首次订单日期计算"获客年度"，而后分析"不同获客年度的客户，在之后不同订单年度的复购人数和贡献比例"。

　　宏观视角和微观视角的结合，有助于精准地辅助决策。

## 7.4.2　页面轮播：快速筛选的连续叠加

　　页面是筛选器的切片和叠加。借助页面的连续动态播放，能更直观地展现变化趋势。很多人深刻认识数据的动态意义是从可视化领域泰斗汉斯·罗斯林（Hans Rosling）的 TED 演讲开始的，在他去世多年后，汉斯关于"世界人口与经济发展变迁"的演讲依然是 TED 最棒的演讲之一[1]。

　　汉斯的演讲使用**"人均 GDP 与人均寿命散点图"**，结合页面轮播，帮助听众一目了然地查看全世界各个国家/地区的人口和人均 GDP 的年度变化，如图 7-33 所示。

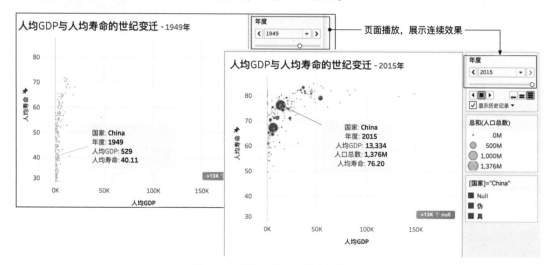

图 7-33　页面轮播，展现动态的效果

　　**第一步，数据整理和准备。**

　　本案例包含 3 个数据表：人口数量（Population）、人均寿命（Life_expectancy）、人均 GDP（GDP_per_capital）。原始数据表需要被转置为"国家、年度"关系型数据表，分别重命名为"人均 GDP""人均寿命"和"人口总数"。

　　借助第 4 章的内容，这里可以以"人均 GDP"为主数据使用数据混合（3 个表中的国家/地区，年度字段需要名称、数据类型完全相同，从而自动匹配混合关系），也可以在提前处理数据之后使用数据关系模型，如图 7-34 所示。读者可以下载随书文件查看原始数据。

---

1　视频 *The best stats you've ever seen*，Hans Rosling，TED 2006。上述视频可以在 TED 网站及其他渠道查询。

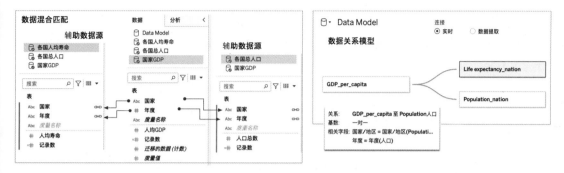

图 7-34　数据混合或者数据关系模型

**第二步，构建散点图。**

这里使用数据混合的方式，构建人均 GDP 与人均寿命的相关性散点图。

如图 7-35 所示，以"人均 GDP"数据表为主数据源，首先拖曳"人均 GDP"为横坐标，再从另一个表拖曳"人均寿命"为纵坐标，把主数据源的维度字段"国家/地区"加入"标记"的"详细信息"和"标签"中，将可视化图形从"自动"改为"圆"，这样即可生成两个度量的散点图。

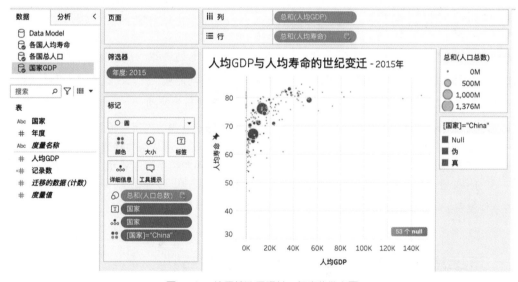

图 7-35　使用筛选展现某一年度的散点图

如果没有筛选器，那么所有年度的"人均寿命"和"人均 GDP"都会累加。这里把主表的"年度"加入筛选器，只保留最后一年的数据。

这里的散点图还做了进一步调整：用"人口总数"控制圆点的大小，增加了圆点描边；调整"人均寿命"坐标轴，以 30 岁为起点；增加了简单的判断（[国家]="China"）以突出"China"数据点。

这种筛选是平时使用最多的交互方式，强调单一年度的情况。为了在相关性分析之外增加年度的趋势对比，可以使用页面轮播展示每一年的连续变化。

**第三步，将年度字段从筛选器移到"页面"，构建多年轮播展示。**

为了实现动态页面变化，把"年度"字段从筛选器转到"页面"。添加了页面的视图会自动添加页面播放控件，点击控件可以查看随着页面字段（年度）变化的散点图变化，如图 7-36 所示。

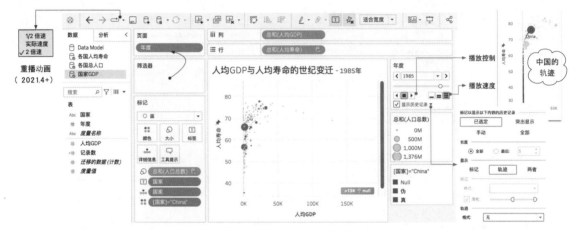

图 7-36　页面功能及其配置

在了解了这个功能后，读者可以进一步配置页面播放的速度、轨迹等，从而有针对性地突出特别值。

Tableau 2020.1 版本增加了动画功能，从 2021.2 版本开始该功能默认开启，极大优化了播放效果。

对比第二步和第三步之间的差异，可以进一步了解页面和筛选的区别。

- 筛选和页面都能对视图数据起到筛选的作用，他们对静态页面的作用是相同的。
- "页面"功能相当于把每个筛选值对应的视图快照前后相连，可以视为筛选的重叠。
- 从问题的角度看，筛选不影响问题类型，页面则构成了问题类型的一部分。在上述案例中，散点图的相关性分析虽然是主视图的问题类型，但页面播放则进一步强化了时间趋势分析。

在商业仪表板中要谨慎使用页面功能。相比筛选功能，页面功能还缺乏普遍认知，容易增加视觉负担。

# 7.5　两类高级交互工具：参数、集交互

本质上，参数（Parameter）和集（Set）都是传递中间值的变量（Variables），它们很多共同点，都能完成很多筛选无法完成的高级交互。这里先总结二者的特征，然后详解案例。

## 7.5.1　关键原理：参数、集的共同点和差异

6.3.3 节介绍了参数的创建和使用，在 6.5 节介绍了集的创建和使用。这里先深入对比二者和筛选的区别，从而帮助读者"在不同的应用场合做出最佳的交互选择"。

## 1. 参数/集与字段、数据源的关系

参数有多种创建方式，可以基于字段创建，也可以在"顶部筛选""顶部集"甚至在编辑参考线时按需创建参数。创建集的方式相对简单，推荐在维度字段上右击，在弹出的快捷菜单中选择"创建→集"命令，如图 7-37 所示。

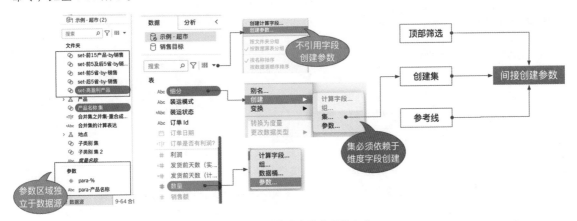

图 7-37　创建集和参数的多种方式

二者的差异：**参数不需要依赖字段，也就不需要依赖字段所在的数据源；集必须依赖所选字段，也就需要依赖字段所在的数据源。**

因此，参数区域完全独立于数据源和字段（参数独立显示在左下角），集字段默认和系统字段、自定义字段在一起[1]。

## 2. 数据类型视角：参数是传递任意类型的变量、集是分类

在创建参数时，数据类型有多个可选项：浮点（小数）、整数、字符串、布尔、日期、日期时间。参数的数据类型应根据应用场景决定，比如在"顶部筛选"中引用的参数必须是整数。

在创建集时，并没有设置数据类型的环节，因为集的本质是多个离散数据值的容器，并无数据类型可选，如图 7-38 所示。

在 6.5 节中介绍过"**集字段本质上是布尔判断，是对离散字段的分类**"，因此，集字段的数据类型只能是布尔（TRUE/FALSE），对应内/外、是/否、真/伪。这也影响了二者在计算中的使用方式，集本身就可以作为判断条件，参数则要和其他字段结合使用。如下所示：

```
IF [集字段]        THEN TRUE END
IF [参数] = "AA"   THEN TRUE END
```

因为集是布尔判断，所以合并集（两个集的交集、并集、差计算，见 6.6 节）才成为可能。而参数

---

1　在 Tableau 2020.2 之前版本中，集和参数一样，是独立的区域，后来的版本做了调整。

只是变量，不对应判断和范围。理解这一点非常重要，后续集动作都是建立在集的计算基础上。

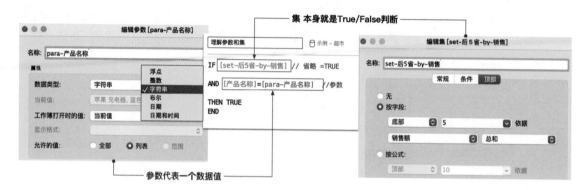

图 7-38　参数和集的设置方法及其数据类型

### 3. 作为变量的功能差异：参数是单值变量、集是多值变量

还有一个非常重要但不容易察觉的差异：作为变量，参数每次只能传递单一数据值，而集则可以同时传递多个值；参数不能为空（Null），也就不能传递空，而集可以为空集，也可以为全集。

因此，在后续集动作中才有"清除动作后排除所有值"选项，此时集对应空；而参数动作要么保留当前值，要么要预设一个默认值，参数没有空值选项。

综合理解了上述的诸多差异，分析师才能在分析过程中游刃有余。比如：

- 如果要在不同数据源之间传递"订单 ID"，则只能使用参数，因为参数不依赖数据源。
- 如果要为连续的坐标轴增加动态参考线，则只能用参数，因为参数支持度量和日期。
- 如果要对比某些产品相对于其他产品的变化，则只能用集，因为集可以传递多个值。

而差异背后的共同点是，**参数和集都是传递数据值的中间变量，这是高级交互的基础。**

如图 7-39 左侧所示，借助参数和集，分析师可以在工作表或仪表板中，使用选择、悬停、菜单等多种方式更新变量，然后将变量与计算结合，进一步引起视图中颜色、字段、参考线等的变化。

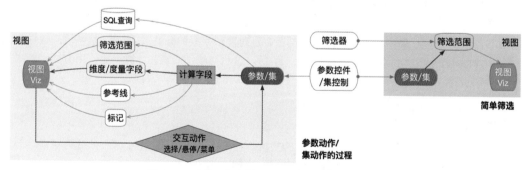

图 7-39　参数、集高级互动的关键是变量参与计算

接下来，笔者介绍两个典型案例，阐述参数和集如何借助计算完成复杂业务需求。

## 7.5.2　参数与逻辑判断结合：切换视图度量

业务仪表板经常包含销售额、毛利、利润、发货数量等多个指标。借助参数切换度量名称，多个视图随之发生对应的变化，有助于提高数据的密度。

最终效果如图 7-40 所示，借助右侧的参数切换分析指标，折线图和条形图会做出相应变化。

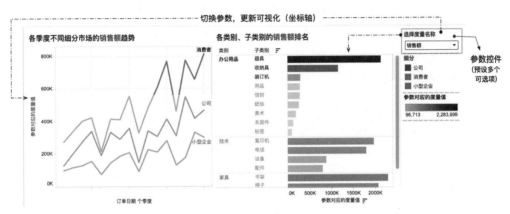

图 7-40　借助参数，切换视图中多个工作表的度量

具体步骤如下。

### 1.　使用参数控制度量值

由于每次只能选择一个度量指标，并且度量指标不依赖任意单一字段，因此这里使用参数。

如图 7-41 所示，首先创建参数，设置数据类型为"字符串"，并选择"列表"，输入销售、利润、数量这 3 个可选项。这样就为参数控件提供了预先选项。

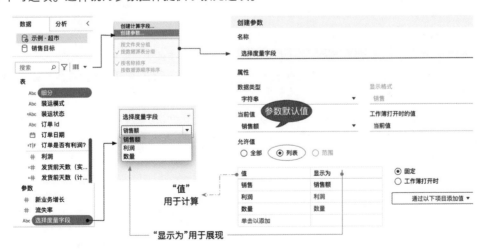

图 7-41　创建字符串列表参数，方便用户选择交互

特别注意，在参数设置的过程中，数据类型至关重要；合理地预设参数值列表或范围，有助于提高可视化交互质量和准确性。

### 2. 使用计算字段，将参数和视图建立关联

默认视图度量由 SUM([利润])或 SUM([销售额])等字段直接控制。借助参数和逻辑计算，可以实现"如果选择了某个度量名称，那么视图显示对应的度量值"。

在这个过程中，关键步骤是**把问题需求转化为包含参数和字段的逻辑判断**。

如图 7-42 所示，使用 IF 函数或者 CASE WHEN 函数（两种函数的用法参见第 8 章）实现上述逻辑转化过程，并代替视图中 SUM([利润])度量字段。这样就建立了参数和视图的交互关系。

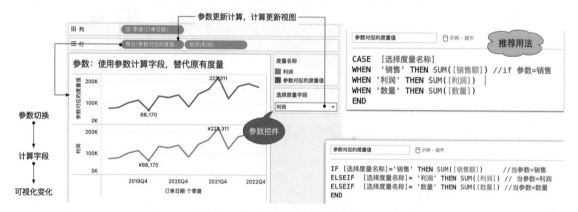

图 7-42 使用逻辑函数，将视图交互需求转化为字段关系

注意，由于视图中需要的是聚合，所以这里在逻辑判断中包含了聚合。不要把 SUM 聚合放在 IF 之外，这有助于提高性能和简化逻辑理解。关于行级别和聚合级别的差异，参见第 8 章介绍。

### 3. 在仪表板中整合参数控件和多个工作表

因为参数是全局可用的字段，所以上述逻辑可以扩展到多个工作表，实现一个参数控制多个工作表，最终整合在仪表板中，就是本节开始的案例效果了（见图 7-40）。默认使用"参数控件"切换参数，就可以实现视图中度量的变化，这就是常见的"参数交互"。

在此基础上，能否把"参数控件"的手动切换转化为鼠标点击、悬停或者菜单的交互切换呢？如图 7-43 所示，"参数控件"相当于被隐藏了，但作为中间变量的功能不会变化。这就是接下来的"参数动作"，详见第 7.6 节介绍。

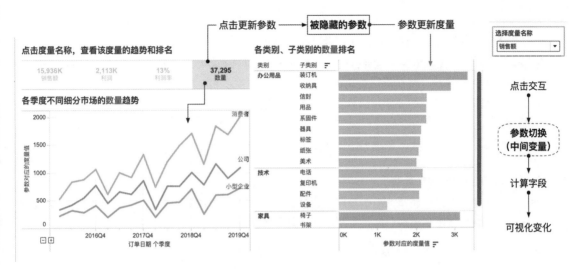

图 7-43　在参数和计算逻辑基础上，进一步增加参数动作

### 7.5.3　动态参数：动态更新范围和初始值

参数可以不依赖字段，也可以从字段中动态引用其数据值。如果参数引用的字段数据值不断更新，希望参数也随之动态更新，那就需要用到**"动态参数"**（**Dynamic Parameter**）功能。

#### 1. 动态引用：直接引用字段数据值创建参数

参数支持广泛的数据类型，可以引用离散的数据，也可以引用连续的日期或度量。

Tableau 2020.1 版本引入了"动态参数"功能，从离散字段动态更新**参数列表**。而在 Tableau 2020.4 版本中，动态参数支持从连续的日期或度量字段更新**参数范围**（最大值、最小值）。如图 7-44 所示，在编辑参数界面，选择"工作簿打开时"单选项，选择数据源下的某个字段。这样，每当工作簿打开时（如果发布到 Tableau Server，那么就会在被访问时），就会引用该字段的最新值调整参数列表或范围。

图 7-44　引用字段创建参数，或者"从字段设置"参数范围

动态参数可以更改参数的列表或范围，但是无法改变初始值。如果在高级的业务分析中，分析师希望每当工作簿被打开或被访问时，动态参数做出如下改变：

- 在子类别中，"标签"已经下架，因此参数不再引用，"桌子"和"椅子"合并为"桌椅"，在按照这个逻辑修正后，将数据值自动更新到参数"para-子类别"列表。
- 订单日期（年月日）的"年月部分"自动更新参数"para-年月"范围，并将**最大日期**设置为初始值。

那么就需要在"动态参数"基础上使用计算了。

### 2. 动态参数引用自定义计算

如果要对引用的字段做调整，那么可以创建自定义计算对原始字段做修正，而后在动态参数设置中重新引用。比如，创建【子类别—修正】字段，计算逻辑如下。

```
CASE    [子类别]
WHEN   "标签" THEN NULL
WHEN   '桌子' THEN '桌椅'
WHEN   '椅子' THEN '桌椅'
ELSE    [子类别]
END
```

在修正后的子类别字段中，把下架的"标签"改为空值（null），并把"桌子"和"椅子"合并显示。

同样的道理，可以创建【订单年月】字段，将年月日的【订单日期】字段做转化，计算如下。

```
DATE (DATETRUNC('month', [订单日期])  )
// 订单日期截取到月，并使用 DATE 类型转化函数把"日期时间"转化为"日期"格式
```

这里的计算字段都是较为简单的行级别的函数，它们等价于数据表字段。

如何让日期参数每次打开都显示最新的年月日呢？从整个数据表中查询最新日期，是在最高聚合度详细级别完成 MAX 计算。这里使用第 10 章的 FIXED LOD 函数对【订单年月】字段做如下聚合，并保存为自定义计算【最新的订单年月】。

```
// 计算: "最新的订单年月"
{ MAX( DATE (DATETRUNC('month', [订单日期]) ) ) }
```

在动态更新参数时，可以在设置日期范围时，将上述字段作为参数初始值，如图 7-45 所示。

在业务分析中，这个用法非常普遍，不仅可以减少 IT 人员在数据仓库中创建字段的麻烦，还可以随时根据需要调整字段逻辑。常见的日期初始值计算还有如下几种。

- 今天日期：TODAY()
- 昨日日期：TODAY() -1
- 当前年月：DATETRUNC('month', TODAY() )
- 上月年月：DATEADD( 'month', -1 , DATETRUNC('month',    TODAY()  ) )
- 数据表中最后日期（年月日）：{MAX( DATE (DATETRUNC('month', [订单日期]) ) ) }

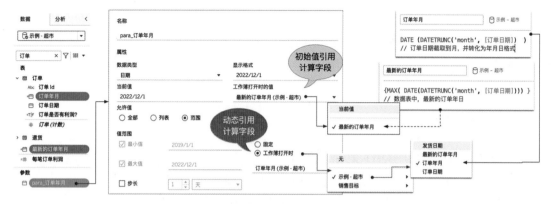

图 7-45　动态更新日期参数的范围，并更新初始值

要完整理解这里的字段逻辑，需要掌握本书第 3 篇的计算，特别是第 10 章 FIXED LOD 计算的原理。只有借助计算，业务分析师才能以有限的字段满足无限的业务需求。

### 7.5.4　集控制：以控件方式手动更新集成员

在笔者看来，集是目前交互功能中最被低估的功能，在业务分析中尚未被正确认识和使用。

在 Tableau 2020.2 版本之前，集主要被用作动态的字段分类或筛选，比如"销售额总和大于 1 万元的客户""订单数量排名前 10 的客户"等，这也是在第 6 章主要介绍的内容。

目前最常见的集控制方式是"显示集（控件）"，如同筛选、参数一样自定义选择，故称之为"自定义集"，如图 7-46 所示。`

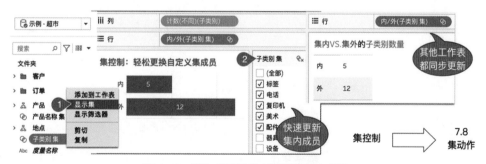

图 7-46　借助"集控制"直接控制集内成员

借助集动作，也可以使用点击等交互方式更新集成员，从而走向高级交互，详见 7.8 节。

## 7.6　参数动作：参数、计算和交互（Tableau 2019.2+版本）

对于初学者而言，完整掌握本章仪表板设计，并充分使用筛选、参数、集交互，将学习的重点逐步从技术转向业务，就可以快速成长为中级分析师。接下来的高级交互内容，无一例外要和计算结合，建议初学者先略读。在熟练地驾驭仪表板、基本交互和计算后，再回看这里的内容。本节介绍如下的案例。

- 简单参数动作：使用参数动作切换多个工作表的度量值（结合第 8 章的逻辑计算）。
- 复杂参数动作：使用参数动作调整视图的筛选范围（结合第 8 章的逻辑计算）。
- 连续字段参数动作：更新参考线和比较基准（结合第 8 章的逻辑计算和第 9 章的表计算）。
- 展开指定类别的层级（结合第 8 章的逻辑计算）。

## 7.6.1　参数动作：使用动作更新度量值

在 7.5.2 节的案例中，实现了以参数控制视图度量名称。为了进一步优化交互体验，可以在仪表板中增加"销售、利润、利润率、数量的交叉表"，并以交互代替参数选择，这就是"参数动作"（Parameter Action）。

效果如图 7-47 所示，借助自定义计算，已经建立了参数与视图度量的关联。默认"参数控件"是手动选择的，增加"交互控制"，即从控件交互转化为视图中的内部点击交互——当选择（视图点击）某个度量名称时，参数将度量名称传递给其他视图。这就是"高级交互"要解决的任务。

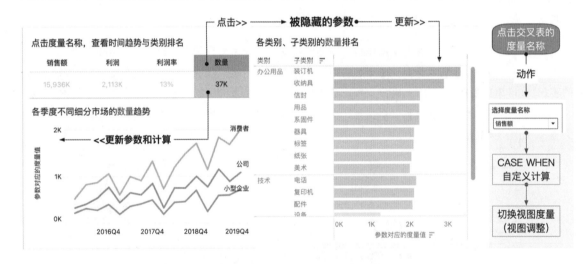

图 7-47　在参数和计算逻辑基础上，进一步增加参数动作，更改参数

为仪表板添加"参数动作"，需要指定操作类型、设置引用字段、指定更新参数多个步骤。

如图 7-48 所示，选择菜单栏中的"仪表板→操作→添加动作"命令，在弹出的窗口中，设置动作的方式、来源、赋值引用的字段和参数，甚至还可能设置"清除选定内容"后的初始值（Tableau 2020.3+ 版本）。

参数动作有 3 种操作方式：选择、悬停、菜单。"选择"（Select）是默认选项。"悬停"（Hover）类似于"工具提示"，会让交互过于灵活，谨慎使用。"菜单"（Menu）多适用于同一个工作表中出现了多个参数动作（比如一个字段可能传递给多个参数）的情形。

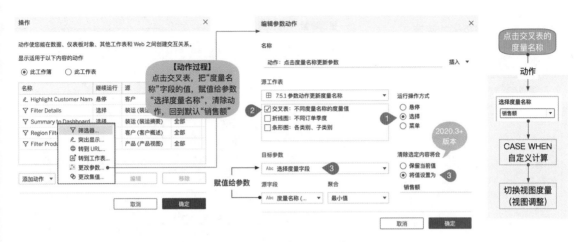

图 7–48　在仪表板中增加参数动作，借助点击更新参数

这里有一个关键细节，在设置参数引用的字段时，为什么会有一个"聚合"选项？

这就涉及了参数的特征。参数列表或者范围虽然是很多值，但是每次只能传递一个值，如果鼠标一次性选择了多个数据值，参数动作就会失败。这里的聚合选项，旨在解决多选时参数赋值的问题。对于字符串字段（比如度量名称），推荐留空；如果更新日期或者度量等连续值，则建议设置"最小值"或者"最大值"，从而传递一个有效值。

参数动作对整个交互过程有深刻的影响，补充说明如下。

其一，在参数动作中，参数值来自点击，因此无须为参数事先设置列表或范围，简化了设置。

其二，参数动作看似过程复杂，但是设计的"复杂性"换取了用户访问的高效率和简洁性。如同程序开发，用后端逻辑判断的复杂性换取前端流程的规范和稳定，因此在很多时候是必要的。

当然，由于参数交互隐藏在动作之中，这个过程也会带来一些问题，这里需要注意。

其一，参数控件是人人都可以看到的，但是参数动作未经说明难以察觉，因此使用动作传递参数，建议在仪表板中增加适当的使用指引。

其二，参数动作只能传递字段的名称（如果有别名传递别名），所以计算字段务必要和引用的字段值完全相同；如果不想让某个参数值引起视图的变化（比如不想查看利润率分析），则可以在计算字段中将其映射到默认值，否则会导致视图为空。

## 7.6.2　动态筛选：参数动作和计算实现差异化筛选

有了参数动作和自定义计算，高级业务分析师可以在复杂的业务场景中实现差异化的筛选。

这里使用"示例—超市"数据介绍笔者的一个项目案例。如图 7-49 所示，默认显示所有交易，当用户点击"退货金额"和"退货订单数"时，参数既要把度量名称传递给其他工作表，也要传递筛选范围——仅保留退货交易。本案例中只有一个参数，对应两个参数动作和两个自定义计算。

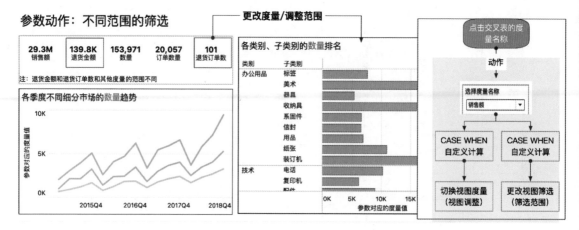

图 7-49　借助参数动作，不仅要切换度量，同时增加筛选范围
（注：对应的数据是销售明细表和退货明细表的连接，使用订单 ID、产品 ID 关联）

参数传递度量名称可以参考 7.5.2 节完成。这里的重点是，退货金额、退货订单数和其他度量的范围不同。这里有以下两个方法。

**方法一，借助计算间接完成筛选，避免筛选影响其他度量。**

借助 SUMIF 条件计算，可以在聚合的同时间接完成筛选。这里包含"退货"条件的两个度量字段分别如下。

- 退货金额：SUM( IIF( ISNULL([订单 ID (退货明细表.csv1)]) ,null,[销售额]))
- 退货订单数：COUNTD(IIF( NOT ISNULL([订单 ID (退货明细表.csv1)]), [订单 Id],null))

有了上述两个聚合字段，就可以使用 CASE WHEN 建立参数和聚合值的关系了，如下：

```
CASE   [选择度量字段]
WHEN '销售额'       THEN SUM([销售额])
WHEN '利润'        THEN SUM([利润])
WHEN '订单数量'      THEN COUNTD([订单 Id])
WHEN '退货金额'      THEN [退货金额]
WHEN '退货订单数'    THEN [退货订单数]
END
```

**方法二，基于参数创建单独的筛选字段，筛选和聚合分别为两个计算字段。**

如图 7-50 右侧所示，当点击"退货金额"和"退货订单数"时，使用 ISNULL 函数仅筛选退货交易，此时销售额总和、订单数量，就自动对应到了退货金额、退货订单数。

```
// 参数控制的筛选
ISNULL([订单 ID (退货明细表.csv1)])=FALSE
```

仪表板中的参数动作设置与 7.6.1 节中介绍的完全相同。

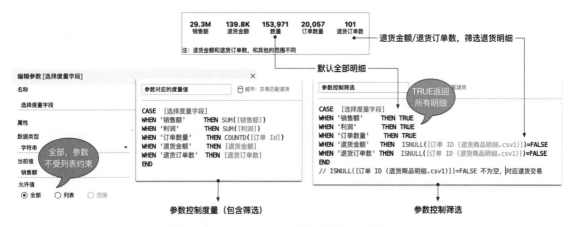

图 7-50　使用自定义计算，将参数转化为视图的交互

可见，在高级交互中，计算字段是参数和交互必不可少的桥梁。同一个参数，借助不同的计算，可以完成不同的使命。图 7-51 展示了上述案例中的逻辑关系。

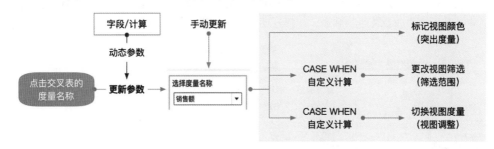

图 7-51　参数和计算，是视图交互的纽带

理解了这个过程，后续的案例就容易理解了——借助 Tableau 表计算的动态基准分析。

### 7.6.3　动态基准分析：使用参数动作控制参考线和计算基准

参数动作不仅可以更新度量名称（离散字段），还可以更新连续日期，特别是参考线。

本案例将在动态参考线的基础上，借助行级别计算、表计算等多种计算，实现任意时间点相对于指定基准点的差异百分比，适合股票等金融分析场景。最终效果如图 7-52 所示，选择视图中的任意点，参考线会随着自动更新，并计算 3 只指数基金当日收盘价相当于参考日收盘价的差异百分比。

本案例使用逻辑计算和表计算，初学者可以在阅读第 9 章后，重新理解本案例。

**第一步，创建折线图和日期参数。**

折线图和参数是这个问题的起点，基本视图应该在交互之前完成。

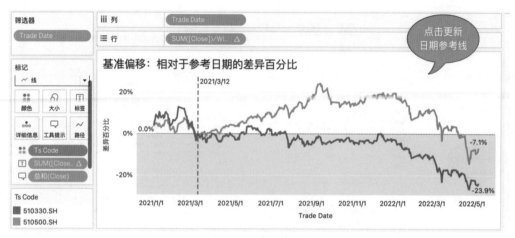

图 7-52　借助参数动作更新参考线，并计算其他数据相对于基准日期的差异百分比

首先创建"最近两年、300ETF 和 500ETF 指数，各指数、每日的收盘价"折线图，并创建日期参数"para_Trade Date"。这里无须基于字段创建，无须引用参数范围。在折线图日期坐标轴上右击，在弹出的快捷菜单中选择"添加参考线"命令，选择日期参数，如图 7-53 所示。

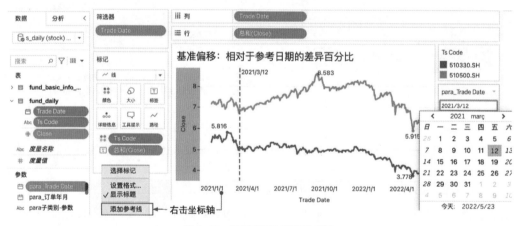

图 7-53　在折线图上增加参考线

**第二步，设置动态参数，点击折线图中的任意点更新参数。**

选择菜单栏中的"工作表→操作→更新参数"命令，添加参数动作，实现如下的逻辑。

当用户"选择"工作表的数据点时，对应的"Trade Date"数据值赋值给参数"para_Trade Date"；为了避免多选日期无法传递，日期聚合选择"最大值"。

设置的具体步骤可以参考 7.6.1 节的操作完成。这里重点讲解——如何计算差异百分比。

**第三步，将纵轴的收盘价字段借助计算转化为差异百分比。**

把参考日的收盘价作为基准，并计算每个日期的收盘价及参考日的差异，这里可以分为以下 3 步。

（1）计算参考日的收盘价，使用行级别的判断，相当于数据明细层的准备，如下所示。

```
IIF([Trade Date]=[para_Trade Date], [Close], null)
```

（2）使用表计算函数 WINDOW_SUM，将参考日数据扩展到所有日期。

```
WINDOW_SUM( SUM( IIF([Trade Date]=[para_Trade Date], [Close], null) ) )
```

（3）用每个数据点的聚合值和上述参考点的聚合值，计算差异百分比。

```
SUM([Close])/ WINDOW_SUM(SUM( IIF([Trade Date]=[para_Trade Date],[Close],null) )) -1
```

表计算函数 WINDOW_SUM 是灵活的二次聚合，还需要为其设置计算依据（Trade Date 字段），确保每个指数都可以获得正确的数据值，如图 7-54 所示。

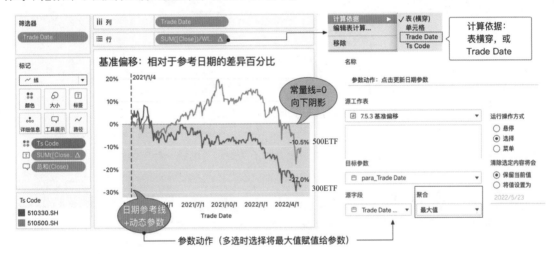

图 7-54　使用参数动作，更新视图参考线和计算的基准点

笔者习惯在行列中直接输入计算，最终确认无误后再将其保存为自定义字段。从图 7-54 中可以看出，以 2020 年 1 月 4 日作为基准日，300ETF 在之后时间几乎一路下行，回撤接近 30%；而 500ETF 却先走向高点，不过也在 2022 年开始大幅度下行。为了突出小于 0 的区域，视图中增加了 0 值常量参考线，并将其设置为向下阴影填充。

可见，借助 Tableau 的参数动作、高级计算，分析师可以完成很多自定义分析。

## 7.6.4　自定义分层结构：使用参数展开指定的类别

在分析"类别和子类别的销售额"时，"分层结构"会一次性展开所有类别，却不能展开指定类别。借助参数和自定义计算，可以实现展开指定类别，如图 7-55 右侧所示。

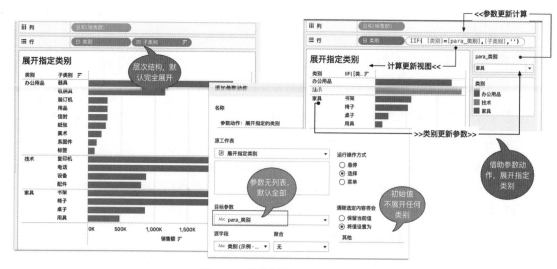

图 7-55　使用参数展开指定的类别

和之前的案例不同，这里包含参数的字段在视图中作为维度出现，逻辑如下。

- 点击"办公用品"，该值赋值给参数，并引起逻辑判断变化，然后展开对应的子类别。
- 如果没有任何点击，参数回到初始值"其他"，此时没有类别符合条件，全部类别折叠。

这里的关键是自定义计算，指定参数的类别会返回子类别，否则统一标记为空格：

```
IIF( [类别]=[para_类别],[子类别],' ')
```

理解了上述的逻辑过程，可以把相同逻辑应用到其他可视化分析中。相比条形图，树形图（Tree Map）更适合展现带有层次关系的占比分析，如图 7-56 所示。选择"家具"类别，展开子类别，并用同色系的颜色区分。

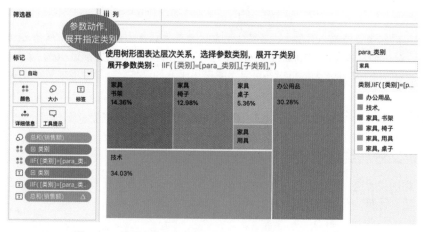

图 7-56　使用参数展开指定的类别（树形图表达层次关系）

在这里，在"总和（销售额）"标签上右击，在弹出的快捷菜单中选择"快速表计算→合计百分比"命令，展现了每个颜色块相对于总体的占比。点击工作表中的某个类别，就会展开对应的子类别及其占比，非常方便。

高级用户可以尝试为工作表增加第二次"参数动作"，然后进一步展开指定的子类别。这样就会使用两次参数传递、两次自定义计算，只是其中的逻辑判断略有难度。

当然，如果想要同时展开"技术"和"家具"两个类别，参数动作就无法实现，而要选择更加强调的功能：集。相比参数，集是可以同时传递多个数据值的变量，详见 7.8 节。

## 7.7　高级交互：指定区域对象的动态可见性（Tableau 2022.3+版本）

在本书中，笔者把基于参数、集等中间变量的交互称为"高级交互"，与之相对的是快速筛选、高亮显示、跳转等基本交互。目前为止，参数动作都是以工作表为设置对象的（操作—动作），而在 Tableau 2022.3 版本中，Tableau 推出了"动态区域可见性"（Dynamic Zone Visibility）功能，将交互对象扩展到了任意布局对象——水平、垂直、图像、工作表，极大地提高了交互体验。

如图 7-57 所示，仪表板中同时包含两个分析主题，借助参数可控制它们交替显示/隐藏。参数为"真"时，显示产品分析主题；函数为"伪"时，显示客户分析主题，从而优化显示空间。

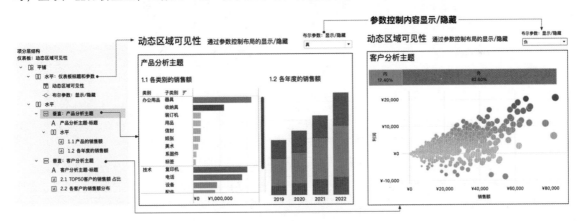

图 7-57　动态可见性：使用参数控制布局对象的显示/隐藏

为了完成上述过程，产品分析主题、客户分析主题的垂直对务必同时置于一个水平或垂直对象中（这个很重要，确保一个隐藏后另一个会完全铺开）。接下来的任务是借助一个参数控制两侧的交替显示/隐藏，使得视图中仅有一个焦点主题。

**首先，创建布尔参数或字段用于控制"动态可见性"。**

在使用"使用值控制可见性"时，可选值必须是**布尔类型**，不管是参数或是自定义字段，也就是说只有 TRUE/ FALSE 才能控制显示/隐藏动作。在官方的说明中，控制值必须满足多个条件。

- 数据类型：布尔（Boolean）。
- 单值（Single Data）：每次只能显示一个值。
- 不依赖于视图（Independent of the viz），控制值用于控制视图交互，不能反被视图控制，意味着不能包含直接聚合（如 SUM(利润)<0），但可以使用行级别判断或者 FIXED LOD 函数。

从创建一个布尔参数开始，后期再增加计算、参数动作等前置过程，有助于简化问题。

**其次，为指定对象设置"可见性"和控制值。**

如图 7-58 所示，这里选择"产品分析主题"垂直对象（包含文本和两个工作表），此时可以勾选左侧仪表板"布局"的"使用值控制可见性"。下方会显示类型为"布尔"（Boolean）的字段和参数。

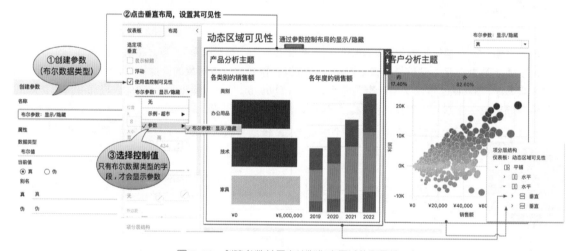

图 7-58 创建参数并用它控制指定区域的可见性

动态显示都是"真 TRUE"则显示，"伪 FALSE"则隐藏。显示控制可见性的参数，切换真/伪的参数值，就可以控制指定对象的显示/隐藏了。至此，一个完整的动态区域可见性的案例实现了。

如果要控制多个区域的可见性，理论上可以继续添加更多的参数。只是，多个参数之间相互独立，交互的体验就会急剧下降。业务实践中，关键是如何用一个参数同时控制多个区域的动态可见性，此时就需要计算、参数动作等功能引入。这里继续用相同的参数控制右侧"客户分析主题"。

**再次，借助计算联动其他区域的可见性（可选）。**

在使用默认参数控制了"产品分析主题"的布局显示/隐藏后，可以借助计算，反向控制"客户分析主题"的显示/隐藏——当参数为"真"时隐藏，而当参数为"伪"时显示。

为了实现这个反向交互，需要先创建一个中间字段，把参数的真/伪转化为伪/真，用中间字段控制对象的可见性——可见性必须是"真/TRUE：显示；伪 FALSE：隐藏"。

如图 7-59 所示，创建自定义计算"布尔值：隐藏/显示"，和参数值正好相反（使用 NOT）。而后点击"客户分析主题"垂直对象，勾选"使用值控制可见性"复选框，并选择创建的自定义计算。

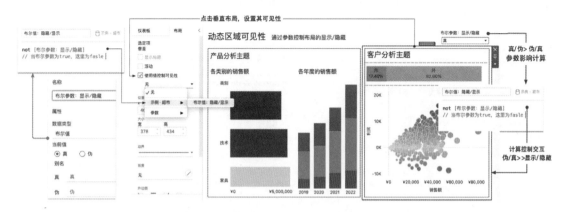

图 7-59　基于参数创建自定义计算字段，并用它控制指定区域的可见性

和之前参数作为中间变量不同，这里的交互以**自定义计算**作为中间变量；中间变量又和参数紧密关联。这样就实现了一个参数，直接和间接控制了两个垂直对象的显示、隐藏。

上述过程背后的交互逻辑，可以用图 7-60 所示来理解。

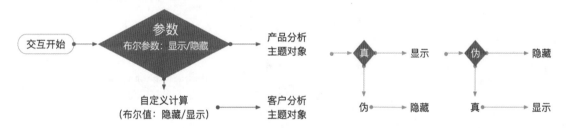

图 7-60　基于参数及其关联的自定义计算字段，控制两个区域的显示/隐藏

理解了这个过程，高级分析师就可以借助更多的参数、自定义计算，甚至自定义形状、参数动作等功能，实现更高级的动态可见性设置。

Samuel Parsons 在其 Public 中分享了一个题名 *Dynamic Zone Zooming - 2022.3* 的可视化仪表板作品，就把参数、参数动作和动态区域可见性功能发挥到了极致——点击 Zoom 可以放大区域，点击 Collapse 又可以回到初始样式，如图 7-61 所示。

这个看似简洁但背后逻辑略显复杂的仪表板中，包含了多个参数和更多的参数动作，从而把交互完整地串联起来。关键的参数有 4 个，分别控制区域的动态可见性。多个自定义计算结合参数动作传递 TRUE/FALSE 值。

以右上角区域（对应参数 Zoom TR）的展开和折叠（Zoom/Collapse）为例，可以用图 7-62 所示的示意图简要表达背后的关键逻辑。自定义计算（TR Button Switch）是传递参数的中间字段。

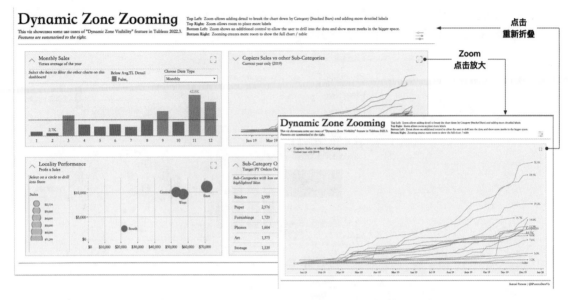

图 7-61　Samuel Parsons 使用多个参数、参数动作创建的区域放大/折叠仪表板（来源 Tableau Public）

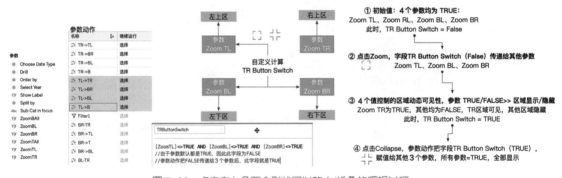

图 7-62　点击右上角两个形状可以放大/折叠的逻辑过程

借助参数动作，点击 Zoom 形状（背后是工作表），激活多个参数动作、更改 3 个参数值（FALSE），参数控制其他 3 个区域隐藏，因此仅显示右上角的趋势线区域；再点击形状，再次激活多个参数动作、更改 3 个参数值（TRUE），此时 4 个区域全部显示。

借助该案例，读者在学习"动态区域可见性"的同时，可以进一步了解参数动作的逻辑过程。

## 7.8　高级互动的巅峰：集动作和集控制

在 Tableau 2018.3 版本中，Tableau 就发布了"集动作"，它可以代表 Tableau 高级互动的巅峰。不过，由于多值变量相对于单值参数更抽象，要与计算结合才能发挥最大价值，因此长期以来未被充分重视。

本书 6.5 节～6.6 节介绍了集的基本用法，这里总结要点如下。

- 集（Set）字段本质上是**布尔判断**，是对**离散字段**的分类。
- 集分为**自定义集**和**条件集**，前者使用"集控制"手动调整，后者使用条件和参数预设范围。
- "集动作"（Set Action）可以使用视图选择、点击、菜单等方式更新集成员。
- 条件集相当于**指定详细级别的聚合**，因此优先级等同于条件筛选、顶部筛选，背后都是 FIXED LOD 函数。

在 6.5.4 节中，介绍了"集动作"的最简单形式：视图选择更新集内成员，实现"集控制"相同的功能。在本节中，笔者将结合集动作、计算，实现更加复杂的交互逻辑。

## 7.8.1 经典集动作：交互更新自定义集（Tableau 2018.3+版本）

在本案例中，首先使用销售数据匹配各省份地理坐标，构建全国分省市地图。而后借助省份的"集动作"选择，由易到难实现如下需求。

- 单选或多选省份，查看所选省份的销售额在全国的**占比**，可基于"**区域**"选择省份。
- 对比所选省份相对全国的各年月销售额**趋势**，借助**趋势线**确认成长性是否高于全国。
- 各省份的销售额相对所选省份平均销售额的差异，并用颜色标记（标杆分析）。
- 在散点图中，构建各子类别的全国销售额相对所选省份销售额的矩阵分布。

上述"所选省份"是相对指定省份的自定义集，这里先创建自定义集，默认选择东北三省。

### 1. 以自定义经纬度创建地图

如图 7-63 所示，基于超市中的【省/自治区】字段创建自定义集【set 省/自治区】，并默认选择东北三省（黑龙江、吉林、辽宁）。【省/自治区】字段加入视图，基于混合数据源"中国地图"构建不同省份的 X/Y 坐标（这里为每个省份指定了自定义 X/Y 坐标，销售中暂无港澳台数据）。

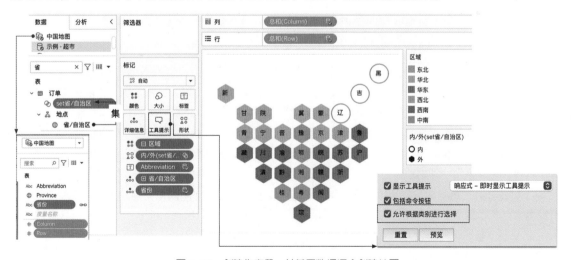

图 7-63 创建集字段，并基于数据混合创建地图

在视图中，【区域】字段控制各省/自治区的颜色，而集字段控制形状——集内省份以圆圈标示，而集外省份默认使用六边形。

**2．在地图中增加集动作**

为了方便理解集动作的逻辑，这里构建简单的仪表板，展现所选省份相对全国的占比。如图7-64右侧所示，仪表板中包含3个简单图形：集内/集外作为颜色的条形图、借助数据混合构建的省份地图、集作为筛选的集内成员列表。条形图使用了快速表计算的"合计百分比"功能。虽然"占比分析"首选饼图，不过这里只有两个分类，用堆叠条形图表达占比更加直观，易于布局。

在仪表板中添加集动作，从而在选择地图中省份时，自动更新省份对应的集，如图7-64所示。操作方法为，在菜单栏中依次选择"仪表板→操作→添加动作→更改集值"命令。

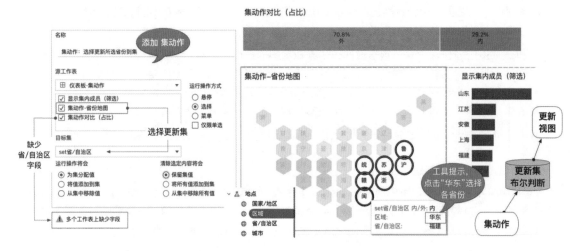

图7-64　在仪表板中添加集动作，从而更新集成员和基本图形

和第6章中单一工作表的"集动作"不同，这里有几个地方需要说明。

（1）在集动作设置过程中，经常会出现"多个工作表上缺少字段"的提示，原因是默认所有工作表都是集动作来源，而其中多个工作表缺少集所依赖的【省/自治区】字段。当在这些工作表中交互时，集动作就不会生效。当然，这个提示可以忽略，或者仅选择相关工作表作为"源工作表"。

（2）包含层次结构的字段可以**根据类别选择**，这是工具提示中默认开启的选项。比如，点击"闽"（福建），在弹出的工具提示中点击"华东"，就会选择同属于华东的所有省份。前提是省份的上级分层字段（区域）需要事先添加到详细信息之中。这个功能虽小，却是提高分析效率的绝佳帮手。

（3）"集动作"虽然能提高效率，但是高度灵活的交互也会增加视图的复杂性，比如，视图用户会在不经意中点击省份，引发交互切换。此时，有两个可供选择的优化方案。

● 关闭"集动作"，启用"集控制"，使用筛选器的方式控制交互。

- 将"集动作"的交互方式从"选择"（即点击）改为"菜单"，特别适合多个集动作的场景，如图 7-65 所示。

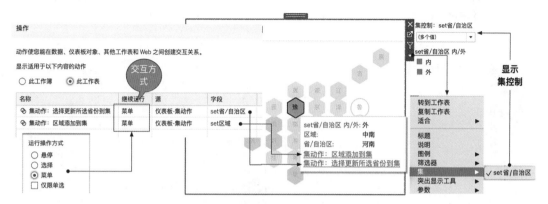

图 7-65　显示集控制列表，并调整集交互方式为菜单

至此，就是一个完整的集、集动作的设置过程。接下来的复杂计算也都建立本案例的基础之上。

## 7.8.2　集的控制与更新：赋予集以强大的灵魂

合并集、集控制、集动作的结合，将推动集的普及和应用。

- 合并集是集运算的可视化形式，降低了集运算的难度，特别是集并集和差值。
- 集动作（Set Action）在 Tableau 2018.3 版本推出，之后增强了控制方式，即"集动作增减"（Set Action: Add/Remove）功能。
- 集控制（Set Control）在 Tableau 2020.2 版本发布，可以像筛选一样更新集，推动了集功能的普及。

合并集和集控制，已经在 6.6 节和 6.5 节分别介绍，这里介绍集动作的增强功能：**使用交互方式增加或者减少集内成员。**

默认情况下，集都是一次性传递，比如，点击"苏、浙、沪"会把它们加入集，但是想要在"苏浙沪"基础上再增加"广东"或者仅减去"沪（上海）"，只能全部重新点击，这在实际工作中多有不便。能否仅仅基于想要增加或者减少的省份去更新集，也就是增量更新呢？

这就是更新集成员的"集动作增减"（Set Action: Add/Remove）的功能。

如图 7-66 所示，左侧仪表板中由散点图和两个文本表构成，增加两个"集动作"，分别用于更新散点图左侧纵轴和底部横轴计算所依赖的集——在这里，集对应两个 SUMIF 字段，它们构成了三点图的横轴和纵轴，如下：

```
SUM(IIF([set 省 -A], [销售额], NULL ))
SUM(IIF([set 省 -B], [销售额], NULL ))
```

以左侧纵轴中对应的集字段【set 省- A】为例，当鼠标光标选择省/自治区时，对应的数据值会更新到集中。注意，"运行操作将会"改为"将值添加到集"，因此单独点击一个省份，不会完全替换之前的集，而是在之前集成员中增加新成员。这里使用了深蓝底色代表集内的成员。同时，为了帮助快速调整，右侧增加了两个集的"集控制"控件，可以像筛选一样快速筛选，互为补充。

虽然 Tableau 提供了多种控制方式，但过度设置会导致灵活性和稳定性的失衡，因此推荐初学者尽可能使用默认推荐配置，随着学习深入逐步了解更多配置的必要性和适用场景。

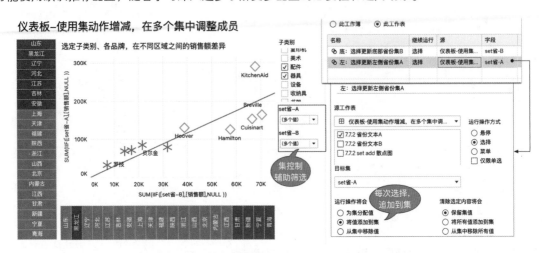

图 7-66　使用集动作实现增量更新（Tableau 2020.2+版本）

## 7.8.3　使用集完成对比分析和标杆分析

7.6.1 节中展示了"所选省份在全国的销售额占比"，集字段可以在更多的图形中作为对比字段使用。比如，查看各类别集内、集外对比，以及不同年度的趋势对比。

如图 7-67 所示，在视图中把集字段加入"标记"的"颜色"中，集字段默认作为分类使用。从分析中拖入趋势线，可以看出集内省份的销售额增长趋势远远落后于其他区域。

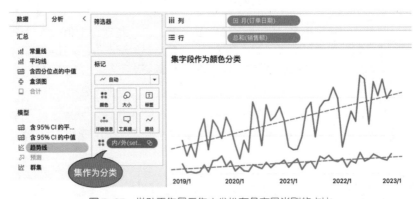

图 7-67　借助于集显示集内省份在各商品类别的占比

理解了集作为分类的特征，分析师可以使用集完成非常多的自定义分类，比如，不同类别中集内、集外的对比，销售额贡献前 20 名的客户在全国的销售占比等。

如图 7-68 所示，仅仅使用参数和集的结合，借助简单的条形图堆叠就能直观发现：2021—2022 年，虽然销售额排名前 50 的客户在客户数中仅占 6.6%，但是业绩贡献超过 20%，不少月份甚至超过 25%。结合趋势线还会发现，大客户的集中度在上升。

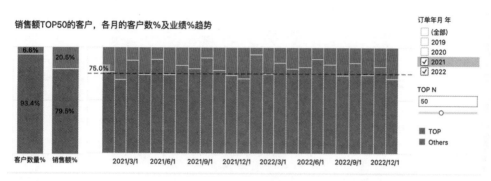

图 7-68　参数、集、筛选和柱状图的结合（注意日期筛选器添加到上下文）

借助计算，则可以完成更复杂的分析场景，比如标杆分析。当然，接下来的案例略微复杂，读者可以在阅读 9.8 节之后重读以下内容。

相对某个数值的差异分析是一种常见的业务分析类型。在 7.6.3 节解释了使用参数控制一个基准日期数据值的方法，不过参数只能传递一个值，无法完成"多个日期"的对比分析。如果要分析"每日的收盘价，相对于指定区间范围的日均收盘价的差异"，就要使用集来完成。

如图 7-69 所示，左侧是基于参数动作的基准比较，选择一个区间段，也只能按照聚合要求将最小值或最大值传递给参数；右侧是基于集动作的区间基准比较，选择一个区间段，每个日期都会和这个区间段的平均值做基准比较，为了更好地分辨比较区间，使用了参考区间。

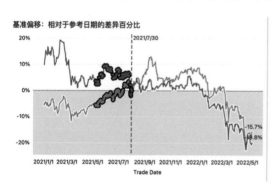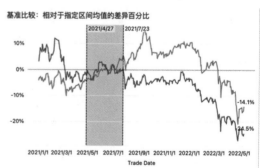

图 7-69　参数动作和集动作的功能效果对比（左侧传递单值，右侧传递多值）

参数动作中，最重要的部分是差异百分比的计算过程，这里再次展示如下，稍后对比介绍：

```
SUM([Close])/ WINDOW_SUM(SUM( IIF([Trade Date]=[para_Trade Date],[Close],null) )) -1
```

如果把单一参数改为多个日期的数据值，集动作的交互逻辑可以概括为如下的两个过程。

- 选择区间→更新集成员→计算区间均值→计算每个点和区间均值的差异百分比（纵轴和文本）。
- 选择区间→更新集成员→计算区间日期的最大值和最小值→标记参考区间（线和阴影）。

使用"集动作"更新集字段成员相对简单，只需要在菜单栏中选择"仪表板→操作→添加动作→更改集值"命令，设置以"选择"的交互方式更新集字段"set Trade Date"即可。方便起见，这里"清除选定内容"后设置为"保留集值"，如图 7-70 所示。

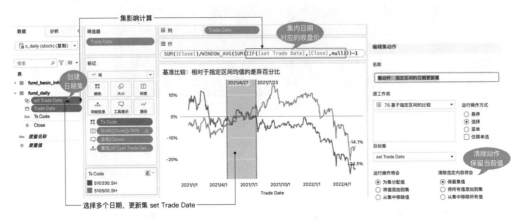

图 7-70 借助于集动作，保存区间的所有日期，并增加计算和参考区间

在这里，创建集字段"set Trade Date"、在工作表中增加"集动作"的过程和之前案例完全相同，不再赘述。本案例的重点是计算，计算不仅要计算集内日期的收盘价，还要计算均值和差异。计算内容详见第 3 篇，这里简述过程如下。

由于集本身就是布尔判断，"集内"就是 TRUE，因此，使用如下计算返回集成员中的收盘价：

IIF([ set Trade Date]，[Close]，NULL ) )

使用表计算函数 WINDOW_AVG 计算多个日期的平均值，表计算中必须引用聚合，由于每个日期只有一个收盘价，这里的 SUM 可以改为 AVG 等聚合方式。计算区间收盘价的均值，如下所示：

WINDOW_AVG(SUM( IIF([ set Trade Date]，[Close],, NULL )) )

有了均值，就可以计算每天的收盘价相对区间收盘价均值的差异百分比了。

SUM([Close])/ WINDOW_AVG(SUM( IIF([ set Trade Date]，[Close],，NULL ) )) -1

这个字段就是最终视图的纵轴和标签字段。

本案例的另一个重点是如何创建参考区间。

参考区间是两个参考线的范围，两个参考线分别是集字段"set Trade Date"日期的最大值和最小值。由于集字段是布尔判断，想要获得集中日期的最大值、最小值，则需要重新计算：

IIF([ set Trade Date] , [Trade Date], NULL)

如果把这个字段直接加入视图，作为维度字段的它会破坏折线图的完整性——维度调整了问题的详细级别。在标记中，笔者为它增加了"属性"聚合。而后拖曳"参考区间"到视图"表"中，在弹出的窗口中配置最大值和最小值为参考区间两端，默认灰色阴影，如图 7-71 所示。

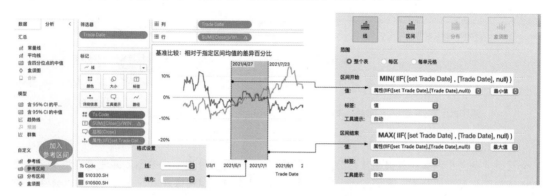

图 7-71　使用集合计算各省与集内销售额均值差异

参考线是高级可视化中重要的组成部分，在第 10 章介绍表计算之后，笔者还将进一步深入介绍它的功能。借助参数、集、计算、参考线等多种要素，分析师可以把最佳的交互路径作为预设逻辑保存下来，为仪表板用户提供丰富的交互方式。

可见，**充分发挥集的功能，难点在于理解业务的逻辑和计算，集是传递变量的媒介**。只有完整地理解了计算的逻辑，才能游刃有余地发挥集的高级价值。这也是本书第 3 篇的目的。

## 7.8.4　高级互动的使用建议

至此，本书已经完整介绍了交互的所有形式：筛选、高亮、参数、集、导航、故事点等。这里简要总结使用交互的关键要点和注意事项，这些知识总结适用于所有的 BI 工具。

从简单交互到高级交互的分水岭是参数和集。它们都是传递中间变量的容器，区别主要在于参数不依赖字段、传递唯一值，而集依赖字段、传递多个值（本质是布尔判断）。这基本决定了大部分场景下二者的选择。熟练应用二者需要牢记 7.5.1 节的对比要点。

如图 7-72 所示，能否借助中间变量、计算字段多次可用，是基本交互和高级交互的关键区别。

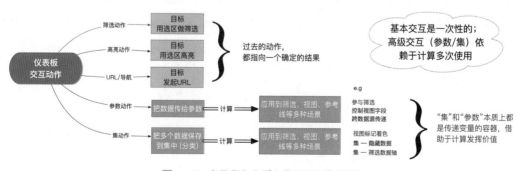

图 7-72　参数和集本质上是传递变量的容器

从过程来看，高级交互无一例外地可以分解为"创建变量字段（参数/集）、赋值变量并传递给计算字段、将计算与可视化要素结合" 3 个环节。遇到复杂问题，要依次分步完成，如图 7-73 所示。

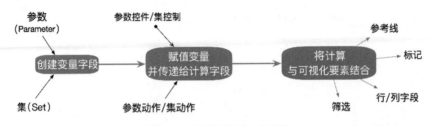

图 7-73　高级互动的 3 个步骤

交互是业务分析洞察的关键组成部分。缺乏交互的仪表板如同 PPT 的截图，即便美观也不够丰富，更难以实现因人而异的范围。高级业务分析师要善于以最佳的可视化样式呈现业务问题，以交互方式丰富洞察。

高级交互的关键是计算。在本章，特别是集动作的介绍中，不得不使用了一些计算的内容，包括逻辑判断函数 IIF、窗口汇总表计算函数 WINDOW_AVG 和 FIXED LOD 表达式。计算帮助数据分析师实现从**有限的数据**到**无限的业务分析**的扩展，而这也是本书第 3 篇的主题。

## 练习题目

（1）在 Tableau Public 中搜索如下两个工作簿，借此了解 Tableau 交互的使用：

（a）Set Actions Webinar（作者 Marc Reid）。

（b）Market Share Comparison - Set Action & Parameter Action（作者 James Austin）。

（2）从业务分析角度，简要介绍工作表、仪表板、故事的区别和联系。

（3）仪表板布局中，有哪些主要的对象，它们如何构成了常见的商业仪表板样式。

（4）简要介绍 Tableau 指标和"可视化大屏"之间的差异，从使用场景、展现终点、布局等角度介绍。

（5）介绍参数和集的共同点和差异点，特别是传递内容、支持数据类型与字段关系等。

（6）使用参数动作，完成案例：点击包含多个度量名称的交叉表，点击更新参数，从而更新其他可视化的分析指标。

（7）使用集动作，完成案例：股票 000001 每日的股价波动，选择某个区间，显示其他日期相对于该区间均值的差异百分比。

# 第 3 篇

# 以有限字段做无尽分析：
# Tableau、SQL 函数和计算体系

"在数学的天地里，重要的不是我们知道什么，而是我们怎么知道什么。"

——古希腊哲学家、数学家，毕达哥拉斯（Pythagoras）

# 第 8 章

# 计算的底层框架：行级别计算与聚合计算

关键词：行级别计算、聚合计算、表达式、空间函数

对于数据分析而言，数据表的字段是有限的，而业务问题却是无限的，以有限的字段满足无尽的业务需求，就必须借助计算或数据合并来实现——数据合并是特殊的计算（集运算）。

如果说问题是支撑分析世界的"骨骼"，可视化是对外展现的"肌肤"，那么计算就是分析世界的"血脉"。计算贯穿于数据合并、数据准备、分析聚合的每个细节。

本章从 Excel、SQL、Tableau 的工具变迁讲起，帮助读者先理解计算的基本分类（行级别计算和聚合计算），之后以 Tableau 为基础分类介绍常见函数。深刻理解两类计算的差异，是后续计算乃至理解数据仓库的基础。在后续第 9 章和第 10 章，将介绍两种特殊的聚合延伸函数："聚合的二次聚合或计算"（对应 SQL 窗口计算/Tableau 表计算）和"指定详细级别的预先聚合"（对应 Tableau LOD 表达式和 SQL 的嵌套聚合子查询）。第 11 章介绍数据管理，特别是 ETL 数据准备。

不同的工具会使用不同的词语，比如公式（Formula）、函数（Function）、表达式（Expression），在本书中，"函数"指 Excel、SQL、Tableau 等工具中预置的功能函数，函数及运算的组合语句称为"表达式"。相对而言，计算（Calculation）概念最宽泛，既包含数学上的四则运算，也包含预设公式、函数及其组合形式。比如，

- 函数：LEFT()、SPLIT()、CONTAINS()、YEAR()
- 表达式：{FIXED [客户 ID]:SUM([销售额])}、IIF([利润]>0,"盈利","非盈利")

理解函数和表达式对应的功能相对容易，难点在于把它们同时置于特定的问题中，并选择计算的最优解。因此，熟练地使用计算需要掌握以下几个部分。

- 常见函数的功能语法。
- 函数或表达式适用的最佳场景及其相互关系。
- 不同计算类型的优先级。
- 函数、表达式与问题解析、交互的关系等。

接下来，先用大家熟悉的 Excel 理解两类计算的差异，对比 SQL 和 Tableau 方法（见 8.1 节），而后超越工具建立普适性的计算理解（见 8.2 节）。

# 8.1　计算的演进及分类：从 Excel、SQL 到 Tableau

分析世界，计算无处不在。简单如四则运算，Excel 的 LEFT、SUM 函数，SQL 中的 COUNT 语法，复杂关系计算如 VLOOKUP、JOIN，高级计算如 AVG(SUM) 和 LOD 表达式等组合形式，它们如同"血脉"，以有限的字段组合奠定了无限的分析世界。

熟练驾驭计算需要理解计算的类型及差异，特别是站在业务视角理解这一切。本节先简述计算与业务的关系，之后借助工具进一步介绍。

## 8.1.1　计算的本质及其与业务过程的关系

计算是"从无到有"的过程，因此**计算即抽象**。不同计算的抽象化程度有所不同。

比如，从订单日期中计算"年"，对每一行都是确定性的，结果在明细上有意义，在业务过程中有对应，因此抽象化程度较低。而从多行中聚合计算获得"销售额总和"（Excel 中称为"求和项"），甚至两个总和进一步获得"利润率"（利润总和/销售额总和），这些聚合在明细表上无意义，在业务过程中无对应，而且随着问题变化结果自动变化，因此聚合计算的抽象化水平更高。

本书中"分析是对业务和数据表的抽象、升华"，指的是包含聚合的高级抽象。

高级分析师务必要从技术、业务多重角度理解计算的分类及其关系。既要理解对应的计算逻辑、功能语法，更要理解彼此的关系、组合。如图 8-1 所示，勾勒了第 3 篇的计算分类体系及关键要点。

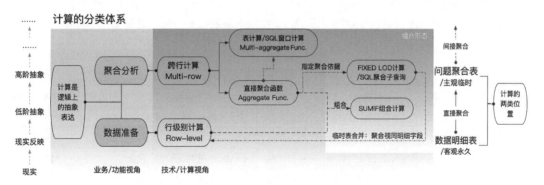

图 8-1　计算的分类体系和计算逻辑

从计算的功能和抽象化水平看，计算可以分为两种基本类型。

- **数据准备（Preparation）**：在数据明细表中，借助计算、数据表关联合并等方式对原始数据进行清理、转换、分组等处理，类型多样，抽象化水平较低，数据在明细上有意义。

- **聚合分析（Analysis）**：以问题为引导，从数据表明细分组聚合为少数数据，并可进一步比较计算回答问题的过程，聚合可以是一次聚合、多次聚合，从而实现高级抽象。聚合结果仅在指定问题上有意义，问题是对业务的抽象。

如果站在数据明细表的角度，数据准备都是对每一行数据而言的，计算不会跨行[1]。聚合分析是相对问题而言的，计算一定会跨行，因此，笔者常把计算分为"行级别计算"和"跨行计算"。

- **行级别计算（Row Level Calculation）**：在单一明细行（Record）中实现的计算，如 YEAR([订单日期])和[销售额]-[成本额]计算，单行的计算是低级抽象的计算。
- **跨行计算（Multi-row Calculation）**：跨多个明细行（Record）的计算，如 SUM([销售额])，RANK( SUM([销售额]) )，前者是明细表的聚合，后者是聚合表的排序计算。

本章中，除非特别强调，聚合均指以 SUM、AVG 为代表的直接聚合，基于聚合值的二次聚合、相对指定详细级别的预先聚合，则是后续章节的任务。

充分地理解"计算即抽象"，再从业务和抽象程度角度理解计算的分类，是业务用户进入大数据分析的关键。本书借 Tableau 和 SQL 解读分析背后的原理，帮助读者跨工具掌握业务分析。

## 8.1.2　以 Excel 理解详细级别与计算的两大分类

以"示例一超市"数据为数据源，用 Excel[2]完成如下问题：

"2021 年，各类别、各品牌的销售额（总和）、（合计）利润率"

业务过程映射为数据明细表，在数据明细表中完成计算分析。整个思考过程如下。

**首先，理解数据明细表及其对应的业务过程。**

数据表明细行是业务过程的反映，是分析聚合的起点。在"示例一超市"数据中，"销售明细表"的每一行代表一笔完整的业务交易，描述"谁、在何时、何地、给谁、以何种方式、提供了什么产品（交易过程），以及该交易的度量属性（数字记录）"，数据明细表的唯一性用"订单 ID*产品 ID"表示。

表 8-1 展示了数据表的部分关键字段。

表 8-1　销售明细表（部分）

| 客户名称 | 订单日期 | 订单 ID | 类别 | 产品名称 | 数量 | 销售额 | 利润 |
|---|---|---|---|---|---|---|---|
| 曾惠 | 2021/4/27 | US-2021-1357144 | 办公用品 | Fiskars 剪刀, 蓝色 | 2 | 130 | -61 |
| 许安 | 2021/6/15 | CN-2021-1973789 | 办公用品 | GlobeWeis 搭扣信封, 红色 | 2 | 125 | 43 |
| 许安 | 2021/6/15 | CN-2021-1973789 | 办公用品 | Cardinal 孔加固材料, 回收 | 2 | 32 | 4 |
| 宋良 | 2021/12/9 | US-2021-3017568 | 办公用品 | Kleencut 开信刀, 工业 | 4 | 321 | -27 |
| 万兰 | 2020/5/31 | CN-2020-2975416 | 办公用品 | KitchenAid 搅拌机, 黑色 | 3 | 1376 | 550 |
| 俞明 | 2019/10/27 | CN-2019-4497736 | 技术 | 柯尼卡 打印机, 红色 | 9 | 11130 | 3784 |

---

1　这里的数据准备，指狭义的字符串拆分、查找等计算，不涉及先聚合再合并的复杂情形。
2　本书 Excel 使用金山公司的 WPS Excel，逻辑与 Microsoft Excel 基本一致。

**其次，确认分析需求，分解每个问题的构成。**

业务需求分解为问题，每个问题必然包含 3 个部分（筛选范围、问题描述和问题答案）。**数据合并或计算弥补数据明细表或问题中的字段不足。**解析如下。

**筛选范围**："2021 年"代表问题的分析范围，对应【订单日期】字段，它是"订单日期在 2021 年"的简化形式。

- **问题描述**：维度描述问题，这里的"类别、品牌"构成问题详细级别，问题详细级别是答案聚合的分组依据。缺少的"品牌"字段需要借助计算弥补。
- **问题答案**：聚合是分析的本质。聚合的数据值从明细中计算而来，对应一个虚拟的聚合表。"销售额总和"对应 SUM 求和聚合函数，合计利润率则是两个聚合值的直接比较。

**再次，使用计算弥补数据明细表中字段的不足，而后完成汇总分析。**

- **筛选范围**：数据明细表中【订单日期】对应类似"2021/6/15"的精确日期，并没有年度字段"2021"。日期要先转换为年，而后完成筛选，这个过程就是"提取日期部分函数"和逻辑判断的计算过程，即 YEAR([订单日期])= 2021。
- **问题描述**：问题中缺失的"品牌"可以从字段【产品名称】中拆分计算，也可以由其他数据表合并而来（比如从"产品信息表"中匹配获得品牌信息），计算的方法优先于数据合并。这里使用 SPLIT 函数或 LEFT 函数完成。
- **问题答案**：问题中的"销售额（总和）"来自数据明细表中的【销售额】字段直接聚合。"利润率"则需要利润总和、销售额总和的聚合比值，是聚合函数和算术计算的组合，可以理解为包含聚合函数的表达式（SUM([利润])/SUM([销售额])）。

在这个过程中，每个部分都需要借助计算，计算肩负两大功能：**数据准备**（弥补数据表字段不足）、**聚合分析**（抽象概括，弥补问题中字段不足）。

"品牌"由【产品名称】字段拆分而来，可以使用 LEFT 函数取第一个空格左侧的部分（暂不考虑其他特殊情况）。如图 8-2 所示，在明细行后面增加辅助列字段"品牌"，完成计算。

$$= LEFT(N2,FIND(" ",N2))$$

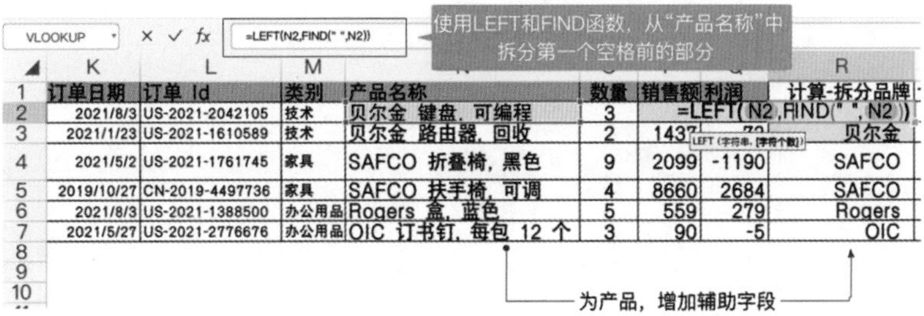

图 8-2　在 Excel 数据明细中增加计算，补充"品牌"

由于每个产品名称必然对应一个品牌，计算是在每一行上执行的，绝对不会跨行（即 N3 单元格的产品名称，必然对应 R3 单元格的品牌），这种计算被称为**"行级别计算"**（**Row Level Calculation**）。

相比之下，"销售额（总和）"和"利润率"是完全不同的计算逻辑，因此要在数据透视表中完成。

如图 8-3 所示，在 WPS Excel 中插入"数据透视表"，默认打开新工作表，将【销售额】和【利润】度量字段拖入"值"，将【类别】和【品牌】拖入"行"，就会生成如下的聚合。以"技术"类别中黑的"贝尔金"为例，它的销售额（2632）是由两个值相加而来的（1195+1437），是典型的**纵向跨行计算**，而非水平的单行计算。其他聚合同理（这里样本小，有的部分只有一个值）。

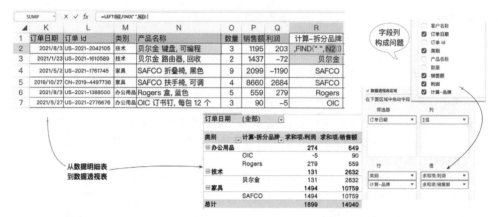

图 8-3　Excel 数据透视表实现两个度量的聚合

**计算的关键是如何计算"利润率"。**

准确地说，这里的"利润率"是"各类别、各品牌的利润率"，是各类别、各品牌的利润总和与销售额总和的比值，而非"每一行的利润率"。聚合在"透视表"完成。

如图 8-4 所示，在菜单栏中选择"分析→字段、项目→计算字段"命令（见图 8-4 位置①），弹出"插入计算字段"窗口，在"公式"中选择字段并插入，完成计算公式"=利润/销售额"（见图 8-4 位置②），计算字段【透视表–利润率】会添加到数据透视表中，增加了第三个度量列（见图 8-4 位置③）。

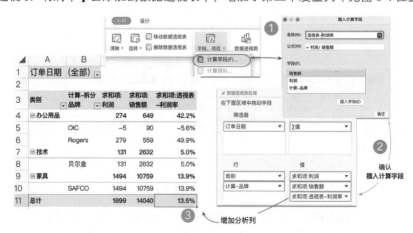

图 8-4　在 Excel 数据透视表中增加聚合的计算字段

注意，利润率计算看似没有"求和项"或 SUM 等聚合方式，其实是默认聚合的，后面详解。

Excel 数据透视表中自动增加"小计"和"总计"，13.5% 的总计利润率，是 1899/14040 的求和项比值。熟悉 Excel 的读者也可以调整透视表中的行列字段，实现不同层次的求和项计算，如图 8-5 所示，在不同详细级别的透视表中，总计利润率都是相同的（13.5%）。数据透视表实现了同一份数据、不同视角的层次分析，不管是最高详细级别分析（见图 8-5 位置①），还是每个类别（见图 8-5 位置②）。

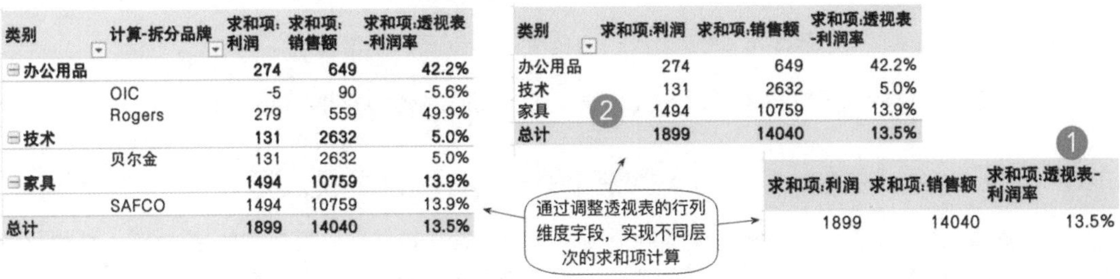

| 类别 | 计算-拆分品牌 | 求和项:利润 | 求和项:销售额 | 求和项:透视表-利润率 |
|---|---|---|---|---|
| ☐办公用品 | | 274 | 649 | 42.2% |
| | OIC | -5 | 90 | -5.6% |
| | Rogers | 279 | 559 | 49.9% |
| ☐技术 | | 131 | 2632 | 5.0% |
| | 贝尔金 | 131 | 2632 | 5.0% |
| ☐家具 | | 1494 | 10759 | 13.9% |
| | SAFCO | 1494 | 10759 | 13.9% |
| 总计 | | 1899 | 14040 | 13.5% |

| 类别 | 求和项:利润 | 求和项:销售额 | 求和项:透视表-利润率 |
|---|---|---|---|
| 办公用品 | 274 | 649 | 42.2% |
| 技术 | 131 | 2632 | 5.0% |
| 家具 | 1494 | 10759 | 13.9% |
| 总计 | 1899 | 14040 | 13.5% |

| 求和项:利润 | 求和项:销售额 | 求和项:透视表-利润率 |
|---|---|---|
| 1899 | 14040 | 13.5% |

② 通过调整透视表的行列维度字段，实现不同层次的求和项计算

①

图 8-5　在 Excel 中对不同层次问题的"透视分析"

这里重点说一下"透视"。中文的"透视"本是一种绘画手法，"在平面上表现物体的空间位置距离和轮廓投影"，也被称为"远近法"，与业务探索、钻取分析（roll up、drill down）的精神相契合，也许这就是中文翻译"透视"的来源。业务分析需要在众多的维度字段中切换分析视角，分析层次有高低，如同视角有远近；问题之间的钻取变化，如同相机拍摄中镜头之远近。

不过，"数据透视表"的英文是 Pivot Table，Pivot 的本意是"支点、中心"（名词）、"使旋转"（动词），后来延伸出了"核心任务""改进以符合特定需求"等抽象含义[1]。具体到数据领域，Pivot 的本意是"转置"，在数据存储还在软盘阶段的年代，Pivot Table 用于交换明细表中的列字段位置。随着数据量的增加，透视表的功能从"明细行转置"升级为"先按需聚合再转置"。大数据时代，透视表功能受限，它无法完成多表合并，特别是先聚合再合并等高级场景，于是微软开发了 Power Pivot，泛指数据建模技术，用于创建数据模型、建立关系，以及创建计算，中文翻译为"超级透视表"。

从转置、按需聚合，到多数据模型处理，Pivot 的范围越来越广泛，英文 Pivot 的含义足以概括这一切，中文的"透视表"和"超级透视"都很难代表如此广泛的功能。"表哥""表姐"要当心莫被"透视"的翻译影响了对聚合的理解。

说这么多，旨在帮助大家理解透视背后的本质——聚合，并理解聚合的过程。

**Excel 透视是从数据明细表到数据透视表的由多变少的过程，透视即聚合，聚合回答问题。**

Excel 是很多分析师进入数据分析世界的第一站，借助 Excel 的明细表和透视表，分析师可以构建如图 8-6 所示的计算分类。数据明细表用于记录业务运营过程，而对数据透视表的分析则用于辅助业务决策。熟悉它们的分类和逻辑对应关系，是进一步理解 SQL 和 Tableau 逻辑的基础。

---

1　《欧路字典》在线版 Pivot n.（1）axis consisting of a short shaft that supports something that turns ，支点、枢纽（2）the person in a rank around whom the others wheel and maneuver ，核心，最重要的人；v. turn on a pivot（使）在枢轴上旋转；（以脚为支点）转身；（为机械装置）提供枢轴。

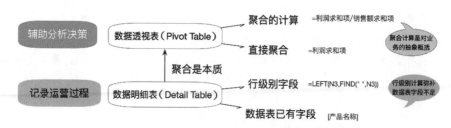

图 8-6　清晰区分 Excel 的两个数据位置、两类计算

接下来，从 Excel 的局限性出发理解 SQL，再从 SQL 的局限性去理解 Tableau。

## 8.1.3　从 Excel "存取一体" 到 "数据库-SQL" 的存取分离

随着数据量的剧增，Excel 分析能力遇到瓶颈，新的工具开始兴起，最典型的是 SQL（结构化查询语言）。分析师若能掌握 SQL 语言用以数据库查询和分析，可以极大地提高数据分析的效率。

举个例子，说明从本地数据到 "数据库/SQL 结构"（Database/SQL）的必要性。

20 世纪 70 年代~20 世纪 80 年代，父辈工资普遍百元左右，每月现金发放，钱少人多，他们换成零钱放在抽屉（"钱包"）里一点点花，"存取简单、随取随用"。随着经济快速发展，如今一线城市 "打工人" 年薪都要几十万元起步动辄百万元计，这么多钱显然不能放在家里，存不方便、取不安全，于是把钱存入银行（"钱库"），银行提供了标准、统一、高效、安全的存取款服务；需要大额现金就要到银行柜台填写标准的 "取款单"，柜员代为从 "钱库" 提取。**对于大额资金，存款、取款分离是提高安全性、便捷性的重要方法。**如图 8-7 左侧所示。

数据的写入、查询也是类似的过程，数据量少时直接用纸笔或 Excel（存取合一）；随着数据量剧增，数据存储要和数据查询严格分开，于是数据库（Database）兴起，代表有 MySQL、Oracle 等。数据库都提供了标准化的查询工具，如同银行的柜台或者 ATM 界面，可以满足标准化、安全性、大数据查询的要求。有兴趣的读者可以在网上查询 "SQL 的起源"，了解数据库与 SQL 的历史。

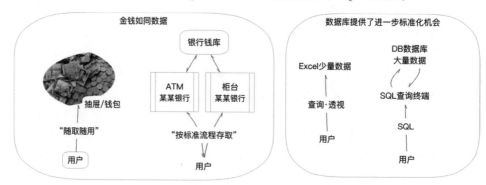

图 8-7　从 Excel 到 SQL，如同从钱包到银行

**数据存储与查询相分离，是数据发展史具有里程碑意义的大事件。**

当然，变化的是工具，不变的是方法和逻辑。SQL 如今也有国际性标准可遵循。

以 MySQL 为例，可以使用如下的 SQL 语句完成 8.1.2 节中的问题"2021 年，各类别（Category）、各品牌（Brand）的销售额（总和）（Sales）、（合计）利润率（Profit Margins）"。

```
SELECT category,
SUBSTRING_INDEX(`Product Name`,' ',1) AS Brand,        -- 从 Product Name 中拆分空格前面的部分
SUM(Sales) AS Sales,
SUM(Profit)/sum(Sales) AS   'Profit Margins'       -- 合计利润率与销售额总和的比值
FROM tableau.superstore_en          -- 查询的明细表
WHERE YEAR(`Order Date`)=2021       -- 筛选范围
GROUP BY Category, Brand;           -- 维度是聚合依据，GROUP BY 对应维度、问题详细级别
```

如图 8-8 所示，使用 SQL 的 SUBSTRING_INDEX 函数获取"Brand"（品牌），用两个 SUM 函数和算术相除，计算"Profit Margins"（利润率）。

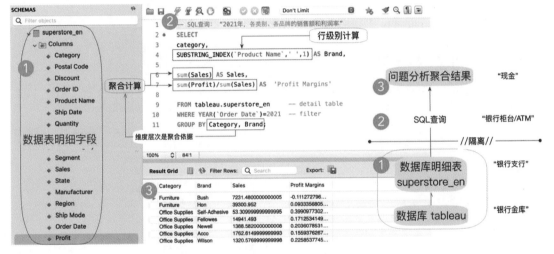

图 8-8　SQL 结构化数据库交互语言与分析过程

在大数据时代，分析师要从过去的"眼见明细为真实"向抽象分析转变。

钱少的时候，每个人都关注每一分钱如何节省、如何花；钱多的时候，金钱只是银行卡的数字，花钱更变成了在线支付，无人关心自己的钱被银行存放在哪里（如果要细究，你也找不到位置）。

同理，SQL 查询也不关注数据库明细表，只关注聚合结果及其组合变化。从小数据到大数据时代，分析的本质没有变化。**分析是从数据库明细表到特定问题交叉表的聚合过程。**

在分析过程中，不管是明细中缺少的字段（比如品牌），还是问题中缺少的字段（比如利润率），都可以借助计算弥补。**行级别计算完成数据准备，聚合计算完成业务分析。**

在数据库已经普遍存在的当下，一旦掌握了 SQL，很容易迷恋于它的优雅、快捷与强大，再也不想"导出数据→打开 Excel→创建透视表"了。

当然，SQL 也有它的不足，这就催生了 Tableau 等大数据可视化分析工具。

Excel 还能转化为图形甚至放到 PPT 中，SQL 则是交叉表（Cross Table）的世界。SQL 作为数据库标准化存取数据工具及"数据库交互语言"，它完全围绕数据（Data）而生，无法转化为图形（Chart），更非可视化分析（Visualization）。

但是在大数据环境中，注意力成为稀缺资源，可视化是帮助领导快速获得信息、辅助业务决策的重要呈现方式。有没有一种工具，既能继承和使用 SQL 的标准化数据语言，轻松与大数据交互查询，又能像 Excel 一样随时转化为图形，甚至融入业务经验构成分析仪表板，图文并茂地呈现"数据故事"呢？

这就是本书的主角：Tableau。

Tableau 继承了 SQL 的优势，可以连接广泛的数据库，与各种主流数据库轻松交互，内置多种数据处理、聚合分析函数，降低了学习成本（不用学习一门新的编程语言），并且，默认生成可视化图形。它将数据查询、计算、可视化多个要素融为一体，简单快捷、灵活易用，为广大的业务用户提供了进入大数据分析世界的捷径。

因此，笔者选择了 Tableau，并借助 Tableau 介绍 Tableau 之外的分析原理。

## 8.1.4 集大成者 Tableau：将查询、计算和展现融为一体

Tableau Desktop 可以直接连接 Excel、CSV、MySQL 等本地数据或者数据库。这里，使用"示例一超市"数据分析问题"2021 年，各类别、各品牌的销售额（总和）、（合计）利润率"。

Tableau Desktop 有两个主要操作界面，"数据源"界面和"可视化"界面。其中"数据源"界面如同 Excel 明细表，是聚合的起点，如图 8-9 所示。

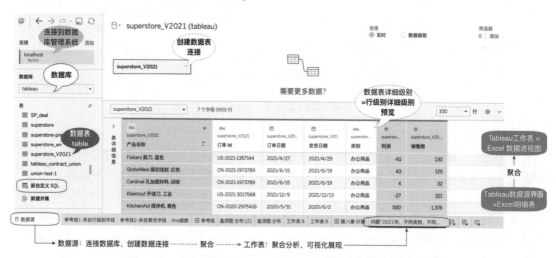

图 8-9　Tableau 数据源界面，如同 Excel 明细，明细是聚合的起点

点击创建工作表，如同 Excel "数据透视表"的聚合分析就开始了，设计理念和 Excel 数据透视表多有类似，又截然不同。

Tableau 的关键在"标记"，它为可视化赋予了图层重叠的理念。

**第一步，使用已有业务字段构建基本可视化。**

如图 8-10 所示，在 Tableau 工作表中，从左侧表字段中依次双击【销售额】和【类别】字段（注意先双击度量字段），并拖动【订单日期】字段到筛选器，选择"年→2021"，就会生成"2021 年，各类别的销售额总和"条形图，维度、度量、筛选器分别对应图 8-10 所示位置①、位置②和位置③，这奠定了接下来视图的基本框架。

这里的关键是图 8-10 位置④和图 8-10 位置⑤，品牌需要从【产品名称】字段拆分而来，利润总和需要计算进一步升级为"利润率"。

图 8-10  构建主视图，并完成行级别的品牌计算

**第二步，行级别计算，用 SPLIT 函数获取"品牌"，弥补数据表业务字段的不足。**

在【产品名称】字段上右击，在弹出的快捷菜单中选择"变换→自定义拆分"命令，在弹出的窗口中输入分隔符（输入一个空格），选择第 1 列。如图 8-10 右上角所示。

拆分是常见的数据处理方式，不同工具在实现方式上有所差异，如下所示。

- Excel 使用 LEFT 和 FIND 函数结合：= LEFT(N2,FIND(" ",N2))
- SQL 使用字符串提取函数：SUBSTRING_INDEX(`产品名称`,' ',1)
- Tableau 使用"变换→拆分"功能，对应拆分函数：SPLIT([产品名称],' ',1)

在本书中，笔者把在明细行中完成的计算称为"行级别计算"（Row Level Calculation），它们的定位是数据准备，用于补充数据表字段的不足。后续还会专门介绍。

**第三步，在视图层次完成聚合计算，获得"利润率"分析结果。**

如何完成聚合，进而计算聚合的比值（利润率），是重点。

在 8.1.2 节中，在 Excel 数据透视表中创建计算字段，输入"利润/销售额"计算利润率；在 SQL 中，则使用 SUM(Profit)/SUM(Sales)完成"利润率"计算，Tableau 也是同理。

"各品牌的利润率"需要两个聚合字段相除得到，即 SUM([利润])/SUM([销售额])。Tableau 创新性的"即席计算"功能简化了操作，只需要在列位置空白处双击即可创建计算胶囊，或者双击总和(利润)胶囊，把前面的总和(销售额)拖曳进来创建两个聚合字段比值，如图 8-11 所示。

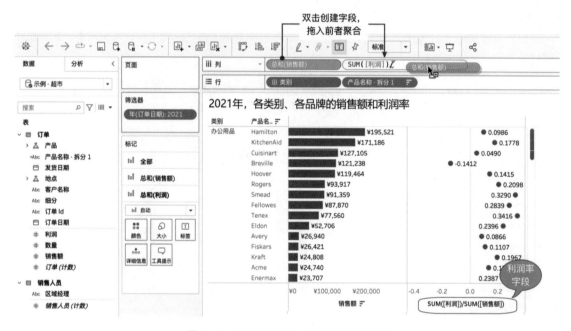

图 8-11　快速创建计算，完成聚合的利润率

很多人受 Excel 数据透视表的影响，错误使用[利润]/[销售额]计算"利润率"。Excel 数据透视表的不规范语法是"表哥""表姐"通往业务分析的障碍。

Excel 数据透视表的[利润]/[销售额]，本质是聚合后的[求和项;利润]/[求和项;销售额]比值计算，而非字面上的明细字段比值。行级别的利润和销售额之比是缺乏业务意义的，利润率只有在大样本上做聚合比值，才能反映业务的规律性——每销售 100 元产品所带来的边际利润。

不管是什么行业，利润率都是聚合后的比值，而绝非明细表行级别的比值计算，此类抽象指标的关键是包含聚合——笔者将其称为聚合指标的二次抽象。

**聚合计算是典型的分析，分析是对业务的升华和抽象**。它的目的和行级别计算的数据准备截然不同。

**第四步，根据需要调整视图详细级别并增加对比。**

为进一步体现 Tableau 的灵活性和易用性，这里增加参考线对比。

"没有对比就没有分析"，常见的比较有同期比较（同环比）、目标进度比较、标杆值比较等，还有相对更高级别的均值比较。比如，哪些品牌的利润率低于所属类别的合计利润率？最常见、快捷的方法，是使用参考线增加更高详细级别的聚合。

如图 8-12 所示，从"分析"窗格中拖曳"参考线"到视图中，选择"区"，在弹出的窗口中，选择"合计"为参考线值计算方式。修改一下标签显示方式，此时，每个类别的合计利润率标记出来了。比如技术对应的参考线为 13.2%。

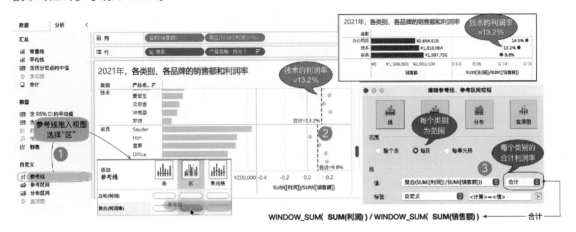

图 8-12　使用参考线增加更高层次的聚合比值利润率

相比视图的详细级别（各类别、各品牌的利润率），"合计利润率"本质上是更高聚合度详细级别的计算（各类别的利润率）。拖曳即可完成多个详细级别分析，从而对比不同级别的指标，是 Tableau 相比 Excel 和 SQL 的巨大进步。参考线之所以被称为"分析"窗格，是因为它们都是对已有聚合值的进一步计算，是典型的抽象的二次抽象。因此，参考线是通往高级分析的桥梁，它让业务用户也可以轻松完成之前专业人员才能完成的高级分析。参考线背后是表计算，相关内容在第 9 章介绍。

接下来，笔者进一步总结 Excel、SQL、Tableau 中品牌字段、利润率计算背后的原理。

## 8.2　计算的两大分类：分析是聚合的抽象过程

分析的关键有二，一是问题的结构解析，二是指定详细级别的计算。一静一动，相辅相成。动静之交叉，就是分析的深奥之处。

笔者从行级别计算、聚合计算出发，总结两种计算的区别与联系，而后进一步讲解计算的层次分析模型与背后的业务见解，从而构建普适性的字段分类知识。

### 8.2.1　行级别计算、聚合计算的差异和关系

使用 Excel、SQL 和 Tableau 分别完成同一个问题分析之后，这里来对比一下三者的"异中之同"。

不同工具背后，数据表是相同的、问题是相同的、分析过程也是相同的。分析是从"**数据表明细行**"

到"**问题指定详细级别**"的聚合过程，因此分析的本质是聚合。

在数据表明细级别（又称为行级别）完成，且有业务意义的计算，简称为"**行级别计算**"，它们的目的是数据准备，计算结果等价于数据表已有字段。问题指定详细级别的聚合计算用于回答问题，聚合是对数据的抽象和升华，以 SUM 函数为代表。

- **行级别计算**：在数据表详细级别（行级别）的计算（Row Calculation at Table LOD）。
- **聚合计算**：相对问题详细级别的聚合计算（Aggregation at Viz LOD）。

**1. 行级别计算与聚合计算的差异**

从上面的介绍中，可以进一步展开"行级别计算"和"聚合计算"的关键差异，具体如下。

**（1）计算的方向不同：横向和纵向计算。**

以 Excel 为例，行级别计算是在数据明细表中完成的，计算不会跨行引用；"透视即聚合"，透视表"求和项：利润"是对数据表中多行数据的纵向相加，是"聚合函数"；以"利润率"为代表的聚合比值，是两列纵向相加的聚合字段相除，全称为"聚合的算术计算"，简称为"聚合计算"。

理解行级别函数（计算）和聚合函数（计算）的关键在于方向，如图 8-13 所示。

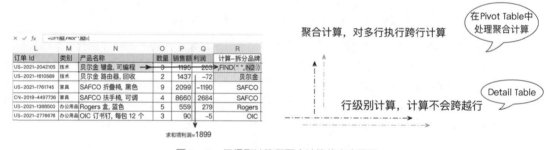

图 8-13　行级别计算和聚合计算的方向不同

在 Excel 明细表中，虽然可以针对任意多个单元格执行 SUM 聚合，但这不是标准方法。Excel 可以轻松操纵单元格，但大数据分析是以字段列（Filed）和记录行（Record）为操纵对象的。Excel 单元格级别的编辑属于数据采集、修改，不属于数据分析。

在 Excel 中可以可视地看到计算过程，而在 SQL 和 Tableau 中，这个界限变得模糊。特别是 SQL，一个终端、万能操作，这让很多初学者迷失在语法之中无法建立层次思维。

不同方向的计算，对计算结果产生了决定性影响。从数据值的角度看，行级别计算的计算结果，数量上等同于明细行数，而聚合计算则必然是由多变少的过程。比如，字段【产品名称】的 6 个值，就要返回 6 个"品牌"（虽有重复，也是 6 个），而字段【利润】的 6 个值，按照最高层次聚合，就只需要返回 1 个"利润"结果。

可以使用数学中的集合知识来理解这个问题。假设集合 $A$ 包含 6 个数据值，记录如下。

Set $A$ = {"贝尔金 键盘，可编程"，"贝尔金 路由器，回收"，"SAFCO 折叠椅，黑色"，

"SAFCO 扶手椅，可调"，"Rogers 盒，蓝色"，"OIC 订书钉，每包 12 个" }

对集合 $A$ 执行拆分计算，提取空格左侧的部分，返回集合 $B$，不去重的集合中依然有 6 个值[1]，记录如下。

Set $B$ = { "贝尔金"，"贝尔金"，"SAFCO"，"SAFCO"，"Rogers"，"OIC" }

而如果对集合 $A$ 和集合 $B$ 都执行计数操作，结果为数字 $X$，那么：

$X=6$

计算的背后是数学，这是集合论的简单应用。在 Python 等编程语言中，可以容纳多个值的数据类型包括数组、集、字典等，高级数据类型是对现实的高阶抽象，有助于更好地解决现实问题。第 10 章的 LOD 表达式，就是 Tableau 基于字典和集的高级数据类型的可视化表达和应用。

**（2）计算的位置不同：数据表明细行和聚合表。**

在 8.1.2 节中，Excel 中行级别计算在明细表（Detail Table）中，而聚合计算在透视表（Pivot Table）中；透视的关键是聚合。在 SQL 和 Tableau 中，也存在类似的计算位置，只是名称略有不同。

分析师要在实践中逐步建立如下的对应关系。

- **数据明细行**：Excel 明细表、SQL From 子句、Tableau 数据源本地数据/数据库表。
- **聚合位置**：Excel 透视表 、SQL 的聚合查询结果、Tableau 可视化工作表。

**（3）计算的目的不同：数据准备和分析汇总。**

计算是对业务的抽象处理，不同位置的计算，作用截然不同。这又回到了 8.1.1 节开篇内容。

在数据分析中，计算的作用只有两类：**数据准备、问题分析**。数据准备用于弥补数据表明细行中的字段不足，问题分析以聚合方式回答问题。

上述对比可以表示为如表 8-2 所示。

表 8-2　两种计算的差异

| 计　算 | 计算的方向 | 计算位置 | 计算的目的 |
| --- | --- | --- | --- |
| 行级别计算 | 横向单行计算 | 数据表明细行 | 数据准备，弥补字段的不足 |
| 聚合计算 | 纵向跨行计算 | 数据透视表 | 问题分析，回答问题 |

2. 行级别计算与聚合计算的关联

一旦明了上述两种计算的差异，也就基本理解了二者的关联，具体如下。

**（1）单向依赖关系与运算的时间先后。**

既然聚合计算是建立在数据表明细字段基础上的，而行级别计算在明细上计算，等价于已有字段，因此行级别计算一定优先于聚合计算。图 8-14 所示为两种计算的依赖关系。

---

1　集合（Set）中的数据值不能重复，这是集与元组的关键区别。这里从数学计算角度理解，可以返回相同值。

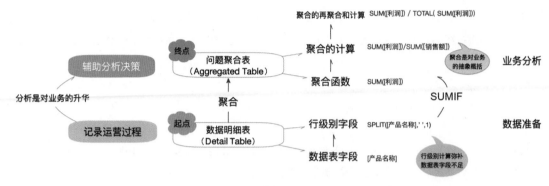

图 8-14　两种计算的先后关系和依赖

**（2）由于依赖而来的性能建议。**

由于行级别计算都会优先于聚合计算，如果分析包含非常复杂的行级别计算嵌套，比如众多的 SUMIF 计算（虽然 SUM 函数是聚合，但聚合之前先执行行级别的 IF 判断），那么查询和视图性能就会比较低——因为只有完成了行级别计算，聚合分析才会开始，IF 充当了数据筛选的角色。所以，能用独立筛选完成的，不建议嵌套在聚合中（见第 6 章）；能用聚合的，不要用行级别计算。本章会在 8.7.3 节专门介绍 SUMIF 函数的使用场景。

为了更好地理解计算，有必要从业务的角度进一步理解行级别计算和聚合计算。

## 8.2.2　从业务角度理解计算的结果：业务字段 VS 分析字段

8.2.1 节侧重于从技术的角度理解计算的差异和关系，另一个是从业务的角度审视。

聚合是以指定问题详细级别为依据的，与此相对应，行级别计算是基于什么而言的呢？

**行级别计算**用于弥补数据表明细行的字段不足，那么它的计算必然在明细中有意义，而考虑到数据明细是具体业务场景的反映，因此行级别计算结果在业务场景中必然有所指，比如"品牌"。也就是说，行级别计算的阶段可以对应业务对象，正如数据表的行级别明细（Record）对应特定的业务过程。因此，笔者把行级别计算的结果字段和数据表中原本存在的字段，统称为**"业务字段"**。

与之相对，聚合计算不是在数据表行级别上的计算，而是在指定问题详细级别上的计算，维度是聚合的依据，维度构成问题详细级别，因此，聚合结果只有结合具体问题才有意义，而在数据明细中无意义、无所指。比如，42.2%的利润率对应"办公用品"，274 对应"办公用品的利润总和"，它们是对多行数据明细的抽象和概括，不能也不应该出现在原有的数据表明细行中。

对于任何分析而言，**分析即聚合，聚合即分析，聚合是对业务过程的抽象**和**概括**，因此，笔者把各类聚合字段，以及利润率、周转率等聚合分析指标称为**"分析字段"**。

至此，就从"业务与分析"角度，重新理解了计算分类，并将其特征推广到所有字段上。

- 行级别计算（业务字段）——在数据表明细中有意义，在业务过程中有所指。
- 聚合计算（分析字段）——相对于问题详细级别有意义，对业务过程的抽象概括。

具体到 Excel 中，"业务字段"存在于数据表明细行中，而"分析字段"出现在数据透视表中；而在 SQL 或 Tableau 中，位置和语法虽有差异，但是本质几乎无区别。

业务字段在业务上有所指，业务记录是具体的、真实的，因此称为业务层、物理层；分析字段对应问题，面向业务决策，是对业务的抽象，因此称为分析层、逻辑层。这样就可以把数据表字段、分析指标、计算字段，在技术、业务两个方面融为一体，从而构成了如图 8-15 所示的关系图。

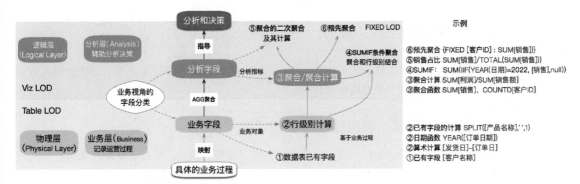

图 8-15　从技术和业务两个角度，理解字段与计算的分类

此处内容的灵感来自广州长隆集团 IT 部门同事的内部分享会，后续不断调整完善，也是理解第 11 章数据管理与数据仓库的基础。

**在笔者的业务数据分析框架中，字段分类是完整地理解业务分析的关键，其中，维度、度量是问题解析的基础，连续、离散是可视化构建的基础，而业务、分析则是计算的基础。** 在笔者的系列图书中，有时将其称为"第一、第二、第三字段分类"，并对应"业务、可视化、分析"3 个关键词。

- **维度、度量字段分类**（"第一字段分类"）：
  用于解析问题结构，维度描述问题，度量回答问题，这里的维度、度量是从问题角度而言的，都是主观的，任何业务字段都可以构成问题的维度，也都可以聚合成为问题的度量。比如"各年度的销售额总和""不同利润区间段的订单数量"。

- **连续、离散字段分类**（"第二字段分类"）：
  用于构建可视化图形，其中，连续字段创建坐标轴（Axis），离散生成分类标题（Header），连续和离散也是相对问题和视图而言的，是主观的，可以随着问题切换的。在视图中，日期既可以默认连续，也可以切换为离散；聚合度量默认连续，也可以改为离散融合在交叉表中。

- **业务、分析字段分类**（"第三字段分类"）：
  站在业务视角理解字段，业务字段反映和描述业务，分析字段抽象和升华数据。业务字段包括数据表已有字段和行级别计算（计算弥补数据表字段不足），分析字段则来自业务字段的聚合，甚至多次聚合，聚合的抽象过程构成分析指标（Metrics）。指标是业务分析和决策的"北斗星"。

为避免给读者造成理解障碍，本书尽可能避免创造新词，因此不再使用第 N 字段分类的称呼。

读者要在实践的过程中，逐步体会主观的维度、度量，连续、离散和客观的业务、分析，数据类型之间的关系。在复杂的企业环境中，抽象的分析指标也会以聚合表的形式保存下来，临时或者持久地存储于数据库，并构成下一步分析的明细过程，这种"逻辑结果的实体化"过程，是"数据仓库"领域的关键内容。本书将在第 11 章简要介绍。

接下来，本章介绍分析中常见的数据准备类函数（即行级别函数）和分析聚合函数，以及通用的逻辑函数、算术函数等内容，并单独介绍地图分析类型函数及 SUMIF 条件聚合的特殊形式。

# 8.3　数据准备类函数（上）：字符串函数、日期函数

各种分析工具都提供了大量内置函数（Build-in Function）从而简化数据准备计算。按照数据类型，可以分为字符串函数、日期函数、类型转换函数等。

## 8.3.1　字符串函数：截取、查找替换等清理函数

字符串函数是最典型的行级别函数，可以完成数据清理、截取、拆分、查找、替换等操作。不同工具的字符串函数有类似之处，比如，截取函数 LEFT、RIGHT、MID，查找函数 FIND，替换函数 REPLACE，等等。Tableau 中常见的字符串函数可以分为如下小类。

### 1．截取函数——从字符串中返回"子字符串"

截取是最简单的字符串函数，可以从字符串（String）中返回其中一部分，即"子字符串"（Substring），也可以称为"提取函数"。按照截取逻辑，可分为按长度截取、按分隔符截取和按通配符截取多个类型。

**（1）按长度截取。**

典型的截取函数是 LEFT、RIGHT 和 MID，分别用于从左侧、右侧、中间截取子字符串，几乎是各种数据处理工具（Excel、SQL、Python 等）的标准内置函数。

截取函数的典型应用是从员工身份证 ID 中提取城市编码、出生日期、性别。

- 户籍城市编码（身份证前 6 位）：LEFT( [ID] , 6) 。
- 出生日期（第 7 位之后连续 8 位）：MID( [ID] , 7, 6)。
- 性别判断（第 17 位奇数为男，偶数为女）：IIF( INT(MID( [ID],17,1))%2)=0, '女', '男')。

初学者要特别注意，从字符串中截取的结果还是字符串数据类型，因此继续使用算术计算，还要把截取结果从默认字符串数据类型转换为整数（使用了 INT 转换），而后才能进行算术计算，比如，以"余数是否为 0"判断奇偶，偶数为女，奇数为男。后续会介绍 INT、%余数计算、IIF 逻辑判断函数。

**（2）按分隔符截取。**

8.1 节中，使用 Excel、SQL、Tableau 从字段【产品名称】中截取【品牌】字段，如下所示。

- Excel：使用 LEFT 和 FIND 函数结合，= LEFT(N2,FIND(' ',N2))。
- SQL：使用字符串提取函数，SUBSTRING_INDEX('产品名称',' ',1)。
- Tableau：使用"变换→拆分"功能选择完成，本质上是拆分函数 SPLIT([产品名称], ' ',1)。

这里 SQL 和 Tableau 的逻辑相近，先指定分隔符，再返回分隔符拆分后的指定部分。Tableau 中拆分函数的完整语法是 SPLIT([字符串], "分隔符", 返回第几位)，比如：

```
SPLIT("a-b-c-d","-",2) = b
```

Tableau 拆分函数被预置在字段右键菜单"变换"中，如图 8-16 所示。使用这种方法创建的字符串会自动添加 TRIM 函数——删除前后可能存在的空格。

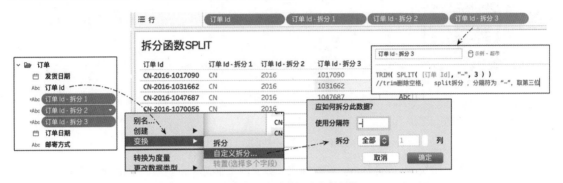

图 8-16　拆分函数和自定义拆分

**（3）按通配符截取。**

如果要从字段【案情介绍】字符串中提取手机号、邮箱，或省市县等有特定规律的字符串，但是不能确定位置，也没有明确的分隔符可以判断，此时就要使用通配符。通配符是可以代表单个或者多个字符的特殊字符，常见的星号（*）代表多个字符，问号（?）代表单一字符。

本书会在 8.4 节单独介绍。

### 2. 查找、替换函数

截取函数只是从字符串（String）中提取另一个字符串（Substring），可以理解为"查找+提取"两步操作。查找函数则是返回子字符串的位置，而替换函数则是将指定子字符串替换为指定的字符串。查找函数返回结果不同，又可以分为以下分类。

**（1）查找函数 FIND——返回整数位置（从左侧开始的位置）。**

Tableau 中包括两个查找函数：

```
FIND([字符串字段],"被查找子字符串")   ——返回被查找子字符串首次出现的位置
FINDNTH ([字符串字段],"被查找子字符串",n)——返回被查找子字符串第 n 次出现的位置
```

特别注意，FIND 函数返回整数数字，没有则为空（null）。在视图中，度量默认会聚合，相当于行级别函数被聚合了，初学者特别容易在这里"翻车"，不过也是深刻领会行级别计算与聚合关系的契机，举例如下。

比如，从字段【订单 Id】查找子字符串"20"，然后返回所在位置。如图 8-17 所示，在"列"中双击创建即席计算，输入 FIND( [订单 Id],"20")，每个订单 Id 就会返回一个整数数字。图 8-17 左侧是在数

据表明细中的计算结果，而在右侧视图中，以【订单 Id】为依据分组聚合了，订单"CN-2016-1070056"明细中有 11 行交易，所以聚合为 44。

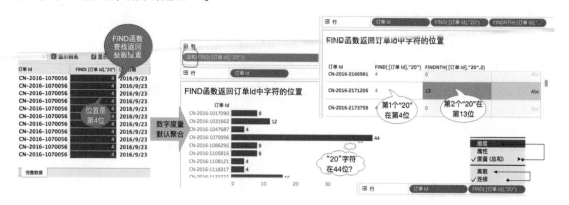

图 8-17　字符查找函数 FIND

Tableau 的视图犹如 Excel 的透视表，在视图中，数字度量默认聚合。为了查看每个订单的情况，如图 8-17 右侧所示，在 FIND 函数字段上右击，在弹出的快捷菜单中将度量改为维度，将连续改为离散，拖曳到【订单 Id】之后显示，就构成了交叉表的样式。

可见，**行级别计算**既可以作为**被聚合成为度量**，也可以随时切换为维度。维度、度量是相对问题而言的，因此是主观的。

FIND 函数通常与 LEFT、RIGHT 等截取函数结合，比如"从左侧截取到第一个××字符"，这也是 Excel 中截取字符串字段的逻辑，表达式如下。

LEFT([字符串字段],FIND([字符串],"子字符串")-1) [1]

笔者在实施项目时，由于 SAP HANA 直连不支持拆分函数 SPLIT，因此就使用 FIND 函数从字段【物料编码】间接提取每个部分，字段的格式为"一级物料—二级物料—三级物料"，截取"一级物料"如下。

LEFT([物料编码], FIND([物料编码],"-")-1）　//截取左侧到第一个短横分隔符

**（2）包含函数 CONTAINS——返回布尔值。**

CONTAINS([查找字段],"子字符串")

CONTAINS 函数用于验证字段中是否包含被查找的子字符串，只是它返回的是是否而非位置，如果包含，则返回 TRUE，否则返回 FALSE。这个判断通常与逻辑判断结合，比如"当字符串中包含××字符串时，定义为'危险'，否则为'正常'"：

IIF( CONTAINS([被查找字段],"××"), "危险", "正常" )

在实践中，能用 CONTAINS 函数判断有无的，就不要用 FIND 函数来判断。

---

1　注意，函数引用字符的引号必须是半角的单引号或者双引号，全角（中文）下会报错。

**（3）指定位置判断是否包含——返回布尔值。**

```
STARTSWITH ([字符串字段],"子字符串")
ENDSWITH([字符串字段],"子字符串")
```

CONTAINS 函数用于验证字符串中是否包含某个字符（完全不在乎位置），有时需要缩小查找范围，仅仅查找是否以指定字符开头，或者以此结尾，这时可以用 STARTSWITH 和 ENDSWITH 函数。比如字符串是否以"AA"开头，如果是，则返回 TRUE。

```
STARTSWITH ([字符串字段],"AA")      //字符串是否以"AA"字符开头
```

**（4）替换函数 REPLACE——返回字符串。**

```
REPLACE ([字符串字段],"子字符串","用于替换的字符串")
```

REPLACE 函数的用法简单清晰，把指定子字符串更换为一个新字符串。

笔者在公安局警情分析中遇到了这样的例子，"借助字符判断案件是否为涉财案件"。涉财案件的基本标准是，警情记录中一定会包含"涉嫌金额××元""被盗财物××万元"等字样，因此可以按照以下字段判断"涉财案件"。

```
CONTAINS([案件详情],"元")
```

不过，案件详情记录报警人的家庭住址、事发地点等，存在大量的"×号楼×单元"字样，这里的"单元"会影响上面的判断。比较简单的方案是先把案件详情中的"单元"临时修改，如下：

```
REPLACE ([案件详情],"单元","单圆")
```

再判断是否包含代表货币的"元"，如下所示。

```
CONTAINS( REPLACE ([案件详情],"单元","单圆") ,"元")
```

更进一步，使用逻辑函数 IIF，把包含"元"的数据，标记为"涉财案件"，如图 8-18 所示。

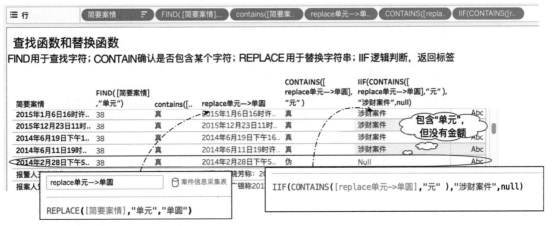

图 8-18　使用 CONTAINS 和 REPLACE 的案例

在没有其他异常字符的情况下，这个方案才可行。如果追求更高的可靠性，则可以使用后续的"通

配符函数"。规则越复杂，函数也随着越高级。

### 3．其他特殊字符串函数

除了上述 3 类字符串函数，还有一些特殊的字符串函数可供使用，如下所示。

**（1）空格函数 SPACE(N)。**

生成 $N$ 个空格字符串，比如，SPACE(2)生成两个空格，通常与其他函数结合使用。

SPACE(2)+"单"+SPACE(2)+"元"+SPACE(2)  = "  单  元  "

**（2）移除空格函数。**

前面变换函数中自动添加了 TRIM 函数，它会移除字符串前后的空格，如下所示。

TRIM("  单  元  ") = "单  元"

另外还有一个延伸函数，分别删除前导空格（L 为 LEFT）、删除尾随空格（R 为 RIGHT）。

LTRIM("  单  元  ") = "单  元  "
RTRIM("  单  元  ") = "  单  元"

**（3）大小写切换函数：UPPER、LOWER。**

分别把字符串改为大写或者小写，特别适合将身份证尾号 x 批量修改为 X 的情况。

**（4）把每个单词都改为首字母大写：PROPER 函数。**

这个是 Tableau 2022.4 版本的新函数，相当于 UPPER、LOWER 函数的组合使用，可以把数据值中的单词全部改为首字母大写、其他小写。特别适合处理英文名称。比如：

PROPER("xi le jun")  = "Xi Le Jun "

**（5）字符串长度函数：LEN 函数。**

返回字符串的长度。

## 8.3.2  日期函数：日期独特性与转换、计算

日期是非常特殊的维度字段，它不仅具有连续性，而且自带层次特征，可以从年到季度、月到天、小时到分钟、分秒到毫秒，一直切分下去。日期的层次性，是使用日期字段和创建日期函数的基础。

不同的数据库通常使用不同的日期格式，常见的如 "2020-2-10 10:20:30"，任意的日期或时间由多个日期部分构成，每个部分都有一个名称（Datepart）对应。可以参考图 8-19 理解日期的层次结构和格式构成。

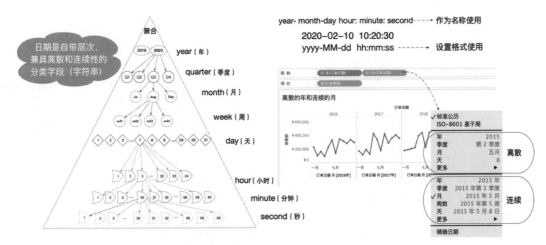

图 8-19　日期的层次和离散/连续属性

日期自带层次结构，因此分析中可以调整日期的层次快速调整视图的分组聚合。常见的日期层次有年/季度/月/天（离散），还有年/年季度/年月/年周/年月日（连续），鼠标右击日期字段，可以在弹出的快捷菜单中快速调整。高级用户可以借助参数，实现年/季度/月等的切换。

日期默认都是连续的，日期坐标轴会有一个明显特征：坐标轴分别向前、向后延伸一段距离，代表前后无限延伸。日期也可以改为离散显示，离散显示是为了更好地展示相互差异而非总体趋势。

Tableau 的日期函数可以按照功能分为以下几类。

- 日期创建函数：创建日期函数 MAKEDATE、创建时间函数 MAKETIME、创建日期时间函数 MAKEDATETIME、TODAY 函数、NOW 函数。
- 日期转换函数：DATE 函数、DATETIME 函数、转换函数 DATEPARSE、截取函数 DATETRUNC。
- 日期提取函数：DATEPART 函数取日期的构成部分的数字、DATENAME 函数取日期构成部分的名称，以及各种简化形式函数 YEAR、QUARTER、MONTH、WEEK、DAY。
- 日期计算函数：差异计算函数 DATEDIFF、增减函数 DATEADD。

### 1. 日期创建类函数

一个完整的日期是由年、月、日组成的，而时间是由小时、分钟、秒组成的。既可以把多个散落在不同字段中的日期部分组成一个完成日期，也可以提取一个完整日期中的某个部分。

Tableau 提供了多个函数把多个字段合并为一个完整日期、时间或者日期时间。其中，MAKEDATE(year,month,day)用于创建日期，MAKETIME(hour,minute,second)用于创建时间，这两个函数中的构成部分必须是数字（整数），如图 8-20 所示。如果数据中没有代表"day"的数字，那么在"day"对应的函数位置输入 1 就可以代表各月月初。

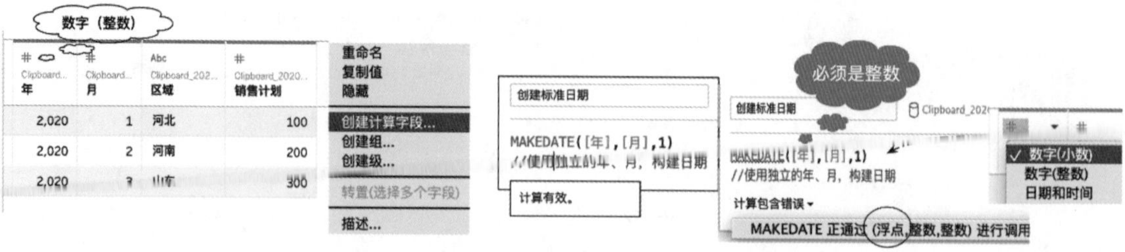

图 8–20　构建日期的函数 MAKEDATE

在金融、仓库分析中，MAKEDATE 函数常用于快速创建期初、期末日期，如下：

- MAKEDATE(2022,X,1) 创建各月月初（ X 为 1 ~ 12 ），和 DATRTRUNC 函数截取到月的逻辑类似。
- MAKEDATE(2022,X,0) 创建各月期初，即上月月末，对应 DATRTRUNC 函数截取到月减一天。
  除了 MAKEDATE 和 MAKETIME 函数，还有一个函数 MAKEDATETIME(date,time)，它可以把独立的日期和时间两个字段合二为一，通常与上面两个函数结合使用。

另外两个特别重要的函数是 TODAY 和 NOW。注意，这两个函数没有参数，分别返回当天的日期（比如 2022-9-12）和当下的日期时间（比如 2022-9-12 08:37:20）。

比如，希望只查看当天的数据，可以在创建如下的判断函数之后加入筛选器。

- 字段名称：筛选今天的数据。
- 表达式内容：[订单日期]=TODAY()。

TODAY 和 NOW 两个函数可以根据系统的日期自动变化，是动态筛选的好办法。业务分析还会使用 TODAY()-1 代表昨日——日期加减数字，代表天的加减计算。

另外，如果需要个日期常量，比如，2022 年 9 月 12 日，不必创建参数并为之设置初始值，**Tableau 中可以使用#2022-09-12#代表日期常量**（注意月份必须为两位）。这在仪表板开发测试时很常用。

```
TODAY() - #2022-09-12#
```

#### 2. 日期转换和解析函数

日期连续、时序分析的前提是时间类的数据类型。在字符串上点击切换数据类型时，背后实际上是两个函数，日期类型对应 DATE 函数，日期时间类型对应 DATEIME 函数，如图 8-21 上方所示。

点击字段更改类型适用于相对规范的字符串转换，复杂格式经常会转换失败，Tableau 提供了专业转换函数 DATEPARSE，将字符串映射为标准日期格式，英文 PARSE 是 "解析、句法分析" 之意。

使用 DATEPARSE 函数的关键是使用标准的字符组合来表示当前字符串的构成。国际上有一种标准化的日期解析标准，使用字母及位数代表字符串到日期的映射关系，比如，M 代表月，一个 M 代表 <u>1</u> 月，两个 MM 代表 <u>02</u> 月（包含前导零），三个 MMM 代表 <u>Feb</u>，四个 MMMM 代表英文全称 <u>February</u>。

图 8-21 两类日期转换函数情景，两类转换函数

日期解析函数 DATEPARSE 的常用符号对照如表 8-3 所示。

表 8-3 日期解析函数 DATEPARSE 的常用符号对照表[1]

| 日期部分 | 符号 | 示例字符串 | 示例格式 |
| --- | --- | --- | --- |
| 时区 | Z | PDT<br>Pacific Daylight Time | z, zz, or zzz<br>zzzz |
| 公历的年 | y | 22，2022 | yy，yyyy |
| ISO-8601 的年 | Y | 22，2022 | YY, YYYY |
| 年中的季度（1~4） | Q | 2，02，季 2，第二季度（中文）<br>2，02，Q2，2nd quarter（英文） | Q，QQ，QQQQ |
| 年中的月（1~12） | M | 9，09，九月，九月<br>9，09，Sep，September，S | M，MM，MMM，MMMM<br>M，MM，MMM，MMMM，MMMMM |
| 年中的周（1~52） | w | 8，27 | w，ww |
| 月中的天（1~31） | d | 1，09 | d，dd |
| 周中的天（1~7） | E | Mon | EEE |
| 年中的天（1~365） | D | 23，143 | D，DD，DDD |
| 期间（am/pm 标记） | a | AM，am，PM | a |
| 小时（12 进制），<br>小时（24 进制） | h，H | 1，03<br>14 | h，hh，<br>HH |
| 分钟 | m | 8，59 | m，mm |
| 一分钟中的秒 | s | 2，05 | s，ss |

---

1 更多可以参考国际通用标准 icu-project.org 中的附录，中英文的结果略有差异，以月和周最明显。国际时区有多
种写法，因此对应 z、o、v、V、x、X 等多种简化形式。

续表

| 日期部分 | 符号 | 示例字符串 | 示例格式 |
|---|---|---|---|
| 小数秒 | S | 2，23，235，2350 | S，SS，SSS，SSSS |
| 天中的毫秒 | A | 23450 | AAAAA |

举例如表 8-4 所示，以帮助读者进一步理解。

表 8-4　常见的日期字符串及其解析规范

| 字符串样式 | 字符串格式解析 | 备　　注 |
|---|---|---|
| 2022.07.10 15:08:56 PDT | yyyy.MM.dd　HH:mm:ss zzz | 解析中应该包含分隔符，z 代表时区 |
| Wed, July 10, 2022 | EEE, MMM d, yyyyy | 不同位数的 M，代表不同的字符串长度 |
| 12:08 PM | h:mm a | AM、PM 的期间，用 a 代表 |
| 1996.July.10 12:08 PM | yyyy.MMMM.dd hh:mm aaa | |

### 3．日期提取和截取函数

### （1）日期提取函数 DATEPART 和 DATENAME。

在数据明细表中，经常见到多个日期字段，比如【订单日期】【订单年度】【订单月份】，其中的年度、月份是从【订单日期】中提取的一部分。在数据明细表中存储大量的日期部分会占用数据库空间，因此可以在分析时随用随查，这就是日期提取函数 DATEPART。对应的语法如下：

```
DATEPART( 'date_part'，[订单日期] )
```

在函数中指定 date_part 部分，比如 year、quarter、month、day、week，就从【订单日期】中获得了对应的日期部分。

Tableau 之美，在于它把很多计算交互化了：双击日期默认按"年"分组，点击视图中的日期字段，可以随时转换为其他日期部分，甚至可以切换连续和离散显示，如图 8-22 所示。因此，把日期部分保存下来的必要性就比较低了。

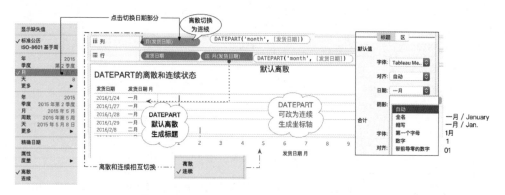

图 8-22　DATEPART 函数：提取日期的指定部分

为了进一步简化计算和嵌套，Tableau 提供了多种简化函数，如下：

```
YEAR( [订单日期])=DATEPART("year",[订单日期])  //结果为年
QUARTER([订单日期])=DATEPART("quarter",[订单日期])        //结果为季度 1~4
MONTH([订单日期])=DATEPART("month",[订单日期])   //结果为月 1~12
WEEK([订单日期])=DATEPART("week",[订单日期])  //结果为周 1~53
DAY([订单日期])=DATEPART("day",[订单日期])    //结果为天 1~31
```

在一些特殊场景中，还可以使用 dayofyear、weekday 返回"全年第几"和星期几。

Tableau 在默认公元纪年法（格里高利历）之外，还支持 ISO-8601 规范，后者以周一为每周第一天，并且在每年第一周有特别的处理方法，可以在视图的日期字段上点击切换。对应的日期部分函数是 ISOYEAR、ISOQUARTER、ISOMONTH、ISOWEEK。

DATEPART 函数提取日期部分为数值（整数），另一个函数 DATENAME(date_part,[标准日期字段]) 则可以提取为字符串。比如，2016 年 3 月 31 日提取月度，返回的字符串结果就是"3 月"，或者英文的 "March"，如图 8-23 所示。

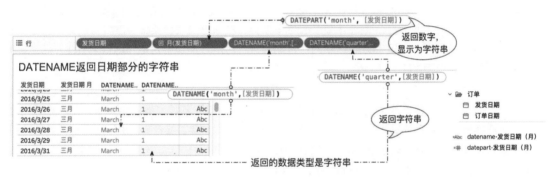

图 8-23 DATENAME 函数提取日期某个部分的名称

要注意二者区别，DATEPART 函数返回结果为整数，可以根据需要设置多种显示格式；DATENAME 函数的结果是字符串，因此不能设置格式。

**（2）日期截取函数 DATETRUNC。**

如果要从订单日期中统计"年月"的销售额，就需要提取两个日期部分，或者说从年截取到月的部分。此时就有了连续截取函数 DATETRUNC。

TRUNC 是英文 TRUNCATE（截断、裁断）的缩写，DATETRUNC 函数用于将日期截取到相应的连续部分，比如，2019 年 1 月 5 日和 2019 年 1 月 10 日截取到"月"，都是 2019 年 1 月 1 日。裁断后的日期依然是完全连续的，区别于 DATEPART 和 DATENAME 函数。

和 DATEPART 函数类似，连续的日期截取也可以在视图中点击完成，如图 8-24 所示，以中间的线为分隔，上面的是 DATEPART 函数的日期部分（默认离散），下面是 DATETRUNC 函数的日期截取（默认连续）。

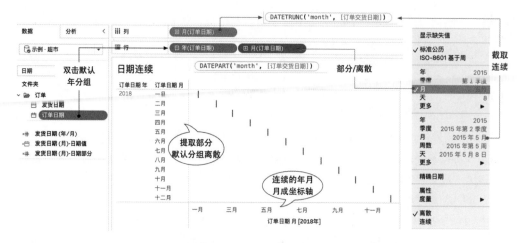

图 8-24　在视图中点击转换为日期截取函数 DATETRUNC

这里要特别说明的是，Tableau 实际上把 DATEPART 和 DATETRUNC 函数都内置到了"创建→自定义日期"之中了。如图 8-25 所示，右击【发货日期】字段，在弹出的快捷菜单中选择"创建→自定义日期"命令，可以截取日期的指定部分。这里的**"日期部分"**对应**日期部分函数 DATEPART**，而**"日期值"**对应**连续截取函数 DATETRUNC**。

不过，**笔者不建议使用"自定义日期"中的"年/月"生成日期部分**。日期部分使用 DATEPART 函数，"年/月"的日期部分使用两个 DATEPART 函数计算而来，而且预设离散、字符串显示。如图 8-25 右侧所示，这容易给初学者带来误导，不利于理解数据类型和字段分类。读者要理解下面两种计算的区别。

- "年/月"部分：DATEPART('year', [发货日期])*100 + DATEPART('month', [发货日期]))。
- "截取函数"获得年月部分：DATE( DATETRUNC( 'month'， [订单日期] ) )。

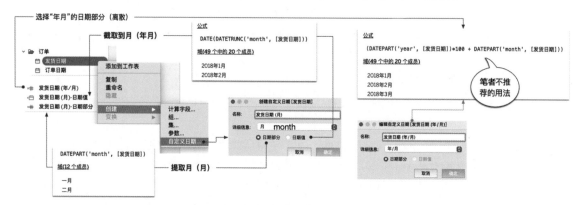

图 8-25　使用预置"自定义日期"创建多个日期字段（不推荐）

DATETRUNC 函数确保了结果的"日期"数据类型，因此可以和其他日期直接比较，在视图中可以根据需要切换连续、离散显示，保留了它的灵活性。

这个写法常被用来计算日期对应的"期初日期"，比如，仓储进销存、财务期间、金融期初等。本月的期初值是上月月末，结合简单计算即可获得。

- 本月月初：DATE( DATETRUNC( 'month'，[订单日期] ) )。
- 上月月末：DATE( DATETRUNC( 'month'，[订单日期] ) ) – 1。

除了"天"的差异可以直接加减，其他部分就要使用日期计算函数了。

### 4．日期计算函数

日期计算包含两种情景：两个日期计算间隔时间、日期和数字计算。对应两个日期函数：DATEDIFF 和 DATEADD。

```
DATEDIFF( 'day', [订单日期], [发货日期])  // 订单到发货的间隔天数
DATEADD( 'day', 6, [订单日期])  // 订单日期增加 6 天
```

DATEDIFF 函数的关键是指定间隔单位，支持多个参数，如图 8-26 所示。

图 8-26　日期计算函数 DATEDIFF

DATEADD 函数与之类似，相当于在指定日期上增加一个特定的时长。

举例，有不少企业将每月 26 日（含）之后的业绩算到次月统计，与其修改数据采集系统，不如在 Tableau 中创建一个辅助字段"统计月份"，为符合条件的"订单日期"增加若干天到下个月，逻辑过程和语法如图 8-27 所示。

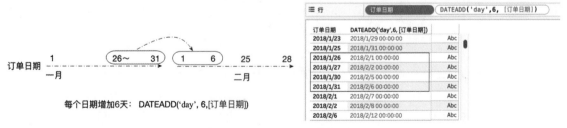

图 8-27　DATEADD 函数的示例

考虑到不同月份的天数不同，不足 31 天的月份会出现 25 日的数据也统计到下个月的情况，因此可以结合 DATEPART 或 DAY 函数，进一步完善上述过程，并用 DATE 函数转换数据类型，如下所示。

```
IF DAY([订单日期]) >= 26
THEN DATE( DATEADD( 'day' , 6, [订单日期]) )
ELSE  [订单日期] END
```

这样，就使用新字段的"年月"部分作为统计月份了。在日期计算中，以"天"为间隔或单位的计算，可以直接使用加减法，另外建议仅保留计算中有效的部分，因此还可以进一步完善，如下所示。

```
IF DAY([订单日期]) >= 26 THEN DATE ( DATETRUNC( 'month', [订单日期])+ 6) ELSE    [订单日期]  END
```

5. 案例：使用日期函数筛选日期范围

DATEPART 函数是最常用的日期函数之一，在日期筛选时也应用广泛。这里分享两个案例。

**（1）筛选历史年度"年初至今"同期数据[1]。**

比如，要计算今年"年初至今"的销售额与去年同期的差异，需要对销售明细做"同期筛选"。如图 8-28 所示，这里有两种筛选方法：①历史年度的数据，保留到"同月同日"；②历史年度的数据，保留到相同的天数（比如第 169 天）。后者可以保证经营天数完全相同。

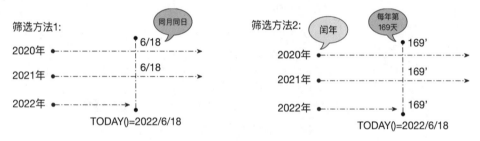

图 8-28  保留历史年度的 YTD 同期日期

假设当下日期是 6 月 18 日。第一种方法的筛选标准是：之前月份（1 月至 5 月）全部保留，当月（6 月）保留到 6 月 18 日。借助 MONTH 和 DAY 函数，可以使用如下代码完成：

```
IF MONTH( [订单日期]) < MONTH( TODAY() )  //历史月份
OR (MONTH([ 订单日期]) =MONTH( TODAY() ) AND DAY([ 订单日期]) <= DAY(TODAY())  )  // 当月
THEN "同期比较日期"
ELSE "不可同期比较日期"
END
```

这里使用 MONTH 和 DAY 函数简化了 DATEPART 函数。满足条件的明细行标记为"同期比较日期"，否则标记为"不可同期比较日期"。

而第二种方法，则可以保证历史月份的运营天数是完全相同的，这里使用不太常用的 dayofyear 日期部分完成，如下所示：

```
IF  DATEPART('dayofyear', [订单日期]) <= DATEPART('dayofyear', TODAY() )  //保留相同的天数
```

---

1 本案例可在 Tableau 官网知识库中查询，这里简化了官方逻辑，并提供了附加的 dayofyear 方法。

```
THEN  "同期比较日期"
ELSE  "不可同期比较日期"
END
```

在不考虑闰年的情况下，两种逻辑的结果是相同的，否则就会有一天的差异。

**（2）使用计算完成日期筛选。**

筛选背后都是计算，不管是相对日期筛选还是绝对日期筛选，都可以使用日期函数保存下来，从而提高分析的效率，甚至可以发布到 Tableau Server 中，从而简化所有分析师创建计算的时间。

结合实践应用，这里列举常见的日期范围及其对应的计算逻辑（保留 True 的部分）。

- 当前月份：DATEDIFF( 'month' , [订单日期],TODAY()) = 0。
- 当月截至今日：DATEDIFF( 'month' , [订单日期],TODAY()) = 0 AND [订单日期] < TODAY()。
- 过去三个月：DATEDIFF( 'month' , [订单日期],TODAY()) <=3，DATEDIFF( 'month' , [订单日期],TODAY()) >=0。
- 筛选最后月份（年月）：DATEDIFF( 'month' , [订单日期], { MAX([订单日期]) }) = 0，{ MAX([订单日期]) }代表数据中的最大日期。

当然，还有很多方法都能实现类似的功能，笔者特别喜欢使用 DATEDIFF 函数的方法。

## 8.3.3　数据类型转换函数

分析的前提是确保每个字段的数据类型正确，因此类型转换是数据清理的重要职能之一。Tableau 常用的数据类型及其对应的转换函数如下。

```
数字（Decimal）小数——FLOAT()函数
数字（Integer）整数——INT()函数
日期（Date）——DATE()函数
日期时间（Datetime）——DATETIME()函数
字符串（String）——STR()函数
```

按照"数据清理优先处理"的基本原则，数据分析应该先确保数据类型的准确性，因此类型转换通常优先于其他计算。点击字段切换数据类型，等价于如下的手动转换过程。

```
DATE([订单日期])
DATE(#2022-02-12 18:40:45#)  = 2022/2/12
DATETIME(#2022-02-12#)  = 2022/2/12 00:00:00
```

在本书中，数据类型转换视为数据准备的内容，主要发生在数据表的明细行中，因此作为行级别函数介绍。虽然可以对聚合后的数据值做类型转换，通常没有实质意义，而且容易引起差异。比如，INT(SUM([销售额]))SUM(INT([销售额]))，前者在聚合基础上设置了聚合值的显示格式（四舍五入为整数），而后者是先把行级别转换为整数再聚合，二者会在计算结果上有一定差异。

过去，Excel 把数据格式和自定义格式混杂在一起，一定程度上影响了分析师对数据明细的数据类型的认知；SQL 中没有可视化界面，通常无须考虑显示问题。在 Tableau 中，"字段的数据类型设置"和"视图显示格式设置"是独立的，一个日期字段可以在不同工作表中显示为不同样式。

初学者要区分数据类型与数据的显示格式二者的差异。本章的数据类型转换定位为数据清理计算，而非显示设置。

# 8.4 数据准备类函数（下）：正则表达式

在字符串函数中，有一类语法较为复杂、功能较为独特的函数：正则函数。它是高级分析师的神秘武器之一，初学者可以快速浏览，简要了解它的功能，后期需要时重新查阅。

正则表达式（Regular Expressions，RegEx）也被称为正则函数，用于"不规则但又有规律特征"的字符串处理。使用正则表达式的关键是从极度混乱的字符串中识别"规律"或"模式"（Pattern）。

本节介绍 Tableau 正则表达式的主要用法，更多专业知识可以查询 ICU 国际文档[1]。

## 1．正则函数中的通配符规则与表达式

Tableau 正则表达式语法符合国际 ICU 的通用规则。理解的关键是圆括号、方括号、花括号的符号代表的逻辑规则，笔者用一个例子说明。

（ [A-Z]{1,2}+[0-9]{3,4} ）

- 方括号[]：代表某个范围中的任意字符，比如，[abc]代表 abc 中的任意 1 个字母，[A-Z]代表任意大写字母，[0-9]代表任意 1 个数字等。
- 花括号{ }：正则匹配的字符数量，紧接在方括号之后，比如，{3}代表 3 个字符，{3,4}代表 3 个或者 4 个字符，而{1,}代表至少 1 个字符。
- 圆括号()：在提取时，代表想要返回的字符模式范围。

上面所要代表的"模式"就是**由 1 位或 2 位大写字母及 3 位或 4 位数字构成的字符串**，比如 AU2004、C340，分别代表黄金的某个期货代码、看涨估价。

基于上述规则，Tableau 提供了多个正则表达式，如下所示。

- REGEXP_EXTRACT(string, pattern)：提取正则函数。从字符串中提取符合某些模式的字符。
- REGEXP_EXTRACT_NTH(string, pattern, *n*)：提取正则函数。多次符合条件，符合第 *n* 个。
- REGEXP_REPLACE(string, pattern, substring)：替换正则函数。在字符串中，把符合模式的字符串更换为 substring。
- REGEXP_MATCH(string, pattern)：匹配正则函数。如果字符串模式中有符合模式特征的字符串，那么返回 True，否则返回 False。

---

1 搜索引擎搜索 "ICU-RegExp"，可以查到 ICU 官网中关于正则表达式的使用说明书。

**2．REGEXP_EXTRACT 案例：提取期货品种和行权价**

REGEXP_EXTRACT 是最常用的正则函数，可从混乱而有序的数据中提取符合规律的字符串。

比如，包含期权合约代码的一组字符串（如"AU2004C340.SHF"，代表"上海期货交易所发行的黄金期货 AU2004 期，价格看涨 340 元），由 4 个部分组成。

- 品种：1 位或者 2 位字母。
- 合约：3 位或者 4 位数字。
- 涨跌及行权价格：C 或者 P 开始，数字 2 位～4 位，以分隔符（.）结尾。
- 交易所：分隔符（.）之后的字母，2 位至 4 位。

由于品种代码数量不确定，因此不能使用字符串函数 LEFT、RIGHT 或 MID 指定位数拆分。使用正则匹配从完整的字符串中提取品种和合约部分，如图 8-29 所示。

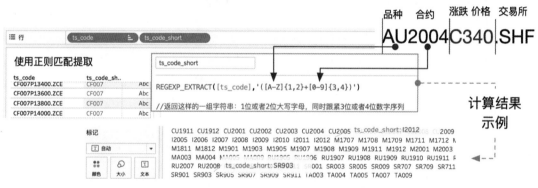

图 8-29　从字符串中提取符合规律的前面两个部分

在这个表达式中，核心部分是代表模式的"([A-Z]{1,2}+[0-9]{3,4})"。[A-Z]代表所有大写字母，{1,2}中的数字代表匹配的位数——因为品种字母可以是 1 位（M），也可以是 2 位（CU）。

REGEXP_EXTRACT 函数默认返回符合条件的第 1 组字符串，如果要返回符合匹配模式的第 2 组，可以用第 2 个表达式 REGEXP_EXTRACT_NTH。比如，从"AU2004C340.SHF"中提取涨跌及行权价（C340）。如下所示：

```
REGEXP_EXTRACT_NTH([ts_code], " ([A-Z]{1,2}+[0-9]{3,4})", 2)
```

当然，也可以在之前模式的基础上修改代表规律的模式，第 2 组符合条件的字符串可以加一个特征：跟紧在数字 0～9 之后，因此表达式如图 8-30 所示。

这里的字母只有 C 或者 P 两个可能，因此也可以把[A-Z]{1,2}改为（C|P），代表 C 或者 P 二选一。要特别注意用于提取的括号的位置。

```
REGEXP_EXTRACT([ts_code], " [0-9]+((C|P)+[0-9]{3,4}) ")
```

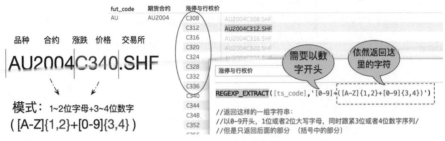

图 8-30　正则表达式，返回模式的指定部分

### 3. REGEXP_EXTRACT 案例：从前导 0 字符串中提取数字

笔者在进行客户服务时，也曾用正则函数解决 SAP HANA 数据库 "前导 0" 的问题，比如，数字 6763 在系统中被标记为 00007673，45678 被标记为 00045678，统一都是 8 位。用正则匹配则可以删除前导 0 部分，提取之后转换为数字。

有前导 0 的字符串一定有多个 0 开头，之后是 1~9 的任意数字。这里[0]{1,}就代表前导 0 的字符串，{1,}代表至少 1 位数字，而[1-9]+[0-9]{0,}代表空或者任意长度。如图 8-31 所示。

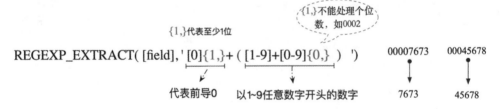

图 8-31　使用正则表达式提取前导 0 之后的部分

可见，使用正则表达式的关键是用字符概括模式规律。其他几个函数的方法与此一致。在复杂的大数据处理时，正则表达式是高级分析师的必备工具之一。当然，相比 Python 等工具，Tableau 在这个方面并非能力突出，因此特别复杂的数据处理推荐使用 Python 或其他专业工具完成。

## 8.5　分析函数：从明细到问题的 "直接聚合"

行级别计算是为问题分析而做的准备。分析必然包含聚合，"聚合就是从数据表的行级别到问题级别的由多变少的过程"，为了和后续的表计算等间接聚合相区别，将这里介绍的聚合称为 **"直接聚合"**。

常见的直接聚合函数包括总和 SUM、平均值 AVG、最大值 MAX、最小值 MIN、重复计数 COUNT、不重复计数 COUNTD（COUNT DISTINCT）、中位数 MEDIAN 等。在大数据分析中，还有衡量离散程度的方差、标准差，以个体衡量总体特征的百分位函数等，这里分类介绍。

## 8.5.1　描述规模：总和、计数、平均值

最常见的分析需求是衡量数据值有多少（规模），代表函数是求和 SUM、计数 COUNT，分别对应数据表中数字、字符串数据类型的字段列。其中，计数又可以分为重复计数（COUNT）、不重复计数（COUNT DISTINCT）两类。举例如下。

- 数字型字段求和聚合：销售额总和——SUM([销售额])、利润总和——SUM([利润])。
- 字符串字段计数（重复计数）：客流量——COUNT([客户 ID])。
- 字符串字段计数( 不重复计数 )：客户数——COUNTD([客户 ID])、订单数——COUNTD([订单 ID])。

数字默认聚合，默认聚合方式是 SUM 函数，在问题中，默认聚合方式常被忽略，影响了初学者理解 "聚合是分析的本质"，比如 "各类别的销售额（总和)"。本书中，笔者尽可能补全聚合方式。

很多字段的求和没有分析意义，比如年龄、发货间隔等，这种属性称为 "不可加性"（non-additive），此时 AVG 函数通常就是首选的聚合方式，用以代表年龄、发货周期的总体特征。

在 Tableau 中，数字型字段的默认聚合都是求和函数 SUM，分析师可以更改字段的默认聚合方式，或者在视图中临时调整。如图 8-32 左侧所示，在字段【发货间隔】上右击，在弹出的快捷菜单中选择 "默认属性→聚合→平均值" 命令，以后双击该字段，默认都是 "平均值 AVG"。也可以在视图中临时调整字段聚合方式，如图 8-32 右侧所示，在聚合的字段右击，在弹出的快捷菜单中的 "度量" 列表中切换聚合方式即可。

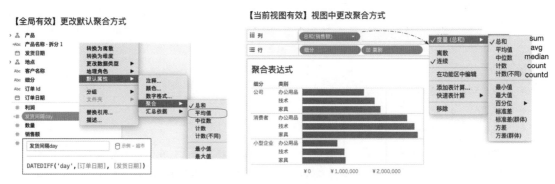

图 8-32　为字段设置默认聚合方式，或者在视图中更改

正如 8.1 节所述，不同的工具聚合语法略有不同，但聚合过程都一致。图 8-33 展示了 Excel、SQL 和 Python 使用 SUM 函数求和的语法。

图 8-33　不同工具中的聚合语法（注意明细行的多值相加和跨行相加的区别）

Tableau 和 SQL 相比，差异较大的是不重复计数。SQL 中不重复计数使用 COUNT(DISTINCT [字段])，对应 Tableau 的 COUNTD 函数。

在业务分析中，衡量业绩绝对规模是基本的出发点。SUM、COUNT、COUNTD 函数是构建"绝对规模"指标的聚合方式。商业仪表板内容的首要内容基本都会被销售额总和、利润总和、平均交付周期、订单数等字段占据。

### 8.5.2 描述数据的波动程度：方差和标准差

总和、平均值、计数聚合常用于描述宏观特征，不考虑个体差异及其分布特征，因此容易受极大值、极小值等特殊值影响。在宏观指标外，分析还要关注样本中个体的波动性（离散程度）及关键个体（如最大值、中位数、众数、最小值等）。描述波动程度的聚合方式是方差和标准差。

波动分析在质量分析领域应用广泛，质量控制图、西格玛分布图与此有关。

方差（Variance）用于衡量数据的离散程度。总体方差（$\sigma^2$）是总体数据中各样本数据和总体平均数（$\mu$）之差的平方和的平均数，公式如下所示：

$$\sigma^2 = \frac{\sum(x-\mu)^2}{N}$$

注：$\sigma^2$ 为总体方差，$x$ 为每个数据值，$\mu$ 为总体平均值，$N$ 为数据数量。

方差相当于以总体的平均数（$\mu$）为基准，计算每个数据的偏移。相同的多个数据，方差就是 0；随着数据围绕基准波动，方差就会增大。为避免上下完全相反的波动相互抵消，比如{4,5,5,6}，方差使用了 2 次方计算偏离。

举例如下：

- {5,5,5,5}　$\sigma^2$=0/4=0　（无波动）
- {4,5,5,6}　$\sigma^2$=2/4=0.5　（出现了波动）
- {3,4,6,7}　$\sigma^2$=10/4=2.5　（波动进一步增大）

为了更形象地说明，这里用一组身高数据计算方差。如图 8-34 所示，4 个人的身高数据为{190，170，165，160}（单位为 cm），平均数为 170，方差为 131.25。如果身高全部减少 10cm，平均数变化，但方差不变。

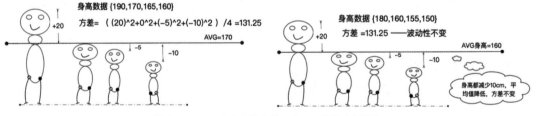

图 8-34　4 个人身高的离散程度——使用方差量化

可见，方差虽然建立在平均值的基础上，但是又截然不同。方差越大，代表离散程度越高，但不代表总体的平均身高情况。

　　由于方差使用"差异"的平方来计算，难以将方差和数据值直接比较。为了保持与样本数据单位的一致性，就有了它的平方根形式——标准差（Standard Deviation）。在与数据值比较时，标准差比方差更直观，易于理解。

$$\sigma = \sqrt{\sigma^2} = \sqrt{\frac{\sum (x - \mu)^2}{N}}$$

　　比如，4 个人身高的平均值是 170，方差是 131.25，对应标准差是 11.45，这是量化后的平均波动范围。如图 8-35 所示，有 3 个人的身高在平均值上下 1 个标准差范围之内（即 170±11.45），即"1 个标准差"范围（±1σ）。

　　如图 8-35 右侧所示，在标准的正态分布中，1σ 的概率是 68.3%，3σ 是 99.7%。精益质量管理中常用的"六西格玛"方法，就是将质量缺陷控制在 3.4ppm（百万分之三点四）之内。

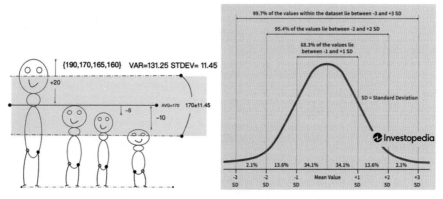

图 8-35　使用标准差有助于更好地衡量分布

　　这里以"示例—超市"数据为例。图 8-36 展示了"2020 年 12 月，各区域交易的利润分析指标"。其中西南和华东区域交易的利润波动最大，借助它们的利润最小值和最大值也能部分佐证。

### 2020年12月，各区域交易的利润分析指标

| 　 | 利润 群体标准差 | 利润 群体方差 | 利润总和 | 平均值 利润 | 最大值 利润 | 最小值 利润 | 订单 Id 计数 |
|---|---|---|---|---|---|---|---|
| 西南 | 1,609 | 2,589,899 | 9,216 | 271 | 9,153 | -1,748 | 34 |
| 华东 | 1,120 | 1,254,327 | 6,855 | 62 | 4,057 | -6,771 | 110 |
| 东北 | 925 | 855,522 | 20,784 | 273 | 7,215 | -1,743 | 76 |
| 中南 | 734 | 538,926 | 19,560 | 225 | 5,778 | -1,391 | 87 |
| 西北 | 571 | 326,555 | 6,266 | 313 | 2,203 | -389 | 20 |
| 华北 | 431 | 185,627 | 11,874 | 237 | 2,346 | -777 | 50 |

度量值
- 标准差(群体)(利
- 方差(群体)(利润)
- 总和(利润)
- 平均值(利润)
- 最大(利润)
- 最小(利润)
- 计数(订单 Id)

图 8-36　2020 年 12 月各区域交易的利润分析指标[1]

---

1　此处的"群体方差"就是"总体方差"，属于软件的翻译的 Bug，已经申请修改，正在陆续调整。

相比求和、平均值，方差的应用较少，集中在质量分析、采购价格波动分析等少数场景。简单的分析可以直接使用方差计算，复杂的应用都是基于聚合值的二次分析，常见的二次聚合则被简化到"分析"窗格中。在本书 5.4.3 节，质量控制图（一个标准差区间）就是基于标准差计算而生成的可视化图形。

### 8.5.3　关注个体，走向分布：百分位函数及最大值、最小值、中位数

分析通常是"分析宏观特征、不关注个体差异"，因此总和、平均值、计数是使用最频繁的聚合方式。业务探索分析的趋势是把宏观分析和微观分析紧密结合在一起，因此需要"关注个体"的分析指标，其中的典型代表是百分位数（Percentile，符号为 P），而百分位数的代表就是最小值、中位数和最大值，分别用 P0、P50 和 P100 代表。

关于"百分位数"的理解和计算，虽然没有统一，但不影响大家使用。Excel 和 Tableau 都可以使用 PERCENTILE 函数计算一组数据的百分位数，如图 8-37 所示。

图 8-37　使用 Excel 和 Tableau 计算一组数据的百分位数

相对此前的求和、求平均值，标准差和百分位数目前在业务分析中尚未普及，它们是分布分析的基础。有以下几个地方需要强调。

#### 1. 百分位数与常见聚合的关系

最大值 MAX、中位数 MEDIAN、最小值 MIN 是特殊的百分位数聚合，对应如下。

- 最大值 MAX　　　 = 百分位数 P100 对应的数据　 = PERCENTILE([销售额],1)
- 中位数 MEDIAN　 = 百分位数 P50 对应的数据　 = PERCENTILE([销售额],0.5)
  （奇数序列即中间值，偶数序列则为中间两个数的平均值）
- 最小值 MIN　　　 = 百分位数 P0 对应的数据　　 = PERCENTILE([销售额],0)

另外两个使用最广泛的是 P25 百分位和 P75 百分位数，它们是箱线图分布的基础。图 8-38 展示了"2021 年 12 月，各区域（所有交易）的利润分布"，使用百分位数展示了多个指标的计算。

| 2020年12月各区域（所有交易）的利润 | | | | | | | |
| --- | --- | --- | --- | --- | --- | --- | --- |
| 区域 | 利润 | 最小值 利润 | PERCENTILE ([利润],0) | 中值 利润 | PERCENTILE ([利润],0.5) | 最大值 利润 | PERCENTILE ([利润],1) |
| 东北 | 20,784 | -1,743 | -1,743 | 101 | 101 | 7,215 | 7,215 |
| 中南 | 19,560 | -1,391 | -1,391 | 59 | 59 | 5,778 | 5,778 |
| 华北 | 11,874 | -777 | -777 | 66 | 66 | 2,346 | 2,346 |
| 西南 | 9,216 | -1,748 | -1,748 | 62 | 62 | 9,153 | 9,153 |
| 华东 | 6,855 | -6,771 | -6,771 | 29 | 29 | 4,057 | 4,057 |
| 西北 | 6,266 | -389 | -389 | 93 | 93 | 2,203 | 2,203 |

图 8-38　2020 年 12 月各区域（所有交易）的利润分布

上述文本表聚合难以对比，数据可视化的魅力在于借助位置、大小、形状等方式直观展现，图 8-39 用箱线图展示了各区域的利润分布（延伸到最大值、最小值）。可见华东区域的最小值 P0 最低（–6771），西南区域的最大值 P100 最高（9153）。按照最大值和最小值的范围估计，华北区域的离散程度明显低于其他各地区。

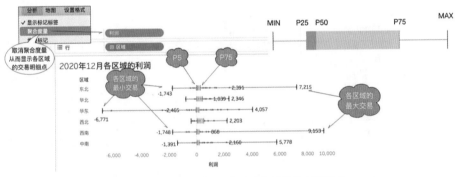

图 8-39　2020 年 12 月各区域的利润分布箱线图

取消默认的"聚合度量"，相当于从交易明细中构建了箱线图分布。业务中常见的箱线图分布是已有聚合值的二次抽象聚合，因此需要使用表计算完成，本书将在 9.7.4 节介绍。

**2. 百分位数、百分比与累计百分比的差异**

百分比（Percent，符号%）是相对于单一静态数值的算术计算，而百分位数（Percentile，符号 P）则是相对于多个数据点的聚合分布，如图 8-40 所示。

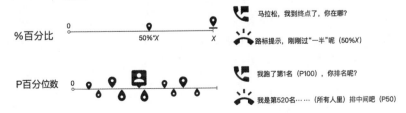

图 8-40　百分比与百分位数

除了百分比、百分位数，高级分析时常还会用到"累计百分比"，最典型的是帕累托分析中的"前20%的客户累计贡献了前80%的销售额总和"场景，和这里的"百分比"不同，它是聚合值的二次计算，是第9章中表计算的典型场景，本书将在9.9节介绍。

## 8.5.4 ATTR 属性——针对维度字段的聚合判断

在 Tableau 分析中，还有一个特殊的聚合方式：属性函数 ATTR。专门用于在视图中对字符串做唯一性判断。做出聚合字段，它受视图详细级别影响。

在 Tableau 中，属性（Attribution）被用来代表视图详细级别对应的唯一值，比如男/女、户籍地是员工 ID 的性别属性、出生地属性。如果一个人有多个手机号，手机号就不是一个人的属性，此时 ATTR 函数就会返回星号"*"，因为该值不唯一。

如图 8-41 所示，左侧"客户名称"构成了视图详细级别的一部分，而在右侧，"客户名称"从维度改为"属性"，此时每个订单 Id 成为视图详细级别，对应唯一的行。如果一个订单 Id 对应多个客户（这通常是数据采集的问题），那么就会返回"*"星号。

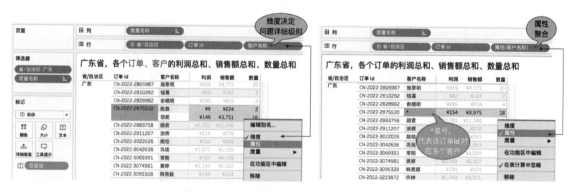

图 8-41  ATTR 函数返回离散维度的唯一值

初学者可以把 ATTR([订单 ID])理解为一个判断，这个判断有多种写法，旨在判断是否重复：

```
IF MAX([订单 ID])=MIN([订单 ID]) THEN MIN([订单 ID]) ELSE '*' END
```

在分析过程中，经常遇到"聚合和非聚合不能直接比较"的报错提醒，一个解决方案就是把明细判断改为聚合判断，或者把聚合判断改为行级别，比如：

```
IF ATTR([子类别])= "桌子"  THEN  SUM([销售额])<1000 END
SUM (IF [子类别]= "桌子"  THEN  [销售额] END )  <1000
```

使用 ATTR 函数聚合的前提是视图中有【子类别】字段，性能好但不易于控制。使用行级别判断把计算改到明细上完成，易于理解，但性能非常差。选择时要注意。

# 8.6   通用型计算：算术函数和逻辑函数

有一些运算符和函数既可以在数据表明细行级别计算，又可以针对指定问题详细级别的聚合度量完成计算，典型代表是四则运算符、算术函数、三角函数和逻辑函数。

## 8.6.1   算术运算、精度控制函数

这里参考 Alan Beaulieu 讲解 SQL 运算的框架（见本章参考资料[1]），分为一元运算和二元运算。

### 1.  一元运算

最简单的一元运算是"绝对值"（ABS，absolute value）计算，如下：

ABS(-10)=10  （正数的绝对值是它本身，负数的绝对值是它的相反数，0 的绝对值是 0）

三角函数也是特别重要的一元运算，包括 sin、cos、tan 等。最常用的是 sin 和 cos 函数，它们可以把角度转换为数字，如图 8-42 所示。

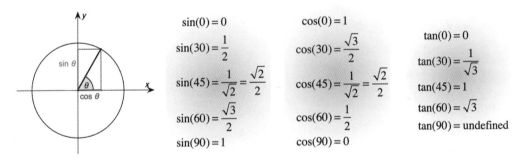

$$\sin(0) = 0 \qquad \cos(0) = 1 \qquad \tan(0) = 0$$
$$\sin(30) = \frac{1}{2} \qquad \cos(30) = \frac{\sqrt{3}}{2} \qquad \tan(30) = \frac{1}{\sqrt{3}}$$
$$\sin(45) = \frac{1}{\sqrt{2}} = \frac{\sqrt{2}}{2} \qquad \cos(45) = \frac{1}{\sqrt{2}} = \frac{\sqrt{2}}{2} \qquad \tan(45) = 1$$
$$\sin(60) = \frac{\sqrt{3}}{2} \qquad \cos(60) = \frac{1}{2} \qquad \tan(60) = \sqrt{3}$$
$$\sin(90) = 1 \qquad \cos(90) = 0 \qquad \tan(90) = undefined$$

图 8-42   三角函数之 SIN 和 COS

三角函数有时会涉及弧度和度数的相互转换（PI=360），对应函数如下：

DEGRESS(PI()/4) = 45.0   （将弧度表示的数字转化为度数）
RADIANS(180) = 3.14159

读者可以在 Tableau Public 网站中找到很多炫酷图形，特别是桑基图（Sankey Chart）、雷达图（Radar Chart），背后都是三角函数。也可以参见《业务可视化分析：从问题到图形的 Tableau 方法》一书的第 11 章。

当然，在商业仪表板中，笔者建议尽可能避免自定义弧线及相关图形。对于初学者而言，要坚定遵循"内容第一、形式第二"的业务分析原则。

### 2.  二元算数

典型的二元运算是加减乘除四则运算，比如 2+3=5，5/2=2.5，它们的结构类似于 $A \times B \to X$，基于多个变量计算。除此之外，还有平方、幂、对数等。

运算离不开运算符号，Tableau 中常用的运算符如下。

- + 、−、 * 、 /，分别对应加、减、乘、除。
- > 、< 、 >= 、<= 、 != 、<>。
- %，余数计算，比如 5%2 =1 。
- ^ 幂，相当于 POWER 函数，比如 5^2 = 25。

常见的函数如下。

幂函数 POWER，也可以使用 ^ 运算符，它和 LOG 函数相对：

```
POWER(5,2) = 5 ^2 = 25
```

EXP 和 SQUARE 是特殊的幂函数，前者是 e 的幂计算，后者是数字的 2 次方，如下：

```
EXP(5)= e^5
SQUARE(5) = 5^2 = 25
```

对数函数 LOG(number [, base])，与幂函数 POWER 相对：

```
LOG(1000,10) = 3    与 POWER(10,3) 相对，LOG 的底数默认是 10
LOG(25,5) = 2 ，    与 POWER(5,2) 相对
LOG(e^5,e) = 5, 可简写为 LN(e^5) = 5 ，与 EXP(5)= e^5
```

平方根函数 SQRT：

```
SQRT(25) = 5，SQRT(16) = 4
```

### 3. 精度控制函数

精度是计算结果与真值接近的程度，与误差的大小相对应。比如，PI 是无限不循环小数，保留 4 位精度，就比保留 2 位精度更准确，误差更小。

在算术计算中，可以根据需要保留部分小数点位数，即精度。最常见的是四舍五入函数 ROUND，它的语法是 ROUND(数字,精度位数)，1 为小数后 1 位，−1 为小数前 1 位。比如：

```
ROUND(13.14,1) =13.1
ROUND(13.14,-1) =10
```

如果计算的结果四舍五入到整数部分，则可以进一步简化为 DIV 函数，比如：

```
DIV (11，2) =5
```

如果不需要四舍五入，而是全部进位，或者全部舍位，此时就需要引入两个新函数：进位到整数函数 CEILING，舍位到整数函数 FLOOR[1]。

```
CEILING(13.14)=14
FLOOR(13.83) =13
FLOOR (11/2) = FLOOR(5.5)  =  5
```

---

1　注意，部分数据库软件不支持 FLOOR 和 CEILING 函数，比如 Access、Amazon Redshift、SAP HANA、Vertica 等。

注意，Tableau 中的 CEILING 和 FLOOR 函数只能进位/舍位到整数（这和 SQL 中的 CEIL 函数、FLOOR 函数一致）。如果要进位或者舍位到小数点后两位，就要结合乘除法了，比如，3.14259 小数位进位到 3.15，需要先将进位位置调整到整数：

CEILING(3.14159*100)/100 = CEILING(314.159)/100 = 315/100 = 3.15

如果是把小数位后面第 2 位之后的部分全部舍去，也是类似的道理。优秀的产品经理会把高频用法预测为通用函数，比如 MySQL 中就有一个 TRUNCATE 函数，如图 8-43 所示。

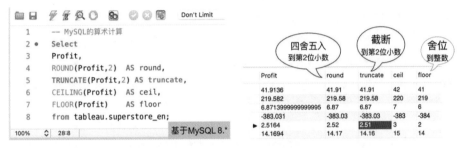

图 8-43　MySQL 中的算术函数对照

在业务分析中，精度控制函数虽应用较少，但是关键时刻可以极大地提高效率。笔者在一个消费金融项目中，就以 DIV 函数快速实现了 30 天的"逾期阶段"计算，取代了传统的 IF 函数：

IF [逾期天数]>0 THEN DIV( [逾期天数] , 30 ) +1　END

IF 函数无法解决循环的问题，借助 DIV 函数，就把 1～29 天记为逾期 1 期，30～59 天记为逾期 2 期，以此类推。结合类型转换和字符串函数，还可以进一步把"逾期状态"标记为 M0，M1，M2…的字符串样式，如下所示。

IF　[逾期天数] =0　THEN 'M0'
ELSE　'M' + STR( DIV( [逾期天数] ， 30 ) +1 )　END

虽然"条条大路通罗马"，但是总有相对的捷径可以抵达。

### 4. 具有逻辑性质的数学函数

算术计算中，还有几个具有逻辑判断性质的函数，分别如下。

比较函数 MIN 和 MAX，这里需要两个数据值进行比较，区别于聚合函数：

MIN (2, 4)　= 2
MAX(3,5)　= 5

将空改为零函数 ZN，即 Null→Zero。

ZN([字段])

ZN 函数是特殊的逻辑函数，后续还会提及。由于 null+0 依然是 null，所以必要时嵌套 ZN 函数可以减少计算错误。Tableau 的很多快速表计算都会默认嵌套 ZN 函数。

SIGN 即符号，在算术计算中代表数字的正负符号（+/−），SIGN 函数用数字代表符号，如下：

```
SIGN( 10 ) = 1
SIGN( -10 ) = -1
SIGN( 0 ) = 0
```

在分析中，判断数字的符号通常可以用逻辑判断代替。

5. 案例：使用日期函数和算术函数做自定义日期分段

这里介绍笔者的一个客户曾经提问的案例：如何以 15 分钟为时间段聚合交易金额。

Tableau 默认的日期层次是年月日时分秒，以秒或者分为单位。如果按照 15 分钟为一个时间段，相当于将连续的日期重新分组。初学者容易把计算设计得过于复杂，特别是大量嵌套日期函数——过多嵌套会带来性能问题。

这个问题类似逾期天数分段（DIV([逾期天数],30)），可以使用算术计算轻松解决。重新分组，相当于为每个时间设置自定义标签。第 1 分钟与第 15 分钟（不含）之间的所有时间标记为 0 分（整点），第 15 分钟与第 30 分钟（不含）之间的所有时间标记为 15 分钟，以此类推。

**第一步**，借助 DATEPART 函数提取每个时间的分钟部分，如下所示。

```
m 分钟 = DATEPART( 'minute', [订单日期])
```

**第二步**，借助逻辑判断对上述的"m 分钟"重新分组。思考过程如图 8-44 所示。

可以使用 DIV 函数整除计算实现分组，或者使用 FLOOR(m/15) 舍位函数，逻辑如下所示（二选一）。

```
DIV(m,15) *15
FLOOR(m/15)*15
```

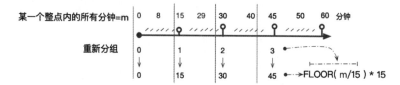

图 8-44 把分钟按照 15 分钟为间隔分组

**第三步**，重新构建完整时间，把分钟之前的部分和自定义分钟相加。

使用 DATETRUNC 函数将字段【订单日期】截取到"小时"，然后使用 DATEADD 函数将上面的算术计算加到它的分钟位置，如下：

```
DATEADD( 'minute', DIV(m,15) *15, DATETRUNC( 'hour', [订单日期]) )
```

相比多次使用 IF ELSE 函数，算术计算极简地解决了问题。因此，笔者建议初学者要熟悉这里的算术函数，以后在面对复杂问题时，才会有更多选择。

## 8.6.2　逻辑表达式和逻辑判断符

逻辑表达式是程序设计、数据分析工具的通用语言，是把需求转换为计算机语言的重要桥梁，解决"如果……那么……"的选择问题。

最重要的逻辑函数是 IF 函数，其他函数都可以视为 IF 函数在某种特殊情形下的简化形式，比如，仅有一次判断的 IIF 函数，适用于"等于判断"的 CASE WHEN 函数，适用于日期格式判断的 ISDATE 函数，适用于空值判断的 IFNULL 函数、ISNULL 函数和 ZN 函数等。

### 1. 通用的 IF-THEN-ELSE 逻辑表达式

最简单 IF 函数只包含一个条件，根据是否符合判断条件（Condition），返回是/否（即 True/False），结构如下所示：

```
IF <condition> THEN <true> ELSE < false> END
```

比如，把"性别标识"转换为男/女的逻辑判断，如下所示。

```
IF  [性别标记] = 1  THEN  "男" ELSE "女" END
```

如果需要多次逻辑条件判断，则可以嵌套 ELSEIF 函数，如下所示。

```
IF     <条件 1> THEN <条件 1 正确的返回值>
ELSEIF <条件 2> THEN <条件 2 正确的返回值>
......
ELSE   <所有条件都不满足时的返回值>
END
```

在不同的工具中，嵌套语法略有差异，不过逻辑相同。

### 2. 适用于一次判断的 IIF 函数

IIF 函数是 IF-THEN-ELSE-END 逻辑表达式的简化版。下面的两种表达式相同：

- IF <条件> THEN <条件正确的返回值> ELSE <条件错误的返回值> END
- IIF ( <条件> , <条件正确的返回值>, <条件错误的返回值> )

IIF 函数简单、优雅，特别适合与其他函数嵌套使用，比如"2020 年的销售额总和"，可以使用 IIF 函数、YEAR 函数和聚合函数完成：

```
SUM( IIF( YEAR([订单日期])=2020 , [销售额] ,null ) )
```

这里的 YAER 函数是 DATEPART 函数的简化版，SUM 和 IIF 函数的结合则实现了 Excel 中用 SUMIF 函数条件求和的效果。这也是 Tableau 中用 SUMIF 函数计算的对应形式。

如果把条件改为动态范围，就有了常见的 MTD 销售额、YTD 销售额等组合：

```
MTD 销售额：SUM(IIF(DATEDIFF("month",[订单日期],TODAY())=0 ,[销售额],null ) )
YTD 销售额：SUM(IIF(DATEDIFF("year",[订单日期],TODAY())=0 ,[销售额],null ) )
```

借助 DATEDIFF 函数，还可以设置各种自定义范围，比如上个月、上月同期、YTD 同期等，函数的无尽组合可以满足无尽的业务需求。

### 3．适用于相等判断的 CASE WHEN 函数

CASE WHEN 函数适用于同一个字段的多次，相等判断，常见于离散字段或次序字段的判断。7.5.2 节的案例中，使用了这个函数。如图 8-45 所示。

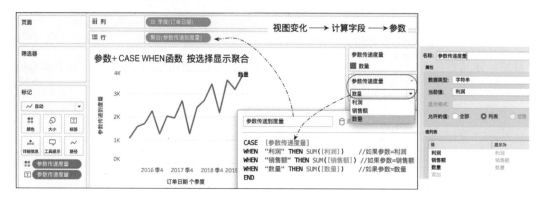

图 8-45  使用 CASE WHEN 函数传递参数

相比 IF 函数，CASE WHEN 函数在相等判断的条件下更加简洁。

### 4．与特殊字符或数据类型有关的特殊逻辑判断

数据类型或特殊值的判断条件，如 ISDATE、ISNULL、IFNULL 和 ZN 函数。

IFNULL([字段],"字符串")用于将空值（null）改为特定的值，它可以视为 IIF 函数的进一步简化。下面的两个逻辑判断是等价的。

```
IIF ([字段]=null,  <字段为空时返回的字符串>, [字段] )
IFNULL([字段],  <字段为空时返回的字符串>  )
```

IFNULL 函数的特殊形式是把空值改为 0，Tableau 为此提供了专门函数：ZN([字段])，Z 代表 zero，N 代表 null，ZN 就是把 null 改为 zero，下面的表达式是等价的：

```
IFNULL([字段], 0 )
ZN([字段])
```

IFNULL 函数是完整的逻辑判断，ISNULL([字段])只是条件，相当于[字段]=null，因此需要和 IF 函数结合才能完成完整判断，下面的 4 个表达式是等价的：

```
IIF ([字段]=null,  <字段为空时返回的字符串> , [字段] )
IIF (ISNULL([字段]), <字段为空时返回的字符串> , [字段]  )
IIF (ISNULL[字段] ) = TRUE, <字段为空时返回的字符串> , [字段] )
IFNULL([字段] ,<字段为空时返回的字符串>)
```

笔者强烈建议，涉及空值判断时一律使用 ISNULL 函数，不要用[字段]=NULL 的写法。笔者经常遇到由于空值书写不规范导致的数据处理错误。在 SQL 中也有类似的表述（IS NULL），比如：

```
SELECT first_name, last_name, phone_number
FROM employees
WHERE phone_number IS NULL ;
```

这里的 phone_number IS NULL 相当于 Tableau 中的 ISNULL(phone_number)。ISDATE 函数与 ISNULL 函数类似，用于判断一个字段是否为日期格式。

5. 逻辑运算符

如果逻辑判断包含多个条件，则需要使用逻辑运算符，最常用的形式如下。

- AND 代表同时满足两个条件。
- OR 代表至少满足一个条件。
- NOT 代表条件的反面。
- IN 属于其中的任意一个（相当于多个 OR 的简化）。

逻辑判断的本质是集的运算，本书 6.6 节的集合运算中使用了 AND 和 OR 的运算符，从而获得一个新的集合，如表 8-5 所示。

表 8-5　集合的运算

| 集 计 算 | 图形表示 | 符 号 | 意 义 | 示 例 |
|---|---|---|---|---|
| 集合的并集（Union） | | $A \cup B$ | $\{x \mid x \in A, \text{or } x \in B\}$ | $A=\{1, 3, 5\}$<br>$B=\{3,5,7,8\}$<br>$A \cup B=\{1,3,5,7,8\}$ |
| 集合的交集（Intersection） | | $A \cap B$ | $\{x \mid x \in A, \text{and } x \in B\}$ | $A=\{1, 3, 5\}$<br>$B=\{3,5,7,8\}$<br>$A \cap B=\{3,5\}$ |
| 集合的差（Difference） | | $A-B$ | $\{x \mid x \in A, \text{and } x \notin B\}$ | $A=\{1, 3, 5\}$<br>$B=\{3,5,7,8\}$<br>$A-B=\{1\}$ |

在这里，借助上述的逻辑运算符，再次强调它们的计算过程。

- 并集：IN {1, 3, 5} OR　IN {3,5,7,8}
- 交集：IN {1, 3, 5} AND IN {3,5,7,8}
- 集合的差（*A–B*）：IN {1, 3, 5} AND　NOT IN {3,5,7,8}

集合运算中的包含（∈）、不包含（∉）可以用 IN 和 NOT IN 表示，多个集的逻辑关系也无非是 AND 和 OR 两种选择，它们的组合就构成了集的关系。

随着对筛选、逻辑计算和运算符的理解，初学者可以逐渐找到最优的解决方案。好的解决方案能实现性能和效率的最佳平衡。

笔者在为客户做咨询和实施项目时，曾经遇到过保留本月、前一个月及去年同期月份的问题，以往要借助多个计算来判断，现在借助 IN 函数可以一次性解决（当然，IN 函数在 SQL 中性能差，Tableau 亦如是），如下：

```
DATEDIFF( 'month', [订单日期] , TODAY())   IN   (0, 1, 12, 13)
```

使用 DATEDIFF 函数计算"订单日期"和今天的间隔月数，0 代表当月，12 代表去年同期当月，同理，1 和 13 分别代表上月和上月的去年同期。

AND、OR、NOT 和 IN 几乎是计算机通用语言，SQL 中不仅用于两个数据值的计算，也可以用于集的计算，分析师一定要善加利用。

## 8.7  行级别计算与聚合计算的区别与结合

在介绍了两类计算之后，这里介绍一个重要案例，既能理解不同计算的差异，又能看到计算对分析的重要作用。

一味地展现不是分析，深入数据、深入问题的分析才有意义。

### 8.7.1  案例：各子类别的利润与盈利结构分析

假设领导要查看"2019 年，各类别、子类别的利润，重点突出非盈利子类别；同时分析哪些子类别的非盈利交易更多，以此制定进一步的产品战略和营销战略"。

第一步，问题解析是分析的起点。

先不考虑盈利判断的逻辑部分，问题中的分析样本是"2019 年"（对应【订单日期】字段），主视图的详细级别是"类别*子类别"（维度决定问题详细级别），涉及的度量仅有"利润总和"。当前的问题结构对应排序分析，可以制作如图 8-46 所示的条形图。

第二步，增加逻辑判断的部分，即计算。

在图 8-46 的基础上，先把"总和（利润）"胶囊拖曳到"标记"的"颜色"中，条形图就具有了渐变颜色。之后按住 Ctrl 键拖曳两次"总和（利润）"胶囊，从而生成两个新的聚合度量及其坐标轴。

更改后面两个聚合度量对应的标记，分别双击修改，前者改为 SUM([利润])<0，后者改为[利润]<0，如图 8-47 所示。

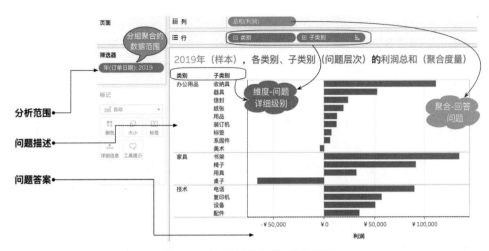

图 8-46  基于问题解析的可视化图形

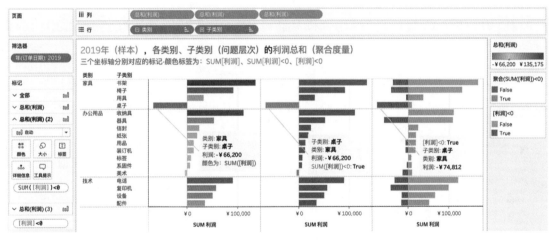

图 8-47  增加逻辑判断之后，各子类别的利润总和

注意观察 3 个聚合度量的颜色差异，以及对应的颜色图例，这里说明如下。

- SUM([利润])：聚合度量是连续的数字，因此图例生成轴，对应的条形图是渐变色。
- SUM([利润])<0：聚合度量的逻辑判断，结果是离散的布尔值（True/False），聚合计算以视图详细级别（子类别）为依据，因此是每个子类别对应一个判断结果，代表是否盈利。
- [利润]<0：没有聚合字符，是"行级别的逻辑判断"，结果是离散的布尔值（True/False）；判断以行级别为基础，结果等价于数据表字段，构成视图详细级别，结果是对每个子类别、不同交易盈利与否的分类，因此每个子类别对应两个判断结果（颜色）。

关键是理解 SUM([利润])<0 和[利润]<0 的不同，即洞察聚合计算与行级别计算的差异，这也是本章的出发点和落脚点。

结合问题本身来解释，如图 8-47 所示，左侧两个条形图都是在"类别*子类别"详细级别展示了利润总和的情况，只是标记方式不同，一个是连续的利润总和（SUM([利润])），另一个是利润总和的判断（SUM([利润])<0）。维度是聚合的依据，**所有的聚合判断都是在当前视图详细级别上的判断，聚合结果绝不会影响当前视图的详细级别**。

而基于[利润]<0 的条形图，由于这个计算是在行级别完成的，行级别计算不依赖于当前视图，相反，还决定了视图的详细级别，因此最右侧条形图的层次是"类别*子类别*盈利结构"，每个子类别对应的颜色是两种。以"桌子"为例，虽然"桌子"的子类别总体上是亏损的（SUM([利润])<0），但是并非所有的交易都亏损，依然有少量交易是盈利的（[利润]>0）。

上述多个视角结合，既能对聚合结果及总体盈亏状态一目了然，又能深入交易明细洞察行级别的盈亏结构。这种多个详细级别的组合，建立在两类计算的基础上。为了更深入理解，这里有必要进一步强调两类计算的差异。

## 8.7.2　复习：行级别计算和聚合计算的差异

虽然 SUM([利润])<0 和[利润]<0 的结果都是布尔判断，但又截然不同。

在图 8-47 的基础上，把 SUM([利润])<0 和[利润]<0 分别拖曳到左侧保存为字段（也可以创建自定义计算字段）。结果如图 8-48 所示。

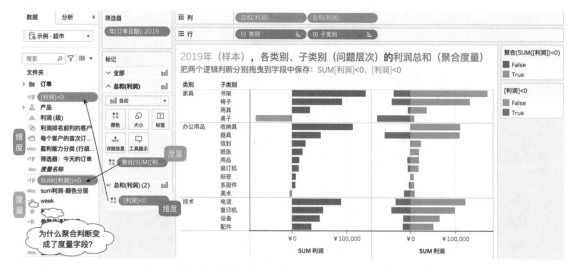

图 8-48　聚合判断和行级别判断同时加入计算字段

按理说，聚合判断的结果是"布尔值"（True/False），布尔值是字符串的特殊形式，默认属于分类、维度字段。为什么行级别表达式字段出现在上方维度区域，聚合表达式字段却出现在下方度量区域？

先说结论：**行级别表达式是在数据库层面计算的，其结果既可以作为维度使用，也可以作为度量使用。而聚合计算是建立在问题详细级别上才有效的计算，它依赖于视图，就不能破坏当前视图，因此不管结果是字符串还是数字，只能作为"度量"**——度量是相对于问题详细级别而言的聚合度量，而非代表整数、小数的数据类型。

如图 8-49 所示的逻辑关系有助于理解它们之间的差异和依赖。

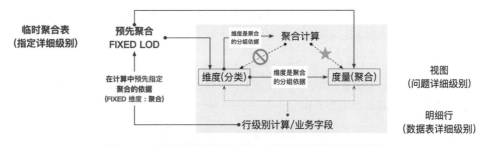

图 8-49　直接聚合不能作为维度，预先聚合绕开了这个限制

反过来想，如果 SUM(销售额)的聚合计算能变成分类维度，则意味着它可以决定问题详细级别，从而破坏当前问题详细级别，问题详细级别又要决定聚合，因此会陷入死循环。

因此，**行级别计算通常被理解为数据准备的过程**——弥补数据表字段的不足；**而聚合计算是对数据表数据的抽象升华**——弥补问题中分析字段的不足。

不过，如果问题的维度中必须引用聚合字段，比如"不同购买频率的客户数量分布"，但上面的逻辑又无法违背，怎么办？

Tableau 创造性地推出了 LOD 表达式——全称为**"指定详细级别预先聚合表达式"**。可以把 LOD 表达式理解为从数据表明细而来的聚合，聚合的分组依据事先在表达式中明确指定，因此和视图维度无关，其结果当然就可以作为最终视图的维度。详尽介绍参见第 10 章。

很多传统分析工具和披着"数据分析工具"外衣的报表工具之所以无法真正走向大数据分析，就是难以优雅地迈过这个台阶。

------

*行级别计算视为数据准备，而聚合计算是数据分析。*

------

因此，在"如何选择计算"时有一个非常关键的标准：**如果视图中缺少维度分类字段，则要么寻求行级别的表达式创建，要么寻求 LOD 表达式——前者是不包含聚合的简单场景，后者是包含聚合的复杂场景。**

## 8.7.3　SUMIF 条件聚合：将行级别筛选和聚合分析合二为一

在本书 6.1.1 节，笔者介绍了独立筛选和条件计算筛选两个筛选情景，后者的典型是 SUMIF 函数。从计算的角度，SUMIF 表达式是**建立在数据表行级别计算基础上的聚合计算**。它的结构如下：

SUM( IF [condition 指定条件] THEN [measure 度量] END )

这里以下面两个案例为例，介绍如何使用 SUMIF 表达式完成聚合。

* 问题 1：消费者细分，<u>2021 年</u>（公司）的利润总和。
* 问题 2：消费者细分，<u>2020 年</u>的利润、<u>2021 年</u>的利润和同比增长率。

**1. 将筛选器与问题详细级别、聚合独立计算**

对于问题 1，可以把"利润总和"之外的部分，全部视为独立的范围筛选——它们限定聚合的大小。问题中没有维度，可以视为是最高详细级别——"公司"的利润总和，即如下结构：

● 消费者细分，2021 年（公司）的利润总和。

这是标准的问题结构，只需要把字段拖入视图中，并对结果做必要的调整即可。如图 8-50 所示，这里的利润总和对应聚合计算 SUM([利润])。

图 8-50　将筛选和聚合独立分开是数据分析的标准方式

在这里，筛选和聚合相互独立，而且筛选优先于聚合，这样只需要对符合条件的交易明细做聚合，这种方式性能最快、效率最好。

当然，受 Excel 中 SUMIF 函数的影响，很多初学者会把筛选嵌套在聚合计算中。借用 SQL 的逻辑表达，如下所示。

```
SELECT
SUM( IF(细分="消费者" AND YEAR(订单日期)=2021, 利润, null)) AS 利润
FROM    tableau.superstore;
```

这种方式并没有独立的筛选环节，而是"把不符合条件的数据明细强制修改为 null"，间接实现筛选功能，这就要求查询引擎需要遍历所有明细行，再对辅助列做聚合。虽然结果相同，但是在大数据面前，这种方式将降低计算的性能，因此也是笔者不推荐的方式。

但凡能将筛选独立于问题和聚合的，都优先考虑。

当然，也不意味着 SUMIF 表达式毫无用处，而应该限定在特殊的场景中——多个聚合的计算范围不同。下面结合案例讲解。

**2. 必要时，将筛选条件与聚合组合为"条件聚合表达式"**

问题 2 的特殊之处在于，两个利润分别对应不同的日期筛选范围。例如，领导指定要完成如图 8-51 右侧所示的靶心图样式。基于一个聚合度量的分年度显示方式，使得自定义调整变得异常困难。如果能把不同年度的聚合计算完全独立为两个字段，就可以增强布局的自由度。此时就需要"条件聚合"。

图 8-51 基于 2020 年和 2021 年独立的利润字段完成自定义配置

"条件聚合"，顾名思义，就是在聚合值中直接包含判断条件，可以使用 IF 函数和聚合函数组合为表达式来完成。参考 Excel 中 SUMIF 函数的样式，在 Tableau 中可以进行如下计算。

| 【2020 年利润】 | = SUM(IIF( YEAR([订单日期])=2020,[利润],null)) |
|---|---|
| 【2021 年利润】 | = SUM(IIF( YEAR([订单日期])=2021,[利润],null)) |

基于条件聚合字段，就可以自由灵活地调整它们在视图中的位置和作用了。如图 8-52 所示，不同年度的利润相互独立，又能在视图中有机结合。

图 8-52 在 Tableau 中实现"条件聚合"，并自定义配置视图角色

在这个过程中，笔者依然把"订单日期"加入筛选器，和细分字段筛选器一样，旨在优化"条件聚合"的性能。上述过程可以对应如下 SQL 语句。

```
SELECT
SUM( IF(YEAR(订单日期)=2020,利润,null)) as P2021,
SUM( IF(YEAR(订单日期)=2021,利润,null)) as P2020,
SUM( IF(YEAR(订单日期)=2021,利润,null))/ SUM( IF(YEAR(订单日期)=2020,利润,null))-1  as  growth
FROM tableau.superstore
WHERE 细分="消费者" AND YEAR(订单日期) >= 2020;
```

在数据分析中，对性能和灵活的取舍是数据分析师的重要工作之一。以这里的"条件聚合"为例，它的优势在于赋予了不同年度聚合字段极大的灵活性，而其弊端在于查询过程中较低的性能，同时难以维护，不具有可持续性（到了下一年度，计算需要重写）。

为了在灵活性和性能之间保持平衡，Excel 中就有了 SUMIF 函数，Power BI 又延伸了 SUMX 和 CALCULATE 函数的计算，从而把聚合和条件独立分开。完成同环比的另一个思路则是引入窗口计算，将视图维度作为聚合值二次计算的依据，在 SQL 中称为窗口计算（Window Calculation），Tableau 对应表计算（Table Calculation）。这就是本书第 9 章的内容了。

# 8.8 专题：地理空间分析之"空间函数"

过去多年，Tableau 陆续推出了多个空间函数，进一步增强地理可视化分析的功能，函数如图 8-53 所示。

- MAKEPOINT：把一对经度、纬度数据合并为点，可称为"空间点"。
- MAKELINE：在两个空间点之间创建连线，可称为"空间路径"。
- DISTANCE：测量两个空间点之间的距离，可称为"空间距离"。
- BUFFER：计算数据点周边缓冲区，可以理解为"指定半径范围"（Tableau 2020.1+版本可用）。
- AREA：用于计算空间多边形的表面积（Tableau 2020.2+版本可用）。

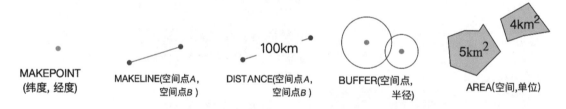

图 8-53　Tableau 主要的空间函数

上述函数都是建立在经纬度空间坐标基础上的。在引用经纬度时，一律纬度（Latitude）在前，经度（Longitude）在后。涉及单位，可选的单位主要有米（meters、metres、m）、千米（kilometers、kilometres、km）、英里（miles 或 mi）、英尺（feet、ft）等——注意一律使用英文。

1. 空间点函数：MAKEPOINT

地图可以视为以经纬度为 X/Y 坐标轴的散点图，而其关键是如何把"数据点"转换为空间点。目前有两个方法：

- 为字段设置"地理角色"。
- 基于经纬度创建"空间坐标点"。

第一种方法仅适用于全球普遍认可的一些字段，比如国家、省市/自治区、城市、邮政编码、机场编码等，在 Tableau 默认使用的 Map Box 地图数据源中，它们都默认内置其中。当我们要使用一些非普遍认可的地理坐标时，比如工厂地址、乡镇、运动轨迹等，就需要使用自定义经纬度。

如表 8-6 所示的数据表，MAKEPOINT 函数相当于增加了一个辅助列，类似于用合并（Merge）的方式把经度、纬度合并为一个空间点，从而充当"地理角色"——双击即可生成地图。

表 8-6　将经度和纬度合并为一个空间点

| 地点名称 | 地点编码 | 纬　　度 | 经　　度 | MAKEPOINT |
|---|---|---|---|---|
| 一分厂 | 001 | 34.53 | 123.45 | (34.53，123.45) |
| 二分厂 | 002 | 43.35 | 134.56 | (43.35，134.56) |
| 三分厂 | 003 | 33.23 | 125.45 | (33.23，125.45) |

如图 8-54 所示，在北京地铁数据中，使用 MAKEPOINT 函数创建空间点（见图 8-54 位置①），而后双击即可创建空间地图（见图 8-54 位置②）。注意，此时的地图中没有其他维度，所有数据点是作为一个整体出现的——从这个角度看，不能直接把 MAKEPOINT 视为行级别函数。只有在添加线路或者站点名称等维度字段时，才能点击线路或者站点交互（见图 8-54 位置③）。也就是说，**空间点优化了地图空间的生成方式，但依然要遵循"维度决定问题详细级别"的基本原则。**

通常，MAKEPOINT 函数不会单独使用，而是与 MAKELINE 等函数结合使用。

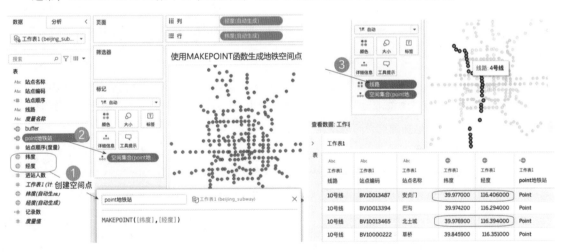

图 8-54　在视图中使用 MAKEPOINT 函数创建空间点

### 2. 空间路径函数：MAKELINE

在使用 MAKELINE 函数时，务必保证每一行有两组经纬度数据，分别代表起点和终点，表 8-7 展示了多个航班的起止地点。空间路径相当于增加辅助列的同时赋予了地理角色。

表 8-7　不同航线的出发和到达地点

| 英文航线 | 出发 | 到达 | start_long | start_lati | end_long | end_lati |
|---|---|---|---|---|---|---|
| NNGCSX | NNG | CSX | 108.1719971 | 22.60829926 | 113.2200012 | 28.18919945 |
| CGOXMN | CGO | XMN | 113.8410034 | 34.5196991 | 118.1279984 | 24.54400063 |
| HAKKWLLHW | HAK | KWL | 110.4589996 | 19.93490028 | 110.0390015 | 25.21809959 |

空间路径函数依赖空间点函数，可以理解为数据表明细的行级别计算。因此，在数据源阶段就可以创建空间路径字段。如图 8-55 所示，右击任意一个字段，在弹出的快捷菜单中选择"创建计算字段"命令，在弹窗中可以使用 MAKELINE 函数，同时引用两个 MAKEPOINT 函数创建出发和到达的空间点。

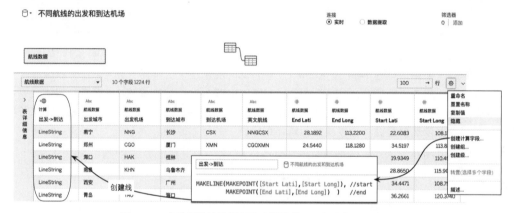

图 8-55　在数据连接阶段创建空间函数：空间点与空间路径

之后创建一个工作簿，双击新增的"出发→到达"空间路径字段，就可以直接生成路径地图了，如图 8-56 所示。这里仅筛选"上海浦东"出发的航线，同时把【到达城市】字段加入颜色，区分航线。

如果需要为始发城市增加圆点，可以使用"地图标记层"重叠空间路径和空间点。

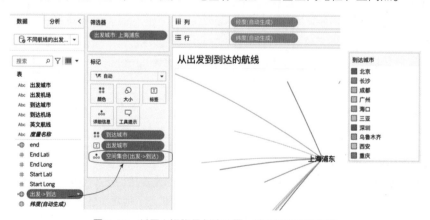

图 8-56　基于空间路径创建地图，并增加自定义标签

### 3．空间距离函数：DISTANCE

空间距离函数 DISTANCE 与空间路径函数一脉相承，可以理解为计算路径的空间直线距离。不同于空间点、空间路径，空间距离和后续的 BUFFER、AREA 函数。

如图 8-57 所示，使用 DISTANCE 函数创建空间距离，之后借助"地图标记层"功能合并空间点、空间路径和空间距离。使用 MAKEPOINT 函数创建字段【end】并拖曳到视图中生成新图层（见图 8-57 位置①），而后使用 MAKELINE 函数创建字段【Dis 出发→到达】，并将其拖曳到"标签"（见图 8-57 位置②），显示了从出发城市至到达城市的距离。同时用条形图显示了上海浦东机场到各个机场的距离条形图（见图 8-57 位置③）。

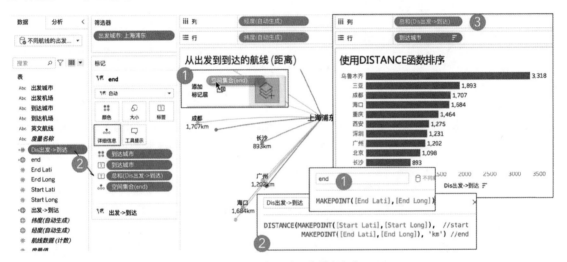

图 8-57 空间距离函数的表达式

### 4．缓冲区函数：BUFFER

Tableau Desktop 2020.1 版本新增了空间函数 BUFFER，用于标记空间点周围特定距离的范围——比如根据多家超市辐射半径评估市场覆盖情况。

在图 8-58 中，使用 BUFFER 函数为到达机场设置 100km 的缓冲区（见图 8-58 位置①），而后拖入视图生成新图层，就会看到到达机场周围的较大圆圈（见图 8-58 位置②）。用这种方法，可以替换之前"end 到达"图层。每个标记都可以设置位置或是否隐藏（见图 8-58 位置③）。

BUFFER 函数的第一个参数是空间坐标点，使用 MAKEPOINT 函数创建，不能使用"城市"等地理角色。另外要注意，BUFFER 函数的结果只能放在"标记"的"详细信息"中，"标记"的样式必须是"地图"。

如果数据表中有数据点的辐射范围，或者根据门店的服务人数折算覆盖半径，则可以为每个数据点显示不同的缓冲区。这在门店选址分析、分公司分布等分析中非常有用。

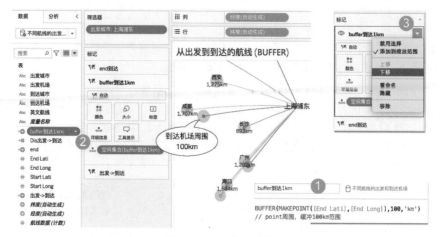

图 8-58　空间缓冲计算

### 5．面积函数：AREA

Tableau Desktop 2021.2 版本增加了空间面积函数 AREA。和 MAKELINE、DISTANCE、BUFFER 函数依赖 MAKEPOINT 函数不同，AREA 函数必须使用多边形空间。Tableau 支持的空间文件有 GESJSON、KML、SHP 等多种格式，也支持连接多种地图数据库。

这里使用 Maric Reid 的示例仪表板（来自 Tableau Public），借用其"伦敦各行政区空间地图"介绍面积函数的使用，如图 8-59 所示。

图 8-59 左侧显示了伦敦的面积，后侧则是每个行政区的面积。双击 Geometry 空间字段可以直接生成全市的地图，只是默认是"全城一块"（见图 8-59 位置①），因此将 AREA 函数加入标签后，显示的是全市的空间面积（见图 8-59 位置②）。如图 8-59 右侧所示，当字段【Lad20Name】加入"标记"的"标签"之后，各个行政区划的名称和面积才会显示（见图 8-59 位置③）。这里同时用字段【Type of district】来突出几个关键区域。

图 8-59　使用空间函数 AREA 计算区域面积

特别注意，视图中只有"空间集合"生成面积时，AREA 函数的结果是全部区域面积，而增加了 district 区划字段后，AREA 函数的计算结果是各区划的面积。可见，AREA 函数作为度量字段，如同 SUM([销售额])随着视图详细级别的变化而变化。

6. 六边形函数：地图与形状的结合

地理分析中，使用符号、点展示地理位置，使用路径描述方向和关联，空间函数为地理位置可视化提供了更多选择。在掌握了这些内容之后，还可以尝试将地理分析与"标记"的样式结合，典型代表是用多边形表示空间点或分布。

简单的多边形可以使用自定义形状控制。

如图 8-60 所示，使用"标记"中的"形状"，用并排的六边形代替美国各州的位置，并可以设置颜色，兼具了符号地图和背景地图的优点。

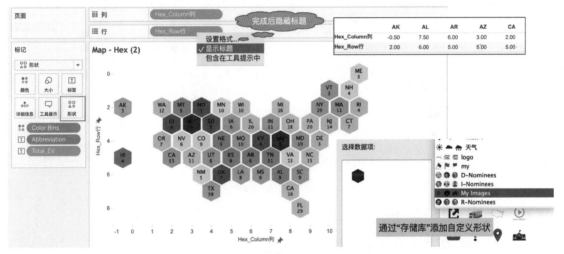

图 8-60　使用自定义坐标和多边形展示地图数据

此图是地理分析与形状的结合。可以使用经纬度或者空间点函数 MAKEPOINT 生成地图，然后修改"标记"样式"形状"。Tableau Desktop 默认没有六边形，不过允许用户在"存储库"添加自定义形状，可以从"文件→存储库"命令找到其中的"形状"（Shape）文件夹，然后放入自定义形状（推荐 PNG、GIF 格式，32 像素×32 像素）。可以将品牌 Logo、门店照片等用形状加入可视化图形中。

除了自定义形状，Tableau 还提供了将坐标点转换为六边形的函数 HEXBINX 和 HEXBINY。它们可以把点划分到最近的六边形分组中。

---

HEXBINX 和 HEXBINY 是用于六边形数据桶的分桶和标绘函数。六边形数据桶是对 $X/Y$ 平面（例如地图）中的数据进行可视化的有效而简洁的选项。由于数据桶是六边形的，因此每个数据桶都非常近似于一个圆，并最大限度地减少了从数据点到数据桶中心的距离变化。这使得聚类分析更加准

确，并且能提供有用的信息。

——Tableau 官方文档

Tableau 原销售顾问 Penny 老师在其 Tableau Public 中发布过一份北京房价的地理可视化分析[1]，展示了北京房价的地区分布。如图 8-61 所示，不管是符号地图还是热力图，都由于过度密集难以突出重点，而改用右侧的六边形显示，就缓解了视觉压力，很好地实现了价格分段和分布的平衡。

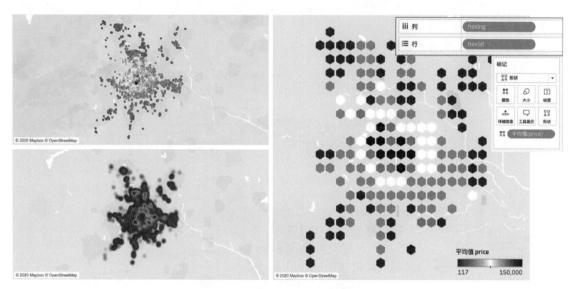

图 8-61　北京房价的多种表示方法

这里借助 Tableau 六边形函数直接将空间点映射到六边形分组上来，如下所示：

HEXBINX ([Lat], [Lng])　——代表六边形的横轴
HEXBINY ([Lat], [Lng])　——代表六边形的纵轴

不过，直接映射的六边形大小难以控制，因此可以增加参数，配合视图调整到最佳视图。这里参考 Penny 老师的计算，如图 8-62 所示。

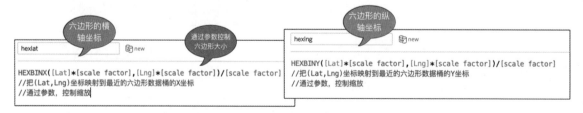

图 8-62　六边形函数：增加参数控制

---

1　参考 Penny 老师的 Tableau Public 主页，可以搜索"空间分析误区与技巧讲解——你的地图真的看得见吗？"

　　至此，本书完整介绍了地理位置分析相关的函数，它们可以和"地图标记层"（Map Layer）组合，实现无穷无尽的展现效果。

　　在数据分析过程中，行级别计算和聚合计算只能完成基本的展现和分析。业务分析的洞察还需要在聚合基础上完成更多的二次聚合，这就需要学习窗口计算和 LOD 表达式。

　　其中，表计算完成排序、差异、累计汇总、移动汇总等视图聚合的二次聚合或计算，而 LOD 表达式则在视图之外，引用其他详细级别的聚合，它们分别适用于不同的高级分析场景。

## 参考资料

[1]　Alan Beaulieu. Learning SQL: Master SQL Fundamentals[M], 2nd ed. Newlork: O'Reilly Media, 2009.

## 练习题目

　　（1）使用 Excel 完成"不同类别的销售额总和、利润率"，从 Excel 明细表和透视表角度，理解计算的两大基本分类，以及其计算的位置。

　　（2）从 Excel 的"存查算一体"，到数据库/SQL 的"存查"分类，再到 Tableau 的查询、计算、可视化，代表了数据分析的几大阶段，从这个角度出发，简要介绍 Excel、SQL 和 Tableau 在大数据分析中的差异性，特别是 Excel 和 SQL 在大数据分析中的局限性。

　　（3）介绍字符串函数和日期函数的主要类型，并举例说明。

　　（4）介绍聚合函数的分类，并从详细级别角度理解聚合的过程，阐述数据表详细级别和问题详细级别的关系。

　　（5）从 Excel、SQL 和 Tableau 角度，理解 SUMIF 表达式的语法及其分析过程，完成如下分析：2022 年，东北地区，不同类别的 YTD 销售额、YTD 利润率、本月销售额和本月利润率。

　　（6）介绍空间函数的几个类型及其示例。

# | 第 9 章 |

# 高级分析函数：Tableau 表计算/ SQL 窗口函数

关键词：行间计算、计算方向、计算范围、窗口计算

第 8 章介绍了直接聚合函数之后，本章继续介绍"聚合的二次聚合或计算"。

为了从基本业务分析走向高级业务分析，本章将引入一个关键的分析方法：基于"聚合度"的层次**分析方法**（第 3 章已经有所介绍）。这是笔者多年来总结的高级问题的普适性方法，既适用于多个 BI 工具，也是初级业务数据分析师和高级业务数据分析师的重要分水岭。

本章先用 Excel、SQL 和 Tableau 介绍典型应用场景：合计百分比（见 9.1 节）、同/环比（见 9.2 节），之后概括表计算的特殊性及设置方法（见 9.3 节），而后介绍其他表计算类型。

- 聚合的二次聚合：以合计百分比为代表（见 9.1 节）。
- 聚合的偏移计算：以差异、差异百分比、同比、环比为代表（见 9.2 节）。
- 递归计算：以聚合排序计算、百分位计算为代表（见 9.4 节）。
- 聚合与偏移计算结合：以累计汇总、移动平均为代表（见 9.5 节）。

与此同时，Tableau 表计算与 SQL 的窗口函数几乎完美对应，背后是相同的逻辑体系。笔者会同步介绍，从而帮助分析师增进理解，在高级分析中合理选择二者的使用场景会大幅提高效率。

## 9.1  合计的两个方法及"广义 LOD 表达式"

在第 8 章，本书以如下案例介绍了聚合分析过程、计算的基本分类，由此进入了分析世界。

"2021 年，各类别、各品牌的销售额（总和）、（合计）利润率"。

上述问题增加了高级的"分析元素"，比如，占比、差异、同比增长、排序等，超过了第 8 章直接聚合所能处理的范围，它们代表了一个全新的类型——聚合的跨行计算。典型问题如下所示。

问题 1：2022 年，各类别、各子类别的销售额总和及销售额总和占比。

本节使用 Excel、SQL 和 Tableau 介绍问题的分析和计算过程。

## 9.1.1　入门：从 Excel 理解"合计百分比"计算的层次关系

问题 1 在常见的问题结构中增加了"销售额总和占比"，占比则意味着两个值的比较。显性地阐述分子和分母部分，合计百分比的逻辑如下。

销售额总和占比 =各类别、各子类别的销售额总和/各类别的销售额总和

Excel 可以创建两个数据透视表分别完成分子和分母的聚合（透视），但是难以再次合并计算。为此，Excel 中提供了"合计百分比"的快速创建方法，如图 9-1 所示。

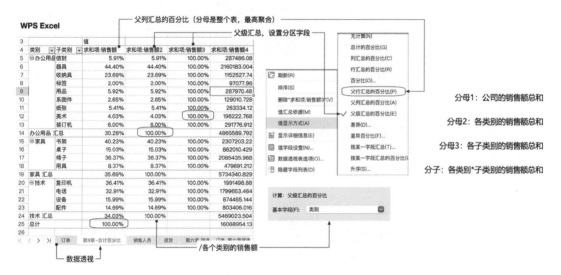

图 9-1　WPS Excel 中添加"合计百分比"（Microsoft Office 会略有不同）

注意，这里有多个百分比选项，它们的"分子"完全相同（各类别、各子类别的销售额求和项），但对应不同的"分母"，因此百分比计算的业务意义就截然不同。

如果选择"总计的百分比"，对应百分比是"各类别、各子类别的销售额总和"（L3）和"公司的销售额总和"（L1）的比值；而选择"父级汇总的百分比"并设置"父级"为"类别"，对应百分比是"各类别、各子类别的销售额总和"（L3）和"各类别的销售额总和"（L2）的比值。

为了更好地理解这个过程，笔者绘制了一个体现不同问题层次关系的结构图，如图 9-2 所示。

在这里，笔者用上下位置代表问题之间的聚合关系，不同的百分比计算对应不同"聚合高度"的分母聚合。为了更准确地描述不同的占比计算的差异，这里需要一种普适性的框架，用来定义图 9-2 中不同"聚合高度"问题之间的关系。

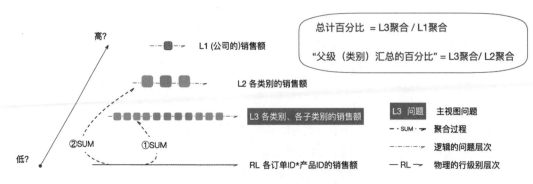

图 9-2　基于同一个数据表的多个问题"高低关系"

## 9.1.2　高级分析的层次框架：数据表详细级别和聚合度

在 3.2 节，详细介绍了聚合度和详细级别的关系，它们是高级问题的基础。**聚合是分析的本质，而聚合度则是衡量基于同一数据表之上多个问题的公共基准。**这里简要回顾一下。

#### 1. 选择绝对基准、识别最重要的两个详细级别

问题分析的过程，都是从数据明细表聚合到问题的过程。本书用数据表详细级别（Table LOD）和问题详细级别（Viz LOD）描述聚合起点和聚合终点对应的详细级别，如图 9-3 所示。

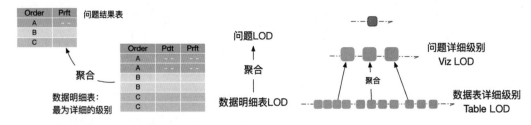

图 9-3　数据表详细级别与问题详细级别示例

数据表详细级别对应聚合的起点，是数据最详细的层级，包含了业务交易过程的所有细节。问题则是数据聚合的抽象，对应的详细级别称为问题详细级别。问题详细级别是由问题描述的维度字段决定的，即"维度决定详细级别"。

以数据表详细级别为基准原点，聚合度是衡量多个问题的虚拟的、客观的尺度，如"海拔高度尺"衡量山峰之高低，如图 9-4 所示。

明白了这个过程，我们就可以更深刻地理解以"合计百分位"为代表的高级问题的本质：

**以行级别基准为原点完成问题详细级别的聚合，并与"更高聚合度的问题聚合"完成比值计算。**

既然聚合的过程有起点，有终点，那"更高聚合度的问题聚合"是否也可以有不同的起点和终点呢？这里用 Excel 不易于理解，不妨使用大数据的通用工具 SQL，换一个角度理解它的聚合过程，并介绍本章的全新计算类型：窗口计算。

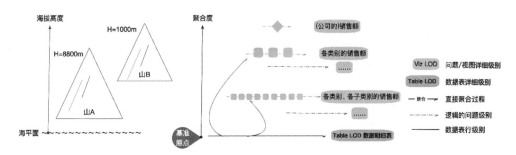

图 9-4 基于共同的基准，设置衡量问题高低的尺度

## 9.1.3 进阶："合计百分比"的两种 SQL 方法

SQL 之于数据库，如同 Excel 之于小数据，纸笔之于零星数字。面对百万级甚至更多行的数据库，而非本地 Excel 文件，如何使用 SQL 完成如下问题。

问题 1：2022 年，各类别、各子类别的销售额总和及销售额总和占比。

假设不考虑最后的合计部分，SQL 的初学者都可以分析并完成上述查询计算——2022 年是筛选（对应 WHERE 子句），类别、子类别对应问题详细级别，它们是聚合的依据（对应 GROUP BY 子句），"销售额总和"是问题答案，使用聚合（对应 SUM 聚合），如下所示。

```
SELECT  类别,子类别,
SUM(销售额)
FROM  tableau.superstore  -- 数据表
GROUP BY 类别,子类别;  -- 维度是聚合依据
```

任何问题都是由分析范围、问题描述（详细级别）、问题答案构成的，分别对应 SQL 不同的语法子句。重点在于理解**维度**（GROUP BY 子句）**是聚合的依据**，或者说问题详细级别是聚合依据，详细级别和聚合 SUM（销售额）相对存在，缺一不可。

而百分比问题的关键是，如何在当前的问题级别（类别*子类别）的聚合过程中，增加更高聚合度详细级别的聚合（即各类别的销售额），从而完成比值计算？

按照 9.1.2 节介绍的层次分析方法，笔者可以把问题中涉及的主要层次关系绘制为如图 9-5 所示。合计百分比计算必须引用"各类别的销售额"（L2）的聚合值作为分母。这里提供两种思路和方法。

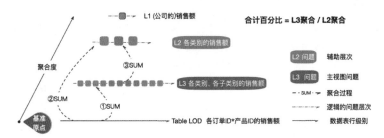

图 9-5 使用层次分析方法，描述合计百分比计算背后的层次关系

### 1. 直觉的简易方法：从明细聚合到指定层次

既然希望获得"类别"级别（图 9-5 中 L2）的聚合，聚合是从行级别明细到问题级别的由多变少的过程，因此直觉的方法就是，从数据表行级别聚合到 L2 层次，而后连接合并在一起。相当于在 Excel 中，将两个透视表整合到一个新的工作表中，只是 Excel 难以标准化这个过程，SQL 中却相对容易，使用 join 子句嵌套 group by 聚合子查询，如图 9-6 所示。

图 9-6　使用 SQL 嵌套查询，合并明细表和聚合表

上述 SQL 语句[1]包含了两个不同问题详细级别的聚合，它们都是从行级别**直接聚合**而来的。

初学者显然会觉得这个方法艰涩难懂，语法不易驾驭，数据量大时性能较慢。有没有优化空间？既然 L3 层次的聚合已经完成，L2 是由 L3 构成的，那么能否从 L3 层次**间接聚合**到 L2 层次呢？想法很美好，不过早期的 SQL 版本确实也不支持**对聚合做二次聚合**。

毕竟，SQL 设计的初衷是为专业工程师操控数据库的，并非是为高级分析而设计的。直到 2003 年，标准化 SQL 才引入了窗口计算，实现了聚合的二次聚合功能。当然，不同的软件厂商，对 SQL 标准的兼容性也不一样。本书使用的是 MySQL，从 MySQL 8.0 版本才正式支持窗口函数（Window Calculation）。"窗口"是 Window 的中文直译，如同"表"是 Table 的直译，它们的准确含义是"范围"，即在哪个详细级别范围对聚合完成二次计算。

接下来，本书用层次方法，可视化地介绍 SQL 中的"聚合的二次聚合"，一窥其神奇与简约。

### 2. 窗口函数方法：从当前问题级别二次聚合到指定详细级别的计算

在本问题中，要从 L3 层次间接聚合到 L2 的层次，相当于在 SUM(销售额)之外嵌套 SUM，如下所示：

SUM( SUM(销售额) )

这里有两个 SUM，对应的起点和终点各有不同。脱离维度的聚合是没有意义的，必须为聚合指定聚合依据。其中，内层的 SUM(销售额)是相对视图而言的，关键是设置外层**二次聚合的范围**——借助指定"类别"为范围（即 Window），计算**每个类别下所有** SUM(销售额)**的二次求和** SUM。想必 Window Calculation 就是从这里得名，中文直译为"窗口函数"。SQL 规范中为此设置了标准语法，以 OVER 开

---

1　这个示例的 SQL 语句相当于在明细行中先连接（Join）了"各类别的销售额总和"，从性能角度看，并非解决该问题的最佳方式，不过符合直觉的思考过程。如果改为两个聚合子查询合并，则相当于使用了数据关系方法。

始，用 PARTITION 指定范围，如下所示：

SUM( SUM(销售额) ) OVER (PARTITION BY [类别])

如图 9-7 所示，这样就用简化语法完成了两个详细级别的聚合，而后计算了二者的比值。

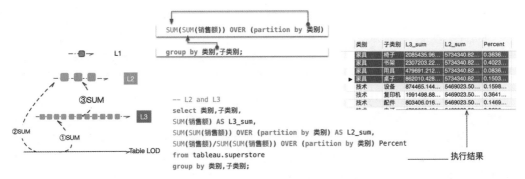

图 9-7　使用窗口函数计算已有聚合的二次聚合

这里，group by 之后的维度是内层 SUM 的分组依据，而 OVER 之后的 partition by 维度是外层 SUM 的分组依据。内层 SUM 对应"类别*子类别"17 个聚合值，外层 SUM 对应类别 3 个聚合值。

除了语法更加简洁，窗口计算的性能也明显更高。以笔者使用的共计 19918 行超市数据为例，"两次聚合而后连接"的方法平均耗时为 0.19 秒，而"使用窗口计算"平均只有 0.03 秒，随着数据量的增加，后者的优势会更加明显[1]。究其原因，**窗口计算借助已有的聚合，间接计算聚合度更高详细级别的聚合，减少了明细行的大量计算**。

工具进步的背后是方法论的优化，是算法的进步，它们共同推进了大数据分析的快速发展。

简洁的语法和卓越的性能表现，是窗口计算的巨大优势。

当然，从明细行直接到"类别的销售额"（L2）的聚合方法也并非毫无意义，当问题的筛选器影响了间接聚合，或者聚合的结果还要做复杂的二次处理时，窗口计算的弱点就暴露出来——它太依赖于当前问题的聚合结果了，不具有进一步复杂计算的独立性。此时，就需要在主视图之外，预先完成从数据表行级别到指定问题详细级别的聚合，这将是本书第 10 章所要完成的艰巨任务（**预先聚合**）。

## 9.1.4　Tableau 敏捷 BI，让业务用户轻松驾驭二次聚合分析

对于业务用户而言，使用 SQL 完成子查询（SubQuery）、聚合后合并连接（Join）、窗口函数（Window Calculation）都是巨大的挑战。同时，一旦专注 SQL 的技术实现，也会影响业务思考深度。在数据大爆炸的时代，每个人的注意力非常分散，分析师应该关注问题，而非底层技术，敏捷分析应运而生。敏捷 BI 将复杂技术"通俗化"，推动了业务用户使用。

接下来，笔者以 Tableau Desktop 为例，用上述两种思路，实现"合计百分比"计算，它们代表了第

---

1　这里的"平均时间"分别取 4 次聚合查询的查询时长，然后计算算术平均值。

10章LOD表达式和本章窗口计算两个完全不同的思路。

- **LOD计算**：分子和分母从行级别分别**直接聚合**，而后连接（Join）合并，再计算占比。
- **表计算**：在分子聚合基础上，从分子**间接聚合**计算分母，而后计算占比。

### 1. 使用LOD计算直接聚合，而后连接合并的方法

在Tableau Desktop中，简单双击或拖曳，可以轻松完成"2022年，各类别、各子类别的销售额总和"，2022年是筛选（对应筛选器窗格），各类别、各子类别对应问题描述，也是聚合的依据（这里对应行列区域），销售额总和是问题答案，度量默认聚合（对应行列中的聚合值）。

想要完成"合计百分比"，视图中还需要增加"更高聚合度详细级别问题"的聚合（后面会简称"更高级别的聚合"），即"各类别的销售额总和"（L2）。直接拖入的任意度量聚合，都被限定为以视图详细级别（类别*子类别）为依据。想要单独从行级别聚合到**指定详细级别**（类别），且不受当前视图详细级别影响，只能借助单独聚合，而后以连接（Join）合并的方式完成。Tableau发现了这个高频分析需求，而后将背后蕴含的"预先聚合+Join连接Join"理念整合为一个单独的语法——LOD表达式。

具体而言，在当前视图中引用**指定详细级别的聚合**，可以使用FIXED表达式指定维度完成聚合。在本例中，在视图详细级别（类别*子类别）引用各类别的销售额总和（L2），可以用如下方式完成计算：

$$\{ \text{FIXED} [类别] : \text{SUM}([销售额]) \}$$

如图9-8所示，在条形图基础上使用FIXED语法增加了指定详细级别的聚合。

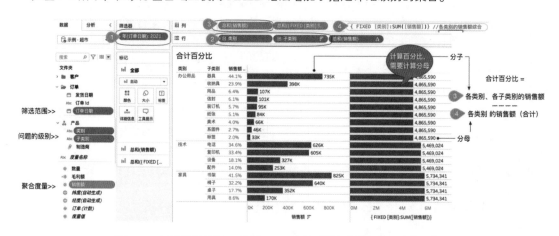

图9-8　在条形图基础上，使用FIXED表达式增加合计，而后计算百分比

这个方法与9.1.3节中直觉的简易方法的逻辑完全一致，它无非将"子查询（Subquery）+自连接（Self-Join）"整合为一个特定的语法，如同IIF是对IF-ELSE-THEN-END的简化，AVG是对SUM/COUNT的简化一样。这个绝妙、精彩绝伦的语法，瞬间节省了无数分析师的时间，自发布以来奠定了Tableau在敏捷BI领域的王者地位。

相对于视图的直接聚合（从行级别到视图级别），LOD表达式是从行级别到指定详细级别（类别），

由于后者先于前者完成而后合并，所以本书把它称为**"预先聚合"**（Pre-Aggregate）。

当然，这个方法和 SQL 的 GROUP BY +JOIN 逻辑一样，会消耗更多服务器算力，因此也不是这个案例的推荐方法。相比之下，使用窗口计算/表计算更快、更高效、更容易理解。

2. 使用表计算做聚合的二次聚合，间接聚合的方法

Tableau 表计算，就是 SQL 窗口计算的可视化实现。在 Tableau 中，初学者可以借助内置的"快速表计算"快速完成合计百分比等多个表计算的功能。

如图 9-9 所示，在销售额字段上右击，在弹出的快捷菜单中选择"快速表计算→合计百分比"命令，就可以一键完成从绝对值到百分比的转化，添加了表计算的字段胶囊会标记三角形符号（△）。不过，默认百分比是相对于"全公司的销售额"（L1）的百分比。和 SQL 中的 OVER 语法的控制方法不同，Tableau 使用表计算"计算依据"来间接控制二次聚合的范围。如果以"各类别的销售额总和"为分母，即每个类别单独计算百分比，则还需要鼠标右击，在弹出的快捷菜单中选择"计算依据→表（向下）/表"命令或者"计算依据→子类别"命令。

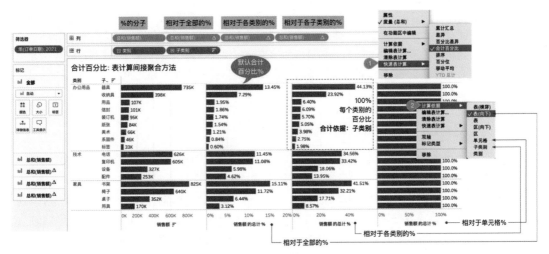

图 9-9　使用表计算增加多个合计百分比

如果双击视图中带有表计算的胶囊，会发现自动生成的合计百分比表达式，如下所示：

```
SUM([销售额]) / TOTAL(SUM([销售额]))
```

这里的 TOTAL 等同于 WINDOW_SUM，都是对 SUM([销售额])的二次聚合，与 SQL 一致。

同时，SQL 窗口函数和 Tableau 表计算函数有以下两个关键差异。

其一，语法的细节差异。

SQL 中的 SUM、AVG、COUNT、MAX、MIN 都可以作为窗口函数的聚合函数，而 Tableau 支持更多的聚合，并在二次聚合函数前面统一增加了 WINDOW_前缀，以此区分从行级到问题级别，和从问题级别到更高详细级别的不同聚合过程。

- Excel 语法：无
- SQL 语法：　SUM( SUM(销售额) ) OVER (PARTITION BY [类别] )
- Tableau 语法：WINDOW_SUM( SUM(销售额) ) +计算依据为【子类别】

其二，控制方式不同。

SQL 使用 OVER (PARTITION BY [类别])语法控制合计的范围，而 Tableau 借助交互选择设置合计的范围。二者的对应关系如表 9-1 所示。

表 9-1　Tableau 和 SQL 的对应关系

| 层级 | SQL | Tableau |
|---|---|---|
| L3/L1 | SUM( SUM(销售额) )　　OVER ( )<br>OVER 后面为空，代表全部合计 | 合计百分比，<br>且计算依据为 "表" |
| L3/L2 | SUM( SUM(销售额) )<br>OVER (PARTITION BY　[类别]) | 合计百分比，<br>且计算依据为 "区"，或 "子类别" |
| L3/L3 | SUM( SUM(销售额) )<br>OVER (PARTITION BY [类别], [子类别]) | 合计百分比，<br>且计算依据为 "单元格"，或 "类别、子类别" |

一旦明白了这样的关系，从 IT 转为业务分析的用户可以快速理解 "表计算" 的计算过程和 SQL 的对应关系，而像笔者一样缺乏 SQL 背景知识的业务分析师，则可以快速理解 SQL 中最重要的分析函数——窗口函数的应用原理。

## 9.1.5　"广义 LOD 表达式" 与计算的分类

结合 "合计百分比"，本节介绍了两类特殊计算：表计算和 LOD 表达式。沿着这个逻辑继续展开，可以完整地理解 Tableau 乃至其他工具中所有的计算类型。

所有的计算都是相对于特定详细级别（LOD）的计算，比如，**行级别计算**是相对于数据表详细级别（Table LOD）的计算，而**直接聚合计算**则是相对于问题详细级别（Viz LOD）的计算。其他高级形式，都可以视为它们二者的组合形式，不管是 SUMIF 表达式，还是 Tableau 详细级别表达式。

每一个函数或者表达式，都相对于特定的详细级别才有业务意义，如图 9-10 所示。

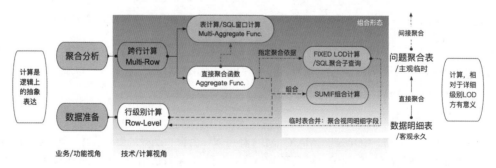

图 9-10　广义 LOD 表达式的分类及其组合

高级业务分析师可以把两类计算视为基本计算的组合形式。

- SUMIF：先进行行级别计算，再聚合计算的组合表达式。
- Tableau FIXED LOD：预先聚合，然后连接合并到明细表（相当于行级别计算）。

总结一下，所有的计算、表达式都是在特定详细级别（**LOD**）上运算的，因此所有表达式都可以称为"**广义 LOD 表达式**"。以 FIXED LOD 表达式为代表的"狭义 LOD 表达式"是在当前视图中引用指定详细级别的预先聚合，本书将在第 10 章进一步展开介绍。

为了更加形象地理解它们的直接关系，笔者绘制了一个虚拟的层次关系图，对应不同计算的主要特征，如图 9-11 所示。这个图示也可以用于理解 Excel、SQL、Tableau 等不同工具的计算。把计算背后的过程"可视化"，是高级业务分析师深谙计算原理的好方法。

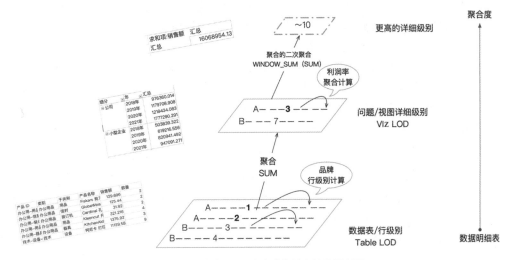

图 9-11　广义 LOD 表达式的基本分类层次图

每一种表达式都有其他表达式无法胜任的场景。表 9-2 中展示了几种表达式主要的计算类型及其范例。

表 9-2　几种表达式之间的差异

| | 是什么 | 维度的主要作用 | 范例 1 | 范例 2 |
|---|---|---|---|---|
| 表计算 | 在视图详细级别，以聚合值为起点，沿着维度之间的计算 | 维度决定了视图详细级别，同时是表计算的**计算依据**（间接决定范围） | LOOKUP(SUM[利润] ,-1)<br>TOTAL(SUM ([利润])) | SUM ([利润])/<br>TOTAL(SUM ([利润])) |
| 聚合计算 | 在视图详细级别，以维度为依据的直接聚合，以及聚合的计算 | 维度决定详细级别，维度是**聚合依据** | SUM ([利润]) | SUM ([利润])/<br>SUM ([销售额]) |

续表

| | 是什么 | 维度的主要作用 | 范例 1 | 范例 2 |
|---|---|---|---|---|
| 行级别计算 | 在数据表明细行，单行数据值之间的函数处理或计算 | 数据表明细行的详细级别（主键）是行级别计算的基准 | LEFT( [产品] , 4) | [销售额] - [利润]) |
| 狭义 LOD 表达式 | 在视图详细级别之外，引用其他详细级别的预先聚合 | 视图的维度决定问题详细级别，LOD 表达式中的维度决定要引用的问题详细级别 | {FIXED [客户名称] : MIN( [订单日期]) } | SUM ([利润])/ { SUM( [利润]) } |

# 9.2　"同/环比"偏移计算及表计算设置方法

在 9.1 节中，借助"合计百分比"，笔者重点对比表计算与 LOD 表达式计算的差异，从而构建了"广义 LOD 表达式"的计算体系。不过，"合计"并非表计算的专有场景，也无须考虑计算方向对结果的影响。本节介绍表计算的独有场景"同/环比计算"，介绍如何在表计算过程中设置分区和依据。

依次介绍如下几个案例。

问题 2：各订单年度的销售额总和及同比差异——问题只有一个维度字段。

问题 3：各细分市场、各订单年度的销售额总和及同比增长率%——区分依据和范围。

问题 4：华东地区中，各订单年度、各订单季度的销售额总和及季度环比——多个字段为依据。

合计百分比是"聚合的二次聚合"的典型，而同/环比是"聚合的二次计算"的典型，涉及偏移值的计算。同/环比计算的关键和难点是如何控制偏移的边界和方向。

## 9.2.1　维度作为偏移计算依据：单一维度的同比差异

问题 2：各订单年度的销售额总和及同比差异。

这里的"同比差异"也是隐含了两个聚合值的计算——当前年度的销售额总和，相比上一年度的销售额总和的差异。差异百分比是在差异的基础上再增加比较。这里先用 Excel 理解，而后使用 Tableau 快速表计算来完成。

### 1. Excel 中的同/环比计算

在 Excel 中，聚合都要在透视表中完成。如图 9-12 左侧所示，在"数据透视表"中完成"各订单年度的销售额总和"。其中，"订单日期"是按照"年"的日期级别，它是问题详细级别，也是"求和项：销售额"的聚合依据。

"同比差异"是各年的销售额总和与上一年的销售额总和的差值，透视表已经显性包含了差异计算需要的所有数据，只是位置略有错位。如何在获得每一年的销售额总和之后，获得上一年的销售额总和呢？

在 Excel 数据透视表中，可以使用"差异"直接完成。如图 9-12 所示，在"求和项：销售额"数值上右击，在弹出的快捷菜单中选择"值显示方式→差异"命令（见图 9-12 位置①），在弹出的窗口中，基本字段默认为"订单日期"（对比的依据），设置"基本项"为"上一个"（控制方向）（见图 9-12 位置②），确认后原来的求和项就会变成图 9-12 位置③所示的值——当前年度求和项和上一年度求和项的差值。

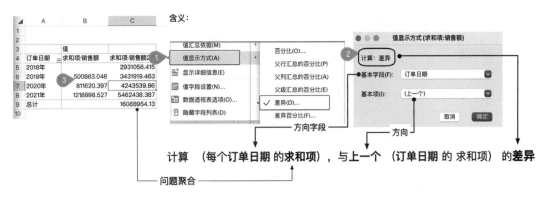

图 9-12　在 Excel 中创建差异计算[1]

这里的"基本字段""基本项"不好理解，可以把"**计算**：**差异**"和上述的设置过程总结为一句话：**计算**每个"**订单日期**"的求和项与"**上一个**"求和项的**差异**。在这里，【订单日期】既是销售额的聚合依据，也是差异计算的比较依据。

在 Excel 中，很难把这个过程完全转换为自定义计算，因此缺乏灵活性。理解了这个过程，可以在 SQL 和 Tableau 中实现类似的过程。

### 2. Tableau"差异表计算"及其原理

在 Tableau Desktop 中，差异和差异百分比包含在"快速表计算"中，只需要选择并配置即可。

如图 9-13 所示，先双击字段【订单日期】和【销售额】，创建"各订单年度的销售额总和"交叉表（见图 9-13 位置①），而后在聚合字段"总和（销售额）"上右击，在弹出的快捷菜单中选择"快速表计算→差异"命令（见图 9-13 位置②），可以一键完成差异计算，结果如图 9-13 位置③所示。

区别于 Excel 的设置，Tableau 快速表计算都有初始设置。"差异计算"默认沿着维度字段从左向右（表横穿），或自上而下（表向下）计算——点击快速表计算的"计算依据"命令可以了解。这里的"表横穿"（Table Across）或"表向下"（Table Down）中的"表"（Table），如同 SQL 计算的窗口（Window），都指逻辑上的计算范围，也是表计算（Table Calculation）名称的来源。

---

1　插图使用 WPS Office 3.9.3 版本制作，Microsoft Office 的功能相同，只是路径略有差异。在透视图的基础上，鼠标右击，在弹出的快捷菜单中选择"值显示方式→其他选项"命令，在弹出的窗口中再选择"差异"，并设置"基本字段"为"订单日期"，而"基本项"为"上一个"（Office 365 16.5 版本）。Microsoft Office 相比 WPS Office，略显复杂。

图 9-13　Tableau 快速表计算之差异计算

包含表计算的字段会出现"△"（三角形）图标。双击这个字段，可以看到完整的表达式。

ZN(SUM([销售额])) - LOOKUP(ZN(SUM([销售额])), -1)

这里的关键是 LOOKUP 函数，LOOKUP 函数用来查找视图中的某个聚合数值，参数 "-1"用来控制查找的方向和偏移距离（1 是偏移 1 位，负数代表方向为"前"）。LOOKUP(ZN(SUM([利润])), -1)就是查找前一个利润聚合值。ZN 函数是"如果空值改为零"（if null then zero）的逻辑函数，是避免计算失效的辅助函数（见第 8 章）。

这个过程与 Excel 一样，**计算每个"订单日期"的聚合值与"前一个"聚合值的差异。**

只有一个维度字段参与其中是差异计算中最简单的形式。如果有两个维度字段，就需要进一步区分维度字段的不同作用。

## 9.2.2　包含多个维度的同比（上）：区别范围和依据

问题 3：各细分市场、各订单年度的销售额总和及同比增长率% 。

在问题 2 的基础上，本问题增加了新的维度字段【细分】，并将"同比差异"改为比值"同比增长率%"。在包含表计算的计算中，维度具有多重作用：既是直接聚合的依据（从明细行到问题级别），又是聚合值偏移计算的依据（在问题级别，谁和谁相比，边界在哪里）。借助这个简单案例，可以充分地理解表计算的分区和范围。这里还是先看一下在 Excel 中的设置方法。

### 1. Excel 中的差异百分比

在 WPS Excel 中，先创建透视表"各细分市场、各订单年度的销售额总和"。

如图 9-14 所示，在透视表中右击，在弹出的快捷菜单中选择"值显示方式→差异百分比"命令（见图 9-14 位置①）；在弹出的窗口中，基本字段选择"年"，而"基本项"设置为"上一个"（见图 9-14 位置②），点击"确定"按钮后，原来的求和项就会变成图 9-14 位置③所示的值——当前年度的求和项和上一年度求和项的差值，再与上一年度求和项相除。

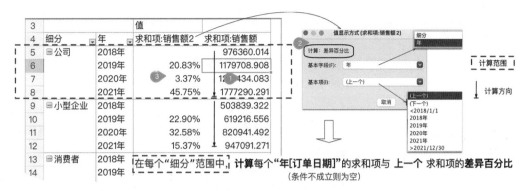

图 9-14　在 Excel 中，为多个维度字段设置表计算角色

注意每个细分数据值的第一年百分比差异都为空，因为没有"上一年"可以比较。"细分"限定了"差异百分比"的计算范围。设置【年】为"基本字段"，间接地决定了【细分】作为范围的角色。因此，上述操作总结为一句话：在每个"细分"范围中，计算各"年"求和项与上一"年"求和项的差异百分比（条件不成立则为空）。

可见，"基本字段"【年】是偏移计算的依据，而"基本字段"之外的问题维度（【细分】）则限定偏移计算的边界/范围，"上一个/下一个"不能超过所在细分的范围，否则就会出现"小型企业 2018 年与公司 2021 年比较"的错误情形。

这个设置过程和背后的原理与 Tableau 中的设置逻辑完全相同，只是 Tableau 的设置更精细。

### 2. Tableau 中的差异百分比

在 Tableau Desktop 中，依次双击字段细分、订单日期和销售额，就可以构建一个基本视图。为了理解，初学者推荐从交叉表开始（如果默认生成了可视化图形，可以借助智能推荐功能转换为交叉表）。

如图 9-15 所示，在交叉表的基础上，鼠标右击聚合值，在弹出的快捷菜单中选择"快速表计算→百分比差异"命令，就可以获得右侧的默认结果。Tableau 默认"表横穿"，正好就是"在每个细分范围内，沿着订单日期（年）的百分比差异计算"。

图 9-15　在 Tableau 中，快速表计算自动设置维度字段的角色（范围或依据）

当然，默认的设置并非每次都是正确的，所以笔者建议像 Excel 一样设置，确认偏移计算的依据，从能确保不管字段位置如何变化，逻辑都是一致的。

如图 9-16 所示，右击"总和([销售额]) △"，在弹出的快捷菜单中选择"计算依据→订单日期"命令，而"相对于"（计算依据的方向）菜单选择"上一步"命令[1]。

图 9-16　在 Tableau 中，绝对指定字段设置表计算的范围和依据

和 Excel 的逻辑类似，设置为计算依据的字段（订单日期）规定偏移计算的次序；而其他的维度字段，则限定偏移计算的范围，或者说，**依据字段的尽头就是范围的边界**。

在这个问题中，两个维度分别充当计算依据和计算范围的角色。在多个日期字段的问题中计算环比，可以设置多个日期字段为偏移计算的依据，接下来看问题 4。

## 9.2.3　包含多个维度的同比（下）：设置多个依据

问题 4：华东地区中，各订单年度、各订单季度的销售额总和及季度环比。

和同比不能跨"细分"不同，季度环比不仅要跨越季度，而且可以跨年度，即年度、季度都是聚合比较的计算依据。因此，视图中所有维度都是计算依据，整个虚拟的表对应计算范围。

视图中同时存在年度和季度字段，聚合的比较应该先沿着季度比较，每年 4 季度继续和次年 1 季度比较，因此年度和季度都是依据，并且**季度优先**（季度环比）。如图 9-17 所示，年、季度依次排列时，在"总和销售额"上设置"差异百分比"，默认就是连续各年、各季度的环比。借助"编辑表计算"可以进一步了解它的计算设置，默认的"表向下"可以对应两个维度字段。

注意，计算依据为字段【订单日期】，同时包含了【年（订单日期）】和【季度（订单日期）】，二者的次序很重要。如果是"表向下"，那么按照视图位置从最后字段开始；如果是"特定维度"，那么从最下面的字段开始——即多个依据字段，遵循"深度优先原则"。高级用户可以用 SQL 中的 ORDER BY 子句理解，9.2.4 节会进一步对比介绍。

---

1　不同的版本略有差异，严谨的翻译应该是"上一个"或者"前一个"，后面是"后一个"。

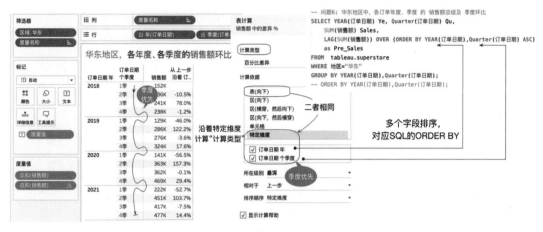

图 9-17 连续年度的季度环比：日期字段都是计算依据

如果在该视图中再添加字段【细分】到列中，【细分】只能作为范围，不能成为依据——不同细分之间、不同日期的聚合比较是没有意义的。此时的表计算设置中，就有未勾选的字段了。如图 9-18 所示，新增的细分不会影响默认的"表向下"偏移计算依据。图 9-18 中的高亮标记有助于理解计算逻辑。

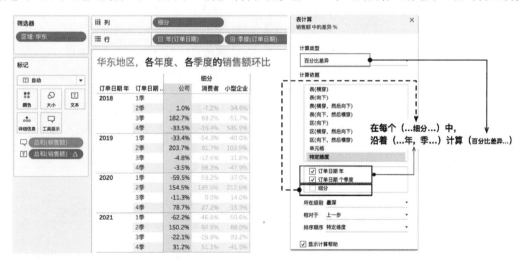

图 9-18 增加新的范围字段，不影响默认的"表向下"偏移计算

借助这个问题，初学者可以结合快速表计算理解每个维度在表计算中的作用。只有充分地理解每个字段在表计算中的作用，才能逐步驾驭后续更高级的函数及其组合。

## 9.2.4 SQL 窗口函数：偏移类窗口函数案例介绍

在 9.1 节中，笔者使用 Excel、SQL 和 Tableau 完成"合计百分比"计算，类似地，能否在 SQL 中实现"同/环比"逻辑呢？同/环比的关键是查询偏移的聚合值。

SQL 中的窗口函数可以实现二次聚合、偏移、递归等运算。以 MySQL 为例，其中就包含 LAG、LEAD，FIRST_VALUE 及 LAST_VALUE 等多个偏移查询函数。

如图 9-19 所示，这里使用一组数据，简要介绍这些函数的逻辑。

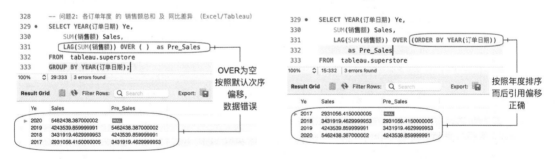

```
— 常见的偏移类窗口函数
SELECT YEAR(订单日期) Ye,
  COUNT(*) Sales,
  LAG(COUNT(*)) OVER ( ORDER BY YEAR(订单日期)) 前一,
  LAG(COUNT(*),2) OVER ( ORDER BY YEAR(订单日期)) 前二,
  LEAD(COUNT(*)) OVER (ORDER BY YEAR(订单日期)) 后一,
  first_value(COUNT(*)) OVER (ORDER BY YEAR(订单日期)) 第一,
  last_value(COUNT(*)) OVER (ORDER BY YEAR(订单日期)) 最后
FROM  tableau.superstore
GROUP BY YEAR(订单日期);
```

**LAG默认偏移一位，引用上一个值**

| Ye | Sales | 前一 | 前二 | 后一 | 第一 | 最后 |
|---|---|---|---|---|---|---|
| 2017 | 3514 | NULL | NULL | 4342 | 3514 | 3514 |
| 2018 | 4342 | 3514 | NULL | 5308 | 3514 | 4342 |
| 2019 | 5308 | 4342 | 3514 | 6754 | 3514 | 5308 |
| 2020 | 6754 | 5308 | 4342 | NULL | 3514 | 6754 |

**LAG增加偏移位置，引用前面第二个值**

| Ye | Sales | 前一 | 前二 | 后一 | 第一 | 最后 |
|---|---|---|---|---|---|---|
| 2017 | 3514 | NULL | NULL | 4342 | 3514 | 3514 |
| 2018 | 4342 | 3514 | NULL | 5308 | 3514 | 4342 |
| 2019 | 5308 | 4342 | 3514 | 6754 | 3514 | 5308 |
| 2020 | 6754 | 5308 | 4342 | NULL | 3514 | 6754 |

图 9-19 SQL 中主要的偏移类窗口函数

SQL 窗口函数的关键是设置 OVER 语法，它由两个部分构成，与 Tableau 的设置理念完全一致。

- PATITION BY 控制窗口计算的范围，如果省略，则以这个聚合表为边界。
- ORDER BY 控制窗口计算的方向，如果省略，则默认按照数据源次序。
- 如果 OVER 之后部分全部为空，则以整个表为边界，查询返回的默认次序为方向。

这里使用 SQL 窗口函数分别完成 9.2 节中的问题，结合案例介绍 OVER 的使用方法。

**1．问题 2：各订单年度的销售额总和及同比差异**

这个问题只有一个维度字段。在 SQL 中，LAG 函数默认查询偏移一位的聚合值，如果偏移更多需要增加偏移量参数。这里的关键是 OVER 之后的偏移查询方向需要指定为年度，从而获得"上一个年度的销售额"。如图 9-20 所示，左侧 OVER 函数之后完全为空，查询按照默认的查询次序（正好是年度的倒序）；右侧增加了 ORDER BY 设置，默认按照升序 ASC 排列，右侧是正确的。

图 9-20 借助 LAG 和 OVER 函数完成偏移计算

因此，使用窗口函数时，应避免 OVER 函数为空的不稳定查询，默认排序总是难以保证完全正确。同时，LAG 函数可以增加偏移量参数查询，比如 LAG(SUM(销售额), 2)，这里省略了 1。

这里 OVER 之后省略了 PARTITION BY，因此计算的依据可以抵达最后一个聚合值，即以整个聚合表的边界为范围，也就是整个数据表为范围。

2．问题 3：各细分市场、各订单年度的销售额总和及同比增长率%

这个问题需要明确指明计算的范围，从而确保同比计算沿着订单年度计算，并以每个"细分"为范围边界。因此，窗口计算的关键是如下的部分：

```
LAG(SUM(销售额),1  ) OVER  (  -- 查找上一个聚合销售，以细分为边界，以订单年度（升序）为依据
PARTITION BY 细分
ORDER BY 订单年度
)
```

这个偏移聚合销售额再与默认的"各细分市场、各订单年度的销售额"计算获得增长率，如图 9-21 所示。

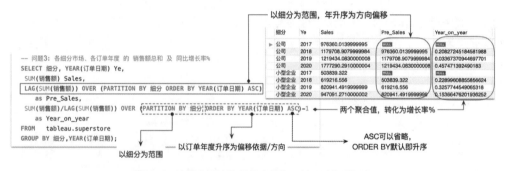

图 9-21 使用窗口计算获得偏移值，然后计算增长率

初学者容易混淆范围和依据字段，这个过程与 Tableau 一致，笔者经常如下提醒自己。

● 谁和谁比较，谁就是依据（方向）——"同比"是年与年比较，故"年"是方向（ORDER BY）。
● 谁和谁不能比较，谁就是范围（分区）——"细分"之间不能同比，即是分区（PATIYION BY）。
● 方向的尽头就是分区的开始——2020 年的尽头是下一个细分的 2018 年，不能跨越。

我们会在 9.3 节进一步总结窗口计算和表计算背后的设置方法。

3．问题 4：华东地区中，各订单年度、各订单季度的销售额总和及季度环比

在这个问题中，谁和谁比较？"季度环比"当然是季度比较。4 季度的结束是下一年度的 1 季度，可以跨越吗？当然可以，因此年和季度是计算依据，如果有其他维度就是范围。这种思考适用于 Tableau 表计算，也完全适用于 SQL 窗口计算。

如图 9-22 所示，ORDER BY 后先以年度排序，再以季度排序，在此基础上获得上一个聚合销售额。PARTITION BY 省略，因此计算可以到整个查询表的尽头，即以整个数据表为范围。

图 9-22 使用 SQL 的窗口函数返回上一个聚合值

在这里，特别注意排序的年、季度是有先后次序的，先按照前面的字段排序，再对其中的结果嵌套第二次排序。如果排序的字段位置颠倒，那么排序的结果会直接影响偏移计算的结果。

如图 9-23 所示，ORDER BY 之后季度在年度之前，因此偏移的结果是先对同一季度中查找上一年度，年度的尽头是下一个季度的开始。每个季度中的偏移计算是季度同比，但是跨年显然就没有业务意义了。

图 9-23 排序字段的更换会引起截然不同的计算逻辑

这个过程与 9.2.3 节中 Tableau 表计算的设置如出一辙，特定维度中的多个字段都是表计算的依据，谁要和谁先比较，对应的字段应该在下面，即"深度优先"的原则，其背后对应的正是 SQL 中的 ORDER BY 后的字段次序。在这个过程中，读者应该可以感受到 SQL 语言的优雅和简洁，而且可以辅助理解 Tableau 表计算的设置过程和底层逻辑。

理论上，数据分析的计算都可以使用 SQL 完成，不过，现实的分析中很多业务用户把它习惯性地视为 IT 专属工具，殊不知伴随技术的快速发展和从业者心智的日渐提高，往日的生涩工具已经越来越简洁好用。全球化面前，地球是平的；数据爆炸面前，技术也将加速平民化。未来企业的数据分析，大部分都将是由业务部门的"平民数据分析师"创建。

SQL 借助程序语言控制输出，并没有类似 Excel 的透视表、Tableau 工作表的"可视化区域"，因此使用偏移类计算不像聚合函数善于控制。不过一旦理解了它们的原理，分析师就可以进一步驾驭 Tableau 的表计算，并在复杂的业务面前借助 ETL 工具（比如 Prep Builder）将复杂逻辑转移到数据表阶段，从而简化问题的复杂性。

理解了偏移函数，SQL 窗口函数就算理解了大半。本章后续将对比 Tableau 的其他表计算函数，介绍更多 SQL 的窗口函数，比如，排序函数 RANK、唯一编码索引函数 ROW_NUMBER 等。

# 9.3　小结：表计算的独特性及两种设置方法

结合第 8 章和本章 9.1 节～9.2 节的案例，本书已经介绍了数据分析中所有的聚合形式及其组合，并在 9.1.5 节对计算做了进一步分类。初学者要完整理解这些计算的差异，绝非一日之功。其中表计算的函数语法数量超过 FIXED/EXCLUDE/INCLUDE LOD 表达式，逻辑复杂性超过聚合，因此是令初学者最头疼的内容之一。基于合计百分比和同/环比差异计算，本节先总结表计算的独特之处，特别是分区和依据的设置方法，而后讲解其他函数。

一旦站在业务角度理解了表计算，分析师也可能进一步理解 SQL 窗口函数的逻辑。

## 9.3.1　从差异计算的两种方法理解窗口计算的独特性

在理解同/环比计算之后，这里从中摘取关键的部分，理解表计算的特殊性，以 2021 年为例：

---

**2021 年利润同比增长 =**
2021 年的 SUM([利润]) – 2020 年的 SUM([利润])

---

这里"同比增长"是同一个聚合度量的计算，即 SUM([利润]) – SUM([利润])，只是每一个聚合前面都对应了条件。这和利润率、成本等字段的逻辑截然不同，它们都是不同度量的直接计算：

- 利润率=SUM([利润])/SUM([销售额])
- 毛利额= SUM([销售额]) – SUM([成本])

如何实现同一个度量相减呢？这就需要分类的维度字段参与其中，比如"订单日期[年]"，实现当前年度的利润总和相对于前一年度的利润总和的差异。

这里的"当前年度"和"前一年度"有两种理解的方式，一种理解是筛选条件，另一种理解是维度分类。不同的理解对应不同的计算方法和查询逻辑。

习惯了用 Excel 分析的人习惯用第一种方式理解，而大数据分析需要强化第二种理解。

### 1. 小数据时代的计算方式：在行级别实现筛选后再聚合

在 Excel 中，第一种理解的典型代表是**条件求和函数 SUMIF**，它将筛选条件和聚合结合在一起，如图 9-24 所示，这里使用 SUMIF 函数，分别计算了多年的利润，两两相减就是差异。

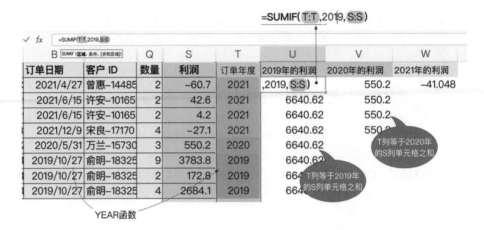

图 9-24　在 Excel 中使用 SUMIF 函数完成指定范围的聚合

SQL 和 Tableau 中没有 SUMIF 函数，但可以使用 SUM 与 IF 结合实现条件聚合，如图 9-25 所示。

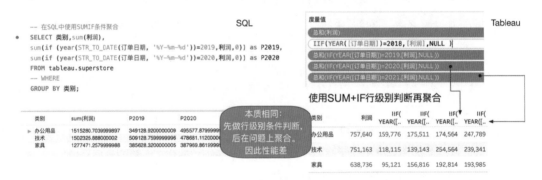

图 9-25　在 SQL 和 Tableau 中使用 SUM 和 IF 组合实现 SUMIF 条件聚合

不过，这种方法适应了小数据时代灵活计算的需求，却难以适应大数据时代高性能的要求。在数据库以列为单位的计算过程中，将行级别判断与聚合嵌套结合，盲目追求单元格级别灵活，将严重拖累查询性能[1]。因此，只有在极少数情况下，笔者才建议使用这种方法。

另外，这种方法仅能完成指定年度的计算，却难以一次性完成"各年度的利润同比增长"。因此，SQL 窗口函数和 Tableau 表计算的方式才如此重要。

### 2. SQL 和 Tableau 基于聚合的二次计算或再聚合

在 SQL 中，使用 LAG 和 LEAD 函数，可以在聚合基础上引用上一年的利润聚合值，而在 Tableau 中，只需要选择快速表计算并设置计算依据，就能完成相同的操作，它的背后是 LOOKUP 偏移引用函数。9.2 节已经介绍，这里摘取相关的行表示如下。

---

1　笔者曾在博客中专门介绍"行级别计算对性能的影响"，这里不做具体展开。

- SQL：LAG(SUM(销售额)) OVER (ORDER BY YEAR(订单日期) ASC )
- Tableau：ZN(SUM([销售额])) – LOOKUP(ZN(SUM([销售额])), –1)

SQL 没有可视化配置界面，因此在 OVER 之后显性指定 LAG 偏移的范围和方向，而 Tableau 需要在可视化界面手动配置计算的依据。它们的共同目的都是为了高效完成此类高级分析：

**基于特定问题的聚合值完成二次计算或者再聚合的高级分析。**

本书把这一类计算统称为"单一聚合值的行间计算"（Computation between values of one measure）。此类计算具有一些典型的特征，这里可以总结两个要点，如图 9-26 所示。

其一，基于**聚合值**而做二次计算或再聚合——表计算的对象必须是聚合值。

其二，**维度**参与表计算的二次计算过程，控制单一聚合值行间计算的范围或方向。

表计算：
# 单一聚合度量，
# 在指定范围中，维度间的行间计算
*computations between values in a scope*

1. 对象是聚合值。
2. 必须有维度参与，决定计算的方向或范围。

图 9-26　窗口计算/表计算的基本定义

### 3. SQL 和 Tableau 窗口函数的设置差异

理解表计算的关键是理解**维度如何参与计算过程**——维度要么作为方向，要么控制范围。

SQL 窗口函数和计算的范围、方向以 OVER 关键词明确规定，典型样式如下：

SUM(SUM([利润])) OVER ( PARTITION BY [范围 A], [范围 B] ORDER BY [依据 1], [依据 2] )

针对不同的计算场景，PARTITION BY 和 ORDER BY 部分可以选择性省略。

比如，"合计百分比"中分母合计，聚合不需要考虑范围内的计算方向，因此只需要指定范围。如果要计算最高详细级别的聚合，设置可以全部忽略。

SUM( **SUM**([销售额]) )　OVER　(PARTITION BY [类别])
SUM( **SUM**([销售额]) )　OVER　( )

相比之下，Tableau 表计算采用了类似 Excel 数据透视表的逻辑，借助设置"计算依据"（Excel 中称为"基本字段"）间接确认表计算的范围。**包含表计算的问题中，维度字段要么指定计算方向，要么约束计算的范围（即方向的边界），既然二者"非此即彼"，就可以借助指定方向字段间接设置范围字段**，如图 9-27 所示。

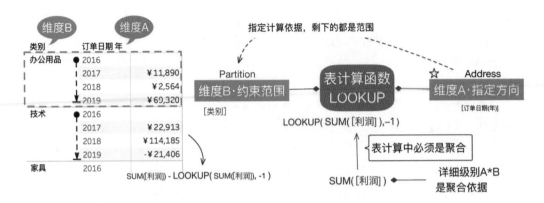

图 9-27　表计算视图中维度的作用

在使用复杂的表计算时，即使经常使用表计算的人，也会时常错误地设置"计算依据"。

一旦理解了"方向字段和范围字段相对而生，借助指定方向间接确定范围"，就会更容易理解 SQL 和 Tableau 窗口计算，剩下的只是不同函数的差异。

## 9.3.2　Tableau 设置范围的两种方法：相对/绝对方法与适用场景

既然表计算的特殊性是维度参与计算过程，因此关键就是为表计算设置计算依据和计算范围。在 SQL 中，只有一种绝对指定字段设置依据和范围的方法，而在 Tableau 中，由于可视化视图的存在，因此有相对和绝对两种设置方法，相对方法依赖于可视化视图，绝对方法依赖于字段。

Tableau 中，表计算默认计算依据是"表（横穿）"，或者"表（向下）"，这种不指定字段，只是按照行列位置指定表计算的计算方向，笔者将其称为"相对的方向和分区"，在英文的官方文档中，方向对应 Direction、范围对应 Scope。如图 9-28 所示，相对方向有"横穿"（Across）和"向下"（Down）两种，相对分区有表（Table）、区（Pane）、单元格（Cell）共计 3 种。

图 9-28　两种指定表计算方向和范围的方法

相对方向和相对分区最多有 9 种组合方式。相对和绝对是可以相互转换的。

如图 9-29 所示，在表计算字段右击，在弹出的快捷菜单中选择"编辑表计算"命令，可以查看当前的设置，并切换为"特定维度"的计算依据。这种类似 SQL 以字段代表方向的方式被称为"绝对的依据和分区"，SQL 的窗口函数就是使用这种方式。在 SQL 中，由于没有可视化配置界面，窗口计算的依据和分区必须以字段方式明示。

图 9-29　相对的表计算设置与绝对的表计算设置

相对表计算的设置方法较为简单，而且是以肉眼看得见的方式理解，特别是无须编辑就能将多个字段设置为计算方向（比如图 9-29 中的"表（横穿）"命令，相当于以两个日期字段为依据）。

不过，虽然默认的方式看似简单，但它主要适用于初学和相对简单的场景，大多数场景下，笔者推荐使用绝对设置的方法——一是验证结果，二是稳定可靠。就像有人打电话问路，恰好又比较复杂，最佳的指路方法是使用标准的东南西北指引，比如"往南 3 栋楼，再往东 100 米路口向南拐 100 米路西"，而不能是相对的前后左右，"往右 3 栋楼，再往大 100 米路口右拐右手边"。"东西南北"是适用于所有人的、最安全的指路方法。只有距离较短，左、右这样的相对方向才是较为可靠的。

相对与绝对亦是同理。相对表计算适用于简单的计算场景，复杂场景时应避免使用。以笔者的经验，相对表计算设置主要用于以下情景。

- 初次学习，用"横穿""向下"的直观方式理解表计算。
- 在表计算设置过程中，使用相对方式测试，验证成功之后转换为绝对设置。
- 不希望锁定表计算依据，而是随着视图维度变化自动调整，比如存在分层结构字段。

而在以下的高级场景中，则完全不能使用相对设置。

- 计算依据维度字段不在行列中（比如在"标记"中），典型的如帕累托分析（见 9.9 节）。
- 如果希望更改维度的相对位置，而表计算结果不改变，则必须改为"特定维度"，这在将交叉表转为可视化图形时尤为重要。
- 使用表计算的高级功能，比如"深度""重新开始"等功能。
- 多个表计算嵌套，而每个表计算的依据各不相同。

在本书中，除非特别说明，笔者默认都会用明确指定方向的"绝对方向"方式来设置表计算。

## 9.4　高级分析函数之排序计算：INDEX 与 RANK

至此，本章已经介绍了合计百分比、同/环比偏移计算，并结合 SQL 总结了窗口函数/表计算的独特性和设置方法。本节将介绍一个新的高级分析场景：递归计算。

### 9.4.1 Tableau/SQL 排序与百分位排序

排序是非常重要的计算，它的特殊之处在于，计算过程需要反复地引用自身。就像中学体育课程，同学们按照身高自高到低站成一排时，每个人需要反复和身边的人比较身高并更换位置，直至体育老师满意为止。这被称为"递归"计算（Recursion），是表计算独特的应用场景。

这里先介绍排序的多个类型，之后展开介绍。

#### 1. 排序的多种类型

按照排序的字段类型区分，排序可以分为维度排序和度量排序两种，还可以按照字段属性或返回值算法进一步区分。如图 9-30 所示，对比了 Tableau 和 SQL 中的排序函数。

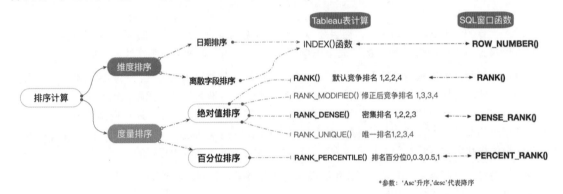

图 9-30　Tableau 排序表计算与 SQL 排序函数对应表

最常见的排序是度量排序——把多个数字按照大小升序或者降序排列。另外虽不常见但至关重要的是维度排序（或者维度索引），在公共基准分析、客户迁徙分析、客户留存分析等高级分析场景中必不可少。

维度排序又分为日期排序和离散字段排序两种。由于日期本身具有连续性（次序字段），无须排序即有先后，主要应用场景是不同排序方式的转换。离散字段的自我排序（不依赖于聚合度量等外部条件）通常称为索引（Index）。为自身增加索引编号，可以视为特殊的排序类型。

- 次序日期的索引：比如把连续的订单日期标记为 1，2，3，4…而不关心具体的订单日期本身，这种绝对日期到相对次序的转换，是客户留存分析的关键。
- 离散维度的索引：最常见的是在分析结果之前增加序号，离散的序号与排序无关。

这里先介绍两个最重要的索引函数及其经典案例。

#### 2. 索引函数 INDEX 和 ROW_NUMBER

现实生活中，索引作为一种特殊的次序编码随处可见，比如，发票上的发票号码、入学登记表上的序号编码、地铁的站台次序等。通俗地说，**索引通常是人为预先设置的一个整数递增的数字标签**。在 Excel 中，很多人也保留了类似的习惯，常常为一组数据标记"序号"，方便查找数据。

而在分析中，明细行的索引通常没有意义，很少有人查看完整的数据库表。索引通常针对聚合之后的数据交叉表，这也是 Tableau 中 INDEX 和 SQL 中 ROW_NUMBER 的应用场景。

不过，由于 Tableau 的结果是可视化视图，而 SQL 的结果是交叉表，交叉表只是数据的中转地，所以索引函数又有一定差异。

如图 9-31 所示，在 Tableau 中，在离散字段之后创建 INDEX 并转换为离散显示，就为【子类别】增加了整数索引，随着排序的变化，索引永远保留 1-2-3 的整数递增序列，可见，INDEX 是不依赖字段的递增序号。而在 SQL 中，不指定方向和范围的 ROW_NUMBER OVER 是相对于数据源顺序的次序，结合 PARTITION BY 和 ORDER BY 可以实现各种定制化组合。SQL 中的次序是绝对的，必然依赖于字段的先后位置。

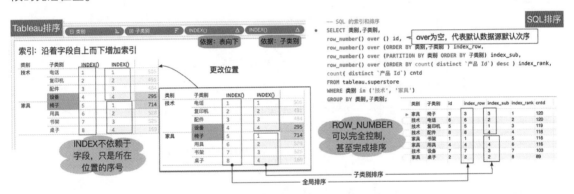

图 9-31　Tableau 排序表计算与 SQL 排序函数案例对比

在 9.4.2 节公共基准案例中，Tableau 中 INDEX 函数的灵活性正是业务分析师所需要的，而 SQL 的稳定性，则是数据库工程师和数据仓库 ETL 处理过程中所需要的，在对应的领域各有所长。

### 3. RANK 函数排序的多个类型

最常见的排序是"以某个度量为依据，对离散字段的排序"，典型的是 RANK 函数。凡排序必有"升/降"两种递增方法，通常默认是"升序"（Ascend，简称 ASC），即最小数标记为 1。根据需要可以改为"降序"（Descend，简称 DESC），即最大值标记为 1[1]。

并列排名对排序的结果有较大的影响，根据不同的并列排名处理方法，又对应不同的排序策略。最重要的是竞争性排序和密集排序。

- 竞争性排序：相同的排名记作一个序号，并跳过后续的排名位置，比如 1，2，2，4。
- 密集排序：相同的排名记作一个序号，之后连续排名，比如 1，2，2，3。

---

1　SQL 语言的默认排序方式是升序，ORDER BY 子句若未指定升序（ASC）或降序（DESC），那么就按默认升序排列。

如图 9-32 所示，分别用 Tableau 和 SQL 完成"家具类别下，各子类别的 SKU 数量及其排序"。由于 Tableau 默认是"降序"（即最大值排序为 1）排列，在 SQL 中进行降序排列使二者结果保持一致。

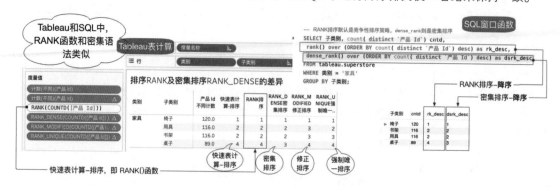

图 9-32　Tableau 和 SQL 的密集排序与竞争性排序

由于"用具"和"书架"都有 116 个 SKU（【产品 ID】不重复计算聚合），因此它们并列第 2，在默认的竞争性排序中，排序是 1-2-2-4，第 3 名的位置跳过了；而在密集排序中，排序结果是 1-2-2-3，次序没有跳过。这两个函数在 Tableau 和 SQL 中逻辑一致。

除了上述两种排序，Tableau 还提供了修正排序函数 RANK_MODIFIED 和强制唯一排序函数 RANK_UNIQUE，它们会对并列排名做进一步调整，逻辑如下。

- 修正排序：把 1-2-2-4 的排序修正为 1-3-3-4 排序。
- 强制唯一排序：并排的排序强制改为不同次序 1-2-3-4 排序。

在 9.4.3 节的案例中，笔者将结合表计算的范围、方向，进一步介绍排序函数 RANK 的使用。

4.【难度】排序的相对化处理：从绝对值排序到百分位排序

RANK 函数适合对比一个序列中的前后关系，却难以对比多个序列中的大小关系，比如，在 A 班考试 80 分，对比在 B 班、C 班的同学成绩，同等排名的成绩是多少？举个例子：

- 小明在 A 班的成绩，考试 80 分，5 位同学成绩是 {100，90，**80**，70，60}
- B 班是校长亲自上课，同学少，成绩好，因此是 {100，95，90，**80**}
- C 班远程学习，他们的成绩差异比较大，{90，85，**80**，75，74，70，60}

考虑到班级教学之间的差异，既不能取每个班级中考 80 分的同学相互比较，也不能取每个班级中第 4 名相互比较。科学比较的前提是样本具有可比性，一种比较方法就是，先把每个班级的成绩排名都转换为相同区间的相对排名，再相互比较。这就是"百分位排序"的重要价值。

如图 9-33 所示，可以想象成一把公共的比例尺 0～1，把序列中的数据置于其中，最大值在 1 的位置，最小值在 0 的位置，其他数据**等距分布**。每个数据值对应 0～1 的位置，就是它的百分位。

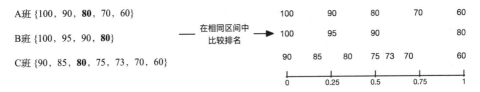

图 9-33　把多个序列放在一个公共的区间中，转换为百分位后排序

这个逻辑对应 Tableau 快速表计算的"百分位"计算，它的背后是 PERCENTILE_RANK 函数，对应 SQL 中的 PERCENT_RANK 函数。这里也要注意并列排名对百分位的影响，以及 Tableau 和 SQL 百分位的计算差异。图 9-34 展示了"各类别、各子类别的 SKU 数量、排序及其百分位排序"，这里的排序和百分位排序分别展示了整个表的结果，以及各类别结果。

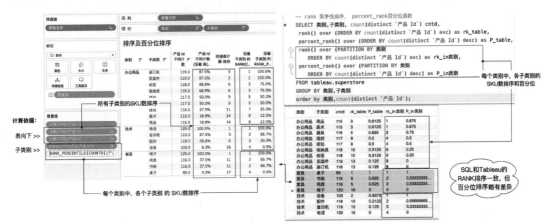

图 9-34　为度量建立百分位排序，注意并列排名对百分位排序的影响

和行级别百分位（Percentile）一样，聚合的百分位排序并无一致的标准，Tableau 和 SQL 就采用了不同的逻辑。如下所示为 Tableau 中"技术"和"家具"类别下各子类别的百分位排序。

技术：{120，119，118，103} ——> {1，2，3，4} ——> {100%，66.7%，33.3%，0%}

家具：{120，116，116，189} ——> {1，2，2，4} ——> {100%，66.7%，66.7%，0%}

为了帮助读者理解，中间增加了 RANK 函数，它们的相互关系如下（SIZE()代表区域内元素总数，AGG 代表聚合度量）。

$$\text{PERCENTILE\_RANK}(\text{AGG}) = \frac{\text{SIZE}() - \text{RANK}(\text{AGG，DESC})}{\text{SIZE}() - 1}$$

SQL 的百分位排序相当于是基于 Tableau 中的修正排序转化而来的。

排序函数和百分位排序函数应用较广，因此都被直接列入"快速表计算"。

## 9.4.2　公共基准对比：不同时间的电影票房对比（TC2）

Tableau 官方提供了"十大表计算案例"[1]，本题目为其中的第 2 题（记作 TC2）。

在业务分析中，有一类非常典型的分析场景，在主视图强调趋势的同时增加同期对比。在产品分析、员工业绩产能、客户留存分析等各个领域都具有重要的分析价值。常见的问题如下。

- 不同时间上市的多个汽车车型，自销售以来各月的汽车保有量对比。
- 不同时间招聘的员工，各月业绩的增长趋势及对比。
- 不同时间获得的新客户，各月份的客户业绩开单比例。
- 不同时间段的贷款账户，各还款期间的提前结清比例和逾期比例对比。

上述问题都包含相同的结构：第一个时间代表分类，第二个时间代表趋势的变化。由于不同时间分类的数据对应不同的趋势坐标轴，并非同期，因此在折线图中就会有明显偏移，无法比较。

如图 9-35 所示，展示了某品牌汽车各车型上市之后各个季度的保有量。区别在于，左侧的时间轴是绝对的日期时间轴，不同颜色的起点，代表不同的上市时间；右侧的横轴则是每个车型上市之后的相对季度，即上市后的第 1，2，3…N 个季度，即公共基准坐标轴。这里纵轴是累计销量，更好地对比不同车型的市场累计保有量，而非当期新增销量。

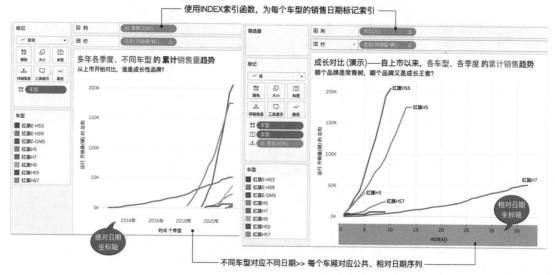

图 9-35　某汽车品牌不同车型上市以来的保有量趋势对比[2]

此类问题的关键是如何把各自的时间基准转化为同期对比的公共基准。因此笔者把此类问题称为"公共基准对比分析"。

---

1　Tableau 官方提供的十个经典案例。

2　数据来自网络公开数据（车主之家），不违背与客户签署的保密协议。

在 Tableau 官方"十大表计算案例"中，有一个类似的典型题目：分析不同年代上映的《玩具总动员》系列电影的票房收入趋势。笔者借这个案例分析此类问题的分解和完成方法。

为了对比每部电影随日期的票房状况，最佳的策略不是查看每天的票房收入（波动过大），而是查看累计的票房收入。计算每部电影的累计收入，就需要用"累计汇总"表计算函数——RUNNING_SUM。

如图 9-36 所示，以日期（Date）为横轴，以票房收入（Gross）为纵轴构建折线图；电影（Movie）拖入"标记"的"颜色"中作为分类。特别注意，在总和（Gross）上右击，在弹出的快捷菜单中选择"快速表计算→累计汇总"命令[1]，并确认计算依据为横轴的 Date。这样就展示了"每个电影在每一天的累计票房收入"。

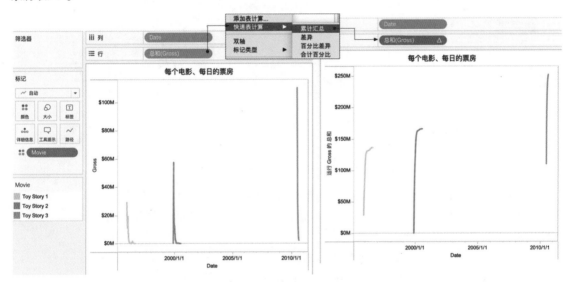

图 9-36　绝对日期的票房，以及累计票房汇总

不同电影的上映时间不同，因此无法横向比较，对比的前提是把每部电影票房对应的绝对日期（比如 1995 年 11 月 24 日）改为相对日期（比如上映第一周）。这样 3 部电影就可以基于相同的时间轴对比——这个相对的日期轴就是公共基准。这是同期比较的关键和难点所在。

从绝对日期转换为相对日期次序的过程，相当于为每一个日期加了一个 1，2，3…的索引编码，类似于体育课上不同班级的同学都可以按照高矮次序报数。这就可以用索引函数 INDEX 实现。

如图 9-37 所示，在累计票房收入的折线图基础上，在【Date】字段胶囊后面双击输入 INDEX 函数，而后把【Date】字段拖入"标记"的"详细信息"中。INDEX 表计算默认依据是表向下或表横穿，视图中没有维度后"INDEX()"的结果都是 1，如图 9-37 左侧所示。之后在"INDEX()"和"总和（Gross）

---

1　在 Tableau Desktop 2021.4 之前的版本，对应快速表计算的第一个"汇总"，经笔者建议，之后版本改为了"累计汇总"，从而更好地区分 RUNNING_SUM 和 TOTAL 两类函数。

△"上右击，在弹出的快捷菜单中选择"计算依据→Date"命令[1]（日期是表计算的依据，每个电影重新排序，因此电影是范围）。最后把默认点图改为"线"，就是最终的效果。

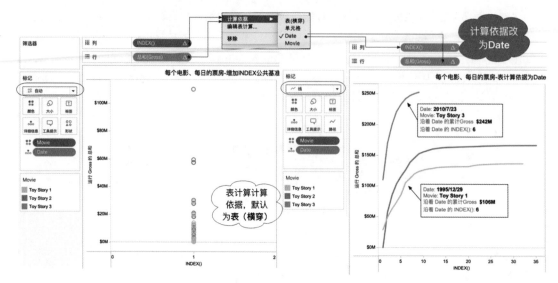

图 9-37　使用 INDEX 函数，把绝对日期转化为相对日期轴

这里的关键是，视图的横轴从"Date"精确日期，改为相对的"INDEX()"索引次序，但又不能移除【Date】字段——维度 Date 和 Movie 共同决定了问题详细级别，它们既是聚合的依据，又约束表计算的计算范围和依据。因此，Date 字段出现在了"标记"的"详细信息"中[2]（Detail）。

借助该案例，分析师可以进一步思考字段在视图、聚合、表计算中的作用，如下所示。

- 电影（Movie）和日期（Date）是问题详细级别，共同决定了票房总和的聚合。
- "累计汇总"沿着日期计算，日期和日期可以直接累加，因此 Date 是计算依据。
- 不同电影的票房不能相互累加，彼此的上市时间也相互独立，因此 Movie 是计算范围。
- 指定"计算依据→Date"，同时间接指定"计算范围→Movie"，二者角色非此即彼。

在本案例中，Date 精确日期可以根据需要改为上映周数或者其他日期粒度，并不影响表计算的设置。初学者也可以借助交叉表来理解上述的过程，从而进一步体会表计算的设置对计算的影响。

INDEX 函数在很多案例中应用广泛，在本书 10.6.6 节，笔者将结合 Fixed LOD 计算和 INDEX 函数实现客户的留存分析——是本书中最重要的案例之一。

### 9.4.3　凹凸图：随日期变化的 RANK 函数（TC4）

排序分析是问题分析中的第一大类型，对应的条形图可谓可视化图形之首。条形图通常与排序紧密

---

1　在本书第 1 版中，笔者错误地认为"索引只能基于离散的日期"，增加了设置日期离散，特此更正。
2　"标记"中的"详细信息"翻译为"详细级别"或者"级别"更佳，Level of Detail 的重点在 Level 而非 Detail。

结合——维度是聚合的分组依据；反之，聚合度量则是离散维度的排序依据。当数据值特别多时，排序本身就会替代绝对值成为问题的焦点，典型的代表是凹凸图，也称为凹凸排序图。

本节以"各子类别，随时间（年季度）的销售额排序变化"为例，介绍凹凸图的制作方法。

9.4.2 节的公共基准分析是把绝对的精确日期轴转换为相对的日期轴；凹凸图的关键则是把绝对的度量坐标轴转换为相对的排序坐标轴。它们同属于一类高级分析。

本案例使用折线、同步双轴、排序表计算、高亮显示等多种功能，最终样式如图 9-38 所示。

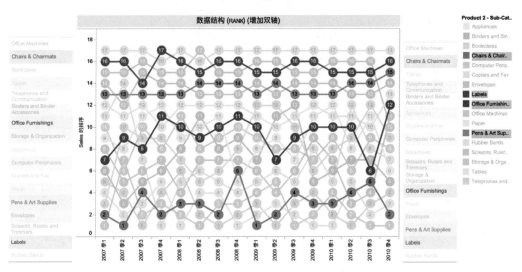

图 9-38　凹凸图：各个子类别沿着季度的排序变化

### 1．问题解析和构建基本的可视化

问题解析是数据分析的起点。先忽略问题中包含的"聚合的二次计算/聚合"的表计算，只聚焦问题的三个构成，将问题分解为如下所示。

- 筛选范围：无。
- 问题详细级别：子类别*年季度。
- 问题的度量：销售额总和。

问题中包含连续的日期，连续日期和连续度量对应两个坐标轴，因此问题类型是"时序分析"，可视化样式对应折线图。多个子类别可以作为分区或者颜色出现。基于这样的分析，可以构建如图 9-39 所示的可视化图形。

这个图形过于混乱，既难以反映整体或者每个子类别的增长趋势，又看不出不同子类别之间的排序。究其原因，是子类别分类太多，销售额又彼此相近。为此，可以进一步强调每个季度中，各个子类别的**销售额相对排序**变化，而忽略**绝对销售额**之间的差异。

为了方便理解，笔者在这里引用交叉表，先把绝对排序转换为相对排序，再绘制可视化图形。

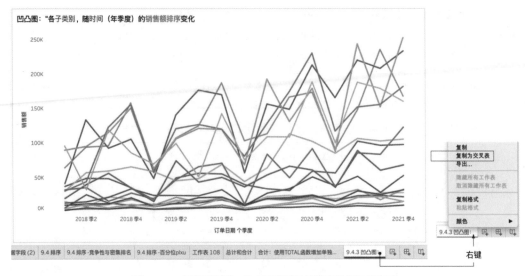

图 9-39　多重折线图：各个子类别沿着季度的销售额变化

### 2. 使用交叉表辅助理解表计算

使用"复制交叉表"或者创建新的工作表，可以获得如图 9-40 左侧所示的交叉表。之后在"总和销售额"字段上右击，在弹出的快捷菜单中选择"快速表计算→排序"命令，并选择"计算依据→子类别"命令，转换为图 9-40 右侧所示的交叉表。

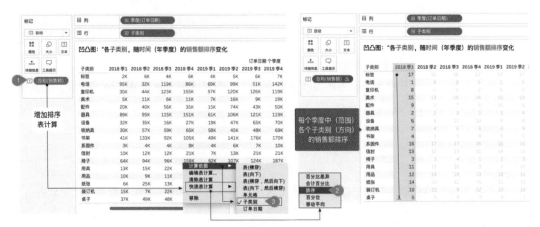

图 9-40　设置表计算依据：将绝对排序的交叉表，转换为相对排序的交叉表

表计算的关键是设置二次计算的范围和依据。要在每个季度中计算子类别之间的销售额排序，就需要设置季度为表计算范围（不能比较的是范围）、子类别为依据（谁和谁比较，谁就是依据）。

注意，虽然计算依据为"表向下"可以暂时获得完全相同的结果，但是笔者不推荐这种相对的处理方法，接下来交叉表转换为可视化图形时，相对的设置方法会随着视图的变化而变化。

### 3. 交叉表转换为可视化图形

交叉表中已经包含了问题分析所需的所有数据，接下来可以转换为可视化图形增强表达。可视化图形需要有坐标轴，坐标轴依赖连续的字段。把连续的"总和（销售额）△"胶囊拖动到行区域中，连续聚合度量就创建了坐标轴，而后把离散的【子类别】拖入"标记"的"颜色"中，如图 9-41 所示。

图 9-41 每个子类别随着时间的排序变化

此时，之前销售额总和的绝对值不见了，取而代之的是不同销售额的相对排序——每个季度中不同子类别的排序。点击颜色，可以高亮显示特定分类在连续日期的排序变化。

不过，这里有两个问题有待解决：默认坐标轴自下而上，但表计算排序默认升序，因此销售排名第一的子类别就到了可视化底部，与"越高越好"的直觉违背。排序中缺少数字，不够直观。

因此，一方面设置坐标轴"倒序"；另一方面使用"双轴+同步轴"增加排序数字。

如图 9-42 所示，在坐标轴上双击，在弹出的设置中勾选"倒序"复选框，即可设置将最高销售额的子类别置于视图顶部。而后复制"总和（销售额）△"字段，将并在"标记"中设置"图形类型"为"圆"，点击"标签"勾选"显示标记标签"复选框，并设置文本居中显示。最后添加坐标轴的双轴、同步，即获得最终的凹凸图样式。

至此，关键部分就完成了。在商业仪表板中，还可以把凹凸图和前后两个时间段的子类别次序拼成完整仪表板展现，结合高亮显示效果当然会更好。

和 Tableau 不同，SQL 中没有可视化图形，只能完成排序交叉表。如图 9-43 所示，SQL 中 RANK 函数无须嵌套聚合值，而是借助 OVER 函数设置，PARTITION BY 分区依然是日期。

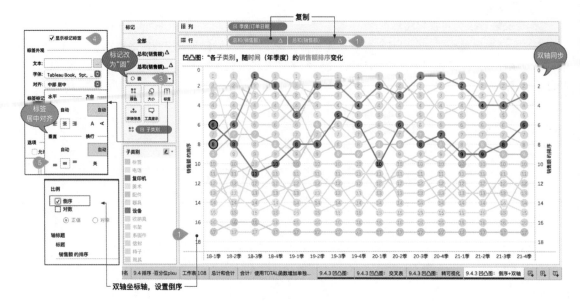

图 9-42　设置坐标轴倒序，并增加标签文本

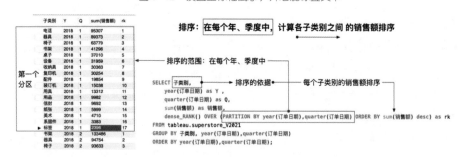

图 9-43　在 SQL 中，使用 OVER 控制排序的范围，间接控制计算的依据

可见，SQL 中的 RANK 函数指定范围和方向的逻辑，与 Tableau 正好相反：Tableau 借助指定计算依据间接指定计算范围，而 SQL 借助指定排序的范围（PARTITION BY）间接指定计算依据。

至此，读者一定感受到了，Tableau 表计算与 SQL 窗口函数其实是完全一致的，前者在后者的算法基础上增加了可视化的配置方法。因此，理解了其中之一，另一种工具就可以触类旁通。

## 9.5　最重要的二次聚合函数：WINDOW（窗口）函数

本节笔者要介绍 Tableau 表计算中最重要、最多变的函数：WINDOW_SUM，它是累计汇总、合计、移动平均、偏移，甚至参考线的理论基础。

SQL 窗口函数的"窗口"和 Tableau 表计算的"表"都是"范围"的意思，既然是范围，就可以设置范围的起点和终点。按照起点和终点能否变化，笔者把窗口函数由易到难分为 3 类，对应合计、累计汇总和移动汇总 3 个典型函数，如图 9-44 所示。

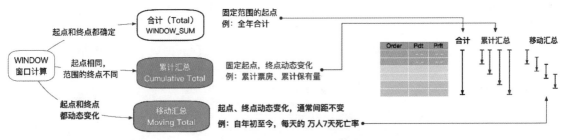

图 9-44  窗口计算的 3 种特殊类型

接下来，我们把 Tableau 表计算函数和 SQL 窗口函数统称为"窗口函数"。

## 9.5.1  合计：最简单、常用的 WINDOW（窗口）函数

合计是最简单的表计算应用，在 9.1 节"合计百分比"案例中介绍。只是合计并非表计算的特有场景，还可以使用 FIXED LOD 计算完成（本质上是两个聚合的连接）。本节进一步介绍包含多个维度字段时的合计，以及对应的 SQL 计算方法。

根据范围的不同，合计又分为"小计"和"总计"两种类型，"小计"指一部分数据的合并，总计则指整个数据表的范围。在不同的工具中，名称略有差异。在 Excel 中，透视表自动为分组聚合添加小计和总计，而 Tableau 默认不增加合计，必要时可以从分析中拖曳"合计"创建。在 SQL 中甚至可以绕过窗口函数，直接使用 WITH ROLLUP 语法增加合计（注意，合计是以单独的行而非单独的列出现的）。

如图 9-45 所示，从左到右展示了 Excel、Tableau 和 SQL 的合计样式。

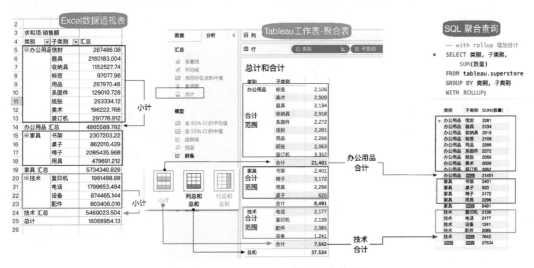

图 9-45  Excel、Tableau 和 SQL 中的合计

合计的关键是"指定合计的范围"，在范围之中的聚合值计算不分先后，因此无关方向。

虽然部分工具可以默认显示合计（特别是 Excel），但高级分析需要自定义计算合计，而后进一步组合自定义计算，因此，需要把合计创建为单独的**度量列**，而非夹杂在维度之间的行。这就是窗口函数的应用场景。

在 Excel 中，透视表中没有单独的聚合函数。在 SQL 中，使用 SUM(SUM)二次聚合配合 PARTITION BY 指定合计范围；在 Tableau 中，可以使用 TOTAL 合计函数、辅助计算依次实现。如图 9-46 所示，使用 Tableau 和 SQL 完成"各类别、细分的数量及类别合计"。

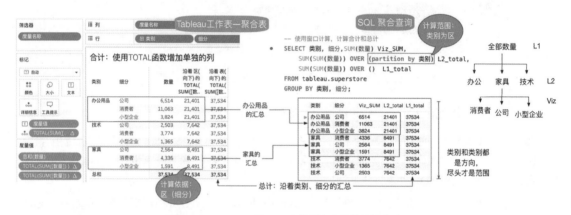

图 9-46　Tableau 和 SQL 中使用窗户函数计算合计

Tableau 的 TOTAL(SUM(数量))对应 SQL 的 SUM(SUM(数量))，是 WINDOW_SUM (SUM(数量))的简化形式。使用窗口函数计算合计，关键在于理解嵌套的聚合和窗口函数的差异，要点如下。

- 合计是**直接聚合的二次聚合**，维度（详细级别）是聚合的依据。直接聚合由视图详细级别限定（GROUP BY 子句），二次聚合则由计算依据（OVER）限定。要准确理解 Tableau 中的 TOTAL（SUM）和 SQL 中的 SUM（SUM），它们内外两层的依据截然不同。
- 合计只需要指定范围（各类别的合计），该范围中的聚合值全部相加，无关计算方向。
- SQL 使用 PARTITION BY 明确指定合计计算的范围。Tableau 借助指定"计算依据"间接指定计算范围（指定"细分"为合计的依据，"类别"就是范围）。
- 计算依据可以是一个维度字段，也可以是多个维度字段。如果设置计算依据为"细分"，合计就是"各个类别的数量合计"（图 9-46 中标记为 L2）；如果设置计算依据为"细分+类别"，合计就是"全国的数量合计"（图 9-46 中标记为 L1）。

在包含多个维度字段的问题中，可以计算多个详细级别的合计。笔者习惯用 L1 代表最高聚合度的详细级别（即总公司）、L2 代表仅有一个维度字段的详细级别（比如各类别的数量），之后是 L3 或者视图。这种方式有助于理解问题的层次性。

接下来的累计汇总和移动汇总，可以视为在合计的基础上调整了二次聚合的起点和终点。

## 9.5.2　累计聚合：RUNNING_SUM 函数——累计汽车销量

在业务分析的过程中，汇总的范围可能随着当前时间的变化而自动变化，比如"从年初到各月的 YTD 累计销售额""喜乐君图书各月的累计销量""红旗汽车各月的市场保有量"（见 9.4.2 节）等。它们代表了窗口计算的一个特殊类型：累计汇总（Cumulative Total）——汇总的起点从最早日期开始，结束的范围取决于坐标轴的时间点。

最简单的累计汇总形式是只有一个日期维度的累计（沿着日期的默认次序累计），如图 9-47 所示，左侧折线是"某品牌，各年度的汽车销量"，复制销量字段后，选择"快速表计算→累计汇总"命令进行设置，就会生成从**第一年到各年**的累计汇总（2017 年累计销量是从 2012 年至 2017 年的总销量，而 2018 年的累计销量是从 2012 年到 2018 的总销量，以此类推）。双轴合并，如图 9-47 右侧所示。

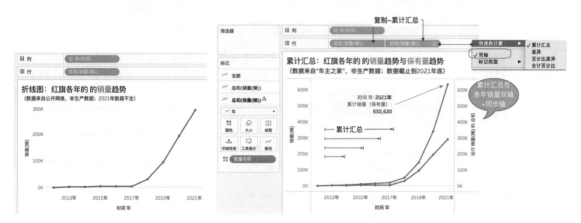

图 9-47　基于各年汽车销量，计算各年汽车的累计销量[1]

形象地理解累计汇总，可以假想有一个"虚拟小人"，从第一年度跑向最后年度，每跑到一个年度就把之前的数量累加起来，边跑边累加，这个反复递归前值的计算过程就是 RUNNING_SUM，也是 Tableau 中"累计汇总"函数名称的来源。双击上述表计算，可得：

RUNNING_SUM( SUM([销量(辆)]) )

如果单看一年内的数据，从年初到各月的累计汇总简称"YTD 总计"（Year To Date Total，相关快速表计算有"YTD 总计"和"YTD 增长率"，它们是累计汇总和同比的延伸，如图 9-48 所示。

YTD 是累计汇总的时间版本，它自动识别年为分区（每年重新计算实现），还需要满足：

- 视图中有代表年度的离散日期。
- 有一个比年更低聚合度的时间字段，比如季度或月份。

在 SQL 中，累计汇总和 YTD 累计汇总借助 OVER 子句控制。

---

1　销量数据来自"车主之家"公开数据。

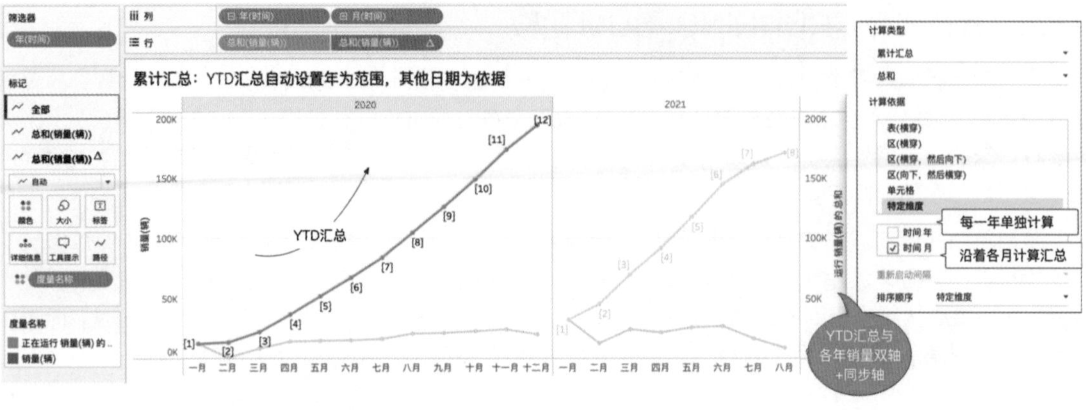

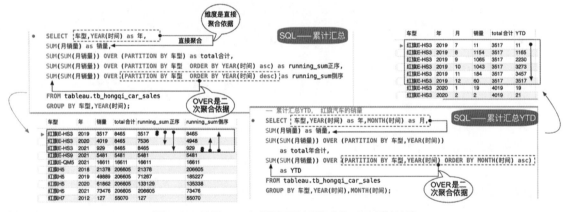

图 9-48  在每一年度中，计算 YTD 汇总（年为范围）

如图 9-49 所示，左侧展示了"不同车型，各个年度的销量及累计销量"，而右侧问题的详细级别聚合度更低，展示了"各车型、各年度、各月份的销量及 YTD 累计销量"。日期都是累计聚合的依据（对应 ORDER BY 子句），甚至可以结合 ASC、DESC 实现正序和倒序累计。借助 SQL，读者可以进一步理解 Tableau 累计汇总背后的逻辑（范围控制二次聚合的边界，而计算依据控制计算的方向）。

图 9-49  使用 SQL 完成各年累计和年内的 YTD 累计计算

除了 RUNNING_SUM，Tableau 表计算累计汇总函数还有其他多个函数，其设置和累计汇总完全一致，只是聚合方式不同。比如。

- RUNNING_AVG：累计平均函数。
- RUNNING_MAX：累计最大值函数。
- RUNNING_MIN：累计最小值函数。
- RUNNING_COUNT：累计计数函数。

在 SQL 中，没有 RUNNING 的聚合前缀，对应 AVG(SUM(销量))等语法，而 RUNNING 前缀代表的"累计"计算借助 OVER 之后的 ORDER BY 子句控制。

## 9.5.3　移动聚合：移动窗口计算函数 MOVING AVG

相比累计汇总的起点固定、终点随当前值变化，"移动聚合"的起点和终点都是动态变化的，但起点到终点的区间距离相对固定。最典型的用例是股市中的"移动平均线"，如收盘价 7 天移动平均（MA7）、30 天移动平均（MA30）等。

如图 9-50 所示，展示了万得全 A 指数（除金融、石油化工）的日线 K 线图，其中多个颜色的平滑趋势线，就是基于每日收盘价二次计算而来的移动平均指数。下方的 MACD 指标则是经典的基于移动平均而来的参考模型，从可视化角度看，它由 MA12 和 MA26 个移动平均线同步双轴组成趋势线，趋势线的差异构成柱状图。

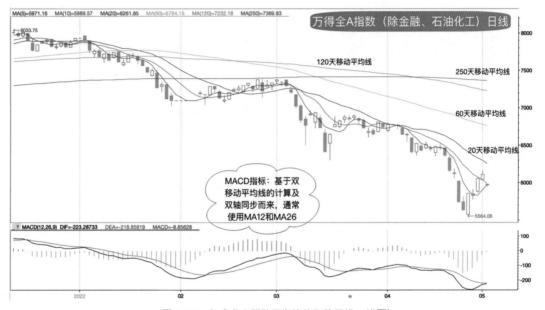

图 9-50　包含多个移动平均值的指数日线 K 线图[1]

从这里可以看出，**移动平均的重要功能是平滑波动**——股市中的移动平均线（Moving Average）可以抹平波动突出长期趋势，而疫情分析中采用"过去 7 天每万人死亡人数"移动汇总（Moving Total），既能平滑数据，又能放大数据，否则极低的死亡率数据不便于比较。

在 Tableau 中，基于日线数据使用表计算可以快速构建移动计算。

如图 9-51 所示，在"每日的收盘价折线图"基础上，复制聚合字段 SUM([Close])（见图 9-51 位置 ①），之后右击，在弹出的快捷菜单中选择"快速表计算→移动平均"命令（见图 9-51 位置②），就自动设置了 3 天的移动平均值；再次右击，在弹出的快捷菜单中选择"编辑表计算"命令（见图 9-51 位置③），在弹出的窗口中点击范围，设置前 15 个值和当前值，即是"从当前往前推 16 个数据值的聚合平均"，简

1　数据来自 Wind 客户端，数据截至 2022 年 5 月 5 日。

称 MA16（Moving Average）（见图 9-51 位置④）。为了展示得直观简洁，这里设置了坐标轴双轴、同步、并不显示零值。

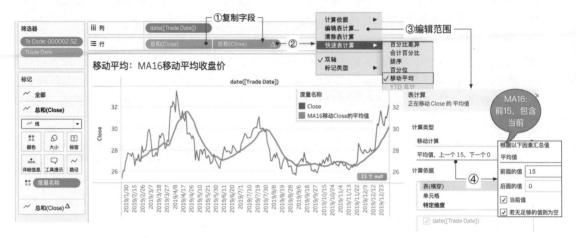

图 9-51　使用快速表计算增加移动平均值

虽然移动计算的英文是 Moving Average，但是并没有 MOVING_SUM 这样的计算。双击上面的表计算，会发现移动计算就是增加了起点和终点范围的 WINDOW（窗口）函数。Tableau 表计算的语法如下：

$$WINDOW\_AVG(SUM([Close]), -15, 0)$$

这里的-15 代表前面第 15 个聚合值（负数代表前面），0 代表当前聚合值，最后计算平均值。对于每一天而言，都是前面 15 个和当前 SUM([Close])聚合值的算术平均，语法简洁而优雅。如何确认前面或者后面的计算方向呢？Tableau 使用计算依据来确认，这里默认的表横穿就是沿着日期字段。

在 SQL 中，二次聚合的计算依据借助 OVER 子句控制。移动计算的难点在于如何设置范围的大小。SQL 此时就要引入一些全新的规则，如下所示。

```
-- 移动汇总 ,某个指数的收盘价和移动平均值
SELECT ts_code, trade_date, sum(close),
avg(sum(close)) over (PARTITION BY ts_code ORDER BY trade_date rows between 15 preceding and current row) MA16,
avg(sum(close)) over (PARTITION BY ts_code ORDER BY trade_date rows between current row and 3 following)
FROM stock.s_daily_basic
WHERE ts_code = "000002.SZ"
GROUP BY ts_code, trade_date;
```

这种高级的窗口函数设置已经超过了本书的范围。如需了解，请参阅专业的 SQL 书籍。

## 9.5.4　"大一统"：千变万化的窗口函数 WINDOW

本质上，合计、累计计算和移动计算都是窗口计算，只是范围各不相同，三个计算可以统一到一个窗口函数的语法中来：窗口函数 WINDOW。

WINDOW_SUM 函数结构如下：

WINDOW_SUM([聚合表达式],*start,end*)

WINDOWS_SUM 函数是最重要的表计算函数之一。为了更好地控制开始和结束范围，Tableau 提供了偏移参数，FIRST()、LAST()分别代表指定区域的第一个和最后一个位置。

计算合计的 WINDOW_SUM 函数的完整语法如下：

WINDOW_SUM([聚合表达式], FIRST(),LAST() )

既然合计是从开始到结束，也就与方向无关，因此可以简化起止参数：

WINDOW_SUM([聚合表达式])
TOTA([聚合表达式])

使用"示例—超市"数据做简单的示例"各个类别、细分的利润总和"，并计算不同范围的合计，如图 9-52 所示。三种语法可以实现完全相同的合计功能，因计算依据不同返回不同的范围合计。

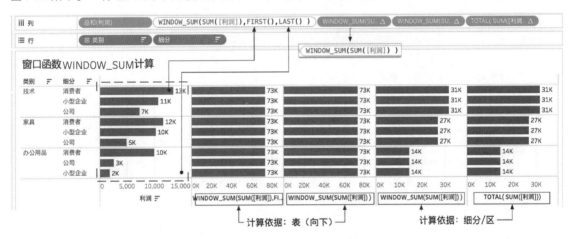

图 9-52  WINDOW_SUM 表计算的典型形式

在高级的窗口函数中，可以使用 FIRST()、LAST()，还有 INDEX()、SIZE()组合，创建形式多样的动态范围。如图 9-53 所示，有助于理解上述不同参数返回值的逻辑。

从图 9-53 中可以看出，INDEX 代表当前行相当于首行的索引。FIRST()、LAST()分别代表当前位置相对于所在区域首行、末尾行的偏移，其中负号代表当前位置在首行之后，正号代表当前位置在末行之前，而绝对值代表距离。比如，FIRST()列的（-2）代表在首行之后第 2 个位置，而 0 都代表无偏移，即当前行自己。

SIZE()代表所在区域中的总行数，比如，"办公用品"下有 9 行。

接下来，就可以使用上述的参数类函数组合出各种计算样式了，如图 9-54 所示。

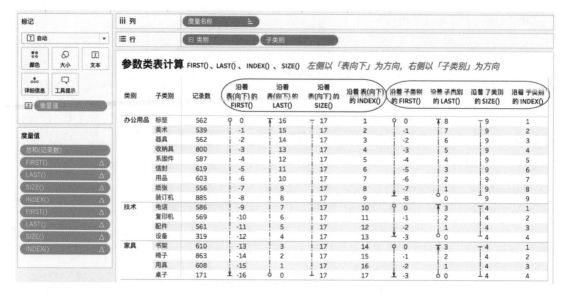

图 9-53　参数类型表计算函数

图 9-54　使用参数 WINDOW_SUM 表计算的多种用法

在这里，笔者相当于使用 WINDOW（窗口）函数完成了合计、累计计算、移动计算的 3 种特殊情形，因此可以将 TOTAL 和 RUNNING_SUM 视为 WINDOW_SUM 函数的某种简化形式。

这里还有一个特殊的形式——INDEX()/SIZE()，它相当于把横轴的次序日期转换为[0,1]区间的度量值，它是后续帕累托分布图的关键基础。9.9 节会单独介绍。

SQL 涉及此类计算，需要借助于 OVER 子句控制计算的起点和终点，甚至还需要使用 ROWS BETWEEN 3 PRECEDING AND CURRENT ROW 等较复杂的语法限定固定范围。Tableau 的语法相当于把这些复杂语法"平民化"了。

在笔者看来，WINDOW_SUM 函数是最重要的表计算函数，没有之一。

首先，WINDOW_SUM 函数代表了一个完整的表计算系列，同类的函数还有 WINDOW_AVG（窗口求平均值）、WINDOW_MAX（窗口求最大值）、WINDOW_MIN（窗口求最小值）、WINDOW_MEDIAN

（窗口求中位数）等多个函数，其用法和 WINDOW_SUM 函数完全一致。此外，还有 WINDOW_CORR/ STDEV/STDEVP/COVAR/COVARP 等统计函数。

其次，WINDOW_SUM 函数是很多其他表计算的"原型"。包括 RUNNING_SUM（移动汇总）、 LOOKUP（查找返回）、TOTAL（汇总）、PREVIOUS_VALUE（返回首行值）函数，还有移动平均快速 表计算等，都可以视为 WINDOW_SUM 类型函数的简化版。可以借助图 9-55 理解其关联性。

图 9-55  WINDOW_SUM 表计算与其他表计算的对应关系

再者，WINDOW_SUM/AVG/MEDIAN/COUNT 等窗口计算函数及窗口统计函数，也是参考线、参 考区间的基础。在可视化分析的过程中，参考线、参考区间等方法优先于表计算，只有当参考线无法深 入表达数据意图时，才考虑借助自定义表计算创建参考线。

鉴于大部分的表计算函数都是 WINDOW 窗口函数的变种，而且大部分表计算并非在"表"（Table） 的范围计算，而是在指定范围（Window）计算，因此笔者认为"表计算"（Table Calculation）翻译为"窗 口计算"更加贴切，与 SQL 中的窗口函数可以对应，也有助于 IT 背景的分析师理解。

SIZE 函数通常与其他函数结合使用，仅出现在一些高级分析场景中，比如在帕累托分析中，使用 INDEX/SIZE 函数来将离散的维度字段转换为百分位。

在所有参数类表计算函数中，INDEX 函数最特殊。INDEX 函数与首行、末行无关，与字段的方向 也无关，仅代表分区内的行索引——不管孰前孰后，统一按照从 1 到 N 依次编码，可以把这个索引过程 理解为对离散维度的"排序"——就像按照数据源顺序排序，无关大小，只看位置。

## 9.6  最常用的表计算：快速表计算及其附加计算

至此，本章已经详细地介绍了几乎所有表计算类型，从 TOTAL（合计）到 LOOKUP（偏移查询）， 从 RANK（排序）到 RUNNING_SUM，并介绍了最重要的窗口函数：WINDOW_SUM。同时，笔者同 步介绍了 SQL 中的窗口计算方法，从而（有助于读者）更好地理解计算依赖的范围和方向。

### 9.6.1　快速表计算：预置的常见表计算应用

对于初学者而言，只有善加练习，才能熟练掌握所有的表计算函数。不过，在掌握表计算的原理之后，只需要熟练使用**常见的表计算函数及其组合**，就能满足 80%以上的需求。Tableau 把常用的表计算表达式预设为"**快速表计算**"（Quick Table Calculation），可以分为以下几类。

**与合计（TOTAL）有关的如下。**

- 累计汇总（Running total）：起点相同，到当前数据的合计（见 9.5.2 节）。
- 移动平均（Moving average）：起点和终点都动态变化的范围计算（见 9.5.3 节）。
- 合计百分比（Percent of total）：基于指定范围的合计，再做百分比（见 9.5.1 节）。
- YTD 总计（YTD total）：累计汇总的日期版本。

**与偏移（LOOKUP）有关的如下。**

- 差异（Difference）：聚合值和 LOOKUP 偏移聚合值的计算（见 9.2.1 节）。
- 百分比差异（Percent difference）：差异的延伸计算。
- 年度同比增长（Year of year growth）：百分比差异的日期版本。
- YTD 增长（YTD growth）：累计汇总和百分比差异的结合。
- 复合增长率（Compound growth rate）：LOOKUP 和 INDEX 等的组合计算。

**与递归有关的如下。**

- 排序（Rank）：基于聚合值的递归比较获得排序次序（见 9.4.1 节）。
- 百分位（Percentile）：基于聚合值的递归比较，在排序基础上转换为[0,1]区间（见 9.4.1 节）。

很多"快速表计算"同时包含了表计算函数与聚合函数、四则运算等多种计算，因此是典型的表达式（Expression）。其中，和日期无关的快速表计算如图 9-56 所示。

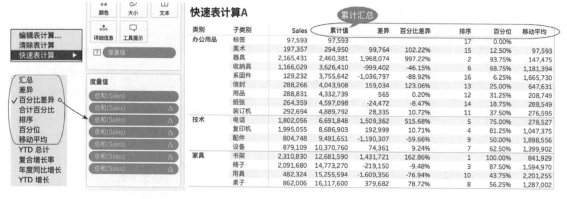

图 9-56　常见的快速表计算（上）

另外还有几个与日期有关的表计算：同比增长、复合增长率、YTD 合计、YTD 同比。它们是上述表计算和其他函数的结合，如图 9-57 所示。

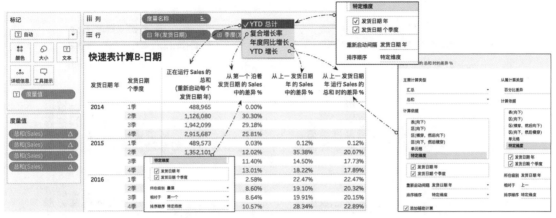

图 9-57　与日期有关的快速表计算（下）

其中，"复合增长率"是一种国际公司常用的特定计算方法，等于（当前利润/首年利润）^（1/年数）–1，表计算表达式如下。

POWER(ZN(SUM([利润]))/ LOOKUP(SUM([利润]),FIRST()),ZN(1/(INDEX()-1))) – 1

这里使用了 Power 幂函数，LOOKUP(SUM([利润]),FIRST())代表第一年的利润，INDEX()代表当前年度是第几年。

YTD 同比，则是 YTD 累计汇总和百分比差异的结合，用于分析每年中的 YTD 累计，相当于往年同期计的百分比增长状况。其代表了典型的嵌套表计算业务场景，接下来结合案例介绍。

## 9.6.2　快速表计算的嵌套：表计算的组合（TC3）

表计算是对聚合的二次计算或者二次聚合，根据业务分析的需要，还可以在表计算的基础上做追加"二次表计算"（Secondary Calculation），从而完成更复杂的业务场景。

在"Tableau 十大表计算"中有一个典型的案例，"随时间变化的累计销售总额的全年百分比"，就是在累计汇总的基础上进一步叠加合计百分比实现的。这里改用"示例—超市"数据介绍。

如图 9-58 所示，左侧展示了"消费者"和"小型企业"两个细分市场在各年、各季度的利润总和增长情况。相比之下，"小型企业"市场规模较小，二者缺乏比较的必要性。不过，领导可以聚焦单一细分市场，强化横向比较，消费者市场多年来是在持续扩大还是在萎缩？增长或者萎缩是一个长期趋势问题，分季度难以查看，因此可以考虑先将累计汇总改为累计趋势变化。

不过，图 9-58 右侧所示的累计汇总默认是绝对值的合计，较大的规模差异就容易产生"小型企业"增长缓慢的误解。为了把增长趋势聚焦到每个细分市场内部，就可以把绝对的"总和利润"坐标轴转化为相对的[0,1]坐标区间，从而模糊细分之间的规模差异。

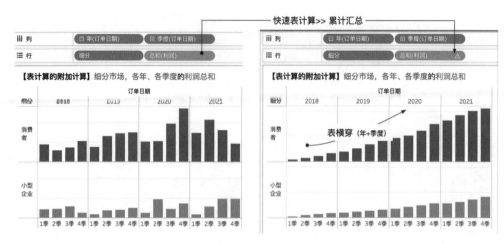

图 9-58 使用累计汇总，突出多年的累计贡献趋势

如图 9-59 所示，在"总和（利润）△"胶囊上右击，在弹出的快捷菜单中选择"编辑表计算"命令，在弹出的"表计算"窗口中勾选"添加辅助计算"复选框，从属计算类型下选择"合计百分比"命令，就把每个细分市场对应的绝对值坐标轴转换为了[0,1]区间相对坐标轴。同时，两个表计算的计算依据默认都是"表横穿"，即沿着订单日期计算。如果一个细分市场早早地达到了业绩的顶峰，后来的时间止步不前，那么"累计利润的合计百分比"对应的后期趋势就会偏于非常平滑。

从图 9-59 右侧可以看出，两个市场都是用了 5 个季度从累计的 58%发展到 100%，相比之下，"消费者"市场前快后慢，而"小型企业"则前慢后快。当然，由于数据的样本所限，这里的案例并非特别直观。

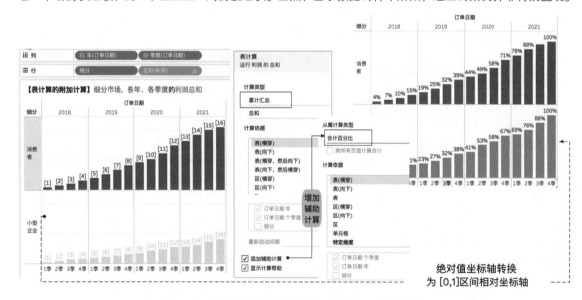

图 9-59 添加辅助计算合计百分比，聚焦单一细分的趋势

表计算的组合在帕累托分析案例中也会出现，详见 9.9 节。本案例和帕累托表计算组合的共同特征是，两个表计算对应完全相同的计算依据和分区设置。计算依据不同的表计算组合，是计算组合的高级形式，详见 9.10 节的相关案例——计算不同年月的平均期末金额。

## 9.7　表计算应用（1）：自定义参考线、"合计利润率"

在介绍完表计算的类型和原理之后，接下来的几节，笔者介绍几个表计算应用场景。

- 参考线：表计算重要的应用之一，几乎可以说"凡是参考线，都是表计算"。
- 箱线图：参考线的高级应用形式，同时使用了多个参考线（表计算）。
- 标杆分析：介绍表计算与行级别计算、聚合计算的总和嵌套应用。
- 帕累托图：高级分布分析的典型，使用表计算重建了行列字段，需要辅助计算。

本节先介绍参考线的使用，再重点介绍 TOTAL 函数与 WINDOW_SUM 函数的差异之处。

### 9.7.1　聚合值参考线——表计算的"可视化形式"

参考线是可视化分析中的重要组成部分，在很多分析中具有画龙点睛的作用。如图 9-60 所示，在"各个季度的利润趋势"中，从左侧"分析"窗格拖入"平均线"到视图中，可以一目了然地获得**所有季度的利润均值**；或者在"各个区域的利润"柱状图中，可以快速添加**所有区域的利润均值**，从而更好地横向对比。

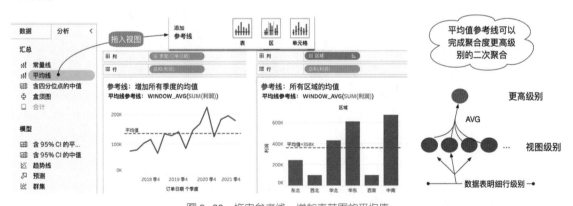

图 9-60　拖曳参考线，增加表范围的平均值

注意，不管是折线图，还是柱状图，对每个维度值而言，参考线的值都是唯一的。也就是说，**相比视图维度的聚合值，参考线聚合值对应更高聚合度的详细级别**。更具体地说，

- 折线图中的平均值参考线：所有季度（计算依据）的利润**总和**的**平均值**。
- 柱状图中的平均值参考线：所有区域（计算依据）的利润**总和**的**平均值**。

上述参考线都可以视为是如下表计算函数的"化身"：

WINDOW_AVG（SUM(利润)）

其中，维度字段都是计算依据，即整个表是范围。

如果用 SQL 的逻辑来理解，就是如下的语法，这里的平均无关方向，以整个表为范围：

$$AVG(SUM(利润))OVER()$$

因此，可以获得一个关键的结论：（这里的）**聚合值参考线是表计算的"可视化形式"**。

在一些复杂的业务分析中，经常需要在参考线对应的聚合之上做进一步计算，比如，聚合值大于平均值的类别突出显示，此时就是上述自定义表计算与算术计算的结合，如图 9-61 所示。

$$SUM(利润)>WINDOW\_AVG(SUM(利润))$$

在后续案例中，很多参考线字段都可以转换为表计算，而基于自定义表计算与行级别计算、聚合计算的结合，可以进一步创建更复杂的计算，从而满足更复杂的分析需求。

特别提醒的是，很多 Tableau 用户（特别是高级用户）不习惯这个方式，而用 FIXED 表达式完成上述过程，这看似可行，但从计算性能、理解的复杂度、易用性角度，都是"自负的陷阱"。

$$\{ FIXED: AVG(\{ FIXED\ [区域]: SUM([利润])\})\}$$

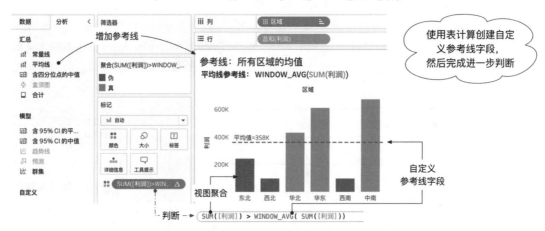

图 9-61　使用自定义计算代替表计算，而后进一步计算

## 9.7.2 "合计利润率"：理解参考线对应的表计算

计算的复杂性主要来自维度的复杂性。随着维度的增加，表计算必须考虑每个维度参与表计算的角色——既要作为直接聚合的依据，还要作为表计算的范围或者方向。这里介绍一个非常典型的可视化案例：各个类别、各个子类别的利润和利润率。

基础图形就是典型的条形图样式，如图 9-62 所示的主视图（暂时忽略参考线）。

在图 9-62 中，从左侧"分析"窗格中，拖入"平均线"到视图中，置于"区"的位置，从而快速添加两个参考线。借助参考线，不仅希望对比每个类别的均值（参考线的左右位置），而且可以对比子类别相比所属类别均值的差异（条形图和参考线比较）。

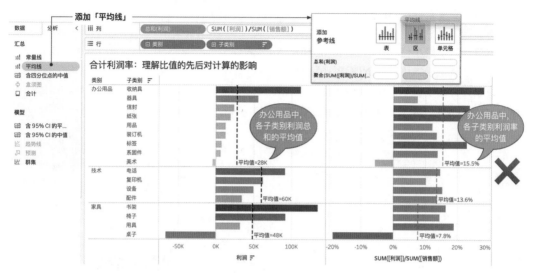

图 9-62　各个类别、各子类别的利润与利润率

按照 9.7.1 节的解释，参考线是自定义表计算的"可视化形式"，这里的两个参考线计算如下。

WINDOW_AVG（SUM(利润)）：其中，计算依据是子类别，计算范围是类别。

WINDOW_AVG（SUM(利润率)）：其中，计算依据是子类别，计算范围是类别。

这里的重点和难点是，**利润率的平均值**是否是分析所需要的"各个类别的利润率"？

由于利润率是利润总和与销售额总和的比值，上述的表计算可以进一步展开，即 WINDOW_AVG（SUM(利润) / SUM(销售额)），其中，计算依据是子类别，计算范围是类别。

思考一下：多个子类别的利润率的算术平均值是否有业务意义？

这个问题是第 8 章开篇的核心问题：每个计算都是相对特定详细级别的计算，行级别的利润率计算没有意义，相对于视图详细级别的聚合计算才有意义，与此同时，多个聚合利润率的算术平均值也是没有业务意义的。这就是图 9-62 右侧"利润率"平均线的错误之所在。

在业务分析中，笔者不建议使用"平均利润率"这种具有歧义的用语，因为利润率的平均是没有分析意义的。**有意义的是构成利润率的分子、分母分别合计之后的比值，笔者将其称为"合计利润率"（Total Profit Ratio）。**对应的表达式如下所示：

WINDOW_SUM(SUM(利润)) / WINDOW_SUM(SUM(销售额))

从错误的"算术平均值"到正确的"合计比值"的转换过程，点击参考线编辑即可实现。如图 9-63 所示，点击参考线，在弹出的界面中将默认的"平均值"改为"合计"。

在参考线的设置中，每一种聚合方式都对应窗口计算的聚合方式。要特别注意，这里的窗口聚合和直接聚合并不相同。图 9-63 中右键菜单的合计、总和、最小值、最大值、平均值和中位数，对应的函数分别如下。

- （窗口计算）合计：TOTAL(SUM(利润) / SUM(销售额))
- （窗口计算）总和：WINDOW_SUM(SUM(利润) / SUM(销售额))
- （窗口计算）最小值：WINDOW_MIN(SUM(利润) / SUM(销售额))
- （窗口计算）最大值：WINDOW_MAX(SUM(利润) / SUM(销售额))
- （窗口计算）中位数：WINDOW_MEDIAN(SUM(利润) / SUM(销售额))

在不同的场景下，要合理地选择符合业务逻辑，有分析价值的聚合方式。

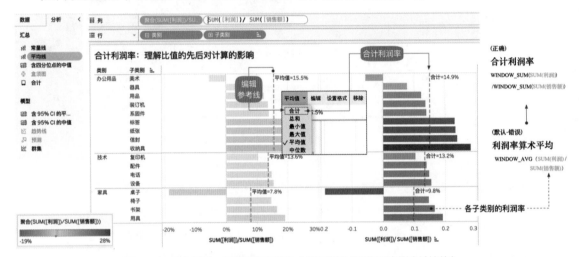

图 9-63 各个类别、子类别的利润率（从左侧算术平均到右侧合计比值）

### 9.7.3 【难点】理解 TOTAL（合计）与 WINDOW_SUM（汇总）的差异

在理解了正确的"合计利润率"和错误的"利润率平均"之后，笔者重点介绍 TOTAL 和 WINDOW_SUM 这两个函数的差异。为了增强辨识度，笔者把 **TOTAL** 称为"合计"，而把 **WINDOW_SUM** 称为"汇总"。在处理比值和重复数据时，二者采用了不同的计算逻辑。

先介绍比值的计算。

在上述的"合计利润率"中，分子、分母分别用 WINDOW_SUM 函数汇总的表达式可以简化为用 TOTAL 函数计算。以下两个表达式是等价的：

```
WINDOW_SUM （SUM(利润) ） / WINDOW_SUM （SUM(销售额)）
TOTAL （SUM(利润) / SUM(销售额)）
```

也就是说，如果针对聚合比值嵌套 TOTAL 函数，是在指定范围的详细级别计算聚合比值，分子和分母分别聚合。在本案例中，合计的计算依据是【子类别】，相当于间接指定范围是【类别】。合计是在"类别"详细级别完成 SUM(利润) / SUM(销售额)计算。

另一个关键区别是针对计数做合计时，TOTAL 函数会去重。

　　图 9-64 展示了"各类别、各子类别的订单数量"，同时增加了 COUNTD([订单 ID])聚合字段的 TOTAL（合计）和 WINDOW_SUM（汇总），表计算的计算依据都是"表（向下）"，即类别、子类别是方向，整个表是范围，技术类别中使用 TOTAL 函数合计的结果是 2033，明显小于使用 WINDOW_SUM 函数的汇总结果 3711。

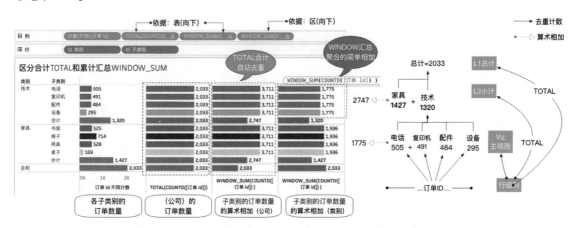

图 9-64　各类别、各子类别的订单数及合计、汇总（隐藏了筛选器）

　　为什么会有这样的差异？这是因为不同函数对重复数据的处理逻辑不同。

　　一个订单 ID 可以对应多个子类别甚至类别的情形，所以在每个子分类对应的计数中，会存在大量订单 ID 的重复。每个类别的合计（ TOTAL ）订单数量，**会忽略子类别字段**，对类别下所有订单 ID 做 COUNTD（[订单 ID]）不重复聚合——技术类别下有 1320 个订单，家具类别有 1427 个订单；以"表"为范围的 TOTAL(COUNTD([订单 ID]))则是全部订单的不重复计数——全公司有 2033 个订单。

　　相比之下，WINDOW_SUM 是对"每个类别、子类别的订单数量"的算术相加——以"表"为范围的 WINDOW_SUM(COUNTD([订单 ID]))是第一列"订单 ID 不同计数"的算术相加，结果是 3711，这个数据并无业务意义。

　　总结一下，TOTAL（合计）和 WINDOW_SUM（汇总）的聚合对象有如下情形时，会有明显差异：

- 聚合度量，来自维度字段的不重复计数，比如订单 ID、产品 ID 等。
- 聚合度量，是多个聚合值的比值，比如利润率、毛利率等。

**对高级用户而言，可以尝试理解图 9-64 中合计、总计和聚合值的关系[1]，初学者可以完全跳过。**

　　图 9-64 中有几个关键数据：1320、1427、2033 和 2747，都对应 TOTAL(COUNTD([订单 ID]))：

- 1320=技术类别中/范围，所有订单的不重复计数。
- 1427=家具类别中/范围，所有订单的不重复计数。
- 2033=公司范围，所有订单的不重复合计。

---

1　参考博客文章 *Tableau Community Jonathan Drummey*。

可见，TOTAL 计算相当于以"分区字段"为详细级别的聚合，指定范围就是指定详细级别——**TOTAL 是指定详细级别的聚合**。

还要注意图 9-64 中几个"合计"值 1775、1936、2747、3711，它们都没有业务意义，仅仅是不同范围的订单数量的算术相加，对应 WINDOW_SUM (TOTAL( COUNTD([订单 ID]) ) )计算：

- 1775=技术类别中/范围，各个子类别的订单数量的算术相加（4 个聚合值相加）。
- 1936=家具类别中/范围，各个子类别的订单数量的算术相加。
- 2747=（技术类别，所有订单的不重复计数）+（家具类别，所有订单的不重复计数）。
- 3711= 公司范围，各个子类别的订单数量的算术相加（11 个聚合值相加）。

可见，WINDOW_SUM（或者是 WINDOW_×××的其他形式）是指定详细级别的直接聚合的二次聚合，而不考虑相加是否有业务意义，被累加的聚合是否在明细上有重复。WINDOW_SUM 函数的二次聚合和 SUM 函数的直接聚合，前后依序、完全独立。因此，笔者称 **WINDOW_SUM 是聚合的二次聚合**。

在第 10 章，读者可以用 LOD 的层次分析方法进一步理解 TOTAL 和 WINDOW_SUM。TOTAL 是指定详细级别的聚合，TOTAL 函数可以转换为第 10 章介绍的 LOD 表达式。比如，如下两个合计值。

- 技术和家具的订单数（1320 和 1427）= { FIXED　[类别]　：COUNTD([订单 ID])}
- 技术和家具的订单数的相加（2747）={FIXED :SUM({FIXED [类别]: COUNTD([订单 ID])} )}

因此，可以姑且认为 TOTAL 计算的优先级先于 WINDOW_SUM，先执行的 TOTAL 可以被后者嵌套，构成 WINDOW_SUM(TOTAL(agg))结构，但是反之不行——TOTAL 中不能嵌套表计算。充分使用这个功能，可以实现一些别出心裁的分析。

## 9.7.4　自定义参考线及其计算：箱线图松散化与散点图颜色矩阵

在理解了简单的参考线之后，就可以在单一图形中，使用多个参考线构成参考区间，甚至分布区间了。在 5.4.3 节中，就介绍了参考线的多个应用，无须计算，拖曳即可。在这里结合自定义表计算，进行进一步的扩展分析。

### 1．箱线图及其松散化高级处理

箱线图适合描述大量数据点的离散分布特征，中间的"箱形"代表数据的中间区域，通常辅以中位数，典型的样式如图 9-65 左侧所示。

理解箱线图的基础是**点图**和**百分位函数**，从结构上包含如下几个部分。

- 箱（Box）：由 P25 和 P75 百分位数组成的区间，通常标记为 Q1 和 Q3，二者的距离被称为四分位间距（IQR- Inter Quartile Range）。
- 须状线（Whisker）：由"最小值"（Minimum）和"最大值"（Maximum）构成的边界，"最大值"的边界=Q3 + 1.5 × IQR，"最小值"的边界=Q1−1.5× IQR。
- 线：连接"最大值"和"最小值"中间的实线。
- 离群值，或称为异常点（Outliers），两端须线之外的远点，常用圆圈（Plot）代表。

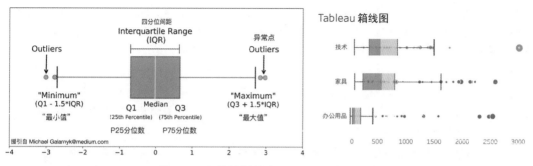

图 9-65　箱线图的结构与 Tableau 箱线图示例[1]

注意，这里百分位函数不是行级别的 PERCENTILE 函数，而是窗口函数 WINODW_PERCENTILE，它是对视图中聚合值的二次聚合。下面以零售分析中的价格带分析为例进行介绍。

如图 9-66 所示，每一个圆点代表"设备"子类别下的一个产品，横轴是该产品的平均销售单价（SUM([销售额])/ SUM([数量])）。数据点沿着价格带从低到高的稀疏状况就代表了价格带分布。在相互重叠的图形中，我们很难看到密集程度，因此有一种专门的数据"疏松处理"的方法，把数据点在左右、上下两个方向展开，这里使用了 INDEX 索引函数（产品名称为计算依据）。

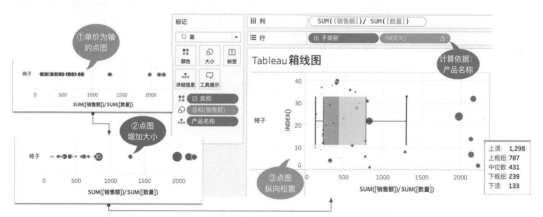

图 9-66　不同产品的平均销售分布（以超市数据 2021 年椅子为例）

在上述的箱线图中，每一个参考线都可以转化为自定义表计算，对应的参考线如下。

- 中位数 Q2：WINDOW_PERCENTILE（SUM([销售额])/ SUM([数量])，0.5）
- 上枢纽 Q1：WINDOW_PERCENTILE（SUM([销售额])/ SUM([数量])，0.25）
- 下枢纽 Q3：WINDOW_PERCENTILE（SUM([销售额])/ SUM([数量])，0.75）
- IQR=Q3–Q1

---

1　左侧箱线图示意图，来自 Michael Galarnyk，通过搜索引擎搜索"Understanding Boxplots Michael Galarnyk"查看其精彩解读。

如果视图中只有圆点，就只能大概推测中低价格带的产品较多（均价 800 元以下），但是难以量化。借助箱线图，则可以清晰地知道，中位数是 431 元，在中间价格带中，低价的产品较多，1000～1900 元几乎是价格的盲区。可见，箱线图是聚合值的模型化，代替了肉眼的归纳过程。

在 Tableau 中，分析师可以使用颜色、大小、参考线等多种方式直观展现数据的分布，避免单一视角的盲区。特别是借助圆点大小体现销售额多少，有助于将注意力聚焦到贡献更多的产品上，相当于为产品增加了"权重"；在 1000~1900 元的价格区间，仅有的几个产品没有销量（圆圈的大小代表销售额的少），因此这是采购部门接下来需要完善的区域。

**可见，箱线图是点图和参考区间功能的组合，是抽象的二次抽象，是分析模型的代表作。**

借助箱线图，还可以横向对比不同子类别之间的价格带差异，如图 9-67 所示。业务经理可以借助价格带的分布优化产品品类，覆盖全价格带，减少统一价格点上的过度竞争。

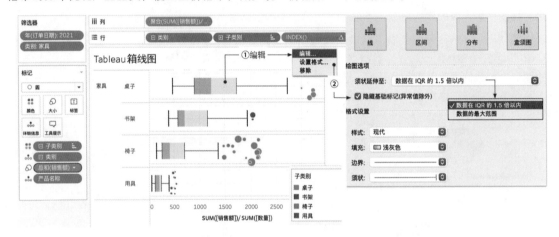

图 9-67　多个子类别的箱线图比较，以及设置隐藏基础标记

为了避免过多数据点造成的视觉干扰，可以编辑箱线图，取消勾选以"隐藏基础标记（异常值除外）"复选框，从而把有限的注意力集中在分布特征和异常值上。

箱线图以"数据在 IQR 的 1.5 倍以内"为默认和推荐配置，有助于减少异常数据对分析的影响，比如，零售中常见的月底"虚假过单"、单位内部大额资金过账等。如果分析需要，则也可以将箱线图中的"须"改为数据的最大值和最小值。

### 2. 在散点图矩阵中增加颜色分类

在 5.2.3 节中，笔者使用散点图构建了"各个子类别的数量和利润相关性矩阵"。其中拖曳创建的平均线参考线，也是表计算函数 WINDOW_AVG 的"化身"，如图 9-68 左侧所示。

为了进一步突出四个象限的产品，还可以进一步为象限产品增加颜色分类，如图 9-68 右侧所示，自定义字段"散点图四象限"把视图中的子类别划分到四个象限，并分别着以颜色。

首先，使用表计算还原参考线字段，然后完成比较计算。

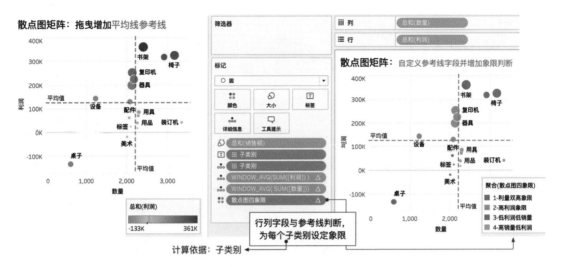

图 9-68　在散点图矩阵中，增加四象限矩阵颜色分类

既然参考线是表计算，可以先用如下表达式代表两个参考线字段。

- 数量总和的平均值：WINDOW_AVG（SUM([数量])）
- 利润总和的平均值：WINDOW_AVG（SUM([利润])）

其次，视图中每个子类别的象限判断取决于行列字段和两个参考线的比较。

在 Tableau 中，表计算的依据可以预先设置，如图 9-69 左侧所示。不过，如果预先设置计算依据为【产品名称】，而在视图中计算的依据应该是【子类别】，字段就会出错，提示做出调整。因此，笔者不建议预先设置依据，而是在视图中根据需要随时调整，从而保持这个计算在所有"数量与利润散点图矩阵"的通用性。

这里把计算逻辑重新强调如下：

```
IF      SUM([数量])>=WINDOW_AVG( SUM([数量]))
   AND      SUM([利润])>=WINDOW_AVG(SUM([利润]) )     THEN "1-利润数量双高象限"
ELSEIF    SUM([数量])<WINDOW_AVG( SUM([数量]))
   AND      SUM([利润])>=WINDOW_AVG(SUM([利润])))      THEN "2-高利润象限"
ELSEIF    SUM([数量])<WINDOW_AVG(SUM([数量]))
   AND      SUM([利润])<WINDOW_AVG(SUM([利润]))        THEN "3-低利润低销量"
ELSE "4-高销量低利润"
END
```

可见，一旦掌握了表计算的原理及函数应用，就可以根据问题的需要，自定义更多的表达式，完成复杂的业务分析。相比 SQL 的专业，Tableau 可以在敏捷和专业中达到很好的平衡。

不过，表计算也有它的局限性，它完全依赖于视图，所以无法进一步计算"不同象限的子类别数量"。基于聚合值的结果再做分类，这就需要不依赖视图的 FIXED LOD 计算，详见 10.6.7 节。

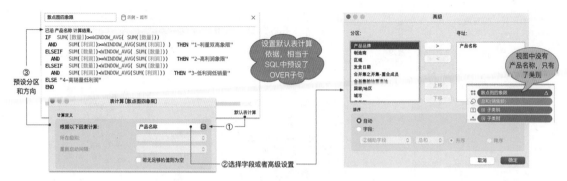

图 9-69　在散点图矩阵中，使用的四象限矩阵计算

# 9.8　表计算应用（2）：标杆分析——多种类型的计算组合

在高级分析案例中，经常需要同时使用多个计算类型。高级的业务分析师理解每种计算的独特性及优劣，并能在性能、易用性、简洁度等多个方面寻找最佳的平衡。

本节以标杆分析为例，介绍行级别计算、聚合计算和表计算的综合应用，并对比 FIXED LOD 方法，一览各种计算的差异和优先级。

**问题**：在 **2021 年**，**选择任意区域（参数）**，查看其他**各区域相对于该区域的**利润总和差异。

### 1．分析问题的结构，确认主视图

问题都是由分析范围、问题描述（详细级别）和问题答案（聚合度量）3 个部分构成的。在这个问题中，分析范围和问题描述易于确定，分别是"（订单日期）2021 年"和"区域"。问题答案是利润总和，同时还要计算每个区域的利润总和与指定区域的差异，因此分解为以下两部分。

- 问题的直接聚合：利润总和。
- 延伸的度量值：视图每个利润总和与指定利润总和的差异，度量差异是算术计算。

因此，可以先构建问题的主视图，而后借助参数计算指定区域的利润。

### 2．构建主视图框架

在 Tableau Desktop 中，基于【订单日期】、【区域】和【利润】字段，构建如图 9-70 所示的条形图，展示了"2021 年，各个区域的利润总和"，默认以降序排列。

为了灵活调整标杆对比的对象，引用【区域】字段的值创建参数"para-区域"，显示在右侧。

图 9-70　主视图：2021 年，每个区域的利润总和

接下来是问题的关键。

"差异计算"看上去是表计算的问题——同一个聚合度量在不同维度之间的差异；再一看，又似乎是逻辑的问题，"指定区域的利润总和"，可以转换为 IF-THEN-ELSE- END 的逻辑判断。由于每个区域都要和这个区域的值做差异计算，指定区域的值是高于当前视图详细级别的，又似乎可以用 FIXED LOD 的方法解决问题。

如何思考和选择呢？

**3. 确认详细级别关系，选择合适的计算**

**第一种方法，把这个问题视为视图中聚合值的差异计算，无关复杂的详细级别。**

如图 9-71 所示，复制【总和（利润）】字段（见图 9-71 位置①），然后选择"快速表计算→差异"命令，差异计算默认是每一个和上一个的差异，将"相对于"从"上一个"改为"第一个"（相当于 FIRST()）（见图 9-71 位置②）；借助判断把指定区域置于"第一行"，这样就实现了每个区域与指定区域（第一行）的差异（见图 9-71 位置②）。为了突出标杆差异，把"差异"计算字段复制添加到"标记"的"颜色"中（见图 9-71 位置④）。

在所有计算中，表计算的性能最好，因此推荐优先考虑。

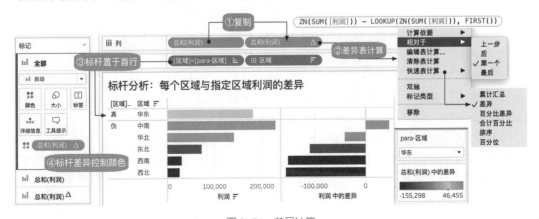

图 9-71　差异计算

虽然从计算的角度，上述方法实现了问题中要求的"标杆差异计算"，但是代价是标杆对象从完整的区域序列中独立出来，这样就破坏了原来主视图的完整性。此时，就要考虑使用其他方法把"指定区域的利润总和"作为单独的值计算出来。

**第二种方法，使用逻辑判断计算"指定区域的利润总和"，然后计算差异。**

"指定区域的利润总和"，看似简单的问题，却有多种组合形式。最常见的形式如下：

```
SUM(IIF([区域]=[para-区域],[利润],null))
```

如图 9-72 所示，在视图中增加上述的判断和聚合，即可获得"（指定区域的）利润总和"，注意总和聚合是在判断之后的。不过，直接使用 SUM( [利润] )和上述聚合值相减，却无法获得正确的结果。究其原因，这里"指定区域的聚合"仅仅对应"指定区域"字段值才有值，无法和其他的聚合值错位相减。为此，就要想办法，**把计算的结果扩展到所有区域。**

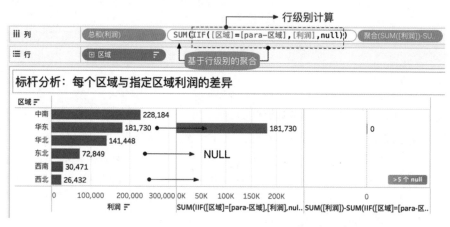

图 9-72　基于行级别的利润判断，增加聚合，无法直接计算二者差异

把一个值扩展到所有区域，相当于区域所有聚合值的二次聚合，也可以视为是"更高聚合度详细级别"的聚合。参考本章开篇"合计的两个方法"，可以用如下两个方法实现。

- 间接合计的方法：TOTAL( SUM(IIF([区域]=[para-区域],[利润],null)) )
- 直接聚合的方法：{FIXED"总公司" : SUM(IIF([区域]=[para-区域],[利润],null))}
  - ➤ 可以进一步简化为 {SUM(IIF([区域]=[para-区域],[利润],null))}

在第 10 章中，笔者会介绍多种 LOD 的表达式及其选择。在这里，既简单，性能又好的方法是使用 TOTAL 函数（当然这里也可以使用 WINDOW_SUM 函数计算）。

完整的过程如图 9-73 所示。在不改变主视图的基础上，首先使用行级别判断返回"指定区域的利润"，而后将其聚合并以合计（TOTAL）的方式扩展到每个区域，最后就可以实现每个区域与"指定区域利润总和"的差异了。借助调整参数，可以改变被比较的标杆区域。

图 9-73  对行级别的计算结果做聚合、合计，从而实现标杆差异计算

看似完美地解决了问题，不过，一旦了解了"行级别计算"和 FIXED LOD 计算在性能方面的明显劣势，上述问题就值得进一步优化。从性能的角度看，自快到慢，通常可以如下理解：

表计算> 聚合计算>行级别计算> LOD 计算

那有没有可能，把上述的行级别计算改为聚合计算呢？

**第三种方法，使用聚合的逻辑判断，结合 TOTAL（合计）表计算，完成标杆差异计算。**

这里把"先行级别计算再聚合"的行级别逻辑判断改为聚合逻辑，就会实现更快的性能：

```
IIF(  ATTR([区域]) = [para-区域] , SUM([利润]) ,null)
```

在第 8 章中，笔者重点强调了逻辑计算的"中立"特征，逻辑计算属于行级别计算还是聚合计算，取决于条件判断。使用属性函数 ATTR，逻辑判断变成了聚合判断，返回的值也可以使用 SUM([利润])——逻辑判断的条件和返回值需要一致。函数将单一的聚合值扩展到所有区域，最后完成差异计算，如图 9-74 所示。窗口函数完成聚合的二次聚合，如下所示。

```
WINDOW_SUM( IIF(  ATTR([区域]) = [para-区域] , SUM([利润]) ,null) )
```

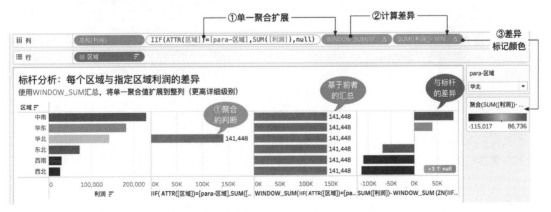

图 9-74  使用 WINDOW_SUM 表计算实现每个子类别与特定子类别的差异

综上所述，笔者结合标杆分析介绍了三种方法、三类计算，虽然还没有使用 LOD 计算的方法，想必读者已经一窥选择最优计算时的复杂性。在第 10 章之后，笔者将进一步总结"选择计算"的方法，这里强调几点。

- 只要视图中已经包含了进一步计算所需要的聚合值，就应该优先考虑使用表计算。
- 行级别计算的目的是弥补数据表字段的不足，胜在稳定、弱在性能。
- 聚合是分析的关键，性能优先于行级别计算，同时又为表计算提供"二次计算"的聚合对象。
- 上述计算都无法完成时，才考虑使用 LOD 计算，通常有明确的第二个详细级别与之对应。

# 9.9 表计算应用（3）：帕累托分布——累计、合计及嵌套

帕累托图（Pareto Chart）是三大分布分析图形（条形图、箱线图、帕累托图）之一，它从柱状图改进而来，使用了表计算函数及其组合、嵌套表计算、隐形排序等高级功能，是对分析能力的综合性考验。

以"示例一超市"数据为例，分析展现 80% 的销售额是由百分之多少的客户贡献的，横纵坐标轴都是百分数。

- 横轴：按照销售额贡献排序后，每个客户相当于全部客户的百分数位置（INDEX/SIZE）。
- 纵轴：客户所在位置的累计汇总（RUNNING_SUM）相当于汇总（WINDOW_SUM）的比值。

结合筛选，还可以分析不同区域的帕累托分布和头部客户名称，如图 9-75 所示。

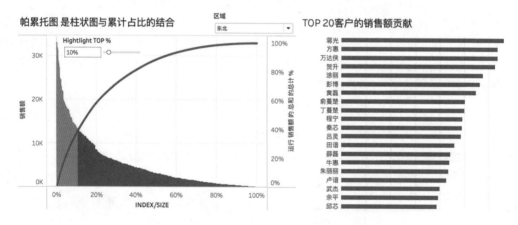

图 9-75　客户销售额贡献帕累托图及 TOP 客户仪表板

帕累托图的基础是"客户的销售额总和"柱状图，默认生成的柱状图可能如图 9-76 左侧所示。从柱状图到右侧的帕累托图，需要增加坐标轴、坐标轴的转化、排序等多个关键步骤。

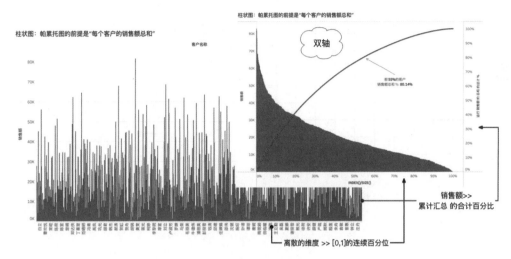

图 9–76　从柱状图到帕累托图

笔者看来，帕累托图是是否熟练理解和掌握表计算的"试金石"，因为它包含了如下的关键过程。

- 默认聚合度量（利润总和）转换为累计汇总表计算，而后附加二次表计算（合计百分比）。
- 使用 INDEX 函数，把离散的客户名称转换为连续的度量，再转换为百分位。

上述两个过程，相当于把离散的横轴和连续的度量纵轴，都转换为[0，100%]的百分位连续区间。

### 1．连续的销售额总和转化为[0,100%]百分位区间

帕累托图通常由柱状图和折线图两个部分构成，其中，柱状图代表销售额自高到低的客户，而折线图则是从左到右的客户累计销售额占比。累计汇总对应表计算函数 RUNNING_SUM，而占比则是累计汇总相比全部销售额贡献所处的百分位位置。

如图 9-77 所示，复制度量字段（见图 9-77 位置①）；右击，在弹出的快捷菜单中选择"快速表计算→累计汇总"命令，此时自动添加了表计算函数 RUNNING_SUM，默认计算方向表横穿（即以客户为方向）（见图 9-77 位置②）。在第二个坐标轴上右击，在弹出的快捷菜单中选择"双轴"命令，把两个坐标轴合并在一起（见图 9-77 位置③）。此时还需要修改两个图形的样式为条形图和线。

之后借助 9.6.2 节介绍的附加计算，在表计算字段上右击，在弹出的快捷菜单中选择"编辑表计算"命令，在弹出的窗口中选择"添加辅助计算→合计百分比"命令，注意两个前后表计算的计算依据保持一致，均为表横穿，或者选择"特定字段→客户名称"命令（见图 9-77 位置④）。此时，第二个坐标轴对应的刻度就是[0,100%]的固定区间。

点击最后生成的表计算字段，可以看到 RUNNING_SUM 和 TOTAL 函数结合的表达式：

```
RUNNING_SUM(SUM([销售额])) / TOTAL(SUM([销售额]))
```

在一些简单场景下，这样的帕累托图形已经可以满足需求——确认是否具有头部集中现象，因此笔者将其称为"简单帕累托图"。复杂的帕累托图还需要对横轴做对应的转换处理。

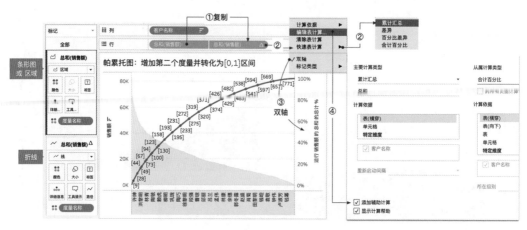

图 9-77 从柱状图到帕累托图的转化示意图

### 2. 离散的客户名称转换为[0,100%]百分位区间

横轴和度量的转换逻辑相同，但是没有可供选择的操作界面，所以略显抽象。这里先看一下如图 9-78 所示的示意图，要把离散的客户字段转换为[0,1]百分数区间，相当于先把"客户名称"转换为数字 1，之后使用"累计汇总"转换为 1-2-3 的递增序列，最后转换为[0,1]百分位区间。

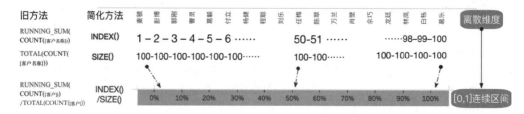

图 9-78 把离散的客户字段转换为连续百分位坐标轴的逻辑

在笔者刚学习时，使用如下的逻辑实现了上述的过程。

- 每个客户名称转换为数字 1：COUNT([客户名称]。
- 每个客户的数字转换为递增序列编号：RUNNING_SUM(COUNT([客户名称]))。
- 编号与总人数比较：RUNNING_SUM(COUNT([客户名称])) / TOTAL(COUNT([客户名称]))。

直到后来发现了 Tableau 前辈的方法，使用索引函数把这个逻辑简化为：

$$INDEX() / SIZE()（设置计算依据：客户名称）$$

当然，由于最终结果是百分位，因此也可以使用百分位函数 RANK_PERCENTILE 进行转换。笔者提供 3 种方式，只有理解了每一种方法的逻辑，才能深刻地理解帕累托图的制作过程。

```
RUNNING_SUM(COUNTD([客户名称])) / TOTAL(COUNTD([客户名称]))
RANK_PERCENTILE(RUNNING_SUM(COUNTD([客户名称])))
INDEX()/SIZE()
```

**3. 计算依据置于标记，并设置视图的排序**

理解了上述过程，这里使用最简单的方法 INDEX()/SIZE() 来实现。

如图 9-79 所示，把【客户名称】字段从视图的"列"区域拖入"标记"的"详细信息"中（见图 9-79 位置①），而后在"列"区域空白位置，双击创建计算，输入"INDEX()/SIZE()"并确认，设置视图中所有表计算的计算依据为"客户名称"（（见图 9-79 位置②））。此时的视图如图 9-79 左侧所示，凌乱无序。因为更改【客户名称】字段位置时，与之相关的自动排序就失效了。此时，需要在"标记"中手动为【客户名称】设置"排序规则"（见图 9-79 位置③）。

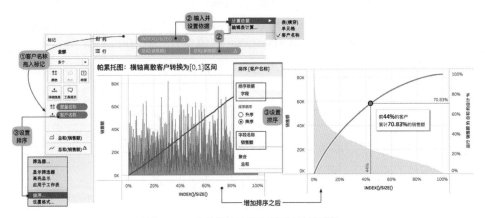

图 9-79　转换横轴并重设视图的排序规则

在分析中，大部分排序依据都是显性地显示在视图中的，像这里的简介设置就略显复杂。在【客户名称】字段右击，在弹出的快捷菜单中选择"排序→排序依据（字段）"命令。而后要依次设置顺序、字段和聚合方式，如图 9-79 中间所示。

- 排序顺序：降序。
- 字段名称：销售额。
- 聚合：总和。

为了更好地展示帕累托图，还可以拖入参考线（常量线）、显示标记线、修改工具提示等，更好地突出关键数值。这些细节留待读者多加练习，这里不再展开。

分布分析是从"小数据"到"大数据"的关键，而直方图、箱线图和帕累托图是这条路的必有道路。值得每一位业务数据分析师善加学习，相比条形图、折线图、饼图等简单图形，它们包含的"聚合的聚合"，背后正是对业务的高级抽象——高级的抽象可以反过来更好地指导业务。

# 9.10　表计算应用（4）：金融 ANR 计算——表计算高级嵌套

快速表计算的"YTD 增长率"和帕累托图的"累计贡献占比"都是表计算嵌套组合的典型案例，它们都可以使用编辑表计算、添加附加表计算快速完成。表计算嵌套的高级形式是多个依据不同的表计算的自定义组合。这里以笔者项目中的一个案例为代表介绍：金融行业的 ENR 和 ANR 余额分析。

本案例也适用于包含期初、期末的财务期间分析。

1．业务背景和示例数据表

在金融机构发放贷款之后，要实时跟踪借款人的还款情况和质量。随时间变化的应收贷款余额就是 ENR（Ending Net Receivable），金融机构会和某个期初比较贷款余额的变化，对应的期初贷款余额（通常是月初或者年初）就是 BNR（Beginning Net Receivable）。

为了平滑波动，常用平均贷款余额 ANR（Average Net Receivable）表示各月的贷款余额，并以此为基准计算各种比率，比如，提前结清比率（EPO%ANR）、净损失比率（IIP%ANR）等。

ANR 也会随着时间范围不同而有所差异，比如 MTD–ANR 就是上月期末和本月期末的算术平均值，而 YTD–ANR 则是年初至今各月 MTD–ANR 的算术平均值。常见指标关系如表 9-3 所示。

表 9-3　不同统计日期的贷款余额指标计算及其关系

| 指标名称 | 2021/12/31 | 2022/1/31 | 2022/2/28 | 2022/3/31 | …… |
|---|---|---|---|---|---|
| BNR | O | X | Y | Z | K |
| ENR | X | Y | Z | K | …… |
| MTD–ANR | (O+X)/2 | (X+Y)/2 | (Y+Z)/2 | (Z+K)/2 | …… |
| YTD–ENR | | AVG（∑ 各月的 MTD – ANR） | | | |
| EPO | E1 | E2 | E3 | E4 | …… |
| EPO%ANR | E1/ANR | E2/ANR | E3/ANR | E4/ANR | …… |

数据表可以是基于借据号的明细表，也可以是聚合到机构等特定详细级别的聚合表，核心的数据表结果是【统计日期】和【贷款余额】字段，它们可以反映贷款余额的历史变化，也是 BNR、ANR 的计算来源。基于借据号的明细表如表 9-4 所示。

表 9-4　不同统计日期的借据号余额明细

| 分支机构 | 统计日期 | 贷款人 ID | 借据号 | 贷款日期 | 贷款余额 |
|---|---|---|---|---|---|
| XX 支行 | 2021/12/31 | …… | …… | …… | 80 |
| XX 支行 | 2022/1/31 | …… | …… | …… | 100 |
| XX 支行 | 2022/2/28 | …… | …… | …… | 150 |
| XX 支行 | 2022/3/31 | …… | …… | …… | 160 |
| XX 支行 | 2022/4/30 | …… | …… | …… | 100 |
| XX 支行 | 2022/5/31 | …… | …… | …… | 150 |
| XX 支行 | 2022/6/30 | …… | …… | …… | 160 |
| YY 支行 | 2022/1/31 | …… | …… | …… | 300 |

续表

| 分支机构 | 统计日期 | 贷款人 ID | 借据号 | 贷款日期 | 贷款余额 |
|---|---|---|---|---|---|
| YY 支行 | 2022/2/28 | …… | …… | …… | 350 |
| YY 支行 | 2022/3/31 | …… | …… | …… | 320 |

接下来，笔者介绍两种计算 ANR 的方法，并阐述其优劣。

**2. 基于已有字段聚合 MTD–ANR 数据值**

很多人计算 ANR，特别是计算单月的 ANR，习惯使用 SUMIF 的方法，把日期范围和聚合值合并在一起，于是就有了如下的判断样式：

> [2022 年 5 月 ENR]：SUM( IF [统计日期] = #2022-05-31# THEN [贷款余额] END) )
> [2022 年 6 月 ENR]：SUM( IF [统计日期] = #2022-06-30# THEN [贷款余额] END) )

之后，使用算术计算，获得 2022 年 6 月的 ANR 值：

> 2022 年 6 月 ANR：( [2022 年 5 月 ENR] + [2022 年 6 月 ENR] ) / 2

并用类似的方法，创建多个计算列，分别获得多个包含日期范围的字段【2022 年 1 月 ANR】、【2022 年 2 月 ANR】、【2022 年 2 月 ANR】、【2022 年 3 月 ANR】……

在这样的"习惯"驱动之下，一些分析师甚至预先写好全年的指标，然后分别创建各月的 YTD–ANR 值。这种方法适合计算单月的指标，但在构建 ANR 趋势和跨年度日期变化时，局限性就会暴露无遗。在大数据分析中，这种方法还会严重拖累数据库查询的性能——因为上述方法是借助 IF 行级别判断间接完成筛选，大量的行级别计算是数据库查询的陷阱。

推荐的方法是，充分利用聚合的结果，把日期参与其中，借助"聚合的二次计算"完成，既无须创建每个月的计算结果字段，又避免了大量的行级别计算拖累数据库计算性能。

如图 9-80 所示，以"各统计日期（年月）的贷款余额总和"为问题构建交叉表（由于数据表的统计日期为各月月末日期，因此这里统计日期精确值代表各月末），使用 LOOKUP 函数即可获得上一期的贷款余额总和，上一期的期末正是当前期间的期初。

图 9–80　使用 LOOKUP 函数计算期初值和平均贷款余额

基于当前的贷款余额总和、上一期的贷款余额总和，就可以创建平均贷款余额。相比之前使用 SUMIF 函数的方法，这个方法特别适合构建趋势分析，而且性能非常优秀。

### 3. 嵌套表计算，计算 YTD–ANR

本案例的难点和关键是如何进一步计算 YTD–ANR。

YTD–ANR 是年初到当前月份的累计 ANR 平均值，对于当年中的每个月份，计算的起点相同、终点不同，这正是 9.5.3 节 RUNNING_AVG 函数累计聚合的典型场景，也是 WINDOW_AVG 函数的特殊形式。

计算的难点在于，YTD–ANR 需要嵌套之前的 MTD–ANR 表计算，二者的计算依据和范围不同——YTD–ANR 以年度为计算范围、月份为计算依据，MTD–ANR 则要以年度、月份为计算依据（上年12 月的期末值正是 1 月的期初）。

两个计算依据不同的表计算嵌套，就要像快速表计算嵌套（见 9.6.2 节）一样分别指定。

如图 9-81 所示，首先把此前的 MTD–ANR 计算拖入左侧保存为已有字段，重命名为"MTD–ANR"，之后使用 RUNNNING_AVG 或者 WINDOW_AVG 计算嵌套 MTD–ANR 计算。由于 YTD–ANR 是从年初开始，也就是区域内第一个值，可以使用 FIRST()参数指定完成：

```
RUNNING_AVG( [MTD-ANR])
WINDOW_AVG( [MTD-ANR], FIRST(), 0 )
```

图 9-81　创建 MTD–ANR 计算，并嵌套构建 YTD–ANR 计算

难点在于，MTD–ANR 和 YTD–ANR 的表计算依据不同。

如图 9-82 所示，点击嵌套的表计算，选择"编辑表计算"命令，可以分别选择外层的表计算和被嵌套的表计算，分别设置计算的依据。这样才能获得完整具有业务意义的计算值。

相当于之前的 SUMIF 方法，表计算性能更好，特别适合表达连续性趋势分析。但在展现单一月份的计算结果时，往往难以控制，这就需要用到表计算筛选器——在聚合和表计算之后筛选视图数据。

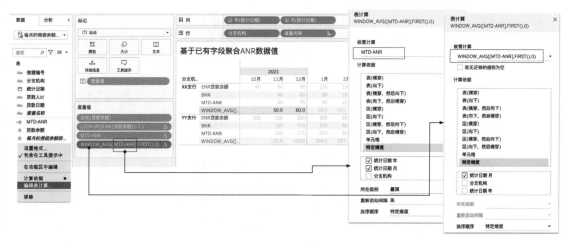

图 9-82 分别编辑"嵌套表计算"的计算依据

# 9.11 表计算筛选器：优先级最低的筛选类型

在所有的筛选器类型中，表计算筛选可谓最没有存在感的形式。它一方面难以理解（在计算上，它对应"聚合的二次计算"的再次判断）；另一方面优先级最低，只有在其他筛选器都无能为力时，才不得不请它出场。

这里使用排序函数 RANK、查找函数 LOOKUP 介绍两个案例，分别对应聚合结果是数字和字符串的筛选场景。

问题 1：2021 年，分区域筛选销售额 TOP 5 的品牌，各区域、各品牌的销售额总和。

问题 2：2021 年，各年月的销售额及其同比增长率趋势。

## 9.11.1 使用 RANK 函数聚合判断完成筛选

问题 1：2021 年，分区域筛选销售额 TOP 5 的品牌，各区域、各品牌的销售额总和。

如图 9-83 所示，这里暂且不含任何筛选器，展示了"各区域、各品牌的销售额总和"，为了帮助理解，增加了 RANK 排名和 TOP5 的判断，如下所示：

```
RANK(SUM([销售额]))
RANK(SUM([销售额])) <= 5
```

按照第 6 章筛选器的分类形式，这里的"销售额 TOP5 的品牌"属于典型的"顶部筛选"，顶部筛选、条件筛选的优先级高于行级别筛选和聚合筛选。本案例中"顶部筛选"并非针对单一范围的筛选，而是分区域的筛选，这就意味着优先级需要在区域分类之后。同时，排序是基于"销售额总和"聚合的，因此优先级还要在聚合之后。最终，只有表计算筛选器可以使用。

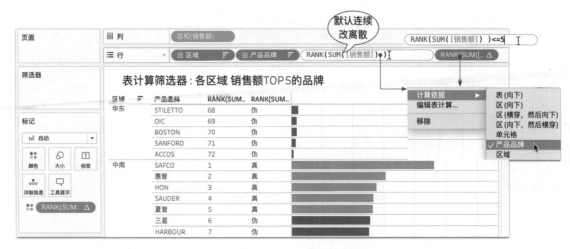

图 9-83　不同区域、分品牌的销售额（增加了区域内排序和前 5 判断）

结果如图 9-84 所示，可以把 RANK(SUM([销售额]) ) <= 5 保存为自定义字段"tf–销售额 TOP5"，然后加入筛选器，选择"真"。注意表计算的计算依据需要指定为"产品品牌"字段。

图 9-84　使用表计算筛选，完成聚合和排序后的筛选显示

在这个视图中，同时包含了行级别计算（品牌）、行级别计算的筛选（2021 年）、聚合计算（销售额总和）、表计算（排名）等多种计算。筛选的本质是逻辑计算，它们遵循如下的计算次序：

**（相对于明细）行级别计算及筛选>（相对于视图）聚合计算>表计算及筛选**

在使用表计算筛选器时要注意，表计算的性能是建立在聚合基础上的，如果公司的品牌非常多，此时就会在分区域、分品牌聚合时占用大量时间，最后的 TOP 5 则只是一瞬之间。为了优化计算的性能，在聚合之前尽可能减少数据量是必要的。比如，考虑到销售最少的区域（西北）的第 5 名也贡献了至少 13 万元的销售额，或者领导不关心单一区域中贡献低于 1 万元的品牌，那么就可以在视图中增加"销售额总和大于 1 万元"的聚合筛选器（它以视图详细级别，即区域*品牌为依据）。

聚合筛选器的依据是视图详细级别，因此遵循如下的优先级次序：

（相对于明细）行级别计算及筛选 ＞ （相对于视图）聚合计算及筛选 ＞ 表计算及筛选

可见，在问题分析过程中，综合考虑问题和性能等多方面的影响，才能持续优化可视化展现，最终形成高质量的商业仪表板分析和业务分析。

## 9.11.2 使用偏移函数 LOOKUP 完成年度同比和筛选

问题 2：2021 年，各年月的销售额及其同比增长率趋势

相比排序后筛选，基于聚合结果使用偏移函数 LOOKUP 的筛选更抽象一些。

如图 9-85 所示，展示了包含"快速表计算→年度同比增长"的年月销售额趋势图。由于首年各月没有历史可比，因此同比为空。在此基础上，我们希望仅保留特定年度，或者最后年度的销售额趋势。

图 9-85　东北地区，各年、各月的销售额及同比增长率（仅含行级别筛选）

这里的"年度同比增长"计算使用了表计算 LOOKUP 函数，双击可以查看逻辑如下：

```
(ZN(SUM([销售额])) - LOOKUP(ZN(SUM([销售额])), -1)) / ABS(LOOKUP(ZN(SUM([销售额])), -1))
```

如果贸然把"年（订单日期）"拖曳到筛选器，由于行级别的日期筛选先于聚合，就会影响年度同比增长的计算。因此，本案例中"保留 2021 年"的筛选器，必须是在聚合和同比表计算之后的，唯一可选项就是表计算筛选。

要在当前视图聚合之后保留 2021 年，可以先对【年】字段执行 LOOKUP 偏移计算，表计算必须基于聚合，因此还需要对年字段增加"属性"聚合，计算如下：

```
LOOKUP(ATTR( DATEPART('year', [订单日期])),0)
LOOKUP(ATTR(YEAR( [订单日期]) ), 0)
```

之后，可以基于上述表计算增加逻辑判断（筛选都是逻辑判断），并保存为自定义计算字段后进入筛选器中选择"真"，如图 9-86 所示。

LOOKUP(ATTR(YEAR( [订单日期]) ), 0) = 2021

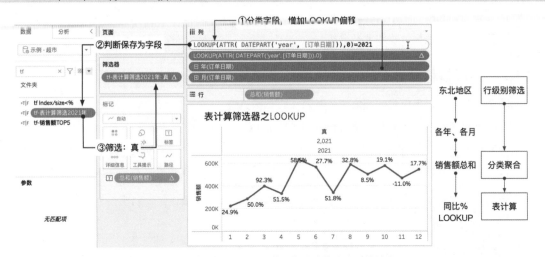

图 9-86　使用 LOOKUP 函数增加表计算和表计算筛选

LOOKUP 函数相当于为每个年度字段都增加了聚合的无偏移标签，它的优先级低于行级别计算、聚合计算，不会影响同样使用了 LOOKUP 函数的同比计算。它们的优先级如下：

（相对于明细）细分筛选器 >（相对于视图）销售额总和聚合>LOOKUP 表计算

当然，如果要筛选最后年度，这里的常量可以改为 LOD 表达式——它脱离于当前视图的影响，同时又能自动聚合，如下：

LOOKUP(ATTR(YEAR( [订单日期]) ), 0) = MAX( { MAX( YEAR( [订单日期] )) } )

这里的 { MAX( YEAR( [订单日期] )) } 用于计算整个数据表中最大年度，由于 LOD 表达式可以对应多个值，外层需要增加一个聚合方可与左侧表计算判断。相关内容参见第 10 章。

# 9.12　表计算延伸应用：预测建模函数

趋势和预测是大数据分析中的重要组成部分。Tableau 支持从"分析"窗格中拖入预测线和趋势线，并选择线形、对数、指数等多种模型类型。近年来，Tableau 围绕 AI 推出了一系列的升级更新，增加了预测建模函数( Tableau 2020.3 和 Tableau 2020.4 版本 )，并将 Einstein Discovery 的预测整合到 Tableau 中( Tableau 2021.1 版本 )。高级的预测可以集成 R 或 Python 完成。

借助 Tableau 预测建模函数，用户可以自定义预测因子和模型，指定预测目标，实现更高级的预测功能，比如，预测销售额中位数（百分位 0.5 对应的期望值）。数据可以在任何详细级别进行筛选、聚合和转换，模型和预测会自动重新计算。由于模型和预测都是建立在聚合之上的二次处理，这里把它们列入表计算的范围。两类语法如表 9-5 所示。

表 9-5　Tableau 两类预测建模函数

| 函数及语法 | 描　　述 |
|---|---|
| MODEL_QUANTILE 函数<br>语法：<br>MODEL_QUANTILE(<br>model_specification (optional),<br>quantile, target_expression,<br>predictor_expression(s)) | 以指定的分位数返回由目标表达式和其他预测因子定义的期望值。这是后验预测分位数。<br>示例：<br>MODEL_QUANTILE(0.5, SUM([Sales]),COUNT([Orders])) |
| MODEL_PERCENTILE 函数<br>语法：<br>MODEL_PERCENTILE(<br>model_specification (optional),<br>target_expression,<br>predictor_expression(s)) | 返回期望值小于或等于观察标记的概率（范围 0～1），由目标表达式和其他预测因子定义。这是后验预测分布函数，也称累积分布函数 (CDF)。<br>示例：<br>MODEL_PERCENTILE( SUM([Sales]),COUNT([Orders])) |

Tableau 预测建模函数支持线性回归、正则化线性回归和高斯过程回归，可以在预测函数的第一个参数位置，以如下的规则显形声明，如果省略，则默认为线性回归。

- 线性回归模型（Linear regression）：model=linear
- 正则化线性回归（Regularized Linear regression）：model=rl
- 高斯过程回归（Gaussian Process regression）：model=gp

同时，Tableau 官方文档提供了一个简单的选择引导[1]：

- 如果只有一个预测因子，并且该预测因子与目标指标具有线性关系，则使用线性回归（默认值）。
- 如果有多个预测因子，特别是当这些预测因子与目标指标有线性关系且预测因子可能受相似关系或趋势影响时，则使用正则化线性回归。
- 如果有时间或空间预测因子，或者预测变量可能与目标指标没有线性关系，则使用高斯过程回归。

这里仅以默认的线性回归为例进行讲解（同时考虑更复杂的模型也超过了笔者目前的理解能力）。

## 9.12.1　MODEL_QUANTILE 预测模型

MODEL_QUANTILE 预测模型符合指定分位数的期望值。对业务人员而言，这个确实有点生涩难懂，其语法形式如下：

MODEL_QUANTILE(预测模型（可选），分位数,目标表达式,一个或多个预测因子表达式)

---

1　"选择预测模型"（Choosing a Predictive Model），见 Tableau 官方文档。

- 预测模型：默认为线性回归。
- 分位数（quantile）：第一个参数为 0 ~ 1 的数字，指示应预测什么分位数。例如，0.5 指定将预测中位数。
- 目标表达式（target_expression）：第二个参数是要预测的度量或"目标"。
- 预测因子表达式（predictor_expression(s)）：第三个参数是用于进行预测的预测因子。预测因子可以是维度、度量或两者。

这里以销售趋势分析做一个可信度的简单模型。图 9-87 展示了连续各周的销售额增长趋势，中间黑色趋势线为线性趋势模型，看出销售总体在持续增长。但是趋势线不能表达期望值（或者称为可能的销售额总和），如果关注大概率事件，如何预测未来三个月销售的中位数水平呢？

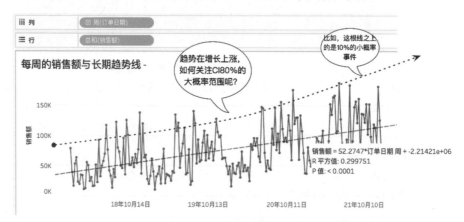

图 9-87 基于时序趋势的线性预测，表达趋势，但不能精确计算期望值

中位数即百分位为 0.5。因为要预测销售额的高低，所以 SUM(销售额)代表目标表达式；视图的其他要素日期就是影响的变量（预测因子）。使用 MODEL_QUANTILE 模型可以构建如下的预测模型：

MODEL_QUANTILE(0.5,SUM([销售额]), ATTR((DATETRUNC('week', [订单日期]))))

MODEL_QUANTILE 模型预测的是未来的目标表达式的期望值（即可能的销售额金额）。接下来把这个模型放入视图，使用双轴合并在一起，就可以看到过去及未来中位数的水平，如图 9-88 所示的红色部分，它是由中位数期望值平滑而来的。

同样的原理，还可以构建百分位 P10 和百分位 P90 两条模型曲线，和中位数曲线以度量值合并轴，黄色和蓝色中间的销售就是 80%的大概率销售额，如图 9-88 所示。

默认的预测模型可以查看历史的趋势，如何查看未来三个月的概率呢？此时可以在预测中"扩展日期范围"。如图 9-88 上侧所示，在连续的日期轴字段上右击，在弹出的快捷菜单中选择"扩展日期范围→3 个月"命令，预测模型就延伸到了未来的区间（Tableau 2020.4 版本及以上）。

如果数据有缺失怎么办？Tableau 支持在日期字段上选择"显示缺失的值"，但是默认缺失值不能参与计算，如果希望弥补的缺失值加入模型计算，还要在菜单中设置"分析→从缺失的值推断属性"选项（Tableau 2020.3 版本及以上）。

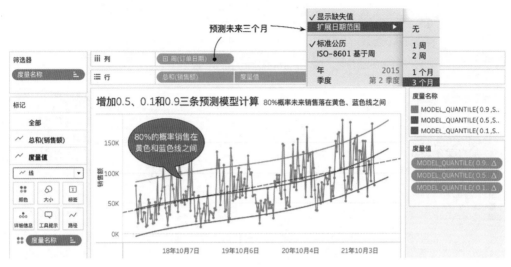

图 9-88　使用 MODEL_QUANTILE 模型计算多个期望值并构成模型曲线

乍一看，这样的分析模型似乎只是"炫技"，可是，如果能把这个与企业的质量指标的波动、成熟产品的单价波动等业务指标结合起来，则有助于帮助领导更快发现异常。当然，趋势是对未来期望值的预测，能否对现有数据点做基于预测模型的分类？比如，基于预测的客户特征分组，这就可以用 MODEL_PERCENTILE 预测模型函数。

## 9.12.2　MODEL_PERCENTILE 预测模型

MODEL_QUANTILE 预测模型计算指定分位数的期望值，与之相反，MODEL_PERCENTILE 预测模型返回每个期望值对应的分位数概率（0～1），表达式语法如下：

MODEL_PERCENTILE(预测模型（可选），目标表达式,一个或多个预测因子))

- 预测模型（可选）：默认为线性回归。
- 目标表达式：第一个参数是目标度量，确定要评估哪些值。
- 预测因子：第二个参数是用于进行预测的预测因子。

如图 9-89 所示，以"每周的销售额总和折线图"为基础，将"标记"样式改为"圆"，从而以点图显示，增加 MODEL_PERCENTILE 计算每个点对应的百分位数，在此基础上，结合 IF 函数分为 ">0.9,0.1~0.9,<0.1" 3 个部分，以颜色分类显示。

当然，基于日期的销售额聚合百分位数并非具有对应的业务意义。可以把类似的方法应用到"生产质量控制"分析或者"某型号产品的成交价格审计"分析中，如果不同地区之间具有明显的差异，还可以把地区作为分区字段（即范围）。

至此，本章详尽介绍了 Tableau 表计算的原理与应用，并对比介绍了 SQL 窗口函数的部分语法。相比行级别函数、聚合函数，表计算的应用一直被低估，应该引起读者的注意。

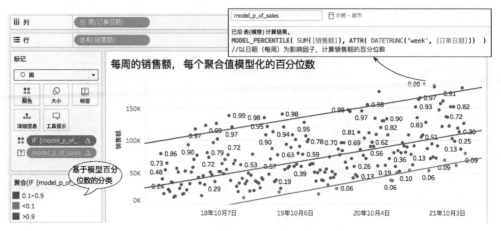

图 9-89　使用 MODEL_PERCENTILE 模型计算每个值对应的百分位数

## 练习题目

（1）使用 Excel、SQL、Tableau 多种工具，分别完成以下问题。

- 2022 年，各类别中，不同子类别的销售额总和及销售额总和占比。
- 各订单年度的销售额总和及同比差异。
- 家具类别下，各子类别的 SKU 数量及其排序。

（2）以"合计百分比"和"同/环比"为例，说明表计算应用的特殊性。

（3）使用 INDEX 和累计汇总功能，完成"不同车型自上市以来，各月的累计汽车销售数量"。

（4）使用移动平均功能，完成某只股票数据每日收盘价，以及过去连续 7 天的平均收盘价分析。

（5）完成"2021 年，各类别、各子类别的销售额总和、利润率"，借助参考线添加销售额总和、利润率的均值参考线，理解"平均值"和"合计"之间的差异。

（6）使用参数和计算功能完成如下的标杆分析，实现选择任意区域后自动完成对比：

在 2021 年，选择任意区域，查看其他各区域相对于该区域的利润总和差异。

使用参考线和多次表计算功能，完成"产品的累积销售额贡献"帕累托图，突出销售额累计贡献占比 80%以上的产品。

| 第 10 章 |

# 结构化问题分析：LOD 表达式与 SQL 聚合子查询

关键词：详细级别、嵌套聚合查询、FIXED LOD、预先聚合、优先级

LOD 表达式（Level of Detail Expressions）是指定详细级别的预先聚合，其中"详细级别（LOD）是聚合的依据"。在学习本章之后，读者会更进一步理解 LOD 表达式不是单独的一类函数，而是聚合计算和数据合并的组合，因此被称为"表达式"。Tableau LOD 表达式以极简、优雅的方式，帮助业务用户更深入地理解多个要素之间的结构化关系，而无须考虑其技术实现。

笔者会不吝笔墨地介绍 LOD 表达式的独特性和原理、语法的结构、各种表达式的场景，借助于 Excel、SQL 深入理解 LOD 表达式（这样你会更加喜爱 LOD 表达式的优雅）。本章以客户 RFM 分析为例，详细介绍 LOD 表达式与行级别计算、聚合计算、表计算的结合用法，帮助更多人进入高级业务分析领域。

## 10.1 业务解析：理解 LOD 表达式的逻辑和本质

假定领导提出了一个分析问题："不同购买频次的客户数量"。大多人都会觉得这个问题很简单——没有筛选范围，"频次"是问题维度，"客户数量"是聚合答案，"拖拉、导出、透视"即可完成。

看似简单，过程却比想象的复杂。本节从本案例出发，帮助理解 LOD 表达式的独特魅力。

### 10.1.1 简单详细级别："不同购买频次的客户数量"

从"不同购买频次的客户数量"开始讲起，该题目的详细级别和答案聚合都只有一个字段。先从 Excel 出发，分步骤讲解聚合过程，而后以 SQL 理解"预先聚合"，最后讲解 Tableau LOD 表达式。

1. 使用 Excel 实现"用聚合的结果作为问题维度"

基于超市的销售数据，使用【订单 ID】【客户名称】字段列，需要多次透视才可以完成"不同购买频次的客户数量"。这个过程分解为如下 3 个步骤。

①透视表 A：从明细表透视计算"每个客户的购买频次"，透视即聚合（以计数简化准备过程）。

②数据规范处理：将透视表 A 的结果复制、转化为规范的关系数据结构，标记为"聚合表"。

③透视表 B：以第②步的"聚合表"为明细再做透视，获得"不同购买频次的客户数量"。

如图 10-1 所示，基于数据表明细创建"数据透视表"，透视即聚合，获得"各客户的购买频次"中间聚合表（见图 10-1 位置①）；之后进行数据规范化（见图 10-1 位置②），然后再次透视，**以上一次透视的度量结果为分组依据**，以客户做计数聚合，获得"不同购买频次的客户数量"透视表和透视图（直方图）（见图 10-1 位置③）。

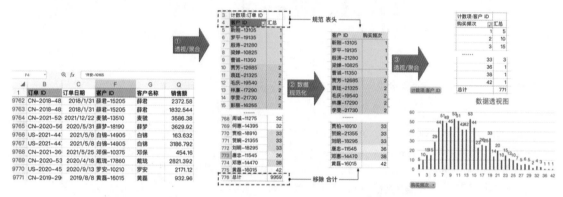

图 10-1　"不同购买频次的客户数量"之 Excel 过程

在这个过程中，中间的聚合表起了承上启下的作用。第一次透视表的聚合度量在第二次透视表中作为维度分类。对于第二次透视而言，第一次的透视是优先性的，因此称之为"预先聚合"。

不过，在大数据分析中，面对百万、千万的数据量，这样的手工方法既不稳定，也不可行，因此就有了 SQL 的方法——使用 SQL 直接操纵数据库数据，使聚合表成为查询的一部分。

**2. 使用 SQL 实现"LOD 表达式"的问题**

理解了 Excel 中的"透视即聚合"，使用 SQL 从数据库中查询，可以把上述 3 个过程整合在一起。SQL 中的聚合函数和 GROUP BY 子句对应 Excel 中的透视功能。

如图 10-2 所示，完整的 SQL 包含两次 SELECT 查询过程，外层的主查询对应问题，内层的聚合查询对应数据准备——计算不同客户的购买频次。内层查询的**聚合结果作为外层 COUNT 聚合查询的起点**，免除了在 Excel 中手动进行数据规范化的过程，这是先进工具进步带来的效率提升。

在 SQL 中，被嵌套的查询语句称为子查询（SubQuery）、嵌套查询（Nested Query）或者内层查询（Inner Query），与引用它的主查询（Main Query）相对应。**包含聚合的子查询**是子查询中的特殊形式，它对应临时的、虚拟的数据表（常被称为"聚合中间表"）。内层的聚合查询先于外层主查询，因此它又被称为"预先聚合"（Pre-Aggregation）。

**Tableau LOD 表达式相当于 SQL 聚合子查询，兼具数据准备和聚合的双重属性。**

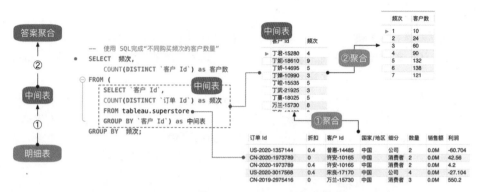

图 10-2　使用 SQL，借助聚合子查询完成 "不同购买频次的客户数量"

SQL 的特长是处理大数据，但是它没有可视化图形，更难以提供交互功能。此时，就有了集大数据查询、可视化和易用性于一身的 Tableau，以及本章主角——LOD 表达式。

**3. Tableau 如何创造性地优化了上述复杂过程**

很多业务分析师难以熟练驾驭 SQL，或者受企业数据权限约束无法自由使用，种种原因 "逼迫" 分析师从各种平台导出数据后进行二次分析，这种妥协制约了分析的效率和分析价值。Tableau 则为业务分析师提供了兼容 SQL 又超越 SQL 的敏捷方案——以拖曳交互快速完成分析。

以本案例为例，Tableau 仅需要{ FIXED [客户名称]:COUNTD([订单 Id])}的简洁表达式，即可替代上述 SQL 中的子查询，以及 Excel 的 "透视+导出+规范化"，同时还能将计算保存为字段持续使用，如图 10-3 所示。如同高中数学几页纸才能写完的计算，在高等数学中被简化为一个公式。

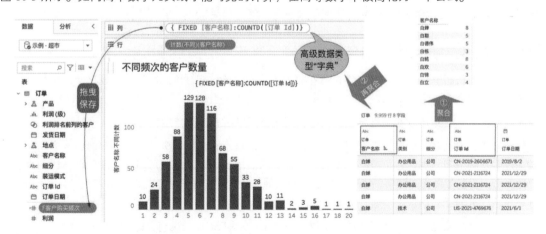

图 10-3　使用 Tableau 的 LOD 表达式，完成 "不同购买频次的客户数量"

在从 Excel 到 SQL，再到 Tableau 表达式的过程中，读者可以体会 "LOD 表达式" 的要点。

● LOD 表达式并非一个独立的函数，而是维度声明和聚合组合而成的表达式，维度确定的**详细级别**

**是聚合的依据。**

- LOD 表达式是特殊的聚合形式，承担数据准备的角色（如同 Excel 的第一次透视为第二次透视提供准备、SQL 的子查询结果是主查询的准备），因此笔者称之为"**预先聚合**"（pre-aggregation），与表计算的二次聚合或二次计算、SUM 直接聚合相区别。

LOD 表达式的语法结构加图 10 4 所示，表达式最外侧必须是大括号，代表 LOD 表达式的开始和结束；大括号中的维度和聚合部分以中间冒号（英文半角）左右分开。左侧只能是维度，右侧必然是聚合；在维度字段之前，有 3 个可选的语法关键词——FIXED、INCLUDE、EXCLUDE，分别代表"绝对指定""新增特定维度""排除特定维度" 3 种范围，它们和维度共同构成聚合的依据。

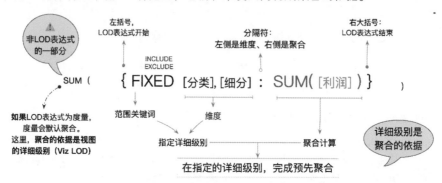

图 10-4　LOD 表达式的语法构成

初学者先了解语法的构成，而后在接下来的案例中，循序渐进地理解表达式的业务意义。LOD 表达式只有和具体问题结合，才能发挥它的价值。对于具备 Python 等开发经验的分析师，可以用"字典"数据类型的"键值对"理解语法，然后在实践中掌握它和视图的关系。

## 10.1.2　多维详细级别："各年度、不同矩阵年度的销售额贡献"

高级业务分析有一个经典案例，分析**销售增长背后的客户结构性比例**。这个问题之所以典型，是因为问题的维度建立在聚合之上，需要两次透视、两次查询才能完成。

问题分析：各订单年度的销售额增长，以及每年不同"客户矩阵年度"[1]的销售额贡献。

对于零售企业而言，如果多年来销售额蒸蒸日上，但是新客户比例极低、老客户忠诚度很高，那么就要关注客户的消费周期，避免产品不能满足老客户年龄增长而带来业绩风险。如果新客户比例高、老客户比例低，就要减缓客户流失，并注意市场饱和后的增长危机。客户的"新/老"标签，可以用客户"首次订单日期"来表示，这就是"**客户矩阵年度**"的业务意义。

为了帮助初学者循序渐进地理解这个过程，先以 Excel 和 SQL 来说明过程。

---

1　矩阵年度（cohort year），cohort 翻译为队列、阵列、矩阵；矩阵除了包含"group"的意义，还潜在包含多个群组构成的对比。

1. 使用 Excel 和 SQL 理解数据的处理逻辑

相比 10.1 节单维度的案例，本案例需要"订单日期年度""客户矩阵年度"两个维度。由于明细数据表中只有【订单日期】字段，因此需要预先计算"客户矩阵年度"。它是"每个客户的首次订单日期"，即获客日期对应的年度，这里"首次"意味着 MIN 聚合。

如图 10-5 所示，Excel 聚合即透视，从明细表中创建透视表，获得"每个客户的首次订单日期"。问题分析需要使用明细表中的【订单日期】和【销售额】字段，以及透视表中的"客户首次订单日期"字段，两个数据表还需要用 VLOOKUP 进行"数据合并"。

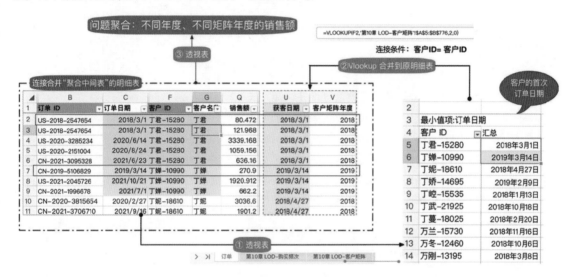

图 10-5　在 Excel 中，明细表与透视表合并，而后完成再一次透视

如图 10-5 中所示，使用 VLOOKUP 函数为明细表中的客户 ID，关联引用透视表中的"首次订单日期"字段，称之为"获客日期"，再借助 YEAR 函数转化为年度字段【客户矩阵年度】（这里省略了数据规范化的过程）。问题中包含的所有字段都有了之后，再创建聚合透视表，就可获得最终分析结果。

在 4.3.3 节介绍"自连接"（Self-Join）时，笔者介绍了数据表和自身聚合表合并，而后完成分析的过程；这里使用了相同的逻辑方法。上述 Excel 计算、合并、透视过程，又可以转化为 SQL 的子查询（SubQuery）、自连接（Self-Join）、聚合（Group By）过程。SQL 的操作过程如图 10-6 所示。

可见，不管 Excel "纯手工"的计算和合并，还是 SQL 的嵌套聚合子查询，本质都是聚合和连接合并的过程，这里理解的关键是 JOIN 合并。基于聚合子查询的连接，相当于把预先聚合结果合并到明细表中，因此兼具了数据准备的性质。

笔者甚至常用这个案例作为判断敏捷 BI "是否敏捷"的标准。迄今为止，国内外少有 BI 工具，提供了比 Tableau 更加优雅、简洁的技术方案。接下来，就是 Tableau 的时刻。

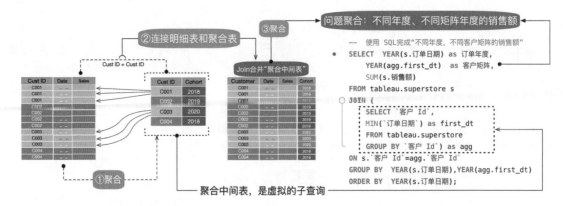

图 10-6 在 SQL 中，理解多次聚合和数据合并的关系

### 2. 使用 Tableau LOD 表达式保存聚合查询并快捷完成

Tableau 天才般的产品经理和工程师把业务分析中大量的"聚合子查询与自连接"应用场景简化为 LOD 表达式。这里的 LOD，既是中间聚合表的聚合依据，又是"自连接"的条件。

如图 10-7 所示，在"各年度的销售额柱状图"基础上，在视图的标记中创建自定义 LOD 表达式{FIXED [客户名称]:MIN([订单日期])}，结果默认为年月日，点击转化为离散的"年"详细级别，并拖曳到颜色和标签上，就在柱状图中增加了"客户矩阵年度"的结构分析。

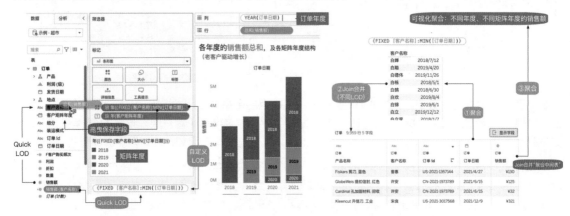

图 10-7 在 Tableau 中，使用 LOD 表达式完成"二次聚合+连接"

在 Excel 中预先完成透视表，在 SQL 中预先构建聚合子查询的过程，对应如下的 LOD 表达式：

YEAR ( {FIXED [客户名称]:MIN([订单日期])} )

FIXED LOD 表达式指定了客户详细级别，且预先聚合每个人的获客日期（首次订单日期），而后和明细表连接合并，从而弥补问题中缺少的字段。逻辑过程如图 10-7 右侧所示。

借助 Tableau 的"性能优化器"，高级用户可以一窥问题背后的 SQL 查询逻辑，如下所示：

```
Command
SELECT   SUM(`superstore`.`销售额`) AS `sum_销售额_ok`,
    YEAR(`t0`.`__measure__0`) AS `yr_Calculation_6097944297932439556_ok`,
    YEAR(`superstore`.`订单日期`) AS `yr_订单日期_ok`
FROM `superstore`
  INNER JOIN (
  SELECT SUBSTRING(`superstore`.`客户 Id`, 1, 1024) AS `客户 Id`,
    MIN(`superstore`.`订单日期`) AS `__measure__0`
  FROM `superstore`
  GROUP BY   1) `t0`
  ON (SUBSTRING(`superstore`.`客户 Id`, 1, 1024) <=> `t0`.`客户 Id`)
GROUP BY 2,3
```

同一个问题，不同的人使用 SQL 会有不同的技术方案；Tableau 亦如是，随着问题复杂性的提高，Tableau 也会使用差异的 SQL 来实现。

为了进一步简化 LOD 表达式的创建，Tableau 2020.1 推出了 Quick LOD 功能，只需要按住 Ctrl 键（macOS 为 Command 键）拖曳度量字段到离散维度之上，就能快速创建 FIXED LOD 表达式。如图 10-7 左侧所示，笔者将【销售额】拖到【客户名称】之上，就自动创建了【销售额(客户名称)】字段，它的语法如下：

$$\{ \text{FIXED [客户名称] : SUM([销售额])} \}$$

基于 10.1 节的单维度问题和 10.2 节的多维度问题，至此可以简单总结：神奇的 LOD 表达式到底是什么？

**指定某个详细级别预先聚合，并与数据明细表字段一起回答问题。**

因此，LOD 表达式既具有行级别字段的特征（计算结果可以作为维度，具有数据准备的功能），又具有聚合的特征（必须返回聚合），同时包含了不同详细级别的数据合并过程。这也是它能适用于复杂业务问题的原因。相对于嵌套 SQL，LOD 表达式让一切变得简单，特别是在后期包含筛选器、嵌套 LOD 表达式的高级案例中，LOD 表达式让业务分析师专注于业务思考本身，而非复杂的 SQL 查询逻辑。

在初步理解了 LOD 表达式之后，后续几节，笔者将全面介绍相关知识。

- 从"详细级别"的角度，理解 LOD 表达式依赖的详细级别，与视图的关系（见 10.2 节）。
- LOD 表达式的多种语法 FIXED/INCLUDE/EXCLUDE LOD 及其适用场景（见 10.3）。
- LOD 表达式与行级别计算、聚合计算的组合及计算、筛选优先级（见 10.4）。
- 包含多个详细级别的问题思考方法，以及多个 LOD 表达式嵌套的复杂应用（见 10.5）。
- 使用 LOD 表达式完成客户分析、产品分析等高级案例（见 10.6 节和 10.7 节）。

## 10.2　LOD 表达式的"详细级别"及其与视图关系

在 10.1 节中，笔者参照 Excel 和 SQL 中的计算过程，介绍了 LOD 表达式的计算过程（LOD 表达式是"聚合子查询"和"连接（join）"的功能组合）。本节从业务视角重新理解 LOD 表达式对应的分析场景。毕竟，业务分析师的主要责任是思考业务问题，而非底层的技术实现逻辑。

本节笔者将结合 3 个案例介绍高级问题的分析和实现。

### 10.2.1　从问题详细级别出发，理解高级问题的构成

在使用 LOD 表达式的案例中，无一例外都需要引用其他详细级别的聚合，因此，多个详细级别之间的关系，就成了此类问题的难点。按照笔者的经验，以主视图的详细级别（Viz LOD）为基准点，识别**要引用的详细级别（Reference LOD）并确认它们之间的层次关系**，而后选择合适的 LOD 表达式语法，是解决此类问题的不二法门。

以 10.1 节中的问题（"不同购买频次的客户数量"）为例，问题背后包含了另一个隐藏的问题"不同客户的购买频次"，这需要预先聚合获得结果，再将聚合结果作为视图问题的维度。参考 SQL 嵌套查询的分类，"主问题"对应主查询，"子问题"对应聚合子查询。

- 主问题："不同购买频次 <u>的</u> 客户数量（客户 ID 不同计数）"
- 子问题："不同客户 <u>的</u> 购买频次（订单 ID 不同计数）"

如图 10-8 所示，问题聚合（客户数量）来自数据表明细的直接聚合，而问题维度（购买频次）则建立在子问题"不同客户的购买频次"的计算结果基础上，引用聚合结果成为问题的维度。在最终的可视化中，视图对应的详细级别被称为"视图详细级别"（Viz LOD）；而为此需要预先聚合问题，子问题维度"客户"对应的详细级别被称为"引用的详细级别"。

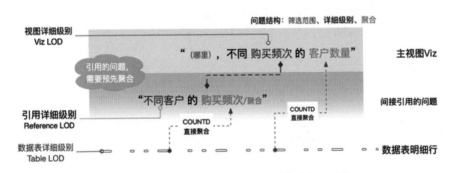

图 10-8　包含多个详细级别的问题，之间的相互关系

在第 8 章的简单问题中，筛选、维度和聚合都直接来自数据表明细行级别；而在高级问题中，筛选、问题、聚合都可能引用其他详细级别的预先聚合。解决高级问题的关键是厘清多个详细级别之间的关系，然后选择合适的表达式。

从这个角度看，业务分析中的高级问题有几种组合形式呢？

这里沿用 9.1.2 节 "聚合度" 的图示表达方式，说明 4 类详细级别的关系类型，如图 10-9 所示。以**数据表的行级别为基准，以自下而上的聚合度为尺度，可以衡量每个问题的聚合高度及其相互关系**。L1、L2、L3 所对应的 3 个问题，聚合度依次降低——L1 只需要一个数据值即可回答，L2 和 L3 需要更多。相对于 L2 和 L3，R1 则代表不可比较的单独的问题——一个客户可以跨省份消费，一个省份也会包含多个客户，二者没有聚合上的高低层次关系。

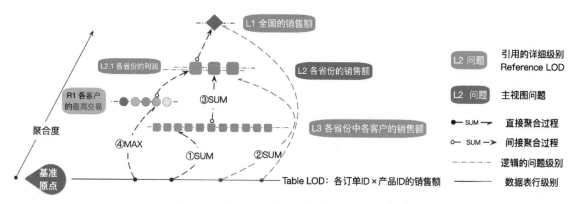

图 10-9　理解多个问题直接的层次关系与主次关系

假设以 "L2 各类别的销售额" 为当前视图，问题中再引用其他详细级别的预先聚合，就构成了典型的高级计算。根据引用详细级别与当前视图详细级别的关系不同，可以分为以下 4 种类型。

- +L1：视图中，引用（**聚合度**）更高详细级别的聚合（Reference LOD > Viz LOD）
- +L3：视图中，引用（**聚合度**）更低详细级别的聚合（Reference LOD < Viz LOD）
- +R1：视图中，引用（**聚合度**）详细级别独立的聚合（Reference LOD 与 Viz LOD）
- +L2.1：视图中，引用（**聚合度**）相同详细级别的聚合（Reference LOD = Viz LOD）

在本书中，"详细级别" 作为中性概念出现，笔者时常也会将其简称为 "级别" 或者 "层次"。更高聚合度的详细级别，可以被简化为 "更高聚合级别"，不过为了保持意义的完整性，笔者尽可能使用完整的表述。

这里以主视图为 "各省份的销售总和" 为参照，分别介绍如下 3 个案例。第 4 种类型需要结合筛选器的优先级才有意义，会在 10.7 节 "购物篮分析" 高级案例中进行介绍。

- 问题 1：华东地区，各省份的销售额，以及其相对于全国的销售额的占比。
- 问题 2：各省份的销售额，以及客户购买力指数（每位客户的最大交易金额的平均值）。
- 问题 3：各订单年度的销售额，以及客户矩阵比例（每位客户的首次订单日期的年度）。

## 10.2.2　主视图引用 "更高聚合度" 的详细级别聚合：占比分析

- 问题 1：华东地区，各省份的销售额，以及其相对于全国的销售额的占比。

如图 10-10 所示，主视图问题是 "华东地区，各省份的销售额"，对应的详细级别是 "省份"；相比之下，"各地区的销售额" 和 "全国的销售额" 对应更高聚合度的详细级别。

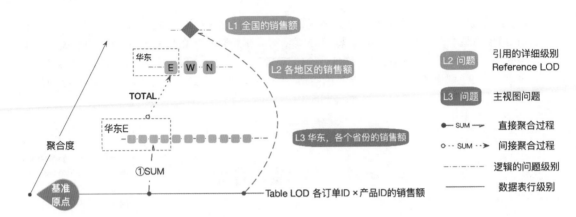

图 10-10　理解多个问题之间的层次与主次关系

在 9.1 节中，笔者强调"凡是引用更高聚合度详细级别的聚合，优先选择表计算"，只有在表计算无法满足需求时，才考虑使用 LOD 表达式。由于表计算（SQL 窗口函数）是对聚合结果的二次聚合，必然受到视图筛选器的影响，因此表计算只能获得"华东区域的销售额"，却无法获得"全国的销售额"。这里使用 LOD 表达式，指定"全国"为详细级别预先完成聚合，最高聚合度对应的"全国"是根据需要虚拟出来的，可以省略，因此有如下的多种方式完成：

```
{FIXED  '全国' : SUM([销售额])}
{FIXED  : SUM([销售额])}
{ SUM([销售额]) }
```

如图 10-11 所示，Tableau Desktop 中展示了"华东地区，各省份的销售额"条形图，借助 TOTAL（合计）函数，可以获得"华东地区的销售额"；借助 FIXED 表达式{FIXED"全国" : SUN([销售额])}指定"全国"的详细级别，则可以获得"全国的销售额"聚合。可见，维度筛选器的优先级在 FIXED 表达式之后，而在表计算之前。

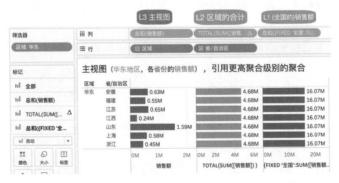

图 10-11　在主视图中，引用更高聚合级别的聚合，并先于维度筛选器

{SUM([销售额])}是最简单的 LOD 表达式。在数据分析的过程中，经常用{ MAX([订单日期])}获取数据表中的最大日期，背后就是简化的指定全部数据计算最后日期的 LOD 表达式。

```
{ FIXED : MAX([订单日期])}
{ MAX([订单日期])}
```

SQL 中有很多种组合可以实现类似的逻辑，这里介绍一种容易理解且性能出众的方式，如图 10-12 右侧所示。FROM 后面有两个子查询，其一是"华东各省的销售额"，其二是"全国销售额"，通过连接（Join）合并在一起。为了方便理解，这里创建了"全国"的虚拟字段，并用它来做连接条件。FIXED LOD 计算相当于嵌套的子查询。

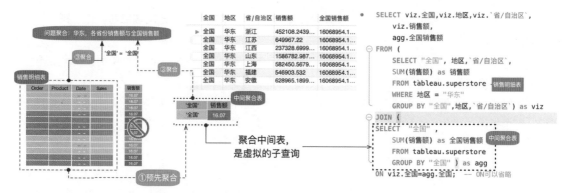

图 10-12　SQL 的逻辑示意图：在主视图中，引用更高聚合级别的聚合

在本案例中，"全国销售额"只有一个值，合并到明细表中性能差，还要考虑如何去重。因此，这里借用了第 4 章数据混合的方案——建立在聚合表基础上的连接合并。

Tableau 高级用户可以借助"性能记录器"功能，查看 Tableau 自动生成的 SQL 逻辑（华东各省份销售额和全国销售额），如下所示：

```
/%  Tableau 性能记录器原始命令 %/
SELECT `t0`.`TEMP(TC_)(67814732)(0)` AS `TEMP(TC_)(67814732)(0)`,
  `t1`.`__measure__0` AS `sum_Calculation_545005957132693535_ok`,
  `t0`.`地区` AS `地区`,
  `t0`.`省_自治区` AS `省_自治区`
FROM (
  SELECT SUBSTRING(`superstore`.`地区`, 1, 1024) AS `地区`,
    SUBSTRING(`superstore`.`省/自治区`, 1, 1024) AS `省_自治区`,
    SUM(`superstore`.`销售额`) AS `TEMP(TC_)(67814732)(0)`
  FROM `superstore`
  WHERE (SUBSTRING(`superstore`.`地区`, 1, 1024) = '华东')
  GROUP BY 1, 2
) `t0`
  CROSS JOIN (
  SELECT SUM(`superstore`.`销售额`) AS `__measure__0`
  FROM `superstore`
  HAVING (COUNT(1) > 0)
) `t1`
```

由于是最高聚合的合并，这里 Tableau 使用了交叉连接，没有创建"公司"的虚拟字段。T1 对应的子查询就是 FIXED LOD 的缩影。

## 10.2.3  主视图引用"更低聚合度"的详细级别之聚合：购买力分析

- 问题 2：各省份的销售额，以及客户购买力指数（每位客户的最大交易金额的平均值）。

这个题目的业务意义是不同省份的**客户购买力分析**，旨在以客户的特征反映省份之间的差异。

交易明细表中"销售额"默认是商品的视角，代表有多少市场价值的产品被销售。产品销售额可能是由少数大客户贡献的，也可能是由众多的低购买力客户贡献的。

单个客户的购买力可以反映到几个指标上，包括客户的最大交易金额（即订单中的某个单一产品）、客户的最大订单金额（即一次性购买最多的订单）、客户的累计消费金额等。

这里以相对简单的"客户的最大交易金额"为例。如图 10-13 所示，主视图的详细级别（维度）是省份，每个省份的"客户购买力"指标是**该省份中每个客户的最大交易的平均值**——这里的平均聚合依赖于另一个详细级别的预先聚合——各省份、每个客户的最大交易。

AVG（该省份、每个客户的最大交易）

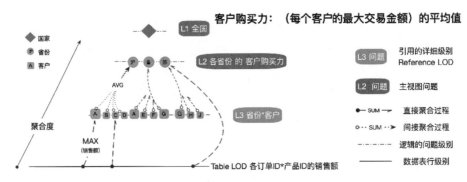

图 10-13  层次示意图：引用更低聚合度的详细级别的预先聚合

沿用之前的 FIXED 表达式的逻辑，只需要使 FIXED 指定该详细级别完成预先聚合，之后再次聚合，即：

AVG({ FIXED [省份] , [客户]  : MAX([销售额]) })

在 Tableau 中，借助即席计算和拖曳，可以便捷地完成多个详细级别的分析。如图 10-14 所示，双击条形图的列，输入上述的 FIXED LOD 表达式，确认后右击，在弹出的快捷菜单中选择"度量→平均值"命令，得到的就是"各省份的客户购买力指标"了。

可以看出，虽然河北的商品销售额总和没有进入全国前 5 名，但是客户购买力指标却名列前茅。背后反映的业务现象是，河北单客购买力较高，但客户数量不足制约了规模的增长。为了验证假设，可以把更多相关字段加入工具提示，甚至可以添加表计算。将鼠标光标悬浮在"河北"上，可看到河北的客户购买力（人均最高 3715 元，全国第一名），而河北的客户数量在全国仅仅排名第 12。

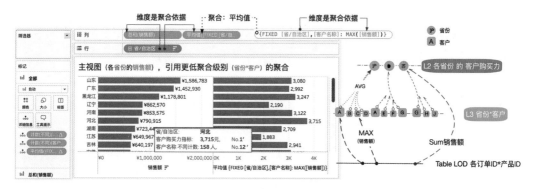

图 10-14　Tableau 完成购买力分析：在语法中直接指定聚合依据

当然，还可以辅助其他指标进一步对比各省之间的差异，比如"每个客户的最大订单金额"。把客户的一次完整购买作为分析对象，不容易受到高价值单品的影响。这需要在引用客户详细级别的基础上，再次引用客户、订单的详细级别，属于典型的嵌套 LOD 表达式。

为了深入了解这个题目，这里有两个环节需要加以强调。

#### 1. FIXED 指定详细级别的选择

很多初学者会使用{ FIXED[客户]: MAX([销售额]) }引用客户的最大交易金额。这里忽略了显而易见的业务问题：部分客户会跨省份消费。如果基于此计算客户购买力，客户在某个省份的最大交易会被视为多个省份的购买力指标。比如，客户同时在江苏省、浙江省、山东省进行消费，最大交易金额在山东省，但其最大交易金额就会在江苏省、浙江省、山东省分别被计算平均值，显然是不准确的。

使用{ FIXED [省份] , [客户]: MAX([销售额]) }，每个客户在该省的最大值就作为省份的客户购买力指标计算依据。

#### 2. 不同聚合依赖的详细级别及其过程

在这个过程中，要深刻认识聚合的依据、过程及起始点，从而理解不同计算之间的差异。

**详细级别（维度）是聚合的依据**，每一次聚合必然与维度字段对应。在包含 LOD 表达式的计算中，要区分以下两类计算。

- LOD 表达式计算中的预先聚合，以指定的详细级别为依据，聚合从数据表明细到指定详细级别。
- 行级别字段的直接聚合和 LOD 表达式外层的聚合，都以视图的详细级别为依据。

对于初学者而言，这个过程会略显抽象，需要结合第 3 章的知识不断体会。

从物理字段、直接聚合、主视图详细级别，到逻辑字段、逻辑聚合、引用详细级别的跨越，是成为高级业务分析师的必由之路。

### 10.2.4　主视图引用独立详细级别的聚合：客户矩阵分析

- 问题 3：各订单年度的销售额，以及客户矩阵比例（每位客户的首次订单日期的年度）。

在 10.1.2 节中，笔者已经结合 Excel、SQL 介绍了这个问题的计算方法。下面把分析的焦点转移到问题包含的多个详细级别上来，换个角度理解计算背后的问题结构。

**首先，把问题分解为两个基本的问题，它们分别对应特定的详细级别。**

- （未加客户矩阵前）各订单年度的销售额（总和）——订单年度是主视图的详细级别。
- 每位客户的首次订单日期——客户是上视图引用问题的详细级别。

**其次，要理解两个详细级别的相互关系。**

对于"订单年度"对应的详细级别，"客户"是完全独立的，二者是多对多的匹配。一个订单年度中会有多个客户，而一个客户会在多个订单年度消费。

借助如图 10-15 所示的示意图，可以把多个详细级别及彼此之间的关系展示出来。

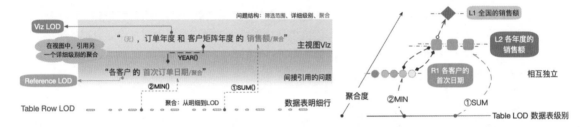

图 10-15　使用图示阐述问题中的多个详细级别及层次关系

由于引用详细级别可能影响最终视图的详细级别，因此"主视图详细级别"有两种理解。

在引用客户详细级别的聚合之前，视图焦点是趋势增长，对应的详细级别是"订单年度"。为了查看每年的客户结构，在主视图中引用了另一个问题的聚合结果"不同客户的首次订单日期"——首次订单日期（年度），即"客户矩阵年度"。

最终，两个维度构成了主视图的详细级别，如图 10-16 所示。

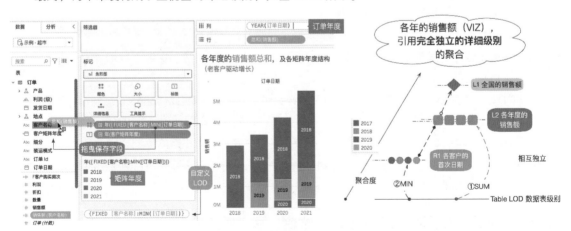

图 10-16　使用多个详细级别阐述高级问题的构成关系

注意，之前的"年度"只有 4 个值，柱状图的数量代表 4 个年度，而颜色表示的"客户矩阵年度"也有 4 个值。由于 2018 年的订单全部来自 2018 年矩阵的客户，因此只有一个颜色；2019 年的订单对应当年或者往年的两个矩阵年度，所以有两个颜色。视图中共有 10 个标记，以此为依据对聚合的销售额总和做分组，最终形成如图 10-16 所示的样式。

从图 10-16 中可以看出，2021 年的销售额，一半以上是由 2018 年的最早一批客户贡献的——说明老客户复购质量极高，公司的产品结构可以适应 4 年以来的客户需求。同时，新客户开发严重不足，2020年、2021 年的客户贡献比例极低。根据行业的属性（批发/零售）、市场的情况（渠道饱和）等，分析师可以做出不同的推测和分析。

至此，本节用 FIXED LOD 表达式介绍了 3 种引用详细级别聚合的情形。为了简化问题，这里假设没有筛选器的影响，也没有分层结构的字段钻取。如果有筛选器，或者视图中有字段钻取，则上述 FIXED绝对指定的方式就会发生明显的错误——因为 FIXED 绝对指定的详细级别不会自动发生变化。此时，就需要引用 INCLUDE 和 EXCLUDE 表达式，满足差异化分析需求。

# 10.3　相对指定的 LOD 表达式及运算优先级

截至目前，本书仅借助 FIXED LOD 语法，就可以在主视图详细级别中引用更高聚合度、更低聚合度，以及聚合度独立的详细级别的聚合，从而完成多层次结构化分析。LOD 表达式的本质是，引用视图详细级别之外的详细级别的预先聚合。因此，使用 LOD 表达式的关键在于正确地"**指定详细级别**"。

## 10.3.1　绝对指定和相对指定的 LOD 表达式

在 SQL 中，使用"聚合子查询"来**指定详细级别以完成预先聚合**，再与明细表或者其他详细级别聚合合并。由于 SQL 中没有图形概念，这种指定详细级别的方法，可以称为"绝对指定"（Fixed LOD Absolutely）；而在 Tableau 中，在 LOD 计算之前可以有视图存在，相对于视图详细级别来指定"引用详细级别"的方法，可以称为"相对指定"（Fixed LOD Relatively）。

"相对指定"详细级别，又分为在当前主视图中新增其他维度和排除已有维度两种，分别简化为INCLUDE LOD 和 EXCLUDE LOD 两种语法。

因此，Tableau LOD 表达式有 3 种语法关键词，分别是 FIXED、INCLUDE 和 EXCLUDE。从某种意义上讲，EXCLUDE 和 INCLUDE 可以视为 FIXED LOD 的简化形式，分别对应更高聚合度详细级别的聚合和更低聚合度详细级别的聚合。

为了更形象地理解这个过程，假设主视图的详细级别是"类别*细分"（L3），在一个如图 10-17 所示的金字塔结构中，就可以标记其他详细级别问题的相对聚合度位置。

每一个详细级别都可以使用绝对的 FIXED 或者相对的 INCLUDE/ EXCLUDE 方式来指定。相对主视图的详细级别（类别*细分），"INCLUDE 子类别"就意味着指定"类别*细分*子类别"的详细级别。考虑到【类别】和【子类别】是一对多的关系，每个子类别只能对应一个类别，因此"类别*细分*子类别"

的详细级别就等于"细分*子类别"，如表 10-1 所示。

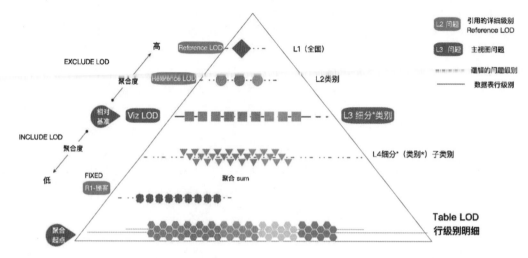

图 10-17 相对于主视图的详细级别，其他多个详细级别的层次关系

表 10-1 多个详细级别的先后关系和指定方法（agg 代表聚合表达式，比如 SUM([利润])）

| 问 题 | 详细级别 | 绝对指定表达式 | 相对指定表达式 | 备注 |
|---|---|---|---|---|
| 当前视图 | 类别*细分 | | | |
| L1 详细级别 | 公司 | {FIXED ：agg } | {EXCLUDE [细分],[类别]: agg } | agg 代表聚合表达式；暂不考虑筛选器影响 |
| L2 详细级别 | 类别 | {FIXED [类别]: agg } | {EXCLUDE [细分] : agg } | |
| L3 当前视图 | 类别*细分 | {FIXED [类别], [细分]: agg } | {EXCLUDE : agg }<br>{INCLUDE : agg } | |
| L4 详细级别 | 细分*子类别 | {FIXED [细分],[子类别]:agg} | {INCLUDE [子类别] : agg } | |
| R1 详细级别 | 客户 | { FIXED [客户名称]:agg} | N /A | |

如果在主视图中增加"年度"（订单日期）维度，那么此时 L3 的视图级别就从"类别*细分"变成了"年度*类别*细分"，INCLUDE 和 EXCLUDE LOD 表达式会随着视图的变化而自动变化。而 FIXED LOD 表达式还是原来的详细级别，不会发生变化。

可见，FIXED LOD 胜在稳定，INCLUDE 和 EXCLUDE 胜在灵活。

正是由于 INCLUDE 和 EXCLUDE 相对指定的方法依赖于视图详细级别，而 FIXED 方法不依赖视图，这也决定了它们的关键差异。FIXED LOD 不依赖视图维度，因此其优先级高于视图的维度分组和聚合，而 INCLUDE 和 EXCLUDE 的优先级低于视图的维度筛选。

接下来，本节用两个典型的案例介绍 INCLUDE 和 EXCLUDE LOD 的用法，特别是筛选器对它的影响。

## 10.3.2　INCLUDE LOD 引用更低聚合级别的聚合及优先级

INCLUDE 有 "包含" "引用" 之意，INCLUDE LOD 在视图详细级别的基础上增加了新维度，从而间接地确认预先聚合对应的详细级别。INCLUDE LOD 指定的详细级别聚合度都不高于视图详细级别。[1]

虽然 FIXED LOD 能实现更低聚合度详细级别的聚合，但是要指定所有的维度，操作难免烦琐。INCLUDE LOD 有助于降低语法的写作难度，而且被指定的详细级别可以随视图详细级别自动调整（比如使用分层结构字段钻取、使用参数自动调整视图详细级别时）。

另外，INCLUDE 受行级别筛选影响。举例，在 10.2.3 节介绍的购买力问题的基础上调整问题如下所示。

- 问题 4：2021 年，各省份的销售额，以及客户购买力指数（每位客户的最大交易金额的平均值和每位客户的累计销售额的平均值）。

如图 10-18 所示，在之前可视化分析的基础上，增加【订单日期】的年度筛选，并使用 INCLUDE LOD 表达式增加了 "各省份、各客户的最大交易金额的平均值" 计算。

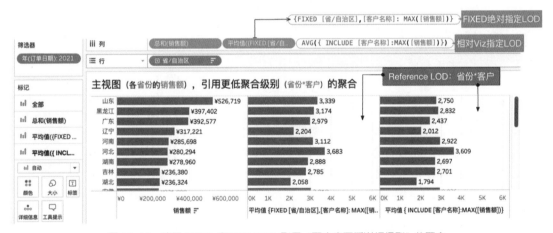

图 10-18　使用 FIXED 和 INCLUDE 引用 "聚合度更低详细级别" 的聚合

注意，虽然 FIXED LOD 和 INCLUDE 都指向了相同详细级别（省份*客户）的相同聚合（MAX 销售额），并对返回的多个客户的值都计算平均值（AVG），但结果却截然不同。差异出现在新增加的 "2021 年" 订单日期筛选器上。

由于 FIXED 是绝对指定详细级别，不依赖视图完成预先计算，它的结果不受任何与视图直接相关筛选器的影响（不管是 "2021 年" 的行级别筛选器，还是 "销售额总和大于 10 万元" 的度量筛选）。因此，FIXED 计算引用的客户最大交易，可能来自往年的交易记录，最终结果就会明显高于 INCLUDE LOD 计算的结果。

在不改变视图的前提下，可以把筛选器优先级提高，此时就要用到 "上下文筛选器"。在第 6 章中，

---

1　特别情形下，也会使用 {INCLUDE :聚合 } 返回与视图详细级别的聚合，但并非典型用法，可以忽略。

上下文筛选器用于维度筛选器、条件和顶部筛选等的优先级调整。这里的场景与之类似。

高级用户想要熟练地驾驭两种计算，还需要了解不同计算的过程。如图 10-19 所示，相比 FIXED 表达式的两步过程，INCLUDE 表达式增加了"确认引用详细级别（Reference LOD）"的步骤，这也是它相对于视图而有意义的反映。

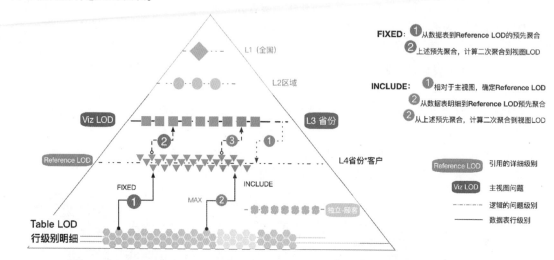

图 10–19　FIXED LOD 和 INCLUDE LOD 差异的逻辑图

比如，把主视图的详细级别字段从"省份"改为"区域"，即将 Viz LOD 聚合度提高，从"L3 省份"调整到"L2 区域"。此时，{FIXED [客户]:MAX(销售额)}的计算结果和之前完全一样，只是二次聚合（AVG）的结果有所不同；而 INCLUDE LOD 的每一步都发生了变化，Reference LOD 重新指定到了"区域*客户"。因此，INCLUDE 的结果也会不同，最终 AVG 二次聚合的数量也完全不同。如图 10-20 所示。

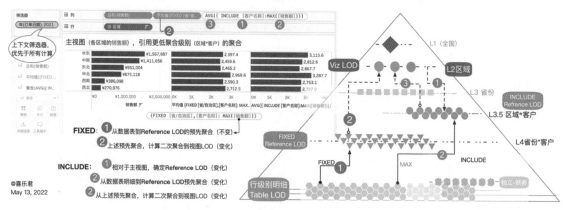

图 10–20　视图变化时，FIXED LOD 和 INCLUDE LOD 计算及其过程的影响

要熟练驾驭 LOD 计算，必须要区分 LOD 中嵌套的聚合计算和 LOD 之外的视图聚合计算的差异——前者聚合被指定的详细级别所约束，而后者聚合被视图详细级别所约束。因此，当 Viz LOD 从"省份"

变成"区域"时,FIXED LOD 的计算过程虽未变化,但是结果却出现了显而易见的变化——与 FIXED LOD 计算完全相同,但是视图聚合发生了变化。

理解了它们的差异,后续才能进一步理解嵌套 LOD 及其包含的"聚合的聚合的聚合"这样的多遍聚合应用。

## 10.3.3　EXCLUDE LOD 引用更高聚合级别的聚合,以及优先级对比

相对于 INCLUDE LOD 表达式,EXCLUDE LOD 表达式更容易理解,部分原因是更高聚合度返回的数据更少,所以降低了问题的复杂性。同时,部分 EXCLUDE 的聚合问题可以用表计算的合计代替。

这里,笔者使用多个方法,重新分析一下 10.2 节的问题 1,如下。

● 问题 1：华东地区,各省份的销售额,以及其相对于全国的销售额的占比。

凡是处理"合计百分比"相关的问题,一律优先考虑表计算("快速表计算→合计百分比"命令),这是最快,也最方便的方法。只有在表计算无法满足需求,比如表计算的 TOTAL(合计)函数只能完成华东地区的合计,这里的占比是全国的销售额占比,此时,才考虑使用 LOD 表达式的方法。

如图 10-21 所示,对比了 TOTAL 表计算、EXCLUDE 和 FIXED LOD 多种方法计算。从计算结果上看,FIXED 区域、EXCLUDE [省/自治区]、表计算 TOTAL 都可以完成完全相同的计算,它们又有什么差异呢？不同的计算执行的优先级又当如何？

图 10-21　使用多种计算完成百分比所需要的合计

在图 10-21 中,{ SUM([销售额]) }返回了多年的、全国的销售额合计,不受筛选器"区域：华东"影响,这也证明了 FIXED LOD 计算先于所有视图要素。虽然{ FIXED [区域]:SUM([销售额])}也优先于"区域：华东"筛选器,但是其他区域的销售额在"华东各省销售"的视图中缺乏对应位置显示,只有华东的销售额才能出现在视图中。换句话说,"华东"维度筛选器并没有影响{ FIXED [区域]:SUM([销售额])}

的绝对计算，而只是影响了它的展现——很多 Tableau 高级用户在此理解上也有偏差。

换一个方法，可以把{ FIXED [区域]:SUM([销售额])}的结果表示为如下"字典"（单位百万元）：

{华东 :4.7，中南 :4.1，东北 :2.7，华北 :2.4，西南:1.3，华东 :西北 0.8}

{ SUM([销售额]) }对应的数据则只有一个，标记为{全国:16.1 }。它们的计算结果先于视图计算，只有华东和全国的值可以与视图维度匹配，才能显示出来（在稍后的 SQL 代码中，匹配筛选的过程是以 INNER JOIN 语法实现的）。

{EXCLUDE [省/自治区]:SUM([销售额])}计算受多个因素的影响。视图的详细级别是"省/自治区"，在此基础上排除[省/自治区]，对应的详细级别就是最高的、虚拟的"公司"——详细级别等同于{ SUM([销售额]) }。只是 EXCLUDE LOD 计算受视图中维度筛选器的影响，计算过程会引用"华东"的维度筛选器，因此获得了"华东区域的销售额总和"。

如图 10-22 所示，使用层次分析和可视化方式展示了上述多个计算的逻辑。重点在于理解从数据表明细行出发的直接聚合，以及从视图或者引用详细级别出发的二次聚合。

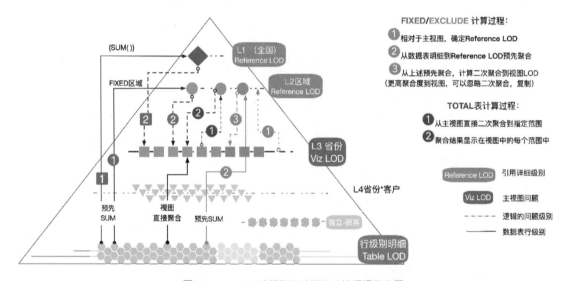

图 10-22　LOD 计算与表计算的计算逻辑示意图

从性能的角度看，表计算 TOTAL 无须额外查询数据库，只需要对视图详细级别的聚合做二次聚合即可，查询性能好、使用简单，在此类分析中应优先考虑。

不过，表计算和 EXCLUDE LOD 表达式都只能完成维度筛选之后的销售额聚合，想要超越筛选器的限制，就必须借助 FIXED LOD 表达式。预先聚合和合并的代价是性能较慢。

高级分析师可以查看 Tableau 自动生成的 SQL 查询，从而进一步理解计算的过程。如下 SQL 语句反映了 Tableau 多种 LOD 计算之间的差异，高级用户可以尝试理解。

```
-- Tableau 性能优化器, Command --
SELECT `t0`.`TEMP(TC_)(125950551)(0)` AS `TEMP(TC_)(125950551)(0)`,
```

```
`t1`.`__measure__0` AS `TEMP(attr_Calculation_6097944298152198168_qk)(1378533628)(0)`,
`t1`.`__measure__0` AS `TEMP(attr_Calculation_6097944298152198168_qk)(3191473569)(0)`,
`t2`.`__measure__0` AS `sum_Calculation_6097944298152112148_ok`,
`t3`.`__measure__0` AS `sum_Calculation_6097944298152149014_ok`,
`t0`.`地区` AS `地区`,
`t0`.`省_自治区` AS `省_自治区`
FROM (                          -- t0 主视图 聚合
  SELECT SUBSTRING(`superstore`.`地区`, 1, 1024) AS `地区`,
    SUBSTRING(`superstore`.`省/自治区`, 1, 1024) AS `省_自治区`,
    SUM((0.0 + SUBSTRING(`superstore`.`销售额`, 1, 1024))) AS `TEMP(TC_)(125950551)(0)`
  FROM `superstore`
  WHERE (SUBSTRING(`superstore`.`地区`, 1, 1024) = '华东')  -- 华东，维度筛选器
  GROUP BY  1, 2
) `t0`
  INNER JOIN (                          -- {EXCLUDE `省_自治区`: SUM(销售额) }
  SELECT SUBSTRING(`superstore`.`地区`, 1, 1024) AS `地区`,
    SUM((0.0 + SUBSTRING(`superstore`.`销售额`, 1, 1024))) AS `__measure__0`
  FROM `superstore`
  WHERE (SUBSTRING(`superstore`.`地区`, 1, 1024) = '华东')     -- 聚合子查询中，引用维度筛选器
  GROUP BY 1
) `t1` ON (`t0`.`地区` = `t1`.`地区`)
  CROSS JOIN (                          -- 最高聚合，只有一个值，{SUM(销售额)}
  SELECT SUM((0.0 + SUBSTRING(`superstore`.`销售额`, 1, 1024))) AS `__measure__0`
  FROM `superstore`
  HAVING (COUNT(1) > 0)
) `t2`
  INNER JOIN (                          -- {FIXED [地区]： SUM(销售额) }，不受维度筛选器影响
  SELECT SUBSTRING(`superstore`.`地区`, 1, 1024) AS `地区`,
    SUM((0.0 + SUBSTRING(`superstore`.`销售额`, 1, 1024))) AS `__measure__0`
  FROM `superstore`
  GROUP BY 1
) `t3` ON (`t0`.`地区` = `t3`.`地区`)
```

接下来，笔者更加完整地讲解不同的 LOD 表达式与其他计算、筛选的优先级排序。

# 10.4　超越 LOD：计算的详细级别体系及其优先级

在理解了不同 LOD 表达式的语法和关系之后，还要把它们置于更大的计算体系的背景中，理解不同类型计算的应用场景，从而更好地处理包含多种计算类型的复杂问题。

本节将整合第 8 章和第 9 章的内容，完整介绍多种计算类型的应用、优先级和组合。这部分内容是从初中级分析师到高级分析师的关键。

## 10.4.1 不同计算类型的应用场景与作用

迄今为止，本书已经介绍了 Tableau 所有的计算类型：行级别计算、聚合计算、表计算（窗口计算）和 LOD 表达式。表计算和 LOD 表达式是建立在数据表字段和聚合之上的延伸形式，每一种计算对应特定的应用场景，按照优先级自高到低排列如下。

- "行级别计算"（Calculation at Row Level）："行级别"是"数据表明细行所在详细级别"的简称，本书也时常简化为数据表级别（Table LOD）或行级别（Row-level）。行级别计算等价于数据表默认字段，在所有计算中优先级最高。
- LOD 表达式（Level Of Detail Expression）在视图详细级别之外，预先指定"引用详细级别"完成聚合，指定详细级别有绝对指定和相对指定之分，LOD 表达式的结果是构成结构化问题的重要部分。
- 聚合计算（Aggregate Calculation）是"相对于主视图详细级别的聚合计算"的简称，它是最常见、最重要的计算类型。视图的聚合对象可以是数据表字段、行级别计算字段，也可以与 LOD 表达式构成聚合的二次聚合，它的优先级低于行级别计算和 LOD 计算。
- 表计算（Table Calculation）是基于视图详细级别的聚合，指定范围、沿着特定方向对视图聚合值的二次聚合或计算，以合计和差异为典型代表。表计算的对象是聚合度量，因此优先级必然低于直接聚合。

理解了上述计算的相互关系后，可以进一步对比它们的函数类型和计算目的，如表 10-2 所示。

表 10-2　不同函数类型的对比

| 计算类别 | 完整含义 | 函数类型 | 计算目的 |
|---|---|---|---|
| 行级别计算 | 在数据表明细行所在详细级别的计算，计算不会跨行 | 以字符串函数、日期函数为代表，判断条件为行级别计算的逻辑计算 | 数据准备，弥补数据表中字段不足的问题，行级别计算等价于数据表已有字段 |
| 聚合计算 | 相对于视图详细级别的聚合计算，一次计算对应多个明细 | 以 SUM 函数为代表，各类聚合函数及其算术组合、判断条件为聚合计算的逻辑计算 | 数据分析，与视图详细级别对应回答问题，聚合即抽象 |
| 表计算 | 对聚合计算的二次聚合或计算，表计算默认范围是"表" | 累计汇总、移动汇总、TOTAL（合计）、差异、排序、聚合百分位等 | 高级数据分析，对聚合计算的结果做二次分析，可以被视为抽象的二次抽象 |
| LOD 表达式 | 相对于主视图详细级别，引用其他详细级别的聚合，并合并显示到视图中 | FIXED LOD、EXCLUDE LOD、INCLUDE LOD 这三种表达式 | 兼具数据准备和数据分析的功能，结果既能作为维度确定问题详细级别，也能被二次聚合回答问题 |

可见，**理解不同计算类型的关键，是理解计算对应的详细级别，以及它与数据表行级别、视图级别**

的相对关系。LOD 计算默认对应多个级别，最为晦涩。官方介绍中有一句话可以概括它的特征。[1]

LOD 表达式是在一个视图中回答包含多个粒度问题的绝妙而强大的方法。

LOD Expressions represent an elegant and powerful way to answer questions involving multiple levels of granularity in a single visualization.

LOD 表达式的难点是理解"引用的详细级别"与主视图详细级别的关系，以及结果在最终视图中的角色。笔者理解这个问题的关键方法是，在数据表行级别和主视图详细级别之外，假想了一个逻辑详细级别："引用详细级别"。

如图 10-23 所示，左侧是标准的问题结构模型，数据表字段和行级别字段都可以对应视图筛选、维度和聚合度量，其中，聚合是关键，维度是聚合的依据，而筛选限定聚合的范围。在右侧的多层次模型中，可以指定特定详细级别预先完成聚合，而后构成问题的任意部分，从而构建多层次的问题。

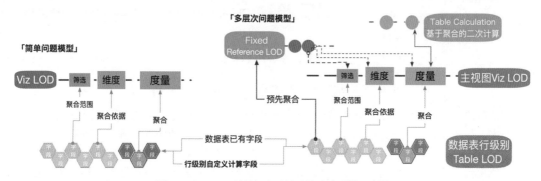

图 10-23　LOD 计算与表计算等的计算逻辑示意图

相比之下，表计算略显简单，它必须从视图的聚合度量出发完成二次聚合或计算，而后将结果置于视图中。表计算是排序、累计汇总、差异等问题的特有方法。

## 10.4.2　层次分析法：理解计算的运算逻辑及其组合形式

聚合是从数据表行级别到视图详细级别的由多变少的过程。从聚合的过程来看，任何问题都必然对应两个详细级别：数据表行级别和视图详细级别，分别简称为 Table LOD 和 Viz LOD，它们是聚合的起点和终点。详细级别构成的"双层结构"，是所有问题的共同性。

在业务分析中会遇到很多复杂的业务问题，笔者把它们分为两类：复杂问题和高级问题。比如，

- 复杂问题：2022 年第四季度、东北地区，每个销售门店的销售额、利润、折扣、人力数……
- 高级问题：东北地区，不同订单年度、不同客户矩阵的销售额总和

复杂问题不改变已有的"双层结构"，不引用其他详细级别，只是在筛选、维度或者度量上需要很多字段才能回答问题，只需要借助行级别计算、聚合计算就能完成。

---

[1]　*Understanding Level of Detail Expressions, by Alan Eldridge and Tara Walker, Tableau Whitepaper*。Tableau 官网关于 LOD 表达式的介绍，较为详细地介绍了 LOD 表达式的语法和应用。

高级问题在行级别和问题详细级别之外引用了其他详细级别的预先聚合，因此问题从单一详细级别的问题，演变成了多详细级别的问题——多个详细级别之间的不同组合关系，带来了结构上的复杂性。入门的二次聚合可以用表计算完成，复杂的结构关系通常需要通过 LOD 表达式才能完成。

笔者总结多年培训、实践的经验，尝试用如图 10-24 所示的三层结构来表示。

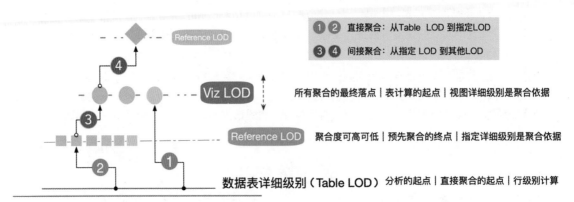

图 10-24　高级问题中存在的三种详细级别及其关系说明

深刻理解这个逻辑之后，高级分析师可以把这里的详细级别与数据合并的详细级别、筛选的详细级别联系起来。如图 10-25 所示，数据关系模型在最详细且有业务意义的级别构建预先匹配（称为 Match LOD）、在条件筛选中指定详细级别完成条件或顶部筛选（称为 Filter LOD）、在高级计算中预先指定详细级别完成聚合计算，它们背后的本质有相同之处。数据表合并、筛选本质上都是计算，都是指定详细级别的计算（因此统称为 Reference LOD）。

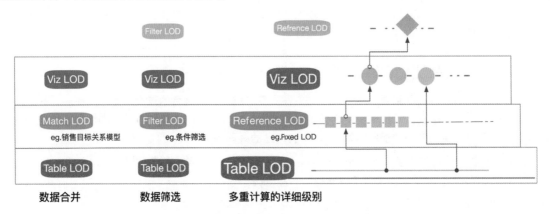

图 10-25　数据合并、数据筛选和聚合计算中的层次分析方法

读者需要领会上述三个环节中不同详细级别之间的一致性和差异，特别是以 FIXED 计算为中心的数据合并理念，以及与条件筛选器之间的一致性。

## 10.4.3 Tableau 计算、筛选、数据关系的优先级

在 6.4 节中，笔者介绍了筛选的优先级，其中的关键可以简化为如下。

**数据源筛选器>>上下文筛选器>>条件；顶部筛选器>>行级别（维度）筛选器>>聚合筛选器**

所有的筛选都是逻辑计算，这里有必要做总结：条件筛选器的本质是指定详细级别的聚合判断，即 FIXED LOD 计算；行级别筛选器对应行级别计算，比如，[地区]= "华北"，[利润]>0；聚合筛选器则是聚合函数和逻辑判断的结合，比如，SUM([利润])>0。逻辑计算是中性的，关键是逻辑判断的条件的类型。

与此同时，计算也是相互依赖的，数据表字段和行级别计算是聚合的起点，不管是直接聚合 SUM([利润率])，还是条件聚合 SUM((IIF([date]=TODAY,[利润],null))；而聚合计算又是表计算和 LOD 计算的构成部分，比如，TOTAL(SUM([利润率]))和{ SUM([利润率])}。可见，按照如下的优先次序，后者是可以不断嵌套前者的：

**数据表字段>>行级别计算>>聚合计算>>LOD 表达式>>表计算**

基于上述内容，可以总体地理解 Tableau 中计算和筛选的类型及其优先级，如图 10-26 所示。

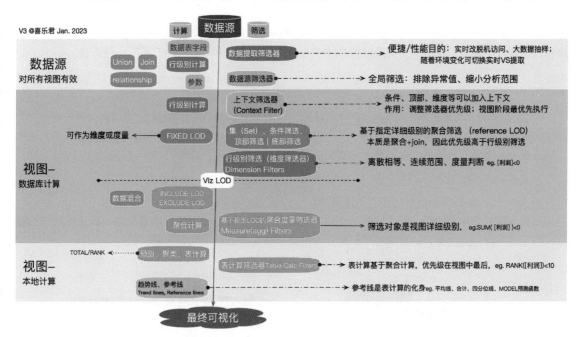

图 10-26 Tableau 中计算和筛选的优先级示意图

如果方法是实践的向导，那么图 10-26 就是最重要的内容之一。笔者对这里进行如下说明。

笔者尽可能不用"维度筛选"这个有歧义的名称（虽然这个是官方翻译的表述方式），而是用"行级别筛选"。读者务必要理解，[利润]>0 是维度筛选（行级别），而非度量筛选（不能因为包含数量字段就理解为度量筛选，如不能理解，请重读 8.7 节）。

同理，笔者尽可能不用"度量筛选"，官方度量筛选中的"度量"指聚合度量，而非数字类型的度量（比如[利润]），为了帮助读者理解，笔者使用了它的全称"基于视图详细级别的聚合度量筛选器"；与之相对的是"相对于指定详细级别的聚合度量筛选器"，它有条件集、顶部集、条件筛选、顶部筛选、FIXED LOD 判断等多种表现形式。

深刻地理解计算的优先级，是选择计算的关键知识，将体现在后续案例中。

本章后续将介绍几个典型案例，从而帮助读者进一步领会不同计算类型的适用场景及其关系。

- **商品购物篮分析**：在 FIXED LOD 表达式中引用行级别计算，并且用计算结果构建问题的筛选范围。
- **客户购买力分析**：嵌套引用更低聚合级别的聚合，"聚合的聚合的聚合"作为问题的最终度量。
- **新客增长分析**：FIXED LOD 计算与行级别计算、逻辑计算及聚合的多角度组合。

# 10.5　走向实践：多遍聚合问题与结构化分析方法

至此，本书已经完整地介绍了所有的计算类型，以及其对应的 SQL 逻辑。接下来，笔者把计算置于业务分析的大环境中，借助一个高级案例总结包含多个详细级别的"结构化问题"分析方法。

## 10.5.1　方法论：高级问题分析的 4 个步骤

每个问题都是由筛选范围、问题描述（详细级别）、聚合答案这 3 个部分构成的，其中的关键是聚合——详细级别（维度）是聚合的依据，而筛选范围限定聚合的范围。笔者用橙色代表筛选范围，用蓝色和绿色代表维度和度量，用着重号突出聚合方式和计算（默认的总和可以省略），如下所示。

- 各细分市场，过去多年销售额（总和）增长趋势如何？
- 2020 年，各省份的销售额和利润是多少？

围绕问题的结构和聚合，每个问题都可以按照如下 4 个步骤完成：解析问题结构、确认问题详细级别、指定详细级别完成聚合、将聚合结果转化为最佳可视化，如图 10-27 所示。

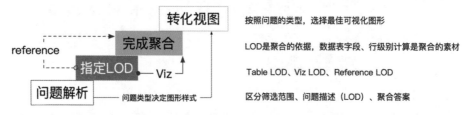

图 10-27　业务分析到可视化的 4 个步骤

本书中，笔者又将高级问题称为"结构化问题"，指问题的筛选、问题描述、聚合答案的任意部分引用了其他详细级别的预先聚合，从而要考虑多个详细级别之间的结构关系。因此，多个详细级别就会对应多个聚合，甚至要有聚合的二次聚合计算，最后统一到主视图中。比如：

- 2020 年，各类别的利润总额，以及其在总公司的占比（占比引用更高聚合级别聚合）。
- 各省份的（交易）销售额总和，及各省份每位客户的销售贡献平均值（引用客户详细级别）。
- 每个细分市场中，每月获得的新客户数量（引用客户详细级别）。

在这里，虚线代表问题中要引用的另一个详细级别的问题，有的问题非常清晰，有的问题则异常隐晦，比如，"新客户"的"新"，代表的是客户详细级别的聚合判断（新旧是对于每个客户的首次订单日期而言的）。

问题的关键是如何在引用详细级别完成聚合，而后与主视图融为一体。主要有如下常见类型。

- 在当前视图详细级别基础上，增加**更高聚合度详细级别**的聚合，并计算合计百分比。
- 在当前视图详细级别基础上，引用**更低聚合度详细级别**的聚合，并二次聚合作为问题度量。
- 在当前视图详细级别基础上，引用**独立详细级别**的聚合作维度，改变了最终视图的详细级别。

解决此类问题的通用方法，可以分解为如下 4 个步骤。

- **解析问题结构**：问题的构成（样本范围、问题描述、问题答案），如果问题中嵌套了"子问题"，则可以相同的方法解析其构成。
- **确认详细级别**：简单的问题只有两个详细级别——数据表详细级别和视图详细级别；如果问题中嵌套了"子问题"，则还要引用的详细级别。
- **依据 LOD 完成聚合**：简单问题只有一种类型的聚合（从数据表详细级别到视图详细级别），高级问题需要包含引用详细级别的聚合，其结果可以作为最终视图详细级别的一部分，或者成为聚合答案的一部分。
- **将结果转化为最佳可视化**：根据问题的类型（排序、趋势、占比、分布、相关性等），选择最佳的可视化图形（条形图、折线图、饼图、直方图、散点图等），并合理使用标记、参考线、趋势线等模型增强可视化。

本书前面的案例都是沿着这样的主线完成的，初学者要带着这样的思考框架，重新理解之前的合计百分比、客户购买力、客户矩阵分析等经典案例，随着思考的成熟和工具的完善，最终达到游刃有余的地步，从而处理更加复杂的业务问题。

接下来，笔者介绍"客户购买力分析"的升级版本——引用多次详细级别的多遍聚合。

## 10.5.2　LOD 多遍聚合：客户购买力分析的嵌套 LOD 计算

在 10.2 节和 10.3 节中，笔者借用"客户购买力"指标，分析了如何在视图详细级别中引用"更低聚合度详细级别"的聚合。两个购买力指标分别如下。

客户购买力指标 1：每位客户的最大交易金额的均值。

客户购买力指标 2：每位客户的销售额总和的均值。

考虑到视图的"省份"详细级别，使用 FIXED 或者 INCLUDE 表达式指定"省份*客户"的详细级别计算聚合，前者是用 MAX 函数计算最大交易金额，后者是用 SUM 函数计算累计销售额；而后用 AVG 函数计算平均值作为省份的"客户购买力指标"。前者以商品为购买力单位（买得越贵越好），后者以客户为购买力单位（累计贡献越多越好）。

这两个角度都各有偏颇，"最大交易金额"会忽略单品购买少但订单总额高的客户；而"累计销售额"则过于粗糙，会把本月的新客户和多年的老客户对等比较。可见，商品交易级别的视角太小，客户级别的视角太大，此时，从订单的角度来看，可以把客户的一次完整购买作为分析对象，选择**"金额最高的订单"**作为该客户的购买力标记。于是，就有了如下的问题。

问题 5：2021 年，各省份的客户购买力指标（每位客户每笔订单销售额总和的最高销售额的平均值）。

理解了业务背景，这里展开为 4 个步骤介绍。

### 1. 解析问题结构

每个问题都是由 3 个部分构成的，从最终结果来看，这里的结构很清晰。

问题 5：2021 年，各省份的客户购买力指标。

- 筛选范围："2021 年"，筛选都是逻辑判断，这里对应计算 YEAR（订单日期）=2021。
- 问题描述：维度构成问题的详细级别，即视图详细级别。
- 聚合答案："客户购买力指标"回答问题，答案必然是聚合，每个省份对应一个聚合值。

问题的难点在于，"客户购买力指标"本身是包含了其他详细级别的"子问题"。可以把这个指标进一步转化为问题的标准结构，即"每个客户的**最大订单金额**"。

进一步解析如下。

- 筛选范围：无。
- 问题描述：客户，相对前面的"母问题"而言，本书把它这个"子问题"的详细级别称为"引用详细级别"。
- 聚合答案："最大订单金额"，聚合使用 MAX 函数，计作"MAX([订单金额])"。

如果分析使用的数据表详细级别（IT 的角度叫"主键"）是"订单 ID"，那子问题就可以用 FIXED 表达式指定订单详细级别计算 MAX([订单金额])，最后求平均值，如下所示：

$$\text{AVG}（\{\text{FIXED [客户 ID]}:\text{MAX([订单金额])}\}）$$

不过，由于这里的超市数据是订单 ID*产品 ID 级别的交易数据，此时的"子问题"中又嵌套了一个更小的"子子问题"：每个客户、每笔订单的金额总和。与之对应，就需要引用聚合度更低的详细级别"订单"，于是就有了如下的表达式：

$$\text{MAX}（\{\text{FIXED [客户 ID]},\text{[订单 ID]}:\text{SUM([订单金额])}\}）$$

由于一个订单必然属于且仅属于一个客户，因此上述表达式可以省略指定客户 ID。一层层地嵌套，最终的计算是 3 次聚合的嵌套表达式，嵌套的顺序如下所示：

（订单）总和的**最大值**的**平均值**，AVG（订单 MAX（订单的 SUM([交易金额]) )））

接下来，需要确认每次聚合对应的详细级别，然后嵌套在一起。

**2．确定详细级别**

在分析问题的过程中，问题中包含的详细级别也已经逐步清晰。从分类上看，问题中只有 3 类详细级别，本案例的难点在于引用详细级别中存在嵌套引用。

- 数据表详细级别：代表数据表明细行唯一性的字段或者字段组合，IT 称其为"主键"，本例使用的超市数据为"订单 ID*产品 ID"。
- 引用详细级别：预先聚合对应的详细级别，在这个案例中，存在两个。
  - ➢ 客户的详细级别，用来计算每个客户的最大订单金额，聚合方式用 MAX 函数。
  - ➢ 订单的详细级别，用来预先将明细中的交易数据聚合为订单数据，用 SUM。
- 问题详细级别：对应问题的维度，本案例是"省份"。

三者看似相互独立，实则相互依赖。数据表详细级别是其他详细级别聚合的起点，引用详细级别的预先聚合，最终也将统一到问题详细级别展现。它们的彼此关系参见 10.4 节。

在不同的详细级别中，对应的聚合全然不同，AVG 函数依赖主视图，MAX 函数依赖订单，而 SUM 函数依赖交易明细——除了主视图，其他聚合的分组依据，都要借助 LOD 表达式显性声明。可视化是表达层次问题的绝好方法，如图 10-28 所示，表达了它们之间的先后关系。

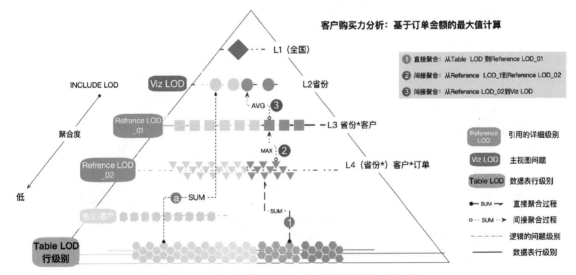

图 10-28　客户购买力分析中，不同详细级别的彼此关系

简单问题如"各省份的销售额总和"，可以理解为从数据表明细直接到问题详细级别的聚合过程（见图 10-28 中的标记ⓐ），它代表商品的角度——累计有多少金额的产品被销售。不过，基于订单总额的最大值作为"客户购买力指标"，进而获得"各省的客户购买力指标"，则需要以两个引用详细级别作为桥梁，使用不同的聚合类型获得。如图 10-28 所示，标记①代表从明细行预先聚合到订单级别，而标记②代表从预先聚合结果再聚合到"省份*客户"级别，标记③代表最终聚合到视图级别。

接下来的关键是将不同详细级别与对应的聚合类型，统一到一个计算中来。

### 3. 依据 LOD 完成聚合

**首先，基于订单的详细级别，完成"每个订单的销售额总和"。**

如果订单 ID 在系统中能唯一指定到某个省份的某个客户，则可以用 {FIXED [订单] : SUM(销售额)} 完成。很多客户的系统无法做到订单号全局唯一，因此建议完整地表述如下：

$$\{FIXED[省份], [客户], [订单 ID] : SUM(销售额)\}$$

为了理解方便，可以把这个字段保存为"订单的销售额（总和）"，从而简化后续计算。

**其次，基于客户详细级别，计算"每个客户的最大订单金额"。**

一个客户会有多个订单，可以使用 MAX([订单的销售额]) 为每个客户保留一个值。不过，这个计算只有在客户的详细级别（Reference LOD_02）才有意义，把聚合指定到详细级别，如下：

$$\{FIXED [省份], [客户] : MAX(订单的销售额)\}$$

注意，由于一个客户可能在多个省有消费，此时每个客户在各个省份中要单独计算最大订单金额，因此客户详细级别（reference LOD_02）必须同时指定省份和客户两个维度。

为了理解方便，可以把这个字段保存为"客户的最大订单金额"，从而简化后续计算。

**最后，基于主视图详细级别，计算省份的"客户购买力"。**

每个省份有很多客户，数量不一，因此不能使用 SUM 函数求和，而应该计算多个客户的最大订单额的平均值，这样每个省份对应一个聚合值。由于"省份"就是问题的详细级别，无须 FIXED 表达式指定，只需要直接的聚合计算即可，主视图的详细级别就是直接聚合的依据，如下：

$$AVG（[客户的最大订单金额]）$$

高级用户也可以直接把上述过程整合在一个计算中，如下：

$$AVG(\{ FIXED [省份], [客户]\ : MAX($$
$$\{FIXED [省份], [客户], [订单] : SUM(销售额)\} ) \} )$$

考虑到问题中还有"2021 年"的筛选器，FIXED LOD 计算默认不受它的影响，因此要么使用上下文筛选器调整优先级，要么使用 INCLUDE LOD 表达式替代上述的逻辑。既然主视图的详细级别是"省份"，因此只需要引用其他的维度字段即可，简化为：

$$AVG(\{INCLUDE [客户]: MAX($$
$$\{INCLUDE [客户], [订单] : SUM(销售额)\} ) \} )$$

如图 10-29 所示，作为对比，这里添加了 3 个聚合，分别是交易的均值、最大交易的均值和最大订单的均值。分别代表不同的观察视角。

在之前的分析中，虽然笔者引入了"订单的销售额""客户的最大订单金额"作为中间字段，简化了理解过程，不过在最终计算的过程中，笔者通常习惯于一气呵成，这样可以保持思维的连贯性，确认之后可以保存为字段，并在字段中增加必要的说明，帮助后续修改和理解。

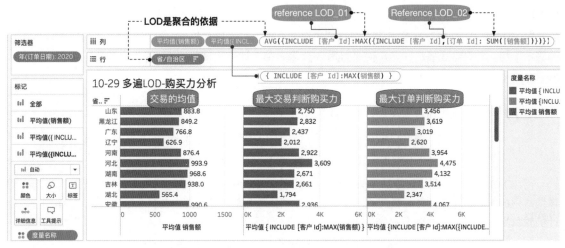

图 10-29　2020 年，不同省份的客户购买力（多个指标）

### 4. 可视化展示和完善

这个题目较为简单，在第三步就完成了基本的条形图。在逻辑复杂时（特别是筛选和问题维度中包含引用详细级别的聚合时），建议从交叉表开始，确认后再转化为可视化图形。

选择图表的逻辑、增加参数等互动方式的过程，参考第 5 章介绍，这里不再赘述。

这里简化一下图形，仅保留"客户购买力字段"（参考最大订单金额），排序的优先选项是条形图，如图 10-30 所示。不过这里省份众多，又是单一度量值，也可以调整为柱状图。

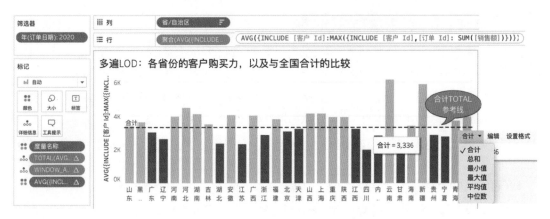

图 10-30　2020 年，不同省份的客户购买力（单一指标）

"没有对比就没有分析"，除了排序，这里增加了参考线，以合计参考线为基准区分客户购买力较高的省份和较低的省份，辅助以颜色表示。

这里的关键是参考线的计算，"参考线是表计算的化身"，默认平均值是对视图聚合值的

WINDOW_AVG 计算，而调整为"合计"，就转化为了 TOTAL 计算。二者对应不同的计算逻辑。

WINDOW_AVG 是以当前视图详细级别的聚合结果为二次聚合起点，对视图中各省份的购买力指标的算术平均。如果各个省份的客户购买力用 A 代表，那么计算逻辑如下（n 为省份数量）：

$$\text{WINDOW\_AVG} = \frac{A_1 + A_2 + \cdots + A_n}{n}$$

这个过程可以直接用自定义表计算完成：

WINDOW_AVG( AVG({INCLUDE [客户] : MAX(

{INCLUDE [客户], [订单] : SUM(销售额)} ) } ) )

而 TOTAL 函数的逻辑则截然不同，TOTAL 函数有 Exclude LOD 表达式的影子，它不考虑当前视图详细级别的影响，直接在更高级别的问题上，把分子分母分别合计计算。在这个嵌套 LOD 的案例中，合计的对象是每个省份、每个客户的最大订单金额，计算平均值。

如果用 C 代表每个省份下每个客户的最大订单金额，以及引用详细级别的聚合值，那么 TOTAL 的计算逻辑如下（m 为各省份中客户的算术之和，一个客户在两个省份有销售，计作 2 次）：

$$\text{TOTAL} = \frac{C_1 + C_2 + \cdots + C_n}{m}$$

如果要在图 10-30 中手动计算 TOTAL 的值，应该是如下的表达式：

{ EXCLUDE[省/自治区]:AVG({INCLUDE [省/自治区],[客户 Id]:MAX(

{INCLUDE[省/自治区],[客户 Id],[订单 Id]: SUM([销售额])})})}

为什么嵌套 INCLUDE 增加了[省/自治区]呢？这就涉及嵌套 LOD 的一个额外知识了。

## 10.5.3 嵌套 LOD 的语法和 SQL 表示

在使用嵌套 LOD 完成多遍聚合时，嵌套的引用详细级别（Reference LOD）是相互影响的，规则是：内层的聚合，会自动引用外层的 LOD 限定条件。因此，如下两个表达式是完全相同的。

AVG({ FIXED [省份], [客户] : MAX({FIXED [省份], [客户], [订单] : SUM(销售额)} ) } )

AVG({ FIXED [省份], [客户] : MAX({FIXED [订单] : SUM(销售额)} ) } )

同理，如果外层 LOD 表达式依据使用了"INCLUDE 客户"，那么内层可以忽略外层条件，因此，如下的两个表达式是等价的。

AVG({INCLUDE [客户] : MAX({INCLUDE [客户], [订单] : SUM(销售额)} ) } )

AVG({INCLUDE [客户] : MAX({INCLUDE [订单] : SUM(销售额)} ) } )

因此，在使用嵌套 LOD 计算时要特别注意。此时，减少自定义的字段，将全部语法写在一个过程中，是非常有必要的。

理解了上述过程，高级用户可以尝试理解一下嵌套 LOD 在数据库中的查询过程。笔者把本案例的三次嵌套引用 LOD 表达式，简化为如下形式（主视图为"省份"详细级别）：

AVG({INCLUDE [客户]: MAX({INCLUDE [订单] : SUM(销售额)} ) } )

高级用户可以借助 Tableau 的性能记录器，一览背后的 SQL 查询过程，如下所示，展示了"2021 年，各省份的客户购买力（引用客户的销售额总和的最大值）"的对应查询：

```
Command
SELECT `t4`.`__measure__3` AS `usr_Calculation_1188528123729731615_ok`,
  `t0`.`省_自治区` AS `省_自治区`
FROM (
  SELECT SUBSTRING(`superstore`.`省/自治区`, 1, 1024) AS `省_自治区`
  FROM `superstore`
  WHERE (YEAR(`superstore`.`订单日期`) = 2021)
  GROUP BY 1
) `t0`
  INNER JOIN (
  SELECT `t1`.`省_自治区` AS `省_自治区`,
    AVG(`t3`.`__measure__1`) AS `__measure__3`
  FROM (
    SELECT SUBSTRING(`superstore`.`客户 Id`, 1, 1024) AS `客户 Id`,
      SUBSTRING(`superstore`.`省/自治区`, 1, 1024) AS `省_自治区`
    FROM `superstore`
    WHERE (YEAR(`superstore`.`订单日期`) = 2021)
    GROUP BY 1,2
  ) `t1`
    INNER JOIN (
    SELECT `t2`.`客户 Id` AS `客户 Id`,
      `t2`.`省_自治区` AS `省_自治区`,
      MAX(`t2`.`__measure__2`) AS `__measure__1`
    FROM (
      SELECT SUBSTRING(`superstore`.`客户 Id`, 1, 1024) AS `客户 Id`,
        SUBSTRING(`superstore`.`省/自治区`, 1, 1024) AS `省_自治区`,
        SUM((0.0 + SUBSTRING(`superstore`.`销售额`, 1, 1024))) AS `__measure__2`
      FROM `superstore`
      WHERE (YEAR(`superstore`.`订单日期`) = 2021)
      GROUP BY 1,2,  SUBSTRING(`superstore`.`订单 Id`, 1, 1024)
    ) `t2`  -- 各省份、各客户的金额
    GROUP BY 1,2
  ) `t3` ON ((`t1`.`客户 Id` <=> `t3`.`客户 Id`) AND (`t1`.`省_自治区` <=> `t3`.`省_自治区`))
  GROUP BY 1
) `t4` ON (`t0`.`省_自治区` <=> `t4`.`省_自治区`)
```

从上述 SQL 语句中可以看出，一个筛选、一个维度、一个嵌套两次的 LOD 度量，后台生成了 5 次子查询（分别对应 t1、t2、t3、t4 和 t0），并借助 INNER JOIN 彼此相连。

笔者使用的"示例一超市"数据，仅不足两万行数据，查询的时间就已经是视图渲染等其他环节的

总和，如图 10-31 所示，在数据量大时，多次嵌套，多次进行 LOD 计算，会严重影响查询和计算性能。

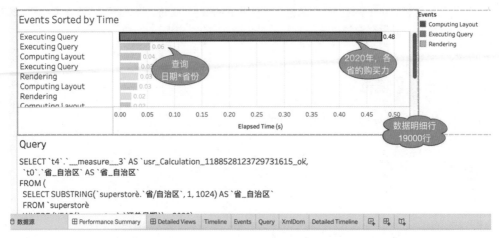

图 10-31　Tableau 性能记录器（部分）

在 Tableau 2022.1 版本增加的"性能优化"（Workbook Optimizer），计算长度、LOD 计算的数量，都是重要的检查项目。熟练每一种计算的最佳应用场景、避免用 LOD 表达式解决表计算、行级别字段能解决的简单问题，是高级数据分析师可以持续修炼的内容之一。

# 10.6　客户分析专题：客户 RFM 相关案例分析

在零售业务、电子商务等高频消费行业，结构性分析的典型场景是客户分析。数据经济时代，越来越多的行业、公司正在从"商品运营"转向"客户运营"，借助敏捷数据分析实现精准运营。客户运营把客户视为关键的分析单位，追求客户长期价值最大化，而非短期商品利益最大化。

本节大部分内容来自 Tableau 中的 15 个 LOD 表达式案例[1]，笔者在多个平台都有详尽解读。

## 10.6.1　客户分析概论与常见指标体系

客户分析的关键是，从不同的角度分析客户的诸多特征及其结构性关系。从广义的角度看，客户分析的属性可以分为绝对不变、相对不变和动态属性 3 个类型，每种类型又有很多业务字段或者分析指标，如图 10-32 所示。内外部要素组合构建问题详细级别，可以分析聚合属性，从而发现规律。

市场经济初期，供给短缺、数据较少、计算机性能较慢，客户分析侧重于静态视角的组合，比如"不同地区的年龄结构""不同门店类型的客户性别比例""不同门店的客户数量增长"等。随着市场经济发

---

1　Tableau 博客中介绍的 15 个 LOD 案例，是学习 LOD 必备的案例素材；笔者做了详尽的博客解读和视频讲解，可以通过"喜乐君·唯知唯识"博客获得，或者在哔哩哔哩搜索"喜乐君"观看。

展，特别是互联网快速发展，数字化运营颠覆了传统业务的经营方式，数据分析越来越多地面向快速变化的指标，比如，客户生命周期、客户复购频率、客户状态迁徙变化等。

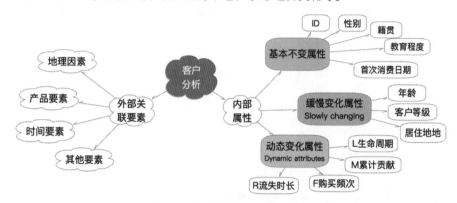

图 10-32　业务分析的常见指标分类

随着数据采集越来越翔实，客户画像会越来越丰富。一方面，随着时间变化，可以把不同阶段的客户特征概括为不同的阶段，从而实现不同阶段的精细化运营；另一方面，在任意时间点，可以从多个视角标记客户的购买力、忠诚度等关键特征，实现"千人千面"的营销策略。

如图 10-33 左侧所示，模拟了客户的收益变化曲线、时间阶段特征，以及关键的动态指标分类。

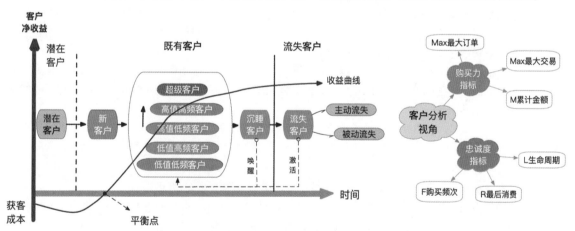

图 10-33　单客户模型：随时间的客户阶段分析模型和分析指标

在业务分析中，大部分分析都是上述两个视角的结合。其一是根据客户活跃度、忠诚度、购买力指标等对客户分类分析，不同的分类指向不同的营销策略；其二是随时间变化的客户动态分析，包括客户矩阵、客户复购、客户迁徙、客户流失等主题。

在客户分析中，使用较为普遍的指标体系是 RFM-L 模型。如图 10-34 所示形象地表示一个"单客户模型"，模拟了一位客户的订单购买记录，从中可以聚合众多的指标来描述客户的特征。

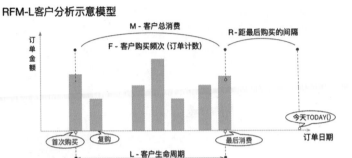

图 10-34　单客户模型：RFM–L 客户模型示意图

在客户分析中，最重要、最通用的分析指标如下。

- **R 最近购买距今间隔**（Recency）：用于判断客户是否流失，可作为忠诚度指标。
- **F 消费频次**（Frequency）：消费的总次数，是客户忠诚度的关键指标。
- **M 贡献总额**（Monetary）：客户消费总金额，是客户购买力的关键指标。
- **L 生命周期**（Longitude）：从首次购买到最后购买的间隔，衡量忠诚度的关键指标。

除 RFM-L 指标外，还有一些关键指标，可以视为上述指标的延伸指标，如下所示。

- **矩阵日期**（Cohort Date）：客户首次订单日期所对应的时间范围，比如获客年度。
- **首次复购间隔**（R2）：从首次购买到第二次购买的间隔，反映新客户的黏性和营销的有效性。
- **平均消费间隔**（L/F）：在完整的生命周期（L）中，全部消费频次（F）的平均间隔，通常适用于高频消费的行业，比如网站消费分析。
- **客户价值矩阵**（Value Matrix）：基于至少两个购买力和忠诚度指标对客户的分类标签，比如，高频高价值、高频低价值、低频高价值、低频低价值等。结合最近购买距今间隔（R），还可以增加客户的消费阶段。

在不同的行业中，上述分析指标可以进一步延伸，构建独特的分析指标和体系，比如 SaaS（软件即服务）行业和在线服务行业，客户的获客成本和总收益相对传统行业而言更容易计量，于是就有如下指标，用于评估企业的客户增长。

- **获客总成本**（CAC，Customer Acquisition Cost）：获得客户的总成本。
- **客户终身价值**（LTV，Life Time Value）：客户的总价值，与前述"M 贡献总额"基本一致。
- **LTV/CAC 比值**：二者的比值，衡量增长是否有效率，是否有持续性，如果比值小于 1，说明增长是无盈利的无效增长。

基于上述两个指标，可以分析二者的相关性和比值，或者分析二者随着时间的变化趋势，从而衡量企业的增长是否有效、是否具有持续性。很多创投机构和创业辅导机构提供了类似的分析模型[1]，如

---

1 David Skok 的文章 *SaaS Metrics 2.0 – A Guide to Measuring and Improving what Matters* 发布在 For Entrepreneurs 网站，一度成为 SaaS 行业盈利模式是否可行的分析模型。文章构建了一个 SaaS 行业盈利评估的"单客户模型"，以客户长期价值、获客成本、平衡周期为基本立足点。

图 10-35 所示。

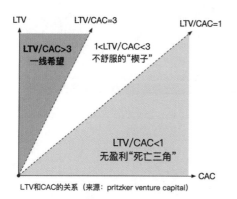
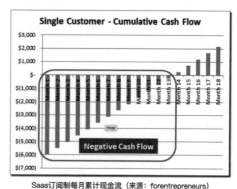

图 10–35　基于客户成本和收益的分析模型

可见，模拟"单客户模型"构建常见的分析指标，进而可以构建分析模型评估客户的价值和增长效率，最终将数据分析推广到企业的运营实践中。

接下来，本书以"示例—超市"数据为例，分析常见指标的计算方法，而后结合案例简述应用。

## 10.6.2　使用 Tableau 完成 RFM 主题分析

计算客户分析指标需要数据表的行级别低于"客户"级别，通常是交易级别（订单 ID*产品 ID）或者订单级别（订单 ID）。

计算客户分析指标的目的是完成高级别的问题分析。相对问题的详细级别，客户详细级别是完全独立的，只能使用 FIXED LOD 计算完成。常见客户指标如下所示。

- 首次订单日期：{ FIXED [客户 ID] : MIN( [订单日期] )}
- 最后订单日期：{ FIXED [客户 ID]: MAX([订单日期] )}
- 消费频次（F）：{ FIXED [客户 ID] :COUNTD( [订单 ID] )}
- 贡献总额（M）：{ FIXED [客户 ID] : SUM( [销售额] )}

最后购买距今间隔（R）及生命周期（L），都需要使用日期函数 DATEDIFF 计算。这里以天来计算间隔，如下。

- 最后购买距今间隔：DATEDIFF('day', {FIXED [客户 ID] :MAX([订单日期])},TODAY())
- 生命周期（L）：DATEDIFF('day', [1st 首次订单日期],[last 最后订单日期] )

在 Tableau Desktop 中，使用即席计算可以快速完成上述计算，确认无误后，将字段拖曳到左侧数据创建为字段，方便后面反复使用，或者发布到服务器提供给其他用户使用，如图 10-36 所示。

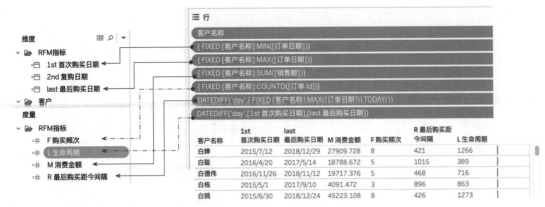

图 10-36　Tableau 完成 RFM-L 指标体系

注意，由于默认的"示例—超市"数据中没有【客户 ID】字段，因此图示中用【客户名称】代替，忽略客户名称相同的特殊情形。这里的问题详细级别就是"客户"，和 FIXED 表达式指定的级别完全相同。

难点在于"复购日期（第二次购买）"的计算。

复购日期是首次订单日期之后的第 2 次订单日期，在"排除首次订单日期之后的订单日期"中，重新计算最小日期即可。因此先使用 IIF 函数生成"排除首次订单日期的辅助列"，然后使用 FIXED LOD 表达式重新计算最小日期，最后使用日期函数 DATEDIFF，就能轻松计算出"首次复购间隔（R2）"，如图 10-37 所示。

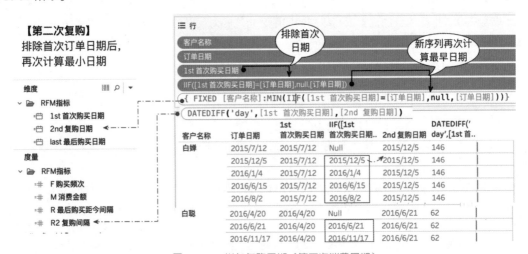

图 10-37　增加复购日期（第二次消费日期）

综上所述，常见的客户分析指标如表 10-3 所示。

表 10-3　客户分析常见动态指标计算

| 指标名称 | 指标计算 | 备注 |
|---|---|---|
| 首次订单日期（1st） | { FIXED [客户 ID] : MIN( [订单日期] )} | |
| 复购日期（2nd） | { FIXED [客户 ID] : MIN( <br> IIF( [订单日期] = [1st 首次订单日期], null,　[订单日期]))} | 嵌套判断 |
| 最后订单日期（last） | { FIXED [客户 ID] : MAX([订单日期] )} | |
| 最后购买距今间隔/天（R） | DATEDIFF('day', [last 最后订单日期] , TODAY() ) | 嵌套 |
| 首次复购间隔/天（$R^2$） | DATEDIFF('day', [1st 最后订单日期] , [2nd 复购日期] ) | 嵌套 |
| 消费频次（F） | { FIXED [客户 ID] : COUNTD( [订单 ID] )} | |
| 贡献总额（M） | { FIXED [客户 ID] : SUM( [销售额] )} | |
| 生命周期（L） | DATEDIFF('day', [1st 首次订单日期],[last 最后订单日期] ) | 嵌套 |
| 最大交易金额 | { FIXED [客户 ID] : MAX( [销售额] )} | |
| 最大订单金额 | { FIXED [客户 ID] : MAX({ FIXED [订单 ID] : SUM( [销售额] )}　)} | 嵌套 |

　　客户分析的关键变量是时间。日期范围会对指标分析产生影响，特别是 FIXED LOD 表达式的优先级高于日期筛选器，因此日期筛选器应该添加到上下文筛选器。

　　随着各自行业的分析日渐深入，大家可以逐步总结本行业的关键指标，比如，零售关注频次、酒店关注间夜数、互联网电视关注浏览时长等，然后参考各级领导常用的分析角度，逐步增加维度筛选器、关联条件、逻辑判断等，最终构建日渐完善的分析模型。常见的问题类型，主要有占比、排序、时间序列、分析、相关性分析等，如图 10-38 所示。

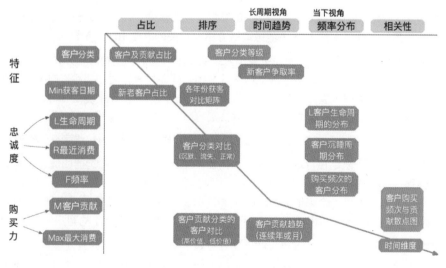

图 10-38　常见的客户分析角度

接下来，参考 Tableau 的"15 个详细级别表达式"分析几个关键案例，从而进一步介绍 LOD 表达式的用法，并重点阐述多个层次的关系。每个案例的视频详解可参考哔哩哔哩的"喜乐君"主页。

- 问题 1：2021 年，不同购买频次的客户数量（见 10.6.3 节）。
- 问题 2：不同生命周期（月数）的客户数量（见 10.6.3）。
- 问题 3：不同年度的新客户数量（见 10.6.4 节）。
- 问题 4：不同订单年度、不同客户矩阵（年）的销售额贡献（见 10.6.4 节）。
- 问题 5：各个年月、新老客户标记的客户数量趋势图（见 10.6.4 节）。
- 问题 6：不同客户矩阵（年季度），不同首次复购间隔（季）的客户数量（见 10.6.5 节）。
- 问题 7：不同客户矩阵（年季度），之后各季度的客户留存数量和比率（见 10.6.6 节）。
- 问题 8：参考客户贡献金额和客户消费频次，不同客户的价值矩阵散点图（见 10.6.7 节）。

## 10.6.3　单维度的分布案例：客户频次分布和生命周期分布

频率分析是客户结构分析最具有代表性的分析之一，典型问题如"不同购买频次的客户数量""不同生命周期的客户数量"。可视化由维度和度量构成，这里的度量是"客户数量"（COUNTD[客户 ID]），分类字段是"购买频次"和"生命周期"，这个字段决定了主视图的详细级别。

这个问题在本章 10.1.1 节就结合 Excel 和 SQL 进行了完整介绍，这里再做简要说明。

该问题难点在于，数据表中没有"视图详细级别"字段，也无法借助行级别计算完成，"购买频次"和"生命周期"字段都需要引用客户详细级别的聚合，预先聚合结果成为视图详细级别。即，

- 视图详细级别：购买频次，生命周期。
- 引用详细级别：客户 ID。

因此，使用 FIXED LOD 表达式指定"客户 ID"完成预先聚合，而后结果作为主视图的维度，决定最终视图的详细级别。这就是本章 10.5 节的微缩版介绍。相关计算在 10.6.2 节已经完成。

由于"F 购买频次"默认是度量，问题中要作为维度使用，这里有多种转化方式。其一，复制字段，然后将其拖曳到维度中；其二，在度量字段上创建数据桶，间隔为 1，后期还可以根据需要手动调整数据桶间隔，或者使用参数随时调整；其三，直接将度量字段拖入视图，在视图中临时改为维度、离散显示。前面两种方法是对字段的永久设置，第三种方法则可以"因图而异"。

这里使用第三种方法，如图 10-39 所示，把字段拖曳到视图并手动改为"维度""离散"。

业务分析通常会将分析限定在特定范围内容，比如"2021 年"。维度筛选器的优先级默认在 FIXED LOD 表达式之后，因此结果是"多年来不同购买频次的客户，在 2021 年有复购的客户数量"，此时和横轴刻度与之前保持一致。如果"购买频次"仅查看 2021 年的频次，那么就要把行级别筛选器"年（订单日期）"筛选器添加到上下文。如图 10-39 右侧所示，随着时间缩短，高频次的客户也会随着减少。

客户的生命周期分析也是同理。注意生命周期分析通常不添加日期筛选器。

如图 10-40 所示，这里在"L 生命周期 m"字段基础上，创建了以 5 个月为简称的数据桶，而后创建了"不同生命周期（区间）的客户数量"分布柱状图。

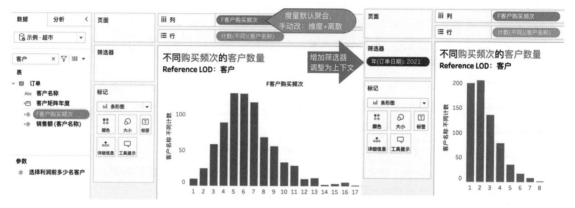

图 10-39　客户购买频次直方图

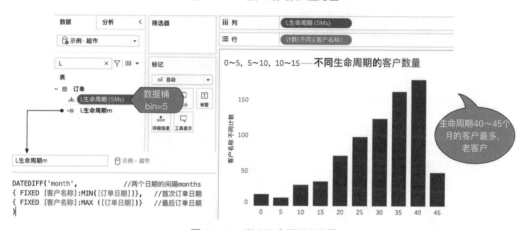

图 10-40　客户生命周期分布图

从计算的原理上，这两个问题属于同一个类型：引用独立详细级别完成聚合，聚合结果作为主视图的维度。此类型问题必须使用 FIXED LOD 表达式才能完成。

## 10.6.4　多维度的结构分析：与"客户获客时间"相关的分析案例

"首次订单日期"是每个客户的唯一属性、不变属性，商家角度又称为"获客日期"。在分析中，可以把相同获客时间段的客户归为一类，称为"矩阵"或"阵列"（Cohort）。比如，2018 年首次到店消费的所有客户，就同属于一个"客户矩阵"，它们的"获客年度都是 2018 年"。

基于"获客时间"的分析，又称为"客户矩阵分析"（customer cohort analysis）。

这里，本节由易到难完成如下分析问题。

- 问题 3：不同年度的新客户数量（见 10.6.4 节）。
- 问题 4：不同订单年度、不同客户矩阵（年）的销售额贡献（见 10.6.4 节）。
- 问题 5：各个年月、新老客户标记的客户数量趋势图（见 10.6.4 节）。

**1. 问题 3：不同年度的新客户数量**

这个问题看似简单，但其实"新"字隐含着聚合的判断。分析中看到，包含新老、早晚、大小等相对概念的问题，通常都可以展开为包含 **MAX/MIN** 聚合判断的"子问题"。

从"不同年度的客户数量"到"不同年度的新客户数量"，一字之差，意味着后者在前者基础上增加了筛选判断——仅包含新客户，不包含老客户。而"新老"标签又包含对客户的"首次订单日期"和当前订单日期的比较。所以，这里要用到如下计算：

- 1st 首次订单日期：{ FIXED [客户 ID] : MIN( [订单日期] )}。

既然每个客户都只有一个"首次订单日期"，那么只有在这个日期时他/她是新客户。可以直接用这个字段，完成"不同年度的新客户数量"。

如图 10-41 所示，双击自定义字段"1st 首次订单日期"，默认日期显示为年度，之后将其拖入字段【客户名称】，选择"计数不同"命令，就创建了"不同获客年度对应的客户数量"，"获客年度"对应的新客户，这个问题也就是"不同年度的新客户"。

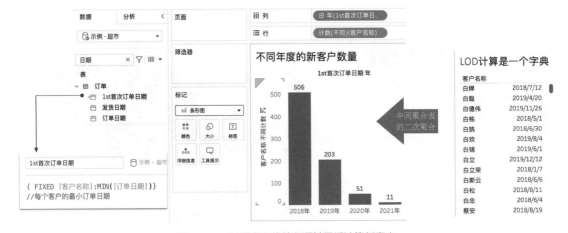

图 10-41　基于客户的首次订单日期计算新客户

上述过程用 SQL 理解就是聚合子查询的二次聚合过程，和 10.1.1 节中"不同购买频次的客户数量"对应的 SQL 逻辑如出一辙。只是 FIXED LOD 表达式把复杂的过程标准化了。

**2. 问题 4：不同订单年度、不同客户矩阵（年）的销售额贡献**

这个问题是 10.1.2 节讲解的典型案例，也要引用"1st 首次订单日期"字段。

"矩阵"（Cohort）就是更大视角的获客日期，将同一个年度获得的客户作为一个分组，反映相同的数据特征，如图 10-42 所示。

本案例最终效果简单实用，但逻辑过程却不容易理解，可以作为理解 LOD 表达式的标识之一。

图 10-42　不同订单年度客户的销售总额

**3. 问题 5：各个年月、新老客户标记的客户数量趋势图**

要同时完成分析新客户、老客户的增长，就不能直接使用 "1st 首次订单日期"，而要引入 IF 函数进行逻辑计算，对明细行的订单日期增加标签。判断标准是：

> 如果订单日期不等于"首次订单日期"，那么表示当下的客户是"老客户"，否则是"新客户"。

如图 10-43 所示，借助 IF 逻辑函数组合 LOD 表达式字段和数据表字段，返回的结果依然是行级别的，字段可以标记视图颜色，完成新老客户分类。

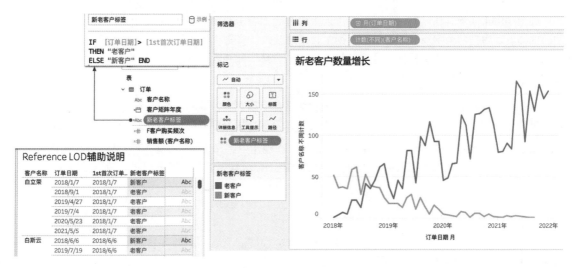

图 10-43　各个年月、新老客户的客户数量

这个案例，结合了行级别计算、逻辑判断和 LOD 表达式，是迈向函数组合的关键一步。读者借此进一步理解，Fixed LOD 表达式虽然是包含聚合的计算，但又与明细表的连接合并成为明细数据的一部分，因此可以完成上述判断，判断结果又称为最终视图的维度，决定问题的详细级别。

可见，认为 LOD 表达式是视图聚合，或是行级别计算，都是不准确的；它是指定详细级别聚合和行级别数据合并的结合体，是组合应用的表达式简化。

## 10.6.5 复购间隔：行级别计算和 LOD 计算的结合

问题 6：不同客户矩阵（年季度），不同首次复购间隔（季）的客户数量。

问题 7：不同客户矩阵（年季度），之后各季度的客户留存数量和比率。

问题 6 和问题 7 代表虽然同属复购分析，但是方法截然不同。问题 6 的复购间隔仅指"首次复购"，即首次消费到第二次消费的时间间隔；问题 7 的复购是首次消费后的历次复购，比如，首次消费后第 2 个月是否复购，第 3 个月是否复购……第 N 个月是否复购，后者常被称为"留存分析"。

两个问题的起点完全相同（首次订单日期），衡量复购的坐标轴则需要由不同的计算实现。这里先看问题 6，问题 7 会在 10.6.6 节单独分析。

问题 6：不同客户矩阵（年季度），不同首次复购间隔（季）的客户数量。

主视图的详细级别是"客户矩阵*复购间隔"，而度量是"客户数量"。度量容易计算，两个详细级别字段都需要引用客户详细级别进行预先聚合，并结合其他计算做进一步处理。

在 10.6.2 节中，FIXED LOD 和 DATEDIFF 函数计算了"1st 首次订单日期"和"R2 复购间隔"。这里客户矩阵采用"年季度"，相应地，复购间隔也采用 90 天作为间隔[1]。

如图 10-44 所示，在"R2 复购间隔"（天）的基础上右击创建"数据桶"，创建以 90 天为间隔的复购数据桶。之后把两个字段分别置于行和列中，日期改为"季度（年季度）"并设置为离散，客户数量置于标记标签中。为了突出数据值，这里将标记改为"方形"并把客户数量复制到颜色上。

这里有以下两个注意事项。

（1）默认横轴有少量 null（空值）[2]，因为少量客户只有第一次购买，再无第二次购买；根据业务分析需要，可以保留这里的 null 表示无复购，也可以在复购字段外面嵌套 ZN 函数，强制将 null 改为 0。

（2）笔者不推荐创建"年月"等离散字段，建议在视图中选择连续的"季度"，然后将其转化为"离散"显示。连续、离散都是相对的，单一的 DATETRUNC 函数更简单，易于理解。

---

1　"间隔天数"结合数据桶划分区间段，比 DATEDIFF 函数计算更加准确，例如，3 月 30 日首次购买，4 月 1 日复购的客户虽然跨越了季度，但是间隔只有 2 天。

2　在笔者早期的分享中，出现了排除第一列的错误情况，当年学艺不精，在此特别声明（"示例—超市"数据中由于每个客户都至少复购了一次，排除首列不影响 TOTAL（合计）值，因此引起了误解）。

图 10-44　不同季度复购间隔的分布

## 10.6.6　客户留存分析：LOD 表达式、表计算的结合

问题 7：不同客户矩阵（年季度），之后各季度的客户留存数量和比率。

基于 "1st 首次订单日期"，还可以分析不同矩阵客户的多次复购情况，这里的复购间隔可以采用月、季度等不同的单位，不过要和获客日期级别保持一致。之所以以 "首次订单日期" 作为客户群的分类标准，是为了确保数据样本的可比性。

图 10-45 展示了不同年季度的新客户（对应首次订单日期）在之后各个年季度的留存比例。比如，2018 年第 4 季度总共有 100 名新客户，在之后的连续季度中，客户复购越来越高，在之后的第 12 个季度（也就是 3 年后），依然有 40% 的客户消费。横轴的 INDEX() 代表订单日期的季度序号。

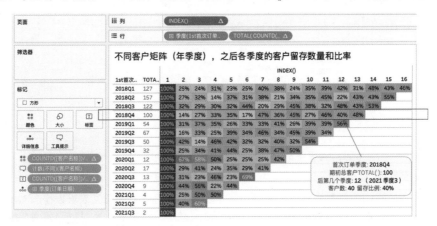

图 10-45　客户留存分析：使用 FIXED LOD 和 INDEX 进行相对化处理[1]

---

[1]　关于这个案例的详细讲解，参考 "喜乐君博客" 的文章《【时序+表计算】高级案例：顾客复购率矩阵分析》。

这个问题需要综合使用 FIXED LOD 计算、INDEX 和 TOTAL 表计算等，是考验问题理解和数据分析的绝佳案例。这个案例具有极大的扩展性，仅以笔者接触的项目为例：

- 如果把"客户"更改为"员工"，那么就会变成"不同时间段入职员工的业绩开单分析"（绩效主题）。
- 如果改为"产品"，那么就会变成"不同上市时间产品的动销分析"（产品动销分析）。
- 如果改为"医药终端"，那么就会变成"不同时间段开发终端的覆盖比率分析"（市场覆盖分析）。
- 如果改为"金融账户"，那么就会变成"不同时期放款账户在不同账龄的提前结清率"（账龄分析）。

本案例是本书最经典的案例之一，有助于读者养成举一反三、触类旁通的能力。

### 1. 不同矩阵日期的客户之后的复购客户数

由于表计算是建立在视图聚合结果基础上的，所以在数据分析初期可以忽略所有表计算要素，比如，合计、排序、同比等，集中精力完成表计算所需要的聚合。

对于复购分析而言，主视图中包含的字段有客户矩阵日期（年季度）、订单日期（年季度），以及客户数量。把它们拖曳到视图中，先构建出如图 10-46 所示的交叉表视图。这里的关键是，两个时间要采用相同的级别，笔者采用"年季度"为分类标准。同时将其强制改为离散显示。

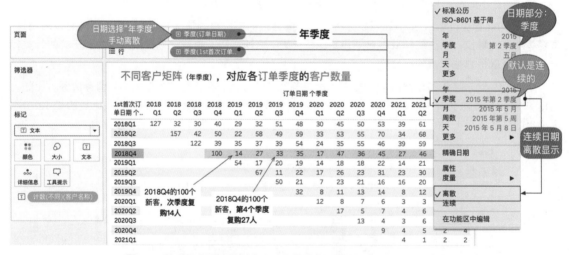

图 10-46　不同年季度的新客户，在之后不同订单季度的复购客户数量

以 2018 年第 4 季度为例，该季度总共 100 个新客户，第 2 个季度只有 14 个人复购，不过后续逐步提高，第 4 个季度时有 33 人复购。

但是，由于不同时间的新客户对应的复购日期是错位的，所以上述交叉表难以横向对比。为此，能否以"获客季度"为基准，将后续第 1 个、第 2 个、第 3 个……季度的订单日期"对齐"呢？

本质上，这相当于把横轴的订单日期绝对坐标系转化为相对坐标轴系。在 9.4 节的"公共基准案例"中，就使用 INDEX 函数实现了这个过程。

**2．增加表计算，将绝对日期转为相对日期，并计算获客总人数**

在图 10-46 的基础上，在列中双击输入 INDEX() 表计算函数，并将其改为离散显示，将"计算依据"改为"订单日期"；同时，把"订单日期"字段拖入"标记"的"详细信息"中——虽然它不直接显示在视图中，但却是表计算字段的计算依据，不可或缺。

同时，为了计算不同获客日期的总客户数，还需要增加更高聚合度级别的聚合，可以使用 LOD 表达式，也可以使用 TOTAL 函数，相比之下，表计算更简单。TOTAL(COUNTD([客户名称])) 会对同一个季度的不重复客户进行计数，将其离散转化为第二列显示。结果如图 10-47 所示。

图 10-47　不同年季度的新客户，在之后相对日期季度的复购客户数量

需要特别注意的是，虽然字段默认有连续和离散属性，但这些属性是主观的，可以随着视图需要随时将其切换。作为聚合度量的 TOTAL(COUNTD([客户名称])) 默认是连续的，连续对应坐标轴，将其转化为离散之后，就可以交叉表的方式出现。

在这个基础上，进一步调整标记的可视化样式，把默认的"文本"样式改为"方形"样式，并把"计数（不同）（客户名称）"复制拖曳到"颜色"中，就会变成如图 10-45 所示的高亮文本交叉表样式。

**3．时间趋势的优化调整**

交叉表的优势是突出数据值，辅助颜色可以进一步突出部分数据。如果要突出趋势变化，则需要使用折线图。在图 10-47 所示视图的要素基础上调整字段的位置，就会变成如图 10-48 所示的多重折线图。

高亮交叉表适合同时展现大量的数值，因此数据密度高。这里的折线图则突出趋势和横向比较，更容易让我们获得线索，比如，2018 年的老客户的长期留率留大致在 5%左右，且高于其他年度。

留存率分析不仅在业务分析上非常典型，而且在计算逻辑上也异常缜密，是锻炼业务思维和技能水平不可多得的业务场景。当然，留存率分析不限于传统的零售行业，在电子商务、在线服务等信息行业中应用得也很普遍。不同行业甚至有自己的基准参考值，Facebook 有一个"40—20—10 法则"，即新用户次日留存率为40%，7日留存率为20%，30日留存率为10%。

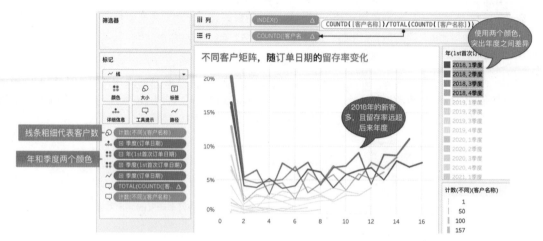

图10-48 不同年季度的新客户，在之后相对日期季度的复购率变化

同时，留存率低不一定是因为客户"流失"，也有可能是因为客户"沉睡"。客户可能连续多个季度没有来，而后在有优惠券或者周年庆活动时被再次激活。要注意不同术语对应的业务意义。

## 10.6.7 客户矩阵分析：客户价值分类

基于两个动态的度量字段可以构建客户的相关性分析，并借助表计算参考线构建分类矩阵。在9.7.4节中，使用自定义表计算参考线，可以为视图中不同象限标记颜色。

不过，表计算虽然可以高效完成视图的矩阵分类、着色，但是无法完成基于象限的客户计数——因为客户维度是表计算的计算依据，一旦客户字段被聚合，则表计算就会出错，如图10-49所示。

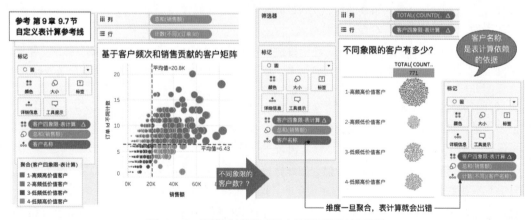

图10-49 使用表计算完成客户分类矩阵及其局限性

此时，就需要大名鼎鼎的 FIXED LOD 表达式计算，它所依赖的详细级别可以完全独立于视图，因此既能完成预先聚合，又能在聚合之后作为视图的维度。INCLUDE 和 EXCLUDE LOD 表达式依赖视图的详细级别，如同表计算依赖视图维度一样，因此无法完成上述的分析需求。

暂不考虑筛选器，使用 FIXED LOD 表达式计算完成每个客户的购买频次、贡献金额，如下所示。

- 消费频次（F）：{ FIXED [客户 ID] : COUNTD( [订单 ID] )}
- 贡献总额（M）：{ FIXED [客户 ID] : SUM( [销售额] )}

计算所有客户的消费频次的均值和贡献总额的均值，需要使用 10.5 节所引入的"嵌套 LOD 计算"完成多遍聚合。两个均值都是在最高聚合度详细级别的，因此可以简化为如下形式。

- 所有客户的消费频次的均值：{ AVG ( { FIXED　 [客户 ID] : COUNTD( [订单 ID] )} ) }
- 所有客户的贡献总额的均值：{ AVG ( { FIXED　 [客户 ID] : SUM( [销售额] )}) }

有了它们，就可以用 LOD 表达式完成客户象限分组了，"客户四象限-FIXED"的逻辑如下：

```
// 仅限视图详细级别不是客户名称时使用；视图详细级别为客户，建议使用表计算。
IF     { FIXED [客户 ID] : SUM([销售额] )}          >=     {AVG({ FIXED [客户 ID] : SUM([销售额] )})}
 AND {FIXED [客户 ID]: COUNTD( [订单 Id])}        >=     {AVG({FIXED　 [客户 ID] : COUNTD( [订单 Id])})}
THEN "1-高频高价值客户"
ELSEIF  { FIXED [客户 ID] : SUM([销售额] )}         <     {AVG({ FIXED　 [客户 ID] : SUM([销售额] )} )}
 AND    {FIXED [客户 ID] : COUNTD([订单 Id])}     >     = {AVG({FIXED [客户名称]: COUNTD( [订单 Id])})}
THEN "2-高频低价值客户"
ELSEIF   [ FIXED　 [客户 ID] : SUM([销售额] )}      <     {AVG({ FIXED [客户 ID] : SUM([销售额] )})}
 AND    {FIXED　 [客户 ID] :COUNTD( [订单 Id])} <   {AVG({FIXED　 [客户 ID] : COUNTD( [订单 Id])})}
THEN "3-低频低价值客户"
ELSE "4-低频高价值客户"
END
```

如图 10-50 所示，上述分类字段可以作为新问题的分类，从而计算不同客户象限的人数。

图 10-50　使用 FIXED LOD 表达式完成客户分类矩阵，从而聚合客户数量（数据中没有客户 ID，使用客户名称代替）

当然，这个计算逻辑也略显复杂，性能会大幅度低于表计算。所以建议绘制散点图矩阵时优先采用表计算，迫不得已时才使用 FIXED LOD 表达式。

在一些企业中，IT 工程师尝试把类似的均值写入数据仓库中，虽然思路可行，但在实践中难以使用，因为在敏捷业务分析中会随时变化计算的范围，预先计算无法响应这种变化。这也是数据仓库的局限性。

基于上述的分析，就可以脱离"客户名称"字段来完成客户价值矩阵分析。如图 10-51 所示，借助仪表板，这里以点图形象地展示了不同矩阵的客户数量，并且借助散点图矩阵表达了相对的位置。同时，借助新增加的"R 最后购买矩阵间隔"散点图，发现了客户流失方面的风险。

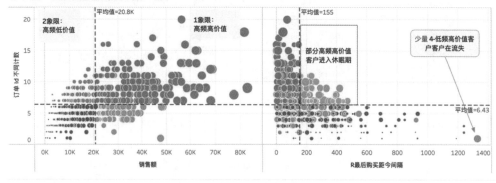

图 10-51　多个客户分析构建的仪表板分析主题

在业务分析中，客户分析几乎是永恒的主题，每一位学习者应该熟练驾驭计算逻辑和分析方法，最终在业务场景中发扬光大。

# 10.7　产品分析高级专题：购物篮分析的多个角度

在产品分析领域也存在类似于客户分析的多维度、结构化分析。比如，不同时期上市的产品增长对比、不同产品的购物篮连带率等，前者类似于客户的矩阵（Cohort）分析，后者是接下来的讲解重点——也是本书中最重要的案例。

"购物篮"（Basket）指消费者购物时的推车或者提篮，如今已经抽象代指客户的一次完整交易，通常与"订单 ID"或者"会话（Session）"相对应。在一些高频消费的场景中，也可以把一个客户的所有历史交易模拟为一个"购物篮"，以客户为分析对象。

在传统经济领域，实现精准的"购物篮分析"一直是运营者的期望，而在数据驱动的电子商务领域，终于变成了现实。借助购物篮分析，运营者可以精准分析出哪些是高购买的产品、最容易被连带的产品等，然后定制精准的营销组合活动。接下来，笔者由易到难介绍 3 个案例，分别如下。

- 问题 1：每个子类别相对于所有订单的购物篮连带率。
- 问题 2：每个子类别的支持度、置信度和提升度。
- 问题 3：在包含"电话"（参数）的订单中，各个子类别的连带订单数量，以及连带比率。

## 10.7.1　购物篮比率：任意子类别相对于所有订单的比率

假定客户 A、B、C 分别在商家购物了两次，其中，A 同时购买了{装订机，椅子，收纳具}3 个类别的不同产品，B 同时购买了{椅子，收纳具，信封}3 个类别的不同产品，C 只购买了{装订机}。

此时，整个订单样本为 3 个（CNT=3），其中，2 个订单有装订机，1 个订单有信封，按照样本推测总体特征，得知"在所有的购物篮中，66.7%的购物篮中包含装订机，而 33.3%的购物篮中包含信封"。

**这就是简单的购物篮连带率，指所有的购物篮（订单）包含特定产品的比率。**

在大数据时代，借助高性能数据库和敏捷分析工具，无须抽样即可完成上述分析过程。图 10-52 展示了"在所有的订单中，各子类别的购物篮比率"，这里使用了第 9 章的"合计百分比"快速表进行计算。

图 10-52　使用合计百分比，计算不同子类别的订单比率

上述单个子类别在总体中出现的比率，即购物篮比率，又被称为"支持度"（Support），记作 P（A）。在业务分析中，单个子类别的概率对应合计百分比。由于一个订单中会同时包含多个子类别，因此每个子类别的占比之和会远超 100%。这个简单的问题是接下来两个高级问题的"准备"，它们分别代表迥然不同的分析方向。

- 其一，是算法的方向：计算类别之间的支持度、置信度和提升率，设计程序化的自动推荐算法，这个是算法团队的前进路线，是"智能商务"的典型代表。
- 其二，是业务的方向：计算和某个子类别关联销售的其他子类别的数量及连带率，指导门店的营销组合、陈列布局等业务活动，是"商务智能"的典型场景。

不管是哪个方向，都需要深谙业务逻辑。

## 10.7.2 支持度、置信度和提升度分析：类别之间的关联推荐

在上面 816 个订单中，在 60 个订单中包含桌子，在 228 个订单中包含椅子。如果业务需求是"同时包含指定子类别和任意子类别的订单比率"，问题就异常复杂。循序渐进，这里分为两个部分。

对于初学者而言，建议先跳过本节内容，直接阅读 10.7.3 节的业务视角分析。

### 1．同时购买两个子类别的购物篮比率

"同时包含桌子、椅子"是二者中重合的部分。计算重合，首先考虑第 6 章介绍的"合并集"方法，不过这种方法缺乏灵活性。集的背后是**指定详细级别的条件判断**，因此直接使用 FIXED LOD 表达式更加灵活。这个过程需要使用行级别计算、聚合计算和 FIXED LOD 计算，是对数据处理的高度抽象。

这里先从熟知的数据表明细级别开始，增加辅助计算以理解业务过程，借助查看每个订单后标记的数量，可以进一步判断"同时包含桌子和椅子"的订单。两个辅助判断如下所示：

```
IIF ( [子类别] = "桌子" , 1, null)
IIF ( [子类别] = "椅子" , 1, null)
```

如图 10-53 所示，"包含桌子"和"包含椅子"的明细行会被标记为 1，由于结果默认是数字，数字度量在视图中默认被聚合。由于当前是最详细的明细级别，因此聚合结果还是 1。

**上述过程是整个计算中至关重要的"桥梁"，它连接了真实的业务世界和虚拟的数字世界。借助行级别计算，把"包含桌子"的条件量化为数字。只有这样，才有了接下来的无限可能性。**

接下来问题的关键是如何把"同时包含桌子和椅子的订单"也转化为量化数据。判断的对象是"订单 ID"，而判断条件当前又是行级别的，因此需要"指定订单 ID 详细级别完成聚合"，如下：

```
-- 字段名称：同时包含桌子、椅子的订单 ID
IF { FIXED  [订单 Id]:  MIN(IIF([子类别]='桌子',1,NULL)) + MIN(IIF([子类别]='椅子',1,NULL))}=2,
THEN  [订单 Id]
END
```

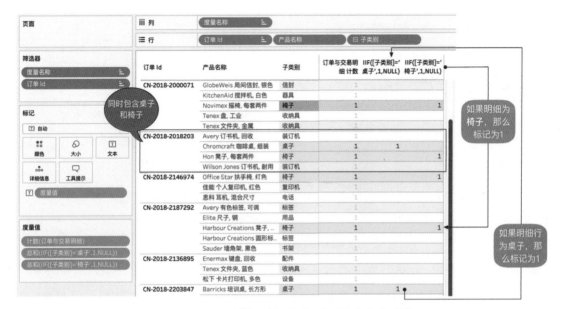

图 10-53　使用行级别计算，为满足条件的明细增加标签

"同时包含桌子和椅子的订单"需要满足两个特征：至少包含一个桌子，并且（and）至少包含一个椅子。因此转化为上述的 MIN 函数的聚合和 AND 函数的逻辑计算。

这里的逻辑判断也可以分为两个 FIXED 表达式，不过从性能角度考虑，指定一次更好，理解起来也更抽象。接下来，就可以计算"包含桌子、椅子的订单"在全部订单中的比率了。

由于当前视图的详细级别是"子类别"，"全部订单"对应更高聚合度的详细级别，所以这里可以使用表计算的 TOTAL 函数，也可以使用 FIXED LOD 表达式预先完成。相比之下，表计算更值得推荐。如下：

购物篮比率 (桌子&椅子) = COUNTD（同时包含桌子、椅子的订单 ID）/TOTAL（COUNTD([订单 ID]))

借用统计学的概率模型，$P$（桌子）代表"订单中包含桌子的概率"，而用 $P(A \cap B)$ 表示"订单中同时包含桌子和椅子的概率"。

接下来更进一步，能否把这里的比率延伸到"任意子类别和指定子类别同时出现的概率"呢？

此时，就需要一个参数传递"指定子类别"，然后考虑视图中子类别详细级别如何影响计算的过程。图 10-54 展示了同时包含当前子类别和参数子类别的订单相对于全部订单的比率。这里一方面要把"同时购买参数类别和当前子类别"量化；另一方面要计算更高聚合度详细级别的聚合值。

注意，这里排除了只包含单一子类别的订单，参数椅子的计算缺乏意义但又不能直接筛选排除——它会影响 TOTAL 函数的计算。因此，要么使用 LOOKUP 函数筛选不显示参数子类别，要么将分母改为 FIXED LOD 表达式语法。到这一步，想必已经超过了大部分业务用户的认知边界。

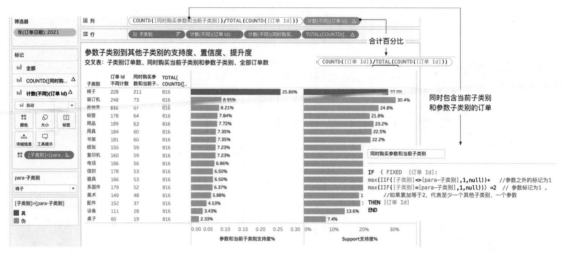

图 10-54　和参数子类别（椅子）同时销售的子类别在全部订单中的占比（支持度）

笔者写到这里，也是思考良久方才落地，也是为了衬托 10.7.3 节介绍的关联方法。在上述支持度的基础上，还可以进一步计算置信度和提升率两个进一步的抽象指标。

**2．支持度的进一步抽象化：置信度和提升度**

这里先简要介绍 3 个关联分析术语（A 代表指定参数子类别，B 代表任意子类别）[1]。

- 支持度（Support）：在所有样本中出现的比率，如购买桌子的比率、同时购买桌椅的比率。
- 置信度（Confidence）：购买 A 之后再购买 B 的条件比率，计作 $P$（B | A）。
- 提升度（Lift）：先购买 A 再购买 B 的比率，计作 Lift（A>B）。

这里可以使用如图 10-55 所示的关系图表达它们之间的关系和计算逻辑。

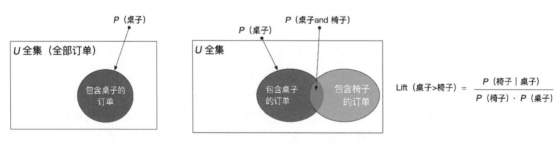

图 10-55　支持度、置信度和提升度

---

1　*Understanding Support, Confidence, Lift for Market Basket (Affinity) Analysis*，*Liu Zhang* 来自 The Data School 的官方博客，解释了支持度、置信度和提升度的理解，这里的图示参考了该文章的表达方式。

如果两个部分的重合非常小，那么置信度和提升度就会接近于 0；相反，如果二者几近完全重合，那么置信度就会接近于 1。使用上述方法，图 10-56 展示了参数子类别相对每个子类别的置信度和提升度，这里的逻辑部分略微复杂，高级用户可以参考图示完成。

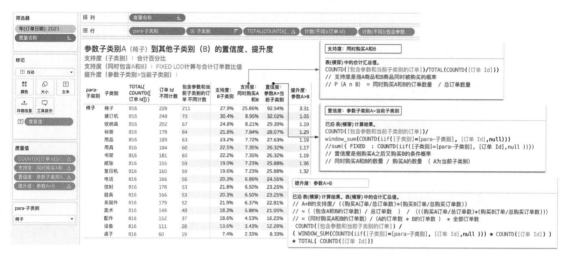

图 10-56　指定参数子类别，计算它相对于其他子类别的置信度和提升度

分析的过程就是层层叠叠的抽象，不管是计算还是指标都是如此，这个案例表达得淋漓尽致。

阅读至此你会发现，**这个方向不是业务用户所能触及的**，即便借助 Tableau 实现了上述逻辑，给业务领导解释清楚业务意义和决策价值，解释成本和难度也不亚于计算逻辑本身。这种概率化的统计，常用于业务自动算法、自动推荐等专业场景。

如果要将业务分析结果给领导展现并辅助决策，则笔者推荐使用"购物篮连带率"这种更有业务代表性的方法。可以选择某个子类别，查看其他子类别和它的关联度，在组合营销、陈列指导方面更有现实意义。

## 10.7.3　指定类别的关联比率：筛选中包含"引用详细级别"

本节案例是笔者多年零售工作与敏捷 Tableau 分析能力结合的最佳作品之一，也是本书最关键的案例之一。对应的问题完整描述如下。

问题 3：在包含"电话"（参数）的订单中，各个子类别的连带订单数量，以及连带比率。

最终效果如图 10-57 所示，右上角是子类别参数，选择参数，视图中就会自动筛选"包含参数子类别的订单明细"，并计算其他各子类别的关联订单数量和总体订单数量（左侧双轴的条形图），以及连带比率（右侧条形图）。连带率推荐使用圆点，这里为了展现方便，暂且使用条形图。

借助这个案例，读者可以进一步理解如下的要点。

- 清晰地区分问题的构成（筛选范围、问题描述和聚合答案），以及　"视图详细级别"与"引用详细级别"的重要性。

- 筛选的本质是计算，而条件筛选的本质是指定详细级别的 FIXED LOD 计算。
- 借助行级别计算，把描述性的筛选条件转化为量化的数据表达（数据准备的功能）。

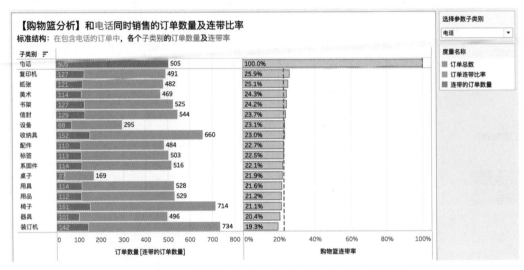

图 10-57　和参数子类别（电话）同时销售的子类别订单数量及比率

这个案例会综合使用行级别计算、逻辑判断、LOD 表达式、筛选器等分析方法，是每个高级数据分析师成长路上非常好的案例。接下来，参考 10.5 节的分析方法，解读一下关键步骤。

### 1．确定问题的结构

在业务中，需求通常是五花八门的，分析师必须深入问题之中，确定问题的结构，如下所示。

- 筛选范围：包含参数子类别的订单。其中，"订单 ID" 是筛选的对象，"包含参数子类别" 是筛选的条件。
- 问题描述：子类别；同时也决定了问题的详细级别。
- 聚合答案：订单的数量和连带比率，其中，连带比率需要引用两次订单数量。

在这个过程中，筛选范围和计算是两个重点，而这两部分都依赖对详细级别的了解。

### 2．确定详细级别

在这个问题中，显性的详细级别是 "子类别"，不过只有一个详细级别，无法完成筛选和比率的计算。特别是筛选引用了另一个详细级别——订单 ID，它决定了筛选计算的详细级别。

在这个问题中，对于多个详细级别的推荐使用可视化方法绘制它们的层次关系，如图 10-58 所示。问题的主视图是子类别，筛选条件的级别是 "订单 ID"。在计算中，其实还隐含着一个与视图详细级别相同的级别，之所以让它独立于视图计算，是因为比值的计算分子和分母完全相同，但分子受筛选影响，分母不受筛选影响。

初学者可能难以理解这个过程，接下来，笔者结合计算分享这两个详细级别的重要性。

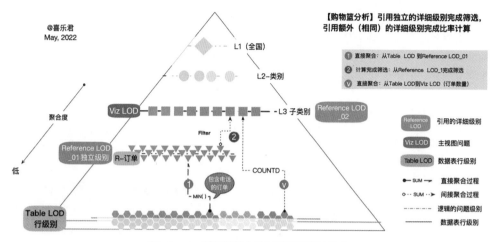

图 10-58　理解问题中的详细级别及其关系

### 3. 依据 LOD 完成聚合

筛选"包含电话的订单"：购物篮分析是对"订单 ID"的筛选，不过这里和通常的筛选有所不同，需要增加一步临时计算。为了理解方便，先对比以下两个筛选。

- 利润总和大于 1000 元的订单 ID。
- 交易中包含电话的订单 ID。

本质上这两个属于相同类型的筛选：条件筛选，即指定筛选的详细级别。

如图 10-59 所示，第一个筛选"利润总和大于 1000 元的订单 ID"相对简单。把"订单 ID"拖入筛选器，选择"条件"，简单设置即可快速完成。第二个筛选"交易中包含电话的订单 ID"，其难点在于，并没有一个字段可供设置为筛选条件，难以量化"包含电话"这个业务过程。拖曳【订单 ID】字段到筛选中，常规、通配符、条件、顶部中的设置，都无法直接建立类似筛选条件。

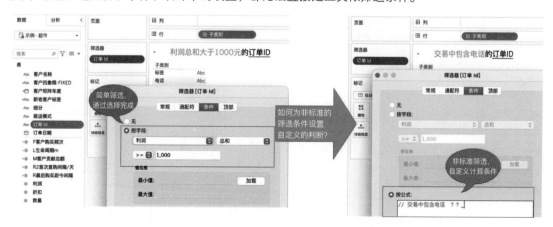

图 10-59　条件筛选器的两种方式：选择字段和设置判断公式

遇到这种问题，推荐从熟悉的详细级别开始探索，最常见的起点是数据表明细行级别（Table LOD）。购物篮分析针对的是订单，每个订单包含多个产品，产品对应子类别。如图 10-60 所示，在"订单 ID* 产品"的明细表中，需要为对应"电话"的明细增加一个可供计算的标签。在计算机中，"是/否"标签通常用 1 和 0 表示，它们逻辑简单、计算方便，借助如下判断完成：

IIF([子类别]=[para-子类别],1,0)

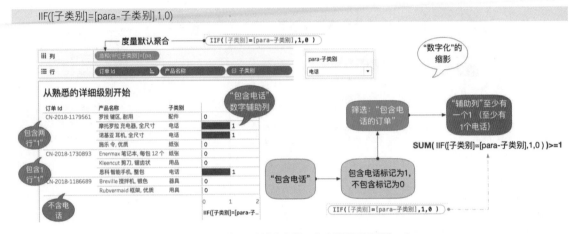

图 10-60　增加一个辅助字段"指定子类别标记为 1"

初学者可以把上述计算（IIF([子类别]=[para-子类别],1,0)）保存为自定义字段，取名为"指定子类别标记为 1"。如果订单中包含"电话"，那么在订单 ID 对应的交易明细中，**至少应该出现 1 次数字"1"**，这就是条件筛选所需要的。

理解了这个过程，这里提供 3 种方法完成"包含电话的订单"筛选。不管是在条件筛选中基于自定义字段设置，还是自定义公式，抑或完全借助自定义计算完成筛选，它们背后的本质完全相同：**指定详细级别的聚合判断，而判断完成筛选**。同时，高级用户可以尝试把条件筛选器与 FIXED LOD 表达式完全对应起来，这也是它们在"计算与操作顺序"中位置相同的原因，如图 10-61 所示。

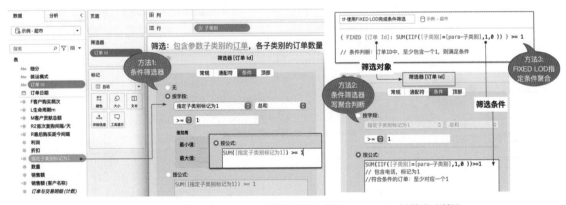

图 10-61　使用 IIF 建立辅助列，使用条件筛选或者 FIXED LOD 计算完成筛选

在 6.2.3 节深入介绍了这个筛选过程的计算逻辑，建议关联阅读。第 6 章引入"Filter LOD"帮助读者理解"指定详细级别的聚合筛选"。筛选的本质是计算，因此 Filter LOD 与 Reference LOD 是可以对应起来的概念。

在这个问题中，完成筛选是最重要的环节。接下来，就可以构建可视化，并在可视化过程中引用另一个完全相同的详细级别。

### 4. 可视化展示和完善

视图的详细级别是"子类别"，子类别的订单数量用条形图展示。默认的订单数量受到了筛选器影响，代表"在包含电话的订单中，各个子类别的订单数量"。而比率计算还需要不受筛选器影响的"各个子类别的订单数量"。

此时，就要考虑 Tableau 中计算与筛选的优先级了，在 10.4.3 节已经深入介绍。在这个优先级体系中，能完成聚合且计算不受条件筛选器影响的，只有 FIXED LOD 表达式计算——行级别计算虽然优先级极高，等价于数据表字段，但不能包含聚合。

如图 10-62 所示，使用 FIXED LOD 表达式计算了"各子类别的订单数量"，并且使用双轴、同步轴合并展示了各子类别的关联订单数和总体订单数。在计算的过程中要理解，FIXED LOD 表达式是引用"其他详细级别"的预先聚合，只是这里的引用详细级别恰好和主视图详细级别相同。因此，可以将本案例视为"引用相同详细级别预先聚合"的经典案例。

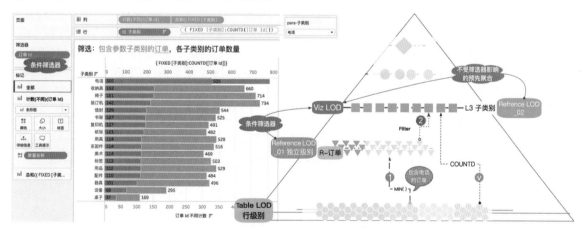

图 10-62　主视图的基本样式，以及多个详细级别的关系

最后，用两个聚合来完成"连带比率"比值计算。常见的错误计算如下：

$$COUNTD([订单\ Id])\ /\ \{\ FIXED\ [子类别]:COUNTD([订单\ Id])\ \}$$

每一位 Tableau 用户想必都尝试过这样的计算（包括笔者在内），而它的报错也很常见："无法将聚合和非聚合计算组合使用"（在官方翻译基础上调整）。计算的字段都需要在相同级别。

要特别注意，LOD 表达式返回的结果是多值的集合，在引用更高详细级别和相同详细级别的预先聚合时，会返回唯一值或者数量相同的数据值，这不能改变 LOD 表达式是多值集合的本质。因此，LOD 表达式使用大括号 {} 代表语法的开始和结束。

对于任意一个子类别而言，分子和分母都是一个值。由于这里 LOD 计算返回的都是一个值，因此可以使用 SUM、AVG、MIN 等多种聚合方式完成计算。

$$COUNTD([订单 \ Id]) / SUM(\{ FIXED \ [子类别]:COUNTD([订单 \ Id]) \})$$

最后，对可视化做必要的调整，效果如图 10-57 所示。

这个案例最重要的环节是基于订单级别的数据筛选。借助这个案例，也可以深入理解行级别函数、聚合和 FIXED LOD 表达式的组合。笔者把它作为完整理解计算的通关题目。

# 10.8 总结：高级计算的最佳实践

至此，笔者已经全面地介绍了从基本计算到高级计算的场景。只有借助计算的强大力量，才能借助"有限字段"完成"无限业务分析"。恰当地选择计算依赖于对业务问题的理解（详细级别是关键），以及对各类计算独特性、语法的熟练掌握。

在这里，笔者简要总结第 2 篇介绍的计算方法，提供如何选择和组合多种计算的最佳方法。

## 10.8.1 问题的 3 大构成与计算的 4 种类型

如今，本书已经深入地介绍了问题的 3 个部分（筛选范围、问题描述和问题答案），以及 4 种类型的计算（行级别计算、聚合计算、表计算和 LOD 表达式）。不管是多个度量构成的复杂问题，还是由多个详细级别而构成的结构化问题，都来自它们的组合，如图 10-63 所示。

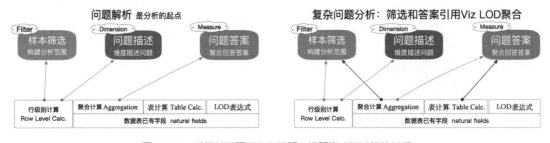

图 10-63 从简单问题到复杂问题：问题构成与计算的关系

它们的关系要点可以总结如下。

- 最简单的问题，问题后 3 个部分都直接来自数据表行级别的已有字段。
- 行级别计算等价于数据表已有字段，因此它可以被其他计算类型直接嵌套引用。
- 聚合是计算的核心，其中，详细级别是聚合的依据，而筛选范围决定了聚合值是多少。

随着 LOD 表达式的引入，问题中的 3 个部分都可以引用其他详细级别的聚合，此时问题才是典型的高级问题。高级问题的高级在于维度的复杂性，在于详细级别的复杂性，本质上是看待问题的多维度视角的复杂性。因此，结构化分析又被称为"多维分析"——只是"多维"会被误解为"多个维度字段"，因此笔者避免使用这个具有误导性的词语。

笔者把**大数据分析称为多维度、结构化分析**，"多维度"可以来自数据表、行级别计算的维度，也可以来自预先聚合。基于聚合的多维分析才是大数据分析的高级形式。Tableau 详细级别表达式让这一切变得简单。

图 10-64 展示了高级问题中问题结构与计算的关系，务必将这个过程与多个详细级别相结合理解，特别是理解引用详细级别与其他详细级别的关系。

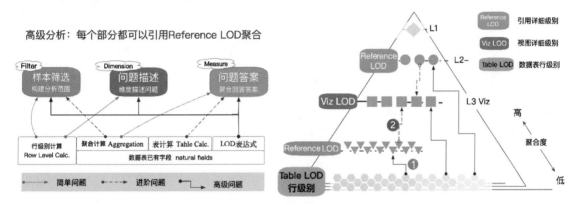

图 10-64　高级问题中问题构成与计算的关系，以及问题中的多个详细级别

它们的关系要点可以总结如下。

- LOD 表达式的主要目的是在数据表详细级别和视图详细级别之外，引用其他详细级别（Reference LOD）完成预先聚合，聚合成为问题的重要部分。
- LOD 表达式可以成为筛选、问题描述和聚合答案的任意部分，代表高级问题的最高形式。
  - 筛选中引用详细级别：即条件筛选器，以购物篮连带率分析为典型案例（见 10.7.3 节）。
  - 问题描述引用详细级别：以 RFM 分析为典型案例（见 10.6 节）
  - 问题答案引用详细级别：以合计百分比和"客户购买力分析"为典型案例。

聚合是问题的核心。在简单问题中，视图详细级别比较好理解，视图详细级别限定直接聚合多少（返回几个聚合值）、筛选限定聚合大小。而在高级问题中，由于包含多个聚合，聚合所依赖的视图详细级别及其关系就变成了关键。在本书中，使用虚拟的、逻辑的引用详细级别，有助于理解高级问题中的结构关系，从而更好地选择计算类型。

图 10-65 展示了"2018 年、技术类别、销售额总和大于 5 万元的品牌，各个品牌的销售额总和、产品数量、利润率及所有产品贡献的均值"。读者可以借此进一步理解计算的作用。

理解了多个详细级别的关系，之后就可以将重点放在如何选择计算和应用上。

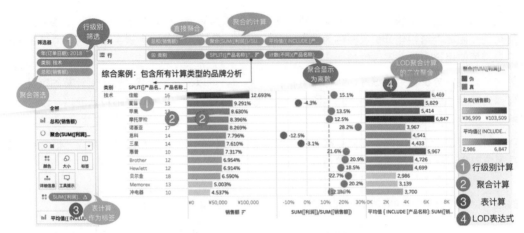

图 10-65　包含多种计算类型的综合案例

## 10.8.2　如何选择计算类型

在理解了问题和计算的关系之后，把重点放在不同计算类型的关系上。它们之间可以相互嵌套、彼此引用，构成了更加复杂的计算世界，回答更深刻的业务需求。初学者也可以参考 Tableau 官方文档"选择正确的计算类型"[1]。在讲解"如何选择计算"之前，这里先补充两个关键的知识。

**1. 在选择计算之前需要理解的基本知识**

为了更好地理解上述案例，这里还有一些视图之外的知识需要强调。

**第一，不要被"维度和度量""连续和离散"的字段属性束缚，一切都是相对的。**

数据表中字段的"维度和度量"属性，和问题中构成问题的"维度和度量字段"是相互交叉的。维度字段【订单 ID】可以聚合成为视图中的度量"订单计数"，而度量字段【利润率】也可以在视图中转化为维度（在视图中临时转换，或者借助数据桶）。

同理，数据表中连续的【订单日期】，在视图中可以作为"精确日期"连续显示，也可以保留部分而离散显示。视图中默认连续的"COUNTD([订单 ID])"也可以转换为"离散"显示。

在不违背逻辑的前提下，一切皆可自定义。

**其二，数据表是聚合的基准，而视图详细级别是可视化展现的基准。**

聚合是一个动态的过程，如同在 Excel 中从明细表到透视表。理解每个聚合的起点和终点，是理解聚合及其必须组合后逻辑的关键。笔者通常把计算分为两个类型。

- 直接聚合：从数据表行级别开始，到视图详细级别，或者引用详细级别的聚合。

---

1　Tableau 博客文章 *A Handy Guide to Choosing the Right Calculation for Your Question*，后来被收录到官方说明页面中。在这篇博客中，作者把行级别计算和聚合计算统称为"Basic calculations"，重点对比了它和表计算（Table Calculation）、与详细级别表达式（Level of Detail Expressions）的区别和选择。

- 间接聚合：从视图详细级别或者引用详细级别到其他详细级别的聚合过程。

直接聚合的依据是视图详细级别。由于视图是一切聚合的终点，因此到视图详细级别的聚合无须单独指定，而到引用详细级别的聚合需要在 LOD 表达式中指定，这就是 LOD 表达式的语法规则：

{ FIXED /INCLUDE/EXCLUDE 指定的详细级别:AGG 完成聚合 }

表计算比较特殊，所有的表计算都是基于视图详细级别的聚合值，其中，TOTAL 表计算是典型的二次聚合，而 RANK（排序）、LOOKUP（偏移）等则是聚合的二次计算——准确地说，表计算是基于聚合的跨行计算。

聚合计算的跨行发生在数据表明细行中，而表计算的跨行发生在视图的临时表中。

### 2．不同计算的特征和优先级

笔者已经介绍了计算的关键知识，这里总结如下。

- 行级别计算等价于数据库字段，在所有计算中优先级最高，可以被其他计算直接嵌套引用。
- 表计算是聚合的二次计算或聚合，依赖于聚合和视图，因此优先级为最低。
- LOD 表达式是指定详细级别的聚合，考虑到绝对指定和相对详细级别的不同，其计算优先级可以高于视图（FIXED），也可以低于视图（INCLUDE/EXCLUDE）。

综合而言，计算的优先级可以简单概括为：

**行级别计算>FIXED LOD 计算>视图聚合计算>INCLUDE/EXCLUDE LOD 计算>表计算**

在选择和优化计算时，"计算和筛选器的优先级"是至关重要的，也是贯穿筛选、计算的重要内容之一。如图 10-66 所示的内容和上述的思考过程一样，应该牢记于心。

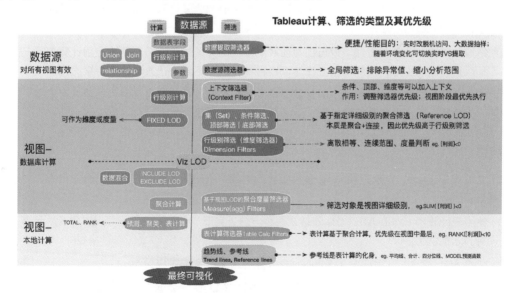

图 10-66　Tableau 计算、筛选的类型及其优先级

也正是由于上述的优先级，所以在视图之前的计算既可以作为视图维度，又可以作为视图的聚合度量，而视图之后的计算就只能作为视图的度量出现，这是一个非常重要的差异。

3. 如何选择计算

在理解了上述内容之后，就可以根据问题详细级别决定如何选择最佳计算了。

如图 10-67 所示，首要的判断是"视图中包含几个详细级别"，在只有一个详细级别的问题中，通常无须使用 LOD 表达式。而在包含多个详细级别的问题中，判断的关键在于视图详细级别与其他引用详细级别的关系。

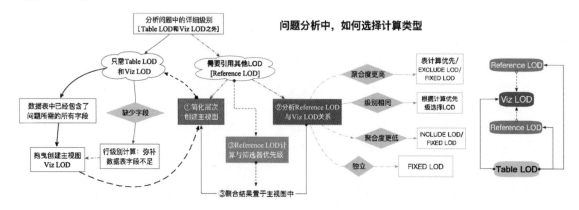

图 10-67　以详细级别为中心，选择计算类型的思考方式

除"合计"表计算外，其他表计算都难以用详细级别的方式来理解，因此像排序、移动汇总、同比等都应该放在视图的最后阶段来考虑。

借助字段和计算，业务分析师可以自由地面对无限的业务场景。当然，熟练应用计算依赖于大量的案例学习和应用，熟能生巧，巧能生智。在这个过程中，可以不断强化方法论并持续优化。

至此，本书详尽介绍了业务分析中的计算体系及经典案例，希望读者在深入阅读后可以举一反三、触类旁通，为中国各行各业的数字化转型、业务数字化贡献应尽之力。

## 练习题目

（1）尝试使用 Excel、SQL、Tableau 多种工具，完成"不同频次的客户数量"分布分析，并以直方图方式展现。

（2）使用表计算和 EXCLUDE LOD 表达式两种方法，完成"各类别的销售额及其占比"计算，并简要介绍两种方法的优劣。

（3）结合 SQL 的语法，简要介绍 Tableau 中计算的优先级及其对应关系。

（4）使用嵌套 LOD 表达式计算完成如下题目，并理解 LOD 表达式嵌套的逻辑和简化方式：

2021 年，各省份的客户购买力指标（每位客户所有订单销售额总和的最高额的销售额的平均值）。

（5）使用 FIXED LOD 表达式计算完成如下问题，简要说明为什么只有 FIXED LOD 表达式计算的结果才能作为维度出现在视图中。

不同订单年度、不同客户矩阵（年）的销售额贡献（见 10.6.4 节）。

（6）使用条件筛选、集、LOD 这三个方法，完成如下的经典案例（筛选范围用参数代替）:

在包含"电话"的订单中，求各个子类别的连带订单数量，以及连带比率。

# 第 11 章

# 从数据管理到数据仓库：
# 敏捷分析的基石

关键词：数据管理、预处理、数据仓库、ETL

广义的数据分析是包含业务需求整理、数据准备、指标分析与可视化展现、交互与洞察等的完整过程。其中，业务需求整理是贯穿全流程的主线，数据及其图形化则是业务、分析的载体和呈现形式。数据准备和数据管理则涉及数据合并、世系关系、数据一致性、权限控制等广泛内容。

本章首先介绍 Tableau 数据管理的主要功能，然后简要介绍数据管理的高级形态——**数据仓库（Data Warehouse）及其核心功能 ETL（Extract-Transform-Load，在数据仓库环境中支持数据抽取、加载和转换的方法）**。数据仓库与敏捷分析密不可分，借助本章，笔者希望 Tableau 用户能"视 Tableau Server 为 DW/BI 平台"，站在高处，更好地理解企业数据分析体系。

数据管理是数据的量级和复杂度到达一定阶段的产物；数据仓库则是数据管理的复杂度到达一定阶段的产物。理解二者的功能和存在意义，是通往高级业务分析师的必备技能。

## 11.1　数据管理功能：以数据为中心

"视数据为资产"，这既是数字化企业的企业文化，也是企业的行动指南。随着业务分析师成为企业的分析主力，数据源和仪表板的数量越来越多，数据资产目录、数据使用情况、数据质量和安全管控等一系列数据管理问题随之而来。可以把这些"以**数据**为中心，而非以问题为中心"的工作统称为数据管理（Data Management），它们是 Tableau 管理体系中靠近数据源的部分。

数据在被提取并存储后，经过数据准备、可视化分析后在整个组织范围内共享。从 2019 年开始，Tableau 基于服务器环境，逐步推出并持续完善简称数据管理扩展模块（Data Management Add-on，DM）[1]，DM 将数据世系管理、ETL 流程、数据表受控访问、行级别权限控制、元数据管理等集成到了 Tableau Server

---

1　作为 Tableau Server 的扩展，Data Management Add-on 需要单独的许可证方可运行。

和 Tableau Cloud[1]中，如图 11-1 所示。IT 和业务用户无须离开分析工作流程，即可轻松管理数据资产的多种形式（流程、工作簿、数据源、字段等）。

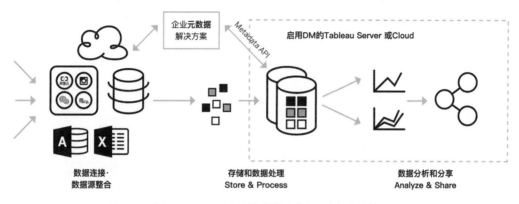

图 11-1　DM 如何让您组织内的每个人都能受益

DM 的数据管理服务，目前包含如下 4 个部分。

- Tableau Catalog（数据目录）：包含强大的搜索、数据词典、世系和影响分析功能，为数据源增加认证或质量标签，帮助分析师随时了解每个数据表甚至每个字段的使用情况（Tableau 2019.3+版本）。
- Tableau Prep Conductor（流程管理）：在线创建 ETL 流程，并设置定时运行，随时保持数据的新鲜状态（Tableau 2019.4+版本）。
- Virtual Connection（虚拟连接）：为分析师提供受控的数据库连接，并预先设置实时或提取的数据连接方式，在加强数据访问限制的同时提高了数据访问效率（Tableau 2021.4+版本）。
- Data Policy（数据策略）：在虚拟连接阶段，增加了行级别权限控制（Row-Level Security）（Tableau 2021.4+版本）。

## 11.1.1　Tableau Catalog：数据资产目录和世系管理

视数据为资产，就需要编制高质量的数据资产目录，这是企业数据资产可信度、一致性和高效利用的前提。从 Tableau Catalog 的功能来看，数据资产主要有两个视角。

（1）管理员可以随时查看数据资产目录，全面洞悉数据库、表、文件的使用情况。

（2）分析师则可以从单一工作簿开始追踪关联的所有数据源、流程甚至字段情况，并轻松掌握不同数据资产形态之间的关联关系。

Tableau 把前者称为"**数据资产目录**"，把后者称为"**世系管理**"。

---

1　2022 年，Tableau Online 升级为 Tableau Cloud，它是 Tableau 的云端 SaaS 平台，大数据云服务平台。

### 1. 数据资产目录

如图 11-2 所示，服务器或者站点管理员在 Tableau Server 主页左侧点击"外部资产"（External Assets），在右侧会显示 Tableau Server 中已有的数据资产清单，包括数据库和文件、表两个分类。数据源标记了关联的工作簿、数据源数量及连接信息。

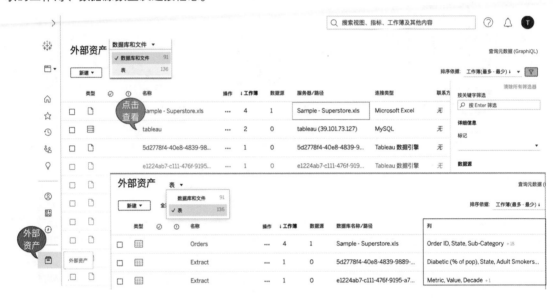

图 11-2　Tableau 数据资产目录

Tableau Catalog 功能默认关闭，首次运行时可能提示 "Tableau Catalog 未配置完整"，需要服务器管理员按照提示执行 "tsm maintenance metadata-services enable" 命令启用。

在 Tableau 中，数据资产是以"数据表"（Table）为单位存储的，比如 Excel 的单个 Sheet 及 TABLE、HYPER、CSV 等格式的文件。数据表是文件的基本存储形式，每个数据表必然包含多个字段列（Field），字段列是基本的分析单位。

当然，高级用户也可以使用 Tableau 提供的元数据 API（Metadata API）或者 GraphiQL 功能，把 Tableau 数据资产管理与第三方平台整合在一起。

### 2. 数据的世系管理和影响分析

各类数据资产是前后密切关联的，因此一个数据表的变动极容易对上下游产生影响。借助数据世系（Lineage）管理，分析师可以迅速了解任意数据的上下游关系——不管是工作表、仪表板、流程，还是数据库表。

如图 11-3 所示，点击数据资产目录下的某个数据库或者数据表，默认显示它的基本信息，以及关联的数据连接、工作簿、工作表等世系情况。

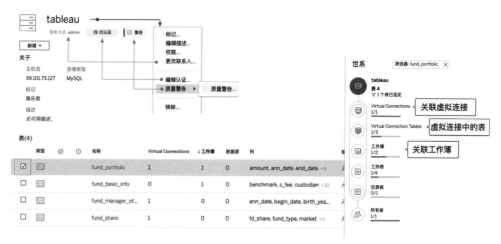

图 11-3　Tableau 指定数据库的数据描述和世系关系（Tableau 2022.1+版本）

　　具有管理权限的管理员或分析师可以为数据增加"标记"（搜索关键词）、编辑描述，并增加数据认证或质量警告。

　　数据认证和数据质量警告功能，有助于确保公司中数据的一致性和准确性。如图 11-4 所示，经过认证或质量警告的数据，会被增加单独的标志，这样分析师在连接或使用过程中，就会及时意识到相关数据的使用风险。

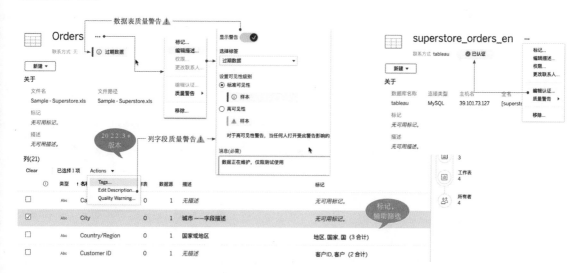

图 11-4　Tableau Server 的数据认证和质量警告功能

　　如图 11-4 所示，具有数据源管理权限的用户，可以为数据表增加认证或质量警告。从 Tableau 2022.3

版本开始，Tableau Server 支持对字段列增加相同的质量警告设置，质量警告会在整个数据世系中提醒。

元数据管理并非是一蹴而就的工作。只有业务用户积极参与，元数据管理才能是可持续、健康的，技术提供了数据管理的框架，而业务用户赋予了字段分析价值。Tableau Server 可以为数据表、字段增加描述和检索标记，可以把业务用户关于字段的定义补充到底层的数据资产和元数据定义中。

### 3. 上下文中的元数据

Tableau 的数据世系可以与工作簿等紧密结合在一起。相对工作簿，它所依赖的数据都可以被称为"元数据"（Metadata），通过"数据详细信息"可以一览无余。

如图 11-5 所示，点击工作簿上方的"数据详细信息"（Data Details），右侧会显示此仪表板的基本信息、关联数据源、正在使用的字段等，点击字段可以查看字段的计算逻辑。这种将数据资产与仪表板融为一体的设置，有助于保持企业内数据的一致性和准确性。

图 11-5　查看工作簿关联的数据详细信息

### 4. 更轻松地连接数据

借助 Tableau Catalog 功能，分析师可以更轻松地连接数据库，避免了"重复建设"。

如图 11-6 所示，分析师在连接数据时选择"数据库和表"，可以共享其他分析师创建的数据库连接及其底表，这样可以提高企业环境中数据的一致性。

目前，这个功能还被企业用户广泛忽略，值得多加关注。

综上所述，借助 Tableau Catalog 功能，分析师可以深入理解数据关系，并加强对数据资产的管理，提高企业数据的资产管理水平。

相比这种自动整理的数据资产和世系关系，很多公司使用 Excel 管理数据资产、整理元数据字段，这种方式很难与数据资产的快速变化同步，因此多半走向"形式主义"。随着企业数据资产日益增加，将资产管理与数据库平台、敏捷分析平台紧密结合，借助系统管理数据才是长期可行的方式。

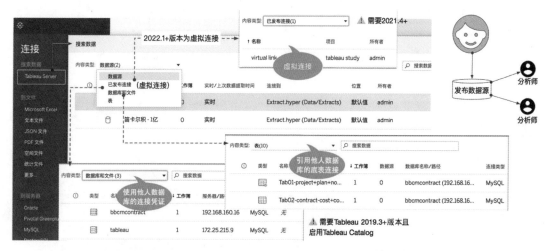

图 11-6　在 Prep Builder 和 Desktop 中连接 Tableau Server 中的数据源[1]

## 11.1.2　Tableau Prep Conductor：数据 ETL 流程管理

在企业的业务实践中，数据准备的复杂性往往超过读者的想象，而高质量、规范的数据恰恰是可视化数据分析的生命线。正因为此，中大型企业无一例外将"数据管理、数据准备"与"数据分析、可视化"分为两个独立的工作场景，分别交给不同团队完成。

大数据场景下，数据准备的主要工具是 SQL 及各种图形化 ETL 工具[2]，比如 Pentaho、Kettle、Prep Builder 等。以**数据质量为中心**的**数据准备更依赖于技术，比如数据库范式、数据一致性、数据编码等，而以问题和分析场景为中心的数据准备则更依赖于业务理解**。随着企业数据质量的逐步提高，业务分析师成为了分析主力，越来越多的数据准备工作正从 IT 团队向业务团队转移，这进一步推动了敏捷 ETL 的发展。

Tableau Prep 在 2018 年刚刚推出时，还只是桌面端部署的轻量级数据准备工具，而今已经演化为一个集桌面端和服务器于一体，并与 Catalog（数据目录）、Metadata（元数据）、外部数据库等紧密结合的 ETL 工具。

Tableau Prep 包含桌面端的 Prep Builder 流程设计工具，和服务器端的 Prep Conductor 流程管理两部分。

Tableau Prep 的关键是流程和节点：**流程对应完整的数据整理需求，节点对应特定的数据处理功能**。如图 11-7 所示，笔者使用 Prep Builder 整合了多个 SAP HANA 数据源，经过中间的合并、筛选、计算和聚合等多个步骤，输出了多个数据源以供分析。

---

1　不同版本略有差异，在 Tableau 2022.1 版本及之前版本中被称为"已发布连接"，在 Tableau 2022.2 版本中被改为"虚拟连接"。

2　ETL（Extract-Transform-Load）是数据处理、数据准备的简称。

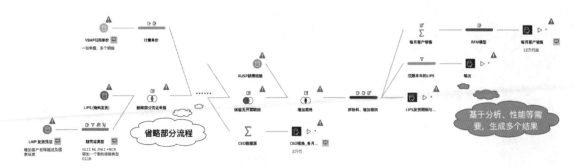

图 11-7　基于 SAP HANA 数据库，使用 Prep Builder 完成复杂的业务逻辑

　　由于本地计算机算力普遍较弱，所以分析师通常把数据处理流程发布到 Tableau Server 服务器上，并设置定时运行计划，还可以追踪数据源使用情况等，如图 11-8 所示。

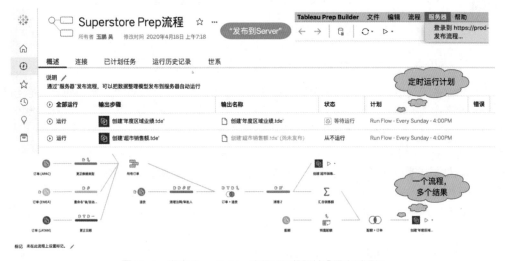

图 11-8　发布 Prep Builder 流程到服务器并设置定时运行

　　过去以数据为中心的 ETL 准备，很难和数据验证、数据分析同步起来。如今，借助面向过程、面向问题的 ETL 流程，业务分析师可以快速发现问题，并随时调整，极大提高了数据处理效率。数据准备不再是独立于分析之外的其他团队的预先工作，而是和分析紧密结合的有机整体。

　　从 Tableau 2020.4 版本开始，Tableau Server 支持在线创建、编辑 ETL 流程，支持自动保存，这极大地提高了数据处理的效率，强烈推荐业务用户升级使用。

　　11.3 节会简要介绍每个节点的功能，并展开介绍 ETL 在分析中的重要性。

## 11.1.3　Virtual Connections：数据库和分析之间的桥梁

　　Tableau 2021.4 版本推出 Virtual Connections（虚拟连接）功能，增强了对数据分析师的"数据库连接"权限管控，这使得 Tableau Server 向数据仓库迈进了一大步。

### 1．虚拟连接的需求背景

在企业环境中，基于安全控制和稳定性，管理数据库的 IT 部门倾向于拒绝业务分析师直接连接业务系统和数据仓库数据库的需求；而为了分析的及时性，业务分析师又确实有这方面的需求，特别是很多中小型企业没有数据仓库的情况下。如何在已有平台基础上，低成本、高效率地解决这个矛盾呢？

这个矛盾曾经催生了"数据仓库"，如今，Tableau 期望 Tableau Server 担负数据仓库的部分角色。**借助虚拟连接功能，数据库管理员无须为分析师分配数据库账号，就能连接受控的数据表，在安全性和灵活性中找到了平衡。**

假设一个分析场景：生产部门的分析师需要直接访问生产系统，实时读取当日量小高频的数据，完成日内的生产过程监控；销售部门分析师需要访问数据仓库，提取多年的大量数据，完成月报、周报主题分析。数据库管理员只需要创建两个虚拟连接，分别推送不同的数据表给对应的分析师，并预先设置不同的刷新策略；而分析师借助 Tableau 的虚拟连接功能，无须密码就可以直接连接数据库的数据表，无须感知数据库层面的加载过程。

上述逻辑过程和分工如图 11-9 所示，Tableau 在数据库和分析师中间增加了虚拟的"连接池"，从而平衡了 IT 的权限管控和业务的差异化需求。

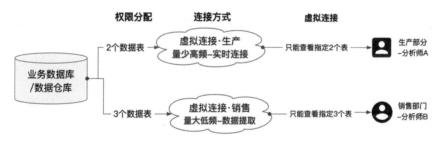

图 11-9　在 Prep Builder 和 Desktop 中连接 Tableau Server 中的数据源

在笔者看来，虚拟连接是 Tableau 在 2021 年最重要的功能更新。同时也让我们领会到，巧妙的逻辑设计是如何解决现实需求的。笔者曾第一时间把该功能推荐给了某家集团企业，并由 IT 人员立刻将其应用到了生产实践中，取得了很好的管控效果。

### 2．虚拟连接的创建方法

特别注意，作为数据管理（DM）的一部分，虚拟连接必须基于 Tableau Server 创建、发布和修改，需要由具有数据库管理权限的专业人员来控制。

如图 11-10 所示，数据库管理员首先在 Tableau Server 平台上创建虚拟连接（见图 11-10 位置①），并连接数据库，默认会显示所有数据表（见图 11-10 位置②）；拖曳以"fund_"开头的数据表到右侧区域，即可创建虚拟连接，默认为实时连接（见图 11-10 位置③）。借助"可见性"设置，数据库管理员可以临时隐藏某些数据表，比如"fund_daily"，见图 11-10 位置④。最后点击"发布"按钮，将虚拟连接保存到某个项目路径下（见图 11-10 位置⑤）。

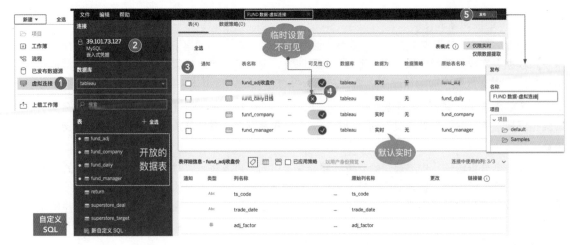

图 11-10　在 Tableau Server 中发布虚拟连接

　　在虚拟连接发布之后，借助 Tableau Server，分析师就可以直接连接数据库的指定数据表，既无须看到其他数据表，也无须拥有数据库连接凭证。

　　对于数据库管理员而言，也可以通过 SQL 创建自定义数据表，或者把 SQL View 加入虚拟连接。笔者把虚拟连接视为包含多个数据表、数据视图的数据包（Data Package）。分析师在通过 Desktop、Prep 或 Server 在线连接数据包时，Tableau 虚拟连接作为通道中转，可以被实时转发，抑或返回预先的提取缓存。

　　如图 11-11 所示，使用 Desktop 连接"Tableau Server"数据源，内容类型选择"虚拟连接"，就可以连接数据库的 3 个数据表。既可以只连接单表，也可以使用第 4 章的数据合并方法引用多个表，从而开展数据分析。

图 11-11　基于虚拟连接创建数据关系（基于 Tableau 2022.2 版本）

　　可见，虚拟连接充当了数据分析和数据源之间的桥梁。它提供了数据表过滤的安全连接、实时或者数据提取的连接方式。借助接下来的"数据策略"，虚拟连接还可以为分析师和访问者增加行级别的权限控制。

## 11.1.4　Data Policy：为数据访问增加行级别权限

虚拟连接解决了分析师的数据表权限和数据连接模式（实时/提取）问题，但没有解决数据表行级别的权限问题（Row-Level Security）。比如，分析师 A 和访问者 A1、A2 只能查看"区域=华东"的数据，分析师 B 只能查看"区域=东北"的数据。

在没有"数据策略"之前，分析师可以使用"用户筛选器"（本质是集）或用户群组函数（比如 Group 函数）控制访问者的权限（见 6.6.3 节），但是不能解决分析师自身的权限控制问题。和虚拟连接一并推出的数据策略（Data Policy）功能，把用户筛选器的权限控制提升到了数据表连接阶段，从而实现了数据库管理员对分析师访问权限的控制。

### 1．为虚拟连接的数据表增加数据策略（权利表直接授权）

这里使用"示例—超市"数据的交易数据（Orders）、区域主管数据（People）和退货数据（Returns）介绍数据策略。数据库管理员希望给零售板块的分析师开放明细表、退货数据，同时为不同区域的分析师增加权限控制，例如华东地区的主管在连接数据时只能查看该区域的数据。

**首先，使用虚拟连接创建包含 3 个数据表的数据包（Data Package）。**

过程参考 11.1.3 节。为了避免分析师频繁连接数据库，将"表模式"改为"数据提取"，并点击"立即提取"按钮，如图 11-12 所示。

图 11-12　创建数据提取模型的虚拟连接

虚拟连接默认开放全部的数据，对应右侧的数据策略是"无"。借助"数据策略"可以增加行级别权限，即不同用户查看不同的数据表明细行。

**其次，在上述虚拟连接中，增加数据策略并编辑策略。**

点击顶部的"数据策略"并选择"创建新策略"，就进入了策略编辑界面，如图 11-13 所示。这里提供了两种选项：策略表（Policy Table）和权利表（Entitlement Table）。

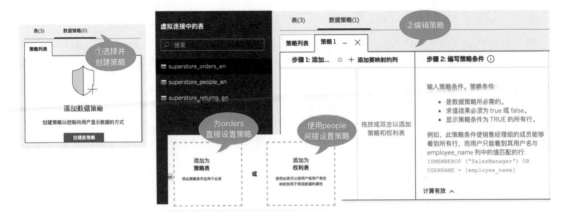

图 11-13　使用逻辑判断建立字段与用户的权限对应关系

策略表和权利表分别适用于不同的场景，前者是直接授权，后者是间接授权。

- 策略表：直接对数据表的字段创建筛选策略。
- 权利表：针对权利表的字段创建筛选策略，然后借助它与策略表的字段关系，将数据控制策略传递给策略表。

这里先介绍最简单的策略表方法，创建全局筛选（仅查看 Furniture 数据），并对多个用户所查看的区域做限制[1]。

先把 "superstore-orders-en" 数据表拖入右侧，在右侧策略条件中输入[Category]="Furniture"，这样就创建了全局策略条件，如图 11-14 所示。这个策略条件对所有用户有效，在下方勾选 "已应用策略" 复选框并选用用户预览数据行数。

图 11-14　使用 "策略表" 为数据表建立全局的筛选条件

---

1　在笔者写到这里时，Tableau 2021.4~2022.2 版本虽然完全支持中文的数据策略功能，不过和英文略有差异，中文需要使用 "字段策略" 名称，而非字段的名称创建计算。为了简化此处内容，这里以英文字段说明。

　　如果要为不同的用户增加区域的筛选，比如，用户 admin 只能查看 East 区域，用户 Zeng 仅能查看 South 区域，其他用户可以查看全部区域，则此时策略条件要引用用户函数 USERNAME。如果要同时保留 Category 字段筛选条件，则可以使用如下的逻辑判断作为策略条件：

```
[Category] = "Furniture" //全局筛选
AND
(IF       USERNAME()="admin"    THEN [Region] = "East"
ELSEIF USERNAME()="Zeng"      THEN [Region] = "South"
ELSE TRUE
END)
```

　　确认策略条件之后，可以在"已应用策略"之后切换用户，检查不同用户的权限差异。如图 11-15 所示，"行总计"可以直观地展示用户可以查询的行数和总行数。

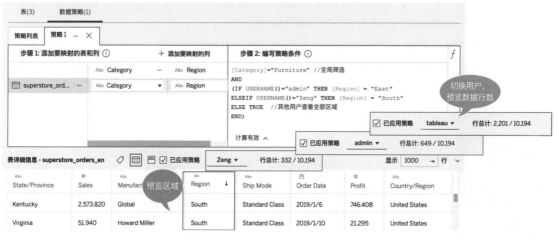

图 11-15　在策略条件中增加用户函数

　　借助 USENAME、ISMEMBEROF 等用户函数、IF 逻辑函数，以及字符串函数、日期函数等行级别函数，高级分析师可以为数据表增加多种筛选条件，从而为用户预先分配数据表行级别的明细权限，这样减少了分析师增加用户筛选器的负担，并提高了数据安全性。

　　根据需要，也可以创建多个数据策略，为不同的数据表分别创建访问权限。

　　2.　借助多表关系，间接地为数据表赋予策略权限（策略表间接授权）

　　如果筛选字段在策略表中不存在，且逻辑判断又过于复杂，则可以使用"权利表"将授权间接传递到"策略表"——二者通常与 IT 所言的维度表、事实表相对应。逻辑过程如图 11-16 所示，首先建立明细表 Orders 与区域主管 People 表的关联关系，之后使用 People 表的 Region Manager 字段建立权限策略，从而间接为明细表创建权限策略。

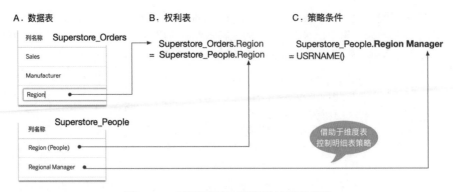

图 11-16  基于权利表对策略表执行筛选策略

基于上述逻辑，用户只能看到自己对应的区域销售，即数据表的一部分明细行。判断的条件是用户名称（USENAME 函数）等于区域主管（Region Manager 字段）。

如图 11-17 所示，重新创建数据策略，双击 Orders 数据表将其添加到策略表（见图 11-17 位置①）中，右击或者拖曳 people 数据表到权利表（见图 11-17 位置②），而后构建两个表的匹配关系（Region = Region）（见图 11-17 位置③）；最后基于权利表的字段创建策略关系（见图 11-17 位置④）。

图 11-17  基于权利表对策略表执行筛选策略：Tableau 实现

这样，各区域主管就只能查看管辖区域的明细行了，这就是行级别的权限控制。

相比 6.6.3 节的用户筛选器，数据策略把用户行级别权限提升到了数据源阶段，因此不仅适用于访问用户，也适用于分析师用户。不过，考虑到它的技术难度和阶段，需要数据库管理员和业务用户共同沟通从而完成。

数据策略和虚拟连接一起，在数据库和分析师之间构建了全新的逻辑层。这个逻辑层将真实的业务需求转化为数据的逻辑语言，实现了数据管控的抽象化和规范化。将这种逻辑方式继续扩展开来，就是整个数据管理乃至数据仓库的体系。

# 11.2　从数据管理（DM）到数据仓库（DW）

　　企业数据越多，分析越是深入，就越能发现"数据管理"在整个分析体系中的中心地位。广义的数据管理不仅包含数据连接、数据模型，而且包含元数据管理、数据质量管理、数据权限控制等多方面的内容。鉴于数据管理流程繁杂、类型多样，所以难以将其和分析过程整合在一起，数据管理独立为一个体系几乎是数据发展到一定阶段的必然选择。

　　可以说，**数据库和数据管理是数据量级和复杂度发展到一定阶段的产物，而数据仓库则是数据管理、数据分析的复杂度到一定阶段的产物**。逻辑层是对需求的标准化。

## 11.2.1　数据仓库是数据分析发展到一定阶段的产物

　　简而言之，数据的应用可以分为两个基本的目的，其一是运营的目的（operational purpose），其二是分析的目的（analytical purpose）（见本章参考资料[1]）。从这个角度进一步延伸，可以把数据的处理分为"交易型处理"和"分析型处理"，把数据库分为"运营型数据库"和"分析型数据库"。

　　**值得特别注意的是，operational purpose 指的是支持企业或组织的日常运营（day-to-day operational），对应的 Operational Databases 翻译为"运营型数据库"最为恰当。operation 虽有"业务"和"操作"之意，但译为"业务数据库"过于宽泛（分析也是业务的一部分），译为"操作型数据库"则明显失去了灵魂。**

　　区分"运营"和"分析"两类业务场景，是理解数据管理和数据仓库的基础，也是数据分析师成长为专业的"业务分析师"的关键，甚至是未来成为数据分析负责人、企业首席数据官的知识基础，会深刻地影响企业的组织架构、劳动分工等内容。

### 1. 两类数据处理工作

　　企业数据库的多元化基本围绕着两大类数据工作：**面向业务交易的数据处理和面向分析的数据处理**。在 IT 专业领域中分别称为 OLTP 和 OLAP。

### ● OLTP（OnLine Transaction Processing，联机事务处理）

　　要理解 OLTP 需要理解 Transaction 的两种视角：交易和事务。狭义的 Transaction 指银行机构的取款交易——这是业务用户的视角；技术上，IT 工程师需要把看似简单的取款交易拆解为借方金额增加、贷方金额对等减少、机构间清算、结算等一系列步骤，它们的总体在技术上常被称为一个"事务"。

　　随着早期数据库系统从金融机构向其他行业扩展，交易一词被泛指各行各业中的基本交易行为，比如，购买一杯奶茶、网购一本图书——这是业务的视角，而事务则是计算机完成一次交易所必需的一系列数据处理任务——这是 IT 技术的视角。

　　因此，IT 把面向业务交易的数据处理称为"事务处理"。数据交易的基本要求是"时刻在线、瞬间响应"，"在线"（Online）特征与线下交易的高延迟相对应。数据是现实的反映，数据皆在线。

可见，"业务在线化"是数据的基本来源，也是数字化转型的基础。

- **OLAP（OnLine Analytical Processing，联机分析处理）**

管理分析与业务事务相对应。分析是管理行为，是主观的、面向问题的、易变的；而事务是业务行为，是客观的、稳定的。OLAP 的关键是分析处理，是从已有的数据库中查询、整理和聚合计算的过程，是对业务过程高度抽象的过程。相比事务处理，分析处理时一次性访问的数据量更大，对时效要求相对不严格。

在大中型企业中，存在多个 OLTP 系统和 OLAP 系统。不同的业务主题通常对应于不同的业务管理系统，从而满足业务的差异化需求，最常见的有 ERP（生产管理系统）、CRM（客户关系系统）、SCM（供应链管理系统）等，它们共同构成了 OLTP 交易层面。而以数据仓库和 BI 为中心的分析过程，则与 OLTP 相对分开，并尽可能追求统一平台、统一应用。Tableau 就是典型的大数据可视化分析平台，拥有日渐强大的数据管理和数据提取的它甚至可以代替部分数据仓库的工作，因此笔者把它视为"DW/BI 平台"。

图 11-18 展示了二者的关系和主要差异。

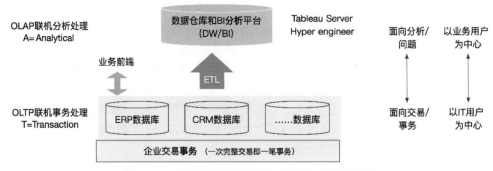

图 11-18　企业中普遍存在的 OLTP 和 OLAP 数据层次

**2．两类数据库**

随着企业数据量的增加，在企业中基于数据的交易型处理和数据的分析型处理，逐步产生了"运营型数据库"和"分析型数据库"两种相对独立的数据库。也可以从数据库的发展历史了解数据仓库是如何从数据库中独立出来的。

如图 11-19 所示，数据库的发展历史大致可分为 3 个阶段。早期数据库的典型代表是银行的交易系统，它是银行业务规模发展到一定阶段后，计算机交易代替人工交易而出现的关键工具。换句话说，数据库是数据发展到一定阶段满足运营交易的必然产物。如今，数据库无处不在，小到手机中的通信录和短信，大到地铁交易背后的客户和交易系统。

20 世纪 70 年代，关系型数据库及其管理系统（RDBMS）开始兴起，它和 SQL 查询语言一起奠定了数据存储、数据查询的标准。如今，主流数据库（如 Oracle、MySQL、SQL Server 等）都是关系型的，而且遵循相对统一的 SQL 规范。

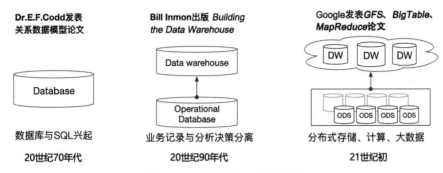

图 11-19　数据库的 3 个发展阶段

以数据分析为目的的数据管理快速发展，积累了很多和交易处理不同的需求，比如，大数据量查询、多遍聚合、数据关系模型等，最终催生了"数据仓库"和支持业务系统运行的"运营型数据库"，它们构成了企业数据库的两大支柱。

- 运营型数据库（Operational Database）：支持企业的**日常运营**过程，比如，零售线下交易、银行线上转账、电话通信等；或者支持某个程序的长期日常运转，比如，手机通讯录、短信系统等。
- 分析型数据库（Analytical Database），又称数据仓库（Data Warehouse）：承载业务数据库产生的数据，并实现**数据分析**利用；支持企业日常的管理运营工作，比如仪表板报表、主题探索分析、算法模型等。

数据是业务的反映，数据库是数据的集合。运营型数据库中的业务明细表对应业务运营记录（operational recording-keeping），如销售明细表；而分析型数据库中的分析聚合表对应辅助决策分析（business decision-making）。前者是后者的基础。

如今，企业普遍存在两种类型的数据库。在中小型企业中，二者普遍存在于同一个数据库管理系统（DBMS）中，通过内部的逻辑模块（Schema）相分离；而在大中型企业中，则二者普遍独立于不同的硬件设备之上，甚至采用不同的软件平台，从而更好地满足业务稳定、数据安全、分析效率等要求。

"数据仓库之父"William H. Inmon 对数据仓库的经典定义如下：数据仓库是面向主题的、（多数据源）集成的、稳定的、随时间更新的，支持管理决策的数据集合（见本章参考资料[2]）。

---

A data warehouse is a subject-oriented, integrated, nonvolatile, and
time-variant collection of data in support of management's decision.
——William H. Inmon, *Building the data warehouse*

---

按照 Inmon 的定义，以 Hyper 数据引擎和 Tableau Data Management 为中心的 **Tableau Server** 事实上**可以实现数据仓库的大多数功能**。在给客户的咨询、培训过程中，笔者常常会借鉴数据仓库的要求提出如下的建议。

- 面向主题：按照业务主题设立 Tableau Server 项目。
- 集成：SQL 查询、Prep 应与数据库紧密结合以提供稳定、标准的数据源；将 Desktop 可视化结果全部发布到 Server 平台，并与指标、嵌入、分享紧密结合，实现前后一致。

- 稳定：对数据源做好认证管理，设置公司级别的公共数据源和部门级别的公共数据源，并确保数据出自一处、持续稳定更新；数据定时更新并由专人管理。
- 随时间更新：借助刷新计划、定时增量刷新、链接任务、数据新鲜度等多种策略，确保数据流程和工作簿数据的及时性和准确性。
- 面向分析：以主题报表展示和问题敏捷分析为两大方向，构建企业的分析型仪表板，并与管理决策紧密结合；推动业务用户自助探索。

对于没有数据仓库的中小型企业，或者需要在公司统一数据仓库基础上构建"数据集市"的业务部门，使用 Tableau Server 平台是平衡性价比与投入、稳定性与灵活性、数据处理与分析展现的绝佳选择。

## 11.2.2 数据仓库的逻辑分层

理解数据仓库的关键是理解其中的逻辑层次。逻辑层次虽然看似不存在，却是解决现实问题的不二法门。

### 1. Tableau 从数据到应用的逻辑过程

借助 Tableau 的数据连接、数据提取、数据可视化、数据展现等功能，读者可以一窥复杂数据仓库背后的逻辑体系，从而站在高处理解分析的框架。

在 Tableau 分析过程中，时常会先对低频大量数据执行"数据提取"作业，或者为多表构建关系模型，然后生成可视化仪表板，再将其嵌入公司的 OA 系统或者报表系统中。为了方便理解，这里虚构几个逻辑层次表达它们的先后关系，如图 11-20 所示。

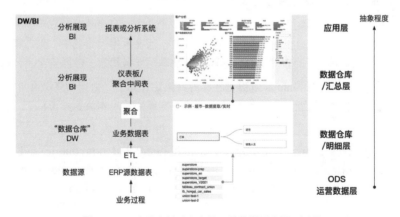

图 11-20 企业中普遍存在的"从数据到应用"过程

这里把数据提取 HYPER 文件或数据关系模型理解为"数据明细层"[数据来自业务过程，完整记录业务过程的数据层次，IT 中常称为 ODS（Operational Data Store，运营数据存储）]，把可视化仪表板理解为"汇总层"——分析即聚合，而被嵌入分析的报表系统被理解为"应用层"。

广义的数据仓库（DW）包含了数据关系模型、数据可视化、可视化应用的完整体系。自下而上，抽象化程度越来越高。

## 2．DW/BI 架构的层次逻辑

在复杂的数据仓库过程中，对于大量数据需要预先聚合，甚至会有结构上的复杂调整，"明细→数据预处理→分析展现"是数据仓库 3 个基本阶段。

在 Kimball 和 Ross 教授的经典著作 *The Data Warehouse Toolkit* 中，作者把数据库和 BI 视为一个整体来讲解，称为 DW/BI 系统（Data Warehousing and Business Intelligence systems）。究其缘由，数据仓库和 BI 的目的都是辅助决策分析，二者又是前后相继、难以分割的整体。笔者推荐把 **Tableau Server** 视为**"DW/BI 系统"**（**数据仓库/商务智能系统**），这样才能充分地发挥它的价值。从这个视角出发，可以进一步理解数据仓库和 Tableau 敏捷分析的逻辑分层。

图 11-21 展示了流行的 Kimball DW/BI 体系的核心要素（见本章参考资料[3]）。

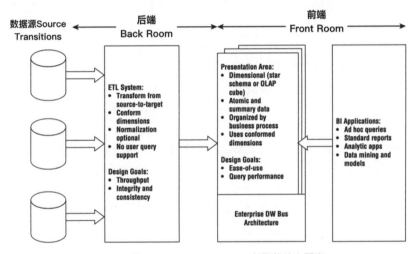

图 11-21　Kimball DW/BI 架构的核心要素

在后端，不同的数据交易系统会产生大量的明细数据，通过 ETL 系统预处理可以确保一致性、准确性；在前端，处理好的数据被分析师和 BI 系统查询从而完成分析过程。

根据数据聚合的详细程度、数据表的特征等，某些 DW 分析平台又可以被划分为更多的虚拟层次，都是在上述过程基础上的进一步细化和扩展。

在数据仓库中，最关键的部分是 ETL（ETL，Extract-Transform-Load）是较复杂数据处理、数据准备的简称。ETL 是技术和业务理解的交叉领域，随着敏捷 ETL 工具的兴起，越来越多的直接面向分析过程的 ETL 也在向业务用户转移。Tableau Prep 就是其中的优秀代表。

# 11.3 ETL：数据仓库中的数据处理

完成此类工作的工具被称为 ETL 工具。ETL 过程和 ETL 工具是从"运营型数据库"到数据仓库的"桥梁"，是确保数据一致性、准确性的关键。

ETL 的 3 个环节分别包含不同类型的处理过程，它们构成了数据准备的完全体系。

- Extract（抽取）：从单个或多个本地文件、数据库抽取样本或者全量数据。
- Transform（转换）：数据的处理，包括数据合并（并集、连接等）、结构调整（聚合、转置等）、去伪补真（筛选、新增新行等）、增加字段列（数据准备、预分析字段）等。
- Load（加载）：将处理结果写入指定位置的指定文件，特别是回写到数据仓库中。

Tableau Desktop 提取数据、调整字段和自定义计算，也是进行简单的 ETL 处理。相对简单的 ETL 可以和可视化融为一体；相对复杂的 ETL 则要完全独立。ETL 相当于把分析所需的字段或结构预先计算出来，数据仓库中称之为物化（Materialize）。在逻辑表物化过程中，诸如"毛利率"等聚合比值字段，应该特别注意。

## 11.3.1 敏捷 ETL 工具 Prep Builder 简介

目前，ETL 工具分为两大类，一类是 SQL，它是与数据库、数据仓库交互的标准语言；另一类是图形化 ETL 工具，增加了图形用户界面（Graphical User Interface，GUI），从而帮助没有专业技术背景的用户也可以轻松完成数据处理。

考虑到业务逻辑的复杂性和可维护性，越来越多的图形化 ETL 工具开始兴起，比较 Pentaho[1]、Kettle、Informatica，以及 Tableau 套件中的 Prep Builder，一些国产 BI 平台（如帆软、观远等）也在增加类似的数据处理过程。

Tableau Prep Builder 的默认界面，由左侧的数据连接、顶部的流程面板和底部的数据预览面板多个功能区组成，如图 11-22 所示。图形化 ETL 的关键是节点及其构成的数据流（Flow），每个节点对应数据整理中的特定功能。

流程是由节点前后连接组成的。节点分为不同的功能类型，用不同的图标表示，如图 11-23 所示， 代表本地数据源， 代表数据整理和清理， 代表并集， 代表连接（Join），∑ 代表聚合， 代表转置， 代表脚本（Python 或 R）， 代表"新行"（new row）， ▷代表输出。

随着 Prep 不断强化与 Python、R 的集成，陆续增加和更新回写数据库、FIXED LOD、RANK、ROW_NUMBER、自动连接、新行功能，Prep 已经成为功能完整、强大的 ETL 工具，是笔者项目实践中不可或缺的一部分。

---

1 Pentaho 是世界上最流行的开源商务智能软件，以工作流为核心的，强调面向解决方案，基于 Java 平台开发。

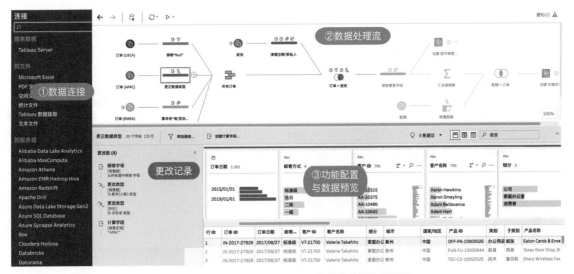

图 11-22 Tableau Prep Builder 软件的主要功能区域

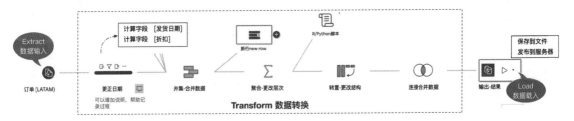

图 11-23 Prep Builder 中各种图标对应的功能

相比 SQL，图形化的 ETL 工具强调"数据处理流"的先后次序和完整性，每个节点都对应特定的业务逻辑，有助于流程的检查和后期维护。

## 11.3.2 敏捷 ETL 工具对数据分析的影响

敏捷 ETL 的出现影响了企业数据团队的劳动分工。过去，数据处理专属于 IT 团队，它们以数据为中心，满足业务部门的定制化数据处理需求，而在交付复杂业务逻辑的数据准备时效率相对较低；而如今，业务用户借助敏捷 ETL 进入了数据准备的领地，在 IT 部门的帮助下，可以将可视化分析与一部分数据准备过程融为一体，提高了复杂问题的处理效率，如图 11-24 所示。

当然，这不意味着 IT 部门丢弃城池，IT 部门的专长在于信息架构、数据库与数据仓库维护、数据治理、数据安全等专业领域，面向业务的灵活的数据处理就应该由业务部门完成，毕竟，业务部门更熟悉复杂问题的业务逻辑。很多企业由于业务部门不具备数据分析和处理能力，导致 ERP 系统中不断增加冗余数据、数据输入混乱等，看似都不是大问题，但日积月累，最终导致体系臃肿不堪。

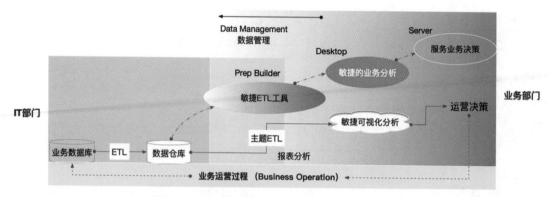

图 11-24  Data Management 扩大了业务部门的领地

不管何时，兼具技术理解和业务理解的高级分析师，永远都是稀缺的人才。

在了解了数据管理和数据仓库的重要性之后，读者可以进一步体会企业数字化转型的分析架构。相比原生的互联网企业，传统企业要实现"业务在线化"将面临不小的挑战，其中涉及商业模式的调整、信息系统从无到有，甚至包含"数据透明"导致的利益冲突。这也是为什么传统企业转型甚至比重塑一家数据基因的新企业更难的部分原因。传统企业的转型困境，又加剧了互联网企业"跨界打劫"。

# 11.4  建议：视 Tableau 为 DW/BI 平台

经过 20 多年的发展，Tableau 已经从人们熟知的可视化分析工具，演化成为了企业及大数据可视化分析平台。它构建了以 Tableau Server 为中心的 DW/BI 架构，既包含后端的数据准备、数据管理，又包含前端的敏捷分析、可视化展现、交互仪表板，甚至人工智能，并借助关系模型、查询优化、预处理等多种技术，实现了灵活易用与高性能的平衡。

Tableau 平台的数据底层以 Hyper 数据引擎为中心构建数据管理，而可视化以 VizQL® 为中心搭建可视化展现。Tableau Hyper 数据引擎相当于担负了数据仓库的角色，独创的动态代码生成（dynamic code generation）和"碎屑"驱动并行处理（morsel-driven parallelization）专利技术，保证了它既可以快速提取大型或复杂数据集，又能实现极速的分析查询处理。业务分析师可以通过数据提取、数据关系模型或者 Prep Builder 做复杂整理以供分析；而高级用户可以 API 方式与 Hyper 文件交互。未来 Tableau 将开放 Hyper 文件的 SQL 查询功能，届时就能进一步发挥数据仓库的功能。

**对于没有数据仓库的中小企业，或者虽有数据库但是希望扩展部门级别的数据集市的用户，Tableau 都是一个非常不错的选择。**

企业数字化转型的核心在于构建以业务主体和问题分析为中心的分析体系，其中，指标和问题是引导，敏捷方法和工具是道路，高质量的数据是基础。基于这样的思考，结合第 2 章的分析框架，可以构建出如图 11-25 所示的分析体系。

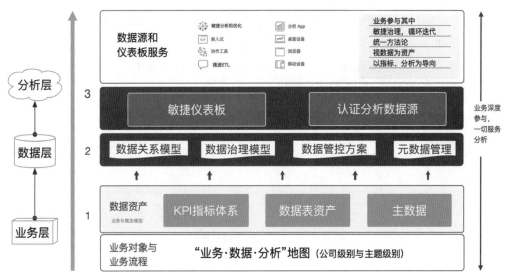

图 11-25　以数据为中心的企业分析体系

这个框架承上启下的部分是数据管理和数据仓库，从业务立场出发、面向问题和分析场景。相比 IT 主导的技术性的体系，它强调敏捷、业务、自上而下。

各种各样的组织投入了数万亿美元来提高数据驱动程度，但只有 8%成功在组织内普及了分析技术（见本章参考资料[4]），并从自己的数据中收获到了价值。要成为数据驱动型组织，就必须同时对数据文化和技术进行投资，以此改变人们的决策方式。相比其他工具，Tableau 还着力帮助企业客户构建敏捷分析的数据文化，为此它发布了数据文化蓝皮书，详尽介绍了如下的企业数据文化路线图，并通过社区、论坛等多种方式推进落地，帮助企业持续改善数据文化。

> 数据文化是重视、践行和鼓励以数据为基础的高质量决策的人员共同的行为和信念。它让数据融入组织的运营模式、思维方式和本质特征之中。形成数据文化后，您组织中的每个人都能获得自己所需的洞见，真正做到以数据驱动，让您最为复杂的业务难题也能迎刃而解。
>
> —— Tableau

至此，本章简要介绍了 Tableau 中的数据管理，并延伸介绍了数据仓库的基本知识。数据仓库属于专业的技术领域，更多专业内容请参阅相关图书。

## 参考资料

[1]　Nenad Jukic,Susan Vrbsky,Svetlozar Nestorov.Database systems：Introduction to databases and data Warehouses[M]. New York:Pearson,2013.

[2]  William H. (Bill) Inmon.Building the data warehouse[M].4th ed.New York:Wiley,2005.

[3]  Ralph Kimball, Margy Ross.The Data Warehouse Toolkit[M].3rd ed.New York:Wiley,2013.

[4]  PETER BISSON,BRYCE HALL,BRIAN MCCARTHY,KHALED RIFAI.BREAKING AWAY: THE SECRETS TO SCALING ANALYTICS, 2018.

# 后记

承蒙各位读者厚爱，本书在出版两个月之后即将加印，众多读者在此期间发来了对本书细节的勘误建议（包括各类语病、插图瑕疵等），一一择善而从，加印得以修订。

特别感谢阿凯（厦门·制造业）为勘误做出的卓越贡献，他贡献了本次修订超过大半的勘误线索，并在读者群中不吝分享自己的读书笔记和思维导图，这是"费曼学习法"以教促学的最佳实践。

不久，姜斌老师的处女作《解构 Tableau 可视化原理》也将由电子工业出版社出版，作为"业务数据分析系列"丛书的全新成员，期待大家的关注和支持。

——喜乐君

2023 年 11 月 21 日

# "业务数据分析系列" 图书

《数据可视化分析：Tableau 原理与实践》

喜乐君　著

《业务可视化分析：从问题到图形的 Tableau 方法》

喜乐君　著

《数据可视化分析（第 2 版）：分析原理与 Tableau、SQL 实践》

喜乐君　著

《解构 Tableau 可视化原理》

姜斌　著